信息技术经典译丛

Feedback Systems

An Introduction for Scientists and Engineers Second Edition

反馈系统

多学科视角（原书第2版）

[瑞典] 卡尔·约翰·阿斯特罗姆（Karl Johan Åström） 著
[美]　理查德·M. 默里（Richard M. Murray）

尹华杰　王莲　译

机械工业出版社
CHINA MACHINE PRESS

北京市版权局著作权合同登记　图字：01-2021-6256 号。

图书在版编目（CIP）数据

反馈系统：多学科视角：原书第 2 版 /（瑞典）卡尔·约翰·阿斯特罗姆（Karl Johan Astrom），（美）理查德·M. 默里（Richard M. Murray）著；尹华杰，王莲译 .—北京：机械工业出版社，2024.4

（信息技术经典译丛）

书名原文：Feedback Systems：An Introduction for Scientists and Engineers，Second Edition

ISBN 978-7-111-75262-2

Ⅰ.①反… Ⅱ.①卡… ②理… ③尹… ④王… Ⅲ.①反馈控制系统 Ⅳ.①TP271

中国国家版本馆 CIP 数据核字（2024）第 050077 号

机械工业出版社（北京市百万庄大街 22 号　邮政编码 100037）
策划编辑：王　颖　　　　　　责任编辑：王　颖
责任校对：张勤思　牟丽英　　责任印制：常天培
北京机工印刷厂有限公司印刷
2024 年 6 月第 1 版第 1 次印刷
185mm×260mm · 22.5 印张 · 613 千字
标准书号：ISBN 978-7-111-75262-2
定价：139.00 元

电话服务　　　　　　　　　网络服务
客服电话：010-88361066　　机 工 官 网：www.cmpbook.com
　　　　　010-88379833　　机 工 官 博：weibo.com/cmp1952
　　　　　010-68326294　　金 书 网：www.golden-book.com
封底无防伪标均为盗版　　　机工教育服务网：www.cmpedu.com

译者序

有幸再次承担 *Feedback Systems：An Introduction for Scientists and Engineers* 的翻译工作，我们既感到高兴，又颇有压力。

感到高兴的是：一方面该书受到世界各地广大读者的喜爱，原作者们也收到了很多改进建议与反馈，这说明该书的独特写作风格，即以大量前沿实例贯穿始终、简明地介绍经典控制理论、详细介绍现代控制理论概念与成果，获得了许多人的认可。另一方面，原书第1版的中译本自2010年出版以来，我们也陆陆续续收到了一些读者的反馈，最近又收到了机械工业出版社翻译该书第2版的邀请。这说明该书在国内也是有一定的读者基础和需求的。

颇有压力的是：一方面，原书第2版并不是简单地在第1版基础上增加或删减章节而成，而是大幅调整了结构，充实了内容，润色、改进了字词及其表述方式，这就使得第2版的翻译几乎得重起炉灶，工作量相当大。另一方面，原书采用了大量来自不同学科的、前沿的反馈控制实例，这涵盖了生物学、动力学、计算机科学、航空航天、材料科学、仪器仪表、电气工程、交通运输、机器人科学等领域，如何正确翻译各种名词和概念并与各专业领域约定俗成的中文专业术语相一致，是一件相当困难的任务。虽然有第1版翻译的粗浅经验，但我们还是十分担心仅凭个人的能力，恐怕无法将原著对各专业知识的描述准确地复现到对应的中文专业语境中去。因此，我们对翻译中遇到的疑难问题，除了请教相关专家学者之外，还借助了网上资源，最后再结合自己的分析来进行取舍，力求准确、通俗。

第2版第4章、第7章～第14章的翻译工作由中水珠江规划勘测设计有限公司的王莲高级工程师负责，华南理工大学的尹华杰教授负责其余部分的翻译，并负责全书的校审和统稿。感谢专家学者、同事及研究生们在本书翻译过程中给予的帮助。

由于译者水平有限，疏漏和偏颇在所难免，敬请各位读者和专家指正。

译者

前　言

本书的第 2 版参考了第 1 版读者的反馈。其中一个反馈是：本书第 1 版在介绍分析工具之后才开始介绍如何使用控制工具进行设计，让他们怀疑这些分析工具是否有用。这很正常，读者们通常渴望将分析工具应用到实例中，从而深入了解分析工具。

为了帮助强化这种更加面向设计的学习方式，我们增加了新的一章（第 2 章），名为"反馈原理"，以阐述一些简单的设计原理和工具，并向读者展示使用反馈可以解决哪些类型的问题。第 2 章介绍了简单的模型、仿真和基础的分析技术，以使来自各种工程和科学背景的读者都有能力学习。有相关基础的读者也可以跳过第 2 章。

我们还在第 2 版中重新调整了第 1 版最后几章的顺序和内容，将频域设计（第 1 版第 11 章，现为第 12 章）和鲁棒性能（第 1 版第 12 章，现为第 13 章）中有关基本限制的内容移至单独的一章（第 14 章），这章专门介绍基本限制。第 14 章还包含了一些关于鲁棒极点配置技术以及非线性限制的新增内容。

除了上述调整较大的内容，我们还增加了一些关于劳斯-赫尔维茨判据和根轨迹图的内容，以便为那些希望更详细地学习这方面内容的读者提供基本的"锚点"。全书还进行了一些符号上的更改，最显著的改变是将干扰和噪声信号的符号分别更改为 v 和 w。生物学实例中的符号也已更新，以与文献［70］中的符号一致。

总的来说，我们试图让第 2 版的风格和组织方式符合第 1 版所设定的目标：我们选用的材料面向广泛的受众，而不是任何特定的学科[⊖]。如果读者想深入学习某个学科的知识，可参考文献［131］（针对计算机科学）、文献［70］（针对生物学）、文献［31］（针对物理学）。此外，文献［7］提供了一个可读性强的介绍，只需最少量的数学背景。本书中包含高级内容的小节或段落，在开头处标有星号（＊）的内容可供有一定基础的读者阅读，标有两个星号（＊＊）的内容可供有更深专业背景的读者阅读。

最后，我们要感谢许多人，他们仔细地阅读了本书，并向我们反馈了建议以更好地满足需要。我们还要感谢 Kalle Åström、Bo Bernhardson、Karl Berntorp、Constantine Caramanis、Shuo Han、Björn Olofsson、Noah Olsman、Richard Pates、Jason Rolfe、Clancy Rowley 和 André Tits 等人的反馈、见解和贡献。普林斯顿大学出版社最近退休的编辑 Vickie Kearn 对本书的工作给予了大力支持，我们特别感谢她多年来对本书愿景的支

⊖　本书是 *Feedback Systems：An Introduction for Scientists and Engineers，Second Edition* 的翻译版，书中涉及的矩阵、向量等数学符号遵从了原书风格，与我国标准不一致。——编辑注

持，以及对免费下载本书相关资源[⊖]的支持。我们还要感谢 Nathan Carr 在出版最后阶段对细节的不懈关注。

Karl Johan Åström

瑞典 Lund

Richard M. Murray

美国加州 Pasadena

⊖ 本书的相关资源可通过 https://press. princeton. edu/books/hardcover/9780691193984/feedback-systems 查询，该网站是否可以访问取决于该网站的运行情况及读者的网络情况。

目 录

第 1 章

绪　论

反馈机制在生物体的各种层面上起着作用，从细胞中蛋白质的相互作用到复杂生态系统中生物体之间的相互作用，都有它的贡献。反馈机制也是生命的核心特征，反馈机制控制着我们如何成长、如何应对压力和挑战，并调节着我们的体温、血压以及胆固醇水平等身体参数。

——M. B. Hoagland and B. Dodson，*The Way Life Works*，1995（文献 [119]）

本章介绍了反馈（feedback）的基本概念以及控制（control）相关的工程学科基础知识。另外，本章还给出了反馈系统和工程系统发展历史的一些实例，以便为讲授反馈及控制工具提供背景知识。

1.1　反馈

动态系统（dynamical system）是行为随着时间变化的系统，它通常会对外界的激励或作用力做出响应。反馈（feedback）指的是有两个或多个相互连接且相互影响的动态系统产生的强耦合动态行为。简单地对反馈系统进行因果推理是困难的，因为第一个系统影响第二个系统，第二个系统又影响第一个系统，因而必须将它们作为一个整体来分析。反馈系统的行为往往不符合人们的直觉，因此有必要采用正规的方法来理解它们。

图 1.1 以框图的形式说明了反馈的思想。我们常用开环（open loop）系统和闭环（closed loop）系统来指代这类系统。所谓闭环系统，就是其中的系统是连接成环形的，如图 1.1a 所示。若将其中的连接断开，则称这种断开的配置为开环系统，如图 1.1b 所示。请注意，由于系统处于反馈环中，因此选择系统中哪些部分作为系统 1、哪些部分作为系统 2 并不重要，其实这仅仅取决于你想从哪个位置开始描述系统的工作原理。

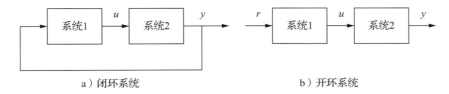

a）闭环系统　　　　　　　　　　　　　　b）开环系统

图 1.1　开环系统和闭环系统。图 a 中，系统 1 的输出用作系统 2 的输入，系统 2 的输出又作为系统 1 的输入，因而产生了一个闭环系统。图 b 中，系统 2 到系统 1 的连接被移除，相应的系统称作开环系统

反馈系统实例的一个主要来源是生物系统。生物系统以各种各样的方式利用反馈，从分子到细胞，从生物体到生态系统，都利用反馈。胰腺通过产生胰岛素和胰高血糖素来调节血液中的葡萄糖，就是一个很好的反馈系统例子。葡萄糖是体细胞赖以产生能量的物质，身体试图维持其浓度恒定。当葡萄糖水平增高时（例如吃饭以后），胰腺就会释放胰岛素，将过多的葡萄糖保存到肝脏中。当葡萄糖水平变低时，胰腺就会分泌胰高血糖素，产生出相反的效果。参照图 1.1，可以将肝脏看成系统 1，将胰脏看成系统 2。肝脏的输出是血液中的葡萄糖浓度，而胰腺的输出则是其产生的胰岛素或胰高血糖素的量。一天中胰岛素和胰高血糖素间的此消彼长，帮助维持着血糖浓度的恒定。

反馈系统一个较老的例子是离心调速器，其中蒸汽机的转轴与一个飞球机构（离心调速器）相连，该机构本身又连接到蒸汽机的节流阀，如图 1.2 所示。该系统是这样工作的：当蒸汽机的发动机速度增加时（譬如当发动机负载降低时），飞球会分离得更远，连杆就会使蒸汽机上的节流阀关闭。反过来，当蒸汽机的发动机降速，飞球也返回到比较靠近的位置。若将蒸汽机看成是系统 1，将离心调速器看成是系统 2，这整个系统也就可以用反馈系统来建模。如果设计得当，离心调速器可以维持蒸汽机发动机速度恒定，基本上与负载情况无关。离心调速器是瓦特蒸汽机能够成功的关键，蒸汽机推动了第一次工业革命。

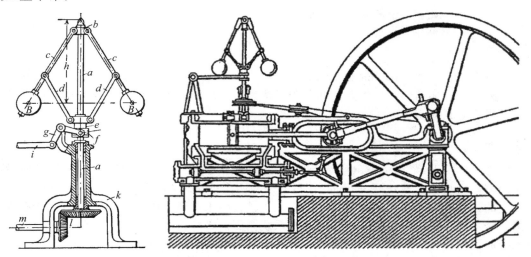

图 1.2　离心调速器和蒸汽机。左边的离心调速器中有一对飞球，当蒸汽机速度升高时，飞球将分离得更远。右边的蒸汽机采用了离心调速器（位于飞轮的左上方）来调节速度（摘自 *Machine a Vapeur Horizontale*，Philip Taylor，1828 年）

以上给出的例子都是关于负反馈（negtive feedback）的。负反馈的作用是使干扰的影响减小。正反馈（positive feedback）则正好相反，某些变量或信号的增加会因正反馈而导致其进一步增加，这具有去稳定效应，并常伴随着饱和，从而限制该量的无限增长。尽管人们往往不希望出现正反馈，但在生物系统（及工程系统）中，正反馈被用于实现对某些条件或信号的快速响应。在工业界和学术界，激励就是一种十分有用的正反馈。正反馈的另一个常见用途是设计具有振荡特性的系统。

反馈有很多有趣的性质，可以在设计系统时加以利用。就跟葡萄糖调节以及离心调速器的情况一样，反馈可以让一个系统在受到外界影响时返回原位。它也可以用来从非线性部件获得线性行为，这是电子学中常用的一个方法。更一般地讲，反馈能够使系统对外界的干扰和内部单个元件的变化不敏感。

当然反馈也有缺点，它可使系统发生动态不稳定，引起振荡甚至出现失控。反馈的另一个缺点（尤其是在工程系统中）是其有可能引入不希望的测量噪声，因此需要细心地对信号进行滤波。正是由于这些原因，学习反馈系统的很大一部分精力，将花在对动态行为的理解上和精通动态系统的各种技术上。

反馈系统无论在自然系统中还是在工程系统中都是无处不在的。控制系统维持着建筑物和工厂的环境、照明以及动力；控制着汽车、消费电子用品以及制造过程；使得交通运输和通信系统成为可能；它们也是军事和航天系统中的关键元素。反馈也使得仪器的精度可以得到突飞猛进的提高，原子力显微镜（AFM）和望远镜就是例子。

在自然界中，生物系统通过反馈机制来维持温度、化学条件以及生物条件的动态平衡。全球气候的动态平衡依赖于大气、海洋、陆地以及太阳之间的反馈作用。即使是经济的动态平衡也是通过市场、物品交换及服务之间的反馈作用实现的。

1.2　前馈

反馈是被动的，即在校正起作用之前必须先有误差。但是，在有些场合，可以在干扰对系统产生影响之前对其进行测量，利用测得的干扰信息来产生校正作用。因此，通过测量干扰并产生一个抵消干扰的控制信号，就可以减小干扰的影响，这种方法叫作前馈（feedforward）。由于命令信号作为控制系统的外部输入总是确定的，因此在对命令信号的响应进行整形时，前馈特别有用。由于前馈试图匹配命令和输出这两个信号，因此它要求有良好的过程模型；否则，校正作用的程度或时间可能出现错误。

图 1.3 所示为反馈系统和前馈系统的对比。这两个图中都有参考信号 r（描述了过程 P 的期望输出）以及外部干扰信号 v。在反馈系统中，测量的是系统的输出 y，控制器 C 则调整过程的输入，试图使过程的输出保持为期望的参考值。在前馈系统中，测量的则是参考信号 r 和干扰 v，并算出一个过程输入，以产生期望的输出。请注意，反馈系统不直接测量干扰信号 v，前馈系统则不直接测量系统的输出 y。

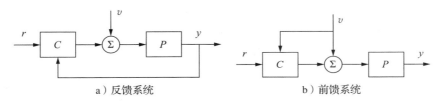

a）反馈系统　　　　　　　　　　b）前馈系统

图 1.3　反馈系统和前馈系统的对比。两个系统中都有过程 P 和控制器 C。在图 a 的反馈系统中，通过测量输出 y 来确定干扰 v 的影响，而在图 b 的前馈系统中，却是直接测量干扰，不直接测量过程的输出

反馈和前馈的应用领域非常广泛。在经济学中，反馈和前馈对应于市场经济和计划经济。在商业中，基于广泛的战略规划来经营公司的做法属于前馈策略，而基于反应式方法来经营公司则属于反馈策略。在生物学中，当人们接受运动协调性训练时，前馈被认为是人体运动控制的一个基本要素。经验表明，将反馈和前馈结合起来往往是有益的，二者间的合理平衡则有赖于人们对它们各自特性的洞察和理解。表 1.1 总结了反馈和前馈的特性。

表 1.1　反馈和前馈的特性

反馈	前馈
闭环	开环
靠偏差起作用	靠计划起作用
对模型的不确定性具有鲁棒性	对模型的不确定性具有敏感性
有不稳定的风险	无不稳定风险

1.3　控制

控制（control）这个术语具有多重含义，且往往因学科领域的不同而不同。在本书中，我们将控制定义为在工程系统中对算法和反馈的使用。因此，以下这些例子都在控制的范畴之内，如电子学中放大器的反馈回路，化学过程和材料处理中的设定值控制器，飞行器上的"电传飞控"系统，甚至于互联网控制网络流量的路由器协议。正在兴起的应用领域则包括

高可靠性的软件系统、自动驾驶汽车和自主式机器人、实时资源管理系统，以及生物工程系统等。从其核心来讲，控制是一门信息科学，它包括对模拟和数字形式的信息的利用。

现代控制器可测量系统的运行结果，将结果与期望行为相比较，并基于系统对外部输入响应的模型计算校正作用，然后驱动系统产生所需要的变化。由感测、计算和执行单元构成的基本反馈环（feedback loop）是控制的核心概念。设计控制逻辑的关键是确保闭环系统的动态特性是稳定的（即有限的干扰产生有限的误差），并满足其他需要的特性（良好的干扰衰减特性，对工作点变化的快速响应等）。使用各种建模与分析技术可以确定这些特性，获取系统的基本动态特性和行为，从而在系统中存在不确定性、噪声以及元件故障时进行调整和修正。

图 1.4 所示为一个典型的控制系统实例，包含了感测、计算和执行的基本模块。在现代控制系统中，计算通常由计算机完成，并用到 A/D 和 D/A 转换器。控制系统的不确定性主要表现为：感测和执行子系统中的噪声、影响系统基本性能的外部干扰、系统中不确定的动态特性（如参数误差、未建模效应等）。计算控制作用量（测量值的函数）的算法常称为控制律（control law）。操作人员向系统输入命令信号，可以从外部影响系统。这些命令信号可以是系统输出的参考值，也可以是控制系统需执行任务的更一般描述。

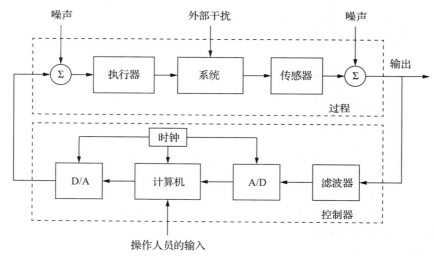

图 1.4　计算机控制系统的组成。上部的虚线框表示过程的动态结构，它包括传感器、执行器以及系统。噪声和外部干扰会干扰过程的动态行为。下部的虚线框表示控制器。它包括滤波器、模数转换器（A/D）和数模转换器（D/A），以及用来实现控制算法的计算机。时钟控制着控制器的运行，并使 A/D、D/A 和计算过程同步。操作人员的输入作为外部输入，也被送入计算机

控制工程还会用到物理学（动态分析与建模）、计算机科学（信息与软件）以及数学算法研究（优化、随机理论和博弈理论）等这些学科的知识和工具，其中用得最多的就是物理系统建模，但它在内涵和方法上又跟这些学科有所不同。

面向控制的建模与其他学科中的建模的一个根本区别在于子系统间交互的表示方法。控制建立在一种输入/输出建模方法之上，运用该方法可多角度、更深刻地理解系统的行为，例如干扰的衰减和稳定的互连等。模型简化就是从一个高可信度的模型导出一个简化的（较低可信度的）动态描述。模型简化在输入/输出的框架下可以很自然地描述系统行为。在控制的范畴中，建模可使子系统间实现鲁棒的互连设计，这对于大型工程系统的运行来说，是至关重要的。

控制也同计算机科学紧密相关,实际上所有现代工程系统的控制算法都是通过软件实现的。因为控制系统的动态特性要求控制的算法和软件必须实时实现,使得控制算法及其实现软件跟传统的计算机软件有很大的不同。

1.4 反馈与控制的应用

利用反馈,可以使不稳定的系统变得稳定,可以使外部干扰的影响得以减小。通过挖掘传感、执行以及计算的潜力,反馈还为设计者们提供了新的自由度。下面简要介绍反馈与控制在重要行业领域的应用及其发展趋势。想了解更多细节的读者可以参考文献 [158,187,188,213]。它们对控制领域的进展和方向做了较好的介绍。

1.4.1 发电与输电

电力是现代社会技术进步的主要推动力之一。控制早期发展的推动力主要来自发电与输电。控制是电力系统的关键,在各个电力系统中都有大量的控制回路。控制对于整个电网的运行来讲也是很重要的,因为储存电能极其困难,必须使发电和用电相匹配。对于只有一个发电机和一个电力用户的系统来讲,电力管理是一个很直接的调节问题,但对于拥有大量发电机且用电与发电的距离相隔很远的广泛分布的系统来讲,电力管理则非常困难。电力需求具有以不可预测的方式发生迅速变化的特点,将大量的发电机与用户组合成大型的电网,就可以在许多的供电商之间分担负荷,在许多的用户之间分摊电量。因此,人们建立了一些跨洲、跨国的大型电力系统。

1.4.2 电信

当电信技术在 20 世纪初出现的时候,人们迫切需要信号放大技术,以实现长途电话通信。但当时只有基于真空管的放大器,由于真空管具有非线性和时变的特性,做出来的放大器产生了很大的失真。布莱克带来了一个重大进步,他发明了负反馈放大器[45-46],这使得设计具有线性特性且稳定的放大器成为可能。对反馈放大器的研究也推动了对反馈的基本理解,这体现在奈奎斯特的稳定性判据[192]、伯德的反馈放大器设计法及其基本限制定律[51] 等方面。反馈广泛应用于手机和网络中,5G 通信网络将允许实时控制系统通过网络执行反馈控制[243]。

1.4.3 航空与运输

在航空领域,控制成为一种关键的技术手段可以追溯到 20 世纪初。实际上,怀特兄弟之所以出名,不是因为他们展示了简单的动力飞行,而是因为他们展示了受控的动力飞行。他们的早期飞行装置装配有移动控制面(即垂直鳍和鸭式翼)和翘曲的机翼,使得飞行员可以调节飞机的飞行。事实上,飞机本身是不稳定的,因此需要进行连续的驾驶矫正。紧随这些早期受控飞行实践的,是飞行控制技术连续改进的巨大成功。今天我们在现代商用和军用飞机方面所看到的高性能、高可靠性的自动飞行控制系统,是这种成功的顶峰。

1.4.4 材料与加工

现代社会离不开新材料的开发,而化学工业则担负着材料技术进步的重任。除了需要持续提高产品质量外,在过程控制领域中还有其他几个要求使用控制技术的驱动因素。环境法规不断对污染物的产生施加更为严格的限制,迫使人们使用更加成熟的污染控制设备。环境安全考量导致了更小储量的设计,以减小重大化学泄漏的风险。这就要求对上游工艺和供应链进行更严格的控制。能源成本的大幅增加鼓励工程师们设计高度集成的设备,将以前独立运行的许多工艺过程耦合在一起。所有这些趋势增加了工艺过程的复杂性和对控制系统性能的要求,使得控制系统的设计变得越来越具有挑战性。

1.4.5　仪器

在科学和工程中，物理量的测量尤其重要。以加速计为例，早期的仪器由一个悬挂在弹簧上的质量块和一个偏转传感器构成。这种仪表的精度严重依赖于弹簧与传感器的精确校准。此外也存在设计上的妥协，因为采用弹力较弱的弹簧可以提供较高的灵敏度但却具有较低的带宽。测量加速度的另一种方法是采用力反馈（force feedback）。它用音圈取代弹簧，控制音圈以使质量块保持在一个恒定的位置。此时，加速度正比于通过音圈的电流。在这个仪器中，精度完全取决于音圈的校准，而与传感器无关（它仅用于提供反馈信号）。灵敏度和带宽的矛盾也得以避免。

反馈广泛应用用于生物仪器设备，比如图 1.5 所示的测量细胞内的离子电流的电压钳（voltage clamp）。霍奇金（Hodgkin）和赫胥黎（Huxley）利用电压钳研究了动作电位在鱿鱼巨轴突中的传播。他们二人与 Eccles 一起，因发现了神经细胞膜末梢与中枢部分兴奋抑制的离子机制，而分享了 1963 年的诺贝尔医学奖。有一种更精确的电压钳技术叫膜片钳（patch clamp），它可以精确地测量单个离子通道的开或闭。这一技术是由内尔（Neher）和萨克曼（Sakmann）开发的，他们因阐明了细胞中单离子通道的功能而获得 1991 年的诺贝尔医学奖。

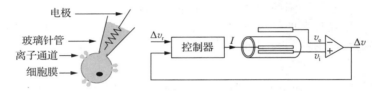

图 1.5　利用反馈来测量细胞中离子电流的电压钳技术。用针管将电极放入细胞中（左图），并维持细胞的电位固定。细胞内的电压为 v_i，外部液体的电压为 v_e。右边的反馈系统控制流入细胞的电流 I，以使细胞膜上的电压降 $\Delta v = v_i - v_e$ 等于参考值 Δv_r，因此电流 I 则等于离子电流

1.4.6　智能机器

控制工程的目标早在 20 世纪 40 年代甚至更早的时候就已经阐述得很清楚了，就是实现这样一种系统，它对于变化的环境能够做出高度灵活的或智能的响应[21]。1948 年 MIT（麻省理工学院）的数学家诺伯特·维纳（Norbert Wiener）发表了一份广为人知的关于控制论的报告（文献［253］）。在导弹控制相关问题研究的基础上，钱学森（Tsien）于 1954 年发表一篇关于工程控制论的更为数学化的论文（文献［242］）。对于现代机器人和控制的研究来讲，这些工作与当时的其他一些工作一起，共同构成了人工智能的基础。

在机器人技术和自治系统中，近年来进展最显著的两个领域是（消费者）无人机和自动驾驶汽车，图 1.6 所示为自治系统实例。像大疆幻影这样的四旋翼无人机，它们利

a）大疆幻影3四旋翼无人机　　　　　　b）nuTonomy公司开发的自动驾驶汽车

图 1.6　自治系统实例

用 GPS 接收器、加速计、磁强计和陀螺仪来稳定飞行，还使用摄像稳定平台来拍摄高质量的照片和视频。以谷歌的自动驾驶项目（现为 Waymo）为代表，自动驾驶汽车利用各种激光测距仪、摄像头和雷达来感知环境，然后使用复杂的决策和控制算法来实现从高速公路到拥挤城市街道的各种交通状况下的安全驾驶。

1.4.7　网络与计算系统

网络控制是一个覆盖许多专业的大型研究领域，涉及认知控制、路由选择、数据缓冲以及能耗管理等。这类控制问题的某些特征使得它们极具挑战性，其中最突出的特征是系统的规模特别巨大，因特网可能是人类有史以来建成的最大的反馈控制系统。另一个特征是其控制问题的去中心特征：必须尽快做出决策并且仅依赖局部的信息。当存在可变的时滞时，稳定性就成了很复杂的问题，因为在这种情况下，只有经过一段时间的延迟之后，控制器才能观测到或获得网络状态的信息，此外，局部控制行动的效果也必须经过相当长的时延之后才能被整个网络所感知。

网络的控制其实就是对网络中那些服务器进行控制。像路由器、Web 服务器以及数据库服务器这样的系统，在通信、电子商务、广告及信息储存中应用十分广泛，而计算机则是这类系统中的关键部件。一个典型的例子如图 1.7a 所示，它是一个多队列服务器系统，用于电子商务。该系统具有好几个服务器队列。边端的服务器接收输入请求，并将它们送往 HTTP 服务器队列，后者将对请求进行解析并将它们分发到应用服务器。不同请求的处理方式可能是大不相同的，此外，应用服务器还可以访问由其他机构管理的外部服务器。某一层中的单个服务器的控制如图 1.7b 所示。计算机对服务质量或运行成本方面的一个定量指标（如响应时间、吞吐量、服务率或内存使用量等）进行测量。控制变量可以是被接收的输入信号、操作系统或内存分配的优先权等。然后反馈回路试图将服务质量变量维持在目标值范围内。

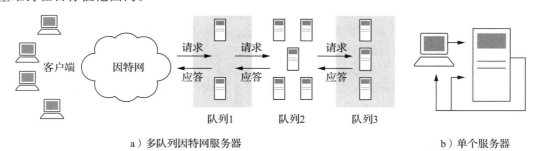

　　a）多队列因特网服务器　　　　　　　　　　　　　　　　b）单个服务器

图 1.7　多队列服务器系统。在图 a 所示的整个系统中，用户向一组计算机（队列 1）请求信息，而这组
　　　　计算机进而又从其他计算机（队列 2 和队列 3）收集信息。图 b 所示的单个服务器具有一组由系
　　　　统操作员（工作人员）设定的参考参数，服务器具有反馈机制，以便当系统出现不确定性时，维
　　　　持系统正常运行（基于文献［117］）

1.4.8　经济学

经济是一个大型的动态系统，其中有许多角色：政府、机构、公司及个人。政府通过法律和税收来控制经济，中央银行通过设置利率来控制经济，公司通过设定价格、进行投资来控制经济。个人则通过购物、储蓄和投资来控制经济。尽管人们做了各种努力，试图从宏观和微观等方面对经济系统进行建模和控制，但却困难重重，因为经济系统中不同角色的行为都对系统本身造成巨大的影响。

经济系统之所以难以建模，原因之一在于重要变量不满足守恒定律。一个典型的例子是，当用股价表示时，一个公司的价值可以迅速、无规律地变化。不过，仍然有些领域，守恒定律是成立的，因此可以进行精确建模。产品的供应链就是一个例子，如图 1.8 所示。产品数量是遵从守恒定律的一个量，相应的系统可以通过计算库存的产品数量来建模，可在消费者购买产品的同时使库存量保持最优，从而获得可观的经济收益。实际供应链问题要比图1.8所示复杂得多，因为可能存在多种产品，还可能存在地理上分散的许多工厂，这些工厂又需要原材料供应或需要进行产品分装。

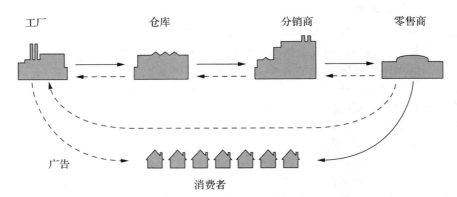

图1.8　产品的供应链（文献 [89]）。实线表示产品从工厂、仓库、分销商、零售商到消费者的整个供应链。虚线代表供应链中不同角色之间流动的反馈信息和前馈信息。

1.4.9　自然界中的反馈

　　自然科学中的许多问题涉及对复杂大规模系统中集群行为的理解。这种行为源自大量具有复杂信息流模式的简单系统间的相互作用。从胚胎学到地震学的广泛领域里，都可以找到这类典型例子。研究复杂系统的学者，往往会把研究重点放在分析反馈（或互连）对集群行为的促进与稳定作用上。这里简单介绍三个应用领域。

　　目前在生物学界的一个热门话题是生物控制网络的逆向工程科学研究（最终目的是正向实现）。图1.9是这种生物控制网络的一个例子。有许多的生命现象可以为我们提供大量的控制实例：基因调控与信号传导；荷尔蒙、免疫及心血管等的反馈机制；肌肉控制与运动；主动感知、视觉及本体感；注意力与意识；以及种群动态与传染病等。

　　与单个细胞及生物体不同，群体和生态系统所呈现的自然特性本质上反映着选择机制的作用。生态系统是复杂的多尺度动态系统，在广阔的研究领域里为反馈系统的建模与仿真提供了许多挑战性的新课题。将控制和动态系统分析的工具用于细菌群落分析的最新经验表明，这类网络的复杂性在很大程度上是由于其中存在着多层反馈回路，正是这些反馈回路为单个细胞提供了强大的功能[146,230,259]。而在另一些例子中，在细胞层面上发生的事件则有利于群体，却牺牲了个体。系统级分析可用于生态系统，目的是理解生态系统的鲁棒性，以及单个物种的决策和事件对整个生态系统的鲁棒性/脆弱性的影响程度。

　　在自然界中，生物体及其控制系统的发展往往是协同进行的。鸟类的发展就是一个有趣的例子，正如 J. M. 史密斯（J. M. Smith）在1952年所指出的那样："最早的鸟类、翼龙和飞虫是稳定的，因为在没有高度进化的感觉系统和神经系统的情况下，如果它们不稳定，那就不能飞行……其实，对于飞行的动物来说，不稳定可以带来很多好处。较大的机动性对于在空中捕食的动物以及被捕食的空中动物同等重要……似乎在鸟类中，至少在某些昆虫中……感觉系统和神经系统的进化使得早期形式的稳定性不再必要。"[224]

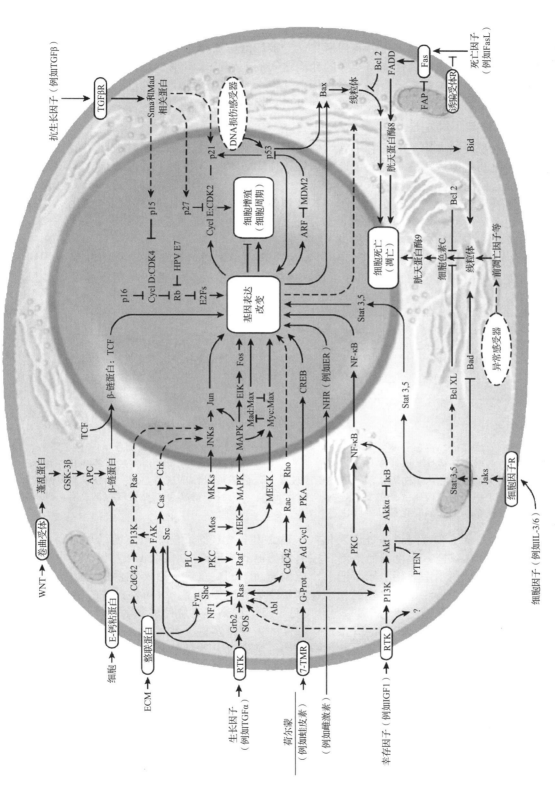

图 1.9　哺乳动物细胞生长信号回路的信号路径示意图[114]。图中标示出了被认为在癌症中起作用的主要信号路径。用线条表示细胞中基因与蛋白质间的相互作用，带箭头的线条表示一个通道或对相应的基因起激励作用，带型线条表示抑制作用（经 Elsevier 公司及作者授权使用）

1.5　反馈的性质

　　反馈是一个强大的思想，正如我们所见，它被广泛应用于自然界和技术系统中。反馈的原理很简单：基于期望的性能与实际的性能之间的差别，来实现校正作用。反馈具有显著的特性，在工程领域被广泛应用于多种场合并带来系统能力的巨大改进，这些改进有时是革命性的。在这一节中，我们将讨论一些可以直观理解的反馈特性。

1.5.1　鲁棒性与不确定性

　　反馈的一个关键应用是为具有不确定性的系统提供鲁棒性。例如，对被调节信号的感测值与期望值的差值进行测量，就可以施加校正作用，以部分补偿干扰的影响。这正是瓦特在蒸汽机上使用离心调速器所取得的效应。反馈的另一个作用是对过程的动态变化提供鲁棒性。如果系统发生了某种变化并影响了被调整信号，那么可通过感测这个变化，然后采取措施使系统返回到期望的工作点，即使过程参数未被直接测量也是如此。这样一来，反馈就为存在动态不确定性的系统提供了鲁棒性。

　　图 1.10 为控制车辆速度的反馈系统。在这个系统中，通过调节发动机的油量来控制车辆的速度，即使用简单的比例-积分（PI）反馈，让油量受实际速度与期望速度的差以及该差值积分的控制。

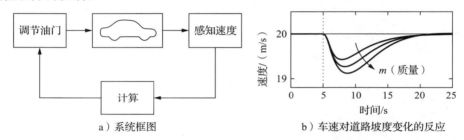

　　　a）系统框图　　　　　　　　　　　　b）车速对道路坡度变化的反应

图 1.10　控制车辆速度的反馈系统。图 a 中，车速被测量，并在"计算"环节中与期望速度比较。节气门（或制动）依据实际速度与期望速度的差，来调节发动机、传动机构及车轮等作用于车辆上的力。图 b 显示了车辆由水平道路变成坡度恒定的上坡时，车速的变化。三条不同的曲线对应于不同的车辆质量（在 1200～2000 kg 之间），可见反馈确实可以补偿坡度的变化，闭环系统使车速的大幅变化具有鲁棒性

　　图 1.10b 显示了车速对道路坡度变化（水平变为上坡）的反应。当坡度增加时，由于重力的作用，汽车减速，速度开始下降。控制器感测到速度误差，因而增大节气门将速度恢复到所需的值。图 1.10b 还显示了同一个控制器对不同质量（源自不同的乘客数或牵引拖车）的汽车响应。请注意，车辆的稳态速度始终接近期望速度，并可在约 15 s 内达到该速度，与质量无关（质量变化约 ±25％）。可见，反馈提高了系统性能和鲁棒性。

　　早期的负反馈放大器是反馈提升系统鲁棒性的另一个实例。在电话通信发展初期，放大器被用来对长距离线路上的信号衰减进行补偿。制作放大器的器件之一是真空管。真空管的非线性特性所引起的畸变与放大器的漂移一起，在很长一段时间里，一直是阻碍线性放大器开发的一个障碍。1927 年贝尔电话实验室的电气工程师哈罗德·S. 布莱克（Harold S. Black）发明了反馈放大器，这是一个重大突破。布莱克使用了负反馈，这虽然降低了增益，但却使得放大器对真空管的特性变化不再敏感。这个发明使得人们可以使用非线性的真空管放大器制造出稳定的线性放大器。

1.5.2　动态的设计

　　反馈的另一个应用是改变一个系统的动态特性。利用反馈改变系统的行为可满足具体应用的需要：不稳定的系统可以变得稳定，响应迟缓的系统可以变得响应快速，工作点漂

移的系统可以使工作点保持不变。控制理论为复杂系统的分析提供了大量的技术，这些技术既可以用来分析系统的稳定性和动态响应，也可以用来分析那些描述系统部件的线性、非线性算子的增益，从而限定系统的行为。

　　一个来自飞行控制领域的例子可以用来说明控制理论在动态设计上的应用。下面这段话选自威尔伯·莱特（Wilbur Wright）在 1901 年的演讲，可以用来说明控制理论在飞机发展中所起的作用：

> "人类已经知道如何建造飞机，当飞机在空中以足够高的速度飞行时，飞机的机翼就能够支撑自身的重量，包括发动机以及工程师的重量。人类还知道如何制造出足够轻和功率足够大的发动机和螺旋桨，以驱动飞机达到连续飞行的速度。研究飞行问题的人们仍然会遇到维持平衡和转向的问题。只要这个问题得到解决，飞行的时代就到来了，因为所有其他的困难都是次要的。"[180]

　　莱特兄弟因此意识到控制是飞行能否成功的关键所在。在他们建造的飞机［莱特飞行器（Wright Flyer）］中，他们实现了稳定性与操控性的折中。[78] 这是一架不稳定但却易操控的飞机，飞机的前部有一个很容易操控的方向舵。但它有一个缺点，就是在飞行时，飞行员必须不断地调节方向舵。如果飞行员放开方向舵，飞机就将坠毁。他们于 1903 年在基蒂霍克（Kitty Hawk，美国北卡罗来纳州东北部一小镇）成功进行了人类的首次飞行。现代战斗机在某些飞行状态下也不稳定，例如在起飞和着陆时。

　　由于驾驶不稳定的飞机是相当枯燥乏味的，因此人们有强烈的动机要寻找一种可以使飞机稳定的反馈机制。最终由斯佩里（Sperry）使用一个可指示垂直方向且回转稳定的摆锤设计了这种反馈机制（如果飞机朝下，就拉动方向舵使飞机朝上移，反之就使飞机朝下移）。斯佩里自动飞行仪是展示反馈如何使不稳定的系统变得稳定的一个很好的例子，也是航空工程中首次对这种反馈机制的应用，斯佩里因此赢得了 1914 年在巴黎主办的最安全飞机竞赛的大奖。

1.5.3　创建模块化系统

　　反馈可用于创建模块化的系统，并以结构化、层次化的方式为输入输出创建良好的关系。模块化系统是指可以在不修改整个系统的情况下替换单个组件的系统。反馈使得系统中组件能十分鲁棒地面对其互连上的变化，维持输入/输出特性不变。图 1.11 所示的位置控制系统就是一个典型的模块化系统例子，它具有三环级联的架构。最内环是电流环，电流控制器（CC）驱动放大器，使电动机的电流跟随指令值（也称设定值或参考值）。中间反馈环为速度环，速度控制器（VC）建立（或说驱动）电流控制器的设定值，以使速度跟随设定值。最外环为位置环，位置控制器（PC）建立速度环的设定值，以使位置跟随设定值。

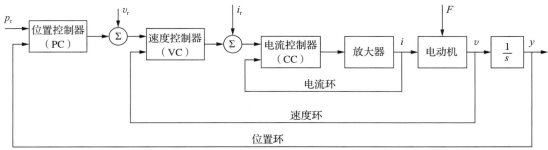

图 1.11　位置控制系统框图。该系统有三个级联的环，分别用于控制电流、速度和位置。每环都有外部提供的参考值（用下标 "r" 表示），它设置了本环输入的额定值，其与紧邻的外环输出相加，确定了本环的指令值（或设定值）

图 1.11 所示的控制环嵌套的模块化十分常见，它简化了设计、调试和运行。以速度环的设计为例。假定电流控制器已经设计良好，电动机的电流能跟随电流控制器的设定值。由于电动机转矩正比于电流，电动机速度与电流控制器输入之间的动态关系可近似简化为一个积分器。将该简化的模型用于速度环的设计，可以减小摩擦及其他干扰的影响。有了精心设计的速度环，位置环的设计也就简单了。级联环结构的调整也可以按从内到外的顺序进行。

这个模块化系统实例展示了把控制器的设计模块化、用反馈来简化控制器的总体设计。由于每个模块的设计仅依赖于该模块系统的闭环行为，具有模块化功能。假如用一个新电动机替换原有电动机，并重新设计电流控制器，以使电流环提供相同的闭环性能，那就无须修改外环。类似地，如果需要为一个不同规格指标的应用重新设计某个外层环的控制器，那通常也可以利用现有的内环设计（只要现有设计能提供足够的性能，足以满足外环的需求即可）。

1.5.4　反馈面临的挑战

尽管反馈有许多优点，但如果设计不当的话，可能会导致系统不稳定。显然这种情况是要尽力避免的，因为我们所设计的系统不仅应该在正常情况下能够稳定工作，而且在所有可能的动态干扰下也应保持稳定。

除了潜在的不稳定性之外，反馈还必然会将系统的不同部分耦合在一起。反馈的一个共同问题是，它往往会将测量噪声注入系统。我们不仅必须小心地对测量信号进行滤波，以保证处理与执行过程不受噪声影响，同时更要确保传感器的测量信号与闭环的动态特性正确耦合（以便能够达到适当的性能水平）。

虽然在过去的几十年里，传感、计算及执行单元的成本已经大大降低了，但实际上控制系统往往十分复杂，因此人们不得不在成本和收益之间进行小心的权衡。在汽车中使用微处理器的反馈系统正是这样一个早期的工程实例。20 世纪 70 年代初，汽车尾气排放标准日益严格，而只有将电子控制系统嵌入汽车系统中才能达到排放标准，因此，微处理器开始应用于汽车系统中，但这也增加了汽车的成本，且早期故障率高，经常引起客户不满。经过不断的技术改进，汽车的性能、可靠性得以提升，汽车成本也得以透明化。即使到了今天，汽车系统的复杂性仍使车主很难自己解决相关的车辆故障。

1.6　简单形式的反馈

基于一个物理量的期望值与实际值的差来施加校正作用的反馈思想，可以用许多种方法来实现。反馈可以通过应用十分简单的反馈机制来实现，譬如应用通断控制、比例控制以及比例-积分-微分控制等。

1.6.1　通断控制

通断控制（on-off control）是一种简单的反馈机制，可描述如下：

$$u = \begin{cases} u_{\max} & \text{若 } e > 0 \\ u_{\min} & \text{若 } e < 0 \end{cases} \tag{1.1}$$

式中，控制误差（control error）$e = r - y$，是参考信号（或指令信号）r 与系统输出 y 之差，而 u 则是执行命令。图 1.12a 描述了通断控制。通断控制意味着永远采用最大的校正作用。

通断控制的一个主要优点就是简单，无须选择任何参数就可使过程变量接近参考量，例如使用简单的恒温计就可以维持房间的温度基本不变。通断控制也往往会导致系统的控制变量发生振荡，当振荡足够小时，这通常是可以接受的。

注意，当控制误差为 0 时，式（1.1）是没有定义的。一般会引入死区特性或滞环特性（见图 1.12b 和 1.12c）来进行改进。

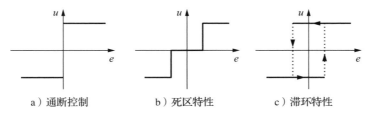

a）通断控制　　　　　b）死区特性　　　　　c）滞环特性

图 1.12　通断控制器的输入/输出特性。水平轴为输入，垂直轴为输出。图 a 为理想的通断控制；图 b 为
　　　　　加入死区特性后的改进；图 c 是加入滞环特性后的改进。注意，在加入滞环特性后，通断控制
　　　　　的输出与过去的输入有了关系

1.6.2　PID 控制

通断控制之所以会引起振荡，其原因在于系统会响应过度——因为控制误差的一个很
小变化会使执行变量发生满幅度的变化。比例控制（proportional control）可以避免这个
问题。对于较小的误差来讲，比例控制器的输出特性是正比于控制误差的。这可以用下式
实现：

$$u = \begin{cases} u_{\max} & 若\ e \geqslant e_{\max} \\ k_{p} e & 若\ e_{\min} < e < e_{\max} \\ u_{\min} & 若\ e \leqslant e_{\min} \end{cases} \tag{1.2}$$

式中，k_{p} 是控制器的增益，$e_{\min} = u_{\min}/k_{p}$，$e_{\max} = u_{\max}/k_{p}$。$(e_{\min}, e_{\max})$ 称为线性范围
（linear range），因为在这个范围里，控制器的行为是线性的：

$$u = k_{p}(r - y) = k_{p} e \quad 若\ e_{\min} \leqslant e \leqslant e_{\max} \tag{1.3}$$

尽管比例控制是对通断控制的巨大改进，但它有一个缺点，就是过程输出变量往往会
偏离参考值。特别地，如果需要一定幅度的控制信号才能使系统维持在期望的输出值，那
么为了产生所需的（控制器）输入，必须让 $e \neq 0$。

这个缺点可以利用积分控制（integral control）来避免：

$$u(t) = k_{i} \int_{0}^{t} e(\tau) d\tau \tag{1.4}$$

式中，k_{i} 是积分增益。通过简单的推导可以看出，具有积分作用的控制器的稳态误差为零
（见习题 1.5）。不巧的是，系统可能会振荡，并不总是稳定的。此外，如果像式（1.2）那
样对控制作用进行限幅，那么会发生"积分器饱和"效应。如果不使用适当的"抗饱和"
措施进行补偿，就可能导致性能变差。尽管积分控制存在这种潜在的缺陷（在通过仔细分
析和设计后可以克服），但其在有恒定干扰的场合能实现零误差的优点，因此成了最常用
的反馈机制之一。

有一个改进做法，就是对误差进行预测。一个简单的预测方法是采用线性插值：

$$e(t + T_{d}) \approx e(t) + T_{d} \frac{de(t)}{dt}$$

它可以提前 T_{d} 个时间单位给出误差的预测。将比例、积分及微分控制结合在一起，就得
到具有以下数学表达式的控制器：

$$u(t) = k_{p} e(t) + k_{i} \int_{0}^{t} e(\tau) d\tau + k_{d} \frac{de(t)}{dt} \tag{1.5}$$

这样一来，控制作用就是三项之和：比例项代表当前，误差的积分项代表过去，误差的线
性插值（微分项）代表未来。这种形式的反馈称为比例-积分-微分（proportional-integral-
derivative，PID）控制器，其作用如图 1.13 所示。

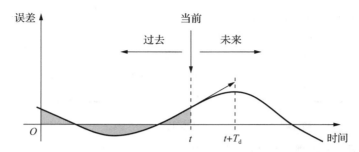

图 1.13 PID 控制器的作用。在时刻 t，比例项取决于误差的瞬时值。反馈的积分项则基于误差积分到时刻 t 的数值（阴影部分）。微分项为误差随时间的增长或衰减提供了估计，这可以从误差的变化速率看出来。T_d 代表将误差往前推算的近似时间

PID 控制极其有用，它能够解决许多领域的控制问题。有 95% 以上的工业控制问题是采用 PID 控制来解决的，不过其中的许多控制器实际上是比例－积分（proportional-integral，PI）控制器，因为通常不会使用微分项[71]。

1.7 反馈与逻辑的结合

连续控制通常与逻辑控制相结合，以应对不同的运行条件。逻辑往往与运行模式的变化、设备的保护、手动交互、执行器的饱和等有关。有一种情况是，有一个变量为首要关注的变量，但为了保护设备也需要对其他变量进行控制。例如，在控制压缩机时，尽管流出量是首要变量，但为了防止压缩机因失速而损坏，必须要让压缩机能够切换到不同模式。下面举例说明。

1.7.1 巡航控制

图 1.10 所示的反馈系统的基本控制功能是保持速度不变，这通常由运行在自动模式下的 PI 控制器实现，但在制动、加速或换挡时，需要关闭自动模式。巡航控制系统通常有一个用户界面（见图 1.14a）供驾驶人与系统通信。图 1.14a 中有四个按钮：开/关、巡航设置、恢复/加速、取消。该系统的运行由图 1.14b 所示的有限状态机控制，有限状态机控制 PI 控制器及参考信号发生器的工作模式。

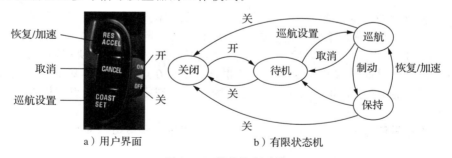

a）用户界面   b）有限状态机

图 1.14 巡航控制系统

图 1.14b 中的有限状态机有四种模式：关闭、待机、巡航和保持。状态的改变取决于驾驶人的操作。"开/关"按钮使状态在"关闭"和"待机"之间切换。当巡航控制系统处于"待机"状态时，按下"巡航设置"按钮可以切换到"巡航"状态。释放该按钮时，速度参考值将成为汽车速度的设定值。在"巡航"状态下，驾驶人使用"恢复/加速"按钮可以改变速度参考值。如果驾驶人踩节气门加速，车速会增加，但松开节气门后，车速会回到设定的速度；如果驾驶人制动，汽车会减速，巡航控制器会进入"保持"状态，并记

住控制器的设定值。按下"恢复/加速"按钮会返回到"巡航"状态。如果按下"取消"按钮，系统也会从"巡航"状态切换到"待机"状态。速度控制器会记住速度参考值。当系统处于运行状态时，按下"开/关"按钮将进入"关闭"模式。

用于这种场合的 PI 控制器，既要能提供良好的调节性能，又要在恢复模式与控制模式之间切换时能提供良好的瞬态性能。

1.7.2　服务器群

服务器群由提供互联网服务（云计算）的大量计算机组成。像图 1.15 这样的大型服务器群可能拥有多达数千个处理器。服务器供电及冷却的功耗是首要考虑的问题。在数据中心运行的总成本中，有超过 40% 是能源成本[84]。服务器群的首要任务是响应大幅度变化的计算需求。电力的消耗、可用的冷却能力等对此施加了限制。单个服务器的吞吐量取决于时钟频率，而时钟频率可以通过调整所施加的系统电压来改变。但提高供电电压必将增加能耗，并要求更多的冷却能力。

图 1.15　位于劳伦斯的伯克利国家实验室的美国国家能源研究科学计算中心（NERSC）的大型计算机"服务器群"（图片由美国能源部提供）

服务器群的控制常使用反馈和逻辑的结合控制来实现。如果简单地通过提高服务器的电压来启动一台服务器，那么虽然可以迅速增加吞吐容量，但是这样启动服务器会消耗更多的能源，需要更多的冷却能力。为了节省能源，关闭不必要的服务器是有利的，但启动一台关机的服务器需要一定的时间。服务器群的控制系统需要对每台服务器的电压和冷却进行单独控制，并需要一套开、关服务器的策略。温度也是一个很重要的参数。过热将缩短系统的寿命，甚至可能毁掉系统。由于冷却空气通过服务器的路径有串联、也有并联，冷却系统也很复杂。为此，将温度最高的服务器作为冷却系统的测量参数。温度控制采用前馈逻辑与反馈结合的控制，前馈逻辑确定何时开或关服务器，PID 控制则进行反馈控制。

1.7.3　空气-燃料控制

空气-燃料控制是影响船舶锅炉性能的一个关键要素。空气-燃料控制系统由控制空气和油（燃料）流量的两个反馈环，以及调节空燃比的监控控制器（supervisory controller）等构成。当船舶行驶时，应该将空燃比调整为最佳效率，而当船舶行驶在港口时，有必要让系统运行在过量空气的状态，以免产生黑烟导致巨额惩罚。

将 PI 控制器与最大值和最小值选择器相结合，可以解决以上问题，空气-燃料控制系统的框图如图 1.16a 所示。选择器（selector）是多输入、单输出的静态系统，其中最大选择器的输出为各输入值中的最大值，最小值选择器的输出为各输入值中的最小值。考虑功率需求增加的情况：最大值选择器选取功率指令值 r 作为空气流控制器的输入参考值，最小值选择器则选取测量的空气流量作为燃料流控制器的输入参考值。这样一来，燃料流量将滞后于空气流量，因而会有过量的空气。当功率指令值降低时，最小值选择器将选取功率指令值 r 作为燃料流控制器的输入参考值，最大值选择器则将选取测量的燃料流量作为空气控制器的输入参考值。因此，在功率降低时，系统仍会运行在过量空气的状态。

　　当需要的功率水平发生阶跃变化时，系统的响应结果如图 1.16b 所示。可见，系统无论是在功率增加时还是减少时，都能维持过量空气状态。

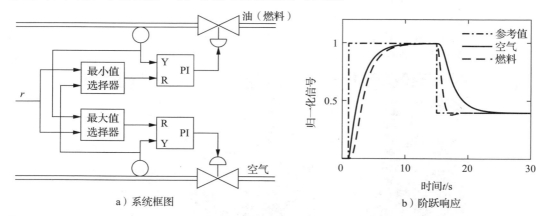

a）系统框图　　　　　　　　　　　　　b）阶跃响应

图 1.16　基于选择器的空气-燃料控制系统。图 a 为该系统的框图，PI 控制器中的字母 R、Y 分别表示参考信号和被测信号的输入端口。图 b 为功率参考值 r 在 $t=1$ s 和 $t=15$ s 时发生两次阶跃变化时的仿真波形。请注意，在功率参考信号发生增加和减少的阶跃变化时，归一化的空气流量都大于归一化的燃料流量

　　在发动机和电力系统中，选择器常用来实现逻辑功能。选择器还用于可靠性要求极高的系统，例如，使用三个传感器测量同一个量，但只接受其中数值一致的两个传感器的值，这可以防止单个传感器发生故障的情况。

1.8　控制系统的分层结构

　　本书研究的大多数控制系统都是相对简单的反馈环。本节将简单的反馈环结合在一起，形成复杂的系统，这种系统通常采用分层结构，以不同的方式将控制器、逻辑以及优化等组合在一起。图 1.17 是这种分层结构的一种表示，它展示了控制系统的不同"层"。该分层结构的细节不在本书的介绍范围之内，但下面将用几个有代表性的例子来说明它们的一些基本特征。

1.8.1　货运列车行程优化器

　　通用电气（GE）公司开发的现代机车控制系统使用了图 1.17 的分层结构。对货运列车的典型要求是准时到站并尽量少用燃料，达到这个要求的关键则是避免不必要的制动。图 1.18 展示了 GE 开发的货运列车行程优化系统。在该系统底层配有速度调节器，并设置了避免进入到另一台列车所在区域的简单逻辑。地面坡度是速度控制的关键干扰。速度控制器由轨道模型、GPS 传感器以及估算器组成。速度控制器的设定值由行程优化器提供，该优化器算出一个准时到站油耗最低的驾驶计划。到站时间则由调度中心提供，且调度中心可以使用自己的优化。

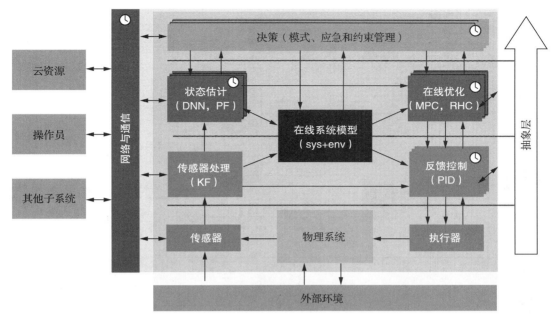

图 1.17　控制系统的分层结构

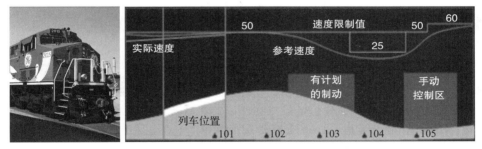

图 1.18　货运列车行程优化系统。通用电气的 Trip Optimizer™ 行程优化器会收集列车、地形及
　　　　驱动系统的有关数据，并计算出列车的最佳速度，以在油耗最低的情况下准时到达目
　　　　的地（图片由通用电气提供）

　　柴油-电力货运机车牵引大负载的货车，使用 Trip Optimizer 自动驾驶仪后，平均可
以节省 10％ 的燃料，节约了相当可观的成本、自然资源，降低了环境污染。

1.8.2　过程控制系统

　　过程控制系统可用于监控和调节各种化学品和材料的生产。图 1.19 是一个造纸厂的
生产流程图。该厂有多条生产线和多台造纸机，采用几十种机械和化学生产工艺。图 1.19
中最上面一条生产线是经过多个步骤后把原木转化成纤维浆，然后再由造纸机将纤维浆转
化成纸张。每个生产单元都采用 PI（D）控制器来控制流量、温度及储罐液位等。工艺循
环的典型时间周期从几秒到几分钟不等。采用逻辑控制来确保过程的安全，并采用顺序控
制来控制启动、停止和变更生产。低液位控制回路的设定值由生产率和配方确定，有时还
使用优化。该系统的运行由监控系统控制，以测量储罐液位并设置不同生产单元的生产
率。该系统根据产品需求、储罐液位的测量值及流量来进行优化。优化的时间范围从数分
钟到数小时不等，并受不同生产单元生产率的约束。化学和制药工业的连续生产过程与造
纸厂类似，但各个生产单元可能有很大的差别。

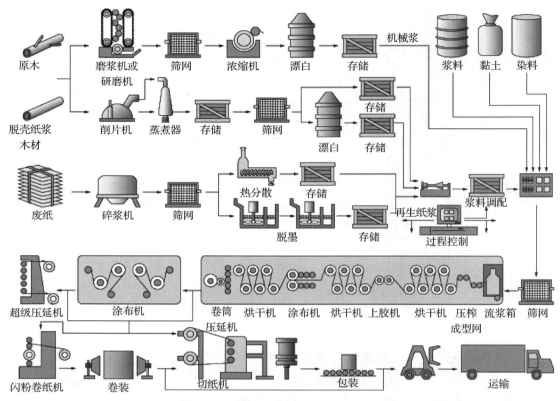

图 1.19　造纸厂的生产流程图（选自 *Weidenmüller*，1984 年）

现代过程控制系统的特点之一是系统运行所跨越的时间尺度和空间尺度都很大。现代控制系统又是与供应链和产品分销链集成在一起的，需要使用生产计划系统、企业资源管理系统等。图 1.20 给出了基于分布式控制系统（DCS）的过程控制系统功能架构，这是复杂制造系统控制中的典型示例。

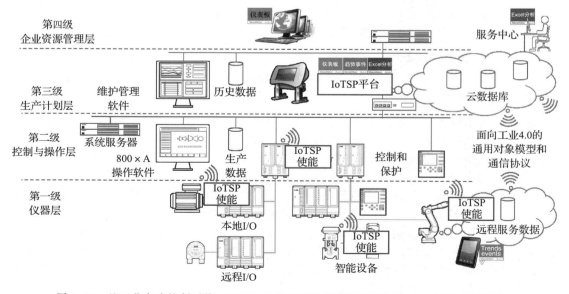

图 1.20　基于分布式控制系统（DCS）的过程控制系统的功能构架（由 ABB 公司提供）

1.8.3 自动驾驶

图 1.10 中的反馈系统可维持车速恒定，为驾驶人省了很大的事，但驾驶人仍有许多任务，包括：规划路线、避免碰撞、确定合适的速度、变道、转弯、与前车保持适当的距离等。汽车制造商正在不断努力使汽车越来越多的功能实现自动化，终极目标就是自动驾驶。自动驾驶的反馈系统将融合来自道路传感器和交通传感器（摄像机、激光测距仪和雷达等）的数据，以创建车辆周围环境的多层"地图"。该地图被用来决定车辆该采取何种行动（继续行驶、停车、或变道等），并为车辆规划具体路线。基于优化的规划器被用于计算车辆需要遵循的路线，并将其传递给轨迹跟踪（或称路径跟踪）模块。监控模块则执行更高级的任务，如任务规划、应急管理（管理传感器和执行器的故障等）。

图 1.21 是自动驾驶汽车控制系统的一个例子，它是为在城市环境中驾驶设计的。图 1.21 所示的网络控制构架具有图 1.17 所示控制系统分层结构的基本特征。控制层包括规划模块和控制模块。规划模块包括任务规划器和交通规划器（代表了两个层次的离散决策逻辑），还有路径规划器（代表了轨迹优化功能）。规划模块下面是较低层的控制模块和感测模块。感测模块中的信息，如车辆在车道上的速度和位置等，被送往路径跟踪器，道路上其他车辆及其运动的预测信息等则被送往路径规划器，再到交通规划器。

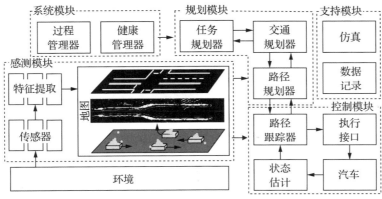

图 1.21 加州理工学院于 2005 年和 2007 年参加 DARPA 大挑战的参赛作品"爱丽丝"及其网络控制架构[66]

1.9　阅读提高

本章前半部分的材料来自文献［187］。另有文献［191］重点介绍了控制的成果。文献［56，154，158，213，257］介绍了控制的前景。文献［35，34，179］描述了控制的早期发展历史，这个时期大约在 1800—1955 年。文献［183］对美国早期控制发展的某些历史进行了饶有兴趣的考证。文献［143］对众多学科中的控制概念进行了介绍。

文献［73，93，157，219］在工程领域获得了广泛的采用。文献［163，225］则比较偏重从数学理论上对控制理论进行介绍。与以上书籍专业性很强的特点不同，文献［7］可读性强且对数学背景要求不高。文献［117，131］则对反馈在计算系统中的应用进行了介绍。另外还有许多书偏重于生物系统中的动态及反馈的作用，这包括文献［83，182，186］。文献［91，30］则覆盖了物理学界感兴趣的许多特定主题。

将连续反馈与逻辑控制及顺序控制相结合的系统称为混合系统。分析这种系统所需要的理论超出了本文的范围，读者可参考文献［104］。在实际控制系统中，反馈控制与逻辑顺序及选择器相结合是很常见的，文献［19］给出了许多例子。

习题

1.1　在日常环境中找出 5 个你所遇到的反馈系统。对于每个系统，辨别其传感机制、执行机制以及控制律。描述这些反馈系统为哪些不确定性提供了鲁棒性，并且（或者）描述反馈改变了哪些动态。

1.2　（平衡系统）请闭上眼睛，单脚平稳站立 15 s。以图 1.4 作为指导，对保持你稳定不倒的控制系统进行描述。请注意，这里的"控制器"跟图 1.4 中的不同（除非你是在遥远的未来阅读本书的一个机器人）。

* 1.3　（眼球运动）做以下的实验，并对结果进行解释：保持头不动，在脸的前方左右移动一只手，并让眼睛注视该手。记下在你的视线范围内移动手的最快速度。接下来保持手不动，左右摇动你的头，再次记录在你的视线范围内头摇动的最快速度。

1.4　（巡航控制）请从本书前言中给出的下载网站下载图 1.10 所示巡航系统仿真用的 MATLAB 代码。利用试错法，改变控制规律的参数，使质量（m）为 1200 kg 的车辆的速度超调量不超过 1 m/s。设 $m = 2000$ kg，重复同样的控制器设计练习。

1.5　（积分作用）对于具有恒定输入的系统，当系统的所有变量随着时间的增加而趋近于恒定值时，我们说该系统达到了稳定状态。证明：对于具有积分作用的控制器，例如式（1.4）和式（1.5）所给的控制器，如果闭环系统达到了稳定状态，则误差将变成零。注意这里的控制器没有饱和。

1.6　（反馈与逻辑结合）考虑一个巡航控制系统，其整体功能由图 1.14 的有限状态机控制。假设该系统有连续的车速输入信号，有指示制动和换挡的离散输入信号，还有带速度参考值、测量值输入和控制信号输出的 PI 控制器。请简述为了正确处理系统，应对有限状态机进行哪些状态操作。请考虑一下如何存储额外的变量，如何对 PI 控制器进行调整。

1.7　在网上搜索，从正式出版物中找出一篇关于反馈和控制系统的文章。利用该文章中的术语对文章中的反馈系统进行描述：（a）其中被控制的过程或系统；（b）传感器；（c）执行器；（d）计算单元。如果某些信息在文章中没用提供，请指出来，并猜测一下可能会是什么。

第 2 章

反 馈 原 理

反馈是所有自动调节系统的基本原理，机器如此，生命过程如此，人类社会兴衰亦如此。

——A. Tustin，"Feedback"，*Scientific American*，1952（文献［244］）

本章以简单的静态模型和动态模型为基础举例说明反馈的基本特性，包括：对干扰的抑制、对参考信号的跟踪、对不确定性的鲁棒性，以及对行为特性的塑造。通过阅读本章，读者可加深对反馈作用的理解，并对传递函数和框图有一定的认识，能设计简单的反馈系统。由于后续章节将对本章介绍的基本概念做更详尽的解释，因此，想要直接转向更详细的分析与设计技术的读者可以跳过本章。

2.1 非线性静态模型

首先介绍用静态模型表示过程和控制器的行为特性的方法。虽然这类模型非常简单，却非常有助于深刻理解反馈的基本特性。负反馈的基本特性是能增大线性范围，改进对参考信号的跟踪，降低干扰、参数变化等的增益与影响。适度的正反馈则具有相反的特性：会缩小线性范围，增大系统的增益。在临界值下，增益将变成无穷大，系统的行为将类似于继电器；较大的增益会导致滞环行为。尽管静态模型能为读者提供一些参考，但它们无法捕捉动态现象（稳定性等）。正反馈与动态特性相结合，往往引起不稳定和振荡，这将是本书从头至尾一直要讨论的问题。

考虑图 2.1 所示框图中的闭环系统，图中参考（或命令）信号为 r，即期望的系统输出。控制器 C 的输入为 e，它等于参考 r 和过程输出 y 之间的差值，控制器的输出是控制信号 u。在过程的输入中还存在负载干扰 v，它使系统受到干扰。虽然本书重点研究负反馈，但图 2.1 也可以用于分析正反馈。

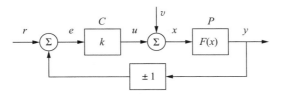

图 2.1　简单的静态反馈系统框图。控制器恒定增益 $k>0$，过程用非线性函数 $F(x)$ 建模。过程输出为 y，控制信号为 u，外部信号为参考 r，负载干扰为 v。底部方块中的"＋""－"符号分别表示正反馈和负反馈

将过程 P 建模为这样一个函数：当输入的幅值小于 1 时，函数是线性的；当输入的幅值大于 1 时，函数具有饱和特性。控制器则建模为恒定的增益 k。由此，过程和控制器表示为以下函数：

$$y = F(x) = \text{sat}(x) = \begin{cases} -1, & x \leqslant -1 \\ x, & |x| < 1; \\ 1, & x \geqslant 1 \end{cases} \qquad u = ke \qquad (2.1)$$

当 $|x| < 1$ 时，$y = x$，过程增益（process gain）为 1，且过程是线性的，这个范围称作线性范围（linear range）。由于控制器的输出 u 是输入 e 的 k 倍，因此控制器增益（controller gain）为 k。

当没有反馈时，控制器和过程组成的系统称为开环系统（open loop system）。当忽略干扰 v 时，由式（2.1）可以得到开环系统的输入/输出关系，即

$$y = F(kr) = \mathrm{sat}(kr) \tag{2.2}$$

它具有增益 k 和线性范围 $|r| < 1/k$。

2.1.1 对参考信号的响应

为了研究过程输出 y 对参考信号 r 的跟踪，假定图 2.1 中的负载干扰 v 为零。先考虑负反馈（negative feedback）的情况，将图 2.1 中下部方块中的符号设置为 -1。根据图 2.1 及式（2.1），可得闭环系统的描述为：

$$y = \mathrm{sat}(u), \quad u = k(r - y) \tag{2.3}$$

消除式中的 u，可得：

$$y = \mathrm{sat}(k(r - y)) \tag{2.4}$$

为了找到参考信号 r 和过程输出 y 之间的关系，需要求解代数方程。在线性范围 $|k(r - y)| < 1$ 内，有 $y = \dfrac{k}{k+1}r$。当 $|k(r - y)| \geqslant 1$ 时，输出饱和，有 $y = \pm 1$ ［具体取决于 $k(r - y)$ 的符号］。可以证明，完整的输入/输出关系满足：

$$y = \mathrm{sat}\left(\frac{k}{k+1}r\right) = \begin{cases} -1, & r \leqslant -\dfrac{k+1}{k} \\[2mm] \dfrac{k}{k+1}r, & |r| < \dfrac{k+1}{k} \\[2mm] 1, & r \geqslant \dfrac{k+1}{k} \end{cases} \tag{2.5}$$

函数图像如图 2.2 所示。

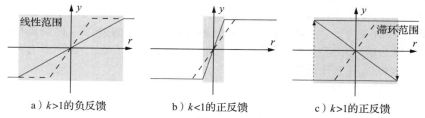

a）$k>1$ 的负反馈   b）$k<1$ 的正反馈   c）$k>1$ 的正反馈

图 2.2 系统的输入/输出行为。图 a 为 $k>1$ 的负反馈情况；图 b 为 $k<1$ 的正反馈情况；图 c 为 $k>1$ 的正反馈情况。实线为闭环系统的响应，虚线为开环系统的响应（重绘自文献［221］的图 20.5）

该闭环系统的线性范围为 $|r| < \dfrac{k+1}{k}$。对比式（2.2）可见，负反馈把系统的线性范围扩大为开环系统的 $k+1$ 倍，具体如图 2.2a 所示（虚线为开环系统的，实线为闭环系统的）。

2.1.2 对参数不确定性的鲁棒性

接下来研究闭环系统对增益变化的灵敏度。系统的灵敏度（sensitivity）描述系统性能受系统参数变化影响的程度。对于工作在线性范围内的开环系统，因 $y = kr$，故有：

$$\frac{\mathrm{d}y}{\mathrm{d}k} = r = \frac{y}{k} \quad \Rightarrow \quad \frac{\mathrm{d}y}{y} = \frac{\mathrm{d}k}{k} \tag{2.6}$$

可见，输出的相对变化等于参数的相对变化，灵敏度为 1。所以，在开环系统中，k 变化 10% 将导致输出变化 10%。

对于输入处于线性范围内的闭环系统，根据式（2.5）有：

$$\frac{dy}{dk} = \frac{r}{k+1} - \frac{kr}{(k+1)^2} = \frac{r}{(k+1)^2} = \frac{y}{k(k+1)}$$

因此，

$$\frac{dy}{y} = \frac{1}{k+1}\frac{dk}{k} \tag{2.7}$$

对比式（2.6）可见，增益为 k 的负反馈会将系统对增益变化的灵敏度降低为开环时的 $1/(k+1)$ 倍。例如，如果 k 为 100，则 k 变化 10% 引起的 y 的相对变化将小于 0.1%。因此闭环系统对参数变化的灵敏度要低得多。

以上的分析也可用于研究正反馈的影响。如果将图 2.1 中反馈环的 -1 代替为 $+1$，则式（2.5）变成：

$$y = \mathrm{sat}\left(\frac{k}{-k+1}r\right) \tag{2.8}$$

请注意，当 $k<1$ 时，该闭环系统的增益为正数，且比开环增益大，如图 2.2b 所示。其线性范围为 $|r|<(1-k)/k$。对比式（2.2）的开环系统可见，$k<1$ 的正反馈将线性范围缩小为开环的 $1-k$ 倍。当 k 趋近于 1 时，闭环增益趋向于无穷大，线性范围缩小到零，系统的行为类似于继电器。

对于 $k>1$ 的正反馈，由式（2.8）可知闭环增益为负，如图 2.2c 所示，且当 k 趋向于无穷大时，增益趋向于 -1。当正反馈的增益较大时，对于 $|r|<k/(k+1)$ 范围内的输入，其输入/输出特性具有多个输出值的特点，闭环系统的行为类似于一个具有滞环特性的开关。在 2.6 节中，我们将更深入地探讨这一概念，可以看到，如果考虑过程的动态，那么输入/输出特性曲线上具有负斜率的所有点都是不稳定的。

本书的重点是研究负反馈，但有些系统利用了正反馈，以下就是一个这样的例子。

例 2.1 **超再生放大器**

当埃德温·阿姆斯特朗（Edwin Armstrong）还是哥伦比亚大学的一名本科生的时候，他于 1914 年制造了一个只用一个真空管的"超再生"（superregenerative）无线电接收器。超再生无线电接收器（放大器）可以建模为一个开环增益为 k 且具有饱和输出特性的放大器与正反馈相结合的系统，如图 2.1 所示。利用式（2.8），可以算得闭环系统的增益为 $k_{cl}=k/(1-k)$。选择反馈增益 k 略低于 1，可以获得非常大的闭环增益。例如，选择 $k=0.999$，可得 $k_{cl}=999$，这是一个增加了近三个数量级的增益。

使用正反馈的缺点是系统高度灵敏，必须仔细调整增益以避免振荡。例如，如果增益 k 是 0.99 而不是上面的 0.999（差别小于 1%），那么闭环增益将变为 $k_{cl}=99$，差了 10 倍（或 1000%）。该电路的振荡特性使得分析放大器必须使用更为高级的（动态的）模型。

尽管存在局限性，但这种放大器在简单的对讲机、车库开门器和玩具中仍在使用。◀

2.1.3 负载干扰的抑制

反馈的另一个用途是减少外部干扰（图 2.1 中的负载干扰 v）的影响。对于开环系统，$v \neq 0$ 时的输出为

$$y = \mathrm{sat}(kr+v)$$

因此，在线性范围内，v 和 y 之间的增益为 1，即干扰通过时没有衰减。

为了研究反馈对负载干扰的影响，考虑图 2.1 中具有负反馈的系统。为简单起见，将参考信号 r 设置为零。负载干扰 v 与输出 y 之间的关系为 $y=\mathrm{sat}(v-ky)$，它是一个代数方程。在线性范围内，可得 $y=v/(k+1)$，更一般地，可以证明：

$$y = \mathrm{sat}\left(\frac{v}{k+1}\right) \tag{2.9}$$

因此，在线性范围内，负反馈使负载干扰的影响降低到原来的 $1/(k+1)$ 倍。

综合以上三种情况的分析可见，负反馈增大了系统的线性范围，降低了系统对参数不确定性的灵敏度，并减轻了负载干扰的影响。付出的代价是降低了闭环增益。正反馈正好相反：它使闭环增益增大，但付出的代价是增大了灵敏度，放大了干扰的影响。

2.2 线性动态模型

本节将引入一组概念和工具来分析动态的影响。为此，将引入框图、线性微分方程和传递函数等概念。框图是一个抽象模型，它用互连的方块来描述系统，每个方块的输入/输出行为用微分方程来描述。传递函数是复变量的函数，是描述系统动态的微分方程的一种便捷表示。对于用框图表示的复杂系统，传递函数使人们能够用简单的代数运算来找出其信号间的关系。传递函数在虚轴上的值对应系统对正弦信号的稳态响应，这意味着可以用实验的方法由正弦信号的稳态响应来确定传递函数。

2.2.1 线性微分方程和传递函数

在许多实际应用中，系统的输入/输出行为可以用以下形式的线性微分方程来建模：

$$\frac{d^n y}{dt^n} + a_1 \frac{d^{n-1} y}{dt^{n-1}} + \cdots + a_n y = b_0 \frac{d^m u}{dt^m} + b_1 \frac{d^{m-1} u}{dt^{m-1}} + \cdots + b_m u \tag{2.10}$$

式中，u 是输入，y 是输出，系数 a_k 和 b_k 是实数。微分方程（2.10）由两个多项式确定：

$$a(s) = s^n + a_1 s^{n-1} + \cdots + a_n, \quad b(s) = b_0 s^m + b_1 s^{m-1} + \cdots + b_m \tag{2.11}$$

式中，$a(s)$ 是微分方程（2.10）的特征多项式（characteristic polynomial）。这里假定多项式 $a(s)$ 和 $b(s)$ 没有相同的根（有相同根的情况将在 8.3 节讨论）。

式（2.10）表示的是一个时不变系统（time-invariant system），因为当 $u(t)$ 和 $y(t)$ 满足该式时，则 $u(t+\tau)$ 和 $y(t+\tau)$ 也满足该式。该式也是线性的，因为当 $u_1(t)$、$y_1(t)$ 和 $u_2(t)$、$y_2(t)$ 满足该式时，则 $\alpha u_1(t) + \beta u_2(t)$、$\alpha y_1(t) + \beta y_2(t)$（其中 α 和 β 是实数）也满足该式。线性时不变的系统常被称为 LTI 系统（LTI system）。可以将这种系统形象化为一张庞大的表，表中的内容对应输入/输出信号对。LTI 系统的一个重要特性是，它可以用精心挑选的单个输入/输出信号对来描述，例如用系统对一个阶跃输入的响应来表示。

式（2.10）的解是两项之和：一项是齐次方程（homogeneous equation）的通解，它与输入无关；另一项是特解（particular solution），它取决于输入。式（2.10）的齐次方程为：

$$\frac{d^n y}{dt^n} + a_1 \frac{d^{n-1} y}{dt^{n-1}} + \cdots + a_n y = 0 \tag{2.12}$$

令 s_k 为特征方程（characteristic equation）$a(s) = 0$ 的根，如果没有重根的话，那么式（2.12）的解具有以下的形式：

$$y(t) = \sum_{k=1}^{n} C_k e^{s_k t} \tag{2.13}$$

式中，系数 C_k 可由 $t = 0$ 时的初始条件确定。

由于系数 a_k 是实数，所以特征方程的根要么是实数，要么以复共轭对的形式出现。特征多项式的实根 s_k 对应指数函数 $e^{s_k t}$。如果 s_k 为负，则此指数函数随时间减小（见图 2.3b）；如果 $s_k = 0$，则此指数函数为恒值（见图 2.3a）；如果 s_k 为正数，则此指数函数随时间增大（见图 2.3c）。对于实数根 s_k，参数 $T = 1/s_k$ 称为时间常数（time constant），因为它描述了相应函数衰减的速度。

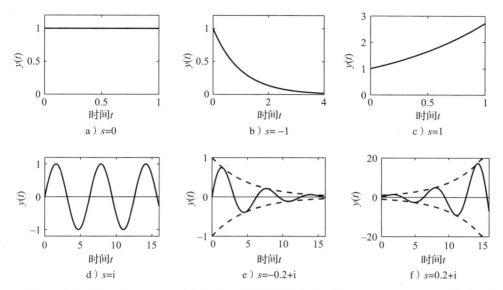

图 2.3　指数信号的例子。图 a、b、c 对应具有实指数的指数信号，图 d、e、f 对应具有复指数的指数信号。在图 e、f 中，虚线表示振荡信号的包络线。无论实指数或复指数，如果指数的实部为负，则信号衰减；如果实部为正，则信号增长

复根 $s_k = \sigma \pm \mathrm{i}\omega$ 对应时间函数 $\mathrm{e}^{\sigma t}\sin(\omega t)$ 和 $\mathrm{e}^{\sigma t}\cos(\omega t)$，它们具有振荡的行为，如图 2.3d~f 所示。其中实线所示为正弦项，它们的过零点的间距为 π/ω。虚线所示为包络线，对应指数函数 $\pm\mathrm{e}^{\sigma t}$。

当特征方程有重根时，齐次方程（2.12）的解具有以下的形式：

$$y(t) = \sum_{k=1}^{m} C_k(t)\mathrm{e}^{s_k t} \tag{2.14}$$

式中，$C_k(t)$ 是一个多项式，其阶数小于根 s_k 的重复次数。式（2.14）这样的解有 $\sum_{k=1}^{m}(\deg C_k + 1) = n$ 个自由参数。这种情况在 6.2 节中做了更详细的讨论。

在介绍了齐次方程的解之后，现在来介绍依赖输入的那部分解。式（2.10）在指数输入下的解是特别有意义的，下面予以说明。设 $u(t) = \mathrm{e}^{st}$，其中 $s \neq s_k$ 是一个复数，下面分析是否存在 $y(t) = G(s)\mathrm{e}^{st}$ 形式的唯一特解。假定有这样的解存在，那么有：

$$\frac{\mathrm{d}u}{\mathrm{d}t} = s\,\mathrm{e}^{st}, \quad \frac{\mathrm{d}^2 u}{\mathrm{d}t^2} = s^2\mathrm{e}^{st}, \cdots, \quad \frac{\mathrm{d}^m u}{\mathrm{d}t^m} = s^m\mathrm{e}^{st}$$

$$\frac{\mathrm{d}y}{\mathrm{d}t} = sG(s)\mathrm{e}^{st}, \quad \frac{\mathrm{d}^2 y}{\mathrm{d}t^2} = s^2 G(s)\mathrm{e}^{st}, \cdots, \quad \frac{\mathrm{d}^n y}{\mathrm{d}t^n} = s^n G(s)\mathrm{e}^{st} \tag{2.15}$$

将这些表达式代入微分方程（2.10）可得：

$$(s^n + a_1 s^{n-1} + \cdots + a_n)G(s)\mathrm{e}^{st} = (b_0 s^m + b_1 s^{m-1} + \cdots + b_m)\mathrm{e}^{st}$$

因此

$$G(s) = \frac{b_0 s^m + b_1 s^{m-1} + \cdots + b_m}{s^n + a_1 s^{n-1} + \cdots + a_n} = \frac{b(s)}{a(s)} \tag{2.16}$$

此函数称作系统的传递函数（transfer function）。它描述了在指数输入 e^{st} 下，微分方程的特解。将这一点与齐次方程的解相结合，发现微分方程式（2.10）对指数输入 $u(t) = \mathrm{e}^{st}$ 的解是：

$$y(t) = \sum_{k=1}^{m} C_k(t)\mathrm{e}^{s_k t} + G(s)\mathrm{e}^{st} \tag{2.17}$$

传递函数（2.16）与微分方程（2.10）之间的关系是明确的：通过观察微分方程（2.10）可以得到传递函数（2.16）；相反，如果多项式 $a(s)$ 和 $b(s)$ 没有公因子，则也可以由传递函数得到微分方程。因此，传递函数 $G(s)$ 可以视作微分方程（2.10）的简写表示。虽然传递函数是作为系统对特定输入 $u(t) = e^{st}$ 的响应而推导出来的，但它却是微分方程的一个完整描述。需要注意的是，必须同时提供输入和初始条件，才能获得微分方程的全解——式（2.17），全解也称作系统的响应（response）。

为了处理振荡信号，即图 2.3d～f 所示的信号，我们容许 s 为复数。这样一来，传递函数 G 就是将复数映射到复数的函数。用 arg 代表复数的辐角（相位角），用 $|\cdot|$ 表示复数的幅值（模），并注意到对于输入 $u = e^{i\omega t} = \cos\omega t + i\sin(\omega t)$，其复响应为 $G(i\omega)e^{i\omega t}$。仅使用信号的虚部，可以得到输入 $u = \sin(\omega t) = \mathrm{Im}\ e^{i\omega t}$ 的特解是：

$$y(t) = \mathrm{Im}(G(i\omega)e^{i\omega t}) = \mathrm{Im}(|G(i\omega)|e^{i\arg G(i\omega)}e^{i\omega t})$$
$$= |G(i\omega)|\mathrm{Im}\,e^{i[(\arg G(i\omega) + \omega t]} = |G(i\omega)|\sin(\omega t + \arg G(i\omega))$$

可见，将输入放大 $|G(i\omega)|$ 倍，就是输出的幅值，输入和输出之间的相移就是 $G(i\omega)$ 的辐角 $\arg G(i\omega)$。函数 $G(i\omega)$、$|G(i\omega)|$ 和 $\arg G(i\omega)$ 分别称作频率响应（frequency response）、增益（gain）和相位（phase）。增益和相位也称为幅值（magnitude）和相角（angle）。

当输入和输出为常数时，即 $u(t) = u_0$ 和 $y(t) = y_0$ 时，微分方程（2.10）具有特解 $y(t) = (b_m/a_n)u_0 = G(0)u_0$，这可以通过令 $s = 0$ 得到。可见，输入放大了 $G(0)$ 倍，因此 $G(0)$ 称作零频增益（zero frequency gain），有时也称为静态增益（static gain）。如果微分方程是稳定的，那么当 t 趋向于无穷大时，解将收敛到 $G(0)u_0$。

指数输入的全响应，等于特解加上由初始条件确定的齐次方程的解，如式（2.17）所示。图 2.4 中给出了传递函数 $G(s) = 1/(s+1)^2$ 的一个解的例子。图中虚线为纯正弦波，是当式（2.17）中所有 C_k 为零时得到的解；实线是选取 C_k 使得 $y(0)$ 及各阶导数 $y^{(k)}(0)$（$k = 1, \cdots, n-1$）均为零时的响应。由于特征多项式的所有根都具有负实部，因此当 $t \to \infty$ 时，齐次方程（2.14）的解将趋向于零，全响应收敛到特解。

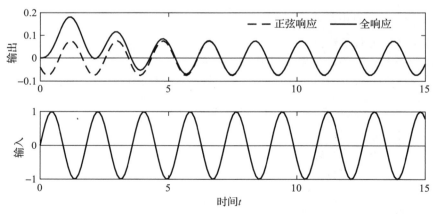

图 2.4　一个线性时不变系统对正弦输入的两种响应。虚线为纯正弦输出（通过初始条件的选择来实现纯正弦输出）；实线为初始条件 $y(0) = 0$、$y'(0) = 0$ 时的响应。所用传递函数为 $G(s) = 1/(s+1)^2$

传递函数有多种可用于洞察、分析及设计的解释。特征方程 $a(s) = 0$ 的根 s_k 称作传递函数的极点（pole）：当 $s = s_k$ 时，传递函数的值为无穷大。极点 s_k 出现在齐次方程通解的指数中，如式（2.13）、式（2.14）所示。拥有"轻阻尼"极点［$\mathrm{Re}(s_k)$ 为负但接近于零］的系统，当施加一个频率接近于 s_k 的虚部的正弦输入时，可能会出现共振。

多项式 $b(s)$ 的根 s_j 称作传递函数的零点（zero）。其原因在于，$b(s_j) = 0$，$G(s_j) = $

0，因此对应输入 $e^{s_j t}$ 的特解也是零。对此的一个系统性的理论解释是，指数信号 $e^{s_j t}$ 的传输被零点 $s=s_j$ 所阻断，因此零点也称为传输零点（transmission zero）。

$G(0)$ 是恒定输入的零频增益，频率响应 $G(i\omega)$ 里承载着正弦输入的稳态响应。对于稳定的系统，通过实验研究其对正弦信号的稳态响应，可以确定系统的频率响应。这是对物理建模的一个替代方案或补充。第 9 章将对传递函数和频率响应做更详细的研究。

2.2.2 稳定性：劳斯–赫尔维茨判据

在使用反馈时，始终存在着系统可能变得不稳定的危险，因此，非常需要一个稳定性的判据。如果齐次方程（2.12）的所有解在任何初始条件下都趋向于零，则微分方程（2.10）称为稳定的（stable）。由式（2.14）可见，这要求以下特征方程的所有根都具有负实部：

$$a(s)=s^n+a_1 s^{n-1}+\cdots+a_n=0$$

解析计算高阶多项式的根通常很困难。劳斯–赫尔维茨判据（Routh-Hurwitz criterion）是一个稳定性判据，它利用特征多项式的系数来描述稳定的条件，不需要明确计算多项式的根。

下面用低阶微分方程来说明劳斯–赫尔维茨判据。一阶微分方程在特征多项式的系数 a_1 为正时是稳定的，因为特征多项式的根为 $s=-a_1<0$。对于二阶微分方程的特征多项式，根的表达式为：

$$s=\frac{1}{2}\left(-a_1\pm\sqrt{a_1^2-4a_2}\right)$$

很容易验证，只有当 $a_1>0$、$a_2>0$ 同时成立时，根的实部才都是负的。三阶微分方程更为复杂，但可以证明，其特征根具有负实部的充要条件是：

$$a_1,a_2,a_3>0,\quad a_1 a_2>a_3 \tag{2.18}$$

四阶微分方程的相应条件是：

$$a_1,a_2,a_3,a_4>0,\quad a_1 a_2>a_3,\quad a_1 a_2 a_3>a_1^2 a_4+a_3^2 \tag{2.19}$$

劳斯–赫尔维茨判据[97] 为任意高阶多项式给出了类似的条件。依据它，人们只需要分析特征多项式系数的各种组合的符号，即可判断线性微分方程的稳定性。

2.2.3 框图与传递函数

正如在第 1 章看到的那样，控制系统通常用框图来描述，如图 1.1 和图 1.4 所示。如果用传递函数来表示各块的行为，则只需要进行简单的代数运算即可获得系统的传递函数。从式（2.17）可以看出，传递函数可以由输入信号 e^{st} 的特解来获得。为了获得多个方块组成的系统的传递函数，设输入信号为指数信号 $u(t)=e^{st}$，并计算所有方块的对应特解。

以图 2.5a 的系统为例，它由具有传递函数 $G_1(s)$ 和 $G_2(s)$ 的两个系统串联而成。假定系统是稳定的，并令系统的输入为 $u(t)=e^{st}$，以便只关注指数响应。第一个方块的输出是 $y_1(t)=G_1(s)e^{st}$，这也是一个指数函数；第二个方块的输出是 $y(t)=G_2(s)y_1(s)=G_2(s)G_1(s)e^{st}=G_2(s)G_1(s)u(t)$。因此，系统的传递函数是 $G_{yu}(s)=G_2(s)G_1(s)$，其中约定下标的右字母为输入，下标的左字母为输出，所以 $y=G_{yu}u$。

接下来考虑图 2.5b。假设输入为 $u(t)=e^{st}$，方块的指数输出分别是 $y_1(t)=G_1(s)e^{st}$ 和 $y_2(t)=G_2(s)e^{st}$。那么系统的输出为：

$$y(t)=G_1(s)e^{st}+G_2(s)e^{st}=[G_1(s)+G_2(s)]e^{st}$$

因此，传递函数分别为 $G_1(s)$ 和 $G_2(s)$ 的方块并联连接时，系统的传递函数是 $G_{yu}(s)=G_1(s)+G_2(s)$。

最后考虑图 2.5c 所示的反馈连接。如果输入是指数函数 $u(t)=e^{st}$，那么有：

$$y(t)=G_1(s)e(t)=G_1(s)\big[u(t)-G_2(s)y(t)\big]=G_1(s)\big[e^{st}-G_2(s)y(t)\big]$$

求解 $y(t)$ 可得：

$$y(t)=\frac{G_1(s)}{1+G_1(s)G_2(s)}e^{st}$$

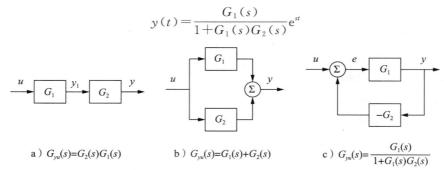

a）$G_{yu}(s)=G_2(s)G_1(s)$ b）$G_{yu}(s)=G_1(s)+G_2(s)$ c）$G_{yu}(s)=\dfrac{G_1(s)}{1+G_1(s)G_2(s)}$

图 2.5   线性系统的互连。图 a 为串联，图 b 为并联，图 c 为反馈连接。令所有输入信号
为指数函数，通过代数运算即可获得复合系统的传递函数

因此，当传递函数分别为 $G_1(s)$ 和 $G_2(s)$ 的方块构成反馈连接时，传递函数为：

$$G_{yu}(s)=\frac{G_1(s)}{1+G_1(s)G_2(s)} \tag{2.20}$$

可见，通过使用多项式和传递函数，反馈系统的信号之间的关系可以由代数运算获得。经过适当的实践训练，传递函数往往可以通过观察得到，第 9 章将做更详细的介绍。

2.2.4   用传递函数计算

用于控制系统分析和设计的许多软件包可以直接进行传递函数运算。在 MATLAB 中，传递函数：

$$G(s)=\frac{s+1}{(s^2+5s+6)}$$

可通过命令 s=tf('s')和 G=(s+1)/(s^2+5*s+6)创建。给定两个函数 G1 和 G2，可使用命令 Gs=series(G1, G2)、Gp=parallel(G1, G2)和 Gf=feedback(G1, G2)得到串联、并联和反馈连接的传递函数（默认情况下，MATLAB 使用 feedback()命令构建负反馈连接）。

这些软件包也可用于计算以传递函数表示的线性输入/输出系统对不同类型的输入的响应。用于性能描述的常用输入是：当 $t\leqslant 0$ 时为 0，当 $t>0$ 时为 1。这种类型的输入称作"阶跃输入"，系统对阶跃输入的响应称作系统的阶跃响应（step response）。线性系统的典型阶跃响应如图 2.6 所示。可见，阶跃响应的标准特征包括上升时间 T_r、稳定时间 T_s、超调量 M_p 和稳态值 y_{ss} 等。传递函数 $G(s)$ 的阶跃响应可由 MATLAB 命令 y=step(G)生成。如果

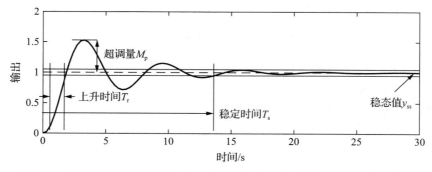

图 2.6   线性系统的典型阶跃响应。上升时间 T_r、超调量 M_p、稳定时间 T_s
和稳态值 y_{ss} 描述了该信号的重要性能特征

需要明确指定仿真的时间间隔，可以改用命令 y=step(G,T)。对特定输入信号的响应可用命令 y=lsim(G,u,t)来生成，其中 u 和 t 是输入向量和时间向量。因此，有了传递函数，就很容易生成时域响应。

第 9 章将详细介绍传递函数，在那里将看到具有时延的系统以及由偏微分方程描述的系统也可以用传递函数来表示。

2.3 用反馈降低干扰

降低干扰是反馈的主要用途之一。詹姆斯·瓦特（James Watt）利用反馈让蒸汽机在负载变化的情况下能以恒定的速度运行，电气工程师靠它让水轮机驱动发电机以恒定的频率和电压提供电力。反馈常用于降低加工工业、机床、汽车发动机和巡航控制中的干扰。人体也利用反馈来保持体温、血压和其他重要参数的恒定。例如，瞳孔反射可以在环境光强大幅变化的情况下，保证视网膜的光强基本恒定。在受到干扰的情况下，保持变量接近于所需的、恒定的参考值，这称作调节问题（regulation problem）。

为了讨论干扰的衰减，考虑图 2.7 所示的系统。

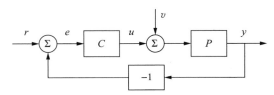

图 2.7 简单反馈系统的框图。控制器传递函数为 $C(s)$，过程传递函数为 $P(s)$。过程输出为 y，外部信号包括参考 r 和负载干扰 v

由于重点关注的是负载干扰 v 的影响，因此暂时假定参考 r 为零。为了推得从干扰输入 v 到过程输出 y 的传递函数 G_{yv}，假定干扰为指数函数 $v=\mathrm{e}^{st}$。应用框图代数运算于图 2.7 可得：

$$y(t)=P(s)\mathrm{e}^{st}-P(s)C(s)y(t) \quad \Rightarrow \quad y(t)=\frac{P(s)}{1+P(s)C(s)}\mathrm{e}^{st}$$

因此，输出 y 与负载干扰 v 之间的传递函数为：

$$G_{yv}(s)=\frac{P(s)}{1+P(s)C(s)} \tag{2.21}$$

为了研究反馈提高干扰衰减效果的机制，将重点放在具有以下一阶微分方程的简单过程上：

$$\frac{\mathrm{d}y}{\mathrm{d}t}+ay=bu, \quad a>0, \quad b>0$$

相应的传递函数是：

$$P(s)=\frac{b}{s+a} \tag{2.22}$$

对于所含的质量、动量或能量能用单个状态变量来描述的物理过程，这个模型是一个合理的近似。典型的例子包括行驶在道路上的车辆的速度、旋转系统的角速度，以及油箱的液位等。

2.3.1 比例控制

先研究比例控制的情况，这里的控制信号正比于输出误差 $u=k_{\mathrm{p}}e$，跟 1.6 节介绍的一样。因此控制器的传递函数是 $C(s)=k_{\mathrm{p}}$。过程传递函数由式（2.22）给定，干扰对输出的影响由式（2.21）的传递函数描述：

$$G_{yv}(s) = \frac{P(s)}{1+P(s)C(s)} = \frac{b/(s+a)}{1+bk_p/(s+a)} = \frac{b}{s+(a+bk_p)}$$

因此，干扰 v 与输出 y 之间的关系为以下的微分方程：

$$\frac{dy}{dt} + (a+bk_p)y = bv$$

如果 $a+bk_p > 0$，那么闭环系统是稳定的。因此，恒定干扰 $v=v_0$ 的输出将按时间常数 $T=1/(a+bk_p)$ 的指数方式趋近于以下数值：

$$y_0 = G_{yv}(0)v_0 = \frac{b}{a+bk_p}v_0$$

如果没有反馈，$k_p=0$，那么恒定干扰 v_0 的输出将趋向于 bv_0/a。因此，$k_p>0$ 时干扰的影响将降低。

至此已证明，恒定干扰引起的误差可以使用具有比例控制器的反馈来降低。误差随着控制器增益的增加而降低。图 2.8a 给出了控制器具有不同增益值 k_p 时的响应。

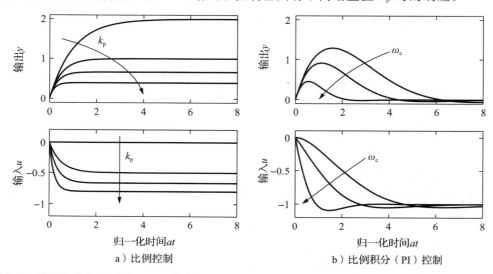

a）比例控制　　　　　　　　　　　　b）比例积分（PI）控制

图 2.8　采用比例控制（图 a）、PI 控制（b）的一阶闭环系统对干扰的阶跃响应。过程的传递函数为 $P=2/(s+1)$。比例控制的控制器增益为 $k_p=0$、0.5、1 和 2。PI 控制器根据式（2.28）进行设计，取 $\zeta_c=0.707$ 和 $\omega_c=0.707$、1 和 2，对应的控制器参数为 $k_p=0$、0.207 和 0.914，$k_i=0.25$、0.50 和 2

2.3.2　比例积分（PI）控制

1.6 节中引入的 PI 控制器可描述为：

$$u(t) = k_p e(t) + k_i \int_0^t e(\tau)d\tau \tag{2.23}$$

为了确定控制器的传递函数，对上式进行微分可得：

$$\frac{du}{dt} = k_p \frac{de}{dt} + k_i e$$

因此传递函数为 $C(s) = k_p + k_i/s$。为了研究干扰 v 对输出的影响，使用图 2.7 所示的框图，可以得到从 v 到 y 的传递函数为：

$$G_{yv}(s) = \frac{P(s)}{1+P(s)C(s)} = \frac{bs}{s^2+(a+bk_p)s+bk_i} \tag{2.24}$$

利用式（2.10）和式（2.16）给出的传递函数和微分方程之间的关系，可以得到负载干扰

与输出之间的关系为以下的微分方程:

$$\frac{\mathrm{d}^2 y}{\mathrm{d}t^2} + (a + bk_\mathrm{p})\frac{\mathrm{d}y}{\mathrm{d}t} + bk_\mathrm{i}y = b\frac{\mathrm{d}v}{\mathrm{d}t} \tag{2.25}$$

请注意,由于干扰是以导数的形式出现在上式右端的,因此恒定的干扰不会产生稳态误差。注意由 $G_{yv}(0)=0$ 也可以得出同样的结论。这与 1.6 节关于积分作用与稳态误差的讨论是一致的。

为了找到控制器参数 k_p 和 k_i 的适当数值,考虑微分方程 (2.25) 的特征多项式:

$$a_\mathrm{cl}(s) = s^2 + (a + bk_\mathrm{p})s + bk_\mathrm{i} \tag{2.26}$$

通过控制器增益 k_p 和 k_i 的选择,可以给特征多项式分配任意的特征根。最常见的做法是分配复特征根,从而给出以下的特征多项式:

$$(s + \sigma_\mathrm{d} + \mathrm{i}\omega_\mathrm{d})(s + \sigma_\mathrm{d} - \mathrm{i}\omega_\mathrm{d}) = s^2 + 2\sigma_\mathrm{d}s + \sigma_\mathrm{d}^2 + \omega_\mathrm{d}^2 \tag{2.27}$$

从结构上看,这个多项式的根为 $s = -\sigma_\mathrm{d} \pm \mathrm{i}\omega_\mathrm{d}$。其齐次方程的通解为下述项的线性组合:

$$\mathrm{e}^{-\sigma_\mathrm{d}t}\sin(\omega_\mathrm{d}t), \quad \mathrm{e}^{-\sigma_\mathrm{d}t}\cos(\omega_\mathrm{d}t)$$

这是有阻尼的正弦和余弦函数,如图 2.3e 所示。系数 σ_d 确定衰减的速率,参数 ω_d 称作阻尼频率 (damped frequency),它给出衰减振荡的频率。从多项式 (2.26) 和式 (2.27) 中识别出 s 的等幂系数,可得:

$$k_\mathrm{p} = \frac{2\sigma_\mathrm{d} - a}{b}, \quad k_\mathrm{i} = \frac{\sigma_\mathrm{d}^2 + \omega_\mathrm{d}^2}{b} \tag{2.28}$$

因此,可以依此选择控制器的增益,以提供所需的闭环响应。

相比用 σ_d 和 ω_d 来参数化闭环系统的做法,更常用的做法是使用(无阻尼的)自然频率〔(undamped) natural frequency〕$\omega_\mathrm{c} = \sqrt{\sigma_\mathrm{d}^2 + \omega_\mathrm{d}^2}$ 和阻尼比 (damping ratio) $\zeta_\mathrm{c} = \sigma_\mathrm{d}/\omega_\mathrm{c}$ 来使闭环系统参数化。这样一来,闭环特征多项式为:

$$a_\mathrm{cl}(s) = s^2 + 2\sigma_\mathrm{d}s + \sigma_\mathrm{d}^2 + \omega_\mathrm{d}^2 = s^2 + 2\zeta_\mathrm{c}\omega_\mathrm{c}s + \omega_\mathrm{c}^2$$

此参数化表示具有这样的优势:ζ_c 位于〔-1,1〕的范围,它决定响应曲线的形状;ω_c 确定响应的速度。

图 2.8b 给出了 $\zeta_\mathrm{c} = 1/\sqrt{2} \approx 0.707$ 和设计参数 ω_c 取不同数值时的输出 y 和控制信号 u 的波形。比例控制给出的稳态误差随着控制器增益 k_p 的增加而减少。PI 控制的稳态误差为零。当设计参数 ω_c 增加时,衰减速率和峰值误差都会减少。较大的控制器增益会产生较小的误差,并需要较小的控制信号,对干扰的响应也更快。

采用式 (2.28) 的控制器参数,从干扰 v 到过程输出 y 的传递函数 (2.24) 变为:

$$G_{yv}(s) = \frac{P(s)}{1 + P(s)C(s)} = \frac{bs}{s^2 + 2\zeta_\mathrm{c}\omega_\mathrm{c}s + \omega_\mathrm{c}^2}$$

为了有效衰减干扰,希望对所有 ω 都有较小的 $|G_{yv}(\mathrm{i}\omega)|$。对于小的 ω,有 $|G_{yv}(\mathrm{i}\omega)| \approx b\omega/\omega_\mathrm{c}^2$,而对于大的 ω,有 $|G_{yv}(\mathrm{i}\omega)| \approx b/\omega$。当 $\omega = \omega_\mathrm{c}$ 时,$|G_{yv}(\mathrm{i}\omega)|$ 的最大值是 $b/(2\zeta_\mathrm{c}\omega_\mathrm{c})$。因此,大的 ω_c 会产生良好的负载干扰衰减效果。

总之,对于动态模型可以近似为一阶系统的过程,传递函数的分析为确定其 PI 控制器的参数提供了一个简单的方法。这一技术可以推广到更复杂的系统,但控制器将更为复杂。为了实现大的控制增益,模型必须在宽广的频率范围内具有良好的精度,这将在下面讨论。

2.3.3　未建模动态

迄今为止的分析表明,可以实现的性能是没有限制的。图 2.8b 表明,只要 ω_c 足够大,任意快速的响应都是可以获得的。但在实际上,可实现的性能是有限制的。原因之一是控制器的增益随着 ω_c 增加：比例增益是 $k_p = (2\zeta_c\omega_c - a)/b$，积分增益是 $k_i = \omega_c^2/b$。因此，较大的 ω_c 值会产生较大的控制器增益，这可能导致控制信号饱和。另一个原因是式（2.22）的模型是简化的：它仅在给定的频率范围内有效。如果将模型替换为：

$$P(s) = \frac{b}{(s+a)(1+sT)} \tag{2.29}$$

式中，$1+sT$ 项表示在推导式（2.22）时被忽略的传感器、执行器等的动力学特性——即所谓的未建模动态（unmodeled dynamics），那么闭环系统的闭环特征多项式将成为：

$$a_{cl} = s(s+a)(1+sT) + b(k_p s + k_i) = s^3 T + s^2(1+aT) + 2\zeta_c\omega_c s + \omega_c^2$$

根据式（2.18）的劳斯-赫尔维茨判据，如果 $\omega_c^2 T < 2\zeta_c\omega_c(1+aT)$，或者

$$\omega_c T < 2\zeta_c(1+aT)$$

则闭环系统是稳定的。因此，频率 ω_c 和可实现的响应时间受 T 所代表的未建模动态的限制（T 通常小于过程的时间常数 $1/a$）。所以，如果开发模型是为了控制，那考虑未建模的动态就很重要。

未建模动态会限制反馈系统的性能，这是一个重要性质，必须在系统设计中加以考虑。在设计复杂系统的部件时使用简化模型是常用的做法，但如果未能正确考虑这些部件（或与它们相互作用的其他子系统）的未建模动态，那么所实现系统的性能就可能会不佳（一个极端的例子就是不稳定）。在后面几章将会看到，控制理论能分析不确定性的影响，是系统设计的一个特别强大的数学工具。

2.4   用反馈跟踪参考信号

反馈的另一个主要应用是使系统的输出跟踪参考值，这称作伺服问题（servo problem）。这样的例子包括巡航控制、汽车转向、天线跟踪卫星、望远镜跟踪恒星、高性能音频放大器、机床和工业机器人，等等。

为了说明参考信号的跟踪问题，考虑图 2.7 所示的系统，其过程是一阶系统，控制器为 PI 控制器，其比例增益为 k_p，积分增益为 k_i。过程和控制器的传递函数分别为：

$$P(s) = \frac{b}{s+a}, \quad C(s) = \frac{k_p s + k_i}{s} \tag{2.30}$$

由于关心的是参考信号 r 的跟踪问题，故忽略负载干扰并令 $v=0$。对图 2.7 的系统应用框图代数运算，得到从参考信号 r 到输出 y 的传递函数为：

$$G_{yr}(s) = \frac{P(s)C(s)}{1+P(s)C(s)} = \frac{bk_p s + bk_i}{s^2 + (a+bk_p)s + bk_i} \tag{2.31}$$

由于 $G_{yr}(0)=1$，因此，只要闭环系统是稳定的，那么当 r 和 y 是恒定的且独立于参数 a 和 b 时，就有 $r=y$。因此，稳态输出等于参考值，这也是控制器积分作用的必然结果。

为了确定控制器参数 k_p 和 k_i 的合适值，按照 2.3 节的步骤，选择控制器参数，使闭环特征多项式

$$a_{cl}(s) = s^2 + (a+bk_p)s + bk_i \tag{2.32}$$

等于 $s^2 + 2\zeta_c\omega_c s + \omega_c^2$（其中 $\zeta_c > 0$、$\omega_c > 0$）。找出两个多项式中 s 的幂相等的项，令系数相等，可得：

$$k_p = \frac{2\zeta_c\omega_c - a}{b}, \quad k_i = \frac{\omega_c^2}{b} \tag{2.33}$$

这等效于式（2.28）。请注意积分增益随 ω_c 的平方增加。图 2.9 给出了设计参数 ζ_c 和 ω_c 取不同数值时输出信号 y 和控制信号 u 的曲线。可见，响应时间随 ω_c 的增加而减小，控制信号的初值则随之增加。这是因为要想移动得更快，就需要输入更大的指令幅值。超调量则随着 ζ_c 的增加而减小。当 $\omega_c = 2$ 时，选择 $\zeta_c = 1$ 给出的稳定时间很短，且响应没有超调量。

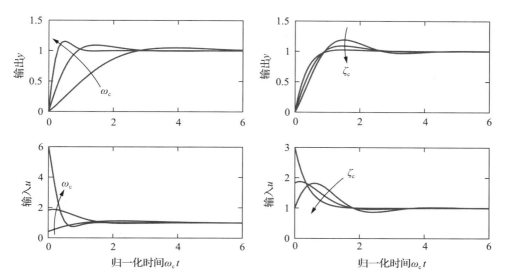

图 2.9　当设计参数 ζ_c 和 ω_c 取不同值时，参考信号发生单位阶跃变化时的响应。左图为
　　　　$\zeta_c = 0.707$、$\omega_c = 1$、2 和 5 的响应。右图为 $\omega_c = 2$ 和 $\zeta_c = 0.5$、0.707 和 1 的响
　　　　应。过程参数为 $a = b = 1$。控制信号的初始值为 k_p

人们还希望输出 y 能跟踪时变的参考信号 r。这意味着要求传递函数 $G_{yr}(s)$ 在很宽
的频率范围内接近于 1。利用式（2.33）的控制器参数，由式（2.31）可得：

$$G_{yr}(s) = \frac{P(s)C(s)}{1 + P(s)C(s)} = \frac{(2\zeta_c \omega_c - a)s + \omega_c^2}{s^2 + 2\zeta_c \omega_c s + \omega_c^2}$$

因为 $G_{yr}(0) = 1$，所以对恒值输入的跟踪会很完美。此外，如果 $s = i\omega$ 的幅值小于 ω_c，那
么经过适当的近似，可以证明 $G_{yr}(s)$ 将接近于 1。频率 ω_c 确定了能小误差地跟踪的参考
信号的频率上限，此上限称作闭环系统的带宽（bandwidth）。因此，G_{yr} 的频率响应是跟
踪能力的一个定量表示。

两自由度控制器

图 2.7 的控制律具有误差反馈（error feedback）的特点，因为控制信号 u 由误差 $e =$
$r - y$ 产生。采用比例控制时，参考信号 r 的阶跃变化会使控制信号 u 立即发生阶跃变化。
这种快速响应可能是有利的，但它可能产生较大的超调量，这可以用以下形式的控制器代
替式（2.23）的 PI 控制器来避免：

$$u(t) = k_p \left[\beta r(t) - y(t) \right] + k_i \int_0^t \left[r(\tau) - y(\tau) \right] \mathrm{d}\tau \tag{2.34}$$

在这种改进的 PI 算法中，比例作用仅作用于参考信号的 β 部分。从参考 r 到 u 和从输出 y
到 u 的信号传输可以表示为以下的（开环）传递函数：

$$C_{ur}(s) = \beta k_p + \frac{k_i}{s}, \quad -C_{uy}(s) = k_p + \frac{k_i}{s} = C(s) \tag{2.35}$$

由于传递函数 $C_{ur}(s)$ 和 $C_{uy}(s)$ 不同，因此式（2.34）的控制器称作具有两自由度（two
degrees of freedom）的控制器。

具有两自由度的 PI 控制器的闭环系统框图如图 2.10 所示。设过程传递函数为
$P(s) = b/(s + a)$，从参考 r、干扰 v 到输出 y 的传递函数为：

$$G_{yr}(s) = \frac{b\beta k_p s + bk_i}{s^2 + (a + bk_p)s + bk_i}, \quad G_{yv}(s) = \frac{bs}{s^2 + (a + bk_p)s + bk_i} \tag{2.36}$$

与正常误差反馈的控制器的对应传递函数（2.24）和式（2.31）相比较，可见这两个控制

器对负载干扰的响应是一样的，但对参考信号的响应不同。

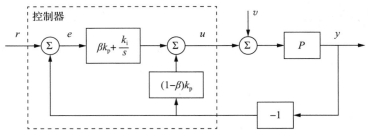

图 2.10 具有两自由度的 PI 控制器的闭环系统框图

对 $a=0$、$b=1$ 的闭环系统的仿真结果如图 2.11 所示。可见参数 β 对响应有着显著的影响。对比正常误差反馈的系统（$\beta=1$）与 β 值较小的系统，发现采用两自由度 PI 控制器的系统具有较小的超调量和更温和的控制作用。

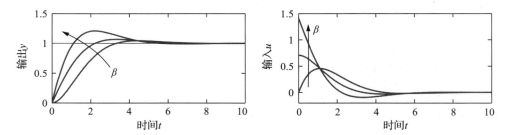

图 2.11 采用两自由度 PI 控制器的系统在参考信号阶跃变化时的响应。过程的传递函数为 $P(s)=1/s$，控制器的增益为 $k_p=1.414$、$k_i=1$、$\beta=0$、0.5 和 1

这个例子说明，采用两 j 自由度控制器架构确实可以改进参考信号的响应。在 12.4 节中将进一步说明，使用更通用的系统架构可以将系统对参考信号的响应与对干扰的响应完全分离开来。要采用两自由度的控制器，必须同时测量参考信号 r 和输出信号 y。在某些情况下，只能测量误差信号 $e=r-y$，像 DVD 播放器、光学存储、原子力显微镜等就是如此。在这些场合，只能使用单自由度的（误差反馈的）控制器。

2.5 反馈提供鲁棒性

利用反馈，可以用不精确的元件制作出性能良好的系统。布莱克（Black）发明电话网络反馈放大器就是一个早期的例子[46]。他利用负反馈设计了特别好的线性放大器，但他所用的元件却具有非线性和时变的特性。众所周知，信号在经过远距离传输后，必须进行放大。当时（在 1947 年晶体管发明之前），热电子阀［1906 年由李·德·福里斯特（Lee de Forest）发明的一种真空管］是唯一可用的电信号放大技术。真空管是 20 世纪上半叶无线电、电话和电子技术发展的关键。目前它仍被一些高保真爱好者用于高品质的音频放大器中。

真空管可以提供高增益，但它具有非线性和时变的输入/输出特性，这扭曲了传输的信号。伯德是这样描述这一问题的：

"毫无疑问，大多数拥有高保真系统的人都对放大器的音质感到自豪，但我怀疑，你们中的许多人是否愿意听信号在连续通过你们的几十个甚至几百个高品质的放大器之后所发出来声音。"[52]

习题 2.9 说明了这种效果。

为了开发更好的放大器，布莱克的想法是，用负反馈构成一个闭环，让放大器位于闭环中。这样，他就获得了一个具有输入/输出线性关系的闭环系统，其增益是恒定的。更一般的做法是，定位非线性和过程变化的来源，并围绕它们形成反馈环。

2.5.1　降低参数变化与非线性的影响

考虑一个放大器，它具有图 2.12a 所示的输入/输出非线性静态关系，并具有可观的参数变化。粗虚线为标称的输入/输出特性曲线，细线为参数变化的示例。图中的非线性可描述为：

$$y = F(u) = \alpha(u + \beta u^3), \quad -3 \leqslant u \leqslant 3 \tag{2.37}$$

对应粗虚线的标称值参数为 $\alpha = 0.2$ 和 $\beta = 1$。参数 α 和 β 的变化范围为 $0.1 \leqslant \alpha \leqslant 0.5$，$0 \leqslant \beta \leqslant 2$。对于以下的输入：

$$u(t) = \sin(t) + \sin(\pi t) + \sin(\pi^2 t) \tag{2.38}$$

系统的响应如图 2.12b 所示。期望的响应 $y = u$ 是一条粗实线，在一定参数范围内的一系列响应如细线所示。非线性系统的标称响应如粗虚线所示，由于非线性的原因，它发生了失真。请特别注意在小信号幅值和大信号幅值时都有严重的失真。

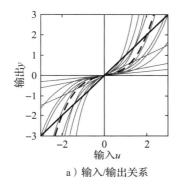
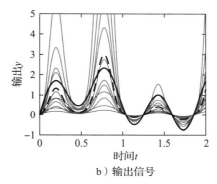

　ａ）输入/输出关系　　　　　　　　　ｂ）输出信号

图 2.12　静态非线性系统的响应。图 a 所示为开环系统的输入/输出关系；图 b 所示为式（2.38）的输入信号的响应：理想响应如粗实线所示，非线性系统的标称响应如粗虚线所示，不同参数值的响应如细线所示。请注意响应的大变异性

该系统的行为显然是难以令人满意的，不过通过引入反馈可以取得显著改善。图 2.13 所示为带有简单积分控制器的系统的框图，其中参考输入取为 r。图 2.14 所示为闭环系统的响应，其参数变化情况与图 2.12 相同。图 2.14a 为反馈系统的输入输出散点图。输入/输出关系实际上是线性的，接近所需的响应。由于反馈引入的动态，因此尚存在一些变动性。图 2.14b

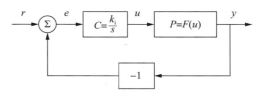

图 2.13　带有简单积分控制器的系统框图
（具有积分反馈的非线性系统）

所示为输出信号（对参考信号的响应），可见相比图 2.12b 有了显著的改善。误差如图 2.14c 所示。

*2.5.2　非线性分析与近似

分析非线性的闭环系统通常很困难。不过可以通过近似来获得一些重要的认识。下面用前述非线性放大器的例子来阐明一些见解。

首先请注意，当 $\beta = 0$ 时系统是线性的。对于其他的情况，可以在工作点 $u = u_0$ 的附近用直线来近似非线性函数。非线性函数在 $u = u_0$ 点的斜率为 $F'(u_0)$，将过程用增益为 $F'(u_0)$ 的线性系统来近似，则过程和控制器的传递函数分别为：

$$P(s) = F'(u_0) = \alpha(1 + 3\beta u_0^2) =: b, \quad C(s) = \frac{k_i}{s} \tag{2.39}$$

式中，u_0 表示工作点。根据式（2.21）可知，从参考信号 r 到输出 y 及误差 e 的传递函数分别为：

$$G_{yr}(s) = \frac{bk_i}{s+bk_i}, \quad G_{er}(s) = 1 - G_{yr} = \frac{s}{s+bk_i} \tag{2.40}$$

可见，闭环系统是一阶系统，极点为 $s = -bk_i$。过程增益 $b = \alpha(1+3\beta u_0^2)$ 取决于 α、β 和 u_0 的数值，其最小值为 0.1。如果积分增益选为 $k_i = 1000$，则闭环极点的最小值为 100 rad/s，这与输入信号的高频分量 π^2 rad/s 相比相当快。由式（2.40）可得误差 $e(t)$ 的微分方程为：

$$\frac{\mathrm{d}e}{\mathrm{d}t} = -bk_i e + \frac{\mathrm{d}r}{\mathrm{d}t}, \quad \frac{\mathrm{d}r}{\mathrm{d}t} = \cos(t) + \pi\cos(\pi t) + \pi^2\cos(\pi^2 t) \tag{2.41}$$

忽略式（2.41）中的 $\mathrm{d}e/\mathrm{d}t$ 项可得：

$$e(t) \approx \frac{1}{bk_i}\frac{\mathrm{d}r}{\mathrm{d}t} \approx \frac{\pi^2}{bk_i}\cos(\pi^2 t) \tag{2.42}$$

当 b 取最小值 0.1 时，最大误差估计为 $e(t) \approx 0.1\cos(\pi^2 t)$。图 2.14c 以虚线显示了估计的最大误差，可见，在不确定参数的范围内，这是一个很好的估计。

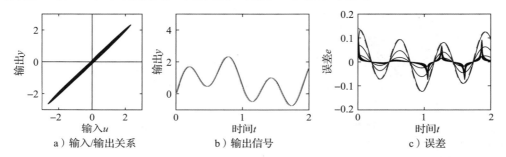

a）输入/输出关系　　　b）输出信号　　　c）误差

图 2.14　具有积分反馈的系统的响应（$k_i = 1000$）。图 a 为闭环系统的输入/输出关系，图 b 为式（2.38）所给输入信号的响应（请与图 2.12a、图 2.12b 进行相应的对比）；图 c 为参数不确定程度不同的几个误差（实线）及式（2.42）给出的近似最大误差（虚线）

以上的分析基于这样一个假设，即放大器的增益恒定。然而，由于控制器为积分器，因此闭环系统是一个动态系统。根据式（2.40），该闭环动态系统的时间常数为 $T_{cl} = 1/(bk_i)$。如果放大器具有动态的特性，则其时间常数必须小于 T_{cl}，才能提供良好的跟踪。因此，最大可容许的积分增益 k_i 是由未建模的动态来决定的。

这个例子说明，即使基础放大器具有非线性和强烈变化的特征，也可以用反馈来设计出几乎为线性输入/输出关系的放大器。

2.6　正反馈

本节将简要讨论正反馈，尽管它的特性正好与负反馈相反，但在有些场合它还是得到了很好的应用。

具有负反馈的系统可以用线性分析来理解。要了解具有正反馈的系统，则必须考虑非线性效应，因为若没有非线性效应，那么正反馈造成的不稳定性将无限增长。非线性效应可以对信号施加限制，从而产生出有趣又有用的效果。

正反馈可以在许多场合中见到。在生物学中，区分抑制性连接（负反馈）和兴奋性连接（正反馈）已经成为标准做法，如图 2.15 所示。神经元采用正反馈和负反馈的组合来产生电脉冲。

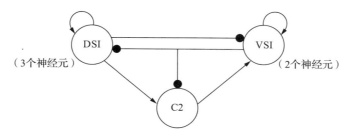

图 2.15 海洋软体动物三岐海兔（Tritonia）控制游泳运动的神经网络示意图。该神经网络既有正反馈，又有负反馈。兴奋性连接（正反馈）以箭头结尾的连线表示，抑制性连接（负反馈）以圆点结尾的连线表示（图片选编自文献 [256]）

正反馈可能导致不稳定。指数增长就是一个典型的例子，其中物理量 x 的变化率正比于 x，即

$$\frac{\mathrm{d}x}{\mathrm{d}t} = \alpha x$$

这将导致一个无界的解 $x(t) = \mathrm{e}^{\alpha t}$。不过，在自然界中，物种的指数增长会受到食物数量的限制。另一个常见的例子是，在公共广播系统中，当麦克风靠近扬声器放置时，会产生啸声。正反馈可以造成牛群踩踏、银行挤兑，以及繁荣–萧条的周期行为。在所有这些情况下，指数级的增长最终都会受到有限资源的限制。

如 2.1 节中的例子所示，如果反馈是静态的，那么正反馈和负反馈的定义就是明确的。如果反馈是动态的，那么其作用可能会随着信号频率的变化而从正变负，因此需要特别注意。下面用几个例子来说明正反馈的应用。

2.6.1 惠利特振荡器

1939 年，斯坦福大学的威廉·惠利特（William Hewlett）在其硕士论文中巧妙地运用正反馈和负反馈设计了一个稳定的振荡器。该振荡器是惠普公司生产的第一款产品，惠普公司是威廉·惠利特与大卫·普卡德于 1939 年共同创立的[200]。

在 20 世纪 30 和 40 年代，电子电路是以真空管技术为基础的。最简单的真空管放大器有三个电极：阴极、栅极和阳极，一起封闭在玻璃真空管中。阴极用灯丝加热，释放自由电子。在阳极和阴极之间施加很高的正电压，就形成电流。栅极位于阳极和阴极之间，改变栅极上的电压，即可调节电流。电流的大小取决于栅极和阴极之间的电压差，即 $V_g - V_c$。增加此电压差会增大电流。真空管放大器可以看成用栅极电压来控制电流的阀门。

图 2.16a 所示为惠利特振荡器的原理示意图。该电路中有两个反馈环，信号经两个真空管放大。其中一个环经由 R_1、C_1、R_2、C_2 构成的网络提供从第二管阳极到第一管栅极的正反馈。第二个反馈环经电阻器 R_f 和具有电阻 R_b 的灯泡提供从第二管输出到第一管阴极的负反馈。在适当的增益下，正反馈环产生频率为 $\omega = 1/\sqrt{R_1 R_2 C_1 R_2}$ 的振荡。该增益由负反馈环确定。由于灯泡的电阻 R_b 会随着温度的升高而增加，因此负反馈环具有非线性增益。v_{out} 幅值的增加会导致灯泡的电流增加，从而降低增益。其结果是产生一个幅值和频率稳定的振荡。

在图 2.16b 所示使用运算放大器的等效实现中，反馈环更为清楚。

2.6.2 正反馈（positive feedback）实现积分作用

早期的反馈控制器通过将一阶动态系统连接成正反馈来实现积分作用，如图 2.17 的框图所示。比例反馈通常会产生稳态误差。这个问题可以通过添加偏置信号抵消稳态误差来解决。在图 2.17 中，对控制信号进行低通滤波，再将滤波后的信号加回到控制信号的路径上。这有助于补偿存在的任何误差。

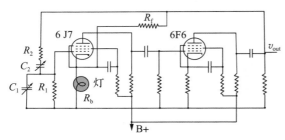 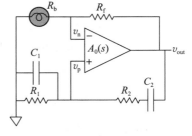

a）惠利特振荡器的原理示意图　　　　　b）使用运算放大器的等效实现

图 2.16　威廉·惠利特的振荡器电路图

稍加分析可以更好地理解该电路。利用框图代数运算可以得到系统的传递函数为：

$$G_{ue}=\frac{k_p}{1-1/(1+sT_i)}=k_p+\frac{k_p}{sT_i}$$

这是 PI 控制器的传递函数。如今，这种实现积分作用的方法仍被许多工业调节器所采用。

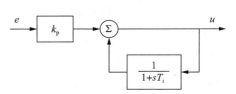

图 2.17　用正反馈实现积分作用

2.6.3　具有饱和的正反馈

将线性和非线性的元件与正反馈相结合，可以使系统获得一些有趣又有用的性质。这里介绍一个使用反馈电路实现简单形式的存储器的例子。

考虑图 2.18 所示的系统，它由一个具有一阶动态的线性块和一个具有正反馈的非线性块组成。假设非线性块可描述为：

$$y=F(x)=\frac{x}{1+|x|}$$

由此得：

$$x=F^{-1}(y)=\frac{y}{1-|y|}$$

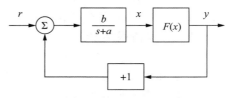

图 2.18　具有正反馈和饱和特性的系统
的框图。参数为 $a=1$、$b=4$

描述系统的微分方程为：

$$\frac{\mathrm{d}x}{\mathrm{d}t}=-ax+b(r+y)=b[r-G(y)],\quad G(y):=\frac{aF^{-1}(y)}{b}-y=\frac{ay}{b(1-|y|)}-y$$

用变量 $y=F(x)$ 重写动态方程，可以得到输入 r 和输出 y 之间的以下关系：

$$\frac{\mathrm{d}y}{\mathrm{d}t}=\frac{\mathrm{d}F(x)}{\mathrm{d}t}=\frac{\mathrm{d}F(x)}{\mathrm{d}x}\Big|_{F^{-1}(y)}\cdot\frac{\mathrm{d}x}{\mathrm{d}t}=F'(F^{-1}(y))\cdot b[r-G(y)] \tag{2.43}$$

对于所有 x，$F'(x)>0$，故函数 F 是单调的，因此，对于恒定输入 r，平衡点由 $r=G(y)$ 的解确定。$a=1$、$b=4$ 时，函数 $G(y)$ 的曲线如图 2.19a 所示。函数 $G(y)$ 在 $y=-1+\sqrt{a/b}=-0.5$ 处有局部最大值 $r_{max}=(1-\sqrt{a/b})^2=0.25$，在 $y=0.5$ 处有局部最小值 $r_{min}=-0.25$。系统可能的平衡点集可以在图 2.19a 中通过固定 r 并识别满足 $r=G(y)$ 的所有 y 值来确定。当 $|r|>0.25$ 时，有唯一的平衡点；当 $|r|=0.25$ 时，有两个平衡点；当 $|r|<0.25$ 时，有三个平衡点。

微分方程（2.43）是一阶的，如果 $G'(y_e)$ 为正，则平衡点 y_e 是稳定的，如果 $G'(y_e)$ 为负，则不稳定。在图 2.19a 中，稳定平衡点以实线标出，不稳定平衡点以虚线标出。可见，当 $r_{min}<r<r_{max}$ 时，微分方程有两个稳定平衡点，当 $|r|\geqslant r_{max}$ 时，有一个稳定平衡点。

　　为了解系统的行为，研究当参考信号改变时会发生什么。如果参考 r 为零，则有两个稳定平衡点，这可以在图 2.19a 中通过 $r=0$ 的水平线（标记为 C）看出。假设系统处于左侧的稳定平衡点，此处 y 为负值。如果增大参考 r，平衡点将稍微右移。当参考 r 达到 0.25 时（该值对应不稳定平衡点），则解会移动到右侧的稳定平衡点，此处 y 为正值，如图 2.19a 中标记为 B 的线所示。如果参考 r 进一步增大，输出 y 也会增大。因此，静态输入/输出关系由"反函数" $y=G^{\dagger}(r)$ 给定，它以 r 表示的函数形式给出了稳定输出值。该系统具有如图 2.19b 所示的滞环输入/输出关系，图中的虚线标明了解的分支之间的切换点，这发生在 $r=\pm r_{\max}=\pm 0.25$ 处。

　　系统的时域行为如图 2.19c 的仿真结果所示，其中虚线为输入 r，实线为输出 y。信号的波形取决于参数：图中选取了 $a=5$、$b=50$，以便看到更明显的分支切换。滞环宽度为 $2r_{\max}$，参数 a 确定了输出转角处的尖锐程度。图 2.18 所示的电路常被用作检测信号变化的触发器（称施密特触发器）。它也被用作固态存储中的存储元件，这表明反馈可用于产生离散行为。

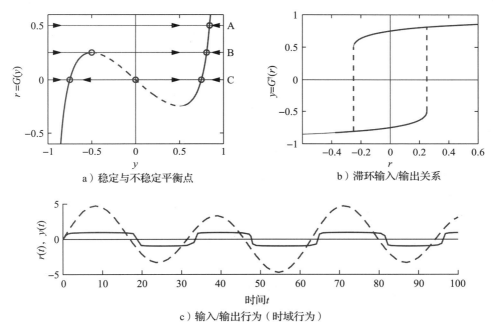

a）稳定与不稳定平衡点　　　b）滞环输入/输出关系

c）输入/输出行为（时域行为）

图 2.19　具有正反馈和饱和特性的系统。图 a 中，对于一个固定的参考值 r，它与曲线 $r=G(y)$ 的交点对应系统的平衡点。在选定的几个 r 值处，用圆圈标出了它们的平衡点（请注意，对于某些参考值，有多个平衡点）。箭头对应导数 $G'(y)$ 的符号，表示 y 离开平衡点（－）或靠近平衡点（＋）。$r=G(y)$ 的实线部分代表稳定平衡点，虚线部分代表不稳定平衡点。图 b 为由 $y=G^{\dagger}(r)$ 给出的滞环输入/输出关系图，可见，某些 r 值具有单一平衡点，另外一些值则有两个可能的（稳定）稳态输出值。图 c 为系统动态的仿真结果，虚线为参考 r 的曲线，实线为输出 y 的曲线

2.7　阅读提高

　　文献［34-35，183-184］对控制的发展提供了有趣的视角。本章所及的大部分材料都属于"经典控制"的范畴，这方面的材料可参阅早期的文献［62、130，241］。文献［7］只要求最少量的先修数学基础，但却对反馈原理进行了更全面的介绍。两自由度控制器的概念是由霍洛维茨（Horowitz）提出的[121]。

本章介绍的分析方法将在本书其余部分进行详细阐述。第 3 章和第 9 章将讨论传递函数和其他的动态描述，第 5 章和第 10 章将介绍分析稳定性的方法。第 7 章、第 8 章和第 13 章将进一步研究基于闭环特征多项式系数匹配的控制器参数简单设计方法。在 8.5 节和 12.4 节则将讨论前馈控制。

习题

2.1　（传递函数和微分方程）令 $y \in \mathbb{R}$ 和 $u \in \mathbb{R}$。对 $t > 0$，解微分方程

$$\frac{\mathrm{d}y}{\mathrm{d}t} + ay = bu, \quad \frac{\mathrm{d}^2 y}{\mathrm{d}t^2} + 2\frac{\mathrm{d}y}{\mathrm{d}t} + y = 2\frac{\mathrm{d}u}{\mathrm{d}t} + u$$

当初始条件为零时，分别确定对单位阶跃函数 $u(t) = 1$ 和指数信号 $u(t) = \mathrm{e}^{st}$ 的响应。推导系统的传递函数。

2.2　（零点对时域响应的影响）设 $y_0(t)$ 为具有传递函数 $G_0(s)$ 的系统对给定输入的响应。传递函数 $G = (1 + sT)G_0$ 具有相同的零频增益，但它在 $s = -1/T$ 处有一个额外的零点。设 $y(t)$ 为具有传递函数 $G(s)$ 的系统的响应，请证明：

$$y(t) = y_0(t) + T\frac{\mathrm{d}y_0}{\mathrm{d}t} \tag{2.44}$$

接下来考虑具有以下传递函数的系统

$$G(s) = \frac{s + a}{a(s^2 + 2s + 1)}$$

它具有单位零频增益，即 $G(0) = 1$。使用式（2.44）的结果分析在 $s = -1/T$ 处的零点对系统阶跃响应的影响。

2.3　（PI 控制）考虑一个闭环系统，其过程动态和 PI 控制器的模型为：

$$\frac{\mathrm{d}y}{\mathrm{d}t} + ay = bu, \quad u = k_{\mathrm{P}}(r - y) + k_{\mathrm{i}}\int_0^t \left[r(\tau) - y(\tau)\right]\mathrm{d}\tau$$

式中，r 是参考，u 是控制变量，y 是过程输出。

（a）通过直接处理方程，推导输出 y 与参考 r 之间的微分方程。采用直接微分方程运算和多项式代数运算两种方法，推导传递函数 $H_{yr}(s)$。

（b）绘制系统的框图，推导过程 $P(s)$ 和控制器 $C(s)$ 的传递函数。

（c）使用框图代数求闭环系统从参考 r 到输出 y 的传递函数，并验证答案是否与（a）部分的一致。

2.4　（零频增益）考虑由式（2.10）的微分方程和式（2.16）的传递函数描述的系统。通过计算式（2.10）对恒定输入 $u(t) = u_0$ 的特解，确定系统的零频增益。并与 $G(0)$ 的值相比较。

2.5　（瞳孔反射）瞳孔反射的动态可以采用以下传递函数的线性系统来近似：

$$P(s) = \frac{0.2(1 - 0.1s)}{(1 + 0.1s)^3}$$

假定控制瞳孔开度的神经系统被建模为一个增益为 k 的比例控制器。使用劳斯-赫尔维茨判据确定能保证闭环系统稳定的最大增益。

2.6　（参数灵敏度）考虑图 2.7 所示的反馈系统。令干扰 $v = 0$，$P(s) = 1$，$C(s) = k_{\mathrm{i}}/s$。确定从参考 r 到输出 y 的传递函数 G_{yr}。并确定当过程增益变化 10% 时，G_{yr} 变化的程度。

2.7　（PID 控制设计）2.3 节中的计算可解释为一阶系统的 PI 控制器的一个设计方法。对于二阶系统的 PID 控制，也可以进行类似的计算。设过程和控制器的传递函数为：

$$P(s) = \frac{b}{s^2 + a_1 s + a_2}, \quad C(s) = k_{\mathrm{p}} + \frac{k_{\mathrm{i}}}{s} + k_{\mathrm{d}}s$$

证明其控制器参数为：

$$k_{\mathrm{p}} = \frac{(1 + 2\alpha\zeta_{\mathrm{c}})\,\omega_{\mathrm{c}}^2 - a_2}{b}, \quad k_{\mathrm{i}} = \frac{\alpha\omega_{\mathrm{c}}^3}{b}, \quad k_{\mathrm{d}} = \frac{(\alpha + 2\zeta_{\mathrm{c}})\,\omega_{\mathrm{c}} - a_1}{b}$$

给出的闭环系统的特征多项式为：

$$(s^2 + 2\zeta_{\mathrm{c}}\omega_{\mathrm{c}}s + \omega_{\mathrm{c}}^2)(s + \alpha\omega_{\mathrm{c}})$$

2.8　（用反馈实现线性特性）考虑一个具有非线性输入/输出关系 $y = F(u)$ 的开环系统。假定利用比例控制

器 $u = k(r - y)$ 将该系统变为闭环系统。证明闭环系统的输入/输出关系为：

$$y + \frac{1}{k} F^{-1}(y) = r$$

估计该系统与理想线性响应 $y = r$ 的最大偏差。取 $k = 5$、10 和 100，在 $0 \leqslant u \leqslant 1$ 范围内，分别绘制 $F(u) = \sqrt{u}$ 和 $F(u) = u^2$ 的输入输出响应曲线，以做进一步说明。

2.9　（非线性失真）以下的 MATLAB 命令将加载并播放音乐汉德尔的《弥赛亚》（Handel's Messiah）：

```
load handel              % 加载音乐Handel's Messiah
sound(y, Fs); pause      % 通过扬声器播放该音乐未经处理的版本
```

写一个 MATLAB 函数，实现具有静态增益的以下非线性放大器：

$$y = 2[z + az(1 - z) - 0.5], \quad z = (x + 1)/2$$

式中，x 是原始信号（设取 -1 到 1 之间的值），放大器增益为 a。比较两种情况的音乐：通过具有所给非线性且 $a = 1$ 的放大器的两次处理后的音乐；通过以上同样的两个放大器的处理，但放大器的反馈系数 $k = 10$ 的音乐。

2.10　（排队系统）考虑以下模型的排队系统：

$$\frac{\mathrm{d}x}{\mathrm{d}t} = \lambda - \mu_{max} \frac{x}{x + 1}$$

式中，λ 是任务的到达率，x 是队列的长度。该模型是非线性的，且系统的动态随列队长度的变化存在着显著的变化（更详细的讨论请参考例 3.15）。研究采用 PI 控制器进行准入控制的情况。令 r 为期望的队列长度，（平均）到达率 λ 可建模为：

$$\lambda = k_P(r - x) + k_i \int^t [r(t) - x(t)] \mathrm{d}t$$

控制器参数从以下近似模型确定：

$$\frac{\mathrm{d}x}{\mathrm{d}t} = \lambda$$

求控制器参数，以使近似模型的闭环特性多项式为 $s^2 + 2s + 1$。令输入为 $r = 5 + 4\sin(0.1t)$，仿真研究控制策略在完整非线性模型上的行为表现。

第 3 章
系 统 建 模

我问费米（Fermi），我们算得的数据同他测得的数据相一致，他是否关注这件事情。他回答说："你在计算中使用了多少个任意的参数呢？"我考虑了一下我们的截断程序，然后说："4 个。"他说："我记得我的朋友约翰·冯·诺伊曼（John von Neumann）曾经说过，使用 4 个参数他就可以拟合出一条大象，使用 5 个参数的话他就可以让大象摆动鼻子。"[80]

——戴森（Freeman Dyson）回忆 1953 年给费米描述自己预测介子-质子散射的对话
（文献 $[80]$）

模型是系统动态的精确表示，用于分析与仿真解决系统中的相关问题。选用什么样的模型取决于需要解决什么样的问题。因此，对于同一个动态系统可能会有精度等级不同的多个模型，以满足不同现象分析的需要。本章将介绍建模的概念，并介绍反馈与控制系统中两个常用的特殊方法——微分方程和差分方程。

3.1　建模的概念

模型（model）是物理系统、生物系统或信息系统的数学表示。模型使得我们可以对一个系统进行推理，并对系统的行为进行预测。在本书中，我们感兴趣的主要是描述系统输入/输出行为的动态系统的模型，并且主要使用"状态空间"进行处理。在使用模型时一定要记住，模型只是它们所表示的系统的一个近似（approximation）。在使用模型进行分析和设计时，必须小心谨慎，确保始终满足模型的限制条件。

粗略地讲，动态系统是指系统行为的作用和效果不会立即发生的系统。例如，当踩节气门时，汽车的速度不会立即改变；当加热器打开时，房间的温度也不会立即升高。同样，服用阿司匹林之后，头疼也不会马上消失，而需要时间发挥药效。在商业系统中，增加开发项目的资金投入尽管长期来讲有可能使收入增加（如果是一个好项目的话），但在短期内不会使收入增加。所有这些动态系统的例子，它们的行为都是随着时间变化的。

3.1.1　力学的阐释

动态研究起源于对行星运动进行描述的尝试。动态研究的基础是第谷·布拉赫（Tycho Brahe）对行星的详细观测以及开普勒（Kepler）的研究成果。开普勒发现行星的运动轨迹可以很好地用椭圆来描述。牛顿经过研究后发现行星的椭圆形运动可以用他的万有引力定律来解释。在这一研究过程中，他还发明了微积分和微分方程。

牛顿力学的一个巨大成功在于，依据其理论，所有行星的运动可以根据当前位置及速度（与过去无关）来进行预测，且预测结果与观测相一致。动态系统的所谓状态（state），就是为了预测未来的运动而选定的一组变量，它可以完整地描述系统的运动。对于一个行星系统，状态很简单，就是行星的位置和速度。我们将所有可能的状态的集合称为状态空间（state space）。

动态系统的一种常用数学模型是常微分方程组（ODE）。在力学中，这种微分方程的一个最简单的例子就是有阻尼的弹簧-质量系统的微分方程：

$$m\ddot{q}+c(\dot{q})+kq=0 \tag{3.1}$$

该系统如图 3.1 所示。变量 $q \in \mathbb{R}$ 代表质量 m 相对其自由位置的位移。我们使用符号 $\dot{q}$ 表示 q 对时间的导数（即质量 m 的速度），用 $\ddot{q}$ 表示二阶导数（即加速度）。假定弹簧满足胡克定律，即弹簧力正比于位移。将摩擦元件（阻尼）看成一个非线性函数 $c(\dot{q})$，它可以模拟库伦摩擦以及黏滞效应。位移 q 和速度 $\dot{q}$ 表示系统的瞬时状态。由于该系统具有状态向量（state vector）$x = (q, \dot{q})$ ⊖ 表示的两个状态变量 q 和 $\dot{q}$，因此称之为二阶系统（second-order system）。

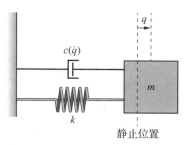

图 3.1　有阻尼的弹簧-质量系统。q 表示质量 m 的位置，$q = 0$ 对应于弹簧自由状态的位置。质量 m 受到两个作用力，一个是弹簧系数为 k 的线性弹簧的作用力，另一个是正比于速度 $\dot{q}$ 的阻尼力

位置和速度的演化既可以用时域图描述，也可以用相图描述，图 3.2 同时给出了两种方法。图 3.2a 是时域图（time plot），它将单个状态变量的值显示为时间的函数。图 3.2b 是相图（phase portrait），它显示了状态是如何在状态空间中移动的。在相图中，有些点上还绘制有箭头，用以表示该点状态 x 的速度 $\dot{x}$。相图以向量场或流的形式对微分方程进行了非常直观的表示。虽然二阶系统可以表示成这种方式，但很难使用这种可视化的方法来表示更高阶的微分方程。

微分方程（3.1）称为自治的（autonomous）系统，因为这里没施加外部的影响。这样的模型用在天体力学中是自然的事情，因为要影响行星的运动十分困难。在许多应用中，对外部干扰或受控力对系统的影响进行建模是十分有用的。实现这一点的一个方法就是用式（3.2）来替换式（3.1）：

$$m\ddot{q} + c(\dot{q}) + kq = u \qquad (3.2)$$

式中，u 代表外部输入的影响。式（3.2）称为强迫的（forced）或受控的微分方程（controlled differential equation）。这意味着状态变化的速率会受输入 u 的影响。输入的加入使得模型的适用范围更广，可以处理一些新的问题。例如，我们可以分析外部干扰对系统的轨迹有什么样的影响。或者，在输入变量可以以某种受控的方式进行调节的情况下，我们可以分析是否有可能通过选择恰当的输入，从而激励系统从状态空间的某个点移动到另外一个点。

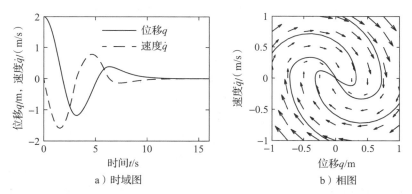

a）时域图　　　　　　　　b）相图

图 3.2　状态模型的说明。状态模型以状态函数的形式给出状态的变化率。图 a 是状态变量演化的时域图。图 b 展示了状态相对彼此的演化关系，图中的箭头表示状态的速度

⊖　本书中，向量 $x = (q, \dot{q})$ 等价于向量 $x = \begin{pmatrix} q \\ \dot{q} \end{pmatrix}$。

3.1.2　电气工程的阐释

　　动态的另一种观点产生于电气工程，在这个学科中，电子放大器的设计导致人们将重心放在对输入/输出行为的研究上。将输入转换成输出的系统被看成是一个器件，如图 3.3 所示。从概念上讲，输入/输出模型可以看成是一张巨大的关于输入信号和输出信号关系的表。给定某段时间里的输入信号 $u(t)$，模型就应该能够产生相应的输出 $y(t)$。

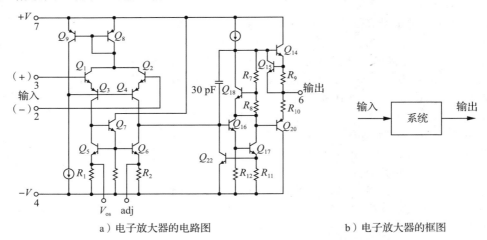

a）电子放大器的电路图　　　　　　　　　　　　b）电子放大器的框图

图 3.3　动态系统输入/输出观点的图解

　　输入/输出模型框架在许多工程领域中得到了应用，之所以如此，是因为它使得我们可以将系统分解成通过输入和输出相连的单个部件。这样一来，我们就可以把如收音机、电视机一样复杂的系统，分解成如接收器、解调器、放大器以及喇叭等容易处理的小块。这里的每个小块都有一组输入和输出，通过适当的设计，这些部件可以相互连接，构成整个系统。

　　输入/输出观点对于线性时不变系统（linear time-invariant system）这种特殊系统特别有用。线性时不变系统的概念在本章稍后有更具体的阐释，不过粗略地讲，系统是线性的就是指：两个输入叠加（相加）在一起，所获得的输出等于单独施加每个输入时所得的两个输出之和。一个系统是时不变的是指：对于给定的输入，输出的响应跟何时施加输入没有关系。

　　许多电气工程系统都可以用线性时不变系统来建模，因此人们开发了许多分析线性时不变系统的工具。其中一个是阶跃响应（step response），它用来描述阶跃输入（从零值迅速变化到一个常值的输入）与输出之间的关系。在本书的后面我们会看到，阶跃响应在描述动态系统的特性时十分有用，它常用来定义期望的动态。图 3.4a 是阶跃响应。

　　描述线性时不变系统的另一种方法是用系统的正弦输入信号响应来表示。这称作频率响应（frequency response），由此形成了一个应用广泛、十分强大的理论，其中有很多的概念和许多可靠而又有用的结论。这些结论是以复变函数理论和拉普拉斯变换为基础的。频率响应背后的基本思想在于，我们可以用系统对正弦输入的稳态响应来对系统的特性进行完全的定义。粗略地讲，其操作方法是这样的，我们将任何一个信号分解成正弦信号的线性组合（例如采用傅里叶级数变换），然后根据线性特性，通过组合各个频率独自的响应来计算总的输出。图 3.4b 是频率响应。

　　输入/输出的观点自然地引出了用实验来确定系统动态的方法，这种方法通过记录系统对特定输入（譬如一个阶跃输入或在一定频率范围内的一组正弦输入信号）的响应来描述系统。

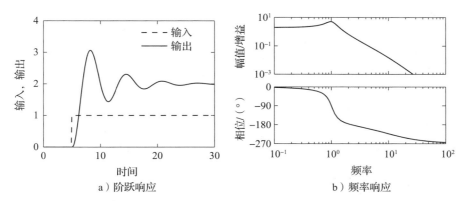

图 3.4 线性系统的输入/输出响应。图 a 的阶跃响应显示了在 $t = 5$ s 时，输入从 0 变化到 1 所对应的系统输出。图 b 的频率响应则显示了在不同频率的正弦输入下，系统的幅值增益及相位变化

3.1.3 控制的观点

当控制理论作为一门学科在 20 世纪 40 年代出现的时候，动态分析的方法受到电气工程（输入/输出）观点的严重影响。控制理论发展的第二波始于 20 世纪 50 年代后期，发轫于力学，借用了力学中状态空间的观点。航天飞行就是一个典型的例子，其中对宇宙飞船的轨道进行精确控制是十分重要的。这两种观点逐渐融合，形成了今天我们看到的输入/输出系统的状态空间表示方法。在 20 世纪 70 年代，自动化理论的进步影响了这一发展，它更加强调引入逻辑和顺序控制的必要性。

状态空间模型的发展涉及了将力学模型进行修改，以包含外部执行器、传感器，并使用更一般形式的方程。在控制中，式（3.2）给定的模型被替换为：

$$\frac{\mathrm{d}x}{\mathrm{d}t} = f(x, u), \quad y = h(x, u) \tag{3.3}$$

式中，x 是状态向量，u 是控制信号向量，y 是被测量向量。$\mathrm{d}x/\mathrm{d}t$ 项代表向量 x 对时间的导数；f 和 h 是映射（可能是非线性的），它们将自己的变量映射成适当维数的向量。在力学系统中，状态由系统的位置和速度构成，因此对于有阻尼的弹簧-质量系统，$x = (q, \dot{q})$。需要注意的是，在用公式表示控制系统时，尽管我们采用一阶微分方程组来对动态进行建模，但是我们将会看到，通过适当地定义状态以及映射 f 和 h，它也可以描述高阶微分方程组的动态。

输入和输出的概念丰富了经典问题的内涵，引出了许多新的概念。例如，现在可以很自然地问：对于可能的状态 x，是否可以通过选择恰当的 u 来达到（可达性）？被测信号 y 是否包含足够的信息来重构状态（可测性）？这些问题的答案将在第 7 章和第 8 章进行详细介绍。

控制观点的最新进展是干扰及模型的不确定性作为重要的元素出现于理论之中。将干扰建模为阶跃信号或正弦信号之类已知信号的方法，虽然简单，但却有个缺点，就是这类信号不能被精确预测。一个更为现实的方法是将干扰建模为随机信号。这个观点在预测与控制之间建立了自然的联系。在对具有不确定性的系统进行建模时，输入输出表示与状态空间表示的双重观点是特别有用的，因为状态模型便于描述标称情况下的模型，不确定性则以采用输入/输出模型来描述（通常是频率响应描述）较为容易。在本书中，不确定性是一个会经常遇到的主题，在第 13 章将对其进行专门的研究。

控制系统设计的一个有趣的经验是，反馈系统通常可以基于相对较为简单的模型进行分析和设计。其根源在于反馈系统固有的鲁棒性。然而，在其他的应用场合，可能就需要

更为复杂和更为精确的模型。以前馈控制策略为例，它就需要用一个模型以某种方式先算出系统响应的输入。另一个领域是系统验证，人们希望通过系统验证来证实系统实际响应的细节与设计相一致。由于模型的应用场合是如此的不同，因此人们往往使用具有不同复杂度和可信度等级的模型。

*3.1.4 多学科建模

建模是许多学科的基本内容，但各个学科的传统和方法可能各不相同，前面对机械工程和电气工程的讨论可以说明这一点。系统工程中的难点在于，经常需要处理来自不同领域的各种不同的系统，这包括化学系统、电气系统、力学系统以及信息系统。

为了对这种多学科的系统进行建模，需要先将系统划分成较小的子系统。将每个子系统表示成关于质量、能量和动量的平衡方程，或者表示成子系统中关于信息处理的某种恰当描述。通过对各个子系统变量的行为进行描述，可以掌握子系统接口处的行为。这些接口起着限制各个子系统变量（例如质量、能量或动量的通量等）彼此相等的作用。通过将子系统的描述以及接口的描述组合起来，就得到了完整的模型。

采用这种方法，有可能建立起对应物理元件、化学元件以及信息元件的子系统库。其步骤类似于系统由子系统来构建，子系统本身又由较小的部件来构建的工程方法。在积累经验以后，可以将元件和接口标准化，并集中到模型库中。实际上，这个过程往往需要进行多次迭代（反复），才能获得一个可以在许多应用中重复利用的模型库。

状态模型或常微分方程组不适于在基于元件的这种建模方法中使用，因为状态在元件连接时可能会消失。这意味着，在一个元件连接到其他元件时，其内部描述可能会发生变化。让我们以电路中的两个电容为例来说明这个问题。每个电容都有一个对应其端电压的状态变量，但是若将这两个电容并联起来，则其中一个状态变量将消失。两个转动惯量会发生类似的情况，在单独建模时，每个转动惯量都要采用一个旋转角和一个角速度来建模，而当将二者通过刚性轴连起来的时候，则有两个状态变量将消失。

这个困难可以通过用微分代数方程（differential algebraic equations）替换微分方程来解决。微分代数方程具有以下的形式：

$$F(z, \dot{z}) = 0$$

式中，$z \in \mathbb{R}^n$。以下是一种简单情况，对于微分方程：

$$\dot{x} = f(x, y), \quad g(x, y) = 0 \tag{3.4}$$

有：$z = (x, y)$，$F = (\dot{x} - f(x, y), g(x, y))$。其关键特性在于，导数 $\dot{z}$ 没有显式给出，向量 z 的各分量之间可以是纯代数关系。使用微分代数方程的建模也称基于方程的建模（equation-based modeling）、非因果建模（acausal modeling）或行为建模（behavioral modeling）。

式（3.4）的模型具有并联电容以及刚性连接转动惯量这两个例子的特征。例如，当两个电容连在一起时，我们只需要简单地补充一个表述两个电容器的端电压相等的代数方程即可。

Modelica 是一种支持基于元件建模的建模语言。它将微分代数方程组作为基本描述结构，利用面向对象的编程技术来使模型结构化。Modelica 被用于许多领域的技术系统的动态建模，包括机械、电气、热力、水力、热流体及控制子系统等。Modelica 意在为人们提供一种标准格式，以使不同领域中的模型可以在各种工具间及用户间进行互换。已经出现了大量免费的及商业的 Modelica 元件库，正被工业、研发以及学术界越来越多的人所使用。想获得更多关于 Modelica 的信息，请访问 http://www.modelica.org 或参考文献 [239, 95]。

*3.1.5 有限状态机与混合系统

混合系统，也称信息物理系统（cyberphysical system），是一种将连续动态与离散逻辑相结合的系统。系统的离散部分代表驻留在计算机中的逻辑变量，例如系统的模态（开、关、降级等）。

离散动态通常用有限状态机（finite state machine）表示，它是由一组数目有限的离散状态 $\alpha \in \mathbb{Q}$ 组成的。可以将 α 看成是系统的"模态"。有限状态机的动态是用状态间的切换来定义的。一个方便的表示方法是将其表示成一个卫士转换系统（guarded transition system）：

$$g_i(\alpha, \beta) \Rightarrow \alpha' = r_i(\alpha), \quad i = 1, \cdots, N$$

式中，函数 g_i 是逻辑函数（取真或假），它取决于系统当前的模态 α 及输入 β，这里 β 可能代表一个环境事件（如按钮按下、器件故障等）。如果卫士（guard）g_i 取值为真，那么系统将从当前状态 α 转换到一个新的状态 α'，α' 由规则（转换映射）r_i 决定。卫士转换系统可以有许多不同的规则，具体取决于系统的状态及外部的输入。

也可以将具有连续状态的系统与具有离散状态的系统结合起来，创建出混合系统（hybrid system）。例如，如果一个系统具有连续状态 x 和离散状态 α，那么整个系统的动态可以写成：

$$\frac{\mathrm{d}x}{\mathrm{d}t} = f_\alpha(x, u), \quad g_i(x, \alpha, \beta) \Rightarrow \alpha' = r_i(x, \alpha), \quad i = 1, \cdots, N$$

式中，具有状态 x 的连续动态由一个常微分方程控制，该方程又可以依赖于系统模态 α（用 f_α 的下标来指明）。离散转换系统也受连续状态的影响，因此卫士 g_i 和规则 r_i 也就依赖于连续状态。

混合系统还有许多其他可能的表示形式，例如复位逻辑（reset logic）——当离散状态发生变化时，允许连续变量发生非连续的变化。有多种软件可用于混合系统的计算机建模，包括 StatFlow（MATLAB 工具箱的一部分）、Modelica 以及 Ptolemy 等[205]。

3.1.6 模型的不确定性

使用反馈主要是为了减少不确定性，因此不确定性的描述就很重要。在进行测量时有一个很好的习惯，就是既要指定标称值，又要估计不确定性。将同样的方法用于建模也是有益的，但不幸的是，通常很难定量地描述模型的不确定性。

对于输入/输出关系可以用函数表示的静态系统，不确定性可以用图 3.5a 所示的不确定带来表示。在低信号水平下，存在由传感器分辨率、摩擦和量化等因素带来的不确定性。例如，排队系统或单元的一些模型是基于平均值的，它们在小数量的场合会表现出明显的变动。在大信号的场合，则存在饱和问题甚至会出现系统故障。随着应用场合的变化，在模型保持合理精度的情况下，信号范围的差别十分巨大，但却很难找到一个模型能够在数值差别大于 10^4 倍的信号范围内保持准确。

动态模型的不确定性则更难描述。可以试着给模型的参数赋以一定的不确定性来捕获系统的不确定性，但这往往是不够的。一些被忽略的现象（例如小的时延）可能引起误差。在控制工程中，最终的评判基于模型的控制系统的表现到底有多好，而时延可能会有重要影响。另外还有频率方面的影响。一些缓慢发生的现象（例如老化）会引起系统的改变或漂移。高频效应（在高频下电阻器将不再是纯电阻；梁尽管有刚度，但当经受高频激励时，就会展现出额外的动态行为）也会改变系统。图 3.5b 所示的不确定性柠檬图（uncertainty lemon）是对系统不确定性进行定义的一种方法。该图指出，模型仅在一定的幅值和频率范围内有效。

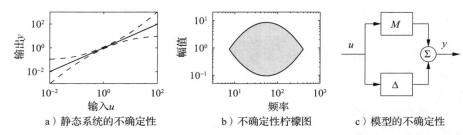

图 3.5　模型不确定性的描述。图 a 给出了一个静态系统的不确定性，其中实线表示标称的输入/输出关系，虚线表示可能的不确定性范围。图 b 所示的不确定性柠檬图[101] 是表示动态系统不确定性的一种方法，它强调仅当幅值和频率落在柠檬形的阴影区域内时，模型才是有效的。图 c 用一个标称模型 M 和一个不确定性模型 Δ 来表示模型，这里 Δ 模仿了参数不确定性的表示方法来表示模型的不确定性。

　　第 13 章将介绍一些正式的工具，它们将利用图 3.5c 这样的图形来描述不确定性。这些工具将用到传递函数的概念，即对输入/输出系统的频率响应进行描述的思想。目前只想简单地提醒大家，要时刻小心模型的局限性，不要超出模型的适用范围使用模型。例如，可以先描述不确定性柠檬图，然后再进行检查，以确保信号在不确定性柠檬图的范围之内。在早期模拟计算时代，系统是用运算放大器来仿真的，因此习惯上当某些信号超限时会发出警报。在数字仿真中也有类似的功能。

3.2　状态空间模型

　　本节介绍本书所使用的两种主要形式的模型：微分方程和差分方程。这两种模型都使用状态、输入、输出以及动态等概念来描述系统的行为。另外本节还将简单讨论一下有限状态系统的建模。

3.2.1　常微分方程

　　系统的状态是这样一些变量的一个集合，它们记录了系统的过去，目的是预测系统的未来。对于物理系统来讲，状态由质量、动量及能量等物理变量组成。建模中很重要的一点是，要确定这些信息的表示该精确到什么程度。状态变量被集中在称为状态向量（state vector）的向量 $x \in \mathbb{R}^n$ 中，控制变量用另一个向量 $u \in \mathbb{R}^p$ 表示，被测信号用 $y \in \mathbb{R}^q$ 表示。这样一来，系统就可以表示成以下的微分方程：

$$\frac{\mathrm{d}x}{\mathrm{d}t} = f(x, u), \quad y = h(x, u) \tag{3.5}$$

式中，$f: \mathbb{R}^n \times \mathbb{R}^p \to \mathbb{R}^n$，$h: \mathbb{R}^n \times \mathbb{R}^p \to \mathbb{R}^q$ 是平滑的映射。这种形式的模型称作状态空间模型（state space model）。

　　状态向量的维数称作模型的阶数（order）。式（3.5）的模型称作时不变的（time-invariant），因为其中的函数 f 和 h 没有显式地依赖于时间 t，对于较为普遍的时变系统而言，其函数则是直接依赖于时间的。以上模型由两个函数组成：函数 f 给出状态向量的变化率关于状态 x 和控制变量 u 的函数；函数 h 则给出被测量 y 关于状态 x 和控制量 u 的函数。

　　如果函数 f 和 h 关于 x 和 u 是线性的，那么模型就称作线性（linear）状态空间模型（可能往往只是一个"线性系统"）。因此，线性状态空间模型可以表示为：

$$\frac{\mathrm{d}x}{\mathrm{d}t} = Ax + Bu, \quad y = Cx + Du \tag{3.6}$$

式中：A、B、C 和 D 是常数矩阵。这样的模型称为是线性时不变的（linear and time-invariant），简称 LTI（在本书中，常常省略"时不变"一词，就称模型是线性的）。矩阵 A 称为动态矩阵（dynamics matrix），矩阵 B 称为控制矩阵（control matrix），矩阵 C 称为传感器矩阵（sensor matrix），矩阵 D 称为直接项（direct term）。有些系统往往没有直接项，这意味着控制信号对输出没有直接的影响。

对力学中的二阶动态系统进行推广，可以得到线性微分方程组的另一种形式，即单输入单输出高阶系统的微分方程：

$$\frac{d^n y}{dt^n}+a_1\frac{d^{n-1}y}{dt^{n-1}}+\cdots+a_n y=u \tag{3.7}$$

式中，t 是独立变量（时间），$y(t)$ 是因变量（输出），$u(t)$ 是输入。$d^k y/dt^k$ 用于表示 y 对 t 的 k 阶导数，有时也写成 $y^{(k)}$。受控的微分方程式（3.7）称为 n 阶系统。采用以下定义可以将这个系统转换成状态空间的形式：

$$x=\begin{pmatrix} x_1 \\ x_2 \\ \vdots \\ x_{n-1} \\ x_n \end{pmatrix}=\begin{pmatrix} d^{n-1}y/dt^{n-1} \\ d^{n-2}y/dt^{n-2} \\ \vdots \\ dy/dt \\ y \end{pmatrix}$$

相应的状态空间方程为：

$$\frac{d}{dt}\begin{pmatrix} x_1 \\ x_2 \\ \vdots \\ x_{n-1} \\ x_n \end{pmatrix}=\begin{pmatrix} -a_1 x_1-\cdots-a_n x_n \\ x_1 \\ \vdots \\ x_{n-2} \\ x_{n-1} \end{pmatrix}+\begin{pmatrix} u \\ 0 \\ \vdots \\ 0 \\ 0 \end{pmatrix},\quad y=x_n$$

通过对 A、B、C 及 D 进行恰当的定义，这个方程将是线性状态空间的形式。

令输出等于模型状态变量的线性组合，可以得到一个更一般的模型，即

$$y=b_1 x_1+b_2 x_2+\cdots+b_n x_n+du$$

这个模型在状态空间中可以表示为：

$$\frac{d}{dt}\begin{pmatrix} x_1 \\ x_2 \\ x_3 \\ \vdots \\ x_n \end{pmatrix}=\begin{pmatrix} -a_1 & -a_2 & \cdots & -a_{n-1} & -a_n \\ 1 & 0 & \cdots & 0 & 0 \\ 0 & 1 & & 0 & 0 \\ \vdots & & \ddots & & \vdots \\ 0 & 0 & & 1 & 0 \end{pmatrix}x+\begin{pmatrix} 1 \\ 0 \\ 0 \\ \vdots \\ 0 \end{pmatrix}u, \tag{3.8}$$

$$y=\begin{pmatrix} b_1 & b_2 & \cdots & b_n \end{pmatrix}x+du$$

这种特殊形式的线性状态空间模型称为可达标准型（reachable canonical form），将在后面的章节里对其进行更为详细的研究。模型还有许多其他的表示方法，在第 6 章～第 8 章还会遇到几个。也可以将式（3.7）的形式进行展开，容许出现输入的导数，正如第 2 章所述。

例 3.1 弹簧-质量系统

作为将线性微分方程转化为状态空间形式的一个简单例子，考虑外部驱动的弹簧质量系统，式（3.2）描述了其动态行为，重写如下：

$$m\ddot{q}+c(\dot{q})+kq=u$$

令式（3.7）的输出 y 对应这里的位置 q，则两式具有相同的形式。因此，系统的状态可以写成：

$$x = \begin{pmatrix} x_1 \\ x_2 \end{pmatrix} = \begin{pmatrix} \dot{q} \\ q \end{pmatrix}$$

状态方程为：

$$\frac{\mathrm{d}}{\mathrm{d}t} \begin{pmatrix} x_1 \\ x_2 \end{pmatrix} = \begin{pmatrix} -c/m & -k/m \\ 1 & 0 \end{pmatrix} \begin{pmatrix} x_1 \\ x_2 \end{pmatrix} + \begin{pmatrix} 1/m \\ 0 \end{pmatrix} u$$

上式中假定了 $c(\dot{q}) = c\dot{q}$（对应黏性摩擦）。　◀

例 3.2　平衡系统

在可以采用常微分方程来建模的系统中，平衡系统（balance system）是更复杂的例子。平衡系统是一个机械系统，其质量中心在一个支点的上方保持平衡。图 3.6 为一些常见的平衡系统实例，它们都靠系统底部的力量来保持平衡。图 3.6a 所示的赛格威（Segway）代步工具采用一个电动机驱动的平台来使其上站立的人保持稳定。当骑车人前倾时，它驱动自己在地面上前行并能维持垂直的姿态。图 3.6b 所示的土星火箭是另一个例子，其底部有一个万向喷嘴，用于稳定上方的箭体。还可以举出很多其他平衡系统的例子，包括人类及其他动物直立行走，一个人在手上保持棍子平衡等。

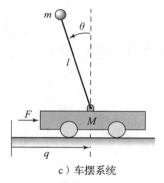

a）赛格威代步工具　　　　　b）土星火箭　　　　　　c）车摆系统

图 3.6　常见的平衡系统实例

平衡系统是前面介绍的弹簧-质量系统的推广。机械系统的动态可以写成以下的一般形式：

$$M(q)\ddot{q} + C(q,\dot{q}) + K(q) = B(q)u$$

式中，$M(q)$ 是系统的惯性矩阵，$C(q,\dot{q})$ 代表科里奥利力（Coriolis force）和阻尼，$K(q)$ 代表势能引起的力，$B(q)$ 则描述外力耦合到动态系统的方式。注意 q 不仅可以是标量，也可以是向量，是系统的配置变量（configuration variable）。该方程的具体形式可以用牛顿力学推得。方程的每一项都依赖于系统的配置 q，且它们往往与配置变量间是非线性的关系。

图 3.6c 是一个平衡系统的简图，它由一个倒摆放置在推车上构成。为了对该系统进行建模，选定系统台基的位置 q 和速度 $\dot{q}$，以及台基以上结构的角度 θ 与角速度 $\dot{\theta}$ 作为状态变量〔注意，用 q 表示位置，用 (q, θ) 表示所有配置变量是一种轻微滥用符号的做法〕。令 F 为施加在系统台基上的力，并假定其沿水平方向（与 q 对齐），选择系统的位置和角度为输出。在这些定义下，应用牛顿力学即可推得系统的动态模型，其形式如下：

$$\begin{pmatrix} (M+m) & -ml\cos\theta \\ -ml\cos\theta & (J+ml^2) \end{pmatrix} \begin{pmatrix} \ddot{q} \\ \ddot{\theta} \end{pmatrix} + \begin{pmatrix} c\dot{q} + ml\sin\theta\,\dot{\theta}^2 \\ \gamma\dot{\theta} - mgl\sin\theta \end{pmatrix} = \begin{pmatrix} F \\ 0 \end{pmatrix} \qquad (3.9)$$

式中，M 是台基的质量，m 和 J 是需要平衡的系统的质量和惯量，l 是从台基到平衡体质心的距离，c 和 γ 是黏滞摩擦系数，g 是重力加速度。

通过定义状态 $x=(q,\theta,\dot{q},\dot{\theta})^{\ominus}$、输入 $u=F$，以及输出 $y=(q,\theta)$，可以将系统的动态模型重写为状态空间的形式。如果定义总质量和总惯量为：

$$M_t=M+m，\quad J_t=J+ml^2$$

那么运动方程将变成：

$$\frac{\mathrm{d}}{\mathrm{d}t}\begin{bmatrix}q\\\theta\\\dot{q}\\\dot{\theta}\end{bmatrix}=\begin{pmatrix}\dot{q}\\\dot{\theta}\\\dfrac{-mls_\theta\dot{\theta}^2+mg(ml^2/J_t)s_\theta c_\theta-c\dot{q}-(\gamma/J_t)mlc_\theta\dot{\theta}+u}{M_t-m(ml^2/J_t)c_\theta^2}\\\dfrac{-ml^2s_\theta c_\theta\dot{\theta}^2+M_tgls_\theta-clc_\theta\dot{q}-\gamma(M_t/m)\dot{\theta}+lc_\theta u}{J_t(M_t/m)-m(lc_\theta)^2}\end{pmatrix},$$

$$y=\begin{pmatrix}q\\\theta\end{pmatrix}$$

这里使用了简记 $c_\theta=\cos\theta$ 及 $s_\theta=\sin\theta$。

在许多情况下，角度 θ 十分接近于 0，因此可以使用近似表达式 $\sin\theta\approx\theta$ 及 $\cos\theta\approx1$。更进一步讲，如果 $\dot{\theta}$ 很小，就可以忽略 $\dot{\theta}$ 的二次项和高次项。将这些近似代入前面的公式，可以发现剩下的是一个线性（linear）状态空间方程：

$$\frac{\mathrm{d}}{\mathrm{d}t}\begin{bmatrix}q\\\theta\\\dot{q}\\\dot{\theta}\end{bmatrix}=\begin{pmatrix}0&0&1&0\\0&0&0&1\\0&m^2l^2g/\mu&-cJ_t/\mu&-\gamma lm/\mu\\0&M_tmgl/\mu&-clm/\mu&-\gamma M_t/\mu\end{pmatrix}\begin{bmatrix}q\\\theta\\\dot{q}\\\dot{\theta}\end{bmatrix}+\begin{pmatrix}0\\0\\J_t/\mu\\lm/\mu\end{pmatrix}u,$$

$$y=\begin{pmatrix}1&0&0&0\\0&1&0&0\end{pmatrix}x$$

这里 $\mu=M_tJ_t-m^2l^2$。◀

例 3.3 倒摆

例 3.2 的一个变形是台基的位置 q 无须控制的情况，例如仅关心使火箭在竖直方向上保持稳定而不用担心火箭台基的情况。这个简化系统的动态方程为：

$$\frac{\mathrm{d}}{\mathrm{d}t}\begin{pmatrix}\theta\\\dot{\theta}\end{pmatrix}=\begin{pmatrix}\dot{\theta}\\\dfrac{mgl}{J_t}\sin\theta-\dfrac{\gamma}{J_t}\dot{\theta}+\dfrac{l}{J_t}u\cos\theta\end{pmatrix},\quad y=\theta \tag{3.10}$$

式中，γ 是旋转摩擦系数，$J_t=J+ml^2$，u 是施加在台基上的力。这个系统称作倒摆（inverted pendulum）。◀

3.2.2 差分方程

在有些情况下，以离散的时间来描述系统的演化要比按连续的时间来描述更为自然。如果每个时刻用一个整数 k（$k=0,1,2,\cdots$）来表示，那么就可以了解每个系统的状态是如何随着 k 而变化的。跟微分方程的场合一样，也将状态定义为一组这样变量，它们集合系统过去的信息，意在预测系统的未来。以这种方式进行描述的系统称作离散时间系统（discrete-time systems）。

离散时间系统的演化可以描述成以下的形式：

$\ominus$ 严格来讲，$x=(q\quad\theta\quad\dot{q}\quad\theta)^{\mathrm{T}}=\begin{bmatrix}q\\\theta\\\dot{q}\\\theta\end{bmatrix}$。

$$x[k+1]=f(x[k],u[k]), \quad y[k]=h(x[k],u[k]) \tag{3.11}$$

式中，$x[k] \in \mathbb{R}^n$ 是时刻 k（整数）的系统状态，$u[k] \in \mathbb{R}^p$ 是输入，$y[k] \in \mathbb{R}^q$ 是输出。跟前面一样，f 和 h 是恰当维数的光滑映射。式（3.11）被称作差分方程（difference equation），因为它给出了 $x[k+1]$ 与 $x[k]$ 的差别。状态 $x[k]$ 既可以是标量，也可以是向量；在向量的情况下，我们将时刻 k 的第 j 个状态变量的值写成 $x_j[k]$。

跟微分方程的情况一样，差分方程的状态与输入往往也是线性关系，在这种情况下，可以将系统描述为：

$$x[k+1]=Ax[k]+Bu[k], \quad y[k]=Cx[k]+Du[k]$$

跟前面一样，也称矩阵 A、B、C 和 D 分别为动态矩阵、控制矩阵、传感器矩阵和直接项。当初始条件为 $x[0]$，输入为 $u[0]$，…，$u[T]$ 时，线性差分方程的解可以通过反复代入的方法算得，结果为：

$$\begin{aligned} x[k]&=A^k x[0]+\sum_{j=0}^{k-1} A^{k-j-1} Bu[j], \\ y[k]&=CA^k x[0]+\sum_{j=0}^{k-1} CA^{k-j-1} Bu[j]+Du[k], \end{aligned} \quad k>0 \tag{3.12}$$

差分方程也常用作微分方程的近似，这个重要用途将在后面介绍。　◀

例 3.4　捕食者–猎物问题

捕食者–猎物问题是指这样一个生态系统，其中有两个物种，一个供另一个捕食。这类系统已经被研究了好几十年，具有十分有趣的动态。图 3.7b 所示的是一份历史记录，它记录了 90 年间山猫数量与雪兔数量的关系[173]。从图中可以看出，每个物种的年度数量记录是自然振荡的。

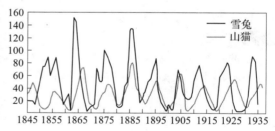

a）山猫和雪兔　　　　　　　　　　　　b）历史记录

图 3.7　捕食者–猎物问题（照片版权属于 Tom and Pat Leeson 公司）

针对以上情况，可以使用离散时间模型构建一个简单模型，以跟踪每个物种的出生率和死亡率。令 H 表示雪兔的数量，L 表示山猫的数量，可以用离散时间点的种群数量来描述状态。令 k 为离散时间指标（这里对应于每一天），可以写出：

$$\begin{aligned} H[k+1]&=H[k]+b_h(u)H[k]-aL[k]H[k], \\ L[k+1]&=L[k]+cL[k]H[k]-d_l L[k] \end{aligned} \tag{3.13}$$

式中，$b_h(u)$ 是单位时间内的雪兔出生率，它是食物供应量 u 的函数；d_l 是山猫的死亡率，a 和 c 是相互作用系数。相互作用项 $aL[k]H[k]$ 用于对捕食率进行建模，假定其正比于捕食者与猎物相遇的频率，因此由种群数量的乘积给定。在描述山猫数量的动态方程中，相互作用项 $cL[k]H[k]$ 具有相似的形式，它表示山猫数量的增长率。尽管这个模型使用了很多假设（例如，假定雪兔的数量下降仅由山猫的捕食引起），不过这已足够回答有关该系统的一些基本问题。

为了说明如何使用这个系统模型，我们可以从某个初始种群数量出发，计算每个时间点的山猫和雪兔数量。具体操作是这样的：先令 $x[0]=(H_0, L_0)$，然后利用式（3.13）计算下一时段的种群数量。重复这一过程，我们就可以算出整个时间上的种群数量。图 3.8 给出的是在特别选定的参数和初始条件下，该计算过程的输出结果。尽管仿真结果的细节跟实验数据不同（由于采用了简化假定），但可以定性地看到趋势上的相似性，因此可以使用这个模型来探索该系统的动态。

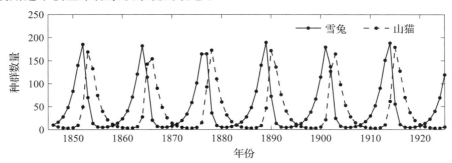

图 3.8　式（3.13）的捕食者-猎物模型的离散时间仿真。在式（3.13）中，选取参数 $a=c=0.014$，$b_h(u)=0.6$，$d_1=0.7$；山猫和雪兔的种群数量的循环周期、幅值与图 3.7 的数据基本一致　◀

例 3.5　E-mail 服务器问题

IBM 的 Lotus（现在的 Domino）服务器是一个协作软件系统，它管理用户的电子邮件、文档和笔记。客户端的机器则与终端用户打交道，使得他们能够访问相应的数据和应用。该服务器也处理一些其他的任务。在该系统研发的早期，人们观测到一个现象，就是当服务请求过多导致中央处理器（CPU）满载的时候，系统的性能很差，因此后来引入了负载控制机制。

客户与服务器的相互作用采用远程调用（RPC）的形式。服务器维持一份日志，记录所有请求的统计信息。另外，获得服务的请求总数，即服务器上的 RPC（简称 RIS），也是受到监测的。使用一个称为 MaxUsers（最大用户数）的参数来控制服务器的负载，该参数限定了连接到服务器的客户总数。这个参数由系统管理员控制。服务器可以看成是以 MaxUsers 为输入、以 RIS 为输出的一个动态系统。其输入和输出的关系（线性关系）最初是通过稳态性能分析来研究的。

在文献［117］中，采用了一阶差分方程形式的动态模型来了解该系统的动态行为。利用系统辨识技术，该文献构建了以下形式的模型：
$$y[k+1]=ay[k]+bu[k]$$
式中，$u=\text{MaxUsers}-\overline{\text{MaxUsers}}$，$y=\text{RIS}-\overline{\text{RIS}}$。参数 $a=0.43$、$b=0.47$ 是描述运行点附近系统动态的参数，$\overline{\text{MaxUsers}}=165$、$\overline{\text{RIS}}=135$ 表示系统的标称运行点。请求数量选取 60 s 为一个采样周期内的平均值。　◀

差分方程的另一个应用是在计算机上实现控制系统。早期的控制器是模拟的物理系统，可以用微分方程来建模。当采用计算机来实现由微分方程描述的控制器时，必须进行近似处理。一种简单的方法是用有限差分来近似代替导数，如下面的例子所示。

例 3.6　PI 控制器的差分近似

考虑以下的比例积分（PI）控制器：
$$u(t)=k_p e(t)+k_i \int_0^t e(\tau)\mathrm{d}\tau=k_p e(t)+x(t), \quad x(t)=k_i \int_0^t e(\tau)\mathrm{d}\tau$$
控制器的状态由以下微分方程给出：

$$\frac{\mathrm{d}x}{\mathrm{d}t} = k_i e(t) \tag{3.14}$$

假设按固定的采样间隔 $t = h$，$2h$，$3h$，$\cdots$测量误差。用差分近似表示式（3.14）的导数，可得：

$$\frac{x(jh+h) - x(jh)}{h} = k_i e(jh)$$

那么控制器由以下差分方程给出：

$$x[j+1] = x[j] + h k_i e[j], \quad u[j] = k_p e[j] + x[j]$$

式中，$x[j] = x(jh)$、$e[j] = e(jh)$、$u[j] = u(jh)$ 分别表示在第 j 个采样周期内采样所得的离散时间状态、误差及输入（此处使用 j 作为离散时间指标，以免与增益 k_p、k_i 混淆）。这个控制器很容易在计算机上实现，因为它只包含加法和乘法。　◀

在这个例子中，如果采样间隔很短，使得变量 $e(t)$ 在一个采样周期内变化很小，那么 PI 控制器的差分近似能很好地工作。

*3.2.3　有限状态机

除了可以用连续变量（如位置、速度、电压、温度等）建模的系统外，还经常遇到具有离散状态（如开、关、待机、故障等）的系统。有限状态机是这样一种模型，其中的系统状态是从有限的"模态"列表中选择的。有限状态机的动态由模态间的转换给出，这些转换有可能是对外部信号的响应。下面用一个简单的例子来说明这个概念。

例 3.7　交通灯控制器

考虑图 3.9b 所示的交通灯控制系统的有限状态机模型。我们用一组点亮的交通灯（东西向或南北向）来表示系统的状态。此外，某个方向的灯一旦点亮，那么只有在垂直的方向上有车辆到达十字路口，然后等待某个最短的时间，灯才会切换到垂直的方向。这为每个方向的灯提供了两种状态：等待车辆到达；等待倒计时结束。因此，系统共有 4 种状态。

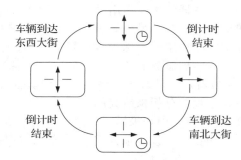

　　a）红绿灯　　　　　　　　　b）交通灯控制系统的有限状态机模型

图 3.9　红绿灯的简单模型

交通灯的动态模型描述了该系统如何从一种状态过渡到另一种状态。从图 3.9b 最左边的状态开始，假设开始时灯的设置是允许南北向的汽车通行。当一辆汽车由东西向到达街口时，转换到顶部的状态，启动定时器。一旦倒计时结束，就转换到右侧的状态，点亮东西向的灯。然后再等待一辆汽车由南北向到达街口，如此重复循环。

作为一个控制系统，该模型的状态空间由四种离散状态组成：南北向等待、南北向倒计时、东西向等待、东西向倒计时。控制器的输入由指示十字街口是否有汽车驶来的信号组成。控制器的输出是改变交通灯颜色的信号。可见，该控制器的动态模型就是控制着该系统的状态（或模态）如何及时变化的转换图。　◀

更正式地讲，有限状态机可以表示为离散状态 $\alpha \in \mathbb{Q}_{sys}$ 的一个有限集，这里 $\mathbb{Q}_{sys}$ 是一个离散集合。跟前述例子描述的有限状态机一样，系统的动态模型由离散状态间的转换描述。这些转换可以依赖于外部输入或测量，并且在转换进入或离开一个状态时，能够产生输出作用。如果令 $\beta \in \mathbb{Q}_{in}$ 表示（离散的）输入事件（如按钮按下、器件失效等），令 $\gamma \in \mathbb{Q}_{out}$ 表示（离散的）输出作用（例如设备的关闭），那么有限状态机的动态模型就可以写成如下的卫士命令系统（guarded command system，即卫士转换系统）：

$$g_i(\alpha, \beta) \Rightarrow \begin{cases} \alpha' = r_i(\alpha, \beta) \\ \gamma = a_i(\alpha, \beta), \end{cases} \quad i = 1, \cdots, N \tag{3.15}$$

式中，函数 g_i 是逻辑函数（取真/假），其值取决于当前的系统模态 α 和外部输入 β。如果卫士（guard）g_i 为真，那么系统从当前状态 α 转换到新的状态 α'，新状态 α' 由规则（或者说转换映射）r_i 以及外部输入决定。类似地，输出作用 a_i 也依赖于当前的状态和外部输入。卫士转换系统可有许多不同的规则，具体取决于系统的状态和外部输入。

在许多方面，转换系统的动态与式（3.11）的离散时间系统的动态类似。二者的主要区别在于，转换不一定要以固定的时间间隔发生。事实上，转换系统中并没有严格的时间概念：时间只是通过离散状态的变化来跟踪记录事件的顺序。

对有限转换系统的技术要求往往被写成要实现的逻辑功能，这些功能描述了系统应该满足的条件。例如，人们也许希望，如果某个特定的传感器不能工作，那么系统就不能转换到需要用到该传感器的模式。这可以写成以下的逻辑公式：

$$\alpha \in \{\text{传感器 } k \text{ 不起作用的状态}\} \Rightarrow \alpha' \notin \{\text{需要传感器 } k \text{ 的状态}\}$$

形如 $p \Rightarrow q$ 的公式（其中 p、q 是布尔命题）可以写成逻辑函数 $(!p) \| (p \&\& q)$，它确保如果命题 p 为真，那么命题 q 一定为真。在传感器的例子中，p 和 q 用系统的模式 α 是否处于某一组状态中来表示。

有限状态机对于描述逻辑操作非常有用，并且经常与连续状态模型（微分或差分方程）相结合，以创建混合系统模型。混合系统的研究超出了本书的范围，但有许多出色的文献可供参考，例如文献 [8, 16]。

3.2.4　仿真与分析

状态空间模型可以用来回答许多的问题。其中有一个最常见的问题，我们已在前面的一些例子中看到过，它牵涉到从一个给定的条件出发，对系统的状态演化进行预测。对于简单的模型，这可以通过解析求解的方式来实现，但更常用的做法则是通过计算机仿真来实现。

让我们再来考虑 3.1 节中的有阻尼弹簧-质量系统，这次我们给它施加一个外力，如图 3.10 所示。我们希望预测该系统在给定初始条件和周期性力函数的作用下的运动，并确定运动的幅值、频率和衰减速度。

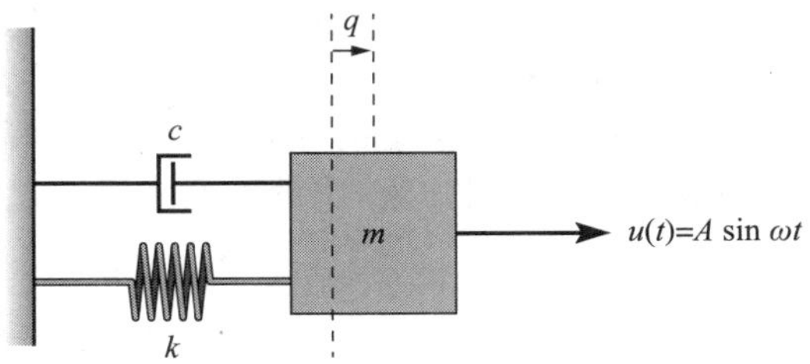

采用线性常微分方程来对该系统进行建模。用胡克定律来对弹簧建模，并假定阻尼力正比于系统的速度，因此得到：

$$m\ddot{q} + c\dot{q} + kq = u \tag{3.16}$$

图 3.10　外力驱动的有阻尼弹簧-质量系统。这里我们采用线性阻尼元件，其黏滞摩擦系数为 c。其中质量由幅值为 A 的正弦力驱动

式中，m 是质量，q 是质量的位移，c 是黏滞摩擦系数，k 是弹簧系数，u 是施加的外力。采用状态空间表示，选择 $x = (q, \dot{q})$ 为状态，选择 $y = q$ 为输出，因此有：

$$\frac{dx}{dt} = \begin{pmatrix} x_2 \\ -\frac{c}{m}x_2 - \frac{k}{m}x_1 + \frac{u}{m} \end{pmatrix}, \quad y = x_1$$

可以看出，这是一个具有单输入 u 和单输出 y 的二阶线性微分方程。

现在我们想要计算该系统对 $u = A \sin \omega t$ 形式的输入的响应。尽管也可以通过解析求解该响应，但这里改用数值计算的方法，这种方法不依赖于系统的特定形式。考虑一般化的状态空间系统：

$$\frac{\mathrm{d}x}{\mathrm{d}t} = f(x, u)$$

给定时刻 t 的状态 x 和一个很短的时长 h（$h > 0$），假定 $f(x, u)$ 在 $(t, t+h)$ 时间范围内的变化率为常数，那么可以近似得到 $t+h$ 时刻的状态值，即

$$x(t+h) = x(t) + hf(x(t), u(t)) \tag{3.17}$$

重复使用这个方程，就可以解得 x 关于时间的函数。这个近似方法就是大家熟知的欧拉积分法。如果令 h 表示时间增量，并使用 $x[k] = x(kh)$ 的写法，那么它实际上就是差分方程法。尽管 MATLAB 和 Mathematica 等现代仿真工具使用了比欧拉积分法更精确的方法，但有些基本的近似处理技术却是相同的。

回到我们的具体例子，图 3.11 包含应用式（3.17）算得的结果以及解析计算的结果。可以看到，随着 h 的减小，计算结果收敛于精确解。解的形式也值得注意：在经过最初的瞬态之后，系统进入一种周期性运动。瞬态以后的那部分响应称作输入的稳态响应（steady-state response）。

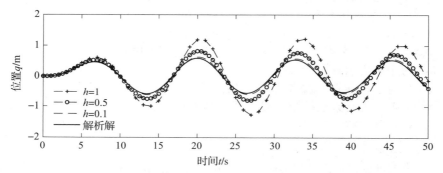

图 3.11 采用不同仿真时间参数时，受力的弹簧-质量系统的仿真结果。实线为解析解，虚线为不同时间步长下采用欧拉积分法获得的近似解

除了产生仿真结果外，模型还可以用来回答其他一些问题。其中有两个问题是本书介绍的方法的核心，一个牵涉平衡点的稳定性，另一个牵涉输入/输出频率响应。下面先用一些例子来说明这两者的计算，在以后的章节里再回归一般化的计算。

返回到有阻尼弹簧-质量系统的例子，无作用力输入时的运动方程是：

$$\frac{\mathrm{d}x}{\mathrm{d}t} = \begin{pmatrix} x_2 \\ -\dfrac{c}{m}x_2 - \dfrac{k}{m}x_1 \end{pmatrix} \tag{3.18}$$

式中，x_1 是质量的位移（相对于静止位置），x_2 是速度。我们想证明：如果初始状态偏离静止位置，则系统最终将回到静止位置［在后面我们将定义这种情况下的静止位置为渐近稳定的（asymptotically stable）］。尽管我们可以通过模拟许许多多的初始条件来直观地说明这一点，但这里选择从理论上证明它对于任何初始条件都是成立的。

为此，我们构建一个函数 $V: \mathbb{R}^n \to \mathbb{R}$，它将系统的状态映射为一个正实数。对于机械系统，一个方便的方法是选择系统的能量函数：

$$V(x) = \frac{1}{2}kx_1^2 + \frac{1}{2}mx_2^2 \tag{3.19}$$

考虑该能量函数的时间导数，可以发现：

$$\frac{\mathrm{d}V}{\mathrm{d}t} = kx_1\dot{x}_1 + mx_2\dot{x}_2 = kx_1x_2 + mx_2\left(-\frac{c}{m}x_2 - \frac{k}{m}x_1\right) = -cx_2^2$$

总是负数或零。因此 $V(x(t))$ 总是非增的，稍微做一点分析就会看出单个状态都必须是有界的（后面会正式给出这个分析）。

要想证明状态最终将返回原点，必须做更详细一点的分析。凭直觉，我们可以做以下的推理：假定在某段时间里，$V(x(t))$ 停止减小。那么必然有 $\dot{V}(x(t)) = 0$，这进而意味着在同一时段里有 $x_2(t) = 0$；这样的话，就有 $\dot{x}_2(t) = 0$，然后我们将其代入式（3.18）的第二行，可得：

$$0 = \dot{x}_2 = -\frac{c}{m}x_2 - \frac{k}{m}x_1 = -\frac{k}{m}x_1$$

因此必须有 x_1 也等于 0，所以 $V(x(t))$ 能够停止减小的仅有时刻就是状态位于原点的时候（也即系统处于静止位置的时候）。由于我们知道 $V(x(t))$ 从不增加（因为 $\dot{V} \leqslant 0$），因此可以得出原点是稳定的（对于任何初始条件）。

这种分析称为李雅普诺夫（Lyapunov）稳定性分析，将在第 5 章进行具体介绍。它在一定程度上显示了利用模型来分析系统性质的强大力量。

基于模型可以进行的另一类分析是计算系统对正弦输入的输出，即频率响应（frequency response）。再次考虑弹簧-质量系统，但这次要保留输入，并让系统保留其原有的形式：

$$m\ddot{q} + c\dot{q} + kq = u \tag{3.20}$$

我们希望了解系统是如何响应以下形式的正弦输入的：

$$u(t) = A\sin\omega t$$

在第 7 章我们将介绍如何通过解析完成这个任务，但现在我们将用仿真来获得答案。

我们从这样一个观察入手：如果 $q(t)$ 是式（2.18）在输入 $u(t)$ 下的输出，那么施加 $2u(t)$ 的输入将得到 $2q(t)$ 的输出（这很容易由叠加法得到证明）。因此考虑一个具有单位幅值（$A=1$）的输入就足够了。另外一个观察（将在第 6 章予以证明）是，系统对正弦输入的长期响应本身也是一个同频率的正弦量，因此输出具有以下的形式：

$$q(t) = g(\omega)\sin(\omega t + \varphi(\omega))$$

式中，$g(\omega)$ 称为系统的增益（gain），$\varphi(\omega)$ 称作相位（phase）或相位差（phase offset）。

为了用数值方法计算频率响应，我们可以在一系列的频率点 $\omega_1, \cdots, \omega_N$ 上对系统进行仿真，并画出每个频率的增益和相位。图 3.12 是这种计算的一个例子。对于线性系统，频率响应不依赖于输入信号的幅值。频率响应也可以用于非线性系统，但其增益及相位与 A 有关。

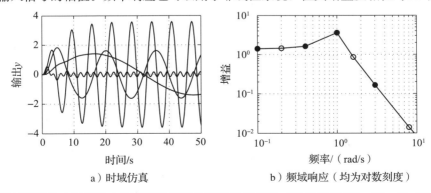

a）时域仿真　　　　　　　　b）频域响应（均为对数刻度）

图 3.12　通过测量各个正弦输入的响应所算得的频率响应曲线（仅给出增益）。图 a 是（不同频率下）单位幅值正弦输入的系统时域响应曲线。图 b 是同样数据的另一种显示方式，它把响应的幅值绘制为输入频率的函数，其中实心圆点与图 a 中相应频率的时域响应曲线相对应

3.3　建模方法

要处理大型、复杂的系统，最好对系统进行不同的表示，以捕获系统的基本特征而隐藏不相关的细节。在所有的科学和工程分支中，常用的做法是采用系统的某些图形描述，即原理图（schematic diagram）。图形描述的范围很广，可以是风格各异的图片，也可以是大大简化的标准符号。这些图片既可以给出系统的全貌，又可以辨识单个的元件。图 3.13 给出了这种原理图的一些例子。原理图之所以有用，是因为它们在给出系统全貌的同时，还能显示出不同的子过程、它们之间的互联，并指示出可以调节的变量和可以测量的信号。

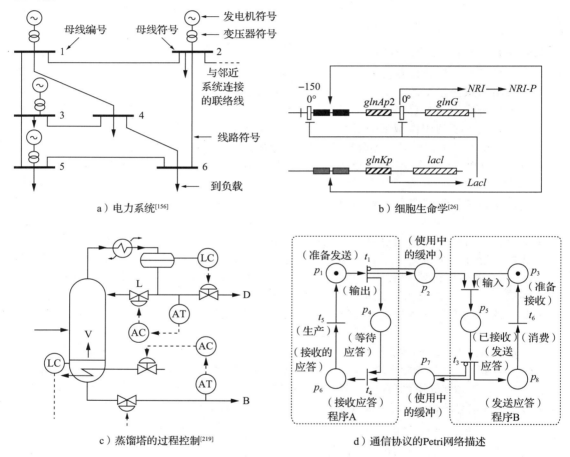

a）电力系统[156]　　　　　　　　　b）细胞生命学[26]

c）蒸馏塔的过程控制[219]　　　　d）通信协议的Petri网络描述

图 3.13　不同学科的原理图

3.3.1　框图

有一种特殊的图形表示称作框图（block diagram），它是在控制工程中发展起来的。使用框图的目的是突出信息流而隐藏系统的细节。在框图中，各种过程元素被显示为方块，每个方块拥有输入（以箭头指向方块的线段表示）和输出（以箭头离开方块的线段表示）。输入是指那些影响过程的变量，输出则是指我们感兴趣的那些信号或影响其他子系统的那些信号。框图也可以组成层次结构，其中单个方块本身又可以包含更详细的框图。

图 3.14 所示是框图中使用的一些符号。信号用线条表示，箭头指明输入和输出。图 3.14a 代表对两个信号求和。输入/输出响应用方块表示，并将系统的名字（或数学描述）写在方块

中。有两种特别的情况，一个是比例增益，它将输入乘以一个放大系数，另一个是积分器，它对输入信号进行积分。

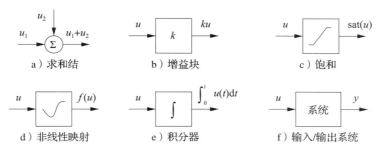

图 3.14　标准框图的元件。箭头指明每个元件的输入和输出，相应的数学运算则标在元件的输出上。图 f 所示的系统方块元件表示一个动态系统的全部输入/输出响应

　　图 3.15 用于说明框图的应用，这里对昆虫（苍蝇）的飞行响应进行了建模。昆虫的飞行动态十分复杂，对苍蝇来讲，这牵涉到肌肉的仔细协调，以对外部激励进行响应，从而维持稳定飞行。苍蝇的一个已知特性是，它们利用其复眼的光流量构成反馈机制，因而具有顶风飞行的能力。粗略地讲就是，苍蝇控制自己的方向，以使视野收缩点位于其视野的中央[207]。

　　为了理解这个复杂行为，可以将整个系统的动态分解成一系列互联的子系统（或方块）。参照图 3.15，可以用具有 5 个方块的互联系统来对昆虫的巡航系统进行建模。感官运动系统（a）利用来自视觉系统（e）的信息，产生肌肉指令，以图控制苍蝇，来使收缩点对中。这些肌肉指令通过翅膀空气动态（b），转换为驱动力。来自翅膀的驱动力与作用在苍蝇上的空气阻力动态（d）组合在一起，构成作用在苍蝇身体上的合力。风速通过空气阻力动态方块起作用。身体动态（c）则描述了苍蝇的平移和旋转运动与所受合力之间的函数关系。最后，昆虫的位置、速度和方向被反馈到空气阻力动态方块以及视觉系统方块，作为它们的输入。

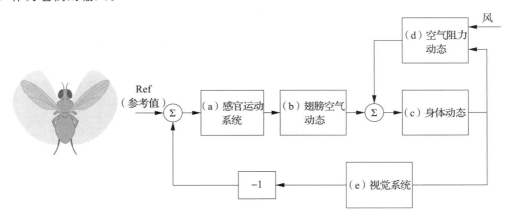

图 3.15　逆风飞行的昆虫飞行控制系统的框图表示。模型的力学部分由苍蝇的刚体动态、在空气中飞行的阻力和翅膀扇动产生的力等组成。身体的运动引起苍蝇的视觉环境变化，这个信息被用于控制翅膀的运动（通过感官运动系统），从而形成闭环

　　图中的每个方块本身又可以是一个复杂的子系统。例如，果蝇的视觉系统由两个复杂的复眼组成（每个眼睛大约有 700 个元件），感官运动系统大约有 200 000 个神经元用于处理信息。更详细的昆虫飞行控制系统框图应该将这些元件间的相互连接显示出来，但我们这里仅使用了一个方块来表示苍蝇的运动对视觉系统输出的影响，并使用另一个方块来表

示苍蝇大脑如何处理视野以产生肌肉指令。框图详细程度的选择以及何种元件该进一步划分成不同的框图，往往都取决于经验以及需要用这个模型去解答的问题。框图的一个强大特征是，它们可以隐藏那些对于系统本质动态的理解没有关系的系统细节信息。

3.3.2   代数环

在对用框图描述的系统进行分析或仿真时，需要先建立描述整个系统的微分方程。在许多情况下，可以将描述各个子系统的微分方程结合起来，并进行一些变量代换来得到整个系统的方程。但当系统中存在这样的闭环子系统，其输入和输出之间存在正向的直接连接和反馈直接连接时，即存在代数环（algebraic loop）时，上述简单的处理方法就不能用了。所谓直接连接（direct connection），是指输入 u 的变化会导致输出 y 的立即变化。

为了了解其中的原委，考虑一个包含两个模块的系统，其中一个模块为一阶非线性系统：

$$\frac{\mathrm{d}x}{\mathrm{d}t} = f(x, u), \quad y = h(x) \tag{3.21}$$

另一个模块为比例控制器，方程为 $u = -ky$。由于函数 h 不依赖于 u，因此没有直接连接。在这种情况下，只需简单地将式（3.21）中的 u 用 $-ky = -kh(x)$ 来代替，就可以得到闭环系统的方程：

$$\frac{\mathrm{d}x}{\mathrm{d}t} = f(x, -kh(x)), \quad y = h(x)$$

这是一个常微分方程。

如果存在直接连接的话，情况则会变得更为复杂。如果 $y = h(x, u)$，那么用 $-ky$ 代替 u 可得：

$$\frac{\mathrm{d}x}{\mathrm{d}t} = f(x, -ky), \quad y = h(x, -ky)$$

这里就存在代数环，为了获得 x 的微分方程，必须先从代数方程 $y = h(x, -ky)$ 中解出 $y = (x)$，这通常是一项很复杂的任务。

当存在代数环时，就必须先求解代数方程来获得整个系统的微分方程。得到的模型是类似式（3.4）的微分方程组。代数环的消除不是一件容易的事情，因为这需要对代数方程进行符号求解。大多数基于框图的建模语言无法处理代数环，它们只能简单地给出存在代数环的提示。在模拟计算机的年代，通过在环路中引入快速动态环节能够消除代数环，然而这将产生病态的微分方程，其解具有快速分量和慢速分量，很难进行数值处理。像 Modelica 一类的高级建模语言则采用一些先进的方法来消除代数环。

3.3.3   实验建模

由于控制系统拥有传感器和执行器，因此有可能通过对过程进行实验来获得系统动态的模型。但这种模型仅限于输入/输出模型，因为实验只能触及这些信号，不过实验建模也可以与采用反馈和互联的物理建模组合使用。

确定系统动态的一个简单办法是观测其对控制信号的阶跃变化做出的响应。在这个实验中，先要将控制信号设置为某个常数。当输出稳定到一个定值时（假设系统是稳定的），将控制信号迅速切换到一个新的数值并观测输出。这个实验给出的是系统的阶跃响应，响应曲线的形状给出了有关系统动态的信息。从响应曲线可以马上看出响应的时间、系统是否振荡、响应是否单调变化，等等。

例 3.8 **弹簧-质量系统**

考虑 3.1 节的弹簧-质量系统，其动态方程为：

$$m\ddot{q} + c\dot{q} + kq = u \tag{3.22}$$

为了确定常数 m、c 以及 k，给系统施加一个幅值为 F_0 的阶跃输入，测量其响应。

在第 7 章将证明，当 $c^2 < 4km$ 时，该系统在静止配置下的阶跃响应为：

$$q(t) = \frac{F_0}{k}\left[1 - \frac{1}{\omega_d}\sqrt{\frac{k}{m}}\exp\left(-\frac{ct}{2m}\right)\sin(\omega_d t + \varphi)\right],$$

$$\omega_d = \frac{\sqrt{4km - c^2}}{2m}, \quad \varphi = \arctan\left(\frac{\sqrt{4km - c^2}}{c}\right)$$

从以上解的形式可见，阶跃响应的形状是由系统的参数决定的。因此，通过测量阶跃响应的某些特征，可以确定参数的值。

图 3.16 给出了该系统对幅值为 $F_0 = 20$ N 的阶跃输入的响应，并标出了一些需测量的参数。首先可以注意到质量的稳态位置（在振荡消失之后）是弹簧常数 k 的函数：

$$q(\infty) = \frac{F_0}{k} \tag{3.23}$$

式中，F_0 是所施加外力的幅值（对于单位阶跃输入，$F_0 = 1$）。参数 $1/k$ 称为系统的增益（gain）。振荡周期可以由两个峰值间的距离测得，它必须满足：

$$\frac{2\pi}{T} = \frac{\sqrt{4km - c^2}}{2m}$$

最后，振荡的衰减速率由解中的指数因子确定。测量两个峰值间的衰减量，可得：

$$\lg\left(q(t_1) - \frac{F_0}{k}\right) - \lg\left(q(t_2) - \frac{F_0}{k}\right) = \frac{c}{2m}(t_2 - t_1) \tag{3.24}$$

利用以上三个方程构成的方程组，可求解参数。对于图 3.16 所示的阶跃响应，可以确定出参数为 $m \approx 250$ kg，$c \approx 60$ N·s/m，$k \approx 40$ N/m。

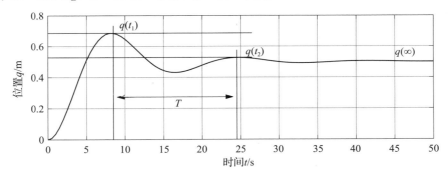

图 3.16　弹簧-质量系统的阶跃响应。阶跃输入的幅值是 $F_0 = 20$ N。通过测量响应曲线上相邻的两个局部最大值的时间间隔，可以确定振荡周期 T。周期、稳态值 $q(\infty)$ 以及局部最大值间的相对降幅可以用来估算系统模型的参数　◀

也可以使用许多其他类型的信号来进行实验建模。最常用的是正弦信号（特别是对于具有快速动态的系统），与相关技术相结合，可以测得精确的参数。通过施加不同幅值的输入信号进行重复实验，可以获得非线性程度的指标。对于具有慢动态的系统，基于正弦信号的建模是极其费时的。此时，采用仅在两个不同常数间切换的信号很有优势。有一个很完整的、称作系统辨识（system identification）的控制子领域，它专门处理系统模型的实验确定。诸如最优输入、开环和闭环实验、模型精度、基本限制等问题，在其中都得到了广泛的研究。

3.3.4　归一化与标度

在推导模型时，引入无量纲的变量往往很有好处。这样处理常常可以降低参数的个数，因而简化系统的方程。这也可以揭示出模型的一些重要特性。通过标度（scaling），将变量归一化（normalization），可以改进数值计算条件，从而更快、更精确地仿真。

标度的过程在原理上是很直接的：先为每个独立变量选择标度单位，再将每个变量除以选定的标度单位，从而引入新的变量。下面用两个例子来说明这个过程。

例 3.9 弹簧-质量系统

再来考虑前面介绍的弹簧-质量系统。忽略阻尼，系统可描述如下：

$$m\ddot{q} + kq = u$$

这个模型有 m 和 k 两个参数。为了使模型归一化，引入无量纲的变量 $x = q/l$ 和 $\tau = \omega_0 t$，其中 $\omega_0 = \sqrt{k/m}$，l 是选定的长度标度单位。选取力的标度单位为 $ml\omega_0^2$，引入 $v = u/(ml\omega_0^2)$。则标度后的方程变为：

$$\frac{\mathrm{d}^2 x}{\mathrm{d}\tau^2} = \frac{\mathrm{d}^2 q/l}{\mathrm{d}(\omega_0 t)^2} = \frac{1}{ml\omega_0^2}(-kq + u) = -x + v$$

这就是归一化的无阻尼弹簧-质量系统的模型。请注意，归一化的模型没有参数，而原来的模型有 m 和 k 两个参数。在引入经过标度的、无量纲的状态变量 $z_1 = x = q/l$ 及 $z_2 = \mathrm{d}x/\mathrm{d}\tau = \dot{q}/(l\omega_0)$ 之后，模型可以写成

$$\frac{\mathrm{d}}{\mathrm{d}\tau}\begin{pmatrix} z_1 \\ z_2 \end{pmatrix} = \begin{pmatrix} 0 & 1 \\ -1 & 0 \end{pmatrix}\begin{pmatrix} z_1 \\ z_2 \end{pmatrix} + \begin{pmatrix} 0 \\ v \end{pmatrix}$$

这个简单的线性微分方程描述了任何无阻尼的弹簧-质量系统的动态，跟具体的参数无关，因而让我们可以洞察这种振荡系统的基本动态。为了获得振荡的实际物理频率或幅值，必须对所做的标度进行反向处理。   ◀

例 3.10 平衡系统

考虑例 3.2 中描述的平衡系统。忽略阻尼，故 $c = 0$，$\gamma = 0$，代入式（3.9），模型可写为：

$$(M + m)\frac{\mathrm{d}^2 q}{\mathrm{d}t^2} - ml\cos\theta\,\frac{\mathrm{d}^2\theta}{\mathrm{d}t^2} + ml\sin\theta\left(\frac{\mathrm{d}\theta}{\mathrm{d}t}\right)^2 = F$$

$$-ml\cos\theta\,\frac{\mathrm{d}^2 q}{\mathrm{d}t^2} + (J + ml^2)\frac{\mathrm{d}^2\theta}{\mathrm{d}t^2} - mgl\sin\theta = 0$$

令 $\omega_0 = \sqrt{mgl/(J + ml^2)}$，取长度的标度单位为 l，取时间的标度单位为 $1/\omega_0$，取力的标度单位为 $(M + m)l\omega^2$，并引入归一化变量 $\tau = \omega_0 t$、$x = q/l$、$u = F/((M + m)l\omega_0^2)$，则方程变为：

$$\frac{\mathrm{d}^2 x}{\mathrm{d}\tau^2} - \alpha\cos\theta\,\frac{\mathrm{d}^2\theta}{\mathrm{d}\tau^2} + \alpha\sin\theta\left(\frac{\mathrm{d}\theta}{\mathrm{d}\tau}\right)^2 = u, \quad -\beta\cos\theta\,\frac{\mathrm{d}^2 x}{\mathrm{d}\tau^2} + \frac{\mathrm{d}^2\theta}{\mathrm{d}\tau^2} - \sin\theta = 0$$

式中，$\alpha = m/(M + m)$，$\beta = ml^2/(J + ml^2)$。请注意原来的模型有 m、M、J、l 和 g 这 5 个参数，但归一化的模型仅有 α 和 β 两个参数。若 $M \gg m$ 及 $ml^2 \gg J$，那么有 $\alpha \approx 0$ 和 $\beta \approx 1$，因此模型可以近似表示为：

$$\frac{\mathrm{d}^2 x}{\mathrm{d}\tau^2} = u, \quad \frac{\mathrm{d}^2\theta}{\mathrm{d}\tau^2} - \sin\theta = u\cos\theta$$

这个模型可以看成是一个质量与一个倒摆的组合，由相同的输入驱动。   ◀

对于大型系统来说，标度并不容易，选择很多，但要想选出良好的变量和标度单位，则有赖于对系统的物理特性以及所用的数值分析方法的充分理解。因此，大型系统的标度仍然是一门艺术。

3.4 建模实例

在本节中，我们将介绍一些系统建模的例子，以说明对于不同类型的系统，我们既可以建立微分方程模型，也可以建立差分方程模型。这些例子是特意从不同领域里挑选出来的，目的是想突出这样一个事实，即反馈和控制的概念可以广泛地应用于各种不同的系统。第 4 章将给出更为详尽的应用，以作为贯穿全书的运行实例。

3.4.1 运动控制系统

运动控制系统涉及用计算和反馈去控制一个机械系统的运动。运动控制系统的范围很广，从纳米定位系统（如原子力显微镜、自适应光学）到 DVD 播放机驱动的读/写头控制系统，从制造系统（如运输机械和工业机器人）到汽车控制系统（如反锁制动、悬浮控制、牵引控制），再到大气与空间飞行控制系统（如飞机、卫星、火箭以及行星登陆器）等。

例 3.11 车辆转向

运动控制中的一个共同问题是如何用驱动器改变交通工具行驶方向，从而控制交通工具的运动轨迹。例如，汽车通过使用方向盘实现转向，自行车通过掌握前轮车把实现转向，船舶的转向以及飞机的俯仰动态控制也是同样的动态问题。在许多情况下，可以利用系统的基本动力学特征构建简单模型来理解和分析这类问题。下面以车辆转向为例。

考虑图 3.17 所示的具有固定后轴的前轮转向的车辆模型及其简化后的自行车模型。从转向角度来看，人们感兴趣的是描述车辆速度对转向角 δ 依赖关系的模型。具体来说，令 b 为轮轴距，设质心速度为 v，质心到后轮的距离为 a。令 x 和 y 为质心的坐标，θ 为方位角，α 为速度 v 与车辆中心线的夹角，点 O 为前、后轮法向的交点。

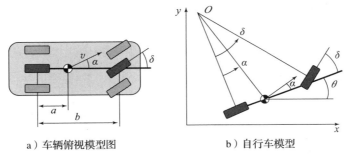

a）车辆俯视模型图　　　　　　　b）自行车模型

图 3.17　车辆转向模型示意图。在图 a 中，轮轴距为 b，质心在后轮前方距离为 a 的位置。将前、后两对轮（图 a 中 4 个浅灰色长方块）的运动近似为单个前轮和单个后轮（图 a 中 2 个深灰色长方块）的运动，得到一个抽象模型——自行车模型（bicycle model），如图 b 所示。转向角为 δ，质心的速度与车辆长度方向的夹角为 α。车辆的位置为 (x,y)，方向（方位角）为 θ

假定车轮不打滑，那么车辆的转向运动是绕着图 3.17 中的 O 点旋转产生的。假定从旋转中心 O 到后轮触地点的距离为 r_r，那么从图 3.17 可得 $b = r_r \tan\delta$，$a = r_r \tan\alpha$，这意味着 $\tan\alpha = (a/b)\tan\delta$，所以可以得到 α 和转向角 δ 之间的关系为：

$$\alpha = \arctan\left(\frac{a\tan\delta}{b}\right) \tag{3.25}$$

如果车辆质心处的速度是 v，那么质心的运动由下式确定：

$$\frac{\mathrm{d}x}{\mathrm{d}t} = v\cos(\alpha + \theta),$$
$$\frac{\mathrm{d}y}{\mathrm{d}t} = v\sin(\alpha + \theta) \tag{3.26}$$

为了弄明白方位角 θ 如何受转向角 δ 的影响，观察图 3.17，可以发现质心到旋转中心 O 的距离是 $r_c = a/\sin\alpha$。因此车辆绕 O 点旋转的角速度是 $v/r_c = (v/a)\sin\alpha$。因此有

$$\frac{\mathrm{d}\theta}{\mathrm{d}t} = \frac{v}{r_c} = \frac{v\sin\alpha}{a} = \frac{v}{a}\sin\left(\arctan\left(\frac{a\tan\delta}{b}\right)\right) \approx \frac{v}{b}\delta \tag{3.27}$$

式中的近似只对小的 δ 和 α 成立。

式（3.25）～式（3.27）可以用来对车轮不打滑且两个前轮可以用汽车中心上的单轮来近似的汽车进行建模。这个模型常称为自行车模型（bicycle model）。多添加一个状态变量以满足不打滑的要求，可得到一个用于描述船舶的转向动态以及飞机、导弹的俯仰动态的更实用的模型。也可以将坐标系的参考点选在后轮（对应于令 $\alpha = 0$），这样得到的模型常称为杜宾斯汽车（Dubins car）模型[79]。

图 3.17 表明，将速度的符号取反，那么这个模型也适用于后轮转向的场合。◄

例 3.12 矢量推力飞机

现在考虑矢量推力飞机的运动，以图 3.18a 所示的鹞式战斗机为例。鹞式战斗机是一种垂直起降的喷气机，它通过向下调整推力，并利用机翼上的小型加速推进器实现垂直起降。鹞式战斗机的简化模型如图 3.18b 所示，这里重点考虑通过机翼的垂直平面内的机身运动。我们将朝下推进器和加速推进器产生的力分解为一对作用于机身下方 r 处的力 F_1 和 F_2（由推进器的几何布置决定）。

a）鹞式战斗机 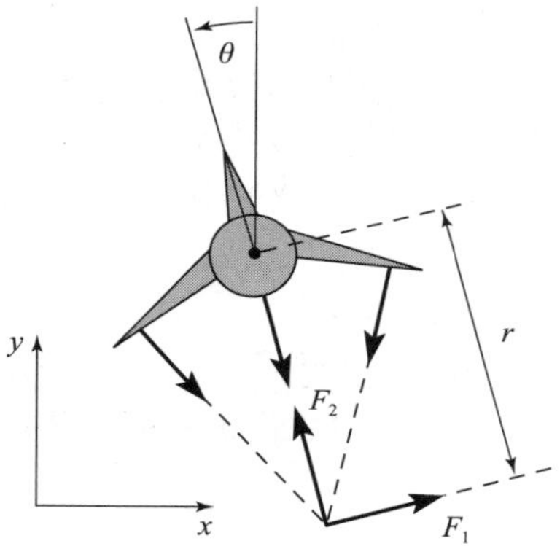　　　　　　　　　　b）简化模型

图 3.18　矢量推力飞机。在图 a 中，鹞式战斗机将发动机的推力定向到朝下，达到了空中"悬停"的效果。来自发动机的部分空气被送往机翼尖端，以实现机动操控。在图 b 中，飞机所受的净推力作用在离飞机质心距离为 r 的位置，它可分解为一个水平力 F_1 和一个垂直力 F_2

令 (x, y, θ) 表示飞机质心的位置和方向。令 m 为飞机的质量，J 为惯量，g 为重力加速度常数，c 为阻尼系数。那么机身的运动方程为：

$$\begin{aligned}
m\ddot{x} &= F_1\cos\theta - F_2\sin\theta - c\dot{x}, \\
m\ddot{y} &= F_1\sin\theta + F_2\cos\theta - mg - c\dot{y}, \\
J\ddot{\theta} &= rF_1
\end{aligned} \tag{3.28}$$

为方便分析，将系统零输入时的某个平衡点作为原点，来重新定义输入。令 $u_1 = F_1$、$u_2 = F_2 - mg$，则方程变为：

$$\begin{aligned}
m\ddot{x} &= -mg\sin\theta - c\dot{x} + u_1\cos\theta - u_2\sin\theta, \\
m\ddot{y} &= mg(\cos\theta - 1) - c\dot{y} + u_1\sin\theta + u_2\cos\theta, \\
J\ddot{\theta} &= ru_1
\end{aligned} \tag{3.29}$$

这是由 3 个耦合的二阶微分方程构成的方程组，它描述了机身的运动。◄

3.4.2 热流体系统

热流体系统通常用于过程控制、发电，以及建筑物和汽车的加热通风与空调。这些过程牵涉到流体的运动和能量的传递，典型的过程包括热交换器、蒸发器、冷却器和压缩机。由于两相流的存在，流体的动态通常是很复杂的，精确的建模往往需要用到偏微分方程和计算流体动力学。图 3.19 给出了两个例子。

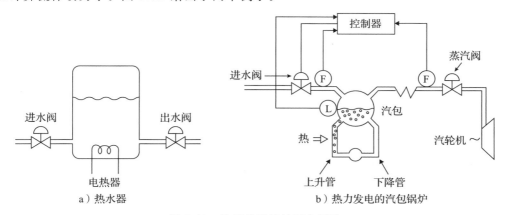

图 3.19　热流体系统的两个例子

例 3.13　热水器

考虑图 3.19a 中的热水器，它是一个截面积为 A 的圆柱形水箱。设水的质量为 m，温度为 T，流入和流出的水流量分别为 q_{in} 和 q_{out}，流入水的温度为 T_{in}，流出水的温度为 T。总质量 $m = \rho A h$，其中 ρ 为水的密度，h 为水位。C 为水的比热容，mCT 是总能量。系统可以用质量平衡和能量平衡来建模，因此有：

$$\frac{\mathrm{d}m}{\mathrm{d}t} = q_{in} - q_{out}, \qquad \frac{\mathrm{d}(mCT)}{\mathrm{d}t} = P + q_{in}CT_{in} - q_{out}CT \tag{3.30}$$

式中，P 是来自电热器的功率。这里没有考虑能量的损失，并假定水箱中所有的水都具有相同的温度。

假定 C 恒定，将能量平衡的导数展开，可得：

$$\frac{\mathrm{d}(mCT)}{\mathrm{d}t} = \frac{\mathrm{d}m}{\mathrm{d}t}CT + mC\frac{\mathrm{d}T}{\mathrm{d}t} = P + q_{in}CT_{in} - q_{out}CT$$

从此方程中解出 $\mathrm{d}T/\mathrm{d}t$，并利用质量平衡消去 $\mathrm{d}m/\mathrm{d}t$，式（3.30）表示的质量平衡和能量平衡方程可以重写为：

$$\frac{\mathrm{d}m}{\mathrm{d}t} = q_{in} - q_{out}, \qquad \frac{\mathrm{d}T}{\mathrm{d}t} = \frac{q_{in}}{m}(T_{in} - T) + \frac{1}{mC}P \tag{3.31}$$

式中，总质量 m 和温度 T 是状态变量，输入功率 P 和流入流量 q_{in} 为控制（输入）变量，流入水温度 T_{in} 和输出水流量 q_{out} 为干扰。　◀

例 3.14　汽包锅炉

汽包锅炉是一种用于产生蒸汽的设备，它可作为发电系统的一部分，产生蒸汽，以驱动与发电机相连的汽轮机。汽包锅炉中的汽包与电热水器有许多共同的特性，但是它有两点更复杂的地方：一是材料常数 ρ 和 C 与状态有关，二是在上升管和汽包中都存在着水和蒸汽的混合物。尽管仍然可以采用质量和能量平衡来建模，但是两相流的存在导致了显著的复杂性，以下对此进行简单的讨论。汽包锅炉如图 3.19b 所示。

汽包的液位控制是一个关键问题：液位过低，管子会烧穿；液位过高，水就可能进入汽轮机，从而对汽轮机的叶片造成损伤。这里重点对汽包的液位进行建模。系统的进水由进水阀控制，并以蒸汽的形式经蒸汽阀离开汽包。水在由汽包、下降管、上升管构成的回路中循环，并在上升管中得到加热。下降管和上升管中水的密度差异建立起水的自循环。图 3.19b 中仅绘出了一根上升管和一根下降管，但此处讨论的锅炉实际上有 22 根下降管和 788 根上升管，汽包体积为 40 m^3。在下降管中以及在上升管的底部，装有纯水。蒸汽是通过加热上升管产生的，蒸汽量沿着上升管的高度增加。在汽包中是蒸汽和水的混合物。

考虑系统处于平衡状态并突然打开蒸汽阀的情况。此时，离开系统的蒸汽量增加，因而一般人都会以为汽包的液位将会下降。但这种情况并不会发生，因为当更多蒸汽离开系统时，汽包内的压力会降低，上升管和汽包中的气泡随之增大，液位就会开始升高。如果继续保持蒸汽阀打开，那么液位最终会开始下降。汽包液位与进水量之间的动态关系也具有类似的特性。如果进水流量增加，那么汽包内的水温将下降，气泡将塌缩，因而汽包液位将开始下降。这种效应，即所谓的假水位（shrink and swell）或逆响应（inverse response），使得汽包液位的控制变得很困难。

图 3.20 用一台中型锅炉的模拟数据和实验数据展示了逆响应效应。在图中可以清楚地看到逆响应特性。仿真所用的模型是一个基于质量、能量及动量之平衡的五阶模型，详情可参见文献［18］。

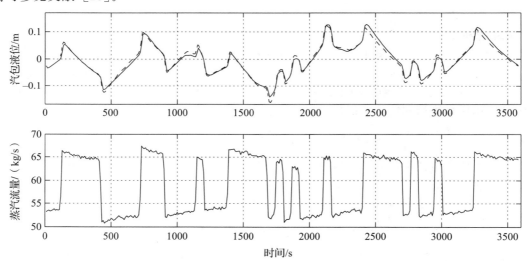

图 3.20   在中等负荷、开环的情况下，蒸汽流量发生干扰时，汽包液位及蒸汽流量的模型曲线（虚线）与实测曲线（实线）。注意，当增大蒸汽流量时，汽包液位最初是增加的。实验是在移除所有控制器并在蒸汽流量中引入干扰的情况下进行的

由于从进水到汽包液位的逆响应动态特性，使得汽包液位的控制相当困难。因此，在系统中设置了蒸汽阀和进水阀两个传感器，如图 3.19b 所示。多增加的两个传感器使得人们可以预测系统中水量和蒸汽量的增减。在 14.4 节中将讨论系统具有逆响应动态时的后果。

◀

3.4.3   信息系统

信息系统的范围很广，从因特网这样的通信系统，到处理数据或管理企业级资源的软件系统，都是信息系统。反馈存在于所有这些系统中，为路由规划、流量控制及缓冲管理等功能设计策略是这种系统里很典型的问题。排队理论中的很多成果都源自电信系统的设计以及最新的因特网与计算机通信系统的发展[43,149,218]。管理排队以防止拥堵是这种系统

的一个中心问题，因此我们将从排队系统的建模开始讨论。

例 3.15 排队系统

图 3.21 是一个简单排队系统的原理图，请求到达后，先排队，再处理。到达速率和服务速率变动很大，当到达速率大于服务速率时，队列就变长。当队列变得太长时，就利用准入控制策略来拒绝服务。

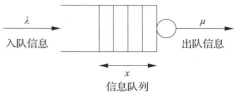

该系统可以用很多不同的方法来建模。有个方法是对每个进入的请求进行建模，这样就得到了一个基于事件的离散状态模型，其状态是代表队列长度的一个整数。当一个请求到达时或一个请求获得服务时，队列就会改变。到达与服务的统计通常被建模为随机过程。在许多情况下，有可能确定出队列长度和服务时间等物理量的统计规律，但相应的计算会十分复杂。

图 3.21　排队系统的原理图。信息以速率 λ 到达并储存在队列中；信息被处理之后，以速率 μ 从队列中移出。队列的平均长度为 $x \in \mathbb{R}$

用一个连续变量来近似表示离散队列的长度可以得到一个显著简化的模型。我们不再跟踪每个请求，而是将服务和请求看成连续流。这样得到的模型称为流模型（flow model），因为这种做法类似于流体力学中用连续流体来代替分子运动。因此，如果队列长度 x 是一个连续变量，到达和服务分别是流量为 λ 和 μ 的流体，那么该系统就可以用一阶微分方程来建模：

$$\frac{\mathrm{d}x}{\mathrm{d}t} = \lambda - \mu = \lambda - \mu_{\max} f(x), \quad x \geqslant 0 \tag{3.32}$$

这个模型是 Agnew 提出来的（参见文献 [5]）。服务速率 μ 取决于队列长度，如果没有容量的限制，将有 $\mu = x/T$，这里 T 是系统服务一个客户所花的时间。因此服务速率随队列长度线性增长。实际上，由于较长的队列需要更多的资源，因此增长率将随着队列的增长而变慢，服务的速率存在上限，即 $\mu_{\max}$。将服务速率建模为 $\mu_{\max} f(x)$ 可以捕获这些影响，这里 $f(x)$ 为单调函数，当 x 较小时，它近似为线性，但 $f(\infty) = 1$。

对于具体的排队，函数 $f(x)$ 可以通过测量不同的到达速率和服务速率时的队列长度，用经验来确定。一个简单的选择是取 $f(x) = x/(1+x)$，这可以得到下面的模型：

$$\frac{\mathrm{d}x}{\mathrm{d}t} = \lambda - \mu_{\max} \frac{x}{x+1} \tag{3.33}$$

Tipper 证明（参见文献 [240]），如果到达过程和服务过程都是泊松过程，那么平均队列长度将由式（3.33）给出。

为了弄清楚式（3.33）这个模型的特点，下面先研究到达速率 λ 为常数时队列长度平衡点的数值。令式（3.33）中的导数 $\mathrm{d}x/\mathrm{d}t$ 为零，求解 x，可以发现队列长度 x 趋近于以下的稳态值：

$$x_e = \frac{\lambda}{\mu_{\max} - \lambda} \tag{3.34}$$

图 3.22a 所示为队列长度随 $\lambda/\mu_{\max}$（即服务强度）变化的函数关系。请注意，当 λ 趋向于 $\mu_{\max}$ 时，队列长度迅速增大。要保持队列长度小于 20，则要求 $\lambda/\mu_{\max} < 0.95$。可以证明，响应一个请求的平均服务时间是 $T_s = (x+1)/\mu_{\max}$，并且当 λ 趋向于 $\mu_{\max}$ 时，这个时间急剧增长。

图 3.22b 所示为服务器在典型过负荷情况下的行为。该图表明队列增长得很快，但消减得很慢。由于响应时间正比于队列长度，因此这意味着长时间过负荷之后，服务质量将很差。这种行为称为高峰时间效应（rush-hour effect），已经在 Web 服务器及许多其他的排队系统（如汽车交通系统）中被观测到。

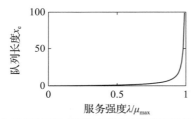 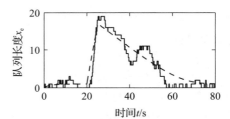

a）稳态队列长度随服务强度变化的函数关系　　b）系统存在临时过负荷时，队列长度的行为特性

图 3.22　排队动态。图 a 中的队列长度是 λ/μ_{max} 的函数。图 b 是当系统存在临时过负荷时，队列长度的行为特性。其中实线是基于事件的仿真结果，虚线是式（3.33）给出的行为特性。最大服务速率为 $\mu_{max}=1$，到达速率的初值为 $\lambda=0.5$。到达速率在 $t=20$ s 时增加到 $\lambda=4$，在 $t=25$ s 时返回到 $\lambda=0.5$

　　图 3.22b 中虚线所示为流体模型给出的平均队列长度曲线。可见，简化模型定性地抓取到了系统的行为特征，但在队列长度短的情况下，样本之间的一些变动在简化模型中难以反映出来。　　　　　　　　　　　　　　　　　　　　　　　　　　　　　　　　　　　◀

　　许多复杂的系统采用离散控制作用。对于这种系统，可以对其中每个控制作用的具体情况进行分别描述，来实现整个系统的建模。下面举例说明。

例 3.16　虚拟内存页面交换控制

　　反馈用于计算机系统中的一个早期例子，是用在 IBM370 计算机的 OS/VS 操作系统中[54,67]。该系统使用了虚拟内存技术，以使程序可以定址访问的内存要多于实际可得的快速内存。当数据位于当前快速内存（即随机存取内存）时，则进行直接访问，而当数据位于较慢的存储体（磁盘）时，则先被自动加载到快速内存。系统采用了特殊的实现方法，使得在编程者眼中系统仅拥有单一的大块内存。该系统在许多场合都运行得相当出色，但在过载情况下，就会遇到执行时间变长的问题，如图 3.23a 中"○"标记的点所示。这个问题通过采用简单的离散反馈系统得到了解决。系统同时对中央处理器（CPU）的负荷以及快速内存与慢速存储体之间的页面交换数进行监测。系统运行的区域被划分为三种状态：正常状态、低负荷状态和过负荷状态。正常状态的特点是 CPU 活动性高；低负荷状态的特点是 CPU 活动性低、页面交换少；过负荷状态的特点是具有中等到偏低的 CPU 负荷，但有大量的页面交换（见图 3.23b）。三个区域间的边界以及负荷测量所用时间是基于对典型负荷的仿真确定的。相应的控制策略是这样的：在正常负荷下不作任何控制；在过负荷情况下则从内存中移出进程；在低负荷情况下则容许载入新的进程或载入以前移出的进程。图 3.23a 中"×"标记的点表明，该简单反馈系统对所仿真的负荷是有效的。在许多其他的场合，例如通信系统、Web 服务器控制等场合，也使用了基于状态粗糙量化、简单启发式算法等类似的原理。

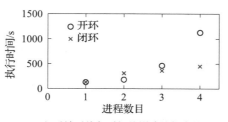 

a）反馈对执行时间的影响的仿真结果　　　　b）系统运行的三种状态

图 3.23　IBM370 的虚拟内存系统中反馈的图示。图 a 为反馈对执行时间影响的仿真结果（基于文献[54]），无反馈的结果以 o 标示，有反馈的结果以×标示。可以看到有反馈时的执行时间显著降低。图 b 展示了系统运行的三种状态　　　　　　　　　　　　　　　　　　　　　◀

例 3.17　传感器网络中的共识协议

传感器网络在许多场合得到了应用，人们希望利用经通信网络连接在一起的多个传感器来对一个空间区域中的信息进行采集和聚合。这种例子包括，监测地理区域（或一个建筑物）内的环境状况，监测动物或车辆的运动，监测一组计算机上所加载的资源，等等。在很多传感器网络中，计算资源是随着传感器分布的，因此这些分布式代理能否就某个属性（例如，一个区域的平均温度，一组计算机的平均计算负荷等）达成共识是极其重要的。

为了说明这样的共识是如何达成的，考虑计算一组数据平均值的问题，这些数据对于各个代理都是本地可用的。我们要设计一个"协议"（或算法），使所有代理都同意该平均值。此处假设通信网络是连接的（没有任何两组代理是彼此完全隔离的），但不是所有代理都能直接相互通信。图 3.24a 显示了这种情况的一个简单例子。

用图来对传感器网络的连接情况进行建模，用节点表示传感器，用边表示两个节点之间是否存在直接的通信链。对于任何这样的图，都可以建立一个邻接矩阵（adjacency matrix），该矩阵的每一行和每一列都对应一个节点，元素值为 1 表示相应行和列所对应的两个节点是相连的。对于图 3.24a 所示的网络，对应的邻接矩阵为：

$$A = \begin{pmatrix} 0 & 1 & 0 & 0 & 0 \\ 1 & 0 & 1 & 1 & 1 \\ 0 & 1 & 0 & 1 & 0 \\ 0 & 1 & 1 & 0 & 0 \\ 0 & 1 & 0 & 0 & 0 \end{pmatrix}$$

用记号 N_i 来表示节点 i 的邻点的集合。例如，在图 3.24a 所示的网络中，有 $N_2 = \{1,3,4,5\}$ 及 $N_3 = \{2,4\}$。

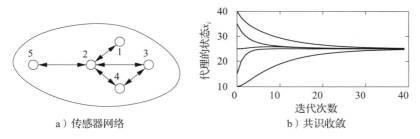

a）传感器网络　　　　　　　　b）共识收敛

图 3.24　传感器网络的共识协议。图 a 为一个具有 5 个节点的简单网络。在该网络中，节点 1 与节点 2 可直接通信，节点 2 与节点 1、3、4、5 等可直接通信。图 b 给出的仿真结果显示了式（3.35）的共识协议收敛到初始条件的平均值的情况

为了求解共识问题，令 x_i 为第 i 个传感器的状态，它对应于传感器 i 对想要计算的平均值给出的估算值。将状态初始化为各个传感器测得的数值。这样一来，共识协议（算法）就可以作为一个局部更新法则来实现：

$$x_i[k+1] = x_i[k] + \gamma \sum_{j \in N_i} (x_j[k] - x_i[k]) \tag{3.35}$$

这个协议试图基于各个代理的邻居的值，来更新各个代理的局部状态，从而算出平均值。所有代理的组合动态可以写成以下形式：

$$x[k+1] = x[k] - \gamma(D-A)x[k] \tag{3.36}$$

式中，A 是邻接矩阵；D 是对角矩阵，其对角元素的值等于相应节点的邻居个数。常数 γ 是更新速率，节点将根据来自邻近节点的信息，以这一速率来更新平均值的估算值。定义矩阵 $L = D - A$，称作该图的拉普拉斯矩阵（Laplacian）。

式（3.36）的平衡点（equilibrium point）是满足 $x_e[k+1] = x_e[k]$ 的状态的集合。

可以证明，如果网络是连通的，那么 $x_e = (\alpha, \alpha, \cdots, \alpha)$ 是系统的一个平衡状态，它对应于每个传感器对平均值的估算值都为同一个数值 α。更进一步，可以证明 α 实际上是初始状态的平均值。由于图中可能存在圈（circle），因此系统的状态有可能进入无穷循环而永远无法收敛到希望的共识状态。正式的分析需要用到本书后面介绍的一些工具，不过现在就可以证明，对于任何连通图，总可以找到一个数 γ，使各个代理的状态收敛到平均值。图 3.24b 给出的仿真结果说明了这个性质。尽管这里集中讨论的只是对一组测量值的平均值的共识，但通过选择适当的反馈机制，也可以实现其他共识状态。例如，求网络中的最大值或最小值，计算网络中的节点数，或计算一个分布量的高阶统计矩[64,197]。　◀

3.4.4　生物系统

生物系统也许为反馈和控制提供了最为丰富的实例来源。在分子机器、细胞、生物体以及生态系统等各个层次的生物系统中，存在着许多复杂的反馈相互作用，像温度、血糖水平等物理量围绕着某个固定值进行调节的动态平衡问题，就是这种复杂反馈相互作用的例子。

例 3.18　转录调控

转录是从 DNA 片段产生信使 RNA（mRNA）的过程。基因的启动子区域允许其他的蛋白质控制转录，这种蛋白质被称作转录因子（transcription factor），它们与启动子区域结合，抑制或激活 RNA 聚合酶——一种从 DNA 转录产生 mRNA 的酶。然后基于 mRNA 的核苷酸序列转换出蛋白质。这一过程如图 3.25 所示。

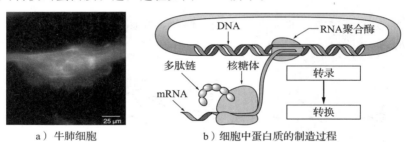

a）牛肺细胞　　　　　b）细胞中蛋白质的制造过程

图 3.25　生物回路。图 a 为染色后的牛肺细胞，可见细胞核、肌动蛋白和染色质。图 b 为细胞中蛋白质的制造过程示意图。首先由 RNA 聚合酶从 DNA 中转录出 RNA，然后一种称为核糖体的细胞器从 RNA 转换出多肽链，最后多肽链折叠成蛋白质分子

转录调控过程的一个简单模型是采用 Hill 函数[70,186]。考虑某蛋白质 A 的调控问题，设该蛋白质的浓度为 p_a，相应 mRNA 的浓度为 m_a。设 B 为另一个蛋白质，其浓度为 p_b，它通过转录调控来抑制蛋白质 A 的产生。这样一来，p_a 和 m_a 的动态方程可以写成：

$$\frac{dm_a}{dt} = \frac{\alpha_{ab}}{1 + k_{ab} p_b^{n_{ab}}} + \alpha_{a0} - \delta_a m_a, \qquad \frac{dp_a}{dt} = \kappa_a m_a - \gamma_a p_a \tag{3.37}$$

式中，$\alpha_{ab} + \alpha_{a0}$ 是未受调控的转录速率；δ_a 表示 mRNA 的降解率；α_{ab}、k_{ab} 及 n_{ab} 是描述 B 对 A 的抑制作用的参数；κ_a 表示从相应的 mRNA 产生蛋白质的速率；γ_a 表示蛋白质 A 的降解率。参数 α_{a0} 描述启动子的"泄漏"，n_{ab} 称为 Hill 系数，它跟启动子的协调性有关。

当一种蛋白质在另一种蛋白质的产生中起激活作用（激活子）而非抑制作用（抑制子）时，也可以使用类似的模型。此时的方程具有以下形式：

$$\frac{dm_a}{dt} = \frac{\alpha_{ab} k_{ab} p_b^{n_{ab}}}{1 + k_{ab} p_b^{n_{ab}}} + \alpha_{a0} - \delta_a m_a, \qquad \frac{dp_a}{dt} = \kappa_a m_a - \gamma_a p_a \tag{3.38}$$

其中的变量跟前面描述的相同。请注意，在激活子的情况下，若 p_b 为零，则生产率就是 $\alpha_{a0} \ll \alpha_{ab}$（抑制子的为 $\alpha_{ab} + \alpha_{a0}$）。随着 p_b 增大，表达式 $\dot{m}_a$ 中右边第一项趋向于 α_{ab}，而转录速率则变成 $\alpha_{ab} + \alpha_{a0}$（抑制子的为 α_{a0}）。由此可见，激活子和抑制子的作用方式正好相反。

为了说明如何使用这些模型，考虑由 Elowitz 和 Leibler 首先提出的压缩振荡子（repressilator）模型[85]。压缩振荡子是一个人工回路，其中有三个蛋白质以一个抑制另一个的方式形成一个环，其原理如图 3.26a 所示，其中的三个蛋白质分别是 TetR、λcI 和 LacI。压缩振荡子的基本思想是这样的，如果 TetR 存在，那它就抑制 λcI 的产生。如果 λcI 不存在，那么就以不受调控的转录速率产生 LacI，这进而抑制 TetR。一旦 TetR 受到抑制，那么 λcI 就不再受抑制。如果该回路的动态特性设计得当，所获得的蛋白质浓度将发生振荡。

可以将式（3.37）复制三份，来对该系统建模，但是在各个方程中，要用 TetR、λcI 及 LacI 的恰当组合来代替 A 和 B。这样一来，系统的状态就是 $x = (m_{\text{TetR}}, p_{\text{TetR}}, m_{\lambda\text{cI}}, p_{\lambda\text{cI}}, m_{\text{LacI}}, p_{\text{LacI}})$。图 3.26b 显示了参数取 $n = 2$、$\alpha = 0.5$、$k = 6.25 \times 10^{-4}$、$\alpha_0 = 5 \times 10^{-4}$、$\delta = 5.8 \times 10^{-3}$、$\kappa = 0.12$、$\gamma = 1.2 \times 10^{-3}$ 以及初始条件取 $x(0) = (1, 200, 0, 0, 0, 0)$ 时，三种蛋白质浓度的变化轨迹（基于文献［85］）。

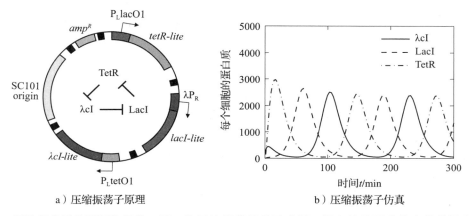

a）压缩振荡子原理　　　　　　　b）压缩振荡子仿真

图 3.26　压缩振荡子基因调控网络。图 a 为压缩振荡子的示意图，图中显示了质粒中的基因布局线路（大圈）以及线路原理图（中央）。图 b 是压缩振荡子的一个简单模型的仿真结果，可见单个蛋白质的浓度曲线是振荡的（图片由 M. Elowitz 提供）　◀

例 3.19　神经细胞

神经元是所有人类和动物控制系统的关键元件。神经元有多种类型：感觉神经元感受刺激，运动神经元控制肌肉和其他器官，中间神经元在其他神经元之间的信号传递中起中介作用。神经元往往连成网络，人脑有近 1000 亿个神经元。

神经元有三个部分：细胞体（soma）、轴突和树突，如图 3.27a 所示。细胞体的大小从 4 μm 到 100 μm 不等，轴突的长度从 1 mm～1 m 不等。细胞有一层细胞膜将其与外界环境（细胞外空间）隔开，膜上有分子尺度的离子通道让离子通过细胞膜，从而在细胞膜内外两侧产生电位差。当电位差达到临界值时将产生一个电脉冲（尖峰）。产生的脉冲频率范围为 1 Hz～1 kHz，它沿着轴突往轴突终末传播。

神经元通过树突接收来自其他神经元的信号。在轴突和另一个细胞的树突之间的交界面上存在电化学反应，这使得神经元之间的信息传递成为可能。轴突终末有包含神经递质的囊泡，当轴突受到电脉冲刺激时，神经递质就会被释放到突触间隙中，如图 3.27b 所示。神经递质刺激细胞膜上的离子通道，使它们打开。离子通道的种类很多，两种常见的是钠离子（Na$^+$）通道和钾离子（K$^+$）通道。钾离子通道具有缓慢的兴奋作用，钠离子通道则具有快速的兴奋和缓慢的抑制作用。

a）神经元小网络　　　　　　　　　　　b）突触

图 3.27　神经细胞

神经细胞的动态是理解细胞中信号过程的一个基础机制。Hodgkin-Huxley 方程是研究神经细胞动态的模型。它将细胞膜当成电容来建模：

$$C\frac{\mathrm{d}V}{\mathrm{d}t}=I_{\mathrm{Na}^+}+I_{\mathrm{K}^+}+I_{\mathrm{leak}}+I_{\mathrm{input}}$$

式中，V 是细胞膜的电位，C 是电容，I_{Na^+} 和 I_{K^+} 是钠离子和钾离子通过细胞膜传输而引起的电流，I_{leak} 是漏电流，I_{input} 是细胞外部的激励。各个电流都满足欧姆定律，即

$$I_{\mathrm{Na}^+}=g_{\mathrm{Na}}(E_{\mathrm{Na}^+}-V),\quad I_{\mathrm{K}^+}=g_{\mathrm{K}}(E_{\mathrm{K}^+}-V),\quad I_{\mathrm{leak}}=g_{\mathrm{leak}}(E_{\mathrm{leak}}-V)$$

式中，电导 g_{Na}、g_{K}、g_{leak} 通过变量 m、n、h 与电压 V 相关，g_{Na} 正比于 m^3h，g_{K} 正比于 n^4，g_{leak} 为常数。变量 m、n、h 由以下微分方程给定：

$$\frac{\mathrm{d}m}{\mathrm{d}t}=\frac{m_a(V)-m}{\tau_m(V)},\quad \frac{\mathrm{d}h}{\mathrm{d}t}=\frac{h_a(V)-h}{\tau_h(V)},\quad \frac{\mathrm{d}n}{\mathrm{d}t}=\frac{n_a(V)-n}{\tau_n(V)}$$

式中，函数 m_a、h_a、n_a、τ_m、τ_h 和 τ_n 来自实验数据；函数 m_a 和 n_a 随 V 单调递增，引起兴奋性行为；函数 h_a 单调递减，产生抑制行为；时间常数 τ_m 比时间常数 τ_h 和 τ_n 几乎小一个数量级。

平衡电位 $E_{\mathrm{Na}+}$ 和 $E_{\mathrm{K}+}$ 由能斯脱定律（Nernst's law）给出：

$$E=\frac{RT}{nF}\ln\frac{c_{\mathrm{e}}}{c_{\mathrm{i}}}$$

式中，R 是玻耳兹曼（Boltzmann）常数，T 是绝对温度，F 是法拉第（Faraday）常数，n 是离子的电荷（或化合价），c_{i} 和 c_{e} 分别是细胞内和细胞外液体的离子浓度。在 20 ℃ 时，有 $RT/F=20$ mV，$E_{\mathrm{Na}^+}=55$ mV，$E_{\mathrm{K}^+}=-92$ mV。

Hodgkin-Huxley 方程相当复杂，其中包含许多不同的时间尺度，为此人们提出了许多近似。其中一个近似是 FitzHugh-Nagumo 模型（习题 3.11）。用该模型仿真了神经元对外部电流刺激的行为，结果如图 3.28 所示。系统最初处于当 $I=0$、$V=0$ 的静止状态。在 $t=5$ ms 时加入一个短电流脉冲，神经元被激励，发出一个脉冲作为响应。然后在 $t=30$ ms 时神经元被持续激励，神经元开始发出尖峰。

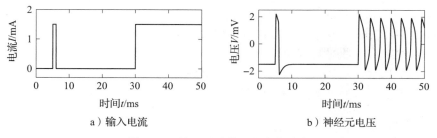

a）输入电流　　　　　　　　　　　b）神经元电压

图 3.28　神经元对输入电流的响应

Hodgkin-Huxley 模型建立的初衷是为了定量地预测鱿鱼巨轴突的行为特性[120]。Hodgkin 和 Huxley 因"对神经细胞放电的电化学事件的分析"而与 J. C. Eccles 共享了 1963 年的诺贝尔生理学奖。函数 $m_a(V)$、$n_a(V)$ 和 $h_a(V)$ 的确定用到了 1.4 节介绍的电压钳。基于 Hodgkin-Huxley 模型的神经元动态模型还有许多其他的变种,例如文献 [202] 所介绍的模型。有些模型结合了常微分方程和离散转换,即所谓的整合发放模型(integrate-and-fire model)或混合系统。 ◀

3.5 阅读提高

建模是工程与科学中普遍使用的方法,在应用数学中有很长的历史。例如,傅里叶级数就是傅里叶(Fourier)在研究固体热传导的建模时引入的[90]。文献 [60] 是一本物理系统建模的经典教材,该书特别侧重于机械系统、电气系统以及热流体系统的建模。文献 [13] 具有很高的原创性,它对无量纲变量的使用进行了详细的讨论。人们在各种不同领域建立了许多的动态模型,在力学领域有文献 [14, 105],在热传导领域有文献 [61],在流体领域有文献 [47],在运载工具领域有文献 [1, 48, 82],在机器人领域有文献 [189, 226],在电路领域有文献 [111],在电力系统领域有文献 [156],在声学领域有文献 [38],在微机械系统领域有文献 [220]。在生物系统建模方面,本书作者比较推荐的是文献 [140, 141, 186, 256]。控制需要解决来自不同领域的各种建模问题,大多数控制理论的教材(例如文献 [93])都会用好几章的篇幅介绍用常微分方程和差分方程进行建模。文献 [166] 是介绍系统辨识的一本好书。

习题

3.1 (积分器链型)考虑线性常微分方程(3.7)。证明:选择状态空间表示为 $x_1 = y$,则动态方程可以写成:

$$A = \begin{pmatrix} 0 & 1 & & 0 \\ 0 & \ddots & \ddots & 0 \\ 0 & \cdots & 0 & 1 \\ -a_n & -a_{n-1} & & -a_1 \end{pmatrix}, \quad B = \begin{pmatrix} 0 \\ 0 \\ \vdots \\ 1 \end{pmatrix}, \quad C = (1 \quad \cdots \quad 0 \quad 0)$$

这个标准型称作积分器链(chain of integrator)型。

3.2 (离散时间动态)考虑下面的离散时间系统:

$$x[k+1] = Ax[k] + Bu[k], \quad y[k] = Cx[k]$$

其中,

$$x = \begin{pmatrix} x_1 \\ x_2 \end{pmatrix}, \quad A = \begin{pmatrix} a_{11} & a_{12} \\ 0 & a_{22} \end{pmatrix}, \quad B = \begin{pmatrix} 0 \\ 1 \end{pmatrix}, \quad C = (1 \quad 0)$$

下面研究这个离散时间系统的一些特性随参数、初始条件及输入变化的函数关系。

(a) 对于 $a_{12} = 0$、$u = 0$ 的情况,写出系统输出的闭式(或单一)表达式。

(b) 一个离散系统,若对于所有 k 都有 $x[k+1] = x[k]$,则该离散系统处于平衡点(equilibrium)。假定 $u = r$ 是一个恒定输入,请计算所得系统的平衡点。证明:若对于所有的 i,都有 $|a_{ii}| < 1$,那么所有初始条件对应的解都将收敛于平衡点。

(c) 编写计算机程序,绘制系统对单位阶跃输入 $u[k] = 1 (k \geqslant 0)$ 的响应。绘制响应曲线时,请使用初始条件 $x[0] = 0$,A 的元素取为 $a_{11} = 0.5$,$a_{12} = 1$,$a_{22} = 0.25$。

3.3 (凯恩斯经济学)一个经济系统的简单凯恩斯模型为:

$$Y[k] = C[k] + I[k] + G[k]$$

式中,Y、C、I 和 G 分别是第 k 年的国民总产值(GNP)、消费、投资及政府开支。消费和投资采用以下的差分方程建模:

$$C[k+1] = aY[k], \quad I[k+1] = b(C[k+1] - C[k])$$

式中,a 和 b 为参数。第一个方程意味着消费随 GNP 增长,但存在滞后效应;第二个方程意味着投资正比于消费的变化率。

请证明：GNP 的平衡点数值为

$$Y_e = \frac{1}{1-a} G_e$$

式中，参数 $1/(1-a)$ 是凯恩斯乘子（即从 G 到 Y 的增益）。当 $a=0.75$ 时，政府的一份支出将带来 GNP 的四份增长。另外，请证明：该模型可以写成以下的离散时间状态模型：

$$\begin{pmatrix} C[k+1] \\ I[k+1] \end{pmatrix} = \begin{pmatrix} a & a \\ ab-b & ab \end{pmatrix} \begin{pmatrix} C[k] \\ I[k] \end{pmatrix} + \begin{pmatrix} a \\ ab \end{pmatrix} G[k],$$
$$Y[k] = C[k] + I[k] + G[k]$$

* 3.4 （最小二乘系统辨识）考虑以下的非线性微分方程：

$$\frac{dx}{dt} = \sum_{i=1}^{M} \alpha_i f_i(x)$$

式中，$f_i(x)$ 是已知的非线性函数，α_i 是未知的恒值参数。假定已经拥有整个状态 x 在 t_1，t_2，…，$t_N (N>M)$ 等时间点上的测量值（或估计值）。请证明：通过求解以下形式的线性方程的最小二乘解，即可估算参数 α_i 的值：

$$H\alpha = b$$

式中，$\alpha \in \mathbb{R}^M$ 是所有参数构成的向量，$H \in \mathbb{R}^{N \times M}$、$b \in \mathbb{R}^N$ 都具有恰当的定义。

3.5 （归一化的振荡器动态）考虑以下有阻尼的弹簧-质量系统的动态：

$$m\ddot{q} + c\dot{q} + kq = F$$

设 $\omega_0 = \sqrt{k/m}$ 为自然振荡频率，$\zeta = c/(2\sqrt{km})$ 为阻尼比。

（a）证明：通过对该方程重新标度，动态方程可以写成以下形式

$$\ddot{q} + 2\zeta\omega_0\dot{q} + \omega_0^2 q = \omega_0^2 u \tag{3.39}$$

式中，$u = F/k$。这个方程就是自然振荡频率为 ω_0、阻尼比为 ζ 的线性振荡器的动态方程。

（b）证明：该系统可以进一步归一化成以下形式

$$\frac{dz_1}{d\tau} = z_2, \quad \frac{dz_2}{d\tau} = -z_1 - 2\zeta z_2 + v \tag{3.40}$$

该系统的基本动态由单个阻尼参数 ζ 控制。有时用 Q 值（Q-value，$Q = 1/2\zeta$）来代替 ζ。

3.6 （Dubins car 模型）证明：以后轮中心为参考点的车辆轨迹可以建模为以下的动态模型：

$$\frac{dx}{dt} = v\cos\theta, \quad \frac{dy}{dt} = v\sin\theta, \quad \frac{d\theta}{dt} = \frac{v}{b}\tan\delta$$

其中变量和常量的定义同例 3.11。

3.7 （电气传动）考虑下图所示的系统，其中由扭簧连接的两个质量块由一台电动机驱动。

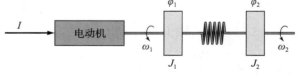

该系统可以代表电动机通过柔性轴驱动负载。假设电动机提供的转矩与电流 I 成正比，系统的动态可以用以下方程来描述

$$J_1 \frac{d^2\varphi_1}{dt^2} + c\left(\frac{d\varphi_1}{dt} - \frac{d\varphi_2}{dt}\right) + k(\varphi_1 - \varphi_2) = k_I I,$$
$$J_2 \frac{d^2\varphi_2}{dt^2} + c\left(\frac{d\varphi_2}{dt} - \frac{d\varphi_1}{dt}\right) + k(\varphi_2 - \varphi_1) = T_d \tag{3.41}$$

式中，φ_1 和 φ_2 是两个质量块的角位置；$\omega_i = d\varphi_i/dt$ 是它们的速度；J_i 为转动惯量；c 为阻尼系数；k 为轴刚度；k_I 是电动机的转矩常数；T_d 是施加在轴端的干扰转矩。对于具有柔性臂的机器人、DVD 和光盘臂的驱动，也可以得到类似的方程。

请通过引入归一化的状态变量 $x_1 = \varphi_1$，$x_2 = \varphi_2$，$x_3 = \omega_1/\omega_0$，$x_4 = \omega_2/\omega_0$（其中 $\omega_0 = \sqrt{k(J_1+J_2)/(J_1 J_2)}$ 为控制信号为零时系统的无阻尼自然频率），推导系统的状态空间模型。

3.8 （发电机）连接到电网的发电机可以用发电机转子的功率平衡方程来建模：

$$\Omega J \frac{\mathrm{d}^2 \varphi}{\mathrm{d}t^2} = P_\mathrm{m} - P_\mathrm{e} = P_\mathrm{m} - \frac{EV}{X}\sin\varphi$$

式中，Ω 是转子的机械角速度，可近似看成常数；J 是发电机的有效转动惯量；φ 是旋转角；P_m 是驱动发电机的机械功率；P_e 是发出的有功功率；E 是发电机的电压；V 是电网电压；X 是线路的电抗。假定电路的动态过程比转子的动态过程快得多，$P_\mathrm{e} = VI = (EV/X)\sin\varphi$，其中 I 是与电压 E 同相位的电流分量，φ 是电压 E 和 V 之间的相位角。试证明：发电机的归一化动态模型跟支点受力的单摆的归一化动态模型具有相同的形式。

3.9 （排队的准入控制）考虑例 3.15 所述的排队系统。在队列变得较大时，临时过负荷引起的长时延可以通过拒绝请求来减小。这样可以使已被接收的请求尽快得到满足，而得不到满足的请求则能够尽快收到拒绝信息以便它们可以尝试其他的服务器。考虑以下准入控制系统：

$$\frac{\mathrm{d}x}{\mathrm{d}t} = \lambda u - \mu_\mathrm{max}\frac{x}{x+1}, \quad u = \mathrm{sat}_{(0,1)}(k(r-x)) \tag{3.42}$$

这里的控制器为带饱和的简单比例控制，饱和函数 $\mathrm{sat}_{(a,b)}$ 由式（4.10）定义，r 是期望的队列长度（参考值）。请证明：这个控制器可以降低高峰时间效应。并解释 r 的选择如何影响系统的动态。

3.10 （生物逻辑开关）如下图所示，将两个抑制子连接成一个环，可以构成一个基因开关。

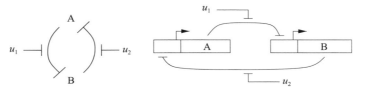

利用例 3.18 的模型——假定两个基因的参数相同，且 mRNA 的浓度能够快速达到稳定状态，证明：其动态可以写成以下归一化的形式

$$\frac{\mathrm{d}z_1}{\mathrm{d}\tau} = \frac{\mu}{1+z_2^n} - z_1 - u_1, \quad \frac{\mathrm{d}z_2}{\mathrm{d}\tau} = \frac{\mu}{1+z_1^n} - z_2 - u_2 \tag{3.43}$$

式中，z_1 和 z_2 是经过标度的蛋白质浓度，此外时间的比例也做了改变。证明：对于例 3.18 中的参数，可得 $\mu \approx 200$。并用仿真说明系统的类开关行为。

3.11 （FitzHugh-Nagumo 方程）二阶 FitzHugh-Nagumo 方程

$$\frac{\mathrm{d}V}{\mathrm{d}t} = 10(V - V^3/3 - R + I_\mathrm{in}), \quad \frac{\mathrm{d}R}{\mathrm{d}t} = 0.8(1.25V - R + 1.5)$$

是例 3.19 中讨论的 Hodgkin-Huxley 方程的简化版本。其中变量 V 是穿过轴突膜的电压，R 是一个辅助变量，它近似表示流过轴突膜的好几个离子电流的影响。仿真以上方程，重现图 3.28 中的仿真结果。探讨输入电流 I_in 的影响。

第4章

实　　例

……不要用任何模型，除非你能理解其中的简化假定并能验证其合理性。

警句：仅按说明使用模型。不要以为模型就是现实。

警句：在地图上是永远钻不出石油的。

——Saul Golomb，"Mathematical Models—Uses and Limitations"，1970（文献 [106]）

本章介绍了覆盖科学与工程各领域的一系列实例。全书及习题都将用这些实例来说明各种概念。

4.1　巡航控制

汽车巡航控制系统是日常生活中最常见的反馈系统。该系统试图在受到干扰（主要是道路坡度变化引起的干扰）时维持速度恒定。其控制器测量汽车的速度、并适当地调节节气门，来补偿这类未知因素。

为了对该系统进行建模，从图 4.1 的框图开始介绍。令 v 为汽车的速度，v_r 为希望的（参考）速度。控制器常用第 1 章介绍的比例-积分（PI）控制器，它接收信号 v 和 v_r，产生（归一化的）控制信号 u，再送往执行器，以控制节气门的开度。节气门进而控制发动机产生转矩 T，再经过齿轮和车轮的传动，产生出移动车辆的力 F。由于路面坡度、滚动阻力及空气动力等的变化，存在干扰力 F_d。巡航控制器上有一个人机界面供驾驶人设置和改变所需的速度，此外还有制动功能。

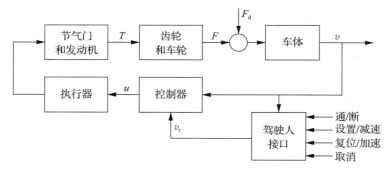

图 4.1　汽车巡航控制系统的框图。受节气门控制的发动机产生转矩 T，经齿轮箱和车轮传动到地面，并与来自环境的外力，譬如空气的阻力、山坡上的重力等合在一起，形成合力驱使车辆移动。控制系统检测汽车的速度 v，并利用执行器来调节节气门。通过驾驶人接口，可以开通或关断该系统，也可以设置参考速度 v_r。

该系统有许多独立单元，包括执行器、发动机、变速器、车轮和车体等，详细的模型十分复杂。尽管如此，巡航控制器设计所需的模型却可以相当简单。

下面从车体的力平衡着手建立系统的模型。设 v 为汽车的速度，m 为总质量（包括乘客），汽车的运动方程具有以下的简单形式：

$$m \frac{\mathrm{d}v}{\mathrm{d}t} = F - F_d \tag{4.1}$$

汽车的典型质量在 1000～2000 kg 的范围内（这里假定为 1600 kg）。

力 F 由发动机产生，发动机的转矩正比于燃料注入的速度，燃料注入的速度正比于控制节气门开度的控制信号 u（$0 \leqslant u \leqslant 1$）。此外，转矩还跟发动机的速度 ω 有关。节气门全开时的转矩可以简单地表示为以下的方程：

$$T(\omega) = T_{\mathrm{m}} \left[1 - \beta \left(\frac{\omega}{\omega_{\mathrm{m}}} - 1 \right)^2 \right] \tag{4.2}$$

式中，最大转矩 T_{m} 是在发动机速度 ω_{m} 下获得的转矩。典型的参数值为 $T_{\mathrm{m}} = 190 \, \mathrm{N \cdot m}$，$\omega_{\mathrm{m}} = 420 \, \mathrm{rad/s}$，$\beta = 0.4$。令 n 为齿轮比，r 为车轮半径。发动机速度与车速的关系表达式为：

$$\omega = \frac{n}{r} v =: \alpha_n v$$

驱动力可以写成：

$$F = \frac{nu}{r} T(\omega) = \alpha_n u T(\alpha_n v)$$

α_n 在 1～5 档的典型值为 $\alpha_1 = 40$、$\alpha_2 = 25$、$\alpha_3 = 16$、$\alpha_4 = 12$ 和 $\alpha_5 = 10$。α_n 倒数的物理意义是有效车轮半径（effective wheel radiu）。图 4.2 为典型汽车发动机的转矩曲线。该图表明，齿轮的效果是"平滑"转矩曲线，以实现在几乎整个车速范围内都能获得几乎满额的转矩。

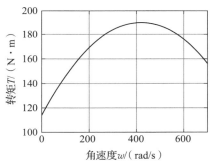
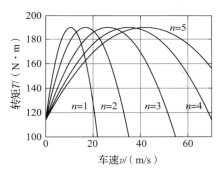

a）发动机转矩与角速度之间的函数关系　　　　b）发动机转矩与车速之间的函数关系

图 4.2　典型汽车发动机的转矩曲线

干扰力 F_{d} 有三个主要分量：F_{g} 为重力引起的干扰力，如图 4.3a 所示；F_{r} 为滚动摩擦引起的干扰力；F_{a} 为空气动力学阻力。设路面的坡度为 θ，重力产生的阻力为 $F_{\mathrm{g}} = mg\sin\theta$，其中 $g = 9.8 \, \mathrm{m/s^2}$ 为重力加速度。滚动摩擦可简单建模如下：

$$F_{\mathrm{r}} = mgC_{\mathrm{r}}\mathrm{sgn}(v)$$

式中，C_{r} 是滚动摩擦系数，$\mathrm{sgn}(v)$ 是 v 的符号（取 ± 1 或当 $v = 0$ 时取 0）。滚动摩擦系数的典型值是 $C_{\mathrm{r}} = 0.01$。最后，空气动力学阻力正比于车速的平方，即

$$F_{\mathrm{a}} = \frac{1}{2} \rho C_{\mathrm{d}} A |v| v$$

式中，ρ 是空气的密度；C_{d} 是依赖于汽车形状的空气动力学阻力系数；A 是汽车前部的面积。典型取值为 $\rho = 1.3 \, \mathrm{kg/m^3}$、$C_{\mathrm{d}} = 0.32$、$A = 2.4 \, \mathrm{m^2}$。

综合以上分析，可以得到以下的汽车速度模型：

$$m \frac{\mathrm{d}v}{\mathrm{d}t} = \alpha_n u T(\alpha_n v) - mgC_{\mathrm{r}}\mathrm{sgn}(v) - \frac{1}{2}\rho C_{\mathrm{d}} A |v| v - mg\sin\theta \tag{4.3}$$

式中，函数 T 由式（4.2）给定。式（4.3）所示的模型是一个一阶动态系统，其状态为汽车的速度 v，同时它也是输出。输入是控制节气门位置的信号 u，干扰则是取决于路面

坡度的力 $F_d = mg\,\sin\theta$。由于滚动摩擦及空气动力学阻力的非线性特性，以及转矩曲线和重力项的存在，这个系统是非线性的。此外，参数也可能存在变化，例如，汽车的质量取决于乘客的数量以及所载的货物。

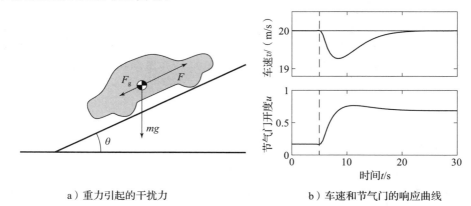

a）重力引起的干扰力　　　　　　b）车速和节气门的响应曲线

图 4.3　具有巡航控制的汽车遇到有坡度的路面时的情况。图 b 为遇到 4° 的斜坡时，车速和节气门的响应曲线。设坡度 θ 的总改变量为 4°，并且是在 $t = 5 \sim 6\,s$ 之间的线性变化。PI 控制器的比例增益为 $k_p = 0.5$，积分增益为 $k_i = 0.1$

现在往该模型中加入一个反馈控制器，以便在存在干扰时能调节车速。采用以下形式的比例-积分控制器：

$$u(t) = k_p e(t) + k_i \int_0^t e(\tau)\,\mathrm{d}\tau$$

这个控制器本身也可以作为一个输入/输出动态系统来实现，即定义一个控制器状态变量 z 来现实以下的微分方程：

$$\frac{\mathrm{d}z}{\mathrm{d}t} = v_r - v, \quad u = k_p(v_r - v) + k_i z \tag{4.4}$$

式中，v_r 是期望的（或参考）速度。根据 1.6 节的简单讨论，即使存在干扰或模型误差，由状态变量 z 表示的积分器也能确保稳态时的误差为零（PI 控制器的设计见第 11 章）。图 4.3b 给出了式（4.3）和式（4.4）组成的闭环系统在遇到山坡时的响应曲线。由图可见，即使山坡陡峭得使节气门的开度从 0.17 变到几乎全开，最大的速度误差也小于 1 m/s，并在 20 s 之后就恢复到了所希望的速度。

在推导式（4.3）的模型时用了许多简化假定。人们可能会很惊讶，一个看起来如此复杂的系统竟然能用式（4.3）这样简单的模型来描述！不过有一点十分重要，那就是必须在图 3.5b 所描述的不确定性柠檬图限定的范围内使用该模型。这个模型既不适用于节气门迅速变化的情况（因为模型中忽略了发动机动态的细节），也不适用于分析节气门缓慢变化的情况（因为发动机的特性会随着使用年限发生改变）。但这个模型对于巡航控制系统的设计却十分重要，其原因在于反馈系统内在的鲁棒性（正如在稍后的几章里会看到的那样）：即使模型不很精确，也一样可以用它来设计控制器，并在控制器中用反馈来处理系统中存在的不确定性。

巡航控制系统中也有供驾驶人与系统通信的人机接口。它有多种实现方式，其中的一个实现版本如图 4.4 所示。第 11 章将对控制器及参考信号发生器的实现做更全面的介绍。

汽车系统中控制的应用远远超出了这里介绍的巡航控制系统的范围。其他的应用还包括排放控制、牵引控制、动力控制（尤其是在混合动力汽车的场合）以及自适应巡航控制。文献 [145, 27, 203] 详细讨论了许多汽车控制应用。新上市的汽车还包括许多"自动驾驶"功能，这些功能代表的是更为复杂的反馈系统。

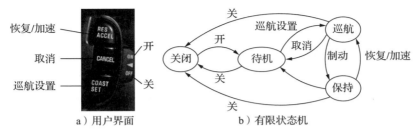

a）用户界面　　　　　　　　　b）有限状态机

图 4.4　巡航控制系统的用户界面和有限状态机

4.2　自行车动态模型

自行车是一个有趣的动态系统，它有一个重要特征，就是它通过前叉的设计引入了反馈机制。自行车的详细建模是件很复杂的事情，因为它不仅有很多个自由度，而且几何形状复杂。不过只需用一个简单模型即可深入理解其中的机理。

为了推导其运动方程，假定自行车在水平面上滚动。引入如图 4.5a 和图 4.5b 所示的坐标系，它固定在自行车上，其 ξ 轴通过车轮与地面的两个接触点，η 轴沿着水平方向，ζ 轴沿着垂直地面的方向。令 v_0 为自行车后轮的速度，b 为车架的轴距，φ 为侧倾角，δ 为转向角。坐标系以角速度 $\omega = v_0 \delta / b$ 绕 O 点旋转，固定在自行车上的观测者将体验到因坐标系运动引起的力。

自行车的侧倾运动类似于倒摆的运动，如图 4.5b 的后视图所示。为了对侧倾运动进行建模，考虑车轮、骑车者及前叉全部固定在车架上所得的刚体结构。令 m 为系统的总质量，J 为刚体相对 ξ 轴的转动惯量，D 为相对于 ξ 轴和 ζ 轴的惯性积。此外，令质心相对于后轮触地点 P_1 的 ξ、ζ 坐标分别为 a 和 h。可得 $J \approx mh^2$、$D = mah$。作用在系统上的转矩是由重力及向心作用引起的。假定转向角 δ 很小，则运动方程变为：

$$J \frac{\mathrm{d}^2 \varphi}{\mathrm{d}t^2} - \frac{D v_0}{b} \frac{\mathrm{d}\delta}{\mathrm{d}t} = mgh \sin\varphi + \frac{m v_0^2 h}{b} \delta \tag{4.5}$$

式中，$mgh \sin\varphi$ 项是重力引起的转矩；包含 δ 或其导数的项是转向产生的转矩，其中 $(D v_0 / b) \mathrm{d}\delta / \mathrm{d}t$ 项由惯性力引起，$(m v_0^2 h / b) \delta$ 项由向心力引起。

转向角受骑手施加于车把上的转矩的影响。由于转向轴的倾斜以及前叉形状的特殊性，前轮与地面的接触点 P_2 落在前叉总成旋转轴的后面，如图 4.5c 所示。前轮接触点 P_2 到前叉总成旋转轴投射点 P_3 间的距离称作伸距（trail）。自行车的转向性能严重依赖伸距。较大的伸距可以增大稳定性，但会降低转向的灵活性。

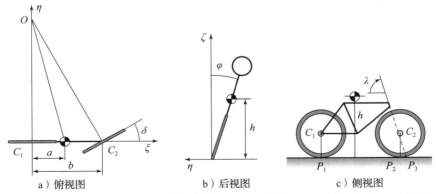

a）俯视图　　　　　　　　b）后视图　　　　　　　c）侧视图

图 4.5　自行车原理示意图。转向角为 δ，侧倾角为 φ；质心的高为 h，质心和后轮触地点 P_1 之间的水平距离为 a；轮距 b 是点 P_1 和点 P_2 间的距离，伸距 c 为点 P_2 和点 P_3 间的距离

采用前叉设计的自行车，其转向角 δ 会受转向转矩 T 和车架侧倾角 φ 的影响。这意味着拥有前叉的自行车是一个如图 4.6 所示的反馈系统。转向角 δ 影响侧倾角 φ，侧倾角又影响转向角，这种因果循环关系是反馈的特征。对于前叉的伸距为正的情况，自行车将往倾斜的一侧转，从而产生一个离心力，试图使倾斜减小。

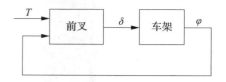

图 4.6　带前叉的自行车原理框图。作用在车把上的转向转矩为 T，侧倾角为 φ，转向角为 δ。可以看到，前叉将侧倾角 φ 作为反馈信号，产生转向角 δ（在某些条件下，转向角 δ 可以稳定系统）

在某些条件下，反馈实际上能够稳定自行车。假定前叉可以建模为静态系统，则可以得到一个粗略的经验模型：

$$\delta = k_1 T - k_2 \varphi \tag{4.6}$$

结合式（4.5）的自行车架模型以及式（4.6）的前叉模型，可以得到以下的系统模型：

$$J \frac{\mathrm{d}^2\varphi}{\mathrm{d}t^2} + \frac{Dv_0 k_2}{b}\frac{\mathrm{d}\varphi}{\mathrm{d}t} + \left(\frac{mv_0^2 hk_2}{b} - mgh\right)\varphi = \frac{Dv_0 k_1}{b}\frac{\mathrm{d}T}{\mathrm{d}t} + \frac{mv_0^2 hk_1}{b}T \tag{4.7}$$

式（4.7）用 φ 近似代替了 $\sin\varphi$。该式的左侧类似弹簧质量系统的方程，其中的阻尼项为 $Dv_0 k_2/b$，弹簧项为 $mv_0^2 hk_2/b - mgh$。请注意，当 $v_0 = 0$ 时，弹簧项为负，当 $v > \sqrt{gb/k_2}$ 时，弹簧项为正。因此可以得出这样的结论：小速度时自行车是不稳定的，但在速度足够大的情况下，由前叉提供的反馈使自行车变得稳定。

由式（4.5）和式（4.6）给定的简单模型忽略了前叉的动态、轮胎-道路间的相互作用以及参数与速度有关等因素。利用前叉和车架的刚体动态特性，可以得到一个更精确的模型，即所谓的惠普尔模型（Whipple model）。假定相关的角度较小，则模型变成：

$$M\begin{pmatrix}\ddot{\varphi}\\\ddot{\delta}\end{pmatrix} + Cv_0\begin{pmatrix}\dot{\varphi}\\\dot{\delta}\end{pmatrix} + (K_0 + K_2 v_0^2)\begin{pmatrix}\varphi\\\delta\end{pmatrix} = \begin{pmatrix}0\\T\end{pmatrix} \tag{4.8}$$

式中，2×2 的矩阵 M、C、K_0 以及 K_2 的元素由自行车的几何形状及质量分布决定。请注意，这个模型的形式跟第 3 章介绍的弹簧-质量系统以及例 3.2 介绍的平衡系统有点相似。虽然这个模型更为复杂，但它也是不精确的，因为其忽略了轮胎与道路的相互作用（如要考虑这个因素，就必须额外增加两个状态变量）。同样，图 3.5b 的不确定性柠檬图也为理解该模型在相关假设下的有效性提供了一个思路框架。

文献 [118，225] 对自行车的发展历史作了有趣的介绍。式（4.8）的模型来自文献 [249]。文献 [20，164] 对自行车建模进行了更详尽的介绍，其中列出了许多其他的文献。

4.3　运算放大器电路

运算放大器（运放）是布莱克（Black）的反馈放大器的现代版本。它是一个通用器件，广泛应用于仪器、控制和通信等领域。它也是模拟计算中的关键元件。运放及其两种表示符号如图 4.7 所示，它具有一个反相输入端（v_-），一个同相输入端（v_+），一个输出端（v_{out}）。此外还有连接电源 e_-、e_+ 的引脚，以及调零的引脚。假定输入电流 i_- 和 i_+ 为零、且输出由以下的静态关系给定，即可得到一个简单的运放模型：

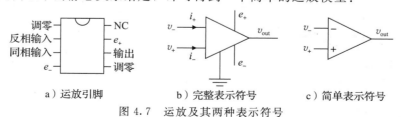

a）运放引脚　　　　　b）完整表示符号　　　　　c）简单表示符号

图 4.7　运放及其两种表示符号

$$v_{\text{out}} = \text{sat}_{(v_{\min}, v_{\max})}(k(v_+ - v_-)) \qquad (4.9)$$

其中，

$$\text{sat}_{(a,b)}(x) = \begin{cases} a, & x < a \\ x, & a \leqslant x \leqslant b \\ b, & x > b \end{cases} \qquad (4.10)$$

其中增益 k 很大（在 $10^6 \sim 10^8$ 的范围内），且电压 $v_{\min}$ 和 $v_{\max}$ 满足：

$$e_- \leqslant v_{\min} < v_{\max} \leqslant e_+$$

即在供电电压的范围内。采用图 4.8 所示的平滑函数来代替饱和函数，可以得到更精确的模型。对于小输入信号，式（4.9）的放大器特性是线性的：

$$v_{\text{out}} = k(v_+ - v_-) =: -kv \qquad (4.11)$$

由于开环增益 k 特别大，使系统处于线性状态的输入信号范围相当小。

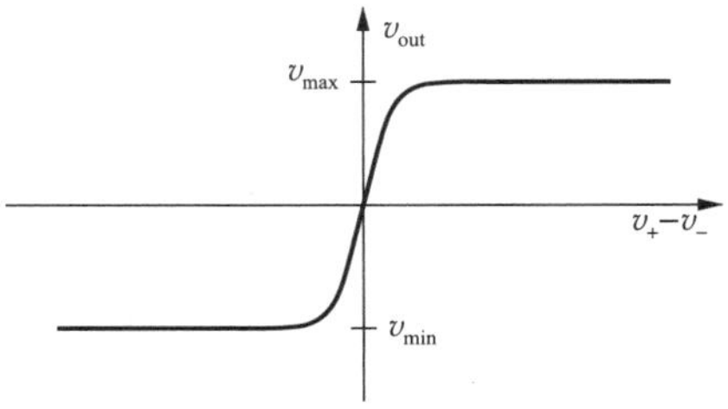

围绕基本的运放配置反馈，可以得到一个简单的放大器，如图 4.9a 所示。为了对该反馈放大器的线性区进行建模，假定电流 $i_0 = i_- + i_+$ 为零，且放大器的增益特别大，以致电压 $v = v_- - v_+$ 也为零。这样一来，根据欧姆定律可以得到流过电阻 R_1 和 R_2 的电流为：

$$\frac{v_1}{R_1} = -\frac{v_2}{R_2}$$

因此放大器的闭环增益为：

$$\frac{v_2}{v_1} = -k_{\text{cl}}, \quad \text{其中 } k_{\text{cl}} = \frac{R_2}{R_1} \qquad (4.12)$$

图 4.8 运放的输入/输出特性。差分输入为 $v_+ - v_-$。在 0 附近的小范围内，输出电压是输入的线性函数（饱和值为 $v_{\min}$ 和 $v_{\max}$）。在线性工作区，运放具有很高的增益

仍忽略电流 i_0，假定电压 v 虽小但不为零，可以得到一个更精确的模型。这时电流平衡为：

$$\frac{v_1 - v}{R_1} = \frac{v - v_2}{R_2} \qquad (4.13)$$

假定放大器运行在线性区，令式（4.11）中 $v_{\text{out}} = v_2$，可得闭环系统的增益为：

$$k_{\text{cl}} = -\frac{v_2}{v_1} = \frac{R_2}{R_1} \frac{kR_1}{R_1 + R_2 + kR_1} \approx \frac{R_2}{R_1} \qquad (4.14)$$

如果运放的开环增益 k 很大，则闭环增益 k_{cl} 跟式（4.12）的简单模型给出的相同。请注意闭环增益仅仅取决于电路中的无源器件，且 k 的变化对闭环增益的影响很小。例如，若 $k = 10^6$，$R_2/R_1 = 100$，那么 k 变化 100% 所引起的闭环增益变化仅为 0.01%。灵敏度如此大幅的降低很好地说明了用反馈可以从参数存在不确定性的器件制造出精确度很高的系统。在这个例子中，由于反馈的使用，实现了高增益、低鲁棒性和低增益、高鲁棒性之间的折中。正是式（4.14）给了布莱克（Black）发明反馈放大器的灵感[45]（请参见第 13 章开篇的引文）。

给图 4.9a 所示的反馈放大器建立框图是有指导意义的。为此，将具有输入 v 和输出 v_2 的单纯放大器表示为一个方块。为了完成框图，还要对 v 与 v_1 和 v_2 之间的依赖关系进行描述。从式（4.13）求解 v 可得：

$$v = \frac{R_2}{R_1 + R_2} v_1 + \frac{R_1}{R_1 + R_2} v_2 = \frac{R_1}{R_1 + R_2} \left(\frac{R_2}{R_1} v_1 + v_2 \right)$$

由此得到如图 4.9b 所示的原理框图。该原理图清楚地表明，这个系统存在反馈，且从 v_2

到 v 的增益为 $R_1/(R_1+R_2)$，这也可以从图 4.9a 的电路图中得到。如果回路是稳定的，且放大器的增益很大，那么误差 e 就很小，因此有 $v_2 = -(R_2/R_1)v_1$。请注意电阻 R_1 同时出现在框图的两个方块中。这种情况在电路中很常见，这正是框图有时不能很好地适用于某些物理建模的原因之一。

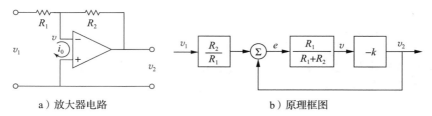

a）放大器电路   b）原理框图

图 4.9　采用运放的稳定放大器。图 a 的电路采用了运放的负反馈连接，
图 b 是其原理框图。电阻 R_1 和 R_2 决定放大器的增益

式（4.11）所给的放大器简单模型为我们提供了定性认识，但其忽略了放大器也是动态系统这个事实。以下是一个更接近实际的模型：

$$\frac{\mathrm{d}v_{\mathrm{out}}}{\mathrm{d}t} = -av_{\mathrm{out}} - bv \tag{4.15}$$

式中，参数 b 具有频率的单位，称作放大器的增益-带宽积（gain-bandwidth product）。是否要使用更为复杂的模型，完全取决于所要解决的问题以及不确定性柠檬图的大小。式（4.15）的模型仍然不适用于很高的频率和很低的频率，因为在低频下漂移会引起偏差，而在接近于 b 的频率时则会出现额外的动态行为。该模型既不适用于大信号的情况——供电电压构成了信号的上限，通常在 5～10 V 的范围；也不适用于特别低的信号——因为存在着电气噪声。当然，如果需要，也可以加入这些特征，但会增加分析的复杂性。

运放的用途非常广泛，它与电阻、电容结合在一起，可以做出各种不同的系统。事实上，任何线性系统都可以用运放与电阻、电容的组合来实现。习题 4.4 展示了如何实现二阶振荡器，图 4.10 展示了一个由运放加反馈构成的 PI 控制器的电路图。

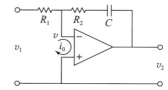

图 4.10　由运放加反馈构成的 PI 控制器的电路图。电容用于存储电荷，表示输入的积分

为了建立该电路的简单模型，假定电流 i_0 为零，且开环增益 k 足够大，使得输入电压 v 可以忽略。通过电容的电流 $i = C\mathrm{d}v_C/\mathrm{d}t$，其中 v_C 是电容两端的电压。由于流过电阻 R_1 的是同一个电流，因此可得：

$$i = \frac{v_1}{R_1} = C\frac{\mathrm{d}v_C}{\mathrm{d}t}$$

这意味着：

$$v_C(t) = \frac{1}{C}\int i(t)\mathrm{d}t = \frac{1}{R_1 C}\int_0^t v_1(\tau)\mathrm{d}\tau$$

因此输出电压为：

$$v_2(t) = -R_2 i - v_C = -\frac{R_2}{R_1}v_1(t) - \frac{1}{R_1 C}\int_0^t v_1(\tau)\mathrm{d}\tau$$

这就是 PI 控制器的输入/输出关系。

菲尔布里克（Philbrick）是开发运算放大器的先驱（见文献 [170，201]），运放的应用有大量的教科书介绍（例如文献 [65]）。此外，从供货商处也可以得到很有用的信息（见文献 [133，176]）。

4.4　计算系统和网络

跟在物理系统的控制中的应用一样，反馈在计算系统中的应用也遵从相同的原理，但所测量的类型、控制输入的类型有所不同。在计算系统或网络中，测量（传感器）往往跟所用的资源相关，这可以包括处理器负荷、内存用量、网络带宽等类的量。控制变量（执行器）往往牵涉对程序所能获得的资源设置限制。这可以是对程序可占用的内存量、磁盘空间、可消耗的时间进行控制，也可以是开始或停止程序的执行、推迟资源的获得时间，或拒绝对服务器程序的外来请求。对网络计算系统进行过程建模是一项挑战性的工作，当没有基于基本原理的模型时，往往使用基于测量的经验模型。

4.4.1　Web 服务器控制

Web 服务器响应来自因特网的请求，并以网页的形式提供信息。现代 Web 服务器会启动多个进程来响应请求，每个进程被分配给单个请求来源，直到该来源在一段预定的时间内没有进一步的请求为止。空闲的进程成为进程池的一部分，可以用于响应新的请求。为了快速响应 Web 请求，保证 Web 服务器的计算能力不会被进程过载、内存不会被耗尽，是极其重要的。因为可能还有其他进程在服务器上运行，所以能够得到的处理能力和内存大小是不确定的，在这种不确定性的场合，反馈可以用来提供良好的性能。

图 4.11 展示了 Web 服务器的反馈控制。该服务器执行的操作包括：将到达的连接请求放入一个队列，然后为每个被接收的连接启动一个子进程来处理请求。子进程响应来自特定连接的请求，它将在忙碌与等待之间不断切换〔在相继到来的请求之间保持子进程的活跃称作连接的持久性（persistence），这可以显著降低当单个站点请求多个信息时的延迟〕。如果在足够长的时间里（由参数 KeepAlive 控制）没有收到请求，那么连接将被断开，子进程将进入空闲状态，可以被分配给另一个连接。能够同时服务的最大请求数目为 MaxClients，其余的请求将保留在传入请求队列中。

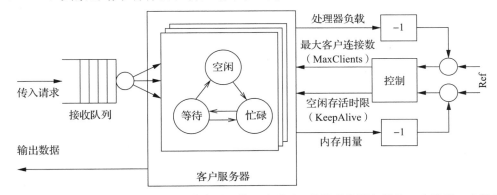

图 4.11　Web 服务器的反馈控制。连接请求到达输入队列后，将被送往服务器的一个进程。有限状态机负责跟踪单个服务器进程的状态，并响应请求。控制算法通过控制那些影响服务器行为的参数（譬如单一时间内能够服务的最大请求个数 MaxClients，一个连接能继续保持连接的最长空闲时间 KeepAlive 等），来改变服务器的运行

控制服务器的这些参数代表着在性能（请求得到响应的速度有多快）与资源占用（服务器占用的处理能力及内存）间的一个折中。增大 MaxClients 参数可以使连接请求更快地从队列中出来，但对处理能力和内存的需求将增加。延长空闲存活时限 KeepAlive 则意味着单个连接可以在空闲状态下维持更长的时间，这将降低机器处理的负荷量，增加队列的长度（因而增加用户启动连接所需的时间）。要使繁忙的服务器成功运行，离不开以上参数的恰当选择，而这通常要靠反复试验。

为了更详细地建模这个系统的动态，我们以平均处理器负荷 x_{cpu} 和内存用量百分率 x_{mem} 为状态变量，建立一个离散时间模型。选择最大客户连接数 u_{mc} 以及空闲存活时限 u_{ka} 为系统的输入。假若模型在平衡点周围是线性的，那么系统动态可以写成：

$$\begin{pmatrix} x_{cpu}[k+1] \\ x_{mem}[k+1] \end{pmatrix} = \begin{pmatrix} A_{11} & A_{12} \\ A_{21} & A_{22} \end{pmatrix} \begin{pmatrix} x_{cpu}[k] \\ x_{mem}[k] \end{pmatrix} + \begin{pmatrix} B_{11} & B_{12} \\ B_{21} & B_{22} \end{pmatrix} \begin{pmatrix} u_{ka}[k] \\ u_{mc}[k] \end{pmatrix} \quad (4.16)$$

式中，矩阵 A 和 B 的元素可以利用经验测量来确定，或者基于 Web 服务器的处理器和内存使用的具体建模来确定。文献 [59，97] 利用系统辨识方法，获得了线性化的动态方程的矩阵元素为：

$$A = \begin{pmatrix} 0.54 & -0.11 \\ -0.026 & 0.63 \end{pmatrix}, \quad B = \begin{pmatrix} -85 & 4.4 \\ -2.5 & 2.8 \end{pmatrix} \times 10^{-4}$$

其中的系统是围绕以下平衡点进行线性化的：

$$x_{cpu} = 0.58, \quad u_{ka} = 11 \text{ s}, \quad x_{mem} = 0.55, \quad u_{mc} = 600$$

这个模型表现出了上面描述的那些基本特性。先看矩阵 B，可以看到增加空闲存活时限 KeepAlive（矩阵 B 的第一列）将使处理器的使用和内存的使用都降低，由于连接更为持久，服务器将把较多的时间用于等待一个连接的关闭而不是花在一个新的活跃连接上。而最大客户连接数 MaxClients 的增大，则将需要更大的处理能力和内存需求。请注意对处理器负荷影响最大的是空闲存活时限。矩阵 A 则告诉我们，在状态空间的平衡点附近的一个区域内，处理器及内存的使用是如何演化的。对角线元素描述了单个资源在瞬时增大或降低后是如何回到平衡点的。非对角线元素则表明在两个资源间存在耦合，一个资源的变化将引起另一个发生更大的变化。

这个模型虽然相当简单，但在后面的例子里将会看到，可以通过实时修改服务器的控制参数，来提供鲁棒性，从而抑制服务器负载不确定性的影响。类似的机制已经在其他类型的服务器中得到应用。很重要的一点是，要牢记这个模型的假定条件以及它在确定模型适用性方面的作用。特别地，由于用了平均采样时间来建立模型，因此这个模型不能精确反映高频下发生的现象。

4.4.2　拥塞控制

因特网建立的目的是提供一个巨大的、高度分散的、高效的、可扩展的通信系统。该系统由大量互联的网关组成。一条信息会被分割成多个包，在网络的不同路径上传输，这些包在接收处将被重新组合，以恢复信息。当收到包时，应答（"ack"）信息将被送回发送方。该系统的运行处于一个简单而强大并且一直在进化的分布式控制结构的控制之下。

该系统有两种称作协议（protocol）的控制机制：一个是用于端到端网络通信的传输控制协议（TCP），另一个是用于路由包数据以及用于从主机到网关（或从网关到网关）通信的因特网协议（IP）。当前的协议是在 20 世纪 80 年代中期发生了一些特别严重的因特网拥塞崩溃事件后发展起来的。TCP 的控制机制是以从发送者到接受者、再回到发送者的回路中，收、发包的数目守恒为基础的。当不存在拥塞时，发送速率增加；当存在拥塞时，发送速率就会降到一个很低的水平。

为了推导拥塞控制的整体模型，对系统三个独立的部分进行建模：单个源计算机发送包的速率，链路（路由器）中队列的动态，队列的入场控制机制。图 4.12a 是系统的原理框图。

目前因特网上采用的源控制机制是大家所熟知的 TCP/Reno 协议[168]。这个协议是这样运作的：将包发往接受者，然后等待一个来自接受者收到包之后发出的确认信号。如果经过某个限定的时间后，仍没有收到应答，就重发包。为了避免在发送下一个包之前因等待应答而浪费时间，Reno 协议在由最后一个已应答包所界定的时间窗口里发送多个包。如果该窗口的长度选择得当，则在窗口开头处发送的包将在窗口结束处的包被发送之前得到应答，这样一来，计算机就可以高速地、连续流式地传输数据包。

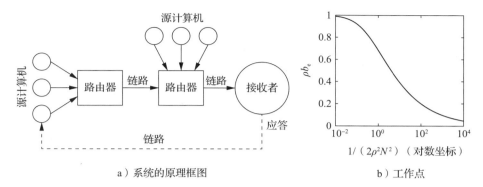

a）系统的原理框图　　　　　b）工作点

图 4.12　因特网拥塞控制。在图 a 中，源计算机发送信息到路由器，路由器又将信息转发给最终会连接到接收计算机的其他路由器。收到数据包时，会通过路由器往回发送应答包（图中未绘出）。路由器对从源发来的信息进行缓冲，并通过往外的链路发送数据。图 b 为 N 台相同的计算机通过单台路由器发送数据包时，丢包概率 ρb_{e} 与 $1/(2\rho^2 N^2)$ 的关系，其中 b_e 为平衡点缓冲区的大小

为了确定所用窗口的大小，TCP/Reno 协议采用了这样一种反馈机制，大致来讲就是：只要数据包得到确认，窗口大小就以固定的速度增大，而一旦有数据包丢失，窗口大小就减半。这个机制使得窗口大小可以动态调整，只要数据包能送达，计算机就以"贪婪的"方式运行，而一旦遇到拥塞则立即撤退。

通过描述窗口大小的动态，可以建立源计算机的行为模型。假定有 N 台源计算机，并令 w_i 为第 i 台计算机当前的窗口大小（按数据包数计）。令 q_i 表示数据包在源计算机到接受者之间某处丢失的端到端概率。于是可以将窗口大小 w_i 的动态建模为以下的微分方程：

$$\frac{\mathrm{d}w_i}{\mathrm{d}t}=(1-q_i)\frac{r_i(t-\tau_i)}{w_i}-q_i\left[\frac{w_i}{2}r_i(t-\tau_i)\right], \quad r_i=\frac{w_i}{\tau_i} \tag{4.17}$$

式中，τ_i 是数据包到达目的地且应答返回的往返时间，r_i 是从已收到数据包列表中清除数据包的速率。该动态方程右端第一项代表当收到一个数据包时窗口大小的增加，第二项则代表当丢失一个数据包时窗口大小的减小。请注意 r_i 是在 $t-\tau_i$ 时刻估算的，这考虑了收到应答所需的时间。

链路的动态受路由器队列的动态以及队列的入场控制机制的控制。假定网络中有 L 个链路，并用 l 来索引单个链路。用路由器缓冲中当前包的数目 b_l 来对队列建模，并假定路由器以 c_l 的速率（等于链路的容量）传送包。那么缓冲的动态可以写成：

$$\frac{\mathrm{d}b_l}{\mathrm{d}t}=\begin{cases} s_l-c_l & \text{如果 } b_l>0 \\ 0 & \text{如果 } b_l=0 \end{cases}, \quad s_l=\sum_{i=1}^{L}R_{li}r_i(t-\tau_{li}^{\mathrm{f}}) \tag{4.18}$$

式中，当链路 l 被源计算机 i 使用时取 $R_{li}=1$，否则取 $R_{li}=0$；τ_{li}^{f} 是一个包从源计算机 i 到达链路 l 所用的时间；s_l 是包到达链路 l 的总速率。矩阵 $R\in\mathbb{R}^{L\times N}$ 称作路由矩阵（routing matrix）。

入场控制机制决定路由器是否会接收一个特定的数据包。由于我们的模型是基于网络中的平均数量的，而不是基于单个数据包的，因此可以这样来简单建模，即假定数据包丢失的概率取决于缓冲区有多满。若令 $b_{l\max}$ 为路由器 l 可以缓冲的最大数据包个数，那么丢包概率可写成 $p_l=\beta_l(b_l, b_{l\max})$，其中函数 β_l 满足 $\beta_l(0, b_{l\max})=0$ 和 $\beta_l(b_{l\max}, b_{l\max})=1$。为简单起见，现在假设 $p_l=\rho_l b_l$（更详细的模型请参考习题 4.5）。可以用特定链路的丢包概率来确定数据包传输的端到端丢包概率：

$$q_i=1-\prod_{l=1}^{L}R_{li}(1-p_l)\approx\sum_{l=0}^{L}R_{li}p_l(t-\tau_{il}^{\mathrm{b}}) \tag{4.19}$$

式中，τ_{il}^{b} 是从链路 l 到源计算机 i 的向后延迟；"约等于"成立的条件是各个链路的丢包概率足够小。这里之所以采用向后延迟，是因为这样能考虑到应答包被源计算机收到所需的时间。

式（4.17）、式（4.18）和式（4.19）一起，共同构成了一个拥塞控制动态模型。考虑由 N 台相同的源计算机和一个链路构成的特例，有助于获得一些实质性的见解。此外还假定可以忽略向前与向后的时延，并且所有路由器都没有发生饱和或空闲，则系统的动态可以简化成以下的形式：

$$\frac{\mathrm{d}w_i}{\mathrm{d}t} = \frac{1}{\tau^{\mathrm{p}}} - \frac{\rho c(2+w_i^2)}{2}, \quad \frac{\mathrm{d}b}{\mathrm{d}t} = \sum_{i=1}^{N} \frac{w_i}{\tau^{\mathrm{p}}} - c, \quad \tau^{\mathrm{p}} := \frac{b}{c} \tag{4.20}$$

式中，$w_i \in \mathbb{R}(i=1,\cdots,N)$，它们构成了一个表示数据源的窗口大小的向量；$b \in \mathbb{R}$ 是路由器当前缓冲的大小；ρ 控制着数据包的丢失率；c 是连接路由器与计算机的链路容量。变量 τ^{p} 代表路由器基于缓冲大小和链路容量来处理一个数据包所需的时间。将 τ^{p} 代入以上各个方程，可以重写状态空间动态方程为

$$\frac{\mathrm{d}w_i}{\mathrm{d}t} = \frac{c}{b} - \rho c\left(1 + \frac{w_i^2}{2}\right), \quad \frac{\mathrm{d}b}{\mathrm{d}t} = \sum_{i=1}^{N} \frac{cw_i}{b} - c \tag{4.21}$$

文献 [167，168] 提供了更复杂的模型及相应的习题和例子。

令 $\dot{w}_i = \dot{b} = 0$ 可以求得系统的标称运行点：

$$0 = \frac{c}{b} - \rho c\left(1 + \frac{w_i^2}{2}\right), \quad 0 = \sum_{i=1}^{N} \frac{cw_i}{b} - c$$

由于所有的源都具有相同的动态，因此所有的 w_i 相同，故可以证明有唯一的平衡点满足以下方程：

$$w_{i,e} = \frac{b_e}{N} = \frac{c\tau_e^{\mathrm{p}}}{N}, \quad \frac{1}{2\rho^2 N^2}(\rho b_e)^3 + (\rho b_e) - 1 = 0 \tag{4.22}$$

其中第二个方程的解有点复杂，不过很容易进行数值求解。其解答随 $1/(2\rho^2 N^2)$ 变化的函数关系如图 4.12b 所示。可以看出，在平衡点还有以下等式成立：

$$\tau_e^{\mathrm{p}} = \frac{b_e}{c} = \frac{Nw_e}{c}, \quad q_e = Np_e = N\rho b_e, \quad r_e = \frac{w_e}{\tau_e^{\mathrm{p}}} \tag{4.23}$$

图 4.13 仿真了 60 台源计算机通过单个链路进行通信的情况，其中有 20 台源计算机在 $t=500$ ms 时发生了掉线，其余的源计算机则增大各自的速率（窗口大小）来填补空缺。请注意缓冲大小和窗口大小是自动调整来匹配链路容量的。

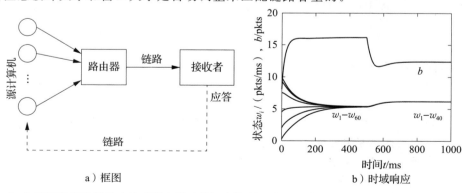

a）框图   b）时域响应

图 4.13   60 台相同的源计算机连接到单个链路的拥塞控制。在图 a 中，多台源计算机试图通过同一个路由器经单个链路通讯。当接受方收到信息时，发送"ack"包进行确认；否则源计算机将重发信息，并降低发送速率。图 b 是 60 台源计算机以随机速率（窗口大小）启动的仿真结果，在 $t=500$ ms 时有 20 台源计算机掉线；上部的曲线为缓冲大小，底部的曲线给出了某 6 台源计算机的速率

文献［236］对计算机网络问题进行了深入的介绍。文献［128］对因特网控制原理背后的思想进行了很好的介绍。文献［142］则在系统分析方面进行了较早期的研究。文献［131,117］提供了许多反馈用于计算机系统的例子。

4.5 原子力显微镜

1986 的诺贝尔物理学奖由 Gerd Binnig 和 Heinrich Rohrer 分享，以表彰他们在设计扫描隧道显微镜（scanning tunneling microscope）方面的贡献。该仪器的思路是，让原子量级的尖头极其靠近一个导电的表面，从而产生隧道效应。让尖头在样品上移动，并测量出隧道电流随尖头位置的变化，就可以得到一副图像。这项发明激发了一系列仪器的开发，它们容许在纳米尺度上显示表面结构的图像。其中之一是原子力显微镜（atomic force microscope，AFM），它利用一个悬臂上的尖头来检测样品。AFM 有两种运行模式。在轻敲模式（tapping mode）中，悬臂是振动的，振动的幅度由反馈进行控制。在接触模式（contact mode）中，悬臂与样品接触，其弯曲程度由反馈进行控制。在两种情况下，控制都由压电元件来执行，这个压电元件控制着悬臂基（或样品）的垂直位置。控制的设计对图像质量和扫描速度有着直接的影响。

图 4.14a 所示的是原子力显微镜的原理示意图。一个微型悬臂，其上有一个直径为 10 nm 数量级的尖头，靠近样品放置。依靠压电驱动器，尖头可以进行垂直和水平移动。尖头将因受到范德华吸力和泡利斥力而被钳制在样品的表面。悬臂的倾斜度取决于样品表面的形态结构以及悬臂基所处的位置，后者由压电元件控制。利用光电二极管检测激光束的偏转，可以测量出悬臂的倾斜度。来自光电二极管的信号被放大，再送往控制器，去驱动放大器，以控制悬臂的垂直位置（z）。控制压电元件，以使悬臂的偏转恒定，此时，使压电元件产生垂直偏移的信号表征了悬臂尖头与样品原子之间的原子力大小。让悬臂沿着样品表面扫描，就可以得到样品表面的图像。图像的解析度很高，有可能让人们在原子水平上看到样品的结构，图 4.14b 就是 DNA 的 AFM 图像。

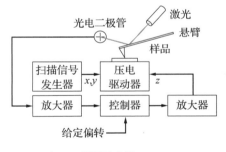

a）AFM原理示意图   b）DNA的AFM图像

图 4.14 原子力显微镜（AFM）。图 a 为 AFM 的原理示意图，它有一个压电扫描器，在 AFM 尖头的下方扫描样品；悬臂反射激光，控制器根据反射的激光来控制 z 向的移动量，从而获得尖头的侦测结果。图 b 是 DNA 的 AFM 图像（该图像获 Veeco 仪器公司授权使用）

AFM 的水平运动通常建模为欠阻尼的弹簧-质量系统，垂直运动则较为复杂。为了对该系统建模，先看图 4.15 所示的原理框图。其中容易获得的信号包括：（驱动压电元件的）功率放大器的输入电压 u，施加在压电元件上的电压 v，以及光电二极管信号经放大后的输出电压 y。控制器为由计算机实现的 PI 控制器，由模数转换器（A/D）和数模转换器（D/A）连接到系统。图中还标出了悬臂的偏转角 φ。期望的偏转参考值是通过计算机输入的。

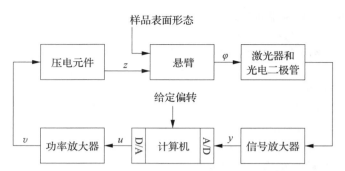

图 4.15　接触模式下原子力显微镜悬臂垂直定位系统的原理框图。控制系统力求保持悬臂的偏转值等于给定的参考值。悬臂的实际偏转值被测量、放大并转换成数字信号后，与参考值比较。然后计算机产生校正信号，被转换成模拟形式，再放大并送往压电元件

　　垂直定位有好几种不同的配置，其动态特性也不相同。这里讨论文献 [217] 介绍的一种高性能系统，其悬臂基采用压电堆来进行垂直定位。从该系统的一个简单实验开始建模。图 4.16a 给出了驱动器从功率放大器输入电压 u 到光电二极管信号放大器的输出电压 y 的阶跃响应曲线。该曲线捕获了图 4.15 的框图中从 u 到 y 的一串方块的动态。图 4.16a 表明，该系统的响应很快，但存在周期约为 $35\ \mu s$、阻尼很弱的振荡模态。建模的首要任务是理解该振荡行为的根源，因此需要研究系统的更多细节。

　　夹紧的悬臂的自然振荡频率通常是几千赫兹，这远高于观测到的 30 kHz 的振荡。作为一阶近似，按静态系统来建模。由于偏转很小，假定悬臂的偏转角 φ 正比于悬臂上探针尖头与压电驱动器之间的高度差。若将悬臂建模为第 3 章讨论的弹簧-质量系统，则可以得到更精确的模型。

　　图 4.16a 也表明功率放大器的响应很快。光电二极管和信号放大器也具有快速的响应，因此也可以建模为静态系统。剩下的模块是带悬架的压电系统。图 4.16b 为驱动器垂直运动的力学模型示意图。将该系统建模为由一个理想压电元件分隔的两个质量块。质量 m_1 等于压电系统质量的一半，质量 m_2 等于压电系统的另一半质量加上支撑物的质量。

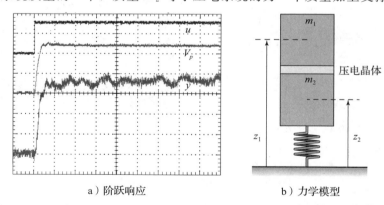

a）阶跃响应　　　　　　　　　b）力学模型

图 4.16　原子力显微镜的建模。图 a 为测得的阶跃响应：上方的曲线是施加在驱动放大器上的电压 u（50 mV/格），中间的曲线是功率放大器的输出电压 V_p（500 mV/格），下方的曲线是信号放大器的输出 y（500 mV/格）；时标是 $25\ \mu s$/格（数据由 Georg Schitter 提供）。图 b 是垂直定位器与压电晶体的简单力学模型

　　假设压电晶体在两个质量块间产生的力为 F，弹簧的阻尼为 c_2，可以得到一个简单的模型。令质量块中心的位置分别为 z_1 和 z_2，由力的平衡可以得到以下的系统模型：

$$m_1 \frac{\mathrm{d}^2 z_1}{\mathrm{d}t^2} = F, \quad m_2 \frac{\mathrm{d}^2 z_2}{\mathrm{d}t^2} = -c_2 \frac{\mathrm{d}z_2}{\mathrm{d}t} - k_2 z_2 - F$$

将压电元件的伸长量 $l = z_1 - z_2$ 设为控制变量，将悬臂基的高度 z_1 设为输出。消除上式中的 F，并用 $z_1 - l$ 来代换 z_2，可以得到以下模型：

$$(m_1 + m_2) \frac{\mathrm{d}^2 z_1}{\mathrm{d}t^2} + c_2 \frac{\mathrm{d}z_1}{\mathrm{d}t} + k_2 z_1 = m_2 \frac{\mathrm{d}^2 l}{\mathrm{d}t^2} + c_2 \frac{\mathrm{d}l}{\mathrm{d}t} + k_2 l \tag{4.24}$$

综上所述，压电部分用式（4.24）来建模，其余部分采用静态模型，就得到了系统的一个简单模型。引入线性方程 $l = k_3 u$ 及 $y = k_4 z_1$，就得到一个将输出 y 与控制信号 u 联系在一起的完整模型。通过引入悬臂及功率放大器的动态，可以得到更精确的模型。跟前面的例子一样，图 3.5b 的不确定性柠檬图的概念为描述本系统的不确定性提供了一个框架：在所建模型的最快模式的频率以下并且可以使用线性化刚度模型的运动范围内，该模型是精确的。

图 4.16a 的实验结果可定性解释如下。当电压施加到压电元件上时，其膨胀量为 l_0，m_1 立即往上运动，m_2 立即往下运动。在经过一个欠阻尼振荡过程之后，系统就稳定下来。

设计一个垂直运动控制系统来提供快速的响应和小的振荡是非常必要的。仪器设计者有几种选择：要么接受振荡及响应时间缓慢的现状；要么设计一个控制系统来对振荡起阻尼作用；要么重新设计有关机构，使其具有较高的谐振频率。后面的两个选择能够获得较快的响应和较快的成像速度。

由于系统的动态行为随样品的性质而变化，因此对反馈环进行参数整定是必要的。在简单的系统中，目前的方法是手工调整 PI 控制器的参数。通过引入自整定及自适应功能，可使 AFM 系统更易于使用。

文献［214］覆盖了原子力显微镜的方方面面。靠近表面的原子间的相互作用问题在固体物理学中是很基础的知识，感兴趣的读者可以参考文献［147］。本节讨论的模型主要基于文献［216］。

4.6　给药管理

"每天三次每次两粒"是大家都熟悉的用药推荐方案。在这个推荐方案的背后是一个开环控制问题的答案。服药的一个重要考虑是要确保身体各部位的药物浓度足够高、能够起作用，但又不能引起副作用。其控制作用是量化的，每次两粒，同时也是采样的，每 8 小时一次。这个服药方法是以从经验数据中获得的简单模型为基础的，剂量则是以病人的年龄和体重为基础的。

给药管理是个控制问题。为了解决这个问题，必须了解在给药之后，药物是如何散布到体内各处的。这个方面的学问称作药物动力学（pharmacokinetic），目前已自成一个学科，其所用的模型称作房室模型（compartment model）。这个模型可以追溯到 20 世纪 20 年代，当时韦德马克（Widmark）对酒精在体内的传播进行了建模研究[252]。目前，在所有人用药物的筛选中，房室模型都是一个很重要的工具。图 4.17 说明了房室模型的原理。它将身体看成多个分隔的部分（房室），就像血浆、肾、肝及组织等是由隔膜分开的一样。它假定每个房室中的物质是完美混合的，因此各个房室中的药物浓度都可以认为是常数。它假定房室间的药物流速正比于房室药物浓度之差，以便近似表示复杂的药物传输过程。

为了描述药物的效果，有必要知道其浓度及其如何影响身体。浓度 c 及其影响 e 之间的关系通常是非线性的。以下是一个简单模型：

$$e = \frac{c}{\mathrm{EC}_{50} + c} e_{\max} \tag{4.25}$$

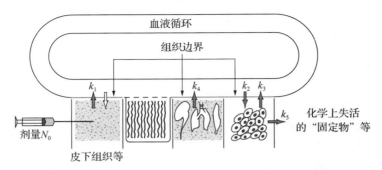

图 4.17 用于描述体内药物分布的人体房室划分抽象图（基于文献［237］）。身体被抽象为多个房室，每个房室的药物都处于完美的混合状态；假定房室间的药物流速正比于房室的药物浓度之差，以便近似处理复杂的药物传输过程。常数 k_i 用来定量描述不同房室间的药物流动速率

在低浓度下，影响是线性的；在高浓度下，影响就会变得饱和。参数 EC_{50} 表示产生最大反应的一半（50%）所需的药物浓度。这个关系也可以是动态的，这时被称作药效动力学（*pharmacodynamics*）关系。

4.6.1　房室模型

最简单的给药管理动态模型是这样的，即假定在给药之后，单个房室中的药物是均匀分布的，并且药物以正比于浓度的某个速度排出。房室的行为就像搅拌过的水箱，其内容物完美混合。令 c 为药物浓度，V 为体积，q 为流出速率。将系统的描述转换成微分方程，就可得到以下模型：

$$V\frac{\mathrm{d}c}{\mathrm{d}t}=-qc,\quad c\geqslant 0 \tag{4.26}$$

这个方程的解为 $c(t)=c_0\mathrm{e}^{-qt/V}=c_0\mathrm{e}^{-kt}$，它表明浓度在注射以后按时间常数 $T=V/q$ 呈指数衰减。在式（4.26）的模型中，输入是隐含的初始条件。更一般地讲，模型中的输入是何种形式取决于如何给药。例如，对于注射的情况，输入可以表示为流入到被注射房室的质量；在药丸溶解的情况下，输入可以表示成质量流入的速率。

式（4.26）的模型称作单房室模型（one-compartment model）或单池模型（single-pool model）。参数 $k=q/V$ 称作清除速率常数。这个简单模型常用来对血浆中的药物浓度进行建模。经过几次浓度测量，通过插值就可以得到初始浓度。如果注射物的总量 m 是已知的，那么体积 V 可以确定为 $V=m/c_0$。

这个简单的单房室模型抓住了药物分布的总体行为，但它是以太多的简化假定为基础的。将人体看成由多个房室构成，可以改进模型。这样的系统例子如图 4.18 所示，其中房室用圆圈表示，药物的流动用箭头表示。

用图 4.18a 所示的两房室模型来说明如何建模。假定每个房室中的物质是完美混合的，并且房室间的药物传输是由浓度差来驱动的。进一步假定药物以 u 的体积流速注入房室 1 中，浓度是 c_0，房室 2 的浓度为输出。令 c_1 和 c_2 为房室中的药物浓度，令 V_1 和 V_2 为房室的体积。房室的质量平衡方程为：

$$
\begin{aligned}
V_1\frac{\mathrm{d}c_1}{\mathrm{d}t}&=q(c_2-c_1)-q_0c_1+c_0u,\quad c_1\geqslant 0\\
V_2\frac{\mathrm{d}c_2}{\mathrm{d}t}&=q(c_1-c_2),\quad c_2\geqslant 0\\
y&=c_2
\end{aligned}
\tag{4.27}
$$

式中，q 表示房室间的流速；q_0 表示流出房室 1 但不流入房室 2 的流速。引入变量 $k_0=$

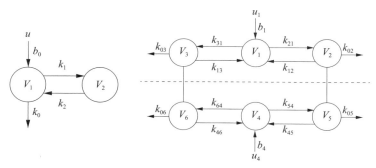

a）两房室模型   b）甲状腺素代谢模型

图 4.18　房室模型原理示意图。图 a 为简单的两房室模型。每个房室上标有其体积，箭头指明化学物质流入或流出房室，或在房室之间流动。图 b 为一个有 6 个房室的系统，用于研究甲状腺素的代谢[103]。符号 k_{ij} 表示药物从房室 j 到房室 i 的传输

q_0/V_1，$k_1 = q/V_1$，$k_2 = q/V_2$，以及 $b_0 = c_0/V_1$，并采用矩阵表示，则模型可以写成：

$$\frac{\mathrm{d}c}{\mathrm{d}t} = \begin{pmatrix} -k_0 - k_1 & k_1 \\ k_2 & -k_2 \end{pmatrix} c + \begin{pmatrix} b_0 \\ 0 \end{pmatrix} u, \quad y = (0 \quad 1) c \tag{4.28}$$

对比这个模型与图 4.18a 的图形化表示，可以发现式（4.28）的数学表示其实可以通过观察图形直接写出。

需要强调的是，式（4.28）这样简单的房室模型的适用范围是有限的。首先它仅适于低频应用，由于人体是随时变化的，而房室模型采用平均浓度，不能精确表示迅速的变化。此外还存在非线性效应，它影响着房室间的传输。

房室模型在医学、工程以及环境科学中有着广泛的应用。这些系统的一个有趣特点是像浓度、质量之类的变量总是正的。在房室模型的建模中，一个基本的难点在于如何将一个复杂的系统划分成房室。当然，房室模型也可以是非线性的，这将在下一小节介绍。

文献［237，252］是药效动力学方面的经典著作，现在药效动力学已经成为一门公认的学科，拥有许多教材（如文献［74，102，129］）。由于药效动力学在医学上的重要性，其研究已成为药物开发中重要的环节。文献［208］为生理系统的建模提供了很好的来源，文献［140，141］则给出了更为数学化的处理。文献［103］详细讨论了房室模型。文献［32，103］讨论了基于实验数据确定速率系数的问题。

4.6.2　胰岛素－葡萄糖动力学

葡萄糖为身体所有细胞提供能量。这受许多因素的影响：身体的构造、摄入的食物、消化、压力以及运动。健康人的体内有复杂的机制来调节血液中的葡萄糖浓度。所涉及的身体相关部位如图 4.19a、b 所示。胰腺分泌胰岛素和胰高血糖素。当血糖水平低时，胰高血糖素被释放到血液中。它作用于肝脏中释放葡萄糖的细胞。当血糖水平高时，就分泌胰岛素，导致肝脏及其他细胞吸收更多的葡萄糖，从而降低血糖水平。还有其他激素影响血糖浓度。调节血糖浓度，使之保持在 $70 \sim 110 \ \mathrm{mg/L}$ 的范围内是很重要的。

糖尿病是身体产生胰岛素的能力或对胰岛素作出反应的能力受损的一种疾病，因此病人的血糖水平过高。糖尿病有几种类型：胰岛素产生能力受损型（1 型），身体吸收胰岛素的能力降低型（2 型）。长期处于高血糖浓度是很严重的问题，可能导致心血管疾病、中风、慢性肾病、足部溃疡、失明等。低血糖也是很严重的，会引起头痛、疲劳、头晕、嗜睡和视力模糊等问题。极低的血糖水平会导致昏迷。

调节葡萄糖和胰岛素的机制是复杂的。人们开发了不同复杂度的模型。这些模型通常用静脉注射葡萄糖的实验数据来进行测试，实验中要按固定的时间间隔测量胰岛素及葡萄

糖的浓度，如图 4.19c 的曲线所示。

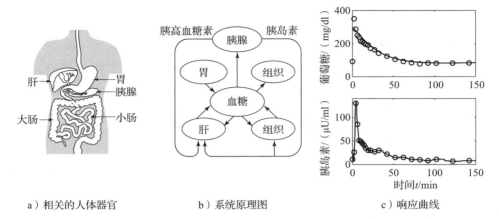

a）相关的人体器官　　　　　b）系统原理图　　　　　c）响应曲线

图 4.19　胰岛素-葡萄糖动力学。图 a 是牵涉葡萄糖控制的人体器官；图 b 是系统原理图；图 c 是在静脉注射葡萄糖时，胰岛素与葡萄糖的响应曲线（选自文献［199］）

伯格曼（Bergman）与同事开发了一个简单的最小模型（minimal model）[39,40]。它是一个房室模型，仅有两个状态变量：血浆中的葡萄糖浓度 G，以及表示胰岛素清除葡萄糖作用的变量 X（它正比于间质液中胰岛素的浓度 I）。最小模型由以下方程给出：

$$\frac{\mathrm{d}G}{\mathrm{d}t}=-p_1(G-G_e)-XG+u_G,\qquad\frac{\mathrm{d}X}{\mathrm{d}t}=-p_2X+p_3(I-I_e)\qquad(4.29)$$

其中第一个方程是葡萄糖的房室模型，其右端有三项：线性清除项，用来对葡萄糖以正比于 $G-G_e$ 的速率清除进行建模；非线性项 XG；外部输入项 u_G，表示葡萄糖的注射速率。非线性项 XG 反映了胰岛素提高葡萄糖清除速率的事实。第二个方程表示变量 X 如何依赖于间质液中胰岛素的浓度 I。如果外部输入 u_G 为零，$I=I_e$，那么存在平衡点 $G=G_e$、$X=0$。

习题 4.8 中提供了一个比最小模型稍微复杂的模型，其中包括一个胰岛素动力学模型。图 4.19c 显示了模型结果与正常人试验结果的吻合情况，条件是在 $t=0$ 时进行葡萄糖静脉注射，然后采集不同时间点的胰岛素和葡萄糖浓度。葡萄糖浓度迅速升高，胰腺对此做出的反应是脉冲式地快速注入胰岛素。然后葡萄糖和胰岛素水平逐渐接近平衡值。

有许多更复杂的模型用于建立食物摄入的动态和测量的动态（见文献［63，69，86，96，174］）。人们以各种不同的方式利用这些模型来理解、分析和治疗糖尿病。弗吉尼亚大学开发的 1 型糖尿病模型[160] 已经获得美国食品和药物管理局（FDA）的批准，可以在血糖调节的闭环控制策略研究中，作为电脑模拟实验（in silic testing）来替代动物试验。

测量血糖的一个简单方法是分析手指针刺取得的一滴血中葡萄糖的浓度。糖尿病患者还可以配备连续血糖监护仪（GCM），它是一根皮下微型传感器线，带有一个贴片和一个无线发射器。该传感器测量传感器线附近间质液中的葡萄糖浓度，但需要校准才能获得准确的血糖浓度。传感器通常放置在上臂，以便通过无线连接到智能手机。然后，手机上的应用程序可以提出要注射多少胰岛素的建议，例如要用多少长效胰岛素以维持基础水平，以及进餐时要用多少速效胰岛素，等等。这个建议是基于与病人匹配的葡萄糖-胰岛素系统模型的。现在有越来越多的糖尿病患者在使用这种设备。

1 型糖尿病患者也可以配备人工胰腺，这是一种全自动的血糖调节系统[63,150]。人工胰腺由测量血糖的血糖监测仪、胰岛素输注泵，以及基于血糖测量值计算胰岛素注射量的控制算法组成。FDA 于 2016 年批准 Medtronic 公司的 Minimed 670G 型人工胰腺用于成人，于 2018 年批准用于 7 岁以上的儿童。该系统的采样周期为 5 min，采用 PID 算法来控制注射速率[228]。采用模型预测控制的类似设备也已经获得测试[37]。血糖监护仪需要经常检查，电线必须定期更换，传感器也必须经常用手指针刺采血法进行校准。人工胰腺有极高的安全性要求[36,150]，需要绝对保证血糖水平不会过低（低血糖）。所有这些要求使得这种系统更为复杂。

4.7 种群动态

种群数量增长是一个很复杂的动态过程，牵涉到一个或多个物种与环境及更大的生态系统之间的相互作用。对社会与环境政策的许多方面来讲，种群的变化动态是既有趣又重要的。一个新物种引入到一个新的栖息地后产生灾难性的后果，这样的例子不在少数。现在也有通过激励和立法来控制人口增长的尝试。本节将介绍一些模型，可用于理解种群数量是如何随着时间变化的，以及是如何受环境影响的。

4.7.1 逻辑斯蒂增长模型

令 x 为一个物种在 t 时刻的种群数量。有一个简单的模型，就是假定出生率和死亡率正比于总数量。这样可以得到一个线性模型：

$$\frac{\mathrm{d}x}{\mathrm{d}t} = bx - dx = (b-d)x = rx, \quad x \geqslant 0 \tag{4.30}$$

式中，出生率 b、死亡率 d 为参数。该模型在 $b>d$ 时是指数增长的，在 $b<d$ 时是指数减少的。一个更实际的模型是假定当人口数量多时出生率降低。对式（4.30）所示的模型进行修正，得到式（4.31）所示的模型，就具有上述的性质：

$$\frac{\mathrm{d}x}{\mathrm{d}t} = rx\left(1 - \frac{x}{k}\right), \quad x \geqslant 0 \tag{4.31}$$

式中，k 是环境的承载能力（carrying capacity）。式（4.31）的模型称作逻辑斯蒂增长模型（logistic growth model）。

4.7.2 捕食者-猎物模型

一个更复杂的种群动态模型应该考虑种群竞争的影响，其中一个物种可能以另一个物种为食。这种情况称为捕食者-猎物问题，在例 3.4 中已经对此做过介绍，该例建立了一个离散时间模型，它能反映山猫与雪兔种群数量历史记录的一些特征。

本节将用更复杂的微分方程模型来代替以前使用的差分方程模型。令 $H(t)$ 表示雪兔（猎物）的数量，令 $L(t)$ 表示山猫（捕食者）的数量。该动态系统可建模为：

$$\frac{\mathrm{d}H}{\mathrm{d}t} = rH\left(1 - \frac{H}{k}\right) - \frac{aHL}{c+H}, \quad H \geqslant 0 \tag{4.32}$$
$$\frac{\mathrm{d}L}{\mathrm{d}t} = b\frac{aHL}{c+H} - dL, \qquad\quad L \geqslant 0$$

在第一个方程中，r 表示雪兔的出生率；k 表示雪兔（在没有山猫存在时）的最大数量；a 表示相互作用项，用于描述雪兔是如何随着山猫数量变化而变化的；c 用于在雪兔数量少时控制猎物消耗的速率。在第二个方程中，b 表示山猫的增长系数；d 表示山猫的死亡率。注意，在雪兔的动态模型中有一项跟式（4.31）的逻辑斯蒂增长模型类似。

特别令人感兴趣的是数量保持恒定的那些数值，称为平衡点（equilibrium point）。该系统的平衡点可以通过令上述方程的右端为零来确定。令 H_e 和 L_e 表示平衡状态，由第二个方程可得：

$$L_e = 0 \quad \text{或} \quad H_e^* = \frac{cd}{ab-d} \tag{4.33}$$

将其代入第一个方程，当 $L_e = 0$ 时，可得 $H_e = 0$ 或 $H_e = k$。当 $L_e \neq 0$ 时，有：

$$L_e^* = \frac{rH_e(c+H_e)}{aH_e}\left(1 - \frac{H_e}{k}\right) = \frac{bcr(abk-cd-dk)}{(ab-d)^2 k} \tag{4.34}$$

因此有三个可能的平衡点 $x_e = \begin{pmatrix} H_e \\ L_e \end{pmatrix}$：

$$x_e = \begin{pmatrix} 0 \\ 0 \end{pmatrix}, \quad x_e = \begin{pmatrix} k \\ 0 \end{pmatrix}, \quad x_e = \begin{pmatrix} H_e^* \\ L_e^* \end{pmatrix}$$

式中，H_e^* 和 L_e^* 由式（4.33）和式（4.34）给定。注意对于某些参数值，平衡点的种群数量可能为负，这是不可能达到的平衡点。

图 4.20 为该系统动态的一个仿真结果，仿真是从一组靠近非零平衡点的种群数量开始进行的。可见，对于所选的参数，仿真预测发现每个物种的数量会发生振荡，使人想起图 3.7 所示的数据振荡。

种群动态问题在文献［186］中有广泛的介绍。

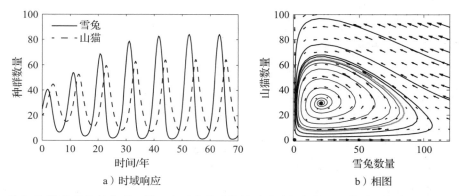

a）时域响应　　　　　　　　　b）相图

图 4.20　捕食者-猎物系统的仿真。图 a 为两个种群的数量随时间变化的函数关系仿真结果。图 b 为两个种群数量之间的关系图，不同曲线起始于不同的数量。在这两个图中见到的振荡是极限环（limit cycle）的一个例子。仿真所用的参数取值为 $a = 3.2$，$b = 0.6$，$c = 50$，$d = 0.56$，$k = 125$，$r = 1.6$

习题

4.1　（巡航控制）考虑 4.1 节描述的巡航控制的例子。做一个仿真，重建图 4.3b 所示车辆对山坡的响应，并给出当汽车的质量增加和减少 25％时的影响。重新设计控制器（使用试探法即可），以使车速误差在遇到山坡后的 3 s 内恢复到期望速度的 1％以内。

4.2　（自行车动态）证明：式（4.5）所给的自行车的动态方程可以写成以下的状态空间形式

$$\frac{d}{dt} \begin{pmatrix} x_1 \\ x_2 \end{pmatrix} = \begin{pmatrix} 0 & 1 \\ mgh/J & 0 \end{pmatrix} \begin{pmatrix} x_1 \\ x_2 \end{pmatrix} + \begin{pmatrix} Dv_0/(bJ) \\ mv_0^2 h/(bJ) \end{pmatrix} u,$$
$$y = (1 \quad 0)x$$

式中，输入 u 为转向角 δ，输出 y 为侧倾角 φ。请问状态变量 x_1 和 x_2 分别代表什么？

4.3　（运算放大器电路）考虑下图所示的运算放大器电路：

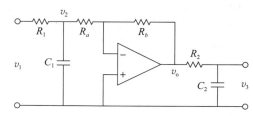

证明其动态方程可以写成以下的状态空间形式：

$$\frac{\mathrm{d}x}{\mathrm{d}t}=\begin{pmatrix}-\dfrac{1}{R_1 C_1}-\dfrac{1}{R_a C_1} & 0\\ -\dfrac{R_b}{R_a}\dfrac{1}{R_2 C_2} & -\dfrac{1}{R_2 C_2}\end{pmatrix}x+\begin{pmatrix}\dfrac{1}{R_1 C_1}\\ 0\end{pmatrix}u, \quad y=(0\quad 1)x$$

式中，$u=v_1$，$y=v_3$（提示：取 v_2 和 v_3 为状态变量）。

4.4 （运放振荡器）下图所示的运算放大器电路是振荡器的实现电路：

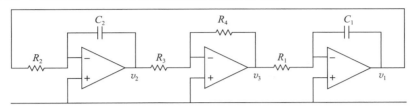

证明：其动态方程可以写成以下的状态空间形式

$$\frac{\mathrm{d}x}{\mathrm{d}t}=\begin{pmatrix}0 & \dfrac{R_4}{R_1 R_3 C_1}\\ -\dfrac{1}{R_2 C_2} & 0\end{pmatrix}x$$

其中的状态变量是两个电容的端电压，即 $x_1=v_1$，$x_2=v_2$。

4.5 （基于文献 [169] 的拥塞控制）4.4 节介绍的因特网拥塞控制模型有许多可以改进的地方。为保证路由器的缓冲区大小为正，可以修改缓冲区动态使之满足：

$$\frac{\mathrm{d}b_l}{\mathrm{d}t}=\begin{cases}s_l-c_l, & 0<b_l<b_{l\max}\\ 0, & \text{其他情况}\end{cases}$$

此外，可以根据缓冲区大小估计值的滤波结果接近缓冲区限值的程度来对丢包概率进行建模，这种机制称为随机早期检测（random early detection，RED）：

$$p_l=\beta_l(a_l)=\begin{cases}0, & a_l\leqslant b_l^{\mathrm{low}}\\ \rho_l(a_i-b_l^{\mathrm{low}}), & b_l^{\mathrm{low}}<a_l<b_l^{\mathrm{mid}}\\ \eta_l(a_i-b_l^{\mathrm{mid}})+\rho_l(b_l^{\mathrm{mid}}-b_l^{\mathrm{low}}), & b_l^{\mathrm{mid}}\leqslant a_l<b_l^{\mathrm{max}}\\ 1, & a_l\geqslant b_l^{\mathrm{max}}\end{cases}$$

$$\frac{\mathrm{d}a_l}{\mathrm{d}t}=-\alpha_l c_l(a_l-b_l)$$

式中，α_l、ρ_l、η_l、b_l^{low}、b_l^{mid}、b_l^{max} 是 RED 协议的参数。变量 a_l 是缓冲大小 b_l 的平滑版本。使用以上模型，写一个系统仿真程序，找出一组存在稳定平衡点的参数值，和一组让系统具有振荡解的参数值。至少应对以下几组参数进行仿真分析：

$$N=20,30,\cdots,60, \qquad b_l^{\mathrm{low}}=40\mathrm{pkts}, \qquad \alpha_l=10^{-4},$$
$$c=8,9,\cdots,15\mathrm{pkts/ms}, \qquad b_l^{\mathrm{mid}}=540\mathrm{pkts}, \qquad \rho_l=0.0002,$$
$$\tau^{\mathrm{p}}=55,60,\cdots,100\mathrm{ms}, \qquad b_l^{\mathrm{max}}=1080\mathrm{pkts}, \qquad \eta_l=0.00167$$

4.6 （采用压电管的原子力显微镜）在下面的原子力显微镜原理图中，垂直驱动器采用了预加载的压电管。

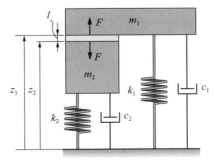

证明：其动态方程可以写成

$$(m_1+m_2)\frac{\mathrm{d}^2 z_1}{\mathrm{d}t^2}+(c_1+c_2)\frac{\mathrm{d}z_1}{\mathrm{d}t}+(k_1+k_2)z_1=m_2\frac{\mathrm{d}^2 l}{\mathrm{d}t^2}+c_2\frac{\mathrm{d}l}{\mathrm{d}t}+k_2 l$$

式中，z_1 是第一个质量块的位移，$l=z_1-z_2$ 是第一个质量块和第二个质量块之间的位移差。请问是否存在能使动态模型特别简单的参数取值？

4.7 （给药管理）体内酒精的代谢可以用非线性房室模型来建模：

$$V_b \frac{\mathrm{d}c_b}{\mathrm{d}t}=q(c_1-c_b)+q_{iv},$$

$$V_l \frac{\mathrm{d}c_1}{\mathrm{d}t}=q(c_b-c_1)-q_{max}\frac{c_1}{c_0+c_1}+q_{gi}$$

式中，$V_b=48$ L，$V_l=0.6$ L 分别是体内水分布、肝中水分布的视在体积，c_b 和 c_1 分别是两个房室中的酒精浓度，q_{iv} 和 q_{gi} 分别是静脉注射和肠胃吸收的速率，$q=1.5$ L/min 是总的肝血流量，$q_{max}=2.75$ mmol/min，$c_0=0.1$ mmol/L。仿真系统，分别计算口服和静脉注射 12 g 和 40 g 酒精时的血液酒精浓度。

4.8 （胰岛素-葡萄糖动力学）盖塔诺（Gaetano）及其同事提出的下述胰岛素-葡萄糖动态模型[96] 具有三种状态：血浆中的葡萄糖浓度 G(mg/dL)、间质液中的胰岛素浓度 I(μUI/ml)、以及胰岛素引起的葡萄糖去除率增量 X(min^{-1})。状态变量 X 与间质液中胰岛素浓度成正比。动态方程为：

$$\frac{\mathrm{d}G}{\mathrm{d}t}=-(p_1+X)G+p_1 G_b+u_G$$

$$\frac{\mathrm{d}X}{\mathrm{d}t}=-p_2 X+p_3(I-I_b)$$

$$\frac{\mathrm{d}I}{\mathrm{d}t}=p_4\max(G-p_5,0)t-p_6(I-I_b)+u_I$$

采用以下参数：

$$G_b=87, \qquad I_b=37.9, \qquad p_1=0.05, \qquad p_2=0.5, \qquad p_3=10^{-4},$$
$$p_4=10^{-5}, \qquad p_5=150, \qquad p_6=0.05, \qquad u_G=0, \qquad u_I=0$$

对初始条件为 $G(0)=400$、$I(0)=200$、$X(0)=0$ 的系统进行仿真。这种情况相当于一个人在初始时刻服用了大剂量的葡萄糖。

4.9 （渔场管理）商业渔场的某些动态特征可以用以下的简单模型来描述：

$$\frac{\mathrm{d}x}{\mathrm{d}t}=f(x)-h(x,u), \qquad y=bh(x,u)-cu$$

式中，x 是总生物数量，$f(x)=rx(1-x/k)$ 是增长速率，r 和 k 是常数。捕获速率为 $h(x,u)=axu$，其中 a 为常数，u 为捕捞力度。输出 y 为年收入，b 和 c 为常数，分别表示鱼的价格、养鱼的成本。

（a）找到一个收入最大化的可持续平衡点。确定生物量的平衡值和平衡时的捕捞力度。

（b）当参数 $a=0.1$、$b=1$、$c=1$、$k=100$、$r=0.2$ 时，可持续平衡点对应于 $x_e=55$ 和 $u_e=0.9$。对于单个渔民来说，只要收益率 $y=(abx-c)u$ 为正，捕鱼就是有利可图的。仿真研究捕捞强度远高于可持续捕捞率 u_e（例如 $u=3$）时发生的情况。利用该结果讨论制定捕捞配额的作用。

第 5 章

动 态 行 为

没有摇摆，就没有意义。

——艾灵顿公爵（Duke Ellington，1899—1974）

本章将对动态系统的行为进行广泛的讨论，重点讨论采用非线性微分方程建模的系统、平衡点、稳定性、极限环以及其他一些在理解动态行为时需要用到的重要概念。此外，本章还将介绍一些用于分析解的全局行为的方法。

5.1 微分方程的求解

前文介绍了使用常微分方程（ODE）进行动态系统建模的方法。采用状态空间表示的输入/输出系统具有以下的形式：

$$\frac{\mathrm{d}x}{\mathrm{d}t} = f(x,u), \quad y = h(x,u) \tag{5.1}$$

式中，$x = (x_1, \cdots, x_n) \in \mathbb{R}^n$ 是状态，$u \in \mathbb{R}^p$ 是输入，$y \in \mathbb{R}^q$ 是输出。平滑映射 $f: \mathbb{R}^n \times \mathbb{R}^p \to \mathbb{R}^n$ 和 $h: \mathbb{R}^n \times \mathbb{R}^p \to \mathbb{R}^q$ 分别表示系统的动态和对系统的测量。一般来说，它们都是其变量的非线性函数。具有多个输入和多个输出的系统称为多输入多输出（MIMO）系统。本章主要探讨单输入单输出（SISO）的系统，此时有 $p = q = 1$。

先从输入为状态的函数的情况［即 $u = \alpha(x)$ 的系统］开始研究。这是一种最简单的反馈形式，该系统具有自调节的功能。这种情况下的微分方程具有以下的形式：

$$\frac{\mathrm{d}x}{\mathrm{d}t} = f(x, \alpha(x)) =: F(x) \tag{5.2}$$

为了理解这个系统的动态行为，有必要分析式（5.2）的解的特征。尽管对于一些简单的情况可以得到解析形式的解，但在大多数情况下必须依靠数值计算进行近似。下面先描述这个问题的解的类型。

我们称 $x(t)$ 是从 $t_0 \in \mathbb{R}$ 到 $t_f \in \mathbb{R}$ 的区间上微分方程式（5.2）的一个解，$x(t)$ 需满足下式：

$$\frac{\mathrm{d}x(t)}{\mathrm{d}t} = F(x(t)) \quad (t_0 < t < t_f)$$

给定的微分方程也许有很多个解，但我们感兴趣的通常是*初值问题*（initial value problem），其中 $x(t)$ 在给定时刻 $t_0 \in \mathbb{R}$ 是已经设定好的，需要求取在 $t > t_0$ 的所有未来时间里的有效解。

综上，我们称 $x(t)$ 是微分方程式（5.2）在 $t_0 \in \mathbb{R}$ 时刻拥有初值 $x_0 \in \mathbb{R}^n$ 时的一个解，$x(t)$ 需满足下式：

$$x(t_0) = x_0 \quad \text{且} \quad \frac{\mathrm{d}x(t)}{\mathrm{d}t} = F(x(t)) \quad (t_0 < t < t_f)$$

对于将要遇到的大多数微分方程，在 $t_0 < t < t_f$ 上只有唯一解。解也可以定义在 $t > t_0$ 的所有时间上，此时有 $t_f = \infty$。由于感兴趣的主要是微分方程的初值问题的解，因此通常就将它简称为微分方程的解。

一般假定 t_0 等于 0，在 F 跟时间无关的情况下［如式（5.2）那样］，可以选取一个新的独立（时间）变量 $\tau = t - t_0$ 来满足这一点（见习题 5.1），从而不会失去一般性。

例 5.1 有阻尼振荡器

考虑具有以下动态方程的有阻尼线性振荡器：

$$\ddot{q} + 2\zeta\omega_0\dot{q} + \omega_0^2 q = 0$$

式中，q 是振荡器离开其静止位置的位移。这种动态模型跟习题 3.5 所示的弹簧-质量系统的模型是等效的。假定 $\zeta < 1$，即为一个欠阻尼系统（稍后就会明白这样选择的理由）。令 $x_1 = q$ 和 $x_2 = \dot{q}/\omega_0$，可以将其重写为状态空间的形式：

$$\frac{\mathrm{d}x_1}{\mathrm{d}t} = \omega_0 x_2, \quad \frac{\mathrm{d}x_2}{\mathrm{d}t} = -\omega_0 x_1 - 2\zeta\omega_0 x_2$$

用向量表示时，右端可以写成：

$$F(x) = \begin{pmatrix} \omega_0 x_2 \\ -\omega_0 x_1 - 2\zeta\omega_0 x_2 \end{pmatrix}$$

可以用许多不同方法写出这个初值问题的解，在第 6 章将对此做更具体的探讨。此处仅简单申明解可以写成以下形式：

$$x_1(t) = \mathrm{e}^{-\zeta\omega_0 t}\left[x_{10}\cos\omega_\mathrm{d}t + \frac{1}{\omega_\mathrm{d}}(\omega_0\zeta x_{10} + x_{20})\sin\omega_\mathrm{d}t \right],$$

$$x_2(t) = \mathrm{e}^{-\zeta\omega_0 t}\left[x_{20}\cos\omega_\mathrm{d}t - \frac{1}{\omega_\mathrm{d}}(\omega_0^2 x_{10} + \omega_0\zeta x_{20})\sin\omega_\mathrm{d}t \right]$$

式中，$x_0 = (x_{10}, x_{20})$ 是初始条件，$\omega_\mathrm{d} = \omega_0\sqrt{1 - \zeta^2}$。将这个解代入微分方程，可以验证其正确性。可以看到，这个解是明显依赖于初始条件的，并可以证明它是唯一的。初始条件的响应曲线如图 5.1 所示。请注意，这种形式的解仅对 $0 < \zeta < 1$ 成立，这对应于"欠阻尼"振荡器。

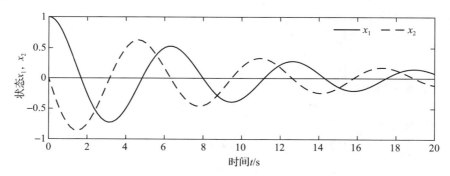

图 5.1   有阻尼振荡器对初始条件 $x_0 = (1, 0)$ 的响应。对于给定的初始条件，这个解是唯一的，且每个状态变量的解都是振荡的，振荡的幅值是以指数规律衰减的   ◀

*如果不对函数 F 施加一些数学条件，式（5.2）的微分方程就有可能不会在所有 t 上都有解，而且也不能保证解的唯一性。下面用两个例子来说明这种可能性。

例 5.2 有限逃逸时间

令 $x \in \mathbb{R}$，考虑以下的微分方程：

$$\frac{\mathrm{d}x}{\mathrm{d}t} = x^2 \tag{5.3}$$

初始条件取为 $x(0) = 1$。通过求微分，可以证实以下函数满足上面的微分方程和初始条件：

$$x(t) = \frac{1}{1 - t}$$

图 5.2a 为这个解的时域曲线，请注意当 t 趋向于 1 时，解趋向于无穷大。我们称这个系统具

有有限逃逸时间（finite escape time）。因此，解仅存在于 $0 \leqslant t < 1$ 的时间范围内。◀

例 5.3 **非唯一解**

令 $x \in \mathbb{R}$，考虑以下的微分方程：

$$\frac{\mathrm{d}x}{\mathrm{d}t} = 2\sqrt{x} \tag{5.4}$$

初始条件为 $x(0) = 0$。可以证明以下函数对于所有参数值 $a \geqslant 0$ 都满足上述微分方程：

$$x(t) = \begin{cases} 0, & 0 \leqslant t \leqslant a \\ (t-a)^2, & t > a \end{cases}$$

为了证明这一点，对 $x(t)$ 求导数可得：

$$\frac{\mathrm{d}x}{\mathrm{d}t} = \begin{cases} 0, & 0 \leqslant t \leqslant a \\ 2(t-a), & t > a \end{cases}$$

因此，对于所有 $t \geqslant 0$ 和 $x(0) = 0$，有 $\dot{x} = 2\sqrt{x}$。图 5.2b 给出了可能解的一些曲线。可见，在这种情况下，微分方程有许多解。

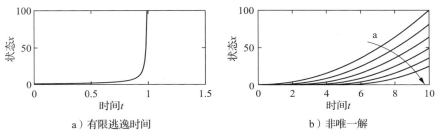

a）有限逃逸时间　　　　　b）非唯一解

图 5.2　解的存在性与非唯一性。式（5.3）仅在时间 $t < 1$ 时有一个解，在 $t = 1$ 时解趋向于 ∞，如图 a 所示。式（5.4）是有许多解的系统的例子，如图 b 所示，从相同的初始条件开始，不同的 a 值可以得到不同的解 ◀

这些简单的例子表明，即使对于简单的微分方程，解也不一定是唯一的。保证解的存在性和唯一性的一个办法是，让函数 F 具有以下性质：存在某个常数 $c \in \mathbb{R}$，使 F 满足

$$\|F(x) - F(y)\| < c\|x - y\| \quad （对于所有 x, y）$$

这称作利普希茨连续性（Lipschitz continuity）。函数 F 为利普希茨连续的充分条件是其雅可比矩阵 $\partial F / \partial x$ 对于所有 x 是一致有界的。例 5.2 的问题在于，对于较大的 x，导数 $\partial F / \partial x$ 变得很大；而例 5.3 的问题则在于，导数 $\partial F / \partial x$ 在原点为无穷大。

5.2　定性分析

非线性系统行为的定性分析对于非线性动态中稳定性的一些关键概念的理解非常重要。下面重点介绍平面动态系统（planar dynamical system）。这种系统有两个状态变量 $x \in \mathbb{R}^2$，因此其解可以绘制在 (x_1, x_2) 平面上。以下介绍的一些基本概念具有较大的通用性，可用于理解更高阶系统的动态行为。

5.2.1　相图

对于状态为 $x \in \mathbb{R}^2$ 的动态系统，绘制系统的相图是理解其行为的一个便捷方法，在第 3 章已经做了简单介绍。下面先介绍向量场（vector field）的概念。对于常微分方程描述的系统：

$$\frac{\mathrm{d}x}{\mathrm{d}t} = F(x)$$

这个微分方程的右端在每个 $x \in \mathbb{R}^n$ 处定义了速度 $F(x) \in \mathbb{R}^n$。该速度告诉我们 x 是怎样变

化的，并且可以用向量 $F(x)$ 来表示这个变化。

对于平面动态系统来讲，每个状态在平面上对应一个点，$F(x)$ 则是表示该状态速度的向量。可以将这些向量绘在平面的网格点上，从而得到系统动态的一个可视化图像，如图 5.3a 所示。速度为零的点特别有趣，它们定义了向量流的稳定点：如果我们从这样的状态出发，那我们将一直保持在该状态。

将平面动态系统对应的向量场的流动情况绘制出来，就得到相图（phase portrait）。把一组初始条件对应的微分方程的解绘制在 $\mathbb{R}^2$ 平面上，也就是在相平面上沿着每个状态（点）的速度（箭头）方向绘制轨迹，绘出几组不同的初始条件的解，就可以得到一个相图，如图 5.3b 所示。相图有时也称为相平面图（phase plane diagram）。

相图把解绘制在系统的二维状态空间平面上，使我们可以直观地理解系统的动态。例如，可以看出所有的轨迹是否都随着时间的增大而趋向于单个点，或者是否有其他更为复杂的行为。图 5.3 是阻尼振荡器的例子，可以看到，其中所有初始条件的解都趋向于原点，这与图 5.1 中的仿真结果相一致。相图使得我们可以推断所有初始条件的行为，而不仅仅是看到单个初始条件的解。但是相图并没有直接给出状态的变化速率是多少（尽管可以从向量场图的箭头长度来估计）。

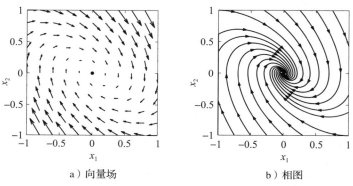

a）向量场　　　　　　　　　　　b）相图

图 5.3　向量场和相图。图 a 绘制的是一个平面动态系统的向量场，每个箭头表示状态空间中相应点的速度。图 b 所示为不同初始条件下的解（有时也称作流线），并叠加了向量场在上面

5.2.2　平衡点和极限环

动态系统的平衡点（equilibrium point）代表系统动态的一个静止状态。对于以下的动态系统：

$$\frac{\mathrm{d}x}{\mathrm{d}t} = F(x)$$

若 $F(x_e) = 0$，就称状态 x_e 是该动态系统的一个平衡点。如果动态系统的初始条件 $x(0) = x_e$，那么对所有的 $t \geqslant 0$，系统都将保持在平衡点 $x(t) = x_e$（此处已取 $t_0 = 0$）。

平衡点是动态系统最重要的特征之一，因为它们定义的状态对应于不变的运行状态。一个动态系统可以有零个、一个或多个平衡点。

例 5.4　倒摆

考虑图 5.4 所示的倒摆，它是第 3 章介绍的平衡系统的一部分。倒摆是火箭平衡问题的一个简化版本：在火箭的底座上施加一个力，以使火箭稳定在直立的位置。状态变量是角度 $\theta = x_1$ 和角速度 $\mathrm{d}\theta/\mathrm{d}t = x_2$；控制变量是重心的加速度 u，输出则是角度 θ。

为简便起见，假定 $mgl/J_t = 1$、$l/J_t = 1$，并令 $c = \gamma/J_t$，以使式（3.10）的动态方程变为

$$\frac{\mathrm{d}x}{\mathrm{d}t} = \begin{pmatrix} x_2 \\ \sin x_1 - c x_2 + u \cos x_1 \end{pmatrix} \tag{5.5}$$

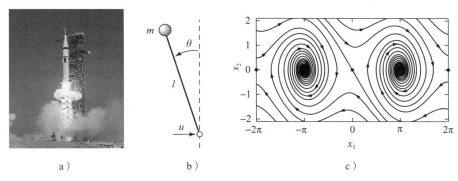

a)　　　　　　b)　　　　　　c)

图 5.4　倒摆的平衡点。倒摆可以作为一大类平衡系统的模型，在这类平衡系统中，需要将系统保持为直
　　　　立状态，图 a 的火箭就是一个例子。根据图 b 所示的简单倒摆模型，可以得到图 c 所示的系统相
　　　　图，把系统的动态行为显示出来。从图 c 可见，该系统在 $x_2=0$ 的直线上有多个平衡点，如图中
　　　　的实心圆点所示

这是一个非线性时不变的二阶系统。如同例 3.10，通过对系统动态方程做适当的归一化处
理，也同样可以得到上面这个方程组。

令 $u=0$ 来考虑系统的开环动态。系统的平衡点为：

$$x_e=\begin{pmatrix}\pm n\pi\\0\end{pmatrix}$$

式中，$n=0,1,2,\cdots$。n 为偶数的平衡点对应于摆锤朝上，n 为奇数的平衡点对应于摆锤
朝下。系统的相图如图 5.4c 所示（无校正输入）。相图绘制的范围是 $-2\pi\leqslant x_1\leqslant 2\pi$，所以
显示了 5 个平衡点。　◀

非线性系统具有丰富的行为。除平衡点之外，它们的状态还可以表现为稳定的周期解。
这有很大的实用价值，可用在电力系统中产生正弦变化的电压，或为动物的迁徙产生周期性
信号。习题 5.11 给出了一个运放振荡器的例子。振荡器的归一化模型为以下的方程：

$$\frac{\mathrm{d}x_1}{\mathrm{d}t}=x_2+x_1(1-x_1^2-x_2^2),\qquad\frac{\mathrm{d}x_2}{\mathrm{d}t}=-x_1+x_2(1-x_1^2-x_2^2)\tag{5.6}$$

其相图和时域解如图 5.5 所示。该图表明，在相平面中，解收敛到一个环形轨迹。在时域
中，这对应于一个振荡解。在数学上这个环称为极限环（limit cycle）。更正式地说，一个
非恒定的解 $x_p(t)$ 称为周期为 $T>0$ 的极限环，若 $x_p(t)$ 满足：对于所有 $t\in\mathbb{R}$，都有
$x_p(t+T)=x_p(t)$，且当 $t\to\infty$（稳定极限环）或 $t\to-\infty$（不稳定极限环）时，环附近的
轨迹都收敛于 $x_p(\cdot)$ 表示的环。

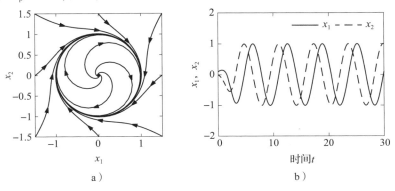

a)　　　　　　　　　　b)

图 5.5　具有极限环的系统的相图及时域仿真曲线。图 a 是相图，显示了不同初始条件下解的状态，极
　　　　限环对应于其中的闭合轨迹。图 b 是仿真结果，它是单个解随时间变化的函数关系曲线，极限
　　　　环对应于幅值恒定的稳定振荡

对于二阶系统，可以用以上的方法来确定极限环，但对于一般的更高阶的系统，则不得不采用数值计算。计算机算法通过在状态空间中搜索满足系统动态的周期性轨迹，来找出极限环。在许多情况下，通过对不同的初始条件进行系统仿真，可以找到稳定的极限环。

5.3 稳定性

解的稳定性决定着在一个解附近的其他解是仍然保持靠近的状态，还是变得更近，抑或离得更远。下面给出稳定性的正式定义，并介绍判断解是否稳定的方法。

5.3.1 定义

令 $x(t;a)$ 是初始条件为 a 的微分方程的一个解。若其他从 a 附近开始的解总保持在靠近 $x(t;a)$ 的地方，则称解 $x(t;a)$ 是稳定的（stable）。稳定解 $x(t;a)$ 的正式定义是对于任何 $\epsilon>0$，总可以找到 $\delta>0$，使得：

$$\|b-a\|<\delta \quad \Rightarrow \quad \|x(t;b)-x(t;a)\|<\epsilon \quad （对于所有的 t>0）$$

需要注意的是，这个定义并不意味 $x(t;b)$ 将随着时间的增加而趋向于 $x(t;a)$，而仅仅是保持在附近而已。此外，δ 值可能是依赖 ϵ 的，因此若希望十分靠近解，可能就得从离得非常近的初始条件开始（$\delta \ll \epsilon$）。这种类型的稳定性称作李雅普诺夫意义上的稳定性（stability in the sense of Lyapunov），其解释如图 5.6 所示。如果一个解在这种意义上是稳定的，且其轨迹不收敛，那么就说解是中性稳定的（neutrally stable）。

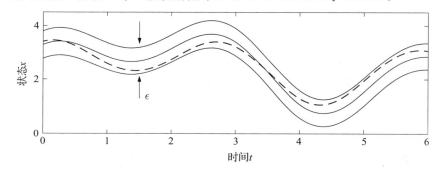

图 5.6　李雅普诺夫稳定解概念的说明。实线所示的解（管中的实线）是稳定的，如果可以通过选择足够靠近该解的初始条件，来确保所有的解都落在直径为 ϵ 的管中

一个重要的特例是位于平衡点的解 $x(t;a)=x_e$。在这种情况下，稳定性的条件变为：

$$\|x(0)-x_e\|<\delta \quad \Rightarrow \quad \|x(t)-x_e\|<\epsilon \quad （对于所有 t>0） \tag{5.7}$$

此时，往往不再提解是稳定的，而简单地称平衡点是稳定的。图 5.7 为中性稳定平衡点的

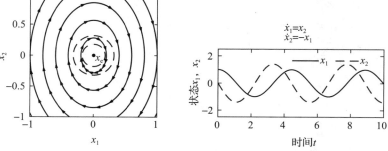

图 5.7　具有单个稳定平衡点的系统的相图及时域仿真结果。位于原点的平衡点 x_e 是稳定的，因为所有从 x_e 附近出发的轨迹都保持在 x_e 的附近

一个例子。从相图可见，如果从平衡点附近出发，那么将保持在平衡点附近。此外，如果从半径为 δ 的内侧虚线圆的内部选择一个初始条件，则所有轨迹将保持在半径为 ϵ 的外侧虚线圆所确定的区域内。需要注意的是，轨迹有可能不会局限于初始条件所在圆的内部（因此必须使 $\delta < \epsilon$）。

解 $x(t;a)$ 是渐近稳定的（asymptotically stable），是指这个解不仅在李雅普诺夫意义上是稳定的，并且对于足够靠近 a 的 b，当 t 趋近于 ∞ 时，有 $x(t;b)$ 趋近于 $x(t;a)$。因此，如果对于每个 $\epsilon > 0$，都存在一个 $\delta > 0$ 使下式成立的话，则解 $x(t;a)$ 是渐近稳定的：

$$\|b-a\| < \delta \quad \Rightarrow \quad \|x(t;b)-x(t;a)\| < \epsilon \quad 且 \quad \lim_{t \to \infty}\|x(t;b)-x(t;a)\| = 0$$

这对应于这种情况：在经过足够长时间之后，所有附近的轨迹都收敛到稳定解。在平衡解 x_e 的情况下，这个条件可以写成：

$$\|x(0)-x_e\| < \delta \quad \Rightarrow \quad \|x(t)-x_e\| < \epsilon \quad 且 \quad \lim_{t \to \infty}x(t) = x_e \tag{5.8}$$

图 5.8 为渐近稳定平衡点的一个例子。从相图确实可以看到，不仅所有的轨迹都保持在原点的平衡点附近，而且随着 t 的增大，它们也都趋近于原点（相图中的箭头显示了轨迹移动的方向）。

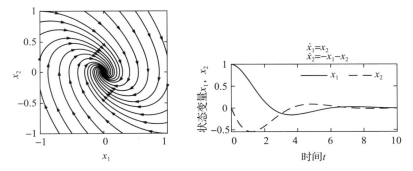

图 5.8　具有单个渐近稳定平衡点的系统的相图及时域仿真结果。位于原点的
平衡点 x_e 是渐近稳定的，因为轨迹在 $t \to \infty$ 时趋向于该点

解 $x(t;a)$ 是不稳定的（unstable），意味着如果给定某个 $\epsilon > 0$，无法找到 $\delta > 0$ 来满足以下要求：当 $\|b-a\| < \delta$ 时，对于所有 t 都有 $\|x(t;b)-x(t;a)\| < \epsilon$。图 5.9 为不稳定平衡点的一个例子。请注意，无论 δ 选得多么小，总存在 $\|x(0)-x_e\| < \delta$ 的初始条件，其解的轨迹会远离 x_e。

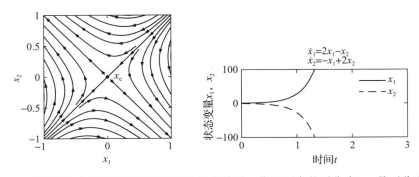

图 5.9　有单个不稳定平衡点的系统的相图及时域仿真结果。位于原点的平衡点 x_e 是不稳定的，因为不是所有从 x_e 附近开始的轨迹都能保持在 x_e 附近。右侧的轨迹样本表明轨迹很快就偏离了零点

　　上述定义并没有对适用范围做详细描述。如果一个解对于所有的初始条件 $x \in B_r(a)$ 都是稳定的，那么就称这个解为局部稳定的（locally stable）或局部渐近稳定的（locally asymptotically stable），这里

$$B_r(a) = \{x : \|x - a\| < r\}$$

是一个围绕着 a、半径为 $r > 0$ 的球。如果一个解对于所有 $r > 0$ 都是渐近稳定的那么就称这个解是全局渐近稳定的（globally asymptotically stable）。

　　对于平面动态系统，根据稳定性类型的不同，平衡点有不同的名称。每个渐近稳定的平衡点称为一个汇（sink），有时也称为吸引子（attractor）。每个不稳定的平衡点有两种可能：若所有轨迹都从平衡点离开，就是一个源（source）；若有些轨迹走向平衡点，另有一些轨迹从平衡点离开，就是一个鞍（saddle，图 5.9 所示就是鞍的情况）。最后，若一个平衡点是稳定，但不是渐近稳定的（即中性稳定的情况，如图 5.7 的例子），则称为中心（center）。

例 5.5　拥塞控制

　　TCP 用于调节互联网上数据包的传输速率。系统的稳定性对于确保信息在网络上顺畅、高效地流动是至关重要的。

　　在 4.4 节介绍了网络拥塞控制问题。对于一个由 N 台完全相同的计算机连接到单个路由器所组成的网络，其拥塞控制模型为：

$$\frac{d\omega}{dt} = \frac{c}{b} - \rho c \left(1 + \frac{\omega^2}{2}\right), \quad \frac{db}{dt} = N\frac{\omega c}{b} - c$$

式中，ω 是时间窗口大小，b 是路由器的缓冲区大小。平衡点由下式给定：

$$b_e = N\omega_e, \quad \text{其中} \quad \omega_e\left(1 + \frac{\omega_e^2}{2}\right) = \frac{1}{N\rho}$$

由于 $\omega(1 + \omega^2/2)$ 是单调的，所以只有一个平衡点。图 5.10 给出了两组不同参数值对应的相图。在每种情况下，都可以看到系统收敛到同一个平衡点，且平衡点的缓冲区大小低于 500 个包（pkt）的总容量。平衡点的缓冲区大小代表了源计算机的传输速率和链路的容量之间的平衡。从相图可以看出，这些平衡点都是渐近稳定的，因为所有初始条件得出的轨迹都收敛于这些平衡点。

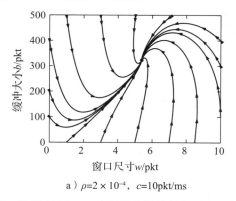
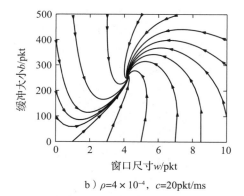

a）$\rho = 2 \times 10^{-4}$，$c = 10\text{pkt/ms}$　　　　　b）$\rho = 4 \times 10^{-4}$，$c = 20\text{pkt/ms}$

图 5.10　当拥有 $N = 60$ 台相同的源计算机时，运行拥塞控制协议模型得到的相图。平衡点的值对应于源计算机上固定大小的窗口，这个窗口大小将产生稳态的缓冲区大小及相应的传输速率。图 b 为链路较快时的相图，由于较快的链路能较快地处理数据包，因而使用的缓冲区较小　　　◀

5.3.2　线性系统的稳定性

　　一个线性动态系统具有以下的形式：

$$\frac{\mathrm{d}x}{\mathrm{d}t} = Ax, \quad x(0) = x_0 \tag{5.9}$$

式中，$A \in \mathbb{R}^{n \times n}$ 是一个方阵，对应于式（3.6）的线性控制系统的动态矩阵。对于线性系统，位于原点的平衡点的稳定性可由矩阵 A 的特征值来确定：

$$\lambda(A) := \{s \in \mathbb{C} : \det(sI - A) = 0\}$$

式中，多项式 $\det(sI - A)$ 是特征多项式（characteristic polynomial），特征值则是特征方程的根。用符号 λ_j 来表示 A 的第 j 个特征值，因此 $\lambda_j \in \lambda(A)$。一般来讲，λ 可以为复数值，但如果 A 为实系数矩阵，那么对于任何特征值 λ，其对应的共轭复数 λ^* 也是一个特征值。对线性系统来讲，原点总是一个平衡点。由于线性系统的稳定性仅取决于矩阵 A，因此稳定性是线性系统的一个整体性质。这就是说，在线性系统中，谈论稳定性就是谈论整个系统的稳定性，而不是特定的一个解或一个平衡点的稳定性。

最容易分析的线性系统是那些系统矩阵为对角阵的线性系统。此时，动态方程具有以下形式：

$$\frac{\mathrm{d}x}{\mathrm{d}t} = \begin{bmatrix} \lambda_1 & & & 0 \\ & \lambda_2 & & \\ & & \ddots & \\ 0 & & & \lambda_n \end{bmatrix} x \tag{5.10}$$

很容易看出这个系统的状态变量轨迹是相互独立的，因此可以用 n 个独立的系统 $\dot{x}_j = \lambda_j x_j$（$j = 1, \cdots, n$）来表示其解。这里的每个标量解具有以下的形式：

$$x_j(t) = \mathrm{e}^{\lambda_j t} x_j(0)$$

可见，若 $\lambda_j \leqslant 0$，则平衡点 $x_e = 0$ 是稳定的；若 $\lambda_j < 0$，则是渐近稳定的。

另一种简单的线性系统是当系统动态方程的矩阵为以下的块对角阵的时候：

$$\frac{\mathrm{d}x}{\mathrm{d}t} = \begin{bmatrix} \sigma_1 & \omega_1 & & & 0 \\ -\omega_1 & \sigma_1 & & & \\ & & \ddots & & \\ 0 & & & \sigma_m & \omega_m \\ & & & -\omega_m & \sigma_m \end{bmatrix} x$$

此时，可以证明特征值是 $\lambda_j = \sigma_j \pm \mathrm{i}\omega_j$。可以再次将状态轨迹分离成每对状态变量的独立解，相应的解具有以下的形式：

$$x_{2j-1}(t) = \mathrm{e}^{\sigma_j t}[x_{2j-1}(0)\cos\omega_j t + x_{2j}(0)\sin\omega_j t],$$

$$x_{2j}(t) = \mathrm{e}^{\sigma_j t}[-x_{2j-1}(0)\sin\omega_j t + x_{2j}(0)\cos\omega_j t]$$

式中，$j = 1, 2, \cdots, m$。可见，当且仅当 $\sigma_j = \mathrm{Re}(\lambda_j) < 0$ 时，这个系统才是渐近稳定的。也可以将实特征值和复数特征值组合成（块）对角形式，从而得到以上两类解的混合解。

极少有系统正好是以上两种对角形式中的一种，不过有许多系统可以通过坐标变换转换成以上的形式。动态矩阵的特征值各不相同的（或者说不重复的）系统就是这种类型的系统之一。此时，存在一个矩阵 $T \in \mathbb{R}^{n \times n}$，能够使矩阵 TAT^{-1} 成为（块）对角阵形式，且块对角元素正好对应于原矩阵 A 的特征值（见习题 5.14）。如果选取新坐标 $z = Tx$，那么

$$\frac{\mathrm{d}z}{\mathrm{d}t} = T\dot{x} = TAx = TAT^{-1}z$$

且这个线性系统具有（块）对角动态矩阵。不仅如此，转换后的系统的特征值还跟原始系统的特征值在本质上是相同的，因为若 v 是 A 的特征值，那么可以证明 $w = Tv$ 是

TAT^{-1} 的特征值。只要注意到 $x(t) = T^{-1}z(t)$ 这一点，就可以推断原始系统的稳定性：如果转换后的系统是稳定的（或渐近稳定的），那么原始系统具有同样类型的稳定性。

以上分析表明，对于特征值不相重的线性系统，系统的稳定性可以通过检查动态矩阵特征值的实部来完全确定。对于更一般的系统，需要用到定理 5.1（证明见下一章）。

定理 5.1 （线性系统的稳定性）对于系统

$$\frac{\mathrm{d}x}{\mathrm{d}t} = Ax$$

当且仅当 A 的所有特征值都有严格负的实部时，系统才是渐近稳定的；若 A 的任何一个特征值具有严格正的实部，系统就是不稳定的。

注意，仅特征值满足 $\mathrm{Re}(\lambda) \leqslant 0$ 是不够的。作为一个简单的例子，考虑 $\ddot{q} = 0$ 系统，它可以写成状态空间的形式：

$$\frac{\mathrm{d}}{\mathrm{d}t}\begin{pmatrix} x_1 \\ x_2 \end{pmatrix} = \begin{pmatrix} 0 & 1 \\ 0 & 0 \end{pmatrix}\begin{pmatrix} x_1 \\ x_2 \end{pmatrix}$$

该系统具有特征值 $\lambda = 0$，但解是无界的，因为

$$x_1(t) = x_{1,0} + x_{2,0}t, \quad x_2(t) = x_{2,0}$$

例 5.6 房室模型

考虑 4.6 节介绍的药物输送的两房室模型。选取药物浓度为状态变量，记状态向量为 x，系统的动态方程为：

$$\frac{\mathrm{d}x}{\mathrm{d}t} = \begin{pmatrix} -k_0 - k_1 & k_1 \\ k_2 & -k_2 \end{pmatrix}x + \begin{pmatrix} b_0 \\ 0 \end{pmatrix}u, \quad y = (0 \quad 1)x$$

式中，输入 u 是药物注射到房室 1 的速率，房室 2 的药物浓度是被测量的输出 y。希望设计一个反馈机制，以维持输出恒定，即维持 $y = y_{\mathrm{d}}$。

选取以下形式的输出反馈机制：

$$u = -k(y - y_{\mathrm{d}}) + u_{\mathrm{d}}$$

式中，u_{d} 是维持希望的药物浓度 $y = y_{\mathrm{d}}$ 所需的注射速率；k 是待设计的反馈增益，需选择适当的数值以维持闭环系统的稳定。将控制机制代入系统，可得：

$$\frac{\mathrm{d}x}{\mathrm{d}t} = \begin{pmatrix} -k_0 - k_1 & k_1 - b_0 k \\ k_2 & -k_2 \end{pmatrix}x + \begin{pmatrix} b_0 \\ 0 \end{pmatrix}(u_{\mathrm{d}} + ky_{\mathrm{d}}) =: Ax + Bu_{\mathrm{e}}$$

$$y = (0 \quad 1)x =: Cx$$

平衡点药物浓度 $x_{\mathrm{e}} \in \mathbb{R}^2$ 可以通过求解方程 $Ax_{\mathrm{e}} + Bu_{\mathrm{e}} = 0$ 获得，经过一些简单的代数运算可得：

$$x_{1,\mathrm{e}} = x_{2,\mathrm{e}} = y_{\mathrm{d}}, \quad u_{\mathrm{e}} = u_{\mathrm{d}} = \frac{k_0}{b_0}y_{\mathrm{d}}$$

为了分析平衡点附近的系统，选择新坐标 $z = x - x_{\mathrm{e}}$。在新坐标中，平衡点位于原点，动态方程变为：

$$\frac{\mathrm{d}z}{\mathrm{d}t} = \begin{pmatrix} -k_0 - k_1 & k_1 - b_0 k \\ k_2 & -k_2 \end{pmatrix}z$$

现在可以应用定理 5.1 来确定系统的稳定性。系统的特征值由以下特征多项式的根给定：

$$\lambda(s) = s^2 + (k_0 + k_1 + k_2)s + (k_0 k_2 + b_0 k_2 k)$$

尽管根的具体形式很复杂，但使用劳斯-赫尔维茨判据可以证明，只要特征多项式的一次项系数和常数项都是正的，根就具有负的实部（见 2.2 节）。因此系统对于任何 $k > 0$ 都是稳定的。 ◀

5.3.3　基于线性近似的稳定性分析

微分方程的一个重要性质是，通常可以将系统近似为线性系统，来确定平衡点的局部稳定性。下面的例子说明了其基本思想。

例 5.7　倒摆

再次考虑具有以下开环动态方程的倒摆：

$$\frac{\mathrm{d}x}{\mathrm{d}t}=\begin{pmatrix}x_2\\\sin x_1-cx_2\end{pmatrix}$$

式中，状态定义为 $x=(\theta,\dot{\theta})$。先考虑位于 $x=(0,0)$ 的平衡点，这对应于垂直向上的位置。若假定角度 $\theta=x_1$ 保持较小的数值，那么可以替换 $\sin x_1$ 为 x_1，替换 $\cos x_1$ 为 1，从而得到以下的近似系统

$$\frac{\mathrm{d}x}{\mathrm{d}t}=\begin{pmatrix}x_2\\x_1-cx_2\end{pmatrix}=\begin{pmatrix}0&1\\1&-c\end{pmatrix}x \tag{5.11}$$

直观地讲，只要 x_1 很小，这个系统的行为应该跟更复杂的模型的行为相似。通过绘出相图或算出式（5.11）的动态矩阵的特征值，就可以验证平衡点（0，0）是不稳定的。

也可以在稳定平衡点 $x=(\pi,0)$ 的周围对系统进行近似。此时，必须在 $x_1=\pi$ 的周围将 $\sin x_1$ 和 $\cos x_1$ 展开如下：

$$\sin(\pi+\theta)=-\sin\theta\approx-\theta,\quad\cos(\pi+\theta)=-\cos(\theta)\approx-1$$

如果定义 $z_1=x_1-\pi$ 及 $z_2=x_2$，则近似的动态方程为：

$$\frac{\mathrm{d}z}{\mathrm{d}t}=\begin{pmatrix}z_2\\-z_1-cz_2\end{pmatrix}=\begin{pmatrix}0&1\\-1&-c\end{pmatrix}z \tag{5.12}$$

可以证明，动态矩阵的特征值具有负实部，这表明朝下的平衡点是渐近稳定的。

图 5.11 给出了原始非线性系统的相图及其在稳定平衡点附近的近似系统的相图的比较。注意 $z=(0,0)$ 是该系统的平衡点，且该系统与图 5.8 所示的动态系统具有相同的基本形式。原始系统和近似系统二者的解虽然不是精确地相同，但却是十分相似的。可以证明，如果系统的线性近似具有渐近稳定的平衡点或不稳定的平衡点，那么原始系统的局部稳定性也必定是同样的（见定理 5.3 关于渐近稳定性的情况）。

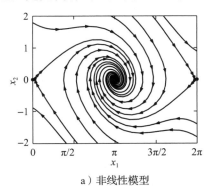
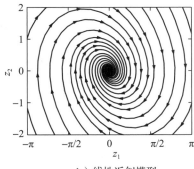

a）非线性模型　　　　　　　　　　　b）线性近似模型

图 5.11　原始非线性系统的相图 a 及其在稳定平衡点（原点）附近的线性近似系统的相图 b 的比较。注意在两个图的平衡点附近，相图（及其动态）几乎是完全相同的　　◀

更一般地说，假定有一个非线性系统：

$$\frac{\mathrm{d}x}{\mathrm{d}t}=F(x)$$

在 x_e 处有一个平衡点。通过计算向量场的泰勒级数展开，可以写出：

$$\frac{\mathrm{d}x}{\mathrm{d}t} = F(x_e) + \frac{\partial F}{\partial x}\bigg|_{x_e} (x - x_e) + (x - x_e) \text{的更高阶项}$$

由于 $F(x_e) = 0$，选择新状态变量 $z = x - x_e$，可以将系统近似写成：

$$\frac{\mathrm{d}z}{\mathrm{d}t} = Az, \quad \text{其中 } A = \frac{\partial F}{\partial x}\bigg|_{x_e} \tag{5.13}$$

称式（5.13）的系统为原有非线性系统的线性近似（linear approximation）或在 x_e 的线性化（linearization）。下面的例子说明了这一思想。

例 5.8 油轮的稳定性

大型船舶的归一化转向动态可以用以下方程来建模：

$$\frac{\mathrm{d}v}{\mathrm{d}t} = a_1 v + a_2 r + \alpha v |v| + b_1 \delta, \quad \frac{\mathrm{d}r}{\mathrm{d}t} = a_3 v + a_4 r + b_2 \delta$$

式中，v 是与船舶行驶方向正交的速度分量，r 是转向率，δ 是舵角。取船舶长度 l 为长度单位，取船舶行驶距离 l 所用时间为时间单位，对变量进行归一化处理。质量用 $\rho l^3/2$ 来归一化，其中 ρ 是水的密度。归一化后的参数为 $a_1 = -0.6$，$a_2 = -0.3$，$a_3 = -5$，$a_4 = -2$，$\alpha = -2$，$b_1 = 0.1$，$b_2 = -0.8$。

令舵角 $\delta = 0$ 时，发现平衡点由以下方程给定：

$$a_1 v + a_2 r + \alpha v |v| = 0, \quad a_3 v + a_4 r = 0$$

消除上述方程中的变量 r 得：

$$(a_1 a_4 - a_2 a_3) v + \alpha a_4 v |v| = 0$$

共有三个平衡点解：$v_e = 0$、$v_e = \pm 0.075$。在平衡点对方程进行线性化，得到具有以下动态矩阵的二阶系统：

$$A_0 = \begin{pmatrix} -0.6 & -0.3 \\ -5 & -2 \end{pmatrix}, \quad A_1 = \begin{pmatrix} -0.9 & -0.3 \\ -5 & -2 \end{pmatrix}$$

对于平衡点 $v_e = 0$，线性化矩阵 A_0 的特征多项式 $s^2 + 2.6s - 0.3$ 在右半平面有一个根。因此这个平衡点是不稳定的。对于平衡点 $v_e = \pm 0.075$，矩阵 A_1 的特征多项式为 $s^2 + 2.9s + 0.3$，其所有根都在左半平面内。因此这两个平衡点是稳定的。

综上可见，与油轮匀速前进相对应的平衡点 $v_e = r_e = 0$ 是不稳定的。其他平衡点，$v_e = -0.075$、$r_e = 0.1875$，以及 $v_e = 0.075$、$r_e = -0.1875$ 是稳定的（见图 5.12a）。这两个平衡点对应于油轮向左或向右做圆周运动。因此，如果将舵角设置为 $\delta = 0$ 让油轮向前行驶，它将向右转向或向左转向，并趋近于两个稳定平衡点之一。它具体走哪条路径取决于初始条件的精确值。油轮的轨迹如图 5.12b 所示。

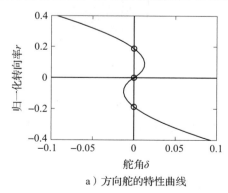
a）方向舵的特性曲线

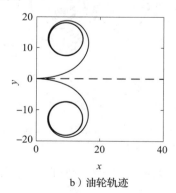
b）油轮轨迹

图 5.12　油轮的稳定性分析。方向舵的特性如图 a 所示，其中圆圈为平衡点；油轮轨迹如图 b 所示　◀

线性模型可用于研究非线性系统在平衡点附近的行为,这是一个极其有用的事实。实际上还可以更进一步,可以利用非线性系统的局部近似来设计反馈机制,使系统保持在平衡点的附件(即动力学设计)。因此,反馈可以用来确保解保持在接近平衡点的位置,这进而又确保了所用的线性近似的有效性。

5.3.4 极限环的稳定性

用下面的例子来介绍非平衡解的稳定性分析。

例 5.9 振荡的稳定性

考虑式(5.6)所给的系统:
$$\frac{\mathrm{d}x_1}{\mathrm{d}t}=x_2+x_1(1-x_1^2-x_2^2),\frac{\mathrm{d}x_2}{\mathrm{d}t}=-x_1+x_2(1-x_1^2-x_2^2)$$

其相图如图 5.5 所示。该微分方程有一个周期解:
$$x_\mathrm{p}=\begin{pmatrix}x_1(0)\cos t+x_2(0)\sin t\\x_2(0)\cos t-x_1(0)\sin t\end{pmatrix} \tag{5.14}$$

式中 $x_1^2(0)+x_2^2(0)=1$。注意在周期解中非线性项消失了。

为了探讨这个解的稳定性,引入极坐标变量 $r\geqslant 0$ 和 φ,它们与状态变量 x_1、x_2 的关系为:
$$x_1=r\cos\varphi,\quad x_2=r\sin\varphi$$

求导数可以得到关于 $\dot{r}$ 和 $\dot{\varphi}$ 的以下线性方程:
$$\dot{x}_1=\dot{r}\cos\varphi-r\dot{\varphi}\sin\varphi,\quad \dot{x}_2=\dot{r}\sin\varphi+r\dot{\varphi}\cos\varphi$$

从这个线性系统中解出 $\dot{r}$ 和 $\dot{\varphi}$,再经过一些运算可得:
$$\frac{\mathrm{d}r}{\mathrm{d}t}=r(1-r^2),\quad \frac{\mathrm{d}\varphi}{\mathrm{d}t}=-1 \tag{5.15}$$

注意这两个方程是解耦的,因此可以单独分析每个状态变量的稳定性。

r 的方程有两个平衡点:$r=0$,$r=1$(注意 r 为非负)。导数 $\mathrm{d}r/\mathrm{d}t$ 在 $0<r<1$ 时为正,在 $r>1$ 时为负。因此,变量 r 在 $0<r<1$ 时是随时间增大的,在 $r>1$ 时是随时间减小的,由此可见,平衡点 $r=0$ 是不稳定的,平衡点 $r=1$ 是稳定的。因此,初始条件非 0 的解都将随着时间的增加而收敛到稳定平衡点 $r=1$。

为了研究整个系统的稳定性,还必须研究角 φ 的行为。对 $\dot{\varphi}$ 的方程解析积分可以得到 $\varphi(t)=-t+\varphi(0)$,这表明从不同初始角 $\varphi(0)$ 开始的各个解都将随着时间线性增长,并保持恒值的分开间隔。因此解 $r=1$、$\varphi=-t$ 是稳定的,但不是渐近稳定的。图 5.13 表明,$r(0)>0$ 的所有解都收敛到相平面的单位圆上,因此从这个意义上说,该单位圆是吸引的(attracting)。注意,解迅速趋向该圆,但是不同的解之间都存在恒定的相移。

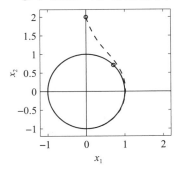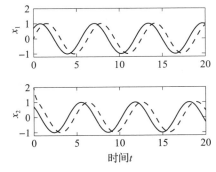

图 5.13 稳定极限环的解曲线。左边的相图表明,系统的轨迹迅速收敛到稳定极限环(图中以圆圈标出了轨迹的起点)。右边的时域曲线表明,状态并没有收敛到同一个解,而存在着恒定的相位误差 ◀

5.4 李雅普诺夫稳定性分析

现在回到完全非线性系统的研究

前面已经定义了非线性动态系统的解何时是稳定的，现在考虑如何证明给定的解是稳定的、渐近稳定的、不稳定的。对于物理系统，人们常常根据能量的耗散来讨论稳定性。用李雅普诺夫函数来代替能量，是这一技术往任意动态系统推广的基础。

本节将介绍一些技术，用以确定式（5.16）所示的非线性系统的解的稳定性。由于感兴趣的主要是平衡点的稳定性，因此假定感兴趣的平衡点为 $x_e=0$ 将比较方便（否则的话，需要在一组新坐标系 $z=x-x_e$ 中重写方程，以达到同样的效果）。

$$\frac{\mathrm{d}x}{\mathrm{d}t}=F(x), \quad x\in\mathbb{R}^n \tag{5.16}$$

5.4.1 李雅普诺夫函数

李雅普诺夫函数（Lyapunov function）$V:\mathbb{R}^n\to\mathbb{R}$ 是一个类似能量的函数，用于确定系统的稳定性。粗略地讲，如果能够找到一个非负函数，它沿着系统的轨迹是一直减小的，那么可以断定该函数的最小值是一个（局部的）稳定平衡点。

为了更正式地描述以上结论，先介绍几个定义。设 $B_r=B_r(0)$ 是一个围绕原点、半径为 r 的球。若对于所有的 $x\in B_r$，都有 $V(x)>0$（当 $x\neq0$ 时）和 $V(0)=0$，则称连续函数 V 在 B_r 上是正定的（positive definite）。同样，若对于所有的 $x\in B_r$，都有 $V(x)<0$（当 $x\neq0$ 时）和 $V(0)=0$，则称函数在 B_r 上是负定的（negative definite）。若对于所有 $x\in B_r$，都有 $V(x)\geqslant0$ 且 $V(0)=0$，即 $V(x)$ 在 $x=0$ 之外的其他点也可以为零，则称函数 V 为半正定的（positive semidefinite）。

为了说明正定函数和半正定函数的差别，设 $x\in\mathbb{R}^2$，并令

$$V_1(x)=x_1^2, \quad V_2(x)=x_1^2+x_2^2$$

这里 V_1 和 V_2 总是非负的。不过，即使 $x\neq0$，V_1 也可以为零。具体来讲，若令 $x=(0,c)$，这里 $c\in\mathbb{R}$ 是任何非负数，那么就有 $V_1(x)=0$。另一方面，当且仅当 $x=(0,0)$ 时，才有 $V_2(x)=0$。因此，V_1 是半正定的，V_2 是正定的。

下面描述式（5.16）所示系统的平衡点 $x_e=0$ 的稳定性。

定理 5.2（李雅普诺夫稳定性定理）令 V 为 $\mathbb{R}^n$ 上的一个非负函数，$\dot{V}$ 表示在系统动态方程式（5.16）的轨迹上 V 对时间的导数，即：

$$\dot{V}=\frac{\partial V}{\partial x}\frac{\mathrm{d}x}{\mathrm{d}t}=\frac{\partial V}{\partial x}F(x)$$

如果存在 $r>0$，使得在 B_r 上 V 为正定的 $\dot{V}$ 为半负定的，那么 $x=0$ 在李雅普诺夫意义上是（局部）稳定的。如果在 B_r 内，V 是正定的，$\dot{V}$ 是负定的，那么 $x=0$ 是（局部）渐近稳定的。

如果 V 满足以上的条件之一，就称 V 是系统的（局部）李雅普诺夫函数（Lyapunov function）。以上这些结论具有很好的几何解释。正定函数的等值线是由 $V(x)=c (c>0)$ 定义的曲线，对应于每个 c，可以得到一条闭合的轮廓线，如图 5.14 所示。$\dot{V}(x)$ 为负的条件简单地意味着向量场指向位值较低的

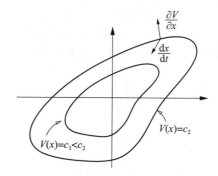

图 5.14 李雅普诺夫稳定性定理的几何解释。闭合轮廓线表示李雅普诺夫函数 $V(x)=c$ 的等值点集合。若轮廓线上所有点的 $\mathrm{d}x/\mathrm{d}t$ 都指向轮廓线内部，那么沿着系统的任何轨迹前进，$V(x)$ 的值始终是减小的

轮廓线。这意味着轨迹必须往越来越小的 V 值移动，这就是说，如果 $\dot{V}$ 是负定的，则 x 必须趋近于 0。

寻找 Lyapunov 函数并不总是那么容易。例如，考虑以下线性系统：

$$\frac{\mathrm{d}x_1}{\mathrm{d}t}=x_2, \quad \frac{\mathrm{d}x_2}{\mathrm{d}t}=-x_1-\alpha x_2, \quad \alpha>0$$

由于系统是线性的，因此可以很容易地验证相应的动态矩阵的特征值为：

$$\lambda=\frac{-\alpha\pm\sqrt{\alpha^2-4}}{2}$$

当 $\alpha>0$ 时，这些特征值总有负实部，因此系统是渐近稳定的。因此当 $t\to\infty$ 时，有 $x(t)\to0$，所以一个自然的候选李雅普诺夫函数就是状态幅值的平方：

$$V(x)=\frac{1}{2}x_1^2+\frac{1}{2}x_2^2$$

取该函数的时间导数，并沿着系统轨迹计算导数值，可得：

$$\dot{V}(x)=-\alpha x_2^2$$

但它并不是正定的，这可以通过计算点 $x=(1,0)$ 处的 $\dot{V}$ 值看出〔此处的 $\dot{V}(x)=0$〕。因此即使系统是渐近稳定的，用来证明其稳定的李雅普诺夫函数也不太可能像状态幅值的平方这么简单。

下面多考虑一些例子。

例 5.10 标量非线性系统

考虑以下的标量非线性系统：

$$\frac{\mathrm{d}x}{\mathrm{d}t}=\frac{2}{1+x}-x$$

该系统在 $x=1$ 和 $x=-2$ 两处有平衡点。考虑 $x=1$ 处的平衡点，利用 $z=x-1$ 重写动态方程为：

$$\frac{\mathrm{d}z}{\mathrm{d}t}=\frac{2}{2+z}-z-1$$

它在 $z=0$ 处有平衡点。考虑下面的候选李雅普诺夫函数：

$$V(z)=\frac{1}{2}z^2$$

它是全局正定的。沿着系统轨迹，V 的导数为：

$$\dot{V}(z)=z\dot{z}=\frac{2z}{2+z}-z^2-z$$

若将分析限制在区域 B_r 内（$r<2$），那么 $2+z>0$，因此可以将上式乘以 $2+z$，得到：

$$2z-(z^2+z)(2+z)=-z^3-3z^2=-z^2(z+3)<0, \quad z\in B_r, r<2$$

因此，对于所有的 $z\in B_r$ 且 $z\neq0$，总有 $\dot{V}(z)<0$。因此平衡点 $x=1$ 是局部渐近稳定的。 ◀

当 $\dot{V}$ 为半负定的时候，情况稍微复杂些。此时，在 $x\neq0$ 时也有可能出现 $\dot{V}(x)=0$，因此 x 在数值上可能会停止减小。下面的例子可以说明这种情况。

例 5.11 吊摆

吊摆的归一化模型为：

$$\frac{\mathrm{d}x_1}{\mathrm{d}t}=x_2, \quad \frac{\mathrm{d}x_2}{\mathrm{d}t}=-\sin x_1$$

式中，x_1 是吊摆与垂直方向的夹角，正的 x_1 对应于逆时针旋转。该方程具有一个平衡点

$x_1 = x_2 = 0$，对应于吊摆垂直朝下悬挂。为了探讨平衡点的稳定性，选总能量为李雅普诺夫函数：

$$V(x) = 1 - \cos x_1 + \frac{1}{2}x_2^2 \approx \frac{1}{2}x_1^2 + \frac{1}{2}x_2^2$$

其泰勒级数近似表明，这个函数在 x 较小时是正定的。$V(x)$ 的时间导数为：

$$\dot{V} = \dot{x}_1 \sin x_1 + \dot{x}_2 x_2 = x_2 \sin x_1 - x_2 \sin x_1 = 0$$

由于这个函数是半负定的，因此根据李雅普诺夫定理，平衡点是稳定的，但不一定是渐近稳定的。受到干扰时，吊摆实际上沿着能量恒定的轨迹移动。   ◀

前面已经说明，李雅普诺夫函数并不总是很容易找到，不仅如此，它也不是唯一的。在许多情况下，能量函数可以作为一个起点，就如在例 5.11 所做的那样。人们发现，对于任何稳定系统，（在一定条件下）李雅普诺夫函数总是可以找到的。因此，若一个系统稳定，那么李雅普诺夫函数就存在（反之亦然）。采用平方和方法的最新研究成果已经为找出李雅普诺夫函数提供了系统的方法[204]。平方和技术可以应用于各种各样的系统，包括用多项式方程描述动态的系统，以及混合系统——其状态空间的不同区域可以有不同的模型。

对于以下形式的线性动态系统：

$$\frac{\mathrm{d}x}{\mathrm{d}t} = Ax$$

可以按系统化的方式构建李雅普诺夫函数。为此，考虑以下的二次函数：

$$V(x) = x^{\mathrm{T}} P x$$

式中，$P \in \mathbb{R}^{n \times n}$ 是对称矩阵（$P = P^{\mathrm{T}}$）。对于某些 $r > 0$，V 在 B_r 上为正定的条件等价于 P 为正定矩阵（positive definite matrix），即

$$x^{\mathrm{T}} P x > 0 \quad （对于所有 x \neq 0）$$

将其写为 $P > 0$。可以证明，若 P 对称，那么当且仅当其所有特征值为正实数时，P 才是正定的。

给定一个候选李雅普诺夫函数 $V(x) = x^{\mathrm{T}} P x$，现在可以沿着系统流线的方向计算其导数：

$$\dot{V} = \frac{\partial V}{\partial x}\frac{\mathrm{d}x}{\mathrm{d}t} = x^{\mathrm{T}}(A^{\mathrm{T}}P + PA)x =: -x^{\mathrm{T}}Qx$$

可见，$\dot{V}$ 在 B_r 上为负定的要求（渐近稳定）就转变为要求矩阵 Q 为正定的。因此，为了找到线性系统的李雅普诺夫函数，只需选定正定的 Q 并求解下面的李雅普诺夫方程（Lyapunov equation）就足够了：

$$A^{\mathrm{T}}P + PA = -Q \tag{5.17}$$

这是关于 P 的线性方程，可以利用线性代数进行求解。可以证明，若矩阵 A 的所有特征值都落在左半平面，则该方程总是有解的。此外，若 Q 是正定的，则 P 的解也是正定的。因此，对于稳定的线性系统，总可以找到一个二次型的李雅普诺夫函数。对此的证明将在第 6 章介绍，因为第 6 章将介绍更多用于线性系统分析的工具。

例 5.12 **弹簧-质量系统**

考虑简单的弹簧-质量系统，其状态空间动态模型为：

$$\frac{\mathrm{d}x_1}{\mathrm{d}t} = x_2, \quad \frac{\mathrm{d}x_2}{\mathrm{d}t} = -\frac{k}{m}x_1 - \frac{b}{m}x_2, \quad m, b, k > 0$$

注意，如果 $k = m$、$b/m = \alpha$，那么这相当于定理 5.2 后面的那个例子。

为了找到系统的李雅普诺夫函数，选择 $Q = I$，则式（5.17）变成：

$$\begin{pmatrix} 0 & -k/m \\ 1 & -b/m \end{pmatrix} \begin{pmatrix} p_{11} & p_{12} \\ p_{12} & p_{22} \end{pmatrix} + \begin{pmatrix} p_{11} & p_{12} \\ p_{12} & p_{22} \end{pmatrix} \begin{pmatrix} 0 & 1 \\ -k/m & -b/m \end{pmatrix} = \begin{pmatrix} -1 & 0 \\ 0 & -1 \end{pmatrix}$$

计算该矩阵方程的每个元素，可以得到 p_{ij} 的一组线性方程：

$$-\frac{2k}{m}p_{12} = -1, \quad p_{11} - \frac{b}{m}p_{12} - \frac{k}{m}p_{22} = 0, \quad 2p_{12} - \frac{2b}{m}p_{22} = -1$$

从这些方程求解 p_{11}、p_{12} 和 p_{22}，可得：

$$P = \begin{pmatrix} \dfrac{b^2 + k(k+m)}{2bk} & \dfrac{m}{2k} \\[3mm] \dfrac{m}{2k} & \dfrac{m(k+m)}{2bk} \end{pmatrix}$$

最后得到：

$$V(x) = \frac{b^2 + k(k+m)}{2bk}x_1^2 + \frac{m}{k}x_1 x_2 + \frac{m(k+m)}{2bk}x_2^2$$

注意，可以验证这个函数是正定的，并且它的等位线是轴线偏转了的椭圆。　　　　◀

　　现在已经有了直接求取线性系统李雅普诺夫函数的方法，接下来探讨非线性系统的稳定性。考虑下面的系统：

$$\frac{\mathrm{d}x}{\mathrm{d}t} = F(x) =: Ax + \widetilde{F}(x) \tag{5.18}$$

式中，$F(0)=0$，$\widetilde{F}(x)$ 中包含了 x 的二次和更高次项。函数 Ax 是 $F(x)$ 在原点附近的近似，可以先确定这个线性近似的李雅普诺夫函数，然后再研究它是否也是整个非线性系统的李雅普诺夫函数。用下面的例子来说明这个方法。

例 5.13 **基因开关**

考虑图 5.15a 所示连成环的一组抑制因子的动态。该系统的归一化动态模型已由习题 3.10 给出：

$$\frac{\mathrm{d}z_1}{\mathrm{d}\tau} = \frac{\mu}{1+z_2^n} - z_1, \quad \frac{\mathrm{d}z_2}{\mathrm{d}\tau} = \frac{\mu}{1+z_1^n} - z_2 \tag{5.19}$$

式中，z_1 和 z_2 是归一化的蛋白质浓度，$n>0$ 和 $\mu>0$ 是描述基因间互连的参数，外部输入 u_1 和 u_2 已经被置 0。

　　令时间导数为零，可以得到系统的平衡点。定义：

$$f(u) = \frac{\mu}{1+u^n}, \quad f'(u) = \frac{\mathrm{d}f}{\mathrm{d}u} = \frac{-\mu n u^{n-1}}{(1+u^n)^2}$$

那么动态方程变为：

$$\frac{\mathrm{d}z_1}{\mathrm{d}\tau} = f(z_2) - z_1, \quad \frac{\mathrm{d}z_2}{\mathrm{d}\tau} = f(z_1) - z_2$$

平衡点就是以下方程的解：

$$z_1 = f(z_2), \quad z_2 = f(z_1)$$

　　若在平面上绘出坐标点 $(z_1, f(z_1))$ 和 $(f(z_2), z_2)$ 对应的两条曲线，那么曲线的交点就是以上方程的解，如图 5.15b 所示。由于曲线形状的原因，可以证明它总有 3 个解：一个在 $z_{1e}=z_{2e}$ 处，一个在 $z_{1e}<z_{2e}$ 时，还有一个在 $z_{1e}>z_{2e}$ 时。若 $\mu \gg 1$，则可以证明这些解近似为：

$$z_{1e} \approx \mu, \quad z_{2e} \approx \frac{1}{\mu^{n-1}}; \quad z_{1e} = z_{2e}; \quad z_{1e} \approx \frac{1}{\mu^{n-1}}, \quad z_{2e} \approx \mu \tag{5.20}$$

为了校验系统的稳定性，将 $f(u)$ 在 u_e 附近写成泰勒级数展开的形式，即

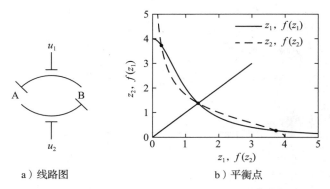

a）线路图　　　　　　　　　b）平衡点

图 5.15　基因开关的稳定性。图 a 中的线路图表示了两种蛋白质彼此抑制对方的产生。输入 u_1 和 u_2 对这个抑制过程起干预作用，从而可以对该路线的动态进行调节。该线路的平衡点可以由图 b 中两条曲线的交点来确定

$$f(u)=f(u_e)+f'(u_e)\cdot(u-u_e)+\frac{1}{2}f''(u_e)\cdot(u-u_e)^2+更高次的项$$

式中，f' 表示该函数的一阶导数，f'' 代表二阶导数。利用这些近似，系统的动态可以写成：

$$\frac{\mathrm{d}w}{\mathrm{d}t}=\begin{pmatrix}-1 & f'(z_{2e})\\ f'(z_{1e}) & -1\end{pmatrix}w+\widetilde{F}(w)$$

式中，$w=z-z_e$ 是经过移位的状态，$\widetilde{F}(w)$ 代表二次项和高次项。

　　下面利用式（5.17）来找李雅普诺夫函数。选择 $Q=I$，设 $P\in\mathbb{R}^{2\times2}$，其元素为 p_{ij}，求以下方程的解。

$$\begin{pmatrix}-1 & f'_1\\ f'_2 & -1\end{pmatrix}\begin{pmatrix}p_{11} & p_{12}\\ p_{12} & p_{22}\end{pmatrix}+\begin{pmatrix}p_{11} & p_{12}\\ p_{12} & p_{22}\end{pmatrix}\begin{pmatrix}-1 & f'_2\\ f'_1 & -1\end{pmatrix}=\begin{pmatrix}-1 & 0\\ 0 & -1\end{pmatrix}$$

式中，$f'_1=f'(z_{1e})$，$f'_2=f'(z_{2e})$。注意其中利用了 $p_{21}=p_{12}$，以使 P 为对称矩阵。进行矩阵乘法运算可得：

$$\begin{pmatrix}-2p_{11}+2f'_1 p_{12} & p_{11}f'_2-2p_{12}+p_{22}f'_1\\ p_{11}f'_2-2p_{12}+p_{22}f'_1 & -2p_{22}+2f'_2 p_{12}\end{pmatrix}=\begin{pmatrix}-1 & 0\\ 0 & -1\end{pmatrix}$$

这是关于未知数 p_{ij} 的一个线性方程组，解之可得：

$$p_{11}=-\frac{f_1'^2-f'_2 f'_1+2}{4(f'_1 f'_2-1)},\quad p_{12}=-\frac{f'_1+f'_2}{4(f'_1 f'_2-1)},\quad p_{22}=-\frac{f_2'^2-f'_1 f'_2+2}{4(f'_1 f'_2-1)}$$

　　为了核实 $V(w)=w^{\mathrm{T}}Pw$ 是李雅普诺夫函数，必须证明 $V(w)$ 是正定函数或等效地证明 P 是正定的。由于 P 是 2×2 的对称矩阵，它有两个实特征值 λ_1 和 λ_2 满足以下关系：

$$\lambda_1+\lambda_2=\mathrm{trace}(P),\quad \lambda_1\cdot\lambda_2=\det(P)$$

式中，$\mathrm{trace}()$ 表示求矩阵的迹，即求对角元素之和；$\det()$ 表示求矩阵的行列式值。为使 P 正定，λ_1 和 λ_2 必须为正，因此要求：

$$\mathrm{trace}(P)=\frac{f_1'^2-2f'_2 f'_1+f_2'^2+4}{4-4f'_1 f'_2}>0,\quad \det(P)=\frac{f_1'^2-2f'_2 f'_1+f_2'^2+4}{16-16f'_1 f'_2}>0$$

可以发现，$\mathrm{trace}(P)=4\det(P)$，且表达式的分子刚好是 $(f'_1-f'_2)^2+4>0$，因此只需检验 $1-f'_1 f'_2$ 的符号就足够了。具体来讲，为使 P 正定，要求：

$$f'(z_{1e})f'(z_{2e})<1$$

　　现在使用早前定义的 f' 表达式，来估算式（5.20）导出的平衡点的近似位置。对于 $z_{1e}\neq z_{2e}$ 的平衡点，可以证明：

$$f'(z_{1e})f'(z_{2e}) \approx f'(\mu)f'\left(\frac{1}{\mu^{n-1}}\right) = \frac{-\mu n\mu^{n-1}}{(1+\mu^n)^2} \cdot \frac{-\mu n\mu^{-(n-1)^2}}{(1+\mu^{-n(n-1)})^2} \approx n^2\mu^{-n^2+n}$$

利用来自习题 3.10 的 $n=2$、$\mu \approx 200$，可以发现 $f'(z_{1e})f'(z_{2e}) \ll 1$，因此 P 是正定的。这意味着 V 是一个正定函数，因此是系统潜在的李雅普诺夫函数。

为了确定系统模型 (5.19) 的平衡点 $z_{1e} \neq z_{2e}$ 是否稳定，计算平衡点的 $\dot{V}$ 值。根据定义，有：

$$\dot{V} = w^{\mathrm{T}}(PA + A^{\mathrm{T}}P)w + \widetilde{F}^{\mathrm{T}}(w)Pw + w^{\mathrm{T}}P\widetilde{F}(w)$$
$$= -w^{\mathrm{T}}w + \widetilde{F}^{\mathrm{T}}(w)Pw + w^{\mathrm{T}}P\widetilde{F}(w)$$

由于 $\widetilde{F}$ 中的各项都是 w 的二次或更高次项，因此 $\widetilde{F}^{\mathrm{T}}(w)Pw$ 和 $w^{\mathrm{T}}P\widetilde{F}(w)$ 所包含的项至少是 w 的三次方形式。所以，只要 w 足够靠近 0，那么三次方项及更高次的项将比二次方项小。因此，只要 w 足够靠近 0，$\dot{V}$ 就是负定的，因而可以得出结论，$z_{1e} \neq z_{2e}$ 的两个平衡点都是稳定的。

图 5.16 给出了系统在 $\mu = 4$ 时仿真的相图和时域曲线，系统的双稳性质十分明显。当初始条件是蛋白质 B 的浓度大于 A 的浓度时，解大约收敛于 $(1/\mu^{n-1},\ \mu)$ 处的平衡点。如果初始条件是 A 的浓度大于 B 的浓度，那么解收敛于 $(\mu,\ 1/\mu^{n-1})$。$z_{1e} = z_{2e}$ 的平衡点是不稳定的。

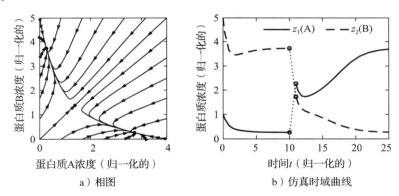

a）相图   b）仿真时域曲线

图 5.16 基因开关的动态。左边的相图表明该开关有三个平衡点，对应于蛋白质 A 的浓度大于、等于和小于蛋白质 B 的浓度等三种情况。蛋白质浓度相等的平衡点是不稳定的，但另外两个平衡点是稳定的。右边的仿真给出的是系统从两个不同的初始条件出发的时域响应。曲线的起始部分对应于初始浓度 $z(0) = (1,\ 5)$，它收敛于 $z_{1e} < z_{2e}$ 的平衡点。在 $t = 10$ 时，浓度受到干扰，z_1 发生 +2 的变化，z_2 发生 −2 的变化，使状态移动到一个新的状态空间区域，该区域中的解将收敛于 $z_{1e} > z_{2e}$ 的平衡点 ◀

更一般地，可以进一步研究线性近似对非线性方程解的稳定性的影响。下面的定理部分回答了平衡点稳定性类型的判定问题。

定理 5.3 考虑式 (5.18) 所示的动态系统，其中 $F(0) = 0$、且 $\widetilde{F}$ 满足：当 $\|x\| \to 0$ 时，$\lim \|\widetilde{F}(x)\|/\|x\| \to 0$。若 A 的所有特征值的实部都严格小于 0，那么 $x_e = 0$ 是式 (5.18) 的一个局部渐近稳定平衡点。

这个定理表明，线性近似的渐近稳定性意味着原有非线性系统的局部渐近稳定性。这个定理对于控制是非常重要的，因为它意味着，非线性系统线性近似的镇定将导致非线性系统产生一个稳定平衡点。这个定理的证明需要用到例 5.13 所用的技术。正式的证明见文献 [144]。

还可以证明，如果 A 具有一个或多个实部严格为正的特征值，那么 $x_e = 0$ 是非线性系统的一个不稳定平衡点。

**5.4.2 Krasovski-Lasalle 不变性原理

对于一般的非线性系统，特别是符号形式的系统，很难找到一个导数严格负定的正定函数 V。Krasovski-Lasalle 原理容许在稍为宽松的条件下，即 $\dot{V}$ 为半负定的情况下（这种函数的构建往往容易很多），判断一个平衡点的渐近稳定性。不过，这个原理仅仅适用于时不变或周期性的系统，这正是下面要考虑的情况。本节涉及动态系统更多的概念，想深入了解这些概念的读者可参考文献 $[113,114]$。

为了处理时不变的系统，先介绍一些定义。对于以下的时不变系统：

$$\frac{\mathrm{d}x}{\mathrm{d}t}=F(x) \tag{5.21}$$

记其解轨迹为 $x(t;a)$，它表示式（5.21）在 $t_0=0$ 时刻从状态 a 出发到 t 时刻的解。轨迹 $x(t;a)$ 的 ω 极限集（ω limit set）是所有这样的点 $z\in\mathbb{R}^n$ 的集合：对于每个点 z，都存在一个严格递增的时间序列 t_n，当 $n\to\infty$ 时，$x(t_n;a)\to z$。集合 $M\subset\mathbb{R}^n$ 是一个不变集（invariant set），如果对于所有的 $b\in M$，对任何 $t\geq0$ 都有 $x(t;b)\in M$。可以证明，每个解轨迹的 ω 极限集都是闭合的不变集。下面给出 Krasovski-Lasalle 原理。

定理 5.4 （Krasovski-Lasalle 原理）令 $V:\mathbb{R}^n\to\mathbb{R}$ 为局部正定函数，因此在紧集 $\Omega_r=\{x\in\mathbb{R}^n:V(x)\leq r\}$ 上，有 $\dot{V}(x)\leq0$。定义：

$$S=\{x\in\Omega_r:\dot{V}(x)=0\}$$

当 $t\to\infty$ 时，轨迹将趋向于 S 内的最大不变集；也就是说，轨迹的 ω 极限集包含在 S 中的最大不变集内。特别地，若 S 不包含除 $x=0$ 以外的其他不变集，那么 0 点就是渐近稳定的。

文献 $[151,159]$ 给出了这个定理的证明。

李雅普诺夫函数常用来设计镇定控制器，如下例所示。这个例子也说明了 Krasovski-Lasalle 原理的用法。

例 5.14 倒摆

根据例 3.10 的分析，倒摆可以用以下的归一化模型来描述：

$$\frac{\mathrm{d}x_1}{\mathrm{d}t}=x_2,\qquad\frac{\mathrm{d}x_2}{\mathrm{d}t}=\sin x_1+u\cos x_1 \tag{5.22}$$

式中，x_1 是偏离垂直位置的角度，u 是（归一化的）枢轴的加速度，如图 5.17a 所示。该系统在 $x_1=x_2=0$ 处有一个平衡点，它对应于倒摆垂直的位置。这个平衡点是不稳定的。

为了找到一个镇定控制器，考虑以下的候选李雅普诺夫函数：

$$V(x)=(\cos x_1-1)+a(1-\cos^2x_1)+\frac{1}{2}x_2^2\approx\left(a-\frac{1}{2}\right)x_1^2+\frac{1}{2}x_2^2$$

泰勒级数展开表明，当 $a>0.5$ 时，函数在原点附近是正定的。$V(x)$ 对时间的导数为

$$\dot{V}=-\dot{x}_1\sin x_1+2a\dot{x}_1\sin x_1\cos x_1+\dot{x}_2x_2=x_2(u+2a\sin x_1)\cos x_1$$

选择以下的反馈机制：

$$u=-2a\sin x_1-x_2\cos x_1$$

可得：

$$\dot{V}=-x_2^2\cos^2x_1$$

根据李雅普诺夫定理，可知该平衡点是（局部）稳定的。然而，由于该函数仅是半负定的，因此无法根据定理 5.2 得出渐近稳定的结论。不过请注意，$\dot{V}=0$ 意味着 $x_2=0$ 或 $x_1=\pi/2\pm n\pi$。

如果将分析限制在原点附近的一个小邻域 Ω_r（其中 $r\ll\pi/2$）中，那么可以定义：

$$S=\{(x_1,x_2)\in\Omega_r:x_2=0\}$$

于是可以计算 S 中的最大不变集。要使一个轨迹保持在该最大不变集内，就必须对所有 t 都有 $x_2=0$，因此也就有 $\dot{x}_2(t)=0$。利用式（5.22）所示的系统动态方程，可见 $x_2(t)=0$ 及 $\dot{x}_2(t)=0$ 也意味着 $x_1(t)=0$。因此 S 内的最大不变集是 $(x_1,x_2)=0$，所以根据 Krasovski-Lasalle 原理可以推断原点是局部渐近稳定的。闭环系统的相图如图 5.17b 所示。

在分析中以及相图中，倒摆的角度 $\theta=x_1$ 是当成范围无限的实数处理的。实际上，θ 是以 2π 为周期的角度。因此系统的动态实际上是在图 5.17c 所示的流形（平滑表面）上演变的。在流形上进行非线性动态系统的分析是相当复杂的，但用到的许多基本思想却跟这里是一样的。

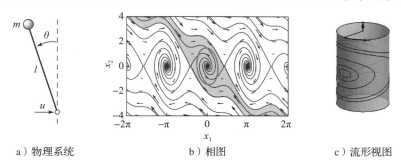

a）物理系统　　　　　　　b）相图　　　　　　　c）流形视图

图 5.17　镇定的倒摆。基于某个控制律，在摆的底部施加力 u，以稳定倒摆的位置，如图 a 所示。图 b 是闭环系统的相图，它表明垂直位置的平衡点是稳定的。相图中的阴影区域标出了收敛到原点的初始条件的集合；阴影区中的椭圆是李雅普诺夫函数 $V(x)$ 的一个等位集，其内部的所有点的 $V(x)>0$、$\dot{V}(x)<0$，这可以用作平衡点吸引域的一个估计。系统的实际动态是在图 c 的流形（光滑表面）上随时间演变的　　　　　　◀

5.5　非局部行为及参数影响

到目前为止，我们所介绍的大多数工具都聚焦于固定系统在平衡点附近的局部行为。本节将简要介绍非线性系统全局行为方面的一些概念及系统行为依赖系统模型参数方面的一些概念。

5.5.1　吸引域

为了深入理解非线性系统的行为，可先寻找其平衡点，然后再分析平衡点周围的局部行为。系统在平衡点附近的行为称为系统的局部行为（local behavior）。

在远离平衡点的地方，系统的解可以有很大的不同。这一点可以从例 5.14 所述倒摆镇定的例子看出。倒置的平衡点是稳定的，经过小幅振荡以后，最终将收敛到原点。但是在远离该平衡点的地方，存在收敛到其他平衡点的轨迹，甚至会出现这样的情况，即摆绕着顶部摆动多次，导致长时间的振荡，这跟原点附近的振荡是根本不同的。

为了更好地理解系统的动态行为，可以研究收敛到给定渐近稳定平衡点的所有初始条件的集合。这个集合称为平衡点的吸引域（region of attraction）。图 5.17b 所示相图中的阴影区域就是吸引域的一个例子。一般来讲，吸引域的计算是很困难的。然而，即使无法确定整个吸引域，通常也可以得到围绕着稳定平衡点的吸引域的一个区块。这提供了系统行为的部分信息。

获得近似的吸引域的一个方法是采用李雅普诺夫函数。假定 V 是某个平衡点 x_0 附近系统的局部李雅普诺夫函数。令 Ω_r 是 $V(x)$ 值小于 r 的点集合，即

$$\Omega_r=\{x\in\mathbb{R}^n:V(x)\leqslant r\}$$

并假定对于所有的 $x\in\Omega_r$，有 $\dot{V}(x)\leqslant0$，其中等号仅在平衡点 x_0 处成立。那么 Ω_r 就落在该平衡点的吸引域内。由于这个近似依赖于李雅普诺夫函数，而李雅普诺夫函数又不是

唯一的，因此这个方法给出的估计往往是相当保守的。

有时找到的李雅普诺夫函数 V 对于所有 $x \in \mathbb{R}^n$ 是正定的，但 $\dot{V}$ 是（半）负定的。此时，在许多情况下，可以证明平衡点的吸引域就是整个状态空间，平衡点是全局渐近稳定的（globally asymptotically stable）。想更详细了解全局稳定性条件的读者可以参阅文献 [144] 及其他教科书。

例 5.15 镇定的倒摆

再次考虑例 5.14 所述镇定的倒摆。系统的李雅普诺夫函数为：

$$V(x) = (\cos x_1 - 1) + a(1 - \cos^2 x_1) + \frac{1}{2} x_2^2$$

当 $a > 0.5$ 时，对于所有 x，$\dot{V}$ 都是半负定的，且当 $x_1 \neq \pm \pi/2$ 时非零。因此任何满足 $|x_1| < \pi/2$ 且 $V(x) > 0$ 的 x 都将落在由 $V(x)$ 的等位线定义的不变集（即等位集）的内部。图 5.17b 给出了一个这样的等位集。   ◀

5.5.2 分岔

非线性系统的另一个重要特性是它们的行为如何随着控制动态的参数变化而变化。为此，可以从模型入手，探索平衡点的位置、稳定性、吸引域以及其他的动态现象（例如极限环等）是如何随着模型的参数值变化的。

考虑以下形式的一族微分方程：

$$\frac{\mathrm{d}x}{\mathrm{d}t} = F(x, \mu), \quad x \in \mathbb{R}^n, \mu \in \mathbb{R}^k \tag{5.23}$$

式中，x 是状态；μ 是描述该族方程的参数集合。其平衡解满足：

$$F(x, \mu) = 0,$$

并且当 μ 变化时，相应的解 $x_e(\mu)$ 也会变化。若系统微分方程（5.23）的行为在 $\mu = \mu^*$ 处发生质的变化，则称系统在 μ^* 处有分岔（bifurcation）。出现分岔的原因，可能是因为在给定的 μ 值处稳定性的类型发生了变化或者解的数目发生了变化。

例 5.16 捕食者-猎物问题

考虑例 3.4 描述的捕食者-猎物系统，在 4.7 节中它被建模为一个连续时间系统。该系统的动态由以下方程给定：

$$\frac{\mathrm{d}H}{\mathrm{d}t} = rH\left(1 - \frac{H}{k}\right) - \frac{aHL}{c+H}, \quad \frac{\mathrm{d}L}{\mathrm{d}t} = b\frac{aHL}{c+H} - dL \tag{5.24}$$

式中，H 和 L 分别是雪兔（猎物）和山猫（捕食者）的数量；a、b、c、d、k、r 是用于对给定的捕食者-猎物系统建模的参数（更详细的介绍请参阅 4.7 节）。系统在 $H_e > 0$、$L_e > 0$ 时有一个平衡点，这可以用数值方法求得。

为了弄明白该模型的参数是如何影响系统行为的，选定感兴趣的两个特别参数进行分析：一个是 a，即种群数量之间的交互系数；另一个是 c，影响猎物消耗率的一个参数。图 5.18a 是数值计算所得的参数稳定性图（parametric stability diagram），它显示了在所选参数空间中平衡点稳定的区域（其他参数保持标称值不变）。由图可知，a 和 c 的某些组合可以得到一个稳定的平衡点，在其他一些参数值上的平衡点则是不稳定的。

图 5.18b 是数值计算所得的系统分岔图（bifurcation diagram）。绘制分岔图时，选定一个参数（这里选定 a）作为横坐标让其变化，其余参数保持标称值不变，然后选定状态变量之一（这里选 H）的平衡点值作为纵坐标，绘出二者的关系曲线。图中实线表示相应的平衡点是稳定的，虚线表示平衡点是不稳定的。注意，当 $c = 50$（标称值）、a 在 $1.35 \sim 4$ 之间变化时，分岔图显示的稳定性与参数稳定性图中的稳定情况是一致的。对于捕食者-猎物系统来讲，当平衡点不稳定时，解收敛到一个稳定的极限环。极限环的幅值如图 5.18b 中的点划线所示。

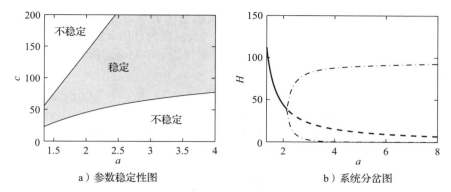

图 5.18 捕食者-猎物系统的分岔情况分析。图 a 为参数稳定性图，它显示了在参数空间中系统稳定的参数
区域。图 b 为系统分岔图，它以 a 为自变量，显示了平衡点的位置及其稳定性：实线代表稳定的平
衡点；虚线代表不稳定的平衡点；点划线标出了（仿真计算所得的）参数值对应的极限环的上界和
下界。模型参数的标称值为 $a=3.2$，$b=0.6$，$c=50$，$d=0.56$，$k=125$，$r=1.6$ ◀

在线性系统的控制中，有一种特殊形式的分岔十分常见，就是平衡点固定但平衡点的
稳定性随着参数的变化而变化的情况。在这种情况下，把系统的特征值随参数变化的函数
曲线绘制出来将很有启发。这种图称为根轨迹图（root locus diagram），它们给出了特征
值随参数变化的轨迹。当参数值导致某些特征值出现零实部时，就会发生分岔。像
LabVIEW、MATLAB、Mathematica 以及 Python 之类的计算环境都具有绘制根轨迹的工
具。在 12.5 节中将对根轨迹做更详细的讨论。

例 5.17 自行车模型的根轨迹图

考虑式（4.8）给出的自行车线性模型。引入状态变量 $x_1=\varphi$，$x_2=\delta$，$x_3=\dot{\varphi}$ 以及
$x_4=\dot{\delta}$，并令转向转矩 $T=0$，则模型变成：

$$\frac{\mathrm{d}x}{\mathrm{d}t}=\begin{pmatrix} 0 & I \\ -M^{-1}(K_0+K_2v_0^2) & -M^{-1}Cv_0 \end{pmatrix}x=:Ax$$

式中，I 是 2×2 的单位矩阵，v_0 是自行车的速度。图 5.19a 给出的是特征值的实部与速
度的函数关系曲线。图 5.19b 显示了矩阵 A 的特征值对速度 v_0 的依赖关系。该图表明，
自行车在低速下是不稳定的，因为有两个特征值位于右半平面。随着速度的增加，这些特
征值移到左半平面，表明自行车变成了自镇定的。当速度进一步增加时，有一个靠近原点
的特征值移到右半平面，自行车再次变得不稳定。然而，这个特征值很小，所以很容易被
骑手镇定下来。图 5.19a 表明当速度在 6～10 m/s 之间时，自行车是自镇定的。

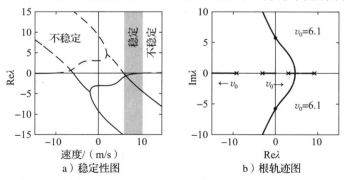

图 5.19 恒速运行的自行车的稳定性图和根轨迹图。图 a 展示了系统特征值的实部与自行车速度 v_0 之间的
函数关系。当所有特征值都具有负实部时（阴影区域），系统是稳定的。图 b 展示了复平面中随速
度 v_0 变化的特征值的轨迹，它以另一种方式揭示了系统的稳定性。这种图称作根轨迹图 ◀

参数稳定性图和分岔图可以为深入了解非线性系统的动态提供有价值的信息。一般来讲，必须仔细选择要绘制的参数，包括尽可能地组合系统的自然参数来消除额外的参数。像 AUTO、LOCBIF 以及 XPPAUT 等计算机程序，都提供了绘制稳定图及分岔图的数值算法。

5.5.3 基于反馈的非线性动态设计

本书的大部分地方将利用线性近似来设计反馈机制，以镇定平衡点，满足期望的性能指标。然而，有些类型的问题必须使用非线性的反馈控制器才能实现以上功能。利用李雅普诺夫函数往往可以设计出所需的非线性控制律，来提供稳定的行为，例 5.14 就是这样例子。

非线性控制器的一个系统化的设计方法是从候选的李雅普诺夫函数 $V(x)$ 和控制系统 $\dot{x}=f(x,u)$ 开始。如果对于每个 x，都存在一个 u，使 $\dot{V}(x)=\dfrac{\partial V}{\partial x}f(x,u)<0$，则称 $V(x)$ 为控制李雅普诺夫函数（control Lyapunov function）。在这种情况下，就有可能找到一个函数 $\alpha(x)$，可以利用 $u=\alpha(x)$ 来使系统稳定。下面的例子说明了这个方法。

例 5.18 噪声消除

在消费类电子产品及工业系统中，噪声消除技术被用来降低噪声和振动的影响。其思想是通过产生相反的信号来局部降低噪声的影响。一个典型的例子是如图 5.20a 所示的噪声消除耳机。其原理框图如图 5.20b 所示。该系统有两个麦克风，位于耳机外部的麦克风负责拾取外部噪声 n，位于耳机内部的麦克风负责拾取信号 e——它是所需信号与传入耳机的外部噪声的组合。来自外部麦克风的信号经滤波后再送入耳机，以抵消透入到耳机的外部噪声。滤波器的参数由反馈机制进行调节，以使内部麦克风的噪声信号尽可能小。该反馈是本质非线性的，因为它是通过改变滤波器的参数来起作用的。

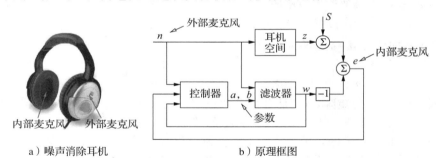

a）噪声消除耳机　　　　　　　b）原理框图

图 5.20　具有噪声消除功能的耳机。外部麦克风（见图 a）测量噪声 n 并送往滤波器，去抵消传入耳机内部的噪声 z（见图 b）。滤波器参数 a、b 由控制器调节。S 表示耳机的输入信号

为简化系统的分析，假定外部噪声往耳机内部的传播过程可以建模为以下的一阶动态系统：

$$\frac{\mathrm{d}z}{\mathrm{d}t}=a_0z+b_0n \tag{5.25}$$

式中，n 是外部噪声信号；z 是耳机内部噪声的声级；参数 $a_0(<0)$、b_0 都是未知数。假定滤波器是相同类型的一阶动态系统：

$$\frac{\mathrm{d}w}{\mathrm{d}t}=aw+bn$$

式中，参数 a、b 是可调的。希望找到一个控制器来更新 a 和 b，以使它们收敛到（未知的）参数 a_0 和 b_0。如果 $a=a_0$、$b=b_0$，则有 $e=S$，噪声的影响将被消除。为简单起见，假定 $S=0$，引入 $x_1=e=w-z$，$x_2=a-a_0$，$x_3=b-b_0$，那么有：

$$\frac{\mathrm{d}x_1}{\mathrm{d}t} = a_0(z-w)+(a-a_0)w+(b-b_0)n = a_0 x_1 + x_2 w + x_3 n \tag{5.26}$$

如果能够找到一个反馈控制机制来改变参数 a 和 b，以使误差 e 变成 0，那么就实现了噪声抵消的功能。为此目的，选择

$$V(x_1,x_2,x_3) = \frac{1}{2}(\alpha x_1^2 + x_2^2 + x_3^2)$$

作为式（5.23）的候选李雅普诺夫函数。V 的导数为：

$$\dot{V} = \alpha x_1 \dot{x}_1 + x_2 \dot{x}_2 + x_3 \dot{x}_3 = \alpha a_0 x_1^2 + x_2(\dot{x}_2 + \alpha w x_1) + x_3(\dot{x}_3 + \alpha n x_1)$$

选择

$$\dot{a} = \dot{x}_2 = -\alpha w x_1 = -\alpha w e, \quad \dot{b} = \dot{x}_3 = -\alpha n x_1 = -\alpha n e \tag{5.27}$$

可知 $\dot{V} = \alpha a_0 x_1^2 < 0$，因此，只要 $e = x_1 = w - z \neq 0$，二次型函数 V 就是减函数。因此，非线性反馈 [式（5.27）] 将试图改变参数，以使信号和噪声抵消后的信号之间的误差很小。请注意式（5.27）的反馈机制没有显式地使用式（5.25）的模型。

该系统的仿真结果如图 5.21 所示。在仿真中，信号采用纯正弦量，噪声采用宽频噪声。可见噪声抵消获得了显著的效果。未采用噪声抵消时，无法看出正弦信号。滤波器的参数从初始值 $a = b = 0$ 开始，改变十分迅速。在实际中，会采用具有更多系数的高阶滤波器。

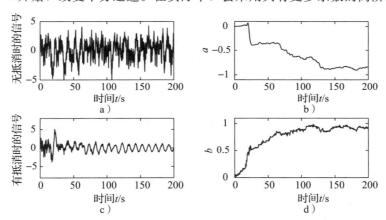

图 5.21　噪声抵消的仿真。图 a 为没有噪声抵消时的耳机信号，图 c 为使用噪声抵消时的信号。图 b、d 为滤波器的参数 a 和 b

5.6　阅读提高

在动态系统方面，有非常丰富的文献介绍动态系统的各种性质，描述动态参数的变化如何引起行为的根本性变化。动态系统的入门读物有文献 [234，2]，它们都浅显易懂。更加注重技术介绍的读本很多，包括文献 [10，110，254]。对力学有浓厚兴趣的学生，文献 [15，178] 为他们提供了基于微分几何工具的一个严谨方法。最后，文献 [256，83] 则对生物学中的动态系统方法作了很好的介绍。有大量的文献介绍李雅普诺夫稳定性的理论，这包括文献 [175，113，151] 等经典教材。我们强烈推荐文献 [144]。

习题

5.1 （时不变系统）证明：若式（5.2）的微分方程在初始条件 $x(t_0) = x_0$ 下有一个解 $x(t)$，那么 $\tilde{x}(\tau) = x(t - t_0)$ 是以下微分方程的一个解：

$$\frac{\mathrm{d}\tilde{x}}{\mathrm{d}\tau} = F(\tilde{x})$$

其中，初始条件为 $\widetilde{x}(0)=x_0$，$\tau=t-t_0$。

5.2 （水箱中的水流）考虑一个圆柱形水箱，横截面面积为 $A(\mathrm{m}^2)$、有效流出面积为 $a(\mathrm{m}^2)$，输入流量为 $q_{\mathrm{in}}(\mathrm{m}^3/\mathrm{s})$。由能量平衡可知流出速度为 $v=\sqrt{2gh}(\mathrm{m/s})$，其中 $g(\mathrm{m/s}^2)$ 是重力加速度，$h(\mathrm{m})$ 是水箱水面到出水口的距离。证明：该系统可建模为：

$$\frac{\mathrm{d}h}{\mathrm{d}t}=-\frac{a}{A}\sqrt{2gh}+\frac{1}{A}q_{\mathrm{in}},\quad q_{\mathrm{out}}=a\sqrt{2gh}$$

采用参数 $A=0.2$、$a=0.01$，对流入流量为 0、初始水位 $h=0.2$ 的情况进行仿真。你预计在仿真中会否遇到哪些困难？

5.3 （李雅普诺夫函数）考虑以下的二阶系统：

$$\frac{\mathrm{d}x_1}{\mathrm{d}t}=-ax_1,\quad \frac{\mathrm{d}x_2}{\mathrm{d}t}=-bx_1-cx_2$$

式中，a、b、$c>0$。请分析以下函数：

$$V_1(x)=\frac{1}{2}x_1^2+\frac{1}{2}x_2^2,$$

$$V_2(x)=\frac{1}{2}x_1^2+\frac{1}{2}\left(x_2+\frac{b}{c-a}x_1\right)^2$$

是否为该系统的李雅普诺夫函数。如果不是，请列出使之成立的条件。

5.4 （有阻尼弹簧-质量系统）考虑具有以下动态方程的有阻尼弹簧-质量系统：

$$m\ddot{q}+c\dot{q}+kq=0$$

自然的候选李雅普诺夫函数是系统的总能量，即

$$V=\frac{1}{2}m\dot{q}^2+\frac{1}{2}kq^2$$

利用 Krasovski-Lasalle 原理，证明该系统是渐近稳定的。

5.5 （发电机）习题 3.8 为连接到无穷大电网的发电机建立了以下的简单模型：

$$\Omega J\frac{\mathrm{d}^2\varphi}{\mathrm{d}t^2}=P_{\mathrm{m}}-P_{\mathrm{e}}=P_{\mathrm{m}}-\frac{EV}{X}\sin\varphi$$

参数

$$a=\frac{P_{\max}}{P_{\mathrm{m}}}=\frac{EV}{XP_{\mathrm{m}}}$$

为最大能输送的功率 $P_{\max}=EV/X$ 与机械功率 P_{m} 的比值。

（a）考虑 a 为分岔参数，讨论平衡点对参数 a 的依赖关系。

（b）当 $a>1$ 时，证明：在 $\varphi_0=\arcsin(1/a)$ 处存在中心，在 $\varphi=\pi-\varphi_0$ 处存在鞍点。

（c）假定 $a>1$，证明：通过鞍点的解满足

$$\frac{J}{2}\Omega\left(\frac{\mathrm{d}\varphi}{\mathrm{d}t}\right)^2-P_{\mathrm{m}}(\varphi-\varphi_0)-\frac{EV}{X}(\cos\varphi-\cos\varphi_0)=0 \tag{5.28}$$

令 $J/P_{\mathrm{m}}=1$，利用仿真证明：稳定域是该解所包围的内部区域。如果系统运行于 a 值略大于 1 的平衡点时，a 值忽然降低（对应于线路电抗忽然增大），分析将发生的现象。

5.6 （李雅普诺夫方程）证明：对于式（5.17）的李雅普诺夫方程，若 A 的所有特征值都位于左半平面，那么该方程总有解（提示：利用李雅普诺夫方程关于 P 是线性的事实，先讨论 A 具有各不相同的特征值的情况）。

5.7 （反馈行为的整形）倒摆可以建模为以下的微分方程：

$$\frac{\mathrm{d}x_1}{\mathrm{d}t}=x_2,\quad \frac{\mathrm{d}x_2}{\mathrm{d}t}=\sin x_1+u\cos x_1$$

式中，x_1 是摆锤的角度（顺时针方向为正），x_2 是其角速度（见例 5.14）。定性分析开环系统的行为，以及当枢轴的加速度 $u=-2\sin(x)$ 时，行为是如何变化的（提示：使用相图）。

5.8 （让摆荡到上方）考虑例 5.4 中讨论的倒摆，其模型为：

$$\ddot{\theta}=\sin\theta+u\cos\theta$$

式中，θ 是摆与垂直方向的夹角，控制信号 u 为枢轴的加速度。利用能量函数：

$$V(\theta, \dot{\theta}) = \cos\theta - 1 + \frac{1}{2}\dot{\theta}^2$$

证明：状态反馈 $u = k(V_0 - V)\dot{\theta}\cos\theta$ 将导致摆荡起到向上直立的位置。

5.9 （根轨迹图）考虑以下线性系统：

$$\frac{\mathrm{d}x}{\mathrm{d}t} = \begin{pmatrix} 0 & 1 \\ 0 & -3 \end{pmatrix}x + \begin{pmatrix} -1 \\ 4 \end{pmatrix}u, \quad y = (1 \quad 0)x$$

采用的反馈机制为 $u = -ky$。绘制特征值的位置随参数 k 变化的函数关系图。

5.10 （离散时间李雅普诺夫函数）考虑动态方程为 $x[k+1] = f(x[k])$、平衡点为 $x_e = 0$ 的一个非线性离散时间系统。假定存在一个平滑、正定的函数 $V: \mathbb{R}^n \to \mathbb{R}$，使得对任何 $x[k] \neq 0$ 和 $V(0) = 0$，有 $V(f(x)) - V(x) < 0$。证明：$x_e = 0$ 是（局部）渐近稳定的。

5.11 （运放振荡器）在习题 4.4 中，曾介绍过一个运放电路实现的振荡器。线性电路的振荡解是稳定的，但不是渐近稳定的。下图是一个含有非线性元件的改进电路：

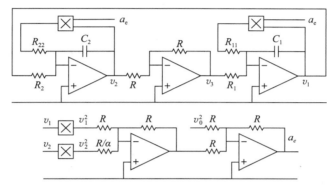

改进就是用乘法器在有电容的每个运放上添加反馈。信号 $a_e = v_1^2 + \alpha v_2^2 - v_0^2$ 是幅值误差。证明：系统的模型为

$$\frac{\mathrm{d}v_1}{\mathrm{d}t} = \frac{1}{R_1 C_1}v_2 + \frac{1}{R_{11}C_1}v_1(v_0^2 - v_1^2 - \alpha v_2^2),$$

$$\frac{\mathrm{d}v_2}{\mathrm{d}t} = -\frac{1}{R_2 C_2}v_1 + \frac{1}{R_{22}C_2}v_2(v_0^2 - v_1^2 - \alpha v_2^2)$$

确定 α，以使电路产生具有稳定极限环的振荡，且幅值为 v_0（提示：应用例 5.9 的结果）。

5.12 （拥塞控制）考虑 4.4 节介绍的拥塞控制问题。验证该系统的平衡点由式（4.22）给出，并利用线性近似来计算该平衡点的稳定性。

5.13 （自激活基因回路）考虑一个实现自激活（self-activation）的基因回路的动态问题：基因产生的蛋白质是蛋白质本身的激活子，因而通过正反馈激发自身的产生。利用例 3.18 给出的模型，系统的动态模型可以写成：

$$\frac{\mathrm{d}m}{\mathrm{d}t} = \frac{\alpha p^2}{1 + kp^2} + \alpha_0 - \delta m, \quad \frac{\mathrm{d}p}{\mathrm{d}t} = \kappa m - \gamma p \tag{5.29}$$

式中，$p, m \geq 0$。求系统的平衡点，并应用李雅普诺夫分析方法，分析每个平衡点的局部稳定性。

5.14 （对角系统）令 $A \in \mathbb{R}^{n \times n}$ 为具有实特征值 $\lambda_1, \cdots, \lambda_n$ 的方阵，相应的特征向量为 $v_1, \cdots, v_n$。假定特征值各不相同（若 $i \neq j$，则 $\lambda_i \neq \lambda_j$）。

(a) 证明：对于任何 $i \neq j$，有 $v_i \neq v_j$。

(b) 证明：特征向量构成 $\mathbb{R}^n$ 的一个基，任何向量 x 都可以写成 $x = \sum \alpha_i v_i$ 的形式（其中 $\alpha_i \in \mathbb{R}$）。

(c) 令 $T = (v_1, v_2, \cdots, v_n)$，证明：$T^{-1}AT$ 是形如式（5.10）的对角矩阵。

(d) 证明：若某些 λ_i 为复数，那么在适当的坐标系中，A 可以写成以下形式：

$$A = \begin{pmatrix} A_1 & & 0 \\ & \ddots & \\ 0 & & A_k \end{pmatrix}, \quad \text{其中} \quad A_i = \lambda \in \mathbb{R} \quad \text{或} \quad A_i = \begin{pmatrix} \sigma & \omega \\ -\omega & \sigma \end{pmatrix}$$

线性系统这种形式的动态方程常被称作块对角型（block diagonal form）。

第 6 章

线 性 系 统

很少有物理元件表现出绝对的线性特性。例如，弹簧上的力与弹簧位移之间的关系在某种程度上就总是非线性的。通过电阻的电流与电阻两端的电压降之间的关系也是非线性的。然而，无论哪种情况，只要关系在合理程度上是线性的，那么系统的行为将非常接近于将其假定为理想线性物理元件时的行为，这将大大简化分析，以至于我们会凭直觉尽可能多地使用线性简化假设。

——Robert H. Cannon，*Dynamics of Physical Systems*，1967（文献 [60]）

第 3 章～第 5 章构建和分析了动态系统的微分方程模型。本章将把前面得到的结论用于线性时不变输入/输出系统的分析。本章有两个中心概念，一个是矩阵指数，另一个是卷积方程。利用这两个概念，就可以完整地描述线性系统的行为特性。此外，本章还将研究输入输出响应的一些性质，并介绍如何用线性系统近似非线性系统。

6.1 基本定义

前几章已经介绍了一些线性微分方程的例子，包括弹簧-质量系统（阻尼振荡器）、小输入（非饱和）信号下的运算放大器等。一般来说，许多动态系统都可以用线性微分方程来精确建模。线性模型获得有效应用的领域很多，电路中的应用就是一个很好的例子。线性模型在机械工程领域也有广泛的应用，例如，在固体力学和流体力学中的平衡点小偏移模型。信号处理系统（MP3 播放器中使用的数字滤波器等）也是很好的应用实例，不过这类系统的最佳建模方法是采用离散时间模型（习题中对此有更为详尽的介绍）。

很多情况下会使用反馈来创建具有线性输入/输出响应的系统。几乎所有的现代信号处理系统，无论是模拟的还是数字的，都利用反馈来产生线性的或接近线性的输入/输出特性。在分析这类系统时，将输入/输出特性视为线性，并忽略获得这些线性响应所需的内部细节，是非常有用的做法。

对于其他系统的分析，非线性则往往是不可忽略的，尤其是当人们特别在意系统的整体特性时。捕食者-猎物问题就是一个这样的例子：为了得到相互依存的种群数量的波动特性，必须在模型中保留非线性耦合项。开关行为、动物周期性迁徙等也是这类例子。不过，如果仅仅关注平衡点附近发生的事情，那么用局部线性化来近似表示非线性动态就足够了，这一点已经在 5.3 节做过简要探讨。线性化本质上就是在期望的工作点附近对非线性动态的一种近似处理。

6.1.1 线性性质

现在更正式地给出输入/输出系统的线性的定义。考虑以下形式的状态空间系统：

$$\frac{\mathrm{d}x}{\mathrm{d}t} = f(x,u), \quad y = h(x,u) \tag{6.1}$$

式中，$x \in \mathbb{R}^n$、$u \in \mathbb{R}^p$、$y \in \mathbb{R}^q$。像前几章一样，我们的分析通常严格限于单输入单输出的系统，因此 $p = q = 1$。此外，还假定所有的函数都是平滑的，并且对于一类合理的输入（譬如分段连续的时间函数），式（6.1）的解在所有时间上都存在。

对于 $\dot{x} = 0$ 且 $h(0, 0) = 0$ 的系统，假定原点 $x = 0$、$u = 0$ 是系统的平衡点将比较方便。事实上，这样做不会失去一般性。为了证明这一点，假定 $(x_e, u_e) \neq (0, 0)$ 是输出为 $y_e = h(x_e, u_e)$ 的系统的一个平衡点。那么，可以定义如下一组新的状态变量、输入和输出：

$$\widetilde{x} = x - x_e, \quad \widetilde{u} = u - u_e, \quad \widetilde{y} = y - y_e$$

用这些变量来重写运动方程，得：

$$\frac{\mathrm{d}}{\mathrm{d}t}\widetilde{x} = f(\widetilde{x} + x_e, \widetilde{u} + u_e) =: \widetilde{f}(\widetilde{x}, \widetilde{u}),$$

$$\widetilde{y} = h(\widetilde{x} + x_e, \widetilde{u} + u_e) - y_e =: \widetilde{h}(\widetilde{x}, \widetilde{u})$$

在这组新变量表示的系统中，原点是输出为 0 的一个平衡点，因而可以基于这组新的变量来进行分析。一旦得到了这组新变量的解，就可以简单地应用 $x = \widetilde{x} + x_e$、$u = \widetilde{u} + u_e$、$y = \widetilde{y} + y_e$ 的变换，将它们"翻译"回原来的坐标。

回到原始方程式（6.1），现在可以不失一般性地假定原点即是感兴趣的平衡点，对于初始条件 $x(0) = x_0$、输入 $u(t)$，将相应的输出 $y(t)$ 写成 $y(t; x_0, u)$。在使用这种标记法时，若一个系统满足以下条件，就称其是线性输入/输出系统（linear input/output system）：

（ⅰ） $\qquad\qquad y(t; \alpha x_1 + \beta x_2, 0) = \alpha y(t; x_1, 0) + \beta y(t; x_2, 0),$

（ⅱ） $\qquad\qquad y(t; \alpha x_0, \delta u) = \alpha y(t; x_0, 0) + \delta y(t; 0, u),$ $\qquad$ (6.2)

（ⅲ） $\qquad\qquad y(t; 0, \delta u_1 + \gamma u_2) = \delta y(t; 0, u_1) + \gamma y(t; 0, u_2)$

所以，如果一个系统的输出在初始条件响应（$u = 0$）和强迫响应 $[x(0) = 0]$ 下是联合线性的，就称这个系统是线性的。性质（ⅲ）是对叠加原理（principle of superposition）的陈述：线性系统在输入 u_1 和 u_2 共同作用下的响应，等于系统在 u_1 和 u_2 单独作用下的输出 y_1 和 y_2 之和。

线性状态空间系统的一般形式是：

$$\frac{\mathrm{d}x}{\mathrm{d}t} = Ax + Bu, \quad y = Cx + Du \qquad (6.3)$$

式中，$A \in \mathbb{R}^{n \times n}$，$B \in \mathbb{R}^{n \times p}$，$C \in \mathbb{R}^{q \times n}$，$D \in \mathbb{R}^{q \times p}$。在单输入单输出系统的特殊情况下，$B$ 是列向量，C 是行向量，D 是标量，式（6.3）变为一阶线性微分方程的系统，输出为 u、状态变量为 x、输出为 y。容易看出，给定该组方程的任意两个解 $x_1(t)$ 和 $x_2(t)$，对应的输出满足式（6.2）。

定义 $x_h(t)$ 为零输入解 [即齐次系统（homogeneous system）的通解]，它满足：

$$\frac{\mathrm{d}x_h}{\mathrm{d}t} = Ax_h, \quad x_h(0) = x_0$$

定义 $x_p(t)$ 为依赖输入的零初始条件解，即特解（particular solution）或强迫解（forced solution），它满足：

$$\frac{\mathrm{d}x_p}{\mathrm{d}t} = Ax_p + Bu, \quad x_p(0) = 0$$

图 6.1 说明了如何由这两个独立的解叠加得到全解。

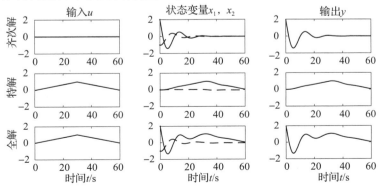

图 6.1 齐次解和特解的叠加。第一行曲线对应于初始条件响应的输入、状态及输出；第二行曲线对应于零初始条件但输入不为零时的输入、状态及输出；第三行曲线为全解对应的曲线，即前面的两个独立解之和

还可以证明，如果一个动态系统的状态变量个数有限，并且在以上描述的线性概念下是输入/输出线性的，那么通过适当地选取状态变量，总可以将其表示为形如式（6.3）的状态空间方程形式。6.2 节将给出式（6.3）的显式解，这里先用一个简单的例子来说明解的基本形式。

例 6.1 **标量系统解的线性性质**

考虑如下的一阶微分方程：

$$\frac{\mathrm{d}x}{\mathrm{d}t} = ax + u, \quad y = x$$

式中，$x(0) = x_0$。令 $u_1 = A\sin\omega_1 t$、$u_2 = B\cos\omega_2 t$。齐次系统的解为 $x_\mathrm{h}(t) = \mathrm{e}^{at}x_0$，且 $x(0) = 0$ 时的两个特解为：

$$x_\mathrm{p1}(t) = -A\,\frac{-\omega_1\mathrm{e}^{at} + \omega_1\cos\omega_1 t + a\sin\omega_1 t}{a^2 + \omega_1^2},$$

$$x_\mathrm{p2}(t) = B\,\frac{a\,\mathrm{e}^{at} - a\cos\omega_2 t + \omega_2\sin\omega_2 t}{a^2 + \omega_2^2}$$

现在若取 $x(0) = \alpha x_0$，$u = u_1 + u_2$，那么总的解就是各独立解的加权和：

$$x(t) = \mathrm{e}^{at}\left(\alpha x_0 + \frac{A\omega_1}{a^2 + \omega_1^2} + \frac{Ba}{a^2 + \omega_2^2}\right) - A\,\frac{\omega_1\cos\omega_1 t + a\sin\omega_1 t}{a^2 + \omega_1^2} + B\,\frac{-a\cos\omega_2 t + \omega_2\sin\omega_2 t}{a^2 + \omega_2^2}$$

$$(6.4)$$

将式（6.4）代入微分方程，可验证解的正确性。因此，该系统满足线性性质。 ◀

6.1.2　时不变性

时不变性（Time invariance）是一个很重要的概念，它用于描述系统性质不随时间变化的系统。更确切地说，对于一个时不变系统，若输入 $u(t)$ 产生的输出为 $y(t)$，那么当把输入施加的时间移动一个常数 a 时，则 $u(t + a)$ 产生的输出为 $y(t + a)$。若系统既是线性的，又是时不变的，则称作线性时不变系统（LTI system）。这种系统有一个有趣的性质，就是它对任意输入的响应都可以用阶跃响应或短脉冲的响应来进行完整的描述。

为了探讨时不变性的影响，先计算一个分段常数输入的响应。假定系统具有 0 初始条件，考虑图 6.2a 所示的分段常数输入。输入在 t_k 时刻发生跳变，跳变后的值为 $u(t_k)$。输入可以看成是阶跃函数的组合：第一个阶跃发生在 t_0 时刻，幅值为 $u(t_0)$，第二个阶跃发生在 t_1 时刻，幅值为 $u(t_1) - u(t_0)$，等等。

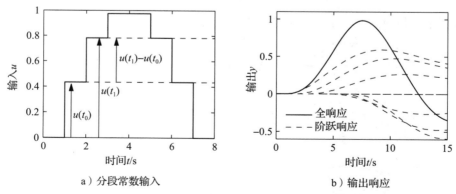

a）分段常数输入　　　　　　　　b）输出响应

图 6.2　分段常数输入的响应。图 a 的分段常数信号可以看成是一些阶跃信号之和，图 b 的总输出等于各个阶跃响应的输出之和

假定系统最初处于平衡点（这样一来，初始条件的响应就为 0），则对输入的响应就可

以通过对这组阶跃输入的响应进行叠加来求得。令 $H(t)$ 为在时刻 0 施加的单位阶跃输入的响应，并假定 $H(0)=0$。那么第一个阶跃的响应为 $H(t-t_0)u(t_0)$，第二个阶跃的响应为 $H(t-t_1)[u(t_1)-u(t_0)]$，可以发现全响应为：

$$
\begin{aligned}
y(t) &= H(t-t_0)u(t_0) + H(t-t_1)(u(t_1)-u(t_0)) + \cdots \\
&= [H(t-t_0)-H(t-t_1)]u(t_0) + [H(t-t_1)-H(t-t_2)]u(t_1) + \cdots \\
&= \sum_{k=1}^{n} [H(t-t_{k-1})-H(t-t_k)]u(t_{k-1}) + H(t-t_n)u(t_n) \\
&= \sum_{k=1}^{n} \frac{H(t-t_{k-1})-H(t-t_k)}{t_k-t_{k-1}} u(t_{k-1})(t_k-t_{k-1}) + H(t-t_n)u(t_n)
\end{aligned}
$$

式中，n 满足 $t_n \leqslant t$。这个计算过程如图 6.2b 所示。

连续输入信号的响应可以通过取极限 $n \to \infty$，以使 $t_{n+1}-t_n \to 0$、$t_n \to t$，从而得到：

$$
y(t) = \int_0^t H'(t-\tau)u(\tau)\mathrm{d}\tau \tag{6.5}
$$

式中，H' 是阶跃响应的导数，也称为冲激响应（impulse response）。因此，线性时不变系统对任何输入的响应都可以通过阶跃响应来计算。请注意，以上的输出仅仅取决于输入，这是因为假定了系统最初处于静止状态，即 $x(0)=0$。在 6.3 节中，将用稍有不同的方法来推导式（6.5）。

6.2　矩阵指数

式（6.5）表明，零初始状态的线性系统的输出可以写成输入 $u(t)$ 的积分。本节和下一节将推导这一公式的普遍形式，以包含非零初始条件。下面用矩阵指数来分析初始条件的响应。

6.2.1　初始条件响应

现在将显式地证明线性系统的输出是线性地依赖输入和初始条件的。先考虑以下齐次系统动态方程的通解：

$$
\frac{\mathrm{d}x}{\mathrm{d}t} = Ax \tag{6.6}
$$

对于以下标量（scalar）形式的微分方程：

$$
\frac{\mathrm{d}x}{\mathrm{d}t} = ax, \quad x \in \mathbb{R}, a \in \mathbb{R}
$$

其解为以下的指数函数：

$$
x(t) = \mathrm{e}^{at}x(0)
$$

下面将此结果推广到向量的情况，即从标量 a 推广到矩阵 A。矩阵指数（matrix exponential）定义如下，它是一个无穷级数：

$$
\mathrm{e}^X = I + X + \frac{1}{2}X^2 + \frac{1}{3!}X^3 + \cdots = \sum_{k=0}^{\infty} \frac{1}{k!}X^k \tag{6.7}
$$

式中，$X \in \mathbb{R}^{n \times n}$ 是一个方阵，I 是 $n \times n$ 的单位矩阵。采用以下的符号：

$$
X^0 = I, \quad X^2 = XX, \quad X^n = X^{n-1}X
$$

这实际上对矩阵的"幂"进行了定义。式（6.7）很容易记忆，因为这实际上就是把标量指数的泰勒级数展开公式应用于矩阵 X。可以证明，对于任何矩阵 $X \in \mathbb{R}^{n \times n}$，级数式（6.7）的收敛方式跟（针对标量 $a \in \mathbb{R}$ 定义的）正常指数的展开级数的收敛方式是一样的。

在式（6.7）中，用 At 代替 X（其中 $t \in \mathbb{R}$），得：

$$
\mathrm{e}^{At} = I + At + \frac{1}{2}A^2t^2 + \frac{1}{3!}A^3t^3 + \cdots = \sum_{k=0}^{\infty} \frac{1}{k!}A^kt^k
$$

求上式关于 t 的导数，得：

$$\frac{\mathrm{d}}{\mathrm{d}t}\mathrm{e}^{At} = A + A^2 t + \frac{1}{2}A^3 t^2 + \cdots = A \sum_{k=0}^{\infty} \frac{1}{k!}A^k t^k = A\mathrm{e}^{At} \tag{6.8}$$

方程两端右乘 $x(0)$，发现 $x(t) = \mathrm{e}^{At}x(0)$ 就是微分方程（6.6）在初始条件 $x(0)$ 下的解。总结这个重要结果，得到以下定理。

定理 6.1 微分方程（6.6）表示的齐次系统的解为：

$$x(t) = \mathrm{e}^{At}x(0)$$

请注意，这个解的形式跟标量方程的解的形式完全一样，但必须确保把向量 $x(0)$ 放在矩阵 e^{At} 的右侧。

解的形式表明这个解在初始条件下是线性的。特别地，若 $x_{h1}(t)$、$x_{h2}(t)$ 分别是式（6.6）在初始条件 $x(0) = x_{01}$ 和初始条件 $x(0) = x_{02}$ 下的解，那么初始条件 $x(0) = \alpha x_{01} + \beta x_{02}$ 的解为：

$$x(t) = \mathrm{e}^{At}(\alpha x_{01} + \beta x_{02}) = (\alpha \mathrm{e}^{At}x_{01} + \beta \mathrm{e}^{At}x_{02}) = \alpha x_{h1}(t) + \beta x_{h2}(t)$$

同样，可以知道对应的输出为：

$$y(t) = Cx(t) = \alpha y_{h1}(t) + \beta y_{h2}(t)$$

式中，$y_{h1}(t)$、$y_{h2}(t)$ 分别是对应 $x_{h1}(t)$、$x_{h2}(t)$ 的输出。

接下来用两个例子来说明矩阵指数的计算。

例 6.2 双重积分器

以下的二阶系统是非常简单的线性系统，它对于理解基本概念很有用处：

$$\ddot{q} = u, \quad y = q$$

这个系统称作双重积分器（double integrator），因为对输入 u 积分两次，就得到了输出。

采用状态空间表示，可写成 $x = (q, \dot{q})$ 和

$$\frac{\mathrm{d}x}{\mathrm{d}t} = \begin{pmatrix} 0 & 1 \\ 0 & 0 \end{pmatrix} x + \begin{pmatrix} 0 \\ 1 \end{pmatrix} u$$

双重积分器的动态矩阵为：

$$A = \begin{pmatrix} 0 & 1 \\ 0 & 0 \end{pmatrix}$$

直接计算可得 $A^2 = 0$，因此：

$$\mathrm{e}^{At} = I + At = \begin{pmatrix} 1 & t \\ 0 & 1 \end{pmatrix}$$

所以，双重积分器的齐次系统（即 $u = 0$）的解为：

$$x(t) = \begin{pmatrix} 1 & t \\ 0 & 1 \end{pmatrix} \begin{pmatrix} x_1(0) \\ x_2(0) \end{pmatrix} = \begin{pmatrix} x_1(0) + t x_2(0) \\ x_2(0) \end{pmatrix}$$

$$y(t) = x_1(0) + t x_2(0)$$

◀

例 6.3 无阻尼振荡器

以无阻尼弹簧-质量系统为代表的振荡器，其模型如下：

$$\ddot{q} + \omega_0^2 q = u$$

利用 $x_1 = q$，$x_2 = \dot{q}/\omega_0$，将该系统变换成状态空间形式，则系统的动态矩阵及矩阵指数可以写成为：

$$A = \begin{pmatrix} 0 & \omega_0 \\ -\omega_0 & 0 \end{pmatrix} \quad 和 \quad \mathrm{e}^{At} = \begin{pmatrix} \cos\omega_0 t & \sin\omega_0 t \\ -\sin\omega_0 t & \cos\omega_0 t \end{pmatrix}$$

e^{At} 的这个表达式可以通过求导数来验证：

$$\frac{\mathrm{d}}{\mathrm{d}t}\mathrm{e}^{At}=\begin{pmatrix}-\omega_0\sin\omega_0 t & \omega_0\cos\omega_0 t\\ -\omega_0\cos\omega_0 t & -\omega_0\sin\omega_0 t\end{pmatrix}$$

$$=\begin{pmatrix}0 & \omega_0\\ -\omega_0 & 0\end{pmatrix}\begin{pmatrix}\cos\omega_0 t & \sin\omega_0 t\\ -\sin\omega_0 t & \cos\omega_0 t\end{pmatrix}=A\,\mathrm{e}^{At}$$

因此，初值问题的解为：

$$x(t)=\mathrm{e}^{At}x(0)=\begin{pmatrix}\cos\omega_0 t & \sin\omega_0 t\\ -\sin\omega_0 t & \cos\omega_0 t\end{pmatrix}\begin{pmatrix}x_1(0)\\ x_2(0)\end{pmatrix}$$

如果系统是以下的有阻尼形式，那么解将更为复杂：

$$\ddot{q}+2\zeta\omega_0\dot{q}+\omega_0^2 q=u$$

如果 $\zeta<1$，则有：

$$\exp\left[\begin{pmatrix}-\zeta\omega_0 & \omega_{\mathrm{d}}\\ -\omega_{\mathrm{d}} & -\zeta\omega_0\end{pmatrix}t\right]=\mathrm{e}^{-\zeta\omega_0 t}\begin{pmatrix}\cos\omega_{\mathrm{d}}t & \sin\omega_{\mathrm{d}}t\\ -\sin\omega_{\mathrm{d}}t & \cos\omega_{\mathrm{d}}t\end{pmatrix}$$

式中，$\omega_{\mathrm{d}}=\omega_0\sqrt{1-\zeta^2}$。该结果可以通过对指数矩阵求导数来验证。习题 6.4 给出了对应 $\zeta\geqslant1$ 的结果。◄

一类很重要的线性系统可以通过线性坐标变换转变成对角型系统。假定给定一个系统：

$$\frac{\mathrm{d}x}{\mathrm{d}t}=Ax$$

其中 A 的所有特征值都是各不同的。可以证明（见习题 5.14）存在可逆矩阵 T，使得 TAT^{-1} 是对角矩阵。若选择一组坐标 $z=Tx$，那么在新的坐标系下，系统的动态方程将变成：

$$\frac{\mathrm{d}z}{\mathrm{d}t}=T\frac{\mathrm{d}x}{\mathrm{d}t}=TAx=TAT^{-1}z$$

根据 T 的定义，该系统将变成一个对角型系统。

下面考虑对角矩阵 A 及 At 的 k 次幂（也是对角阵）：

$$A=\begin{bmatrix}\lambda_1 & & & 0\\ & \lambda_2\\ & & \ddots\\ 0 & & & \lambda_n\end{bmatrix},\quad (At)^k=\begin{bmatrix}\lambda_1^k t^k & & & 0\\ & \lambda_2^k t^k\\ & & \ddots\\ 0 & & & \lambda_n^k t^k\end{bmatrix}$$

根据级数展开公式，相应的矩阵指数为：

$$\mathrm{e}^{At}=\begin{bmatrix}\mathrm{e}^{\lambda_1 t} & & & 0\\ & \mathrm{e}^{\lambda_2 t}\\ & & \ddots\\ 0 & & & \mathrm{e}^{\lambda_n t}\end{bmatrix}$$

当特征值为复数时，像 5.3 节那样应用分块对角矩阵，可以得到类似的展开表达式。

给定 z 坐标系下动态方程的解，在原始 x 坐标系下的解可以应用表达式 $x=T^{-1}z$ 得到。这样一来，就得到了动态矩阵可对角化的线性系统的显式解。

*6.2.2　若尔当标准型

有些具有重复特征值的矩阵没法转化成对角阵。不过，它们可以转换成一种与对角阵密切相关的形式，即若尔当标准型（Jordan form），其中动态矩阵的特征值在对角线上。当存在相等的特征值时，就会在上对角线（superdiagonal）位置出现一些"1"，表明在状态变量之间存在耦合。

具体来讲，若一个矩阵能写成以下的形式，就称之为若尔当标准型：

$$J = \begin{bmatrix} J_1 & & & 0 \\ & J_2 & & \\ 0 & & \ddots & \\ & & & J_k \end{bmatrix}, \quad \text{其中} \quad J_i = \begin{bmatrix} \lambda_i & 1 & & 0 \\ & \ddots & \ddots & \\ 0 & & \ddots & 1 \\ & & & \lambda_i \end{bmatrix} \tag{6.9}$$

式中，λ_i 为 J_i 的特征值。每个矩阵 J_i 称作若尔当块（Jordan block）。一阶若尔当块可以表示成一个带反馈 λ 的积分器构成的系统。高阶若尔当块则可以用此种系统的串联来表示，如图 6.3 所示。

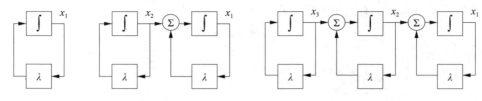

　a）1×1的若尔当块　　　　b）2×2的若尔当块　　　　　　c）3×3的若尔当块

图 6.3　高阶若尔当块。图 a 所示为 1×1 的若尔当块，它对应于带有反馈 λ 的一个积分器。2×2、3×3 的若尔当块分别如图 b、图 c 所示，它们对应于带有相同反馈的积分器的串联

定理 6.2　（若尔当分解）任何矩阵 $A \in \mathbb{R}^{n \times n}$ 都可以转化成若尔当标准型，其中若尔当块的 λ_i 由 A 的特征值决定。

证明：请参考线性代数的任何标准教材，譬如文献 [233]。习题 5.14 对特征值各不相同的特殊情况进行了检验。

将矩阵转换为若尔当标准型的工作相当复杂，不过在 MATLAB 中可以利用 jordan 函数来实现对数值矩阵的转换。该函数不要求 λ_i 各不相同，因此对于给定的一个特征值，可以得到一个或多个不同阶数的若尔当块。

一旦矩阵可以表示为若尔当标准型，就可以利用若尔当块来计算矩阵指数：

$$e^{Jt} = \begin{bmatrix} e^{J_1 t} & & & 0 \\ & e^{J_2 t} & & \\ 0 & & \ddots & \\ & & & e^{J_k t} \end{bmatrix} \tag{6.10}$$

它保留了 J 的块对角形式。若尔当块的指数可以进一步写成：

$$e^{J_i t} = \begin{bmatrix} 1 & t & \dfrac{t^2}{2!} & \cdots & \dfrac{t^{n-1}}{(n-1)!} \\ & 1 & t & \cdots & \dfrac{t^{n-2}}{(n-2)!} \\ & & \ddots & \ddots & \vdots \\ 0 & & & \ddots & t \\ & & & & 1 \end{bmatrix} e^{\lambda_i t} \tag{6.11}$$

对于可以转换成以上形式的线性系统，可以跟以前一样，利用变换 $z = Tx$ 和 $x = T^{-1}z$ 来表示其解。

当有多个特征值时，每个特征值对应的不变子空间都对应着矩阵 A 的若尔当块。请注意有些特征值可能是复数，这时，将矩阵转换成若尔当标准型的变换 T 也将是复数矩阵。当 λ 有非零的虚部时，解将包含振荡分量，这是因为：

$$e^{(\sigma + i\omega)t} = e^{\sigma t}(\cos\omega t + i\sin\omega t)$$

现在可以用以上这些结论来证明定理 5.1，即：当且仅当对所有的 i 有 $\mathrm{Re}\,\lambda_i < 0$ 时，线性

系统的平衡点 $x_e = 0$ 才是渐近稳定的。

定理 5.1 的证明 设 $T \in \mathbb{C}^{n \times n}$ 为一个将 A 转换为若尔当标准型的可逆矩阵，即 $J = TAT^{-1}$。利用坐标变换 $z = Tx$，可以将解 $z(t)$ 写成

$$z(t) = e^{Jt} z(0)$$

式中，$z(0) = Tx(0)$，因此 $x(t) = T^{-1} e^{Jt} z(0)$。

解 $z(t)$ 可以用矩阵指数形式的元素来表示。根据式（6.11），当且仅当对所有 i 都有 $\text{Re}\, \lambda_i < 0$ 时，对于任意的 $z(0)$，这些元素才会都衰减到 0。此外，若任何 λ_i 有正实部，那么就存在一个初始条件 $z(0)$，使得相应的解无限增大。由于可以将该初始条件任意地缩小，因而可知若有任何一个特征值具有正的实部，平衡点就是不稳定的。

可以通过改换坐标系来将矩阵 A 变换成若尔当标准型，从而可以证明线性系统的很多性质。用以下定理的证明来说明这一点，这跟定理 5.1 的证明方法是一样的。

定理 6.3 对于以下的系统

$$\frac{\mathrm{d}x}{\mathrm{d}t} = Ax$$

若其没有任何特征值具有严格的正实部，但有一个或多个特征值具有零实部，那么，当且仅当实部为 0 的每个特征值对应的若尔当块是标量块（1×1 的块）时，系统才是（在李雅普诺夫意义上）稳定的。

证明：见习题 6.6b。

下面的例子说明了若尔当块的应用。

例 6.4 矢量推力飞机的线性模型

考虑例 3.12 中介绍的矢量推力飞机的动态问题。假定取 $u_1 = u_2 = 0$，那么系统的动态方程变为：

$$\frac{\mathrm{d}z}{\mathrm{d}t} = \begin{pmatrix} z_4 \\ z_5 \\ z_6 \\ -g\sin z_3 - \dfrac{c}{m} z_4 \\ g(\cos z_3 - 1) - \dfrac{c}{m} z_5 \\ 0 \end{pmatrix} \qquad (6.12)$$

式中，$z = (x, y, \theta, \dot{x}, \dot{y}, \dot{\theta})$。为了获得系统的平衡点，令速度 $\dot{x}$、$\dot{y}$、$\dot{\theta}$ 为 0，并让其余变量满足以下关系：

$$\begin{aligned} -g\sin z_{3,e} &= 0 \\ g(\cos z_{3,e} - 1) &= 0 \end{aligned} \quad \Rightarrow \quad z_{3,e} = \theta_e = 0$$

对飞机而言，这对应于直立的方向。请注意这里并未指定 x_e 和 y_e。这是因为我们可以将系统转换到一个新的（直立的）位置，并且仍然可以得到一个平衡点。

为了计算平衡点的稳定性，利用式（5.13）来计算线性化系统：

$$A = \left. \frac{\partial F}{\partial z} \right|_{z_e} = \begin{pmatrix} 0 & 0 & 0 & 1 & 0 & 0 \\ 0 & 0 & 0 & 0 & 1 & 0 \\ 0 & 0 & 0 & 0 & 0 & 1 \\ 0 & 0 & -g & -c/m & 0 & 0 \\ 0 & 0 & 0 & 0 & -c/m & 0 \\ 0 & 0 & 0 & 0 & 0 & 0 \end{pmatrix}$$

可以算得这个系统的特征值为：
$$\lambda(A)=\{0,0,0,0,-c/m,-c/m\}$$
可见，由于不是所有特征值都具有严格为负的实部，因此线性化的系统不是渐近稳定的。

为了判断系统在李雅普诺夫意义上是否稳定，需要使用若尔当标准型。可以证明 A 的若尔当标准型为：

$$J=\left(\begin{array}{cccc|c|c} 0 & 0 & 0 & 0 & 0 & 0 \\ 0 & 0 & 1 & 0 & 0 & 0 \\ 0 & 0 & 0 & 1 & 0 & 0 \\ 0 & 0 & 0 & 0 & 0 & 0 \\ 0 & 0 & 0 & 0 & -c/m & 0 \\ 0 & 0 & 0 & 0 & 0 & -c/m \end{array}\right)$$

由于第二个若尔当块的特征值为 0，并且不是单重特征值，因此线性化的系统是不稳定的（见习题 6.6）。　◀

6.2.3　特征值和模态

系统的特征值和特征向量描述了系统可以表现的行为类型。对于振荡系统，常用模态（mode）这一术语来描述其可能发生的振动模式。图 6.4 说明了由弹簧连接的两个质量块构成的系统的模态。一种模态是两个物体同步左右振动，另一种模态是二者做彼此靠近或远离的运动。

a）模态1　　　　　　　　b）模态2

图 6.4　由弹簧连接的两个质量块构成的系统的模态。在图 a 中，两个质量块同步地向左或向右移动；在图 b 中，二者迎面或反向运动

线性系统的初始条件响应可以写成关于动态矩阵 A 的矩阵指数形式。因此，矩阵 A 的性质决定系统的最终行为。对于给定的矩阵 $A\in\mathbb{R}^{n\times n}$，我们知道，若以下关系成立：
$$Av=\lambda v$$
那么 v 是 A 的一个特征向量，λ 是相应的特征值。一般来讲，λ 和 v 可以为复数，不过对于 A 为实数矩阵的情况，特征值 λ 的复共轭 λ^* 也将是一个特征值（v^* 则为对应的特征向量）。

先假定 λ 和 v 是 A 的一个实数特征值/特征向量对。让我们研究 $x(0)=v$ 时微分方程的解，根据矩阵指数的定义，有：
$$\mathrm{e}^{At}v=\left(I+At+\frac{1}{2}A^2t^2+\cdots\right)v=v+\lambda tv+\frac{\lambda^2t^2}{2}v+\cdots=\mathrm{e}^{\lambda t}v$$

因此，这个解位于特征向量 v 的子空间内。特征值 λ 描述了这个解是如何随时间变化的，对应特征值 λ 的这个解常被称作系统的一个模态（在文献中，"模态"这个术语也常被用来指特征值而不是指解）。

如果研究向量 x 和 v 的单个元素，可以得到：
$$\frac{x_i(t)}{x_j(t)}=\frac{\mathrm{e}^{\lambda t}v_i}{\mathrm{e}^{\lambda t}v_j}=\frac{v_i}{v_j}$$

因此，对于（实数）模态来讲，状态 x 的各分量之比是恒定的。所以特征向量给出了解的"形状"，因此它也被称作系统的模态形状（mode shape）。图 6.5 给出了一个具有快速模态和慢速模态的二阶系统。注意慢速模态的状态变量具有相同的符号，快速模态的状态变量具有相反的符号。

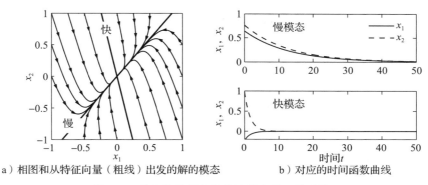

a) 相图和从特征向量（粗线）出发的解的模态   b) 对应的时间函数曲线

图 6.5   具有快速模态和慢速模态的二阶系统

当 A 的特征值为复数时，情况更为复杂。由于 A 的元素为实数，故特征值和特征向量都为共轭复数形式，即 $\lambda = \sigma \pm i\omega$，$v = u \pm iw$，这意味着：

$$u = \frac{v + v^*}{2}, \quad w = \frac{v - v^*}{2i}$$

利用矩阵指数可得：

$$e^{At}v = e^{\lambda t}(u + iw) = e^{\sigma}\left[(u\cos\omega t - w\sin\omega t) + i(u\sin\omega t + w\cos\omega t)\right]$$

由此得出：

$$e^{At}u = \frac{1}{2}(e^{At}v + e^{At}v^*) = ue^{\sigma t}\cos\omega t - we^{\sigma t}\sin\omega t,$$

$$e^{At}w = \frac{1}{2i}(e^{At}v - e^{At}v^*) = ue^{\sigma t}\sin\omega t + we^{\sigma t}\cos\omega t$$

因此，当初始条件位于由特征向量的实部 u 和虚部 w 所张成的子空间中时，相应的解也位于该子空间中。这个解是由 σ 和 ω 确定的对数螺旋曲线。同样，我们把对应于 λ 的这个解称作系统的一个模态，将相应的 v 称作系统的模态形状。

如果矩阵 A 有 n 个不同的特征值 $\lambda_1, \cdots, \lambda_n$，那么初始条件响应可以写成模态的线性组合。为简单起见，假定所有的特征值都是实数，它们对应于单位特征向量 $v_1, \cdots, v_n$。根据线性代数，这些特征向量是线性无关的，因此可以将初始条件 $x(0)$ 写成

$$x(0) = \alpha_1 v_1 + \alpha_2 v_2 + \cdots + \alpha_n v_n$$

利用线性性质，可以将初始条件响应写成：

$$x(t) = \alpha_1 e^{\lambda_1 t}v_1 + \alpha_2 e^{\lambda_2 t}v_2 + \cdots + \alpha_n e^{\lambda_n t}v_n$$

因此，响应是系统模态的线性组合，其中各个模态的幅值是按 $e^{\lambda_i t}$ 增大或衰减的。当特征值为各不相同的复数时，情况与此类似（有多重特征值的情况更难分析，需要用到前一节介绍的若尔当标准型）。

例 6.5   耦合的弹簧-质量系统

考虑图 6.4 所示的弹簧-质量系统，给其中每个质量块添加一个阻尼。系统的运动方程为：

$$m\ddot{q}_1 = -2kq_1 - c\dot{q}_1 + kq_2, \quad m\ddot{q}_2 = kq_1 - 2kq_2 - c\dot{q}_2$$

采用状态空间表示，定义状态为 $x = (q_1, q_2, \dot{q}_1, \dot{q}_2)$，则动态方程可以重写为：

$$\frac{dx}{dt} = \begin{pmatrix} 0 & 0 & 1 & 0 \\ 0 & 0 & 0 & 1 \\ -\dfrac{2k}{m} & \dfrac{k}{m} & -\dfrac{c}{m} & 0 \\ \dfrac{k}{m} & -\dfrac{2k}{m} & 0 & -\dfrac{c}{m} \end{pmatrix} x$$

现在定义变换 $z = Tx$，将系统变成更简单的形式。令 $z_1 = \frac{1}{2}(q_1 + q_2)$、$z_2 = \dot{z}_1$、$z_3 = \frac{1}{2}(q_1 - q_2)$、$z_4 = \dot{z}_3$，则有：

$$z = Tx = \frac{1}{2}\begin{bmatrix} 1 & 1 & 0 & 0 \\ 0 & 0 & 1 & 1 \\ 1 & -1 & 0 & 0 \\ 0 & 0 & 1 & -1 \end{bmatrix}x$$

在新坐标系下，动态方程变为：

$$\frac{\mathrm{d}z}{\mathrm{d}t} = \begin{bmatrix} 0 & 1 & 0 & 0 \\ -\dfrac{k}{m} & -\dfrac{c}{m} & 0 & 0 \\ 0 & 0 & 0 & 1 \\ 0 & 0 & -\dfrac{3k}{m} & -\dfrac{c}{m} \end{bmatrix}z$$

可见，模型现在已经成为块对角的型式。

在 z 坐标系下，状态 z_1 和 z_2 靠特征值 $\lambda \approx -c/(2m) \pm \mathrm{i}\sqrt{k/m}$ 对一个模态进行了参数化；状态 z_3 和 z_4 则靠特征值 $\lambda \approx -c/(2m) \pm \mathrm{i}\sqrt{3k/m}$ 对另一个模态进行了参数化。从变换 T 的形式可见，这些模态正好与图 6.4 所示的模态对应，其中 q_1 和 q_2 同向移动（模态 1）或反向移动（模态 2）开。特征值的实部和虚部决定了每个模态的衰减率 σ 和频率 ω。   ◀

6.3　输入/输出响应

上一节学习了如何利用矩阵指数来计算初始条件响应。本节将推导卷积方程，它把输入对输出的贡献也考虑了进去。

6.3.1　卷积方程

回到式（6.3）所示一般性的输入/输出系统的情况，将其重写如下：

$$\frac{\mathrm{d}x}{\mathrm{d}t} = Ax + Bu, \quad y = Cx + Du \tag{6.13}$$

利用矩阵指数，式（6.13）的解可以写成以下的定理。

定理 6.4　线性微分方程式（6.13）的解为：

$$x(t) = \mathrm{e}^{At}x(0) + \int_0^t \mathrm{e}^{A(t-\tau)}Bu(\tau)\mathrm{d}\tau \tag{6.14}$$

为了证明这个定理，对上式两端求导数，并使用矩阵指数性质的式（6.8），得到：

$$\frac{\mathrm{d}x}{\mathrm{d}t} = A\mathrm{e}^{At}x(0) + \int_0^t A\mathrm{e}^{A(t-\tau)}Bu(\tau)\mathrm{d}\tau + Bu(t) = Ax + Bu$$

由于其满足初始条件，因此结论得证。请注意，这个证明与单个一阶微分方程解的证明在本质上是一样的。

根据式（6.13）和式（6.14），线性系统的输入/输出关系由下式给出：

$$y(t) = C\mathrm{e}^{At}x(0) + \int_0^t C\mathrm{e}^{A(t-\tau)}Bu(\tau)\mathrm{d}\tau + Du(t) \tag{6.15}$$

由此很容易看出，输出与初始条件以及输入之间是联合线性关系，其原因在于矩阵/向量的乘法、积分都具有线性特性。

式（6.15）称作卷积方程（convolution equation），它是系统具有耦合线性微分方程组时解的通式。由该式立即可以看出，矩阵 A 所表征的系统动态在系统的稳定性与性能等方面起着十分重要的作用。实际上，矩阵指数回答了两个问题，一个是当初始条件受到干扰时到底会发生什么，另一个是系统如何对输入做出响应。

*利用系统冲激响应（impulse response）的概念，可以为卷积方程提供另一种解释。考虑施加下式定义的输入信号 $u(t)$：

$$u(t) = p_\epsilon(t) = \begin{cases} 0 & \text{如果 } t < 0 \\ 1/\epsilon & \text{如果 } 0 \leqslant t < \epsilon \\ 0 & \text{如果 } t \geqslant \epsilon \end{cases} \tag{6.16}$$

这种信号是一个宽度为 ϵ、幅值为 $1/\epsilon$ 的脉冲，如图 6.6a 所示。当 $\epsilon \to 0$ 时，这个信号的极限被定义为冲激函数（impulse），记作 $\delta(t)$：

$$\delta(t) = \lim_{\epsilon \to 0} p_\epsilon(t) \tag{6.17}$$

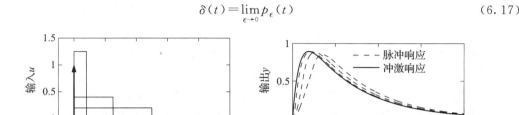

a）脉冲函数和冲激函数 b）脉冲响应和冲激响应

图 6.6 在图 a 中，各矩形脉冲的宽度分别为 5、2.5 和 0.8，面积都为 1；箭头表示式（6.17）定义的冲激函数 $\delta(t)$。在图 b 中，针对特征值为 $\lambda = \{-0.08, -0.62\}$ 的线性系统，给出了对应的脉冲响应（虚线）和真正的冲激响应（实线）（可见，持续时间为 0.8 s 的脉冲的响应已经能够很好地近似冲激响应）

这个信号有时也称作狄拉克函数（delta function），虽然它在物理上是不可实现的，但却为理解系统的响应提供了一个很方便的抽象。注意冲激函数的积分等于 1：

$$\int_0^t \delta(\tau)\mathrm{d}\tau = \int_0^t \lim_{\epsilon \to 0} p_\epsilon(t)\mathrm{d}\tau = \lim_{\epsilon \to 0} \int_0^t p_\epsilon(t)\mathrm{d}\tau$$
$$= \lim_{\epsilon \to 0} \int_0^\epsilon 1/\epsilon\, \mathrm{d}\tau = 1, \quad t > 0$$

说得更具体点就是，冲激函数在包含原点的任意时间长度内的积分都等于 1。

系统的冲激响应（impulse response）$h(t)$ 定义为系统具有零初始条件且以冲激函数为输入时的输出：

$$h(t) = \int_0^t Ce^{A(t-\tau)}B\delta(\tau)\mathrm{d}\tau + D\delta(t) = Ce^{At}B + D\delta(t) \tag{6.18}$$

式中第二个等号之所以成立，是因为除了在原点之外 $\delta(t)$ 处处为 0 且其积分恒等于 1。现在可以利用初始条件的响应、冲激响应的卷积以及输入信号来写出卷积方程：

$$y(t) = Ce^{At}x(0) + \int_0^t h(t-\tau)u(\tau)\mathrm{d}\tau \tag{6.19}$$

由习题 6.2 可知，线性系统的响应等于无穷多个冲激函数在位置经过移动、幅值经过放大为 $u(t)$ 倍后的响应的叠加。这本质上正是分析图 6.2 以及获得式（6.5）的依据。注意式（6.19）的第二项跟式（6.5）相同，并且可以证明，冲激响应等于阶跃响应的导数。

利用脉冲函数 $p_\epsilon(t)$ 来近似冲激函数 $\delta(t)$ 的做法，也提供了一种用实验来辨识系统动态的机制。图 6.6b 显示了一个系统在不同脉冲宽度下的脉冲响应。注意当脉冲宽度趋近于 0 时，脉冲响应趋近于冲激响应。作为一般准则，如果一个稳定的系统的最快特征值具有负实部 $-\sigma_{\max}$，那么在 $\epsilon\sigma_{\max} \ll 1$ 的情况下，宽度为 ϵ 的脉冲函数的响应可以作为冲激响应的一个很好的估计。注意在图 6.6 中，宽度 $\epsilon = 1\mathrm{s}$ 的脉冲对应的 $\epsilon\sigma_{\max} = 0.62$，相应的脉冲响应已十分接近冲激响应。◀

6.3.2 坐标不变性

输入向量 u 和输出向量 y 的分量是由模型的特定输入和输出来确定的，但状态变量却依赖于用来表示状态的坐标系。坐标系的选择会影响模型中所用的矩阵 A、B、C 的取值（但直接项 D 不受影响，因为 D 是将输入映射到输出的矩阵）。现在研究改变坐标系会带来的后果。

应用变换 $z = Tx$ 引入新的坐标系 z，其中 T 是可逆矩阵。根据式（6.3）可得：

$$\frac{\mathrm{d}z}{\mathrm{d}t} = T(Ax + Bu) = TAT^{-1}z + TBu =: \widetilde{A}z + \widetilde{B}u,$$

$$y = Cx + Du = CT^{-1}z + Du =: \widetilde{C}z + Du$$

变换后的系统跟式（6.3）具有相同的形式，但矩阵 A、B、C 不同：

$$\widetilde{A} = TAT^{-1}, \quad \widetilde{B} = TB, \quad \widetilde{C} = CT^{-1} \tag{6.20}$$

往往可以选择一些特殊的坐标变换，以使系统的一些特殊性质得以显现，因而可以用坐标变换来获得系统动态的一些新见解。$\widetilde{A}$ 的特征值跟 A 的特征值相同，因此稳定性不受影响。

也可以对比在新、旧状态坐标系下系统的解。这要用到指数映射的一个重要性质：

$$\mathrm{e}^{TST^{-1}} = T\mathrm{e}^{S}T^{-1}$$

将矩阵指数的定义代入，很容易验证这个性质。利用这个性质很容易证明：

$$x(t) = T^{-1}z(t) = T^{-1}\mathrm{e}^{\widetilde{A}t}Tx(0) + T^{-1}\int_0^t \mathrm{e}^{\widetilde{A}(t-\tau)}\widetilde{B}u(\tau)\mathrm{d}\tau$$

由方程的这个形式可以看出，将 A 变换成矩阵指数易于计算的 $\widetilde{A}$，然后只需进行简单的矩阵乘法计算，就可以求解未经变换的状态 x 的一般卷积方程。用以下的例子来说明这种方法。

例 6.6 **耦合的弹簧-质量系统**

考虑图 6.7 所示耦合的弹簧-质量系统。系统的输入是最右端弹簧末端位置的正弦运动，输出是两个质量块的位置 q_1 和 q_2。运动方程为

$$m\ddot{q}_1 = -2kq_1 - c\dot{q}_1 + kq_2, \quad m\ddot{q}_2 = kq_1 - 2kq_2 - c\dot{q}_2 + ku$$

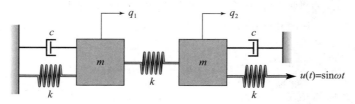

图 6.7 耦合的弹簧-质量系统。每个质量块都连接两个弹性系数为 k 的弹簧和一个阻尼系数为 c 的黏滞阻尼器。右边的质量块通过右侧的弹簧驱动，弹簧右端连接在一个位置正弦变化的附件上

用状态空间表示，定义状态为 $x = (q_1, q_2, \dot{q}_1, \dot{q}_2)$，可将方程重写为：

$$\frac{\mathrm{d}x}{\mathrm{d}t} = \begin{pmatrix} 0 & 0 & 1 & 0 \\ 0 & 0 & 0 & 1 \\ -\dfrac{2k}{m} & \dfrac{k}{m} & -\dfrac{c}{m} & 0 \\ \dfrac{k}{m} & -\dfrac{2k}{m} & 0 & -\dfrac{c}{m} \end{pmatrix} x + \begin{pmatrix} 0 \\ 0 \\ 0 \\ \dfrac{k}{m} \end{pmatrix} u$$

这是 4 个微分方程的耦合，求取其解析形式的解是相当复杂的。

动态矩阵和例 6.5 的相同，因此可以利用那里定义的坐标变换来将系统转换成块对角形式：

$$\frac{\mathrm{d}z}{\mathrm{d}t} = \begin{bmatrix} 0 & 1 & 0 & 0 \\ -\dfrac{k}{m} & -\dfrac{c}{m} & 0 & 0 \\ 0 & 0 & 0 & 1 \\ 0 & 0 & -\dfrac{3k}{m} & -\dfrac{c}{m} \end{bmatrix} z + \begin{bmatrix} 0 \\ \dfrac{k}{2m} \\ 0 \\ -\dfrac{k}{2m} \end{bmatrix} u$$

请注意，这样得到的矩阵方程是解耦的，可以分别计算由状态（z_1，z_2）及（z_3，z_4）表示的两组二阶系统的解，来获得整个方程的解答。事实上，每组方程的形式都与单个弹簧-质量系统的相同（在 7.3 节中将推导这种方程的显式解）。

一旦解出了两组独立的二阶方程的解，就可以通过反向坐标变换来恢复原始坐标系中的动态，即 $x = T^{-1}z$。也可以通过研究两个独立的二阶系统的稳定性来判断整个系统的稳定性。　◀

6.3.3　稳态响应

评价线性系统响应的一种常用做法是将短期响应与长期响应分开。给定线性输入/输出系统：

$$\frac{\mathrm{d}x}{\mathrm{d}t} = Ax + Bu， \quad y = Cx + Du \tag{6.21}$$

式（6.21）的解的一般形式由卷积方程给出为：

$$y(t) = Ce^{At}x(0) + \int_0^t Ce^{A(t-\tau)}Bu(\tau)\mathrm{d}\tau + Du(t)$$

从这个解的形式可知，它包括一个初始条件响应和一个输入响应。

与上式最右端两项对应的是输入响应，它本身又包含两个分量，分别是瞬态响应（transient response）和稳态响应（steady-state response）。瞬态响应发生在输入开始作用后的第一个时间段内，反映了初始条件与稳态解之间的不匹配。稳态响应是输入响应的另一部分，它反映系统在给定输入下的长期行为。对于周期性的输入，稳态响应一般也是周期性的；对于恒定输入，稳态响应一般也是恒定的。图 6.8 所示为周期性输入下的瞬态响应和稳态响应。

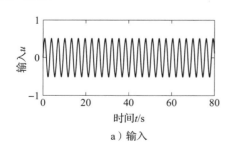
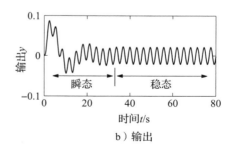

图 6.8　周期性输入下的瞬态响应和稳态响应。图 a 为线性系统的输入，图 b 为对应的、$x(0)=0$ 时的输出。可见，输出信号在调节到稳态行为之前，最初经历了一个瞬态过程

最常见的输入形式是阶跃输入（step input），它表示输入从一个值迅速跳跃到另一个值。单位阶跃（unit step）函数〔有时也称作海维赛德（Heaviside）阶跃函数〕定义为：

$$u(t)=S(t)=\begin{cases} 0 & \text{如果 } t<0 \\ 1 & \text{如果 } t>0 \end{cases}$$

式（6.21）的阶跃响应（step response）定义为在阶跃输入下从零初始条件开始（或从适当的平衡点开始）的输出 $y(t)$。注意阶跃输入是不连续的，因此实际上不可实现。然而，在研究输入/输出系统时，它是一个使用很广泛、很方便的抽象概念。

可以用卷积公式来计算线性系统的阶跃响应。令 $x(0)=0$，并使用上面的阶跃输入定义，可得

$$\begin{aligned} y(t) &= \int_0^t C e^{A(t-\tau)} B u(\tau)\mathrm{d}\tau + D u(t) = C\int_0^t e^{A(t-\tau)} B\,\mathrm{d}\tau + D \\ &= C\int_0^t e^{A\sigma} B\,\mathrm{d}\sigma + D = C(A^{-1} e^{A\sigma}B)\big|_{\sigma=0}^{\sigma=t} + D \\ &= CA^{-1}e^{At}B - CA^{-1}B + D \end{aligned}$$

重新整理如下：

$$y(t)=\underbrace{CA^{-1}e^{At}B}_{\text{瞬态分量}}+\underbrace{D-CA^{-1}B}_{\text{稳态分量}},\quad t>0 \tag{6.22}$$

第一项是瞬态响应，如果 A 的所有特征值都具有负实部（这意味着当没有任何输入时，原点为一个稳态平衡点），那么当 $t\to\infty$ 时，这一项将衰减为零。第二项是稳态阶跃响应，它是在假定矩阵 A 可逆的情况下算得的，表示经过很长时间之后的输出值。

图 6.9 所示为阶跃响应的例子。在描述阶跃响应时，会用到几项重要指标。阶跃响应的稳态值（steady-state value）y_{ss} 是输出收敛时的终了值。上升时间（rise time）T_r 是信号第一次从稳态值的 10% 上升到稳态值的 90% 所需的时间（也可以用其他的界限来定义这个时间，但在本书中除非特别说明，都以这两个百分值为界限）。超调量（overshoot）M_p 是信号第一个峰值超出稳态值的百分比。这里通常假定后面的信号值不会超过第一个峰值，否则这个术语将没有意义。最后一个术语是调节时间（settling time）或稳定时间 T_s，它是信号开始保持在稳态值附近 2% 的范围内不再出来所需的时间。稳定时间定义的范围有时也采用稳态值的 1% 或 5%（见习题 6.7）。一般来说，这些性能指标决定于阶跃输入的幅值，但对于线性系统来讲，上升时间、超调量、调节时间与输入阶跃的大小无关。

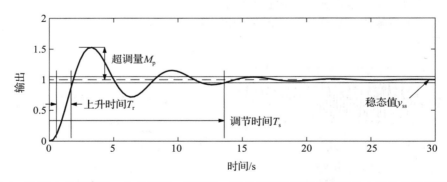

图 6.9　阶跃响应的例子。上升时间、超调量、调节时间以及稳态值等是响应的关键性能指标

例 6.7　房室模型

考虑图 6.10 所示的房室模型，详情见 4.6 节。假定以恒定速度往房室 V_1 输注一种药物，药物将在房室 V_2 中起作用。由图 6.10b 可见阶跃响应相当缓慢，调节时间是 39 min。通过在起始阶段采用较快的输注速度，可以更快地达到稳定浓度，如图 6.10c 所示。此时系统的响应可以通过组合两个阶跃响应来得到（见习题 6.3）。

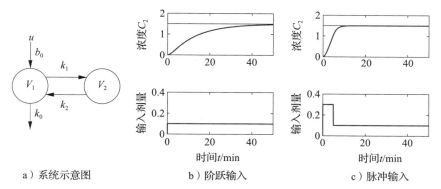

a）系统示意图　　　　　b）阶跃输入　　　　　c）脉冲输入

图 6.10　药物输注速度恒定时，房室模型的响应。图 a 为系统的示意图；图 b 为阶跃输入下，房室 2 中浓度建立的情况；在图 c 中，初始阶段采用了脉冲输入，以加快响应速度　◀

6.3.4　频率响应

线性系统的另一种常见输入信号是正弦信号（或正弦信号的组合）。输入/输出系统的频率响应（frequency response）用于反映正弦信号加在系统的某个输入端时的系统响应情况。大家在标量系统中已经看到，正弦激励的特解本身也是一个同频率的正弦函数。因此，可以对比输出、输入两个正弦波的幅值、相位。

为了更深入地了解这一点，有必要针对 $u = \cos\omega t$ 估算卷积公式（6.15）的结果。这看起来是一个相当麻烦的计算，不过可以利用线性系统的性质来简化推导过程。根据欧拉公式有：

$$\cos\omega t = \frac{1}{2}(e^{i\omega t} + e^{-i\omega t})$$

由于系统是线性的，因此计算系统对复数输入 $u(t) = e^{st}$ 的响应就足够了，然后再对 $s = i\omega$ 和 $s = -i\omega$ 的响应进行平均，就可以重构正弦输入的响应。

应用卷积公式于输入 $u = e^{st}$，得到：

$$y(t) = Ce^{At}x(0) + \int_0^t Ce^{A(t-\tau)}Be^{s\tau}\,d\tau + De^{st}$$

$$= Ce^{At}x(0) + Ce^{At}\int_0^t e^{(sI-A)\tau}B\,d\tau + De^{st}$$

如果假定 A 的任何特征值都不等于 $\pm i\omega$，那么矩阵 $sI - A$ 就是可逆的，因此有

$$y(t) = Ce^{At}x(0) + Ce^{At}\left[(sI-A)^{-1}e^{(sI-A)\tau}B\right]\big|_0^t + De^{st}$$

$$= Ce^{At}x(0) + Ce^{At}(sI-A)^{-1}(e^{(sI-A)t} - I)B + De^{st}$$

$$= Ce^{At}x(0) + C(sI-A)^{-1}e^{st}B - Ce^{At}(sI-A)^{-1}B + De^{st}$$

于是得到：

$$y(t) = \underbrace{Ce^{At}\left[x(0) - (sI-A)^{-1}B\right]}_{\text{瞬态分量}} + \underbrace{\left[C(sI-A)^{-1}B + D\right]e^{st}}_{\text{稳态分量}} \qquad (6.23)$$

请注意，这里的解也是由一个瞬态分量和一个稳态分量组成的。如果系统是渐近稳定的，那么瞬态分量将衰减为零，稳态分量则正比于（复数）输入 $u = e^{st}$。

为了进一步简化解的形式，重写稳态响应如下：

$$y_{ss}(t) = Me^{i\theta}e^{st} = Me^{(st+i\theta)},$$

其中，

$$Me^{i\theta} = G(s) = C(sI-A)^{-1}B + D \qquad (6.24)$$

这里 M 和 θ 分别是复数 $G(s)$ 的幅值和相位。当 $s = i\omega$ 时，称 $M = |G(i\omega)|$ 和 $\theta = \arg G(i\omega)$

分别为系统在频率 ω 时的增益（gain）和相位（phase）。利用线性性质，组合 $s=+\mathrm{i}\omega$、$s=-\mathrm{i}\omega$ 的解，可以证明：如果输入为 $u=A_u\sin(\omega t+\psi)$，输出为 $y=A_y\sin(\omega t+\varphi)$，那么增益（gain）和相位（phase）分别为

$$\text{gain}(\omega)=\frac{A_y}{A_u}=M,\quad \text{phase}(\omega)=\varphi-\psi=\theta$$

因此，正弦输入 $u=\cos\omega t=\sin(\omega t+\pi/2)$ 的稳态解就是：

$$y_{ss}(t)=\text{Re}\big[G(\mathrm{i}\omega)\,\mathrm{e}^{\mathrm{i}\omega t}\big]=M\cos(\omega t+\theta) \tag{6.25}$$

如果相位 θ 是正的，就说输出超前（lead）于输入，否则就说输出滞后（lag）于输入。

图 6.11a 为稳态正弦的输入/输出响应。虚线所示为正弦输入，幅值为 1；实线所示为正弦输出，两者不仅幅度不同，而且有相移。增益是这两个正弦波的幅值之比，可以通过测量波峰高度得到。相位由输入输出过零点的时间差与正弦波的整个周期之比来确定：

$$\theta=-2\pi\cdot\frac{\Delta T}{T}$$

了解频率响应的一个便捷方法，就是绘出式（6.24）的增益和相位随 ω 变化的曲线（令 $s=\mathrm{i}\omega$）。图 6.11b 给出了这种表示方法的一个例子。这种表示方法称作伯德图，在 9.6 节将做更具体的讨论。

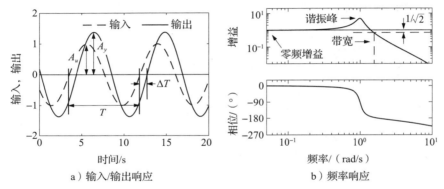

a）输入/输出响应　　　　　　b）频率响应

图 6.11　渐近稳定的线性系统对正弦输入的稳态响应。在图 a 中，虚线为幅值为 A_u 的正弦输入，实线为幅值为 A_y 的正弦输出，输出滞后输入 ΔT 秒。图 b 为增益和相位随频率变化的曲线——频率响应。增益等于输出幅值与输入幅值之比，即 $M=A_y/A_u$；相位滞后为 $\theta=-2\pi\Delta T/T$，在此例中，由于输出滞后于输入，因此相位为负值

例 6.8　有源带通滤波器

考虑图 6.12a 所示的运算放大器电路。列写节点方程（nodal equation），即任何节点的电流之和为零，可以获得系统的动态方程。跟 4.3 节一样，假定 $v_-=v_+=0$，可得：

$$0=\frac{v_1-v_2}{R_1}-C_1\frac{\mathrm{d}v_2}{\mathrm{d}t},\quad 0=C_1\frac{\mathrm{d}v_2}{\mathrm{d}t}+\frac{v_3}{R_2}+C_2\frac{\mathrm{d}v_3}{\mathrm{d}t}$$

选择 v_2 和 v_3 作为状态变量，利用这些方程可得：

$$\frac{\mathrm{d}v_2}{\mathrm{d}t}=\frac{v_1-v_2}{R_1C_1},\quad \frac{\mathrm{d}v_3}{\mathrm{d}t}=\frac{-v_3}{R_2C_2}-\frac{v_1-v_2}{R_1C_2}$$

重写为线性状态空间形式，有：

$$\frac{\mathrm{d}x}{\mathrm{d}t}=\begin{pmatrix}-\dfrac{1}{R_1C_1} & 0 \\[2mm] \dfrac{1}{R_1C_2} & -\dfrac{1}{R_2C_2}\end{pmatrix}x+\begin{pmatrix}\dfrac{1}{R_1C_1} \\[2mm] \dfrac{-1}{R_1C_2}\end{pmatrix}u,\quad y=(0\quad 1)x \tag{6.26}$$

式中，$x=(v_2,\ v_3)$，$u=v_1$，$y=v_3$。

利用式（6.24），可以算得系统的频率响应为：

$$Me^{i\theta}=C(sI-A)^{-1}B+D=-\frac{R_2}{R_1}\frac{R_1C_1s}{(1+R_1C_1s)(1+R_2C_2s)},\quad s=i\omega$$

图 6.12 绘出了 $R_1=100\ \Omega$，$R_2=5\ \mathrm{k\Omega}$，$C_1=C_2=100\ \mu\mathrm{F}$ 时的幅值和相位曲线。可见，频率在 15 rad/s 左右的信号通过电路后的衰减很小，但频率低于 2 rad/s 或高于 100 rad/s 的信号有一定衰减。在 0.1 rad/s 时，输入信号的衰减因子为 20。这种电路称作带通滤波器（band-pass filter），因为它容许通过的信号（大约）在 5～50 rad/s 的频带内。

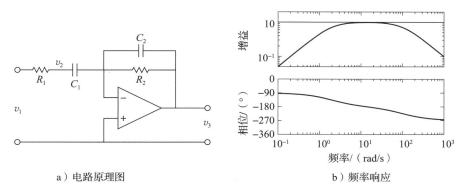

a）电路原理图 b）频率响应

图 6.12　有源带通滤波器。在图 a 的电路原理图中，一个运算放大器与两个 RC 滤波器一起，提供带通滤波的能力。图 b 为滤波器的增益、相位与频率的函数关系曲线，即幅频特性和相频特性曲线。注意，由于运放的增益为负，所以相位从 −90° 开始　◀

跟阶跃响应一样，频率响应中也定义了许多标准的性能指标。系统在 $\omega=0$ 时的增益称作零频增益（zero frequency gain），它对应于恒定输入时稳态输出与恒定输入的比值〔可与式（6.24）相比较〕：

$$M_0=G(0)=-CA^{-1}B+D$$

零频增益只有当 A 可逆时（即 A 没有为 0 的特征值时）才有意义。同样需要注意的是，只有系统在相应的平衡点稳定的时候，零频增益才是相关量。因此，如果给系统施加恒定输入 $u=r$，那么只有对应的平衡点 $x_e=-A^{-1}Br$ 稳定，谈论零频增益才有意义。在电气工程中，零频增益也常被称作 DC 增益。DC 表示直流，它反映了电气工程中常将信号分解为直流（零频率）项和交流（AC）项的做法。

系统的带宽（bandwidth）ω_b 是一个频率范围，其上的增益衰减不超过参考值的 $1/\sqrt{2}$。对于零频增益非零且有限的系统，零频增益就是参考值。对于衰减低频、通过高频的系统，高频增益就是参考值。对于像例 6.8 这样的带通滤波器系统，带宽定义为增益大于频带中央增益的 $1/\sqrt{2}$ 倍的频率范围（例 6.8 的带宽范围大约是从 2～100 rad/s）。

频率响应的其他重要性质还包括：谐振峰值（resonant peak）M_r，即频率响应的最大值；峰值频率（peak frequency）ω_{mr}，即发生最大值的频率。这两个性质分别描述了产生最大可能输出的正弦输入的频率以及相应频率下的增益。

例 6.9　接触模式的原子力显微镜

考虑 4.5 节讨论的原子力显微镜在接触模式下的纵向动态模型。其基本动态模型由式（4.24）给出。其中压电堆可以用无阻尼自然频率为 ω_3、阻尼比为 ζ_3 的二阶系统来建模。因此系统的动态可以描述为以下的线性系统：

$$\frac{\mathrm{d}x}{\mathrm{d}t} = \begin{pmatrix} 0 & 1 & 0 & 0 \\ -k_2/(m_1+m_2) & -c_2/(m_1+m_2) & 1/m_2 & 0 \\ 0 & 0 & 0 & \omega_3 \\ 0 & 0 & -\omega_3 & -2\zeta_3\omega_3 \end{pmatrix}x + \begin{pmatrix} 0 \\ 0 \\ 0 \\ \omega_3 \end{pmatrix}u,$$

$$y = \frac{m_2}{m_1+m_2}\left(\frac{m_1 k_2}{m_1+m_2} \quad \frac{m_1 c_2}{m_1+m_2} \quad 1 \quad 0\right)x$$

其中输入为送给放大器的驱动信号，输出为压电堆的伸长量。系统的频率响应如图 6.13b 所示。系统的零频增益为 $M_0=1$。系统有两个谐振峰，一个在 $\omega_{r1}=238$ krad/s 处，峰值为 $M_{r1}=2.12$，另一个在 $\omega_{r2}=746$ krad/s 处，峰值为 $M_{r2}=4.29$。另外还有一个陷落位于 $\omega_d=268$ krad/s 处，增益为 $M_d=0.556$。这种陷落，称作反谐振（antiresonance），对应着相位上的一个低谷，当系统采用简单控制器控制时，它会制约系统的性能，这将在第 11 章做进一步介绍。根据系统带宽的定义，即增益下降到参考值（本例的情况为零频增益）的 $1/\sqrt{2}$ 倍的频率范围，忽略反谐振处轻微的陷落，可得系统的带宽为 $\omega_b=1.12$ Mrad/s。

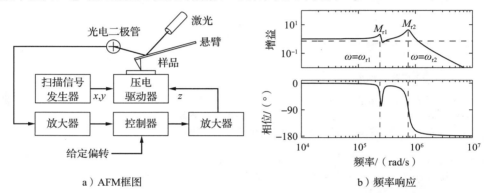

a）AFM框图   b）频率响应

图 6.13　原子力显微镜的频率响应。图 a 为在接触模式下的原子力显微镜框图；图 b 所示为压电堆的增益和相位曲线：频率响应曲线上有两个谐振峰和一个反谐振频率（$\omega=268$ krad/s 处）（对于有多个欠阻尼模态的系统来讲，一个谐振峰后伴随一个反谐振的组合情况十分常见）；水平虚线标出了增益等于零频增益的 $1/\sqrt{2}$ 倍的位置 ◀

到此为止，大家已经学习了用频率响应来计算单个正弦信号的输出的方法。其实也可以用传递函数来计算任意周期信号的输出。考虑一个具有频率响应 $G(\mathrm{i}\omega)$ 的系统。假设输入信号 $u(t)$ 是周期性的，将其分解为一组正弦和余弦之和：

$$u(t) = \sum_{k=0}^{\infty} a_k \sin(k\omega_f t) + b_k \cos(k\omega_f t)$$

其中 ω_f 是周期性输入的基频。根据式（6.25）和叠加原理，可以发现输入 $u(t)$ 产生的稳态输出为：

$$y(t) = \sum_{k=0}^{\infty} |G(\mathrm{i}k\omega_f)|\{a_k \sin[k\omega_f t + \arg G(\mathrm{i}k\omega_f)] + b_k \cos[k\omega_f t + \arg G(\mathrm{i}k\omega_f)]\}$$

每个频率的增益和相位由频率响应 $G(\mathrm{i}\omega)$ 确定，如式（6.24）所示。如果已知稳态频率响应 $G(\mathrm{i}\omega)$，就可以用叠加法计算任何（周期性）信号的响应。

*更进一步，甚至可以近似获得瞬态信号的响应。考虑具有传递函数 $G(s)$ 和输入 u 的系统。用以下的周期信号来近似函数 $u(t)$ 的初始部分：

$$u_p(t) = \begin{cases} u(t) & \text{如果 } 0 \leqslant t < T/2 \\ 0 & \text{如果 } T/2 \leqslant t < T \end{cases}$$

式中，T 为周期。由于 u_p 是周期性的，因此它有相应的傅里叶变换 $u_F(\mathrm{i}\omega)$，根据式（6.25）

可知 y_p 的傅里叶变换是 $y_F(i\omega)=G(i\omega)u_F(i\omega)$，其中 u_F 和 y_F 分别为 u_p 和 y_p 的傅里叶变换。进行傅里叶逆变换，即可得到时域响应 $y_p(t)$。使用快速傅里叶变换技术可以进行高效的计算（见习题 6.12）。

6.3.5 采样

在建模与控制中，使用微分方程或差分方程一般都很方便。对于线性系统，很容易从其中一种形式变换到另一种形式。考虑式（6.13）描述的一般线性系统，假定控制信号在一个固定长度的采样周期 h 内为常数。根据定理 6.4 中的式（6.14）可得

$$x(t+h)=\mathrm{e}^{Ah}x(t)+\int_t^{t+h}\mathrm{e}^{A(t+h-\tau)}Bu(\tau)\mathrm{d}\tau=:\Phi x(t)+\Gamma u(t) \tag{6.27}$$

假定不连续的控制信号是从右侧连续的。在采样时刻 $t=kh$，系统的行为可用以下的差分方程来描述：

$$x[k+1]=\Phi x[k]+\Gamma u[k], \quad y[k]=Cx[k]+Du[k], \tag{6.28}$$

其中，

$$\Phi=\mathrm{e}^{Ah}, \quad \Gamma=\left(\int_0^h\mathrm{e}^{As}\mathrm{d}s\right)B$$

请注意差分方程式（6.28）是在采样时刻系统行为的一个精确描述。如果在采样间隔内控制信号是线性的，那么也可以得到类似的表达式。

从式（6.27）到式（6.28）的变换称作采样（sampling）。连续表示和采样表示这两种情况下的系统矩阵的关系为：

$$A=\frac{1}{h}\ln\Phi, \quad B=\left(\int_0^h\mathrm{e}^{As}\mathrm{d}s\right)^{-1}\Gamma \tag{6.29}$$

注意如果 A 可逆，则有：

$$\Gamma=A^{-1}(\mathrm{e}^{Ah}-I)B$$

*所有连续时间系统都可以通过采样来得到离散时间系统的版本，但有些离散时间系统却没有对应的连续时间系统。这个问题与矩阵对数有关，有些微妙之处，譬如可能存在着许多个解。一个必要但不充分的条件是，矩阵 Φ 必须是非奇异的[97]。实矩阵 Φ 具有实对数的充分必要条件是，它可逆，且关联同一个负特征值的若尔当块必须出现偶数次[68]。这意味着矩阵 Φ 在负实轴上不能有孤立的特征值。采样的详细讨论可见文献 [231]。

例 6.10 IBM 的 Lotus 服务器

例 3.5 为 IBM 的 Lotus 服务器建立下述离散时间系统动态模型：

$$x[k+1]=ax[k]+bu[k]$$

式中，$a=0.43$、$b=0.47$，采样周期为 $h=60\ \mathrm{s}$，x 为正在服务的总请求。如果要基于连续时间理论来设计控制系统，那就需要基于微分方程的模型。这样的模型可以用式（6.29）来获得，这时有：

$$A=\frac{\ln a}{h}=-0.0141, \quad B=\left(\int_0^h\mathrm{e}^{At}\mathrm{d}t\right)^{-1}b=0.0116$$

原来的差分方程可以解释为以下常微分方程的采样版本：

$$\frac{\mathrm{d}x}{\mathrm{d}t}=-0.0141x+0.0116u$$

◀

6.4 线性化

如本章开头所述，线性系统模型的一个常见来源是用线性系统来近似非线性系统。在控制工程中，通常采用近似线性模型来设计控制器，再用非线性模型来对闭环系统进行仿真，以验证设计结果。本节将描述如何用线性系统来局部近似非线性系统，并讨论判断原

始系统的稳定性。先用巡航控制的例子（这已经在第 4 章做了详细介绍），来说明确实能够用近似线性模型成功地设计出控制器。

例 6.11 巡航控制

4.1 节推导了巡航控制系统的动态方程，形式如下：

$$m\frac{\mathrm{d}v}{\mathrm{d}t}=\alpha_n uT(\alpha_n v)-mgC_r\mathrm{sgn}(v)-\frac{1}{2}\rho C_d Av|v|-mg\sin\theta \tag{6.30}$$

式中，右端第一项是发动机产生的力，其余三项分别为滚动摩擦力、空气阻力和重力等干扰力。当发动机产生的力与干扰力相平衡时，有平衡点（v_e，u_e）。

为了探讨系统在平衡点附近的行为，将系统线性化。式（6.30）在平衡点附近的泰勒级数展开为：

$$\frac{\mathrm{d}(v-v_e)}{\mathrm{d}t}=-a(v-v_e)-b_g(\theta-\theta_e)+b(u-u_e)+\text{更高次项} \tag{6.31}$$

其中，

$$a=\frac{\rho C_d A|v_e|-u_e\alpha_n^2 T'(\alpha_n v_e)}{m},\quad b_g=g\cos\theta_e,\quad b=\frac{\alpha_n T(\alpha_n v_e)}{m} \tag{6.32}$$

注意：如果 $v>0$，则对应滚动摩擦力的那项将消失。当车辆工作于第四挡齿轮、$v_e=20$ m/s、$\theta_e=0$、并采用 4.1 节的车辆数据时，节气门的平衡点值为 $u_e=0.1687$，参数是 $a=0.01$、$b=1.32$、$b_g=9.8$。这个线性模型描述了围绕标称速度的小速度干扰是如何随时间变化的。

稍后将描述如何为该系统设计一个比例积分（PI）控制器。此处将简单地假设已经有了一个很好的控制器，下面分别使用非线性模型和线性近似模型来仿真闭环系统，对得到的系统行为仿真结果进行对比。模拟的场景是汽车在水平道路上恒速行驶，并且系统已经稳定，因此车速和控制器的输出都是恒定的。图 6.14 所示为汽车在 $t=5$ s 时遇到 4° 和 6° 两种不同坡度的小山丘时的闭环响应仿真结果。实线为非线性模型的结果，虚线为线性模型的结果。可见曲线之间的差异非常小（特别是 $\theta=4°$ 时），因此基于线性化模型的控制设计是有效的。

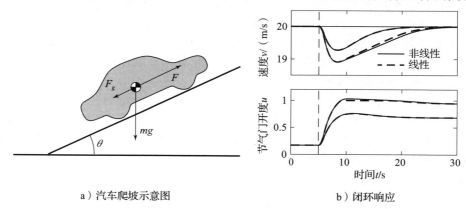

a）汽车爬坡示意图 b）闭环响应

图 6.14 闭环响应仿真结果。实线是基于非线性模型的仿真结果，虚线是基于线性模型的仿真结果。控制器增益为 $k_p=0.5$、$k_i=0.1$，带有抗饱和补偿功能（例 11.6 对此有更具体的介绍） ◀

6.4.1 平衡点附近的雅可比线性化

为了让推导更显正规，考虑单输入单输出的非线性系统：

$$\frac{\mathrm{d}x}{\mathrm{d}t}=f(x,u),\quad x\in\mathbb{R}^n,u\in\mathbb{R} \tag{6.33}$$

$$y=h(x,u),\quad y\in\mathbb{R}$$

其平衡点位于 $x=x_e$，$u=u_e$。不失一般性地，可以假定 $x_e=0$、$u_e=0$，但在刚开始的时候，还是先考虑一般的情况，并把坐标平移的步骤也清楚地写出来。

为了研究系统在平衡点 (x_e, u_e) 附近的局部特性，假定 $x-x_e$ 和 $u-u_e$ 都很小，这样的话，相比（低阶的）线性项，平衡点附近的非线性干扰就可以忽略。这与在 0 的附近对 θ 角做小角度的近似（即用 θ 代替 $\sin\theta$、用 1 代替 $\cos\theta$）是类似的。

定义一组新的状态变量 z 以及输入 v 和输出 w：
$$z=x-x_e, \quad v=u-u_e, \quad w=y-h(x_e, u_e)$$
当系统在平衡点附近时，这些变量都接近于零，所以，用这些变量表示的非线性项都可以看成是相关向量场的泰勒级数展开（暂且假定这种展开是存在的）中的高次项。

最后，非线性系统（6.34）的雅可比线性化（Jacobian linearization）可以正规地写成以下的形式：
$$\frac{\mathrm{d}z}{\mathrm{d}t}=Az+Bv, \quad w=Cz+Dv \tag{6.34}$$

其中，
$$A=\frac{\partial f}{\partial x}\Big|_{(x_e, u_e)}, \quad B=\frac{\partial f}{\partial u}\Big|_{(x_e, u_e)}, \quad C=\frac{\partial h}{\partial x}\Big|_{(x_e, u_e)}, \quad D=\frac{\partial h}{\partial u}\Big|_{(x_e, u_e)} \tag{6.35}$$
由于是关于平衡点进行于线性化的，因此当局限于该平衡点的附近时，线性化系统 ［式（6.33）］ 将近似于原始系统 ［式（6.32）］。根据定理 5.3，如果线性化系统是渐近稳定的，那么平衡点 x_e 对整个非线性系统是局部渐近稳定的。

例 6.12 **巡航控制的雅可比线性化**

再次考虑例 6.11 中的巡航控制系统，令 θ 取常数 θ_e。可以将该系统的动态写成以下的一阶非线性微分方程：
$$\frac{\mathrm{d}x}{\mathrm{d}t}=f(x, u)=\frac{\alpha_n}{m}uT(\alpha_n x)-gC_r\mathrm{sgn}(x)-\frac{1}{2}\frac{\rho C_d A}{m}x|x|-g\sin\theta_e,$$
$$y=h(x, u)=x$$
式中，$x=v$ 是车辆的速度，u 是节气门开度。选取速度作为系统的输出（因为它是我们试图控制的量）。

如果在平衡点 $x=v_e>0$、$u=u_e$ 周围将系统的动态方程线性化，那么利用式（6.35）和上面的公式可得：
$$A=\frac{\partial f}{\partial x}\Big|_{(x_e, u_e)}=\frac{u_e\alpha_n^2 T'(\alpha_n x_e)-\rho C_d A|x_e|}{m}, \quad B=\frac{\partial f}{\partial u}\Big|_{(x_e, u_e)}=\frac{\alpha_n T(\alpha_n x_e)}{m},$$
$$C=\frac{\partial h}{\partial x}\Big|_{(x_e, u_e)}=1, \qquad\qquad\qquad D=\frac{\partial h}{\partial u}\Big|_{(x_e, u_e)}=0$$
其中用到了当 $x>0$ 时 $\mathrm{sgn}(x)=1$ 这一事实。这个结果与例 6.11 的结果是一致的，请注意这里的推导是用 x（车速）作为系统状态的。 ◀

需要注意的是，只能在系统微分方程解的附近进行线性化，其中尤其常见的情况是在平衡点的附近进行线性化。为了说明这一点，考虑以下多项式系统：
$$\frac{\mathrm{d}x}{\mathrm{d}t}=a_0+a_1x+a_2x^2+a_3x^3+u$$
其中 $a_0\neq 0$。这个系统有由 $(x_e, u_e)=(x_e, -a_0-a_1x_e-a_2x_e^2-a_3x_e^3)$ 给定的一组平衡点，可以在其中任何一个平衡点上进行线性化。现在假定想要围绕系统原点 $x=0$、$u=0$（由于 $a_0\neq 0$，因此原点未与微分方程的解相对应，不是平衡点）进行线性化。忽略 x 的高次项，可得：
$$\frac{\mathrm{d}x}{\mathrm{d}t}=a_0+a_1x+u$$

在 $a_0 \neq 0$ 时，上式不是雅可比线性化。因为对这个近似来讲，这个常数项是不可以丢弃的，但式（6.34）中却并没有这样的常数项。此外，即使在近似模型中保留这个常数项，系统也将很快偏离线性化的起点（因为系统受到常数项 a_0 的"驱动"），因此这个近似很快就会失效。

建模和仿真软件往往具有基于符号运算或数值运算的线性化工具。在 MATLAB 中，`trim` 命令用于求平衡点，`linmod` 命令用于从 SIMULINK 系统中提取某个平衡点附近的线性状态空间模型。线性化的更一般情况是围绕一条轨迹进行线性化，此时系统为时变线性系统。

例 6.13 **车辆转向**

考虑例 3.11 中介绍的车辆转向系统。系统运动的非线性方程由式（3.25）～式（3.27）给定，可以写成：

$$\frac{\mathrm{d}}{\mathrm{d}t}\begin{pmatrix} x \\ y \\ \theta \end{pmatrix} = \begin{pmatrix} v\cos[\alpha(\delta)+\theta] \\ v\sin[\alpha(\delta)+\theta] \\ \dfrac{v\sin\alpha(\delta)}{a} \end{pmatrix}, \quad \alpha(\delta) = \arctan\left(\frac{a\tan\delta}{b}\right)$$

系统的状态变量为质心位置 x、y 及车辆方向 θ。控制变量是转向角 δ。此外，b 是轴距，a 是质心与后轮间的距离。

我们感兴趣的是车辆以恒速 $v_0 \neq 0$ 沿着直线路径（$\theta = \theta_0$）行驶的问题。为了找到相关的平衡点，先令 $\dot{\theta} = 0$，可知必有 $\delta = 0$，这对应于方向盘朝着正前方的情况。这样也就有 $\alpha = 0$。观察动态方程的前两个方程，由于 $\dot{x}^2 + \dot{y}^2 = v^2 \neq 0$，因此根据定义可知 xy 平面上的运动不在平衡点上。因此不能正规地线性化整个模型。

现在假定我们关心的是车辆偏离直线的横向偏差。为简单起见，令 $\theta_e = 0$，这对应于沿着 x 轴驾驶。这样就可以专注于 y 方向和 θ 方向的运动方程。暂时借用一下符号 x，引入状态 $x = (y, \theta)$ 及输入 $u = \delta$，系统变为以下的标准形式：

$$f(x, u) = \begin{pmatrix} v_0\sin(\alpha(u)+x_2) \\ \dfrac{v_0\sin\alpha(u)}{a} \end{pmatrix}, \quad \alpha(u) = \arctan\left(\frac{a\tan u}{b}\right), \quad h(x, u) = x_1$$

平衡点由 $x = (0, 0)$ 和 $u = 0$ 给出。为了计算该平衡点附近的线性化模型，需要使用式（6.35）。经简单的计算可得：

$$A = \frac{\partial f}{\partial x}\bigg|_{\substack{x=0 \\ u=0}} = \begin{pmatrix} 0 & v_0 \\ 0 & 0 \end{pmatrix}, \quad B = \frac{\partial f}{\partial u}\bigg|_{\substack{x=0 \\ u=0}} = \begin{pmatrix} av_0/b \\ v_0/b \end{pmatrix},$$

$$C = \frac{\partial h}{\partial x}\bigg|_{\substack{x=0 \\ u=0}} = (1 \quad 0), \quad D = \frac{\partial h}{\partial u}\bigg|_{\substack{x=0 \\ u=0}} = 0$$

因此线性化系统为：

$$\frac{\mathrm{d}x}{\mathrm{d}t} = Ax + Bu, \quad y = Cx + Du \tag{6.36}$$

这为原始非线性动态系统提供了一个近似。

如同 3.3 节讨论的那样，引入归一化变量可以进一步简化线性模型。对于这个系统，选轴距 b 作为长度单位，行驶一个轴距所需的时间为时间单位。归一化的状态变量就是 $z = (x_1/b, x_2)$，新的时间变量是 $\tau = v_0 t/b$。于是模型（6.35）就变为：

$$\frac{\mathrm{d}z}{\mathrm{d}\tau} = \begin{pmatrix} z_2 + \gamma u \\ u \end{pmatrix} = \begin{pmatrix} 0 & 1 \\ 0 & 0 \end{pmatrix} z + \begin{pmatrix} \gamma \\ 1 \end{pmatrix} u, \quad y = (1 \quad 0)z \tag{6.37}$$

式中，$\gamma = a/b$。可见，车轮不打滑时车辆转向系统的归一化线性模型是仅有一个参数 γ

的线性系统。 ◀

6.4.2 反馈线性化

另一种线性化方法是利用反馈来将非线性系统的动态模型转换成线性动态模型。下面用一个例子来说明其基本思想。

例 6.14 巡航控制

再次考虑例 6.11 中的巡航控制系统，其动态方程由式（6.30）给定为：

$$m\frac{\mathrm{d}v}{\mathrm{d}t}=\alpha_n uT(\alpha_n v)-mgC_r\mathrm{sgn}(v)-\frac{1}{2}\rho C_d Av|v|-mg\sin\theta$$

如果选取 u 为以下形式的反馈机制：

$$u=\frac{1}{\alpha_n T(\alpha_n v)}\left(\widetilde{u}+mgC_r\mathrm{sgn}(v)+\frac{1}{2}\rho C_d Av|v|\right) \tag{6.38}$$

那么动态方程变为：

$$m\frac{\mathrm{d}v}{\mathrm{d}t}=\widetilde{u}+d \tag{6.39}$$

其中 $d(t)=-mg\sin\theta(t)$ 是路的坡度引起的干扰力（在驾驶中坡度可能会变化）。如果为 $\widetilde{u}$ 定义一个反馈机制［譬如比例-积分-微分（PID）控制器］，那就可以利用式（6.38）来计算应该给定的最终输入的大小。

式（6.39）是一个线性微分方程。通过使用式（6.38），基本上使非线性得到了"反转"。但这要求对车辆的速度 v 进行精确的测量，并拥有发动机转矩特性、传动比、制动和摩擦特性以及汽车质量等的精确模型。尽管这样的模型通常难以得到（因为这些参数值是可变的），但如果能为 $\widetilde{u}$ 设计一个良好的反馈机制的话，那就可以获得抵抗这些不确定性的鲁棒性。 ◀

更一般地，对于以下形式的系统：

$$\frac{\mathrm{d}x}{\mathrm{d}t}=f(x,u),\quad y=h(x)$$

如果存在控制律 $u=\alpha(x,v)$，可使产生的闭环系统是如图 6.15 所示输入为 v、输出为 y 的线性输入/输出系统，则称该式所示的系统是可反馈线性化的（feedback linearizable）。对这种系统进行完整的描述已经超出了本书的范围，但我们应该注意到，除了改变输入这一手段之外，这个一般化的理论也允许对描述系统的状态进行（非线性的）改变，只需保持输入和输出变量固定即可。想更详细了解这种处理的读者可参考文献［126，144］。

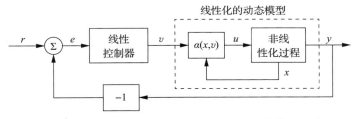

图 6.15　线性输入/输出系统。利用形如 $u=\alpha(x,v)$ 的非线性反馈来修正非线性过程的动态，以使从输入 v 到输出 y 的响应变成线性的，从而可以用线性控制器来调节系统的动态

*有一种情况出现比较频繁，值得特别提及，就是形如下式的一类力学系统：

$$M(q)\ddot{q}+C(q,\dot{q})=B(q)u$$

式中，$q\in\mathbb{R}^n$ 是力学系统的配置，$M(q)\in\mathbb{R}^{n\times n}$ 是依赖配置的惯性矩阵，$C(q,\dot{q})\in\mathbb{R}^n$ 代表科里奥力和其他非线性力（例如刚度和摩擦引起的力），$B(q)\in\mathbb{R}^{n\times p}$ 为输入矩阵。如果

$p=n$，那么输入变量和配置变量的个数相同，另外，如果 $B(q)$ 对于任意的配置 q 都是可逆矩阵，那么可以选取：

$$u=B^{-1}(q)[M(q)v+C(q,\dot{q})] \tag{6.40}$$

最终，动态方程变成：

$$M(q)\ddot{q}=M(q)v \quad \Rightarrow \quad \ddot{q}=v$$

这是一个线性系统。至此，就可以应用线性系统理论的工具，对这个线性化的系统进行分析，并为其设计控制律，其中要用式（6.40）来得到系统实际的输入。

这种类型的控制在机器人技术中十分常见，该领域的人称之为计算转矩（computed torque）控制，在飞机飞行控制领域则被称作动态逆（dynamic inversion）控制。一些建模工具如 Modelica 可以自动生成逆模型的代码。需要注意的是，反馈线性化往往也会抵消自然动态方程中有益的项，因此必须谨慎使用。文献［144，152］讨论了无须完全消除非线性的改进方法。

6.5 阅读提高

本章的大部分材料都是经典内容，可以在大多数关于动态系统和控制理论的书中找到，包括控制方面的早期著作，例如文献［73，93，130，195］。文献［55］以矩阵指数为基础，对线性系统作了很好的介绍，文献［211］则更为全面，文献［225］重点从数学角度进行了出色的分析。反馈线性化的材料可以到非线性控制理论的书籍中去找，例如文献［126，144］。通过分析阶跃响应来描述动态系统的方法是海维赛德（Heaviside）提出来的，他还引入了微分算子来分析线性系统。这也是单位阶跃函数也被称作海维赛德阶跃函数（Heaviside step function）的原因。尽管海维赛德的工作极大地简化了线性系统的分析，但他的论述由于缺乏数学严谨性而饱受争议，文献［190］对此有所记录。这些问题后来被数学家洛朗·施瓦尔茨（Laurent Schwartz）解决了，他在 20 世纪 40 年代末建立了分布理论（distribution theory）。在工程上，线性系统在传统上是用拉普拉斯变换来分析的，文献［98］对此做了介绍。矩阵指数的应用始于 20 世纪 60 年代控制理论建立的时候，文献［262］起了关键的推动作用。自从 LabVIEW、MATLAB 以及 Mathematica 等软件集成了强大的数值线性代数方法以来，矩阵技术的应用得到了迅速推广。文献［97］是学习矩阵理论的好教材。

习题

6.1 （信号导数的响应）证明：如果线性时不变系统对输入 $u(t)$ 的输出为 $y(t)$，那么对输入 $\dot{u}(t)$ 的输出为 $\dot{y}(t)$（提示：利用导数的定义 $\dot{z}(t)=\lim_{\epsilon \to 0}\{[z(t+\epsilon)-z(t)]/\epsilon\}$）。

*6.2 （冲激响应与卷积）证明：信号 $u(t)$ 可以利用冲激函数 $\delta(t)$ 做如下的分解：

$$u(t)=\int_0^t \delta(t-\tau)u(\tau)\mathrm{d}\tau$$

利用这个分解及叠加原理证明线性时不变系统对输入 $u(t)$ 的响应（假定为零初始条件）可以写成卷积方程：

$$y(t)=\int_0^t h(t-\tau)u(\tau)\mathrm{d}\tau$$

其中 $h(t)$ 是系统的冲激响应（提示：使用黎曼积分的定义）。

6.3 （房室模型的脉冲响应）考虑例 6.7 中的房室模型。计算系统的阶跃响应，并与图 6.10b 比较。利用叠加原理，计算系统对图 6.10c 所示 5 s 的脉冲输入的响应。计算时请采用参数值 $k_0=0.1$、$k_1=0.1$、$k_2=0.5$、$b_0=1.5$。

6.4 （二阶系统的矩阵指数）假定 $\zeta<1$，令 $\omega_d=\omega_0\sqrt{1-\zeta^2}$。先证明：

$$\exp\left[\begin{pmatrix} -\zeta\omega_0 & \omega_d \\ -\omega_d & -\zeta\omega_0 \end{pmatrix}t\right]=\mathrm{e}^{-\zeta\omega_0 t}\begin{pmatrix} \cos\omega_d t & \sin\omega_d t \\ -\sin\omega_d t & \cos\omega_d t \end{pmatrix}$$

再证明：

$$\exp\left(\begin{bmatrix} -\omega_0 & \omega_0 \\ 0 & -\omega_0 \end{bmatrix} t\right) = e^{-\omega_0 t}\begin{pmatrix} 1 & \omega_0 t \\ 0 & 1 \end{pmatrix}$$

6.5　（线性系统的李雅普诺夫函数）考虑线性系统 $\dot{x} = Ax$，其中矩阵 A 的所有特征值 λ_j 都满足 $\mathrm{Re}\lambda_j < 0$。证明：对于 $Q > 0$（即正定矩阵 Q），以下矩阵：

$$P = \int_0^\infty e^{A^T\tau} Q e^{A\tau}\,\mathrm{d}\tau$$

定义了一个形如 $V(x) = x^T P x$ 的李雅普诺夫函数。

6.6　（非对角若尔当型）考虑一个线性系统，其若尔当型不是对角型的：

(a) 证明（即证明定理 6.3）：如果系统含有一个实数特征值 $\lambda = 0$，且对应的若尔当块非零，那么将存在初始条件，对应的解是随时间增大的。

*(b) 利用下述块若尔当块，推广以上结论到 $\mathrm{Re}\ \lambda = 0$ 的复特征值的情况

$$J_i = \begin{pmatrix} 0 & \omega & 1 & 0 \\ -\omega & 0 & 0 & 1 \\ 0 & 0 & 0 & \omega \\ 0 & 0 & -\omega & 0 \end{pmatrix}$$

6.7　（一阶系统的上升时间和调节时间）考虑以下形式的一阶系统：

$$\tau\frac{\mathrm{d}x}{\mathrm{d}t} = -x + u, \quad y = x$$

式中，参数 τ 称为系统的时间常数（time constant），因为零输入系统按 $e^{-t/\tau}$ 的规律趋向于 0。对于这种形式的一阶系统，证明：系统阶跃响应的上升时间约为 2τ，并且当界限分别取为 1%、2% 和 5% 时，调节时间分别约为 4.6τ、4τ 和 3τ。

6.8　（离散时间系统）考虑以下形式的离散时间线性系统：

$$x[k+1] = Ax[k] + Bu[k], \quad y[k] = Cx[k] + Du[k]$$

(a) 证明线性离散时间系统输出的一般形式由以下的离散时间卷积公式给定：

$$y[k] = CA^k x[0] + \sum_{j=0}^{k-1} CA^{k-j-1}Bu[j] + Du[k]$$

(b) 证明：当且仅当 A 的所有特征值的幅值都严格小于 1 时，离散时间线性系统才是渐近稳定的。

(c) 证明：当 A 有任何特征值的幅值大于 1 时，离散时间线性系统是不稳定的。

(d) 对于有一个或多个特征值的幅值正好等于 1 的离散时间线性系统，推导其稳定性的条件（提示：利用若尔当标准型）。

6.9　（凯恩斯经济学）考虑以下简单的凯恩斯宏观经济模型（其形式为习题 6.8 中讨论的线性离散时间系统）：

$$\begin{pmatrix} C[t+1] \\ I[t+1] \end{pmatrix} = \begin{pmatrix} a & a \\ ab-b & ab \end{pmatrix}\begin{pmatrix} C[t] \\ I[t] \end{pmatrix} + \begin{pmatrix} a \\ ab \end{pmatrix}G[t],$$
$$Y[t] = C[t] + I[t] + G[t]$$

确定其动态矩阵的特征值。这些特征值的幅值在什么时候小于 1？假定系统处于平衡点，相应的资本支出 C、投资 I、政府支出 G 均恒定。分析政府支出增加 10% 会发生的情况。参数值选为 $a = 0.25$，$b = 0.5$。

6.10　（连续时间的凯恩斯模型）凯恩斯模型的连续版本由下式给定：

$$Y = C + I + G, \quad T\frac{\mathrm{d}C}{\mathrm{d}t} + C = aY, \quad T\frac{\mathrm{d}I}{\mathrm{d}t} + I = b\frac{\mathrm{d}C}{\mathrm{d}t}$$

写出状态空间形式的方程，并给出稳定性条件。

6.11　（房室模型的状态变量）考虑式（4.28）描述的房室模型。设 x_1 和 x_2 为各个房室的药物总质量。证明系统可以用以下方程来描述：

$$\frac{\mathrm{d}x}{\mathrm{d}t} = \begin{pmatrix} -k_0 - k_1 & k_2 \\ k_1 & -k_2 \end{pmatrix}x + \begin{pmatrix} c_0 \\ 0 \end{pmatrix}u, \quad y = (0 \quad 1/V_2)x \tag{6.41}$$

将上式与浓度为状态变量的式（4.28）进行对比。这里的质量称为广度变量（extensive variable），

浓度称为强度变量（intensive variable）。

*6.12 （从频率响应到时域响应）考虑下面的 MATLAB 程序，它利用频率响应来近似计算阶跃响应。解释其工作原理，并探讨参数 tmax 的影响。

```
P = '1./(s+1).^2';        % 过程动态
tmax = 20;                % 仿真时间
N = 2^(12);               % 仿真点数
dt = tmax/N;              % 时间间隔
dw = 2*pi/tmax;           % 频率间隔

% 计算时间和频率向量
t = dt*(0:N-1);
omega = -pi/dt:dw:(pi/dt-dw);
s = i*omega;

% 估算频率响应
pv=eval(P);

% 利用频率响应计算输入和输出信号
u = [ones(1,N/2) zeros(1,N/2)]; U = fft(u);
y = ifft(fftshift(pv) .* U); y = real(y);

% 时域解析解
ye = 1 - exp(-t) - t .* exp(-t);

% 绘制解析的和近似的阶跃响应曲线
subplot(211); plot(t, y, 'b-', t, ye, 'r--');

% 放大响应的前半部分
tp = t(1:N/2); yp = y(1:N/2); ye = 1-exp(-t) - t .* exp(-t);
subplot(212); plot(tp, yp, 'b-', t, ye, 'r--');
```

6.13 考虑下面的标量系统：

$$\frac{\mathrm{d}x}{\mathrm{d}t}=1-x^3+u$$

计算非受迫系统（$u=0$）的平衡点，并在平衡点应用泰勒级数展开来计算系统的线性化近似。验证这与式（6.34）的线性化是一致的。

6.14 考虑例 3.15 的排队动态模型。以准入率 λ 为控制变量，在一个平衡点附近对系统进行线性化，计算系统的时间常数，并确定它是如何依赖队列长度的。

6.15 （转录调控）考虑实现自我抑制（self-repression）的基因回路的动态模型：基因产生的蛋白质是基因本身的抑制因子，因而限制了基因本身的生产。运用例 3.18 中介绍的模型，可以写出该系统的动态方程为：

$$\frac{\mathrm{d}m}{\mathrm{d}t}=\frac{\alpha}{1+kp^2}+\alpha_0-\delta m-u, \quad \frac{\mathrm{d}p}{\mathrm{d}t}=\kappa m-\gamma p \tag{6.42}$$

式中，u 是影响 RNA 转录的干扰项；m、$p\geqslant0$。求系统的平衡点，利用各平衡点的线性化动态方程判断平衡点的局部稳定性，并求系统对干扰的阶跃响应。

6.16 （单调阶跃响应）考虑具有单调阶跃响应 $S(t)$ 的稳定线性系统。令输入信号有界：$|u(t)|\leqslant u_{\max}$。假定初始条件为零，证明：$|y(t)|\leqslant S(\infty)u_{\max}$（提示：使用卷积积分）。

第 7 章

状 态 反 馈

直观地讲，状态可以看成是对以往情形的一种信息存储、记忆或积累。当然，我们必须要求内部状态集合 Σ 足够丰富，足以承载 Σ 的过去历史的所有信息，以预测过去对未来的影响。尽管我们不会坚持认为状态应尽可能少，但这却是一个方便的假设。

——R. E. Kalman, P. L. Falb and M. A. Arbib, *Topics in Mathematical System Theory*, 1969（文献 [138]）

本章将描述如何利用系统的状态反馈来塑造系统的局部行为。首先将引入可达性概念，并用它来研究如何通过特征值的配置来设计系统的动态。特别地，我们将证明，在一定的条件下，通过适当的系统状态反馈，可以任意地配置系统的特征值。

7.1 可达性

控制系统的一个基本特性是，可通过选择控制输入来确定要达到的状态空间是哪一组状态点的集合。事实证明，可达性对于理解反馈在多大程度上可用于系统的动态设计是至关重要的。

7.1.1 可达性的定义

先忽略对系统输出的测量，只关注状态的变化，即只考虑

$$\frac{\mathrm{d}x}{\mathrm{d}t} = Ax + Bu \tag{7.1}$$

式中，$x \in \mathbb{R}^n$，$u \in \mathbb{R}$，A 是 $n \times n$ 阶的矩阵，B 是列向量。有一个基本问题是：能否找到这样的控制信号，它使得通过某个输入的选择可以达到状态空间的任何点？为了研究这一问题，定义可达集（reachable set）$\mathcal{R}(x_0, \leqslant T)$ 为所有这样的点 x_f 的集合：对于任一点 x_f，存在某个输入 $u(t)$（其中 $0 \leqslant t \leqslant T$），可引导系统从点 $x(0) = x_0$ 运动到点 $x(T) = x_f$，如图 7.1a 所示。

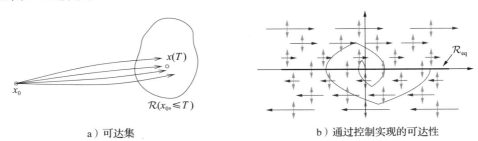

a）可达集 b）通过控制实现的可达性

图 7.1 控制系统的可达集与通过控制的可达性。图 a 所示的集合 $\mathcal{R}(x_0, \leqslant T)$，是在小于 T 的时间内从点 x_0 可达的所有点的集合。图 b 的相图显示了双重积分器的动态，其中水平箭头表示自然动态，垂直箭头表示控制输入。可达的平衡点集合就是 x 轴。将控制输入设置为状态的函数，就可以驱使系统达到原点

定义 7.1 （可达性）一个线性系统是可达的（reachable），当且仅当对任意 x_0、$x_f \in \mathbb{R}^n$，存在 $T > 0$ 和 $u:[0, T] \to \mathbb{R}$，使得如果 $x(0) = x_0$ 则相应的解满足 $x(T) = x_f$。

可达性的定义陈述的是能不能以瞬态的（transient）形式达到状态空间中的所有点。

在很多应用中，当谈论可达性时，我们最感兴趣的是系统的平衡点集（因为只需用恒定输入 u 即可停留在这些点上）。进行恒值控制时所有可能的平衡点集由下式给定：

$$\mathcal{R}_{\text{eq}} = \{x_e : Ax_e + Bu_e = 0, u_e \in \mathbb{R}\}$$

这意味着所有可能的平衡点都位于一个一维的（或可能的更高维的）子空间中。如果矩阵 A 可逆，那么这个子空间就是由 $A^{-1}B$ 贯穿的一维空间。

例 7.1 双重积分器

考虑由双重积分器组成的线性系统，其动态方程为：

$$\frac{\mathrm{d}x_1}{\mathrm{d}t} = x_2, \qquad \frac{\mathrm{d}x_2}{\mathrm{d}t} = u$$

图 7.1b 给出了该系统的一个相图。开环动态（$u=0$）用水平箭头表示，当 $x_2 > 0$ 时箭头方向朝右，当 $x_2 < 0$ 时箭头方向朝左。控制输入用垂直方向的双向箭头表示，双向表示 $\dot{x}_2$ 的值可以人为设置。平衡点集 $\mathcal{E}$ 对应于 x_1 轴，相应地 $u_e = 0$。

先假定希望从初始条件 $(a, 0)$ 达到原点。可以在相平面上直接上下移动状态，但必须依靠自然动态来控制 x_2 左右运动。如果 $a > 0$，可以先设置 $u < 0$ 来让 x_2 向着原点移动，这将导致 $x_2 < 0$。一旦 $x_2 < 0$，x_1 的值将开始减小，状态将向左移动。过段时间，可以将 u 设置为正，让 x_2 往回移向 0，并减慢 x_1 方向的运动。如果 $x_2 > 0$，则可以沿着相反的方向移动系统的状态。

图 7.1b 给出了一条将系统状态带到原点的轨迹实例。注意：如果系统状态被带到一个平衡点，那么有可能将无限期地保持在那里（因为当 $x_2 = 0$ 时 $\dot{x}_1 = 0$）；但如果将系统状态带到状态空间中 $x_2 \neq 0$ 的点，那只能以瞬态的形式通过该点。◀

为了找到线性系统可达的一般条件，先给出一个利用冲激函数进行形式演算的启发式推导。如果通过输入的选择可以达到状态空间的所有点，那么也就可以达到所有的平衡点。

7.1.2 可达性的判定

当初始状态为零时，系统（7.1）对输入 $u(t)$ 的响应为

$$x(t) = \int_0^t \mathrm{e}^{A(t-\tau)} Bu(\tau) \mathrm{d}\tau \tag{7.2}$$

如果选择 6.3 节定义的冲激函数 $\delta(t)$ 作为输入，状态将变为：

$$x_\delta(t) = \int_0^t \mathrm{e}^{A(t-\tau)} B\delta(\tau) \mathrm{d}\tau = \mathrm{e}^{At} B$$

注意，在冲激响应中，状态变化是立即发生的。通过对冲激响应求导，可以得到冲激函数的导数的响应（见习题 6.1）：

$$x_{\dot{\delta}}(t) = \frac{\mathrm{d}x_\delta}{\mathrm{d}t} = A\mathrm{e}^{At} B$$

重复这一求导操作，并应用系统的线性特性，对于下面的输入：

$$u(t) = \alpha_1 \delta(t) + \alpha_2 \dot{\delta}(t) + \alpha_3 \ddot{\delta}(t) + \cdots + \alpha_n \delta^{(n-1)}(t)$$

可以得到以下的状态表达式：

$$x(t) = \alpha_1 \mathrm{e}^{At} B + \alpha_2 A\mathrm{e}^{At} B + \alpha_3 A^2 \mathrm{e}^{At} B + \cdots + \alpha_n A^{n-1} \mathrm{e}^{At} B$$

令 t 由正趋向于 0，可得极限为：

$$\lim_{t \to 0+} x(t) = \alpha_1 B + \alpha_2 AB + \alpha_3 A^2 B + \cdots + \alpha_n A^{n-1} B$$

上式的右端是下述矩阵各列的线性组合：

$$W_r = (B \quad AB \quad \cdots \quad A^{n-1} B) \tag{7.3}$$

因此，为了到达状态空间的任一点，就要求 W_r 有 n 个独立的列（即要求满秩）。矩阵 W_r

称作可达矩阵（reachability matrix），其满秩的充要条件是行列式非零。

虽然上面只考虑了标量输入的情况，但事实证明，同样的检验也适用于多输入的情况，此时要求 W_r 是列满秩的（即有 n 个线性无关的列）。此外还可以看出，只需计算到 $A^{n-1}B$ 项，添加更多的项不会给 W_r 增加新的方向（见习题 7.3）。

由冲激函数及其各阶导数之和构成的输入是非常剧烈的信号。为了证明在更平滑的信号下任意点都可达，可以利用卷积方程。假设初始条件为零，那么线性系统的状态由下式给出：

$$x(t) = \int_0^t e^{A(t-\tau)} B u(\tau) \mathrm{d}\tau = \int_0^t e^{A\tau} B u(t-\tau) \mathrm{d}\tau$$

根据矩阵函数理论，尤其是根据凯莱–汉密尔顿（Cayley-Hamilton）定理（见习题 7.3），可知：

$$e^{AT} = I\alpha_0(\tau) + A\alpha_1(\tau) + \cdots + A^{n-1}\alpha_{n-1}(\tau)$$

式中，$\alpha_i(\tau)$ 是标量函数。因此得到：

$$x(t) = B\int_0^t \alpha_0(\tau) u(t-\tau)\mathrm{d}\tau + AB\int_0^t \alpha_1(\tau) u(t-\tau)\mathrm{d}\tau + \cdots +$$

$$A^{n-1}B\int_0^t \alpha_{n-1}(\tau) u(t-\tau)\mathrm{d}\tau$$

这里可再次观察到，上式的右端是式（7.3）给定的可达矩阵 W_r 的列的线性组合。由这一基本方法可以得出以下定理。

定理 7.1　（可达性秩条件）形如式（7.1）的线性系统可达的充要条件是可达矩阵 W_r 可逆（即列满秩）。

这个定理的正式证明超出了本书的范围，但是证明的过程遵循上面相同的思路，可以在大多数有关线性控制理论的书中找到，比如文献 [59，163]。同样值得注意的是，定理 7.1 没有提到可达性定义中的时间 T。对于线性系统，可以证明，对于任何 $T>0$，都可以找到一个输入来使系统从 x_0 到达 x_f，只不过当 T 很小时，所需要的输入幅值可能会非常大。

下面举例说明可达性的概念。

例 7.2　平衡系统

考虑例 3.2 引入的平衡系统，如图 7.2 所示。回想一下，这个系统其实就是质心在支点上方保持平衡这类例子的模型。图 7.2a 所示的赛格威代步工具就是一个例子，不过人们对它有个疑问，就是能否通过在轮子上施加力来使它从一个稳定点移动到另一个稳定点。

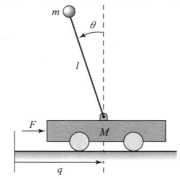

a）赛格威（Segway）代步工具　　　　　　b）车摆系统

图 7.2　平衡系统。图 a 的赛格威（Segway）代步工具是平衡系统的一个例子，它通过在车轮上施加转矩来保持骑手直立。图 b 为平衡系统的简化原理图。系统的结构是：质量为 m 的物体位于长度为 l 的杆的上端，杆的下端通过枢轴与质量为 M 的小车相连

该系统的非线性运动方程为式（3.9），将其重写如下：

$$(M+m)\ddot{q}-ml\cos\theta\,\ddot{\theta}=-c\dot{q}-ml\sin\theta\dot{\theta}^2+F,$$
$$(J+ml^2)\ddot{\theta}-ml\cos\theta\ddot{q}=-\gamma\dot{\theta}+mgl\sin\theta \tag{7.4}$$

为了简单起见，取 $c=\gamma=0$。在平衡点 $x_e=(0,0,0,0)$ 附近进行线性化，得到动态矩阵和控制矩阵为：

$$A=\begin{pmatrix} 0 & 0 & 1 & 0 \\ 0 & 0 & 0 & 1 \\ 0 & m^2l^2g/\mu & 0 & 0 \\ 0 & M_tmgl/\mu & 0 & 0 \end{pmatrix}, \quad B=\begin{pmatrix} 0 \\ 0 \\ J_t/\mu \\ lm/\mu \end{pmatrix}$$

式中，$\mu=M_tJ_t-m^2l^2$，$M_t=M+m$，$J_t=J+ml^2$。可达矩阵为：

$$W_r=\begin{pmatrix} 0 & J_t/\mu & 0 & gl^3m^3/\mu^2 \\ 0 & lm/\mu & 0 & gl^2m^2M_t/\mu^2 \\ J_t/\mu & 0 & gl^3m^3/\mu^2 & 0 \\ lm/\mu & 0 & gl^2m^2M_t/\mu^2 & 0 \end{pmatrix} \tag{7.5}$$

为了计算行列式，交换矩阵 W_r 的第一列和最后一列，这会导致行列式的值要乘以因子 -1。这样就变成了有两个相同块的块对角矩阵，行列式的值为：

$$\det(W_r)=-\left(\frac{gl^4m^4}{\mu^3}-\frac{gl^2m^2J_tM_t}{\mu^3}\right)^2=-\frac{g^2l^4m^4}{\mu^6}(MJ+mJ+Mml^2)^2$$

由此可以断定，系统是可达的。这就意味着，可以将系统从任何初始状态移动到任何最终状态。也就是说，总可以找到一个输入，将系统从初始状态移动到平衡点。◀

对系统不可达的机制有一个直观的理解是非常有益的。这种系统的一个例子如图 7.3 所示。该系统由具有相同输入的两个相同的子系统组成。因为第一个子系统和第二个子系统具有相同的输入，显然无法独立地让它们做不同的事情，所以就无法达到随意给定的状态，则该系统是不可达的（见习题 7.4）。

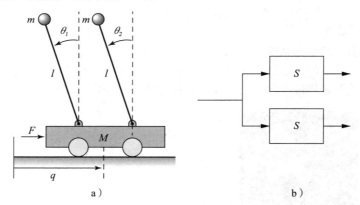

图 7.3 一个不可达系统。图 a 所示的车摆系统有单个输入，该输入同时作用在长度相等、质量相同的两个单摆上。由于作用于两个单摆的力相同，且两个单摆的动态也相同，所以不可能任意地控制系统的状态。图 b 是该系统的框图

还有其他一些更加微妙的机制可导致系统不可达。例如，如果状态变量的一个线性组合始终保持恒定，那么系统就是不可达的。为了证明这一点，假定存在一个行向量 H 满足：

$$0=\frac{\mathrm{d}}{\mathrm{d}t}Hx=H(Ax+Bu) \quad (\text{对所有 } x \text{ 和 } u)$$

那么 H 落在 A 和 B 的左零空间中，所以有：

$$HW_r = H(B \quad AB \quad \cdots \quad A^{n-1}B) = 0$$

因此，可达矩阵不是满秩的。在这种情况下，如果初始条件为 x_0，并且希望达到状态 x_f（这里 $Hx_0 \neq Hx_f$），那么由于 $Hx(t)$ 是常数，因此就不存在输入 u 能将状态从 x_0 移动到 x_f。

7.1.3 可达标准型

在前面的章节中已经看到，改变坐标并用变换后的坐标 $z = Tx$ 来列写系统动态方程往往比较方便。改变坐标的一个应用就是将系统变换为标准型，以使某些分析变得更加容易。

若线性状态空间系统的动态方程具有以下形式，则该系统就是可达标准型（reachable canonical form）：

$$\frac{\mathrm{d}z}{\mathrm{d}t} = \begin{pmatrix} -a_1 & -a_2 & -a_3 & \cdots & -a_n \\ 1 & 0 & & & \\ & 1 & 0 & & 0 \\ 0 & & \ddots & \ddots & \\ & & & 1 & 0 \end{pmatrix} z + \begin{pmatrix} 1 \\ 0 \\ 0 \\ \vdots \\ 0 \end{pmatrix} u \tag{7.6}$$

$$y = (b_1 \quad b_2 \quad b_3 \quad \cdots \quad b_n)z + du$$

图 7.4 为可达标准型系统的一个结构框图。可见，矩阵 A 和 B 中的系数直接出现在框图中。此外，系统的输出是各积分模块输出的简单线性组合。

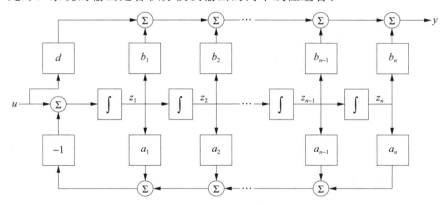

图 7.4 可达标准型系统的结构框图。系统的各状态变量用一系列连成链式的积分器来表示，每个积分器的输入取决于状态变量值的加权；系统输出则为系统输入与各状态变量的恰当组合

系统可达标准型的特征多项式为：

$$\lambda(s) = s^n + a_1 s^{n-1} + \cdots + a_{n-1}s + a_n \tag{7.7}$$

可达矩阵也具有以下相对简单的结构：

$$\widetilde{W}_r = (\widetilde{B} \quad \widetilde{A}\widetilde{B} \quad \cdots \quad \widetilde{A}^{n-1}\widetilde{B}) = \begin{pmatrix} 1 & -a_1 & a_1^2 - a_2 & & \\ 0 & 1 & -a_1 & & * \\ & & \ddots & \ddots & \\ & 0 & & 1 & -a_1 \\ & & & & 1 \end{pmatrix}$$

式中，$*$ 表示一个可能的非零项，并在字母头上加波浪号来提醒这里的矩阵 A 和 B 是一种特殊形式。矩阵 W_r 是满秩的，因为它是三角矩阵，其任何一列都不能写成其他列的线性组合。

现在考虑如何找到一个坐标变换，将一个系统的动态方程写成可达标准型。令 A、B 表示给定系统的动态矩阵和控制矩阵，$\widetilde{A}$、$\widetilde{B}$ 为可达标准型中的动态矩阵和控制矩阵。假定希望利用坐标变换 $z = Tx$ 将原始系统变换成可达标准型。如前一章所示，变换后系统的动态矩阵和控制矩阵为：

$$\widetilde{A} = TAT^{-1}, \quad \widetilde{B} = TB$$

因此，变换后系统的可达矩阵变为：

$$\widetilde{W}_r = (\widetilde{B} \quad \widetilde{A}\widetilde{B} \quad \cdots \quad \widetilde{A}^{n-1}\widetilde{B})$$

单独变换每个元素，可得：

$$\widetilde{A}\widetilde{B} = TAT^{-1}TB = TAB,$$
$$\widetilde{A}^2\widetilde{B} = (TAT^{-1})^2 TB = TAT^{-1}TAT^{-1}TB = TA^2B,$$
$$\vdots$$
$$\widetilde{A}^n\widetilde{B} = TA^nB$$

因此，变换后系统的可达矩阵为：

$$\widetilde{W}_r = T(B \quad AB \quad \cdots \quad A^{n-1}B) = TW_r \tag{7.8}$$

如果 W_r 是可逆的，那么将系统变成可达标准型的变换 T 即可由此解出，即

$$T = \widetilde{W}_r W_r^{-1}$$

下面的例子说明了这个方法。

例 7.3 求可达标准型的变换

考虑以下形式的简单二维系统：

$$\frac{\mathrm{d}x}{\mathrm{d}t} = \begin{pmatrix} \alpha & \omega \\ -\omega & \alpha \end{pmatrix} x + \begin{pmatrix} 0 \\ 1 \end{pmatrix} u$$

希望找到变换，将系统变成可达标准型：

$$\widetilde{A} = \begin{pmatrix} -a_1 & -a_2 \\ 1 & 0 \end{pmatrix}, \quad \widetilde{B} = \begin{pmatrix} 1 \\ 0 \end{pmatrix}$$

式中系数 a_1 和 a_2 可由原始系统与可达标准型系统具有相同的特征多项式来确定：

$$\lambda(s) = \det(sI - A) = s^2 - 2\alpha s + (\alpha^2 + \omega^2) \Rightarrow \begin{matrix} a_1 = -2\alpha, \\ a_2 = \alpha^2 + \omega^2 \end{matrix}$$

变换前后系统的可达矩阵分别为

$$W_r = \begin{pmatrix} 0 & \omega \\ 1 & \alpha \end{pmatrix}, \quad \widetilde{W}_r = \begin{pmatrix} 1 & -a_1 \\ 0 & 1 \end{pmatrix}$$

变换矩阵 T 为：

$$T = \widetilde{W}_r W_r^{-1} = \begin{pmatrix} -(a_1 + \alpha)/\omega & 1 \\ 1/\omega & 0 \end{pmatrix} = \begin{pmatrix} \alpha/\omega & 1 \\ 1/\omega & 0 \end{pmatrix}$$

因此，以下的坐标变换将把原始系统变换成可达标准型。

$$\begin{pmatrix} z_1 \\ z_2 \end{pmatrix} = Tx = \begin{pmatrix} \alpha x_1/\omega + x_2 \\ x_1/\omega \end{pmatrix}$$

本节的结果可以总结为以下的定理。   ◄

定理 7.2 （可达标准型）设 A 和 B 是可达系统的动态矩阵和控制矩阵，假定 A 的特征多项式为：

$$\det(sI - A) = s^n + a_1 s^{n-1} + \cdots + a_{n-1}s + a_n$$

那么存在变换 $z = Tx$，使得在变换后的坐标系中，动态矩阵和控制矩阵的形式为式（7.6）中的可达标准型。

这个定理的一个重要含义是，对于任何可达系统，可以不失一般性地假定，所选用的坐标系都是让系统变成可达标准型的坐标系。在本章稍后将会看到，这对于各种证明是特别有用。不过，在高阶系统中，系数 a_i 的微小变化会引起特征值的较大变化。因此可达标准型并不总是条件良好的，也需要谨慎使用。

7.2 基于状态反馈的镇定

动态系统的状态是一组变量的集合，在给定系统未来输入的情况下，可以利用这些变量来预测系统未来的演化。下面探讨通过状态反馈来设计系统动态的思想。假定被控制的系统采用线性状态模型来描述，且只有单个输入（为简单起见）。我们将闭环特征值配置在所需的位置上，逐步地建立起反馈机制。

7.2.1 状态空间控制器结构

图 7.5 是带状态反馈的反馈控制系统示意图。整个系统由过程的动态（假定为线性的）、控制器元件 K 和 k_f、参考输入（或指令信号）r、过程干扰 v 等组成。反馈控制器的目的是调节系统的输出 y，使之在存在干扰及过程动态不确定性的情况下跟随参考输入。

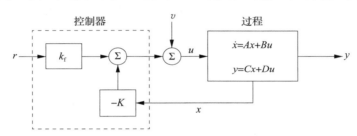

图 7.5 带状态反馈的反馈控制系统。控制器通过输入 u，利用系统状态 x 和参考输入 r 来控制系统的过程；干扰则被建模为一个相加性的输入 v

控制设计的一个重要考量因素是性能指标。最简单的性能指标是稳定性。给定一个恒定的参考，在没有任何干扰的情况下，我们希望系统的平衡点是渐近稳定的。更复杂的性能指标往往涉及给出系统阶跃响应或频率响应的期望性能，例如指定阶跃响应的期望上升时间、超调量和调节时间等。我们往往还很关心系统的干扰衰减性能，即系统可以经受多大程度的干扰输入 v，仍可保持输出 y 在期望值的附近。

考虑由以下线性微分方程描述的系统：

$$\frac{\mathrm{d}x}{\mathrm{d}t}=Ax+Bu, \quad y=Cx+Du \tag{7.9}$$

其中暂时忽略了干扰信号 v。我们的目标是使输出 y 达到参考值 r 并保持在该处。

先假定状态向量的所有元素都得到测量。由于 t 时刻的状态包含了预测系统未来行为的所有信息，因此，最通用的时不变控制律是状态以及参考输入的函数形式，即

$$u=\alpha(x,r)$$

如果限定控制律为线性的，那么可以写成：

$$u=-Kx+k_f r \tag{7.10}$$

式中，r 是参考值，暂时假定为常数。

这个控制律对应于图 7.5 所示的结构。其中的负号为惯例，表示在正常情况下是负反馈；$k_f r$ 项表示从参考信号到控制信号的前馈信号。当反馈机制（7.10）作用于系统（7.9）时，就得到以下的闭环控制系统：

$$\frac{\mathrm{d}x}{\mathrm{d}t}=(A-BK)x+Bk_f r \tag{7.11}$$

我们试图确定反馈增益 K，以使闭环系统的特征多项式为：

$$p(s) = s^n + p_1 s^{n-1} + \cdots + p_{n-1}s + p_n \tag{7.12}$$

这个控制问题称为特征值配置问题（eigenvalue assignment problem）或极点配置问题（pole assignment problem），第 9 章将给出极点的正式定义。

注意，k_f 不影响系统的稳定性（稳定性是由 $A - BK$ 的特征值决定的），但却会影响稳态解。特别地，闭环系统的平衡点和稳态输出由下式给出：

$$x_e = -(A - BK)^{-1}Bk_f r, \quad y_e = Cx_e + Du_e$$

因此，k_f 的选择应使 $y_e = r$（即等于希望的输出值）。因为 k_f 是标量，如果 $D = 0$（最常见的情况），就可以很容易求得：

$$k_f = -1/[C(A - BK)^{-1}B] \tag{7.13}$$

注意 k_f 正好是闭环系统零频增益的倒数。$D \neq 0$ 时的求解留作练习。

利用增益 K 和 k_f，可以设计闭环系统的动态以满足我们的目标。为了说明如何构建这样的状态反馈机制，下面给出一个例子。

例 7.4　车辆转向

例 6.13 推导了车辆转向的归一化线性模型。描述侧向偏移的归一化动态方程的矩阵为：

$$A = \begin{pmatrix} 0 & 1 \\ 0 & 0 \end{pmatrix}, \quad B = \begin{pmatrix} \gamma \\ 1 \end{pmatrix},$$
$$C = (1 \quad 0), \quad D = 0$$

式中，$\gamma = a/b$ 是质心和后轮间的距离 a 与轴距 b 的比值。现在希望设计一个控制器，来使动态系统稳定并跟随车辆侧向位置的参考值。为此，引入反馈：

$$u = -Kx + k_f r = -k_1 x_1 - k_2 x_2 + k_f r$$

于是闭环系统变为：

$$\frac{\mathrm{d}x}{\mathrm{d}t} = (A - BK)x + Bk_f r = \begin{pmatrix} -\gamma k_1 & 1 - \gamma k_2 \\ -k_1 & -k_2 \end{pmatrix} x + \begin{pmatrix} \gamma k_f \\ k_f \end{pmatrix} r,$$
$$y = Cx + Du = (1 \quad 0)x \tag{7.14}$$

闭环系统的特征多项式为：

$$\det(sI - A + BK) = \det \begin{pmatrix} s + \gamma k_1 & \gamma k_2 - 1 \\ k_1 & s + k_2 \end{pmatrix} = s^2 + (\gamma k_1 + k_2)s + k_1$$

假设想用反馈来设计系统的动态，以使系统具有以下特征多项式：

$$p(s) = s^2 + 2\zeta_c \omega_c s + \omega_c^2$$

对比这个多项式与闭环系统的特征多项式，可知反馈增益应该选为：

$$k_1 = \omega_c^2, \quad k_2 = 2\zeta_c \omega_c - \gamma \omega_c^2$$

式（7.13）给出 $k_f = k_1 = \omega_c^2$，因此控制律可以写成：

$$u = k_1(r - x_1) - k_2 x_2 = \omega_c^2(r - x_1) - (2\zeta_c \omega_c - \gamma \omega_c^2)x_2$$

为了找到合理的 ω_c 值，必须权衡响应速度和可用的控制权限。图 7.6 以车辆转向系统的状态反馈控制的单位阶跃响应为例，说明闭环系统在不同设计参数下的单位阶跃响应。ω_c 的影响如图 7.6a 所示，可见响应速度随着 ω_c 的增大而加快。所有响应的超调量都小于 5%（$b = 3$ m 的轴距对应于 15 cm 的超调量），如图 7.6 中的虚线所示。调节时间为 3～6 个归一化时间单位，在 $v_0 = 15$ m/s 时对应于 2～4 s。ζ_c 的影响如图 7.6b 所示，可见响应速度及超调量都随着阻尼的减小而增大。

为了选出实际使用的特定增益，可以评估参数的选择对车辆操控特性的影响。例如，横向误差为轴距的 20% 就显得相对较大了，可以通过 ω_c 的选择来产生一个相对较大的转向角，以校正如此大的误差。在 $\omega_c = 0.7$、阶跃输入 0.2 个归一化单位时，图 7.6a 表明需要 0.1 rad 的初始转向角，这对于中等速度来讲是剧烈的转向，但却并非不合理。ζ_c 的值也可以选为 0.7，这样能提供快速响应，超调量大约为 5%。

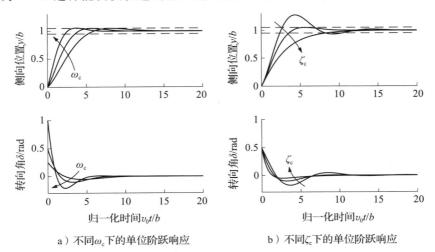

a）不同 ω_c 下的单位阶跃响应 　　　　b）不同 ζ_c 下的单位阶跃响应

图 7.6　车辆转向系统的状态反馈控制的单位阶跃响应。图 a 所示为当控制器的设计参数为 $\zeta_c = 0.7$、$\omega_c = 0.5$、0.7、$1(\text{rad/s})$ 时，零初始条件下系统的单位阶跃响应（注意响应速度随 ω_c 增大而增大，但较大的 ω_c 也要求较大的初始控制作用）；图 b 所示为当控制器设计参数为 $\omega_c = 0.7$、$\zeta_c = 0.5$、0.7 和 1 时，系统的单位阶跃响应。虚线标出了响应偏离设置点 ±5% 的位置　　◀

　　车辆转向系统的例子说明了如何用状态反馈来将闭环系统的特征值设置为任意数值。可以看到，在这个例子中，特征值可以被设置在任何位置。下面要证明这是可达系统的一般性质。

7.2.2　可达标准型系统的状态反馈

　　可达标准型的一个性质是，系统的参数就是特征多项式的系数。因此，在求解特征值配置问题时，很自然会考虑在系统的这种形式中去求解。

　　考虑系统的可达标准型，即

$$\frac{\mathrm{d}z}{\mathrm{d}t} = \widetilde{A}z + \widetilde{B}u = \begin{pmatrix} -a_1 & -a_2 & -a_3 & \cdots & -a_n \\ 1 & 0 & & & \\ & 1 & 0 & & 0 \\ & 0 & \ddots & \ddots & \\ & & & 1 & 0 \end{pmatrix} z + \begin{pmatrix} 1 \\ 0 \\ 0 \\ \vdots \\ 0 \end{pmatrix} u \tag{7.15}$$

$$y = \widetilde{C}z = (b_1 \quad b_2 \quad \cdots \quad b_n)z$$

根据式（7.7）可知，开环系统的特征多项式为：

$$\det(sI - A) = s^n + a_1 s^{n-1} + \cdots + a_{n-1}s + a_n$$

在正式分析前，先观察图 7.4 所示的结构框图，可以对系统获得一些深入的认识。可以看到，特征多项式由图 7.4 中的参数 a_k 确定。注意参数 a_k 可以利用从状态变量 z_k 到输入 u 的反馈来改变。因此，利用状态反馈来改变特征多项式的系数是很直接的事情。

　　回到上面的可达标准型方程，引入下面的控制律：

$$u = -\widetilde{K}z + k_{\mathrm{f}}r = -\widetilde{k}_1 z_1 - \widetilde{k}_2 z_2 - \cdots - \widetilde{k}_n z_n + k_{\mathrm{f}}r \tag{7.16}$$

闭环系统变为：

$$\frac{\mathrm{d}z}{\mathrm{d}t} = \begin{pmatrix} -a_1 - \widetilde{k}_1 & -a_2 - \widetilde{k}_2 & -a_3 - \widetilde{k}_3 & \cdots & -a_n - \widetilde{k}_n \\ 1 & 0 & & & \\ & 1 & 0 & & 0 \\ & 0 & & \ddots & \ddots \\ & & & 1 & 0 \end{pmatrix} z + \begin{pmatrix} k_f \\ 0 \\ 0 \\ \vdots \\ 0 \end{pmatrix} r \qquad (7.17)$$

$$y = (b_1 \quad b_2 \quad \cdots \quad b_n) z$$

可见，反馈改变了矩阵 A 的第一行元素，它们对应于特征多项式的系数。因此，闭环系统的特征多项式为：

$$s^n + (a_1 + \widetilde{k}_1) s^{n-1} + (a_2 + \widetilde{k}_2) s^{n-2} + \cdots + (a_{n-1} + \widetilde{k}_{n-1}) s + a_n + \widetilde{k}_n$$

令这个多项式等于所需的闭环多项式：

$$p(s) = s^n + p_1 s^{n-1} + \cdots + p_{n-1} s + p_n$$

则控制器增益应选为

$$\widetilde{k}_1 = p_1 - a_1, \quad \widetilde{k}_2 = p_2 - a_2, \quad \cdots \quad \widetilde{k}_n = p_n - a_n$$

这个反馈只是简单地用 p_i 代替了系统（7.15）中的参数 a_i。因此，系统可达标准型的反馈增益为

$$\widetilde{K} = (p_1 - a_1 \quad p_2 - a_2 \quad \cdots \quad p_n - a_n) \qquad (7.18)$$

为了使零频增益等于 1，先令式（7.17）的右侧为零，算出平衡点 z_e，再计算相应的输出。可以看出，$z_{e,1} \sim z_{e,n-1}$ 必须全部为零，因而有：

$$(-a_n - \widetilde{k}_n) z_{e,n} + k_f r = 0 \quad 和 \quad y_e = b_n z_{e,n}$$

因此，为了使 y_e 等于 r，参数 k_f 应选为：

$$k_f = \frac{a_n + \widetilde{k}_n}{b_n} = \frac{p_n}{b_n} \qquad (7.19)$$

注意，为了获得正确的零频增益，必须知道参数 a_n 和 b_n 的精确值。因此需要经过精确校准才能得到零频增益。这与通过积分作用获得正确的稳态值非常不同，后者将在后面的小节中介绍。

7.2.3   特征值配置

通过前面的一些例子，我们已经了解如何利用反馈来进行系统特征值的配置以完成系统动态的设计。为了求解一般情况的问题，只需简单地进行坐标变换，将系统变成可达标准型即可。考虑以下的系统：

$$\frac{\mathrm{d}x}{\mathrm{d}t} = Ax + Bu, \quad y = Cx + Du \qquad (7.20)$$

利用线性坐标变换 $z = Tx$，使系统变成可达标准型的式（7.15），其反馈由式（7.16）给出，其中系数由式（7.18）给定。再变换回原始坐标系，可得如下的控制律：

$$u = -\widetilde{K} z + k_f r = -\widetilde{K} Tx + k_f r$$

这个控制器是一个反馈项 $-Kx$ 加一个前馈项 $k_f r$ 的形式。

以上结果可总结为以下的定理。

定理 7.3   （基于状态反馈的特征值配置）对于式（7.20）给定的单输入单输出系统，令 $\lambda(s) = s^n + a_1 s^{n-1} + \cdots + a_{n-1} s + a_n$ 为 A 的特征多项式。如果系统是可达的，那么存在控制律：

$$u = -Kx + k_f r$$

它给出的闭环系统具有以下的特征多项式：

$$p(s) = s^n + p_1 s^{n-1} + \cdots + p_{n-1} s + p_n$$

且 ry 的零频增益为 1。反馈增益则由下式给定：

$$K = \widetilde{K}T = (p_1 - a_1 \quad p_2 - a_2 \quad \cdots \quad p_n - a_n)\widetilde{W}_r W_r^{-1} \tag{7.21}$$

式中 a_i 是矩阵 A 的特征多项式系数，矩阵 W_r 和 $\widetilde{W}_r$ 由下式给定：

$$W_r = (B \quad AB \quad \cdots \quad A^{n-1} \quad B), \quad \widetilde{W}_r = \begin{pmatrix} 1 & a_1 & a_2 & \cdots & a_{n-1} \\ & 1 & a_1 & \cdots & a_{n-2} \\ & & \ddots & \ddots & \vdots \\ 0 & & & 1 & a_1 \\ & & & & 1 \end{pmatrix}^{-1}$$

前馈增益由下式给定：

$$k_f = -1/[C(A - BK)^{-1}B]$$

对于简单的情况，特征值的配置问题可以通过将 K 的元素 k_i 设置为未知变量来求解。然后再计算特征多项式：

$$\lambda(s) = \det(sI - A + BK)$$

并令式中 s 各次幂的系数与以下期望的特征多项式的对应系数相等：

$$p(s) = s^n + p_1 s^{n-1} + \cdots + p_{n-1}s + p_n$$

这将给出一个确定 k_i 的线性方程组。如果系统是可达的，那么该方程组总是可解的，正如例 7.4 中所做的那样。

式（7.21）叫作阿克曼（Ackermann）公式[3,4]，可用于数值计算。在 MATLAB 中，acker 函数现实这个公式的计算。对于高阶系统，使用 MATLAB 的 place 函数更为适合，因为它具有更好的数值计算条件。

例 7.5　捕食者-猎物系统

考虑通过管制食物供应来调节生态系统中种群数量的问题。这里采用例 5.16 引入的捕食者-猎物模型，该模型在 4.7 节有更详细的介绍。该生态系统的动态方程为：

$$\frac{\mathrm{d}H}{\mathrm{d}t} = (r + u)H\left(1 - \frac{H}{k}\right) - \frac{aHL}{c + H}, \quad H \geqslant 0$$

$$\frac{\mathrm{d}L}{\mathrm{d}t} = b\frac{aHL}{c + H} - dL, \quad L \geqslant 0$$

选定下面的系统标称参数（这对应于以前仿真时用过的参数）：

$$a = 3.2, \quad b = 0.6, \quad c = 50,$$
$$d = 0.56, \quad k = 125 \quad r = 1.6$$

取参数 r（即雪兔的增长率）作为系统输入，可以通过控制雪兔的食物来源来调节雪兔的增长率。这反映在模型第一个方程的 $(r + u)$ 项上：其中 r 代表一个恒定参数（而不是参考信号），u 作为控制调节项。选取山猫数量 L 作为系统的输出（H 代表雪兔数量）。

为了实现对该系统的控制，先在系统平衡点 (H_e, L_e) 周围对系统线性化，通过数值计算，该平衡点可确定为 $x_e \approx (20.6, 29.5)$。这样就产生了一个闭环线性动态系统：

$$\frac{\mathrm{d}}{\mathrm{d}t}\begin{pmatrix} z_1 \\ z_2 \end{pmatrix} = \begin{pmatrix} 0.13 & -0.93 \\ 0.57 & 0 \end{pmatrix}\begin{pmatrix} z_1 \\ z_2 \end{pmatrix} + \begin{pmatrix} 17.2 \\ 0 \end{pmatrix}v, \quad w = (0 \quad 1)\begin{pmatrix} z_1 \\ z_2 \end{pmatrix}$$

式中，$z_1 = H - H_e$，$z_2 = L - L_e$，$v = u$。很容易验证系统在平衡点 $(z, v) = (0, 0)$ 附近是可达的，因此可以使用状态反馈来配置系统的特征值。

选择闭环系统的特征值需要在调节输入的能力与系统的自然动态之间进行权衡。这可以通过反复试错或使用本书后面将要介绍的一些更为系统的方法来解决。这里选取闭环特征值为 $\lambda = \{-0.1, -0.2\}$，然后使用前面描述的技术来求解反馈增益，得到：

$$K = (0.025 \quad -0.052)$$

最后求解前馈增益 k_f，利用式（7.13）得到 $k_f=0.002$。

综合以上各个步骤，得到控制律为：

$$v=-Kz+k_fL_d$$

式中，L_d 是所需的山猫数量。为了实现控制律，必须用系统原始坐标对其进行重写，得到：

$$u=u_e-K(x-x_e)+k_f(L_d-y_e)$$

$$=-(0.025 \quad -0.052)\begin{pmatrix}H-20.6\\L-29.5\end{pmatrix}+0.002(L_d-29.5)$$

由这个控制律可知，u 是调节生态系统中山猫及雪兔数量的函数。图 7.7a 是该闭环系统的仿真结果，其中参数使用了上面定义的数值，初始种群数量为雪兔 15 只、山猫 20 只。注意系统的山猫种群数量稳定在参考值（$L_d=30$）。该闭环系统的相图如图 7.7b 所示，它显示了不同初始条件是如何收敛到稳定平衡点的种群数量的。请注意该系统的动态与图 4.20 所示的自然系统动态十分不同。

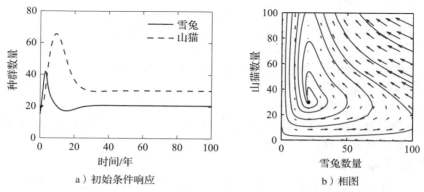

图 7.7　山猫-雪兔闭环线性动态系统的仿真结果。图 a 所示为山猫和雪兔数量随时间变化的函数关系；图 b 为该系统的相图。反馈使种群数量稳定在 $H_e=20.6$、$L_e=20$　◄

本节的结果表明，在可以测量所有状态的强假设下，利用状态反馈可设计可达系统的动态。我们将在下一章讲述状态的可用性，并对输出反馈和状态估计进行分析。此外，定理 7.3 关于特征值可以配置到任意位置的结论是在假定过程的动态模型高精度已知的条件下得出的，是高度理想化的。在建立起一些必备的工具之后，我们将在第 13 章讨论状态反馈与状态估计器相结合的方法的鲁棒性。

7.3　设计考虑

特征值的位置决定闭环系统的动态行为，因此特征值的位置是设计闭环反馈系统的主要决策。这需要在控制输入的幅值、系统对干扰的鲁棒性以及系统的闭环性能之间进行权衡，下面以一个具体的二阶系统为例进行说明。

7.3.1　二阶系统

二阶线性微分方程是反馈系统分析与设计中经常出现的一类系统。标准的二阶系统微分方程为：

$$\ddot{q}+2\zeta\omega_0\dot{q}+\omega_0^2q=k\omega_0^2u,\quad y=q \tag{7.22}$$

式（7.22）的状态空间形式为：

$$\frac{dx}{dt}=\begin{pmatrix}0&\omega_0\\-\omega_0&-2\zeta\omega_0\end{pmatrix}x+\begin{pmatrix}0\\k\omega_0\end{pmatrix}u,\quad y=(1\quad0)x \tag{7.23}$$

式中 $x=(q,\dot{q}/\omega_0)$ 是归一化的状态变量。这个二阶系统的特征值为

$$\lambda = -\zeta\omega_0 \pm \omega_0\sqrt{(\zeta^2-1)}$$

可以看出，如果 $\omega_0>0$、$\zeta>0$，则系统是稳定的。注意当 $\zeta<1$ 时特征值为复数，反之为实数。式（7.22）和式（7.23）可以用于许多二阶系统的描述，包括有阻尼振荡器、有源滤波器以及柔性结构等，如后面的例 7.6 所示。

解的形式取决于 ζ 的值，即系统的阻尼比（damping ratio）。若 $\zeta>1$，称系统是过阻尼的（overdamped），系统的自然响应（即 $u=0$ 时的响应）为：

$$y(t) = \frac{\beta x_{10}+x_{20}}{\beta-\alpha}e^{-\alpha t} - \frac{\alpha x_{10}+x_{20}}{\beta-\alpha}e^{-\beta t}$$

式中，$\alpha=\omega_0(\zeta+\sqrt{\zeta^2-1})$，$\beta=\omega_0(\zeta-\sqrt{\zeta^2-1})$。可以看到响应由两个按指数衰减的信号叠加组成。如果 $\zeta=1$，则系统是临界阻尼的（critically damped），其解变为：

$$y(t) = e^{-\zeta\omega_0 t}[x_{10}+(x_{20}+\zeta\omega_0 x_{10})t]$$

注意，只要 $\omega_0>0$，系统就仍然是渐近稳定的，尽管 [ ] 括号中的第二项是随时间增大的，但是增大的速度慢于其外面相乘的指数部分的衰减速度。

最后，如果 $0<\zeta<1$，则解是振荡的，此时式（7.22）的系统称为欠阻尼的（underdamped）。系统的自然响应如下所示：

$$y(t) = e^{-\zeta\omega_0 t}\left[x_{10}\cos\omega_\mathrm{d}t + \left(\frac{\zeta\omega_0}{\omega_\mathrm{d}}x_{10}+\frac{1}{\omega_\mathrm{d}}x_{20}\right)\sin\omega_\mathrm{d}t\right]$$

式中，$\omega_\mathrm{d}=\omega_0\sqrt{1-\zeta^2}$，称作阻尼频率（damped frequency），即解的振荡频率，当 $\zeta\ll 1$ 时，$\omega_\mathrm{d}\approx\omega_0$。参数 ω_0 称为系统的自然频率（natural frequency）或固有频率，因为当 $\zeta=0$ 时，振荡频率就是 ω_0。

由于二阶系统的形式简单，可以求得阶跃响应和频率响应的解析形式。阶跃响应的解取决于 ζ 的幅值：

$$y(t) = \begin{cases} k\left(1-e^{-\zeta\omega_0 t}\cos\omega_\mathrm{d}t - \dfrac{\zeta}{\sqrt{1-\zeta^2}}e^{-\zeta\omega_0 t}\sin\omega_\mathrm{d}t\right), & \zeta<1 \\[2mm] k[1-e^{-\omega_0 t}(1+\omega_0 t)], & \zeta=1 \\[2mm] k\left[1-\dfrac{1}{2}\left(\dfrac{\zeta}{\sqrt{\zeta^2-1}}+1\right)e^{-\omega_0 t(\zeta-\sqrt{\zeta^2-1})} + \dfrac{1}{2}\left(\dfrac{\zeta}{\sqrt{\zeta^2-1}}-1\right)e^{-\omega_0 t\left(\zeta+\sqrt{\zeta^2-1}\right)}\right], & \zeta>1 \end{cases}$$

$$(7.24)$$

式中使用了 $x(0)=0$。注意，对于欠阻尼（$\zeta<1$）的情况，得到的是频率为 ω_d 的振荡解。

图 7.8 所示为 $k=1$ 而 ζ 取不同值时二阶系统的阶跃响应。响应的形状由 ζ 决定，响应的速度由 ω_0 决定（反映在时间轴的标度上）：ω_0 越大，响应就越快。

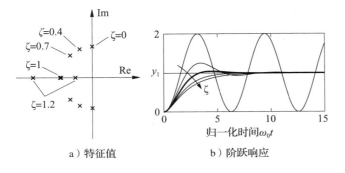

a）特征值   b）阶跃响应

图 7.8 二阶系统的特征值和阶跃响应。当 $\zeta=0$、0.4、0.7（粗线）、1、1.2 等不同数值时，式（7.23）表示的归一化阶跃响应如图 b 所示（横轴按 $\omega_0 t$ 的单位进行标度）。可见，随着阻尼比的增大，系统上升时间变长，但超调量减小；ω_0 越大，响应就越快（较小的上升时间和调节时间）

除了解的这种显式形式外，还可以计算在 6.3 节中定义的阶跃响应性能指标。例如，为了计算欠阻尼系统的最大超调量，可以将输出重写为：

$$y(t) = k\left(1 - \frac{1}{\sqrt{1-\zeta^2}} e^{-\zeta\omega_0 t} \sin(\omega_d t + \varphi)\right) \tag{7.25}$$

式中 $\varphi = \arccos\zeta$。最大超调量发生在 y 的导数第一次为零的位置，此刻的超调量与最终值之比即为最大超调量：

$$M_p = e^{-\pi\zeta/\sqrt{1-\zeta^2}}$$

上升时间一般定义为阶跃响应从其最终值的 $p\%$ 上升到 $(100-p)\%$ 的时间。$p\%$ 的典型值为 5% 或 10%。另一种定义是最陡处斜率的倒数，通过求式（7.25）的微分，计算可得：

$$T_r = \frac{1}{\omega_0} e^{\varphi/\tan\varphi}, \quad \varphi = \arccos\zeta$$

通过类似的计算可以得到二阶系统阶跃响应的主要性能指标，见表 7.1。

表 7.1　二阶系统 $\ddot{q} + 2\zeta\omega_0\dot{q} + \omega_0^2 q = k\omega_0^2 u$ 在 $0<\zeta<1$ 时的阶跃响应性能指标

指标	取值	$\zeta = 0.5$	$\zeta = 1/\sqrt{2}$	$\zeta = 1$
稳态值	k	k	k	k
上升时间（斜率倒数）	$T_r = e^{\varphi/\tan\varphi}/\omega_0$	$1.8/\omega_0$	$2.2/\omega_0$	$2.7/\omega_0$
超调量	$M_p = e^{-\pi\zeta/\sqrt{1-\zeta^2}}$	16%	4%	0%
调节时间（2%）	$T_s \approx 4/\zeta\omega_0$	$8.0/\omega_0$	$5.6/\omega_0$	$4.0/\omega_0$

二阶系统的频率响应也可以显式计算，由下式给出：

$$Me^{i\theta} = \frac{k\omega_0^2}{(i\omega)^2 + 2\zeta\omega_0(i\omega) + \omega_0^2} = \frac{k\omega_0^2}{\omega_0^2 - \omega^2 + 2i\zeta\omega_0\omega}$$

图 7.9 给出了频率响应的一个例子。注意谐振峰值随着 ζ 的减小而增大。谐振峰值通常用 Q 值（Q-value）来描述，定义为 $Q = 1/(2\zeta)$。表 7.2 总结了一个二阶系统的频率响应性能指标。

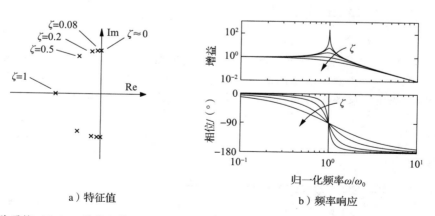

a）特征值　　　　　　　　　　　b）频率响应

图 7.9　二阶系统（7.23）的特征值和频率响应。图 a 给出了不同 ζ 的特征值。图 b 给出了不同 ζ 的频率响应曲线：上部是增益比 M 的曲线，下部为相位 θ 曲线。对于较小的 ζ，以 $\omega = \omega_0$ 为中心，频率响应曲线有一个大的尖峰，相位有一个大的陡变。随着 ζ 的增大，尖峰的幅值减小，相位在 $-180°\sim0°$ 之间的变化则变得更为平缓

表 7.2　二阶系统 $\ddot{q}+2\zeta\omega_0\dot{q}+\omega_0^2 q=k\omega_0^2 u$ 在 $0<\zeta<1$ 时的频率响应性能指标

指标	取值		$\zeta=0.1$	$\zeta=0.5$	$\zeta=1/\sqrt{2}$
零频增益	M_0		k	k	k
带宽	$\omega_b=\omega_0\sqrt{1-2\zeta^2+\sqrt{(1-2\zeta^2)^2+1}}$		$1.54\omega_0$	$1.27\omega_0$	ω_0
谐振峰增益	$M_r=\begin{cases}k/(2\zeta\sqrt{1-\zeta^2}) & \zeta\leqslant\sqrt{2}/2,\\ (\text{不适用}) & \zeta>\sqrt{2}/2\end{cases}$		$5k$	$1.15k$	k
谐振频率	$\omega_{mr}=\begin{cases}\omega_0\sqrt{1-2\zeta^2} & \zeta\leqslant\sqrt{2}/2,\\ 0 & \zeta>\sqrt{2}/2\end{cases}$		ω_0	$0.707\omega_0$	0

例 7.6　给药管理

为了说明这些公式的应用，考虑 4.6 节描述的给药管理两房室模型。该模型的系统动态方程如下：

$$\frac{\mathrm{d}c}{\mathrm{d}t}=\begin{pmatrix}-k_0-k_1 & k_1 \\ k_2 & -k_2\end{pmatrix}c+\begin{pmatrix}b_0 \\ 0\end{pmatrix}u,\quad y=(0\quad 1)c$$

式中，c 是药物浓度，k_0、k_1、k_2 和 b_0 是系统参数，u 是药物进入房室 1 的流速，y 是输出。假定各个房室的药物浓度都是可以测量的，现在需要设计一个反馈机制来保持输出为给定的参考值 r。

取 $\zeta=1/\sqrt{2}$ 以减小超调量，另外再要求将上升时间限制为 $T_r=10\ \text{min}$。应用表 7.1 中的公式，算得 $\omega_0=0.22$ ⊖。接下来计算增益，以把特征值放在以上位置。令 $u=-Kx+k_f r$，系统的闭环特征值满足：

$$\lambda(s)=-0.2\pm0.096\mathrm{i}$$

取 $\widetilde{k}_1=-0.2$，$\widetilde{k}_2=0.2$，$K=(\widetilde{k}_1,\ \widetilde{k}_2)$（特意采用带波浪帽的符号，以免与动态矩阵中的速率 k_i 混淆），可以得到期望的闭环行为。由式（7.13）可得前馈增益为 $k_f=0.065$。图 7.10 给出了开环、闭环给药管理的对比，其中开环采用的是周期脉冲给药策略。　◄

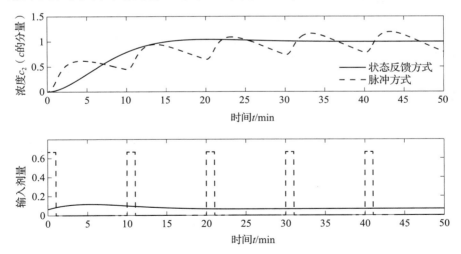

图 7.10　开环和闭环给药管理的对比。开环给药是给予一系列的脉冲剂量，闭环给药是连续地监控药物的浓度并相应地连续调整药物的剂量。虽然每种情况的浓度都能（近似地）维持在期望的水平，但闭环给药的药物浓度变动很小

⊖　由于表 7.1 中的时间单位为秒（s），因此 0.22 实际上是按 $T_r=10\ \text{s}$ 算得的结果。

7.3.2 高阶系统

到现在为止，分析的重点只是在二阶系统上。这是因为，对于高阶系统来讲，特征值的配置要困难得多，尤其是当反馈设计中存在许多需要折中的因素时，更是困难重重。

二阶系统在反馈系统中发挥着极其重要的作用的另一个原因是，即使是更复杂的系统，其响应也往往是由主特征值（dominant eigenvalue）主导的。考虑一个特征值为 $\lambda_j (j=1,\cdots,n)$ 的稳定系统。如果 λ、λ^* 是最靠近虚轴的一对复共轭特征值，就称它们为主导对（dominant pair）。当有多个特征值共轭对到虚轴的距离相同时，第二个判据是看系统模态的相对阻尼比。复特征值 λ 的阻尼比（damping ratio）定义为：

$$\zeta = \frac{-\operatorname{Re}(\lambda)}{|\lambda|}$$

对于具有相同实部的多个复共轭对，阻尼比最小的为主导对。

如果系统是稳定的，那么特征值的主导对往往是系统响应最重要的影响因素。为了看清这一点，假定有如下的若尔当型系统，其特征值的主导对对应于一个简单的若尔当块：

$$\frac{dz}{dt} = \begin{bmatrix} \lambda & & & & \\ & \lambda^* & & & \\ & & J_2 & & \\ & & & \ddots & \\ & & & & J_k \end{bmatrix} z + Bu, \quad y = Cz$$

注意，由于若尔当变换的原因，状态 z 可能为复数。系统的响应将是每个若尔当子系统响应的线性组合。从图 7.8 可知，当 $\zeta < 1$ 时，响应最慢的子系统正好是特征值最靠近虚轴的那个。在各个子系统的响应相叠加时，在最初的瞬态结束以后，由于解中的其他项都已经衰减殆尽，因此特征值的主导对将成为主要的因素。尽管这个简单的分析并不总是成立（例如，因系统具有某种特殊形态而导致某些非主导项具有较大的系数时），但通常情况下都是主特征值在主导着系统的（阶跃）响应。

特征值配置的唯一形式要求是系统是可达的。在实际中，还有许多其他限制，因为特征值的选取对于控制信号的大小和变化率有很大的影响。一般来讲，大的特征值要求大且快速变化的控制信号。因此，执行器的性能也将限制闭环特征值的可能位置。第 12 章～第 14 章将对这些问题进行深入讨论。

平衡系统是一种高阶系统，下面以平衡系统为例来说明上述主要思想。

例 7.7 平衡系统

考虑平衡系统的稳定问题，该系统的动态在例 7.2 中给出，现重写如下：

$$A = \begin{bmatrix} 0 & 0 & 1 & 0 \\ 0 & 0 & 0 & 1 \\ 0 & m^2 l^2 g/\mu & -cJ_t/\mu & -\gamma lm/\mu \\ 0 & M_t mgl/\mu & -clm/\mu & -\gamma M_t/\mu \end{bmatrix}, \quad B = \begin{bmatrix} 0 \\ 0 \\ J_t/\mu \\ lm/\mu \end{bmatrix}$$

式中，$M_t = M + m$，$J_t = J + ml^2$，$\mu = M_t J_t - m^2 l^2$，并取 c 和 γ 为非零值。该平衡系统采用以下的参数（大致对应于一个人稳定在一辆平衡车上）：

$$M = 10 \text{ kg}, \qquad m = 80 \text{ kg}, \quad c = 0.1 \text{ N} \cdot \text{s/m},$$
$$J = 100 \text{ kg} \cdot \text{m}^2/\text{s}^2, \quad l = 1 \text{ m}, \qquad \gamma = 0.01 \text{ N} \cdot \text{m} \cdot \text{s}, \qquad g = 9.8 \text{ m/s}^2$$

开环动态系统的特征值给定为 $\lambda \approx 0$、-0.0011、± 2.68。在例 7.2 中已经验证该系统是可达的，因此可以用状态反馈来使该系统稳定，并提供所需的性能水平。

为了确定在何处放置闭环特征值合适，分析闭环动态，它大致由两个部分组成：一组快速动态，用于使摆稳定在倒立的方向上；一组慢速动态，用于控制小车的位置。对于快速动态，摆（朝下悬挂时）的自然周期 $\omega_0 = \sqrt{mgl/(J+ml^2)} \approx 2.1$ rad/s。为了提供快速响应，取阻尼比为 $\zeta = 0.5$，并试着将第一对特征值放置在 $\lambda_{1,2} \approx -\zeta\omega_0 \pm i\omega_0 \approx -1 \pm 2i$（这里使用了近似 $\sqrt{1-\zeta^2} \approx 1$）。对于慢速动态，选择阻尼比 0.7 来提供小的超调量，并取自然频率为 0.5，给出上升时间大约为 5 s。这样得到的特征值为 $\lambda_{3,4} = -0.35 \pm 0.35i$。

该平衡系统的控制器由状态反馈和参考输入的前馈增益组成。反馈增益为：

$$K = (-15.6 \quad 1730 \quad -50.1 \quad 443)$$

这可用定理 7.3 或 MATLAB 的 place 命令算得。前馈增益为 $k_f = -1/[C(A-BK)^{-1}B] = -15.6$。所得控制器（应用于线性化系统）的阶跃响应如图 7.11a 所示。尽管阶跃响应达到了所需的特性，但所需的输入过大（见左下图），其峰值几乎是重力的 3 倍。

为了提供更接近实际的响应，重新设计控制器，以提供较慢的动态。可以看到输入（力）的峰值出现在快速时间尺度上，因此选择将其放慢大约 3 倍而保持阻尼比不变。同时也减慢第二组特征值，因为凭直觉移动小车位置的速度应该比稳定摆动态所用的速度更慢。保持慢动态的阻尼比为 0.7 不变而将频率改为 0.25（对应于大约 10 s 的上升时间），希望的特征值变为：

$$\lambda = \{-0.33 \pm 0.66i, -0.18 \pm 0.18i\}$$

所得控制器的性能如图 7.11b 所示。 ◀

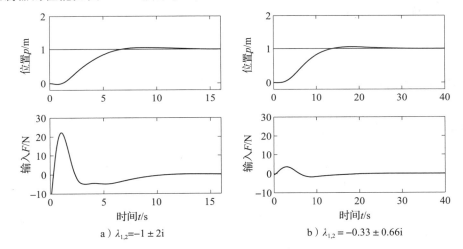

a) $\lambda_{1,2} = -1 \pm 2i$　　　　b) $\lambda_{1,2} = -0.33 \pm 0.66i$

图 7.11　平衡系统状态反馈控制时的阶跃响应。以快速性为目标设计控制器时的阶跃响应如图 a 所示：虽然响应特性（左上图）看起来非常好，但输入幅值（左下图）过大。图 b 所示的阶跃响应，虽然其响应时间变慢了，但输入幅值也合理多了。这两个阶跃响应都是由线性化动态模型得到的

从本例可以看出，使用状态反馈很难设定特征值的位置。这是这种方法的主要限制之一，对于高阶系统尤其如此。优化控制就是一个可行的方法。人们也可以专注于用频率响应来进行设计，这将在第 9 章～第 13 章介绍。

7.4　积分反馈

基于状态反馈的控制器需要通过仔细校调增益 k_f 来获得正确跟随指令信号的稳态响应。然而，反馈的一个主要作用是在不确定性的情况下实现良好的性能，因此，提供过程精确模型的要求并不可取。一种取代校调的方法是利用积分反馈，即控制器采用积分器来提供零稳态误差。积分反馈的基本概念已经在 1.6 节中介绍，并在 2.3 节和 2.4 节中做了简要讨论，以下提供一个更完整的描述和分析。

7.4.1 系统增广

积分反馈是在控制器中创建一个状态，以计算误差信号的积分，然后用作反馈项。具体做法是增加一个新的状态变量 z 来扩充系统的描述，这个状态变量 z 是实际输出 y 和期望输出 r 之差的积分。增广的状态方程变为：

$$\frac{\mathrm{d}}{\mathrm{d}t}\begin{pmatrix} x \\ z \end{pmatrix} = \begin{pmatrix} Ax+Bu \\ y-r \end{pmatrix} = \begin{pmatrix} Ax+Bu \\ Cx-r \end{pmatrix} \tag{7.26}$$

注意，如果找到了一个能稳定系统的控制器，那么在稳态时必然会有 $\dot{z}=0$，因此在稳态时 $y=r$。

在给定增广系统的情况下，按通常方式设计状态空间控制器，其控制律取以下的形式：

$$u = -Kx - k_i z + k_f r \tag{7.27}$$

式中，K 是通常的状态反馈项，k_i 是积分项，k_f 用于设置期望的稳定状态所对应的标称输入。最终，只需要令式（7.26）的右侧为零，并将式（7.27）的 u 代入，即可得到系统的平衡点为：

$$x_e = -(A-BK)^{-1}B(k_f r - k_i z_e), \quad Cx_e = r$$

注意，z_e 的值没有指定，而是任其自动调节稳定到使 $\dot{z}=y-r=0$ 的数值，这意味着在平衡点时输出将等于参考值。只要系统稳定（这可通过适当选择 K 和 k_i 来实现），这一点就是成立的，而与 A、B 和 K 的具体数值无关。

最终的控制律为：

$$u = -Kx - k_i z + k_f r, \quad \frac{\mathrm{d}z}{\mathrm{d}t} = y - r$$

这里已经把积分器的动态作为控制器指标的一部分。这种类型的控制律称作动态补偿器（dynamic compensator），因为它拥有自身的内部动态。下面的例子说明了这个方法的基本思想。

例 7.8 巡航控制

考虑 1.5 节介绍的巡航控制的例子，该例子在例 6.11 中有进一步的分析（另外也可参考 4.1 节）。在平衡点 v_e、u_e 的附近，过程的线性化动态方程为：

$$\frac{\mathrm{d}x}{\mathrm{d}t} = -ax - b_g\theta + bw, \quad y = v = x + v_e$$

式中，$x = v - v_e$，$w = u - u_e$；θ 是道路的坡度。常数 a、b 和 b_g 取决于汽车的特性，已在例 6.11 节中给出。

如果给系统增加一个积分器，则系统的动态方程变为：

$$\frac{\mathrm{d}x}{\mathrm{d}t} = -ax - b_g\theta + bw, \quad \frac{\mathrm{d}z}{\mathrm{d}t} = y - v_r = v_e + x - v_r$$

或者表示为状态空间形式：

$$\frac{\mathrm{d}}{\mathrm{d}t}\begin{pmatrix} x \\ z \end{pmatrix} = \begin{pmatrix} -a & 0 \\ 1 & 0 \end{pmatrix}\begin{pmatrix} x \\ z \end{pmatrix} + \begin{pmatrix} b \\ 0 \end{pmatrix}w + \begin{pmatrix} -b_g \\ 0 \end{pmatrix}\theta + \begin{pmatrix} 0 \\ v_e - v_r \end{pmatrix}$$

注意，当系统处于平衡状态时，将有 $\dot{z}=0$，这意味着汽车的速度 $v = v_e + x$ 应该等于所需参考速度 v_r。控制器将是以下的形式：

$$\frac{\mathrm{d}z}{\mathrm{d}t} = y - v_r, \quad w = -k_p x - k_i z + k_f v_r$$

通过选择增益 k_p、k_i 和 k_f 来稳定系统并为参考速度提供正确的输入。

假设希望将闭环系统设计成具有以下的特征多项式：

$$\lambda(s) = s^2 + a_1 s + a_2$$

令干扰 $\theta = 0$，闭环系统的特征多项式由下式给出：

$$\det[sI-(A-BK)]=s^2+(bk_p+a)s+bk_i$$

因此有

$$k_p=\frac{a_1-a}{b},\quad k_i=\frac{a_2}{b},\quad k_f=-1/[C(A-BK)^{-1}B]=\frac{a_1}{b}$$

由此产生的控制器将使系统稳定，从而让 $\dot z=y-v_r$ 归零，实现完美的跟踪。注意，即使定义系统所用的参数值存在小的误差，但只要闭环特征值仍然是稳定的，那么跟踪误差就将趋近于零。因此，使用 k_f 进行精确校准的做法在这里是不需要的。实际上，甚至可以选择 $k_f=0$，让反馈控制器来完成所有的工作。不过，k_f 确实会影响对参考信号的瞬态响应，正确设置 k_f 通常会得到更令人满意的响应。

积分反馈也可以用来补偿恒定的干扰。图 7.12 显示了汽车在 $t=5$ s 时遇到坡度 $\theta=4°$ 的山丘时的仿真结果。可见，状态反馈控制器和积分反馈控制器的节气门开度稳态值是非常接近的，但相应的汽车速度却很不相同。其原因在于从节气门开度到速度的零频增益是 $-b/a$，它等于 130，太高了。在积分反馈控制器的情况下，系统的稳定性不受这个外部干扰的影响，因此我们再次看到汽车的速度最终收敛到了参考速度。处理恒定干扰的这种能力是积分反馈控制器的一个普遍性质（见习题 7.15）。

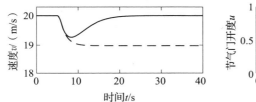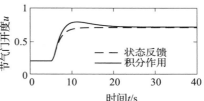

图 7.12　状态反馈控制器（虚线）和积分反馈控制器（实线）的两种巡航控制的汽车速度和节气门开度变化曲线。可见，积分反馈控制器能够调节节气门开度以补偿坡度的影响，将速度保持在参考值 $v_r=20$ m/s。控制器增益为 $k_p=0.5$ 和 $k_i=0.1$　◀

7.4.2　增广系统的可达性

特征值配置要求增广系统（7.26）是可达的。为了实现这一点，计算增广系统的可达性矩阵：

$$W_r=\begin{pmatrix} B & AB & \cdots & A^nB \\ 0 & CB & \cdots & CA^{n-1}B \end{pmatrix}$$

为了找到 W_r 满秩的条件，对矩阵进行列运算变换。设 a_k 为矩阵 A 的特征多项式的系数：

$$\lambda_A(s)=s^n+a_1s^{n-1}+\cdots+a_{n-1}s+a_n$$

将 W_r 的第 1 列乘以 a_n，第 2 列乘以 a_{n-1}，一直到第 n 列乘以 a_1，最后将它们的和加到最后一列（第 $n+1$ 列），根据凯莱-汉密尔顿定理（习题 7.3），得到变换后的矩阵为：

$$W_r=\begin{pmatrix} B & AB & \cdots & A^{n-1}B & 0 \\ 0 & CB & \cdots & CA^{n-2}B & b_n \end{pmatrix}$$

式中

$$b_n=C(A^{n-1}B+a_1A^{n-2}B+\cdots+a_{n-1}B) \tag{7.28}$$

如果矩阵 A 可逆，则意味着原点没有特征值，那么可以重写 b_n 为以下的公式：

$$b_n=CA^{-1}(A^n+a_1A^{n-1}+\cdots+a_{n-1}A)B=-a_nCA^{-1}B$$

式中，后一个等式来自凯莱-汉密尔顿定理的再次应用。只要系数 $b_n\neq0$，则系统是可达的，并且可以给增广系统的特征值配置任意值。

在第 9 章将会看到，系数 b_n 可以从以下传递函数的系数中辨识出来：

$$G(s) = \frac{b_1 s^{n-1} + b_2 s^{n-2} + \cdots + b_n}{s^n + a_1 s^{n-1} + \cdots + a_n}$$

因此，可达性的条件就是原始系统的输入/输出响应不包含纯微分。

*7.5   线性二次型调节器

作为闭环特征值位置配置方法（以完成特定目标）的替代方案，也可以尝试优化一个代价函数来选择状态反馈控制器的增益。这特别有助于在系统的性能与所需的输入信号幅值之间折中。

线性二次型调节器（LQR）问题是最常见的优化控制问题之一。给定以下的多输入线性系统：

$$\frac{\mathrm{d}x}{\mathrm{d}t} = Ax + Bu, \quad x \in \mathbb{R}^n, \quad u \in \mathbb{R}^p$$

其初始条件为 $x(0) = x_0$。我们试图使以下的二次代价函数最小化：

$$J(x_0) = \int_0^{t_f} (x^\mathrm{T} Q_x x + u^\mathrm{T} Q_u u) \mathrm{d}t + x^\mathrm{T}(t_f) Q_f x(t_f) \tag{7.29}$$

式中，$Q_x \geq 0$、$Q_u > 0$ 和 $Q_f \geq 0$ 都是恰当维数的对称正定（或半正定）矩阵。这个代价函数表示了状态偏离原点的程度与控制输入的成本之间的权衡。通过选取矩阵 Q_x、Q_u 和 Q_f，可以在解的收敛速度与控制的成本之间实现平衡。

LQR 问题的解由以下形式的线性控制律给定：

$$u = -Kx, \quad K = Q_u^{-1} B^\mathrm{T} S \tag{7.30}$$

式中，$S \in \mathbb{R}^{n \times n}$ 是一个正定且对称的矩阵，由以下方程确定：

$$-\frac{\mathrm{d}S}{\mathrm{d}t} = A^\mathrm{T} S + SA - SBQ_u^{-1} B^\mathrm{T} S + Q_x, \quad S(t_f) = Q_f \tag{7.31}$$

这个方程称作黎卡提微分方程（Riccati differential equation），计算时要从 $S(t_f) = Q_f$ 开始在时间上向后积分。表示最优成本的最小代价函数由下式给定：

$$\min_u \int_0^{t_f} (x^\mathrm{T} Q_x x + u^\mathrm{T} Q_u u) \mathrm{d}t + x^\mathrm{T}(t_f) Q_f x(t_f) = x^\mathrm{T}(0) S(0) x(0) \tag{7.32}$$

所牵涉的矩阵 A、B、Q_x、Q_u 和 K 可以依赖于时间。如果黎卡提微分方程有唯一的正定解，则最优控制问题的解存在。LQR 方法特别适合于在轨迹周围线性化时使用，这将在 8.5 节介绍。

如果时间范围无限且所有矩阵都恒定，则 LQR 问题将得到明显简化，这时 S 是由式（7.31）的稳态解给出的常数矩阵：

$$A^\mathrm{T} S + SA - SBQ_u^{-1} B^\mathrm{T} S + Q_x = 0 \tag{7.33}$$

这个方程称作代数黎卡提方程（algebraic Riccati equation）。如果系统是可达的，可以证明存在唯一满足式（7.33）的正定矩阵 S，使得闭环系统稳定。因此，反馈增益 $K = Q_u^{-1} B^\mathrm{T} S$ 也是一个常数矩阵。MATLAB 中的 `lqr` 命令用于返回 K、S 以及闭环系统的动态矩阵 $E = A - BK$。

LQR 设计中的一个关键问题是如何选择权重矩阵 Q_x、Q_u 和 Q_f。为了保证解存在，必须有 Q_x 是半正定或正定矩阵和 Q_u 是正定矩阵。此外，Q_x 还需满足某些所谓的"可观性"条件，这限制了它的选择范围。这里假定 $Q_x > 0$，以保证代数黎卡提方程的解始终存在。为了确定代价函数的权重矩阵 Q_x 和 Q_u 的具体数值，一个特别简单的选择是采用对角权重矩阵：

$$Q_x = \begin{bmatrix} q_1 & & & \\ & & & 0 \\ & & \ddots & \\ & 0 & & \\ & & & q_n \end{bmatrix}, \quad Q_u = \begin{bmatrix} \rho_1 & & & \\ & & & 0 \\ & & \ddots & \\ & 0 & & \\ & & & \rho_n \end{bmatrix}$$

对于这样选定的 Q_x 和 Q_u，其各对角线元素描述了每个状态变量和输入（平方）对总代价的贡献。因此，可以选取那些需要保持较小值的状态变量，给它们赋予较大的权重。同样，通过选择恰当的输入权重 ρ，可以对某些输入（相对于其他输入及状态变量）进行惩罚。

例 7.9 矢量推力飞机

考虑式（3.28）所示系统的原始动态方程，将其写成状态空间形式（也可参考例 6.4）：

$$\frac{\mathrm{d}z}{\mathrm{d}t} = \begin{pmatrix} z_4 \\ z_5 \\ z_6 \\ -\dfrac{c}{m}z_4 \\ -g-\dfrac{c}{m}z_5 \\ 0 \end{pmatrix} + \begin{pmatrix} 0 \\ 0 \\ 0 \\ \dfrac{F_1}{m}\cos\theta - \dfrac{F_2}{m}\sin\theta \\ \dfrac{F_1}{m}\sin\theta + \dfrac{F_2}{m}\cos\theta \\ \dfrac{r}{J}F_1 \end{pmatrix}$$

系统参数为 $m=4\,\mathrm{kg}$、$J=0.0475\,\mathrm{kg \cdot m^2}$、$r=0.25\,\mathrm{m}$、$g=9.8\,\mathrm{m/s^2}$、$c=0.05\,\mathrm{N \cdot s/m}$，这对应于一个按比例缩放的系统模型。系统的平衡点给定为 $F_1=0$、$F_2=mg$、$z_e=(x_e,y_e,0,0,0,0)$。为了推导平衡点附近的线性化模型，按照式（6.35）进行线性化计算，得到：

$$A = \begin{pmatrix} 0 & 0 & 0 & 1 & 0 & 0 \\ 0 & 0 & 0 & 0 & 1 & 0 \\ 0 & 0 & 0 & 0 & 0 & 1 \\ 0 & 0 & -g & -c/m & 0 & 0 \\ 0 & 0 & 0 & 0 & -c/m & 0 \\ 0 & 0 & 0 & 0 & 0 & 0 \end{pmatrix}, \quad B = \begin{pmatrix} 0 & 0 \\ 0 & 0 \\ 0 & 0 \\ 1/m & 0 \\ 0 & 1/m \\ r/J & 0 \end{pmatrix}$$

$$C = \begin{pmatrix} 1 & 0 & 0 & 0 & 0 & 0 \\ 0 & 1 & 0 & 0 & 0 & 0 \end{pmatrix}, \quad D = \begin{pmatrix} 0 & 0 \\ 0 & 0 \end{pmatrix}$$

令 $\xi=z-z_e$、$v=F-F_e$ 得到线性化的系统为

$$\frac{\mathrm{d}\xi}{\mathrm{d}t} = A\xi + Bv, \quad y=C\xi$$

可以验证系统是可达的。

为了计算系统的线性二次型调节器，采用以下的代价函数：

$$J = \int_0^\infty (\xi^{\mathrm{T}}Q_\xi\xi + v^{\mathrm{T}}Q_vv)\mathrm{d}t$$

式中，$\xi=z-z_e$ 和 $v=F-F_e$ 表示在期望的平衡点 (z_e, F_e) 附近的局部坐标。先确定状态及输入的代价对角矩阵：

$$Q_\xi = \begin{pmatrix} 1 & 0 & 0 & 0 & 0 & 0 \\ 0 & 1 & 0 & 0 & 0 & 0 \\ 0 & 0 & 1 & 0 & 0 & 0 \\ 0 & 0 & 0 & 1 & 0 & 0 \\ 0 & 0 & 0 & 0 & 1 & 0 \\ 0 & 0 & 0 & 0 & 0 & 1 \end{pmatrix}, \quad Q_v = \begin{pmatrix} \rho & 0 \\ 0 & \rho \end{pmatrix}$$

这将给出 $v=-K\xi$ 形式的控制律，可用于导出原始变量表示的控制律：

$$F = v + F_e = -K(z-z_e) + F_e$$

跟例 6.4 计算的一样，在平衡点处有 $F_e=(0, mg)$、$z_e=(x_e,y_e,0,0,0,0)$。$\rho=1$ 时，控制器对位置指令阶跃变化的响应如图 7.13a 所示。图 7.13b 所示为选用不同权重 ρ 时，

x 方向的运动响应。

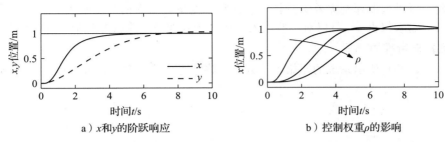

a）x 和 y 的阶跃响应　　　　　　b）控制权重 ρ 的影响

图 7.13　带有 LQR 控制器的矢量推力飞机的阶跃响应与控制权重 ρ 的影响。图 a 所示为要求飞机在 x 和 y 方向上各移动 1 m 时 x、y 方向的位置响应。图 b 所示为控制权重分别取 $\rho=1$、10^2、10^4 时 x 方向的响应。可见，代价函数中输入项的权重越大，引起的响应就越慢（输入项权重具有惩罚性质）　　　　　　　　　　　　　　　　◀

也可以为离散时间系统设计线性二次调节器，如下例所示。

例 7.10 Web 服务器的控制

考虑 4.4 节给出的 Web 服务器的例子，该例针对 Web 服务器建立了离散时间模型。现在希望设计一个控制律来设置服务器的参数，以使服务器的处理器平均负荷维持在期望的水平。因为服务器上也可能运行其他的进程，所以 Web 服务器必须根据负荷的变化来调整参数。

Web 服务器的反馈控制框图如图 7.14 所示。这里只考虑特殊情况，即用 **KeepAlive** 和 **MaxClients** 两个参数来控制处理器负荷的情况。此外，还在被测负荷中保留一个干扰，以表示服务器上运行的其他进程对处理周期的使用。图 7.14 中的干扰是在过程动态模块的后面进入系统的。

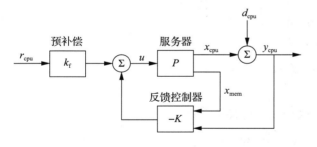

图 7.14　Web 服务器的反馈控制。控制器根据标称参数（由 $k_f r_{cpu}$ 决定的）与当前负荷 y_{cpu} 的差来设置 Web 服务器的参数值。干扰 d_{cpu} 表示服务器上运行的其他进程产生的负荷。注意测量是在干扰点之后进行的，因此测得的是服务器的总负荷

该系统的动态是一组以下形式的差分方程：

$$x[k+1]=Ax[k]+Bu[k], \quad y_{cpu}[k]=x_{cpu}[k]+d_{cpu}[k]$$

式中，$x=(x_{cpu}, x_{mem})$ 为 Web 服务器的状态，$u=(u_{ka}, u_{mc})$ 为输入，d_{cpu} 为计算机上其他进程的处理器负荷，y_{cpu} 为总处理器负荷。矩阵 $A\in\mathbb{R}^{2\times2}$、$B\in\mathbb{R}^{2\times2}$ 已在 4.4 节中描述。

选用以下形式的状态反馈控制器来进行控制：

$$u=-K\begin{pmatrix} y_{cpu} \\ x_{mem} \end{pmatrix}+k_f r_{cpu}$$

式中，r_{cpu} 是期望的处理器负荷。注意，使用了测量得到的处理器负荷 y_{cpu} 来代替 CPU 状态 x_{cpu}，以保证根据实际负荷来调节系统的运行（这种修改是必要的，因为干扰进入过程动态的方式不是标准的方式）。

反馈增益矩阵 K 可以用本章介绍的任何一种方法来选择。这里使用线性二次型调节器，代价函数取为：

$$Q_x = \begin{pmatrix} 5 & 0 \\ 0 & 1 \end{pmatrix}, \quad Q_u = \begin{pmatrix} 1/50^2 & 0 \\ 0 & 1/1000^2 \end{pmatrix}$$

在代价函数 Q_x 的选择上，与内存使用的权重相比，给处理器负荷赋予了更大的权重。输入代价函数 Q_u 的选择则以使两个输入的代价贡献实现归一化为目标，使保持时间 `KeepAlive` 为 50 s 时的加权结果和最大服务数量 `MaxClients` 为 1000 时的加权结果相等。Q_u 中的元素值之所以取平方，是因为与输入有关的代价值是由 $u^{\mathrm{T}} Q_u u$ 给定的。使用 4.4 节中的动态方程以及 MATLAB 的 `dlqr` 命令，最终得到增益为：

$$K = \begin{pmatrix} -22.3 & 10.1 \\ 382.7 & 77.7 \end{pmatrix}$$

与连续时间控制系统的情况一样，选择前馈增益 k_f 来产生系统的期望运行点。令 $x[k+1] = x[k] = x_e$，对于给定的参考输入 r，稳态平衡点和输出为：

$$x_e = (A - BK)x_e + Bk_f r, \quad y_e = Cx_e$$

这是一个矩阵方程，其中 k_f 是列向量，它基于期望的参考值来设置两个输入。由于有两个输入，因此可以对期望的 CPU 负载 $y_{\mathrm{cpu},e}$ 和期望的内存用量 $x_{\mathrm{mem},e}$ 进行设置。如果将所需的平衡状态设为 $x_e = (r, 0)$ 的形式（这里选择期望的内存用量值为 0，以便其他任务能够获得尽可能多的内存），那么需要求解以下方程：

$$\begin{pmatrix} r \\ 0 \end{pmatrix} = (A - BK - I)^{-1} Bk_f r$$

求解上式可得：

$$k_f = \left[(A - BK - I)^{-1} B \right]^{-1} \begin{pmatrix} 1 \\ 0 \end{pmatrix} = \begin{pmatrix} 49.3 \\ 539.5 \end{pmatrix}$$

图 7.15 所示仿真结果表明在 $k = 10$ ms 时在施加 $d_{\mathrm{cpu}} = 0.3$ 的负荷而引起了系统状态变化，以迫使控制器调整服务器的运行来维持 0.57 的期望负荷。注意，保持时间 `KeepAlive`（ka）和最大服务数量 `MaxClients`（mc）两个参数都得到了调整。尽管负荷确实降低了，但仍比期望的稳态值高出大约 0.2。

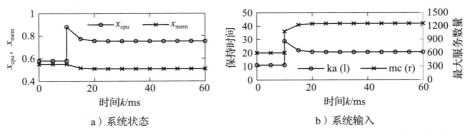

a）系统状态　　　　　　　　　　　　b）系统输入

图 7.15　采用 LQR 控制的 Web 服务器仿真。图 a 的曲线显示了在 $k = 10$ ms 时施加外部负荷所引起的系统状态变化。图 b 所示为与图 a 对应的 Web 服务器参数（系统输入）。可见，控制器大约可以使干扰的影响降低 40% ◀

7.6　阅读提高

卡尔曼（Kalman）在文献［134］中讨论了状态模型和状态反馈的重要性，并通过求解二次损耗函数最小化的优化问题，来获得状态反馈的增益。可达性及第 8 章将要介绍的能观性概念，也是卡尔曼提出来的（可参考文献［100, 136, 139］）。卡尔曼将能控性和可达性分别定义为达到原点和达到任意状态的能力[138]。可达性也用在图论中以表示从一个节点到达另一个节点的能力。我们注意到，有不少书籍用"能控性"这个术语来代替"可达性"，但我们选择了后者，因为"可达性"能更清楚地说明"可以达到任意状态"这个基本性质。可达线性系统的特征值可以配置在任意位置这个结论是 J·伯特伦（J. Bertram）于 1959 年发现的[138]，他当时在由卡尔曼领导的一个 IBM 控制研究小组里工作。伯特伦的结论基于根轨迹分析，文献［209］给出了一个解析证明。大多数关于控制的教科书都包含状态空间系统的内容，例如文献［93，195］。文献［94］则相当详尽地介绍了本书第 6 章、本章以及第 8 章所涉及的内容，其中还包括优化控制问题。

习题

7.1 （双重积分器）考虑双重积分器。找一个分段常数的控制策略，使系统从原点达到状态 $x=(1，1)$。

7.2 （始于非零初始状态的可达性）扩展 7.1 节的推导，证明：如果一个系统是从零初始状态可达的，那么它也是从非零初始状态可达的。

7.3 （凯莱-汉密尔顿定理）令矩阵 $A \in \mathbb{R}^{n \times n}$ 的特征多项式为 $\lambda(s) = \det(sI - A) = s^n + a_1 s^{n-1} + \cdots + a_{n-1} s + a_n$。证明：矩阵 A 满足

$$\lambda(A) = A^n + a_1 A^{n-1} + \cdots + a_{n-1} A + a_n I = 0$$

式中，右端的零表示一个元素全部为零的矩阵。利用这一结论证明：A^n 可以用 A 的更低次幂来表示，因此任何用 A 表示的矩阵都可以重写为 A 的幂次数不高于 $n-1$ 次的多项式。

7.4 （不可达系统）考虑具有状态 x 和 z 的一个系统，其动态方程为：

$$\frac{\mathrm{d}x}{\mathrm{d}t} = Ax + Bu, \qquad \frac{\mathrm{d}z}{\mathrm{d}t} = Az + Bu$$

若 $x(0) = z(0)$，则不论何种输入，都有 $x(t) = z(t)$。证明：这一性质违背了可达性的定义，并进一步证明其可达矩阵 W_r 不是满秩的。

7.5 （后转向自行车）4.2 节的式（4.5）给出了自行车的一个简单模型。将模型中的速度符号取反，可以得到后轮转向的自行车模型。确定该系统可达的条件，并解释系统不可达的各种情况。

7.6 （可达标准型的特征多项式）证明：可达标准型系统的特征多项式为式（7.7），并且有

$$\frac{\mathrm{d}^n z_k}{\mathrm{d}t^n} + a_1 \frac{\mathrm{d}^{n-1} z_k}{\mathrm{d}t^{n-1}} + \cdots + a_{n-1} \frac{\mathrm{d}z_k}{\mathrm{d}t} + a_n z_k = \frac{\mathrm{d}^{n-k} u}{\mathrm{d}t^{n-k}}$$

式中，z_k 是第 k 个状态变量。

7.7 （可达标准型的可达矩阵）对于可达标准型系统，证明：可达矩阵的逆矩阵为

$$\widetilde{W}_r^{-1} = \begin{pmatrix} 1 & a_1 & a_2 & \cdots & a_{n-1} \\ & 1 & a_1 & \cdots & a_{n-2} \\ & & 1 & \ddots & \vdots \\ 0 & & & \ddots & a_1 \\ & & & & 1 \end{pmatrix}$$

7.8 （不可维持的平衡点）考虑小车上倒摆的归一化模型：

$$\frac{\mathrm{d}^2 x}{\mathrm{d}t^2} = u, \qquad \frac{\mathrm{d}^2 \theta}{\mathrm{d}t^2} = -\theta + u$$

式中，x 是小车的位置，θ 是摆的角度。$\theta_0 \neq 0$ 的平衡点能维持吗？

7.9 （特征值配置）考虑以下系统：

$$\frac{\mathrm{d}x}{\mathrm{d}t} = Ax + Bu = \begin{pmatrix} -1 & 0 \\ 1 & 0 \end{pmatrix} x + \begin{pmatrix} a-1 \\ 1 \end{pmatrix} u$$

式中，$a = 1.25$。设计一个状态反馈，使闭环系统的特征多项式为 $\det[(sI - (A - BK)] = s^2 + 2\zeta_c \omega_c s + \omega_c^2$，其中 $\omega_c = 5$，$\zeta_c = 0.6$。

7.10 （不可达系统的特征值配置）考虑以下系统：

$$\frac{\mathrm{d}x}{\mathrm{d}t} = \begin{pmatrix} 0 & 1 \\ 0 & 0 \end{pmatrix} x + \begin{pmatrix} 1 \\ 0 \end{pmatrix} u, \qquad y = (1 \quad 0) x$$

其控制律为：

$$u = -k_1 x_1 - k_2 x_2 + k_f r$$

计算系统可达矩阵的秩，并证明：系统的特征值不可以任意配置。

7.11 （电动机驱动）考虑习题 3.7 的电动机驱动归一化模型。采用以下归一化参数：

$$J_1=10/9, \quad J_2=10, \quad c=0.1, \quad k=1, \quad k_t=1$$

验证：开环系统的特征值为 0、0、$-0.05\pm i$。设计一个状态反馈，使闭环系统的特征值为 -2、-1 和 $-1\pm i$，以使振荡的特征值有很好的阻尼，同时让位于原点的特征值被负实轴上的特征值取代。对于 θ_2 的参考信号发生阶跃变化的情况，以及第二个质量块（第二个转动体）上的干扰转矩发生阶跃变化的情况，仿真系统的闭环响应。

7.12 （惠普尔自行车模型）考虑 4.2 节式（4.8）的惠普尔自行车模型。利用本书前言中所给网址里提供的参数，可知模型在速度 $v=5$ m/s 时是不稳定的，相应的开环特征值是 -1.84、-14.29 和 $1.30\pm4.60i$。求使自行车稳定的控制器增益，且闭环特征值为 -2、-10 和 $-1\pm i$。仿真转向参考信号发生 0.002 rad 阶跃变化时的系统响应。

7.13 （主特征值）考虑以下两个线性系统：

$$\Sigma_1:\frac{\mathrm{d}x}{\mathrm{d}t}=\begin{pmatrix}-1.1 & -0.1\\ 1 & 0\end{pmatrix}x+\begin{pmatrix}1\\0\end{pmatrix}u, \qquad \Sigma_2:\frac{\mathrm{d}x}{\mathrm{d}t}=\begin{pmatrix}-1.1 & -0.1\\ 1 & 0\end{pmatrix}x+\begin{pmatrix}1\\0\end{pmatrix}u,$$
$$y=(1.01 \quad 0.11)x \qquad\qquad y=(1.1 \quad 1.01)x$$

证明：尽管两个系统具有相同的特征值，但二者的阶跃响应由不同的特征值主导。

7.14 考虑二阶系统：

$$\frac{\mathrm{d}^2 y}{\mathrm{d}t^2}+0.5\frac{\mathrm{d}y}{\mathrm{d}t}+y=a\frac{\mathrm{d}u}{\mathrm{d}t}+u$$

设初始条件为零。

(a) 证明：单位阶跃响应的起始斜率为 a。讨论当 $a<0$ 时的意义。

(b) 证明：在单位阶跃响应上存在有不随 a 变化的点。定性分析参数 a 对解的影响。

(c) 仿真系统并探讨 a 对上升时间和超调量的影响。

7.15 （积分反馈抑制恒定干扰）考虑以下形式的线性系统：

$$\frac{\mathrm{d}x}{\mathrm{d}t}=Ax+Bu+Fd, \quad y=Cx$$

式中，u 是标量，d 是通过干扰矩阵 $F\in\mathbb{R}^n$ 进入系统的干扰。假设矩阵 A 可逆，零频增益 $CA^{-1}B$ 非零。证明：积分反馈可以在 $d\neq0$ 的条件下实现零稳态输出误差，从而补偿恒定干扰。

7.16 （Bryson 法则）文献［58］提出了以下方法来选择式（7.29）中的矩阵 Q_x 和 Q_u。先选择 Q_x 和 Q_u 为对角阵，其元素为相应变量最大值平方的倒数。然后调整这些元素，以在响应时间、阻尼和控制效果之间取得平衡。将这个方法应用于习题 7.11 的电动机驱动。假定 φ_1 和 φ_2 的最大值为 1，$\dot\varphi_1$ 和 $\dot\varphi_2$ 的最大值为 2，最大控制信号为 10。仿真 $\varphi_2(0)=1$、其他状态的初值都为零的闭环系统。探讨 Q_x 和 Q_u 对角元素取不同值的影响。

7.17 （LQR 的证明）使用黎卡提方程式（7.31）和以下关系式

$$x^{\mathrm{T}}(t_f)Q_f x(t_f)-x^{\mathrm{T}}(0)S(0)x(0)=\int_0^{t_f}[\dot x^{\mathrm{T}}(t)S(t)x(t)+x^{\mathrm{T}}\dot S(t)x(t)+x^{\mathrm{T}}(t)S(t)\dot x(t)]\mathrm{d}t$$

证明：线性二次型调节器问题的代价函数可以写成

$$\int_0^{t_f}[x^{\mathrm{T}}(t)Q_x x(t)+u^{\mathrm{T}}(t)Q_u u(t)]\mathrm{d}t+x^{\mathrm{T}}(t_f)Q_f x(t_f)$$
$$=x^{\mathrm{T}}(0)S(0)x(0)+\int_0^{t_f}[u(t)+Q_u^{-1}B^{\mathrm{T}}S(t)x(t)]^{\mathrm{T}}Q_u[u(t)+Q_u^{-1}B^{\mathrm{T}}S(t)x(t)]\mathrm{d}t$$

由此得到的控制律 $u(t)=-Kx(t)=-Q_u^{-1}B^{\mathrm{T}}S(t)x(t)$ 是最优的。当所有矩阵都与时间相关时，还成立吗？

第8章

输 出 反 馈

我们可以将物理实现问题分为两个阶段：先利用 $t \leqslant t_1$ 的 $y(t)$ 来计算状态的"最佳近似" $\hat{x}(t)$；再利用 $\hat{x}(t)$ 来计算所需的 $u(t)$。

——R. E. Kalman，"Contributions to the Theory of Optimal Control"，1960（文献 [134]）

本章将介绍基于观测器的输出反馈来改变系统动态的技术。首先引入能观性的概念，并证明如果系统是能观的，则可以通过测量系统的输入及输出，来重构系统的状态。然后介绍如何设计具有观测器状态反馈的控制器，通过加入前馈，可以得到一个具有两自由度的通用控制器。针对同时采用增益调度的非线性系统，本章介绍了控制器的设计，以做进一步说明。

8.1 能观性

在 7.2 节已经证明，只要系统是可达的且所有状态变量都由传感器进行测量，就可以找到状态反馈机制来提供所需的闭环特征值。然而，在很多情况下，假定所有状态变量都被测量是极不现实的。本节将研究怎样利用数学模型及少量的测量来估计状态。我们将证明，状态的计算可以利用称作观测器（observer）的动态系统来完成。

8.1.1 能观性的定义

考虑以下微分方程描述的系统：

$$\frac{\mathrm{d}x}{\mathrm{d}t} = Ax + Bu, \quad y = Cx + Du \quad (8.1)$$

式中，$x \in \mathbb{R}^n$ 为状态，$u \in \mathbb{R}^p$ 为输入，$y \in \mathbb{R}^q$ 为测量的输出。希望用系统的输入和输出来估计系统的状态，如图 8.1 所示。在有些情况下，将假定只有一个测量信号，即信号 y 是标量，C 是（行）向量。这个测量信号有可能遭受噪声 w 的污染，不过下面先考虑无噪声的情况。用 $\hat{x}$ 表示状态的观测器估计值。

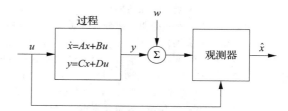

图 8.1 观测器的原理框图。观测器使用过程的测量值 y（可能受到噪声 w 的污染）和输入 u 来对过程的当前状态进行估计，将估计值记作 $\hat{x}$

定义 8.1 （能观性）一个线性系统被称为能观的（observable），如果对于任何 $T > 0$，都可以通过时段 $[0, T]$ 上的 $y(t)$ 的测量值和输入 $u(t)$ 来确定其状态 $x(T)$。

这个定义同样适用于非线性系统，本书讨论的结果也可以推广到非线性系统。

能观性问题具有很多重要的应用，甚至被用到了反馈系统以外的场合。如果系统是能观的，那么系统内部就不存在隐藏的动态，人们可以通过（在时间上）观测输入和输出来了解所发生的一切。能观性问题有着非常重要的实际意义，因为它决定着一组传感器是否能满足系统控制的需要。传感器和系统数学模型的结合也可以看成是一个"虚拟的传感器"，它可以给出不能直接测量的变量的信息。利用数学模型来对多个传感器的信号进行协调的过程称作传感器融合（sensor fusion）。

8.1.2 能观性的检验

在前一章讨论可达性时，忽略了输出而只关注状态。类似地，为了方便，这里先忽略输入，只关注以下的自治系统：

$$\frac{\mathrm{d}x}{\mathrm{d}t}=Ax，\quad y=Cx \tag{8.2}$$

式中，$x\in\mathbb{R}^n$，$y\in\mathbb{R}^q$。我们希望了解在什么条件下可以通过观测输出来确定状态。

输出本身就是状态投影到矩阵 C 行向量上的结果。如果 $n=q$（输出个数等于状态变量个数）并且矩阵 C 是可逆的，那么能观性问题马上可以得到解决。如果矩阵 C 是不可逆的，也不是方阵，那么可以求输出的导数，得：

$$\frac{\mathrm{d}y}{\mathrm{d}t}=C\frac{\mathrm{d}x}{\mathrm{d}t}=CAx$$

因此，从输出的导数就得到了状态 x 到矩阵 CA 行向量的投影。按照这种方式处理，在每个时刻 t 都可以得到：

$$\begin{bmatrix} y(t) \\ \dot{y}(t) \\ \ddot{y}(t) \\ \vdots \\ y^{(n-1)}(t) \end{bmatrix}=\begin{bmatrix} C \\ CA \\ CA^2 \\ \vdots \\ CA^{n-1} \end{bmatrix}x(t) \tag{8.3}$$

这样就可以发现，如果下面的能观矩阵（observability matrix）是行满秩的，那么时刻 t 的状态可以用时刻 t 的输出及其导数来确定：

$$W_{\circ}=\begin{bmatrix} C \\ CA \\ CA^2 \\ \vdots \\ CA^{n-1} \end{bmatrix} \tag{8.4}$$

跟可达性的情况一样，也可以证明无须考虑任何高于 $n-1$ 阶的导数的影响［这是凯莱-汉密尔顿定理（习题 7.3）应用的结果］。

以上的计算可以很容易推广到包含输入和有很多测量信号的系统。这时，状态就是输入、输出及其高阶导数的线性组合，能观性的判据则没有改变。这种情况留给读者作为练习。

实际上，当存在测量噪声时，输出的导数会给出很大的误差，因此上述方法并不特别实用。下文将详细讨论这个问题，现在先给出以下的基本结论。

定理 8.1（能观性的秩条件）形如式（8.1）的线性系统是能观的，当且仅当其能观矩阵 $W_{\circ}$ 是行满秩的。

*证明：前面的分析已经证明了能观性秩条件的充分性。为了证明必要性，假定系统是能观的但 $W_{\circ}$ 不是行满秩的。令 $v\in\mathbb{R}^n$ 且 $v\neq0$ 为 $W_{\circ}$ 的零空间中的一个向量，即 $W_{\circ}v=0$（基于矩阵的行秩与列秩总相等的事实，这样的 v 是存在的）。如果令 $x(0)=v$ 为系统的初始条件，且选取 $u=0$，那么输出为 $y(t)=Ce^{At}v$。由于 e^{At} 可以写成 A 的幂级数，而 A^n 及更高次的幂可以用 A 的较低次的幂来重写（根据凯莱-汉密尔顿定理），因此 $y(t)$ 将恒等于 0（请读者完成所缺的步骤）。然而，如果系统的输入和输出都是 0，那么状态的合理估计值在所有时间里都只能是 $\hat{x}(t)=0$，这与 $x(0)=v\neq0$ 的假设相矛盾。所以，若系统是能观的，则 $W_{\circ}$ 必须是行满秩的。

例 8.1　房室模型

考虑图 4.18a 的两房室模型，并假定仅能测量第一个房室的浓度。系统被描述为以下的线性系统：

$$\frac{\mathrm{d}c}{\mathrm{d}t}=\begin{pmatrix}-k_0-k_1 & k_1 \\ k_2 & -k_2\end{pmatrix}c+\begin{pmatrix}b_0 \\ 0\end{pmatrix}u, \quad y=(1 \quad 0)c$$

第一个房室的状态变量为血浆中的药物浓度，第二个房室的状态变量为药物起作用的组织中的药物浓度。为了确定能否从血浆药物浓度的测量值来求得组织房室中的药物浓度，构建以下的系统能观矩阵来研究系统的能观性：

$$W_o=\begin{pmatrix}C \\ CA\end{pmatrix}=\begin{pmatrix}1 & 0 \\ -k_0-k_1 & k_1\end{pmatrix}$$

如果 $k_1\neq0$，则各行是线性无关的。在这种情况下，可以通过测量血液中的药物浓度来确定药物起作用的房室中的药物浓度。 ◄

　　了解系统不能观的机制是很有用的。图 8.2 为一个不能观的系统。该系统由两个完全相同的子系统组成，它们的输出是相减的。凭直觉，显然无法从输出推断出状态，因为无法从差值得到各个子系统输出的贡献。这一点也可以进行正式的证明（见习题 8.2）。

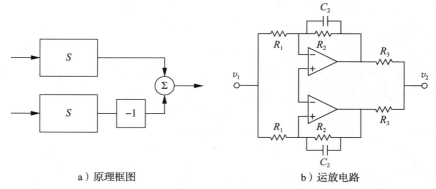

　　　　a）原理框图　　　　　　　　　　　　　b）运放电路

图 8.2　一个不能观的系统。两个完全相同的子系统的输出相减，构成整个系统的输出。子系统的各个状态不能确定，因为各个状态对输出的贡献是无法区分的。图 b 是这种系统的一个例子

8.1.3　能观标准型

　　跟可达性的情况一样，某些规范形式也将有助于能观性的研究。如果一个线性单输入单输出状态空间系统的动态方程由下式给出，则称该系统为能观标准型（observable canonical form）：

$$\frac{\mathrm{d}z}{\mathrm{d}t}=\begin{pmatrix}-a_1 & 1 & & 0 \\ -a_2 & 0 & \ddots & \\ \vdots & & \ddots & 1 \\ -a_n & 0 & & 0\end{pmatrix}z+\begin{pmatrix}b_1 \\ b_2 \\ \vdots \\ b_n\end{pmatrix}u$$

$$y=(1 \quad 0 \quad \cdots \quad 0)z+d_0u$$

这个定义可以推广到多输入的系统，唯一的区别在于要用矩阵来代替与 u 相乘的那个向量。

　　图 8.3 所示为用能观标准型表示的系统原理框图。跟可达标准型的情况一样，描述系统的系数直接出现于框图中。系统能观标准型的特征多项式为：

$$\lambda(s)=s^n+a_1s^{n-1}+\cdots+a_{n-1}s+a_n \tag{8.5}$$

有可能通过观察系统能观标准型的原理框图，来判断系统的能观性。如果输入 u 和输出 y 是可得的，那么状态变量 z_1 显然可以计算得到。对 z_1 求导数，可以得到产生 z_1 的积分器的输入，因而得到 $z_2=\dot{z}_1+a_1z_1-b_1u$。应用这种方法可以算得所有状态变量。不过这种计算要求信号是可导的。

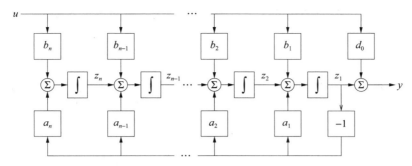

图 8.3　用能观标准型表示的系统原理框图。系统状态用各个积分器的输出来表示，每个积分器的输入等于积分器链中下一个（靠左的）积分器的输出、第一个状态变量（最右侧积分器的输出）以及系统输入等三者的加权组合。系统输出为第一个状态变量与系统输入的组合。注意与图 7.4 的可达系统的原理框图进行对比

为了更正规地检验能观性，计算系统能观标准型的能观矩阵，得到：

$$\widetilde{W}_{\mathrm{o}}=\begin{bmatrix} 1 & & & & 0 \\ -a_1 & 1 & & & \\ -a_1^2-a_2 & -a_1 & 1 & & \\ \vdots & \vdots & & \ddots & \\ * & * & \cdots & & 1 \end{bmatrix}$$

式中，$*$ 表示其精确值无关紧要的元素项。这个矩阵的列显然是线性无关的（因为它是下三角矩阵），因此，$\widetilde{W}_{\mathrm{o}}$ 是可逆的。经过直接但却烦琐的计算可以证明，能观矩阵的逆矩阵具有以下简单的形式：

$$\widetilde{W}_{\mathrm{o}}^{-1}=\begin{bmatrix} 1 & & & & & \\ a_1 & 1 & & & & 0 \\ a_2 & a_1 & 1 & & & \\ & & & \ddots & & \\ \vdots & \vdots & & & 1 & \\ a_{n-1} & a_{n-2} & \cdots & & a_1 & 1 \end{bmatrix}$$

跟可达性的情况一样，可以证明，当且仅当存在一个变换矩阵 T 可以将系统转换为能观标准型时，系统才是能观的。这对于一些问题的证明十分有用，它让我们可以不失一般性地假设系统是能观标准型表示的。不过，能观标准型的数值计算条件可能会很差。

8.2　状态估计

在定义了能观性的概念之后，现在回到如何构造系统观测器的问题。我们将寻找一个这样的观测器：它可以表示为一个线性动态子系统，它接收被观测系统的输入和输出，并产生该系统的状态估计值。也就是说，我们希望构建以下形式的动态子系统：

$$\frac{\mathrm{d}\hat{x}}{\mathrm{d}t}=F\hat{x}+Gu+Hy$$

式中，u 和 y 是原始系统的输入和输出；$\hat{x}(t)\in\mathbb{R}^n$ 是状态的估计值，且当 $t\to\infty$ 时，$\hat{x}(t)\to x(t)$。

8.2.1　观测器

考虑式（8.1）所示的系统，且令其中 D 为 0 以简化介绍，即

$$\frac{\mathrm{d}x}{\mathrm{d}t}=Ax+Bu，\quad y=Cx \tag{8.6}$$

可以试着按正确的输入来仿真上面的方程以确定状态。这样就可以由下式（状态观测器）给出状态的估计值：

$$\frac{\mathrm{d}\hat{x}}{\mathrm{d}t} = A\hat{x} + Bu \tag{8.7}$$

为了找出这种状态估计的性质，引入估计误差 $\tilde{x} = x - \hat{x}$。由式（8.6）和式（8.7）可得（误差估计器）：

$$\frac{\mathrm{d}\tilde{x}}{\mathrm{d}t} = A\tilde{x}$$

如果动态矩阵 A 的所有特征值都在左半平面，那么误差 $\tilde{x}$ 将趋近于 0，因此，式（8.7）是一个动态子系统，其特点是输出收敛于系统式（8.6）的状态。但是，其收敛速度可能比预期的慢。

式（8.7）给出的观测器仅使用了过程的输入 u，测得的信号并未出现在式中。我们还必须要求系统是稳定的，并且估计器本质上应该是收敛的（因为观测器和估计器二者的瞬态分量都应趋近于 0）。不过，对于控制的设计来讲，仅仅收敛是没有太大用处的，我们希望状态估计值能够快速地收敛到非零状态，这样才能在控制器中加以利用。因此，我们将尝试修改观测器，将收敛性设计得快于系统的动态，以使其输出能得到利用。这样修改过的观测器也适用于不稳定的系统。

考虑以下的观测器：

$$\frac{\mathrm{d}\hat{x}}{\mathrm{d}t} = A\hat{x} + Bu + L(y - C\hat{x}) \tag{8.8}$$

这可以看成是式（8.7）的一个推广。式中的 $L(y - C\hat{x})$ 项正比于测量输出与观测器预测输出之差，该项的加入提供了来自测量输出的反馈。根据式（8.6）和式（8.8）可得：

$$\frac{\mathrm{d}\tilde{x}}{\mathrm{d}t} = (A - LC)\tilde{x}$$

如果这样来选择矩阵 L，即让矩阵 $A - LC$ 的特征值具有负的实部，那么误差 $\tilde{x}$ 将趋近于 0。收敛速度则由特征值的适当选择来确定。

注意寻找状态反馈与寻找观测器的相似性。通过特征值配置来设计状态反馈等价于找一个矩阵 K，以使 $A - BK$ 具有给定的特征值。同样，设计一个具有预定特征值的观测器等价于找一个矩阵 L，以使 $A - LC$ 具有给定的特征值。由于矩阵及其转置具有相同的特征值，故可以建立以下的等价关系：

$$A \leftrightarrow A^{\mathrm{T}}, \quad B \leftrightarrow C^{\mathrm{T}}, \quad K \leftrightarrow L^{\mathrm{T}}, \quad W_{\mathrm{r}} \leftrightarrow W_{\mathrm{o}}^{\mathrm{T}} \tag{8.9}$$

即观测器设计问题是状态反馈设计的对偶（dual）问题。利用定理 7.3 的结论，可以得到如下关于观测器设计的定理。

定理 8.2 （基于特征值配置的观测器设计）考虑如下的单输入单输出系统：

$$\frac{\mathrm{d}x}{\mathrm{d}t} = Ax + Bu, \quad y = Cx \tag{8.10}$$

设 A 的特征多项式为 $\lambda(s) = s^n + a_1 s^{n-1} + \cdots + a_{n-1}s + a_n$。如果系统是能观的，那么以下的动态子系统是系统的一个观测器：

$$\frac{\mathrm{d}\hat{x}}{\mathrm{d}t} = A\hat{x} + Bu + L(y - C\hat{x}) \tag{8.11}$$

其中 L 选为

$$L = W_{\mathrm{o}}^{-1}\widetilde{W}_{\mathrm{o}}\begin{pmatrix} p_1 - a_1 \\ p_2 - a_2 \\ \vdots \\ p_n - a_n \end{pmatrix} \tag{8.12}$$

矩阵 $W_{\circ}$ 和 $\widetilde{W}_{\circ}$ 给定为:

$$W_{\circ}=\begin{pmatrix} C \\ CA \\ \vdots \\ CA^{n-1} \end{pmatrix}, \quad \widetilde{W}_{\circ}=\begin{pmatrix} 1 & & & & \\ a_1 & 1 & & 0 & \\ a_2 & a_1 & 1 & & \\ & & & \ddots & \\ \vdots & \vdots & & & 1 \\ a_{n-1} & a_{n-2} & \cdots & a_1 & 1 \end{pmatrix}^{-1}$$

所得的观测器误差 $\widetilde{x}=x-\hat{x}$ 由具有以下特征多项式的微分方程控制:

$$p(s)=s^n+p_1 s^{n-1}+\cdots+p_n$$

动态子系统（8.11）称作系统（8.10）的（状态）观测器（observer），因为它将根据系统的输入和输出来产生系统状态的一个近似。这种形式的观测器要比式（8.3）给出的纯微分形式的观测器有用得多。

例 8.2 房室模型

考虑例 8.1 中的房室模型,其描述矩阵为:

$$A=\begin{pmatrix} -k_0-k_1 & k_1 \\ k_2 & -k_2 \end{pmatrix}, \quad B=\begin{pmatrix} b_0 \\ 0 \end{pmatrix}, \quad C=(1 \quad 0)$$

在例 8.1 中已经算得其能观矩阵,并且知道当 $k_1 \neq 0$ 时系统是能观的。其动态矩阵具有以下的特征多项式:

$$\lambda(s)=\det\begin{pmatrix} s+k_0+k_1 & -k_1 \\ -k_2 & s+k_2 \end{pmatrix}=s^2+(k_0+k_1+k_2)s+k_0 k_2$$

设观测器的期望特征多项式为 $s^2+p_1 s+p_2$,由式（8.12）可以得到以下的观测器增益:

$$\begin{aligned} L &= \begin{pmatrix} 1 & 0 \\ -k_0-k_1 & k_1 \end{pmatrix}^{-1} \begin{pmatrix} 1 & 0 \\ k_0+k_1+k_2 & 1 \end{pmatrix}^{-1} \begin{pmatrix} p_1-k_0-k_1-k_2 \\ p_2-k_0 k_2 \end{pmatrix} \\ &= \begin{pmatrix} p_1-k_0-k_1-k_2 \\ (p_2-p_1 k_2+k_1 k_2+k_2^2)/k_1 \end{pmatrix} \end{aligned}$$

注意能观性条件 $k_1 \neq 0$ 是基本的要求。观测器的行为如图 8.4b 的仿真结果所示。注意观测浓度是如何趋近于真实浓度的。

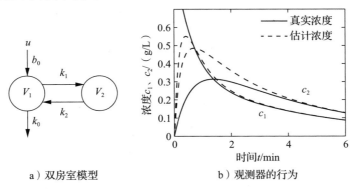

a) 双房室模型 b) 观测器的行为

图 8.4 双房室系统的观测器。图 a 为双房室模型。图 b 为当测量输入浓度 u 和输出浓度 y 等于 c_1 时,观测器估计的房室药物浓度（虚线）和真实的房室药物浓度（实线）

观测器是一个动态子系统,其输入是过程输入 u 和过程输出 y。估计值的变化率由两项组成:一项是 $A\hat{x}+Bu$,是用 $\hat{x}$ 代替 x 后由模型算出的变化率;另一项是 $L(y-\hat{y})$,它正比于误差 $e=y-\hat{y}$（即测量输出 y 与其估计值 $\hat{y}=C\hat{x}$ 之差）。观测器的增益 L 是一个矩阵，它确定误差 e 对各状态变量估计值的贡献是如何加权和分布的。因此，观测器起到了把测量值和系统的动态模型结合起来的作用。图 8.5 所示为观测器的原理框图。

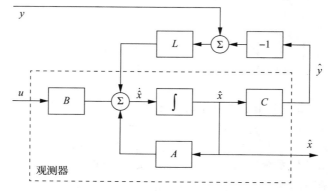

图 8.5 观测器的原理框图。观测器将信号 y 和 u 作为输入，产生估计值 $\hat{x}$。注意观测器中包含了过程模型的一个拷贝，它由 $y-\hat{y}$ 通过观测器的增益 L 来驱动

8.2.2 观测器增益的计算

对于简单的低阶问题，可以方便地将观测器增益矩阵 L 的元素作为未知参数，再以获得所需特征多项式为目标，求解其值。具体如下例所示。

例 8.3 车辆转向

例 6.13 和例 7.4 推导了车辆转向的归一化线性模型，它给出了将侧向路径偏差 y 与转向角 u 联系起来的状态空间动态模型：

$$\frac{\mathrm{d}x}{\mathrm{d}t}=\begin{pmatrix}0 & 1\\ 0 & 0\end{pmatrix}x+\begin{pmatrix}\gamma\\ 1\end{pmatrix}u,\quad y=(1\quad 0)x \tag{8.13}$$

回想一下，状态变量 x_1 代表的是路径的侧向偏差，x_2 代表的是方向角。下面将推导一个观测器，它使用系统模型根据测得的侧向路径偏差来估计方向角。

能观矩阵为：

$$W_{\mathrm{o}}=\begin{pmatrix}1 & 0\\ 0 & 1\end{pmatrix}$$

它是单位矩阵，因此，系统是能观的，其特征值配置问题是可解的。我们有：

$$A-LC=\begin{pmatrix}-l_1 & 1\\ -l_2 & 0\end{pmatrix}$$

它具有以下形式的特征多项式：

$$\det(sI-A+LC)=\det\begin{pmatrix}s+l_1 & -1\\ l_2 & s\end{pmatrix}=s^2+l_1 s+l_2$$

假定我们希望观测器具有以下的特征多项式：

$$s^2+p_1 s+p_2=s^2+2\zeta_{\mathrm{o}}\omega_{\mathrm{o}}s+\omega_{\mathrm{o}}^2$$

那么观测器的增益应选为：

$$l_1=p_1=2\zeta_{\mathrm{o}}\omega_{\mathrm{o}},\quad l_2=p_2=\omega_{\mathrm{o}}^2$$

因此观测器为：

$$\frac{\mathrm{d}\hat{x}}{\mathrm{d}t}=A\hat{x}+Bu+L(y-C\hat{x})=\begin{pmatrix}0 & 1\\ 0 & 0\end{pmatrix}\hat{x}+\begin{pmatrix}\gamma\\ 1\end{pmatrix}u+\begin{pmatrix}l_1\\ l_2\end{pmatrix}(y-\hat{x}_1)$$

车辆行驶在弯曲道路上的观测器仿真结果如图 8.6 所示。图 8.6a 为车辆轨迹（俯视图）。图 8.6b 为观测器的响应，时间归一化单位为行驶一个车辆长度所用时间。可见，观

测器的误差在大约行驶 4 个汽车长度之后达到稳定。

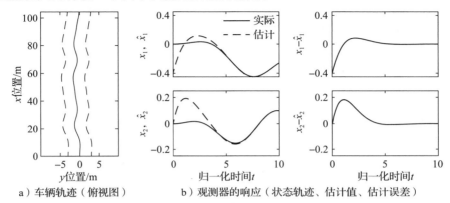

a) 车辆轨迹（俯视图）　　　b) 观测器的响应（状态轨迹、估计值、估计误差）

图 8.6　车辆行驶在弯曲道路上的观测器仿真结果。图 a 为车辆轨迹的俯视图，车道边界用虚线表示。图 b 为有初始位置误差时的观测器响应：左图所示分别为侧向偏差 x_1 和方向角 x_2（实线），以及对应的估计值 $\hat{x}_1$ 和 $\hat{x}_2$（虚线）；右图所示为估计误差。估计器设计所用参数为 $\omega_\circ = 1$、$\zeta_\circ = 0.7$　◀

　　为了计算高阶系统的观测器增益，必须采用数值计算。状态反馈设计和观测器设计之间的对偶性意味着状态反馈的计算机算法也可用于观测器的设计，只需简单地将动态矩阵和输出矩阵转置即可。MATLAB 的 acker 命令本质上就是定理 8.2 中相关计算的直接实现，可以用于单输出系统。MATLAB 的 place 命令则可用于多输出系统，其数值计算的条件也更好。

　　对控制系统的要求通常包括对参考输入和干扰的快速响应，但同时要避免放大噪声。选择快速的观测器将加快收敛速度，但将导致观测器的增益变高，估计状态也将变得对测量噪声更为敏感。如果噪声特性是已知的，那么有可能找到最佳的折中方案（这将在 8.4 节介绍）——一种称作卡尔曼滤波器（Kalman filter）的观测器。

8.3　基于状态估计的控制

　　本节将考虑以下形式的状态空间系统：

$$\frac{\mathrm{d}x}{\mathrm{d}t} = Ax + Bu, \quad y = Cx \tag{8.14}$$

希望设计一个只对输出进行测量的反馈控制器。注意这里假定系统中没有直接项（即 $D = 0$），这个假定一般是符合实际的。直接项的存在与具有比例作用的控制器结合在一起会产生代数环，这将在 9.4 节讨论。即使有直接项，问题也仍然可以求解，但是计算会更为复杂。

　　跟前面一样，假定 u 和 y 为标量。同时还假定系统是可达的和能观的。第 7 章已经为全部状态变量可以测量的系统找到了以下形式的反馈机制：

$$u = -Kx + k_{\mathrm{f}}r$$

在 8.2 节中，我们开发了一个观测器，它可以根据输入和输出来生成状态的估计值 $\hat{x}$。本节将结合这两方面的思想，针对只有输出可反馈的系统，寻找一个反馈来给出所需的系统闭环特征值。

　　如果所有状态变量都不可测量，那么下面的反馈机制似乎是合理的：

$$u = -K\hat{x} + k_{\mathrm{f}}r \tag{8.15}$$

其中 $\hat{x}$ 是状态观测器的输出，即

$$\frac{\mathrm{d}\hat{x}}{\mathrm{d}t} = A\hat{x} + Bu + L(y - C\hat{x}) \tag{8.16}$$

目前尚不清楚这样的组合能否达到预期的效果。我们注意到系统式（8.14）和观测器

式（8.16）两者的状态维数都是 n，因此闭环系统的状态向量 $(x, \hat{x})$ 具有 $2n$ 的状态维数。状态的演变由式（8.14）～式（8.16）描述。为了分析闭环系统，更换坐标系，并用下面的估计误差来代替估计的状态变量 $\hat{x}$：

$$\tilde{x} = x - \hat{x} \tag{8.17}$$

从式（8.14）中减去式（8.16）得到：

$$\frac{\mathrm{d}\tilde{x}}{\mathrm{d}t} = Ax - A\hat{x} - L(Cx - C\hat{x}) = A\tilde{x} - LC\tilde{x} = (A - LC)\tilde{x}$$

回到过程的动态方程，将式（8.15）中的 u 引入式（8.14）中，再利用式（8.17）消去 $\hat{x}$，得到

$$\frac{\mathrm{d}x}{\mathrm{d}t} = Ax + Bu = Ax - BK\hat{x} + Bk_{\mathrm{f}}r = Ax - BK(x - \tilde{x}) + Bk_{\mathrm{f}}r$$
$$= (A - BK)x + BK\tilde{x} + Bk_{\mathrm{f}}r$$

因此闭环系统的控制方程为：

$$\frac{\mathrm{d}}{\mathrm{d}t}\begin{pmatrix} x \\ \tilde{x} \end{pmatrix} = \begin{pmatrix} A - BK & BK \\ 0 & A - LC \end{pmatrix}\begin{pmatrix} x \\ \tilde{x} \end{pmatrix} + \begin{pmatrix} Bk_{\mathrm{f}} \\ 0 \end{pmatrix}r \tag{8.18}$$

注意，表示观测器误差的状态向量 $\tilde{x}$ 不受参考信号 r 的影响。这是我们所希望的，因为我们不希望参考信号引起观测器误差。

由于动态矩阵是块对角阵，因此可以得到闭环系统的特征多项式为：

$$\lambda(s) = \det(sI - A + BK)\det(sI - A + LC)$$

这个多项式是两项的乘积：利用状态反馈得到的闭环系统的特征多项式 $\det(sI - A + BK)$ 和观测器的特征多项式 $\det(sI - A + LC)$。因此，设计过程就分成了两个子问题：状态反馈的设计和观测器的设计。式（8.15）这个试探性选取的反馈机制为输出反馈的特征值配置问题提供了一个合适的解答。最终的结果总结为下述的定理。

定理 8.3　（基于输出反馈的特征值配置）考虑以下的系统

$$\frac{\mathrm{d}x}{\mathrm{d}t} = Ax + Bu, \quad y = Cx$$

和以下的控制器模型

$$\frac{\mathrm{d}\hat{x}}{\mathrm{d}t} = A\hat{x} + Bu + L(y - C\hat{x}) = (A - BK - LC)\hat{x} + Bk_{\mathrm{f}}r + Ly$$

$$u = -K\hat{x} + k_{\mathrm{f}}r$$

所得的闭环系统将具有以下的特征多项式

$$\lambda(s) = \det(sI - A + BK)\det(sI - A + LC)$$

如果系统是可达且能观的，那么这个特征多项式的根可以任意配置。

这样的控制器可以看成是由状态反馈和观测器两部分构成。这是一个动态补偿器，其内部状态的动态是由观测器产生的。控制作用利用了来自估计状态 $\hat{x}$ 的反馈。反馈增益 K 的计算仅仅依赖于 A 和 B。观测器的增益 L 只与 A 和 C 有关。输出反馈的特征值配置问题可以分离为一个状态反馈的特征值配置问题和一个观测器的特征值配置问题，这个性质称作分离原理（separation principle）。

控制器的原理框图如图 8.7 所示。注意该控制器中包含了被控过程的一个动态模型。这称作内模原理（internal model principle）：控制器中包含着被控过程的模型。

控制系统的设计需要在实现高性能的同时，针对存在不确定性的情况提供足够的鲁棒性，即要在高性能和鲁棒性之间进行平衡。但这些性质并不能在闭环特征值上明显地反映出来。因此，对设计进行评估是非常重要的，例如通过绘制时域响应曲线来深入了解设计的特性。14.5 节将讨论特征值配置（极点配置）设计的鲁棒性，并给出一些设计准则。

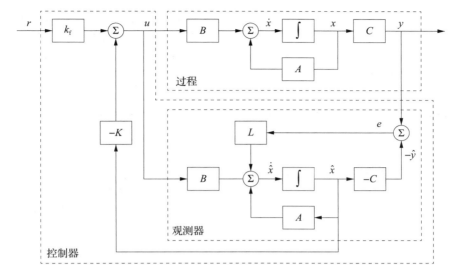

图 8.7 基于观测器的控制系统原理框图。观测器利用测量的输出 y 和输入 u 来构建状态估计；状态反馈控制器再利用状态估计来产生校正输入。控制器包含观测器和状态反馈两部分，其中观测器和图 8.5 的相同

例 8.4 车辆转向

再次考虑例 7.4 中的车辆转向归一化线性模型。从转向角 u 到侧向路径偏差 y 的动态方程由式（8.13）所示的状态空间模型给定。结合例 7.4 推得的状态反馈与例 8.3 确定的观测器，可知控制器由下式给定：

$$\frac{\mathrm{d}\hat{x}}{\mathrm{d}t}=A\hat{x}+Bu+L(y-C\hat{x})=\begin{pmatrix}0&1\\0&0\end{pmatrix}\hat{x}+\begin{pmatrix}\gamma\\1\end{pmatrix}u+\begin{pmatrix}l_1\\l_2\end{pmatrix}(y-\hat{x}_1)$$

$$u=-K\hat{x}+k_{\mathrm{f}}r=k_1(r-\hat{x}_1)-k_2\hat{x}_2$$

消去变量 u 可得：

$$\frac{\mathrm{d}\hat{x}}{\mathrm{d}t}=(A-BK-LC)\hat{x}+Ly+Bk_{\mathrm{f}}r$$

$$=\begin{pmatrix}-l_1-\gamma k_1&1-\gamma k_2\\-k_1-l_2&-k_2\end{pmatrix}\hat{x}+\begin{pmatrix}l_1\\l_2\end{pmatrix}y+\begin{pmatrix}\gamma\\1\end{pmatrix}k_1r$$

式中，跟例 7.4 所述一样，令 $k_{\mathrm{f}}=k_1$。这个控制器是一个二阶动态子系统，有 y、r 两个输入和一个输出 u。图 8.8 给出了车辆沿着弯曲道路行驶时系统的仿真结果。由于使用

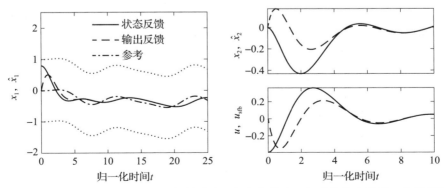

图 8.8 车辆采用基于状态反馈和观测器的控制器时，在弯曲道路上行驶的仿真结果。左图所示为车道边界（虚线）、车辆位置（实线）及其估计（短划线）；右上图所示为速度（实线）及其估计（短划线）；右下图所示为采用状态反馈的控制信号（实线）及采用估计状态的控制信号（短划线）

了归一化模型，长度单位取为车辆长度，时间单位取为车辆行驶一个车辆长度的时间。观测器被初始化成所有状态变量都等于 0，但实际系统具有 0.8 的初始侧向位置。可见，估计值快速地收敛到了实际值。车辆基本上沿着预想的路径行驶，但由于路面是弯曲的，因此存在误差。通过引入前馈，可以提高跟踪精度（见 8.5 节）。◀

*线性系统的卡尔曼分解

本章和前一章已经介绍了线性输入/输出系统的两个基本性质——可达性和能观性。结果表明，这两个性质可以用来对系统动态进行分类。其主要结论是卡尔曼分解定理，即线性系统可以分为四个子系统：可达且能观的 Σ_{ro}，可达但不能观的 $\Sigma_{\mathrm{r\bar{o}}}$，不可达但能观的 $\Sigma_{\bar{r}o}$，既不可达也不能观的 $\Sigma_{\bar{r}\bar{o}}$。

先用单输入单输出系统且矩阵 A 的特征值不相重的特殊情况来考虑以上问题。在这种情况下，可以找到一组坐标以使矩阵 A 变成对角阵，并通过对状态变量的重新排序，将系统写成：

$$\frac{\mathrm{d}x}{\mathrm{d}t}=\begin{pmatrix} A_{\mathrm{ro}} & 0 & 0 & 0 \\ 0 & A_{\mathrm{r\bar{o}}} & 0 & 0 \\ 0 & 0 & A_{\bar{r}o} & 0 \\ 0 & 0 & 0 & A_{\bar{r}\bar{o}} \end{pmatrix}x+\begin{pmatrix} B_{\mathrm{ro}} \\ B_{\mathrm{r\bar{o}}} \\ 0 \\ 0 \end{pmatrix}u \tag{8.19}$$

$$y=(C_{\mathrm{ro}} \quad 0 \quad C_{\bar{r}o} \quad 0)x+Du$$

$B_k \neq 0$ 的所有状态变量 x_k 是可到达的，$C_k \neq 0$ 的所有状态变量 x_k 是能观的。如果将初始状态设置为零（或者等效地在 A 稳定时查看稳态响应），那么 $x_{\bar{r}o}$ 和 $x_{\bar{r}\bar{o}}$ 对应的状态变量将为零，而 $x_{\mathrm{r\bar{o}}}$ 则不影响输出。因此，输出 y 将由以下系统确定：

$$\frac{\mathrm{d}x_{\mathrm{ro}}}{\mathrm{d}t}=A_{\mathrm{ro}}x_{\mathrm{ro}}+B_{\mathrm{ro}}u, \quad y=C_{\mathrm{ro}}x_{\mathrm{ro}}+Du$$

所以从输入/输出的角度来看，只有可达且能观的动态才是重要的。说明这一特性的系统框图如图 8.9a 所示。

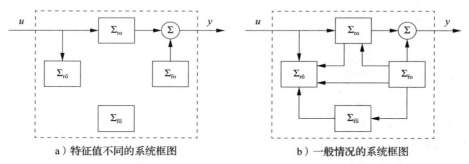

a）特征值不同的系统框图   b）一般情况的系统框图

图 8.9 线性系统的卡尔曼分解。图 a 的分解是针对特征值不同的系统；图 b 的分解针对的是一般的情况。系统分为四个子系统，分别表示可达状态变量和能观状态变量的各种组合。系统的输入/输出关系仅取决于可达且能观的状态变量构成的子集

卡尔曼分解的一般性情况更加复杂，需要额外的线性代数知识，感兴趣的读者可以参考文献［139］。其关键的结论是，状态空间仍然可以分解为四个部分，但存在额外的耦合，因此方程具有以下的形式：

$$\frac{\mathrm{d}x}{\mathrm{d}t}=\begin{pmatrix} A_{\mathrm{ro}} & 0 & * & 0 \\ * & A_{\mathrm{r\bar{o}}} & * & * \\ 0 & 0 & A_{\bar{r}o} & 0 \\ 0 & 0 & * & A_{\bar{r}\bar{o}} \end{pmatrix}x+\begin{pmatrix} B_{\mathrm{ro}} \\ B_{\mathrm{r\bar{o}}} \\ 0 \\ 0 \end{pmatrix}u \tag{8.20}$$

$$y=(C_{\mathrm{ro}} \quad 0 \quad C_{\bar{r}o} \quad 0)x$$

式中，＊表示适当维数的块矩阵。如果 $x_{\overline{\mathrm{ro}}}(0)=0$，则系统的输入/输出响应由下式给出：

$$\frac{\mathrm{d}x_{\mathrm{ro}}}{\mathrm{d}t}=A_{\mathrm{ro}}x_{\mathrm{ro}}+B_{\mathrm{ro}}u, \quad y=C_{\mathrm{ro}}x_{\mathrm{ro}}+Du \tag{8.21}$$

这是可达且能观子系统 Σ_{ro} 的动态模型。一般情况的系统框图如图 8.9b 所示。

下面用例子来说明卡尔曼分解。

例 8.5 具有观测器状态反馈的控制器和系统

考虑以下的系统

$$\frac{\mathrm{d}x}{\mathrm{d}t}=Ax+Bu, \quad y=Cx$$

定理 8.3 给出了以下基于观测器状态反馈的控制器：

$$\frac{\mathrm{d}\hat{x}}{\mathrm{d}t}=A\hat{x}+Bu+L(y-C\hat{x}), \quad u=-K\hat{x}+k_{\mathrm{f}}r$$

引入状态向量 x 和 $\tilde{x}=x-\hat{x}$，则闭环系统可以写成：

$$\frac{\mathrm{d}}{\mathrm{d}t}\begin{pmatrix} x \\ \tilde{x} \end{pmatrix}=\begin{pmatrix} A-BK & BK \\ 0 & A-LC \end{pmatrix}\begin{pmatrix} x \\ \tilde{x} \end{pmatrix}+\begin{pmatrix} Bk_{\mathrm{f}} \\ 0 \end{pmatrix}r, \quad y=\begin{pmatrix} C & 0 \end{pmatrix}\begin{pmatrix} x \\ \tilde{x} \end{pmatrix}$$

这是一个如图 8.9b 所示的卡尔曼分解，但只有 Σ_{ro} 和 $\Sigma_{\overline{\mathrm{ro}}}$ 两个子系统。子系统 Σ_{ro} 具有状态 x，是可达且能观的；子系统 $\Sigma_{\overline{\mathrm{ro}}}$ 具有状态 $\tilde{x}$，是不可达但能观的。状态 $\tilde{x}$ 不能从参考信号 r 达到是很自然的，因为有意去设计一个系统，并让参考信号 r 的变化能产生观测器误差，这种做法是毫无意义的。参考信号 r 和输出 y 之间的关系由下式给出：

$$\frac{\mathrm{d}x}{\mathrm{d}t}=(A-BK)x+Bk_{\mathrm{f}}r, \quad y=Cx$$

这跟具有全状态反馈的系统中的关系是一样的。◀

∗∗8.4 卡尔曼滤波器

在实际中，观测器的一个主要用途是在有测量噪声的地方用来估计系统的状态。以前的分析未曾考虑噪声的处理，而系统随机动态噪声的处理则超出了本书的范围，因此本节仅简单介绍一下运用随机系统分析技术来构建观测器的方法。介绍将主要限于离散时间系统，以避开与连续时间随机过程相关的复杂性，并使所需要的数学预备知识尽可能少。本节假定读者已经掌握随机变量和随机过程的基本知识，有关资料见文献 [17，155]。

8.4.1 离散时间系统

考虑具有以下动态方程的离散时间线性系统：

$$x[k+1]=Ax[k]+Bu[k]+v[k], \quad y[k]=Cx[k]+w[k] \tag{8.22}$$

式中，$v[k]$ 和 $w[k]$ 是高斯白噪声过程，且满足

$$\mathbb{E}(v[k])=0, \qquad\qquad \mathbb{E}(w[k])=0$$

$$\mathbb{E}(v[k]v^{\mathrm{T}}[j])=\begin{cases} 0 & (k\neq j) \\ R_v & (k=j) \end{cases} \quad \mathbb{E}(w[k]w^{\mathrm{T}}[j])=\begin{cases} 0 & (k\neq j) \\ R_w & (k=j) \end{cases} \tag{8.23}$$

$$\mathbb{E}(v[k]w^{\mathrm{T}}[j])=0$$

其中 $\mathbb{E}(v[k])$ 表示 $v[k]$ 的期望值，$\mathbb{E}(v[k]v^{\mathrm{T}}[j])$ 为协方差矩阵；矩阵 R_v 和 R_w 分别是过程干扰 v 和测量噪声 w 的协方差矩阵（如果干扰不是影响全部状态，则允许 R_v 为奇异矩阵）。假定初始条件也用高斯随机变量来建模，且

$$\mathbb{E}(x[0])=x_0, \quad \mathbb{E}((x[0]-x_0)(x[0]-x_0)^{\mathrm{T}})=P_0 \tag{8.24}$$

那么对于给定的测量值 $\{y(\kappa):0\leqslant\kappa\leqslant k\}$，需要找到一个估计 $\hat{x}[k]$，以使下面的均方误差最小：

$$P[k]=\mathbb{E}((x[k]-\hat{x}[k])(x[k]-\hat{x}[k])^{\mathrm{T}}) \tag{8.25}$$

考虑一个与先前的推导具有相同基本形式的观测器：

$$\hat{x}[k+1]=A\hat{x}[k]+Bu[k]+L[k](y[k]-C\hat{x}[k]) \tag{8.26}$$

最后，用下面的定理给出主要结论。

定理 8.4　（卡尔曼，1961 年）考虑随机过程 $x[k]$，其动态方程为式（8.22），噪声过程和初始条件分别由式（8.23）和式（8.24）描述。使其均方误差最小的观测器增益 L 由下式给定：

$$L[k]=AP[k]C^{\mathrm{T}}(R_w+CP[k]C^{\mathrm{T}})^{-1}$$

式中，

$$P[k+1]=(A-LC)P[k](A-LC)^{\mathrm{T}}+R_v+LR_wL^{\mathrm{T}},$$
$$P[0]=\mathbb{E}((x[0]-x_0)(x[0]-x_0)^{\mathrm{T}}) \tag{8.27}$$

在证明这个定理之前，先考虑一下它的形式和功能。首先，这个定理给出的观测器称作卡尔曼滤波器（Kalman filter），请注意它具有递归（recursive）滤波器的形式：给定时刻 k 处的均方误差 $P[k]=\mathbb{E}((x[k]-\hat{x}[k])(x[k]-\hat{x}[k])^{\mathrm{T}})$，就可以算出估计和误差是怎么变化的。因此就无须保留过去的输出值。不仅如此，卡尔曼滤波器还给出了估计 $\hat{x}[k]$ 及误差协方差 $P[k]$，因而可以知道估计的可靠程度。也可以证明，卡尔曼滤波器提取了关于输出数据的尽可能多的信息。如果计算测量输出与估计输出间的残差，即

$$e[k]=y[k]-C\hat{x}[k]$$

那么可以证明卡尔曼滤波器的协方差矩阵为：

$$R_e(j,k)=\mathbb{E}(e[j]e^{\mathrm{T}}[k])=W[k]\delta_{jk},\quad \delta_{jk}=\begin{cases}1 & (j=k)\\ 0 & (j\neq k)\end{cases}$$

也就是说，误差是一个白噪声过程，因此在误差中没有残留的系统动态。

卡尔曼滤波器用途广泛，甚至可以用于过程、噪声或干扰为时变的场合。当系统是时不变的且 $P[k]$ 收敛时，观测器的增益为恒值：

$$L=APC^{\mathrm{T}}(R_w+CPC^{\mathrm{T}})$$

其中 P 满足

$$P=APA^{\mathrm{T}}+R_v-APC^{\mathrm{T}}(R_w+CPC^{\mathrm{T}})^{-1}CPA^{\mathrm{T}}$$

可见，最优增益取决于过程噪声和测量噪声两者，但并不是简单的关系。就像利用 LQR 选择状态反馈增益一样，在噪声过程给定的情况下，卡尔曼滤波器提供了一个推导观测器增益的系统性方法。可以用 MATLAB 的 `dlqe` 命令来求解恒增益的情况。

定理的证明： 我们的目的是使均方误差 $\mathbb{E}((x[k]-\hat{x}[k])(x[k]-\hat{x}[k])^{\mathrm{T}})$ 最小。将均方误差定义为 $P[k]$，并证明它满足式（8.27）给出的递归公式。根据定义有：

$$\begin{aligned}P[k+1]&=\mathbb{E}((x[k+1]-\hat{x}[k+1])(x[k+1]-\hat{x}[k+1])^{\mathrm{T}})\\ &=(A-LC)P[k](A-LC)^{\mathrm{T}}+R_v+LR_wL^{\mathrm{T}}\\ &=AP[k]A^{\mathrm{T}}+R_v-AP[k]C^{\mathrm{T}}L^{\mathrm{T}}-LCP[k]A^{\mathrm{T}}+\\ &\quad L(R_w+CP[k]C^{\mathrm{T}})L^{\mathrm{T}}\end{aligned}$$

设 $R_\epsilon=(R_w+CP[k]C^{\mathrm{T}})$，有：

$$\begin{aligned}P[k+1]&=AP[k]A^{\mathrm{T}}+R_v-AP[k]C^{\mathrm{T}}L^{\mathrm{T}}-LCP[k]A^{\mathrm{T}}+LR_\epsilon L^{\mathrm{T}}\\ &=AP[k]A^{\mathrm{T}}+R_v+(L-AP[k]C^{\mathrm{T}}R_\epsilon^{-1})R_\epsilon(L-AP[k]C^{\mathrm{T}}R_\epsilon^{-1})^{\mathrm{T}}-\\ &\quad AP[k]C^{\mathrm{T}}R_\epsilon^{-1}CP^{\mathrm{T}}[k]A^{\mathrm{T}}\end{aligned}$$

为了使之最小化，选取 $L=AP[k]C^{\mathrm{T}}R_\epsilon^{-1}$，这样定理就得到了证明。

8.4.2　连续时间系统

卡尔曼滤波器也可以用于连续时间随机过程。这个结论的数学推导要求更为复杂的工

具，但估计器的最终形式是相对简单的。

考虑以下的连续随机系统

$$\frac{\mathrm{d}x}{\mathrm{d}t} = Ax + Bu + v, \qquad \mathbb{E}(v(s)v^{\mathrm{T}}(t)) = R_v\delta(t-s),$$

$$y = Cx + w, \qquad \mathbb{E}(w(s)w^{\mathrm{T}}(t)) = R_w\delta(t-s) \tag{8.28}$$

式中，$\delta(\tau)$ 是单位冲激函数；状态初始值是平均值为 x_0 的高斯函数；协方差为 $P_0 = \mathbb{E}((x(0)-x_0)(x(0)-x_0)^{\mathrm{T}})$。假定干扰 v 和噪声 w 是零均值的高斯函数（可以是时变的），它们的概率密度函数（PDF）为：

$$\mathrm{pdf}(v) = \frac{1}{\sqrt[n]{2\pi}\sqrt{\det R_v}}\mathrm{e}^{-\frac{1}{2}v^{\mathrm{T}}R_v^{-1}v}, \quad \mathrm{pdf}(w) = \frac{1}{\sqrt[q]{2\pi}\sqrt{\det R_w}}\mathrm{e}^{-\frac{1}{2}w^{\mathrm{T}}R_w^{-1}w} \tag{8.29}$$

模型（8.28）非常通用，可用于对过程和干扰的动态进行建模，如下例所示。

例 8.6　嘈杂正弦干扰的建模

考虑具有如下动态模型的过程：

$$\frac{\mathrm{d}x}{\mathrm{d}t} = x + u + v, \quad y = x + w$$

干扰 v 是频率为 ω_0 的嘈杂正弦负载干扰，w 是测量白噪声。将振荡的负载干扰建模为 $v = z_1$，且

$$\frac{\mathrm{d}}{\mathrm{d}t}\begin{pmatrix} z_1 \\ z_2 \end{pmatrix} = \begin{pmatrix} -0.01\omega_0 & \omega_0 \\ -\omega_0 & -0.01\omega_0 \end{pmatrix}\begin{pmatrix} z_1 \\ z_2 \end{pmatrix} + \begin{pmatrix} 0 \\ \omega_0 \end{pmatrix}e$$

式中，e 是协方差为 $r\delta(t)$ 的零均值白噪声。

引入新状态 $\xi = (x, z_1, z_2)$，即用噪声模型的状态来增广系统的状态，可得以下模型：

$$\frac{\mathrm{d}\xi}{\mathrm{d}t} = \begin{pmatrix} 1 & 1 & 0 \\ 0 & -0.01\omega_0 & \omega_0 \\ 0 & -\omega_0 & -0.01\omega_0 \end{pmatrix}\xi + \begin{pmatrix} 1 \\ 0 \\ 0 \end{pmatrix}u + v, \quad y = (1 \quad 0 \quad 0)\xi + w$$

式中，v 是零均值的高斯白噪声，其协方差 $R_v\delta(t)$ 满足：

$$R_v = \begin{pmatrix} 0 & 0 & 0 \\ 0 & 0 & 0 \\ 0 & 0 & \omega_0^2 r \end{pmatrix}$$

这个模型具有式（8.28）和式（8.29）所示的标准形式。　◀

现在回到滤波器的问题。具体来说，对于给定的 $\{y(\tau): 0 \leqslant \tau \leqslant t\}$，希望找到估计值 $\hat{x}(t)$，使均方误差 $P(t) = \mathbb{E}((x(t)-\hat{x}(t))(x(t)-\hat{x}(t))^{\mathrm{T}})$ 最小。

定理 8.5　（卡尔曼-布西，1961 年）最优估计器具有以下线性观测器的形式：

$$\frac{\mathrm{d}\hat{x}}{\mathrm{d}t} = A\hat{x} + Bu + L(y - C\hat{x}), \quad \hat{x}(0) = \mathbb{E}(x(0))$$

式中，$L = PC^{\mathrm{T}}R_w^{-1}$，$P(t) = \mathbb{E}((x(t)-\hat{x}(t))(x(t)-\hat{x}(t))^{\mathrm{T}})$，且满足

$$\frac{\mathrm{d}P}{\mathrm{d}t} = AP + PA^{\mathrm{T}} - PC^{\mathrm{T}}R_w^{-1}CP + R_v, \quad P(0) = \mathbb{E}((x(0)-x_0)(x(0)-x_0)^{\mathrm{T}}) \tag{8.30}$$

定理中，所有矩阵 A、B、C、R_v、R_w、P 和 L 都可以是时变的。基本的条件是要求黎卡提方程式（8.30）具有唯一正定的解。

跟离散情况一样，当系统是时不变的且 $P(t)$ 收敛时，则观测器增益 $L = PC^{\mathrm{T}}R_w^{-1}$ 为常数，P 为以下方程的解：

$$AP + PA^{\mathrm{T}} - PC^{\mathrm{T}}R_w^{-1}CP + R_v = 0 \tag{8.31}$$

这称作代数黎卡提方程（algebraic Riccati equation）。

注意，卡尔曼滤波问题的黎卡提方程式（8.30）和式（8.31）与线性二次型调节器（LQR）的相应方程式（7.31）和式（7.33）之间具有很强的相似性。两种情况下的等效关系如下：

$$A \leftrightarrow A^{\mathrm{T}}, \quad B \leftrightarrow C^{\mathrm{T}}, \quad K \leftrightarrow L^{\mathrm{T}}, \quad P \leftrightarrow S, \quad Q_x \leftrightarrow R_v, \quad Q_u \leftrightarrow R_w \qquad (8.32)$$

可以将它与式（8.9）做一下比较。最优滤波器增益可以用 MATLAB 的 **kalman** 命令来计算。

例 8.7　矢量推力飞机

例 3.12 和例 7.9 研究了矢量推力飞机的动态模型。现在考虑该系统的（线性化）侧向动态模型，它由状态为 $z = (x, \theta, \dot{x}, \dot{\theta})$ 的子系统构成。从例 7.9 中仅提取相关的状态变量和输出，可以得到线性化系统的动态模型：

$$A = \begin{pmatrix} 0 & 0 & 1 & 0 \\ 0 & 0 & 0 & 1 \\ 0 & -g & -c/m & 0 \\ 0 & 0 & 0 & 0 \end{pmatrix}, \quad B = \begin{pmatrix} 0 \\ 0 \\ 0 \\ r/J \end{pmatrix}, \quad C = (0 \quad 0 \quad 0 \quad 1)$$

线性化状态 $\xi = z - z_e$ 表示在平衡点 z_e 周围线性化的系统状态。为了设计系统的卡尔曼滤波器，必须对过程干扰和传感器噪声加以描述。为此，将系统增广成以下形式：

$$\frac{\mathrm{d}\xi}{\mathrm{d}t} = A\xi + Bu + Fv, \quad y = C\xi + w$$

式中，F 表示干扰的结构（包含了在线性化时被忽略的非线性影响）；v 表示干扰源（建模为零均值的高斯白噪声）；w 表示测量噪声（也建模为零均值的高斯白噪声）。

对于这个例子，取 F 为单位矩阵；选择干扰 $v_i (i = 1, \cdots, n)$ 为互相独立的随机变量，其协方差矩阵的元素给定为 $R_{ii} = 0.1$、$R_{ij} = 0$（$i \neq j$）。传感器噪声为单个随机变量，将其建模为协方差为 $R_w = 10^{-4}$ 的白噪声。使用与之前一样的参数，得到卡尔曼增益为：

$$L = PC^{\mathrm{T}}R_w^{-1} = \begin{pmatrix} 37.0 \\ -46.9 \\ 185 \\ -31.6 \end{pmatrix} \quad \text{其中} \quad AP + PA^{\mathrm{T}} - PC^{\mathrm{T}}R_w^{-1}CP + R_v = 0$$

估计器的性能如图 8.10a 所示。可见，尽管估计器基本能跟踪系统状态，但状态估计中存在很大的超调量，甚至在 2 s 之后，θ 的估计仍然存在着较显著的误差，这可能会导致闭环配置的性能很差。

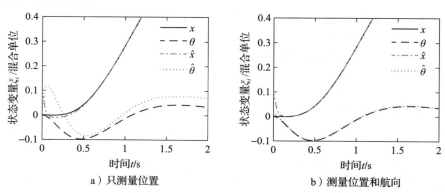

a）只测量位置　　　　　　　　　　b）测量位置和航向

图 8.10　带有干扰和噪声的（线性化）矢量推力飞机在阶跃响应初始阶段的卡尔曼滤波器响应。图 a 为初始设计，它仅仅测量了飞机的侧向位置；图 b 增加了对滚转角的直接测量，得到了一个好得多的观测器。两个仿真的估计器初始状态都是（0.1, 0.0175, 0.01, 0）, 控制器增益是 $K = (-1, 7.9, -1.6, 2.1)$ 及 $k_f = -1$

为了改进估计器的性能，下面探讨新增一个测量输出会产生的影响。假定除了测量输出位置 x 外，还测量飞机的滚转角 θ。这样一来，输出就变为

$$y = \begin{pmatrix} 1 & 0 & 0 & 0 \\ 0 & 1 & 0 & 0 \end{pmatrix} \xi + \begin{pmatrix} w_1 \\ w_2 \end{pmatrix}$$

并假定 w_1 和 w_2 是独立的白噪声源，每个的协方差都是 $R_{w_i} = 10^{-4}$，那么，最优估计器的增益矩阵就是：

$$L = \begin{pmatrix} 32.6 & -0.150 \\ -0.150 & 32.6 \\ 32.7 & -9.79 \\ -0.0033 & 31.6 \end{pmatrix}$$

如图 8.10b 所示，这些增益提供了对噪声良好的免疫性，达到了高性能的效果。 ◀

8.4.3　线性二次型高斯控制

在 7.5 节中，考虑了当控制 $u(t)$ 可以为状态 $x(t)$ 的函数时，代价函数式（7.29）的优化问题。现在针对控制 $u(t)$ 为输出 $y(t)$ 的函数的情况，探讨随机系统式（8.28）的同一个问题。

考虑式（8.28）给定的系统，其初始状态是均值为 x_0、协方差为 P_0 的高斯分布函数，干扰 v 和 w 由式（8.29）表征。假定以下的代价函数能约束需求：

$$J = \min_u \mathbb{E}\left(\int_0^{t_f} (x^T Q_x x + u^T Q_u u)\mathrm{d}t + x^T(t_f)Q_f x(t_f) \right) \tag{8.33}$$

这里，我们在所有控制信号的范围上求最小值，以使 $u(t)$ 为时刻 t 之前所有测量值 $y(\tau)$ 的函数（其中 $0 \leqslant \tau \leqslant t$）。

最优控制律就是简单的 $u(t) = -K\hat{x}(t)$，其中 $K = SBQ_u^{-1}$，S 是（线性二次型调节器的）黎卡提方程式（7.31）的解，$\hat{x}(t)$ 由卡尔曼滤波器（定理 8.5）给定。因此，该问题的求解可分成两个问题：一是最小二次型调节器（LQR）的确定性控制问题；二是最优滤波问题。这个特别的结论也称作分离原理（separation principle），这在 8.3 节中已经简单地提到过。

最小代价函数为：

$$\min J = x_0^T S(0) x_0 + \mathrm{Tr}(S(0)P_0) + \int_0^{t_f} \mathrm{Tr}(R_v S)\mathrm{d}t + \int_0^{t_f} \mathrm{Tr}(L^T Q_u L P)\mathrm{d}t$$

式中，Tr 表示求矩阵的迹；右端前两项分别表示初始状态均值 x_0 的代价、初始状态协方差 P_0 的代价，第三项表示负载干扰的代价，最后一项表示预测的代价。注意我们所用的模型在输出中没有直接项。分离原理在有直接项的情况下是不成立的，因为干扰的特性会受到反馈的影响。

8.5　状态空间控制器设计

状态估计器和状态反馈都是控制器很重要的组成部分。本节将加入前馈来实现一种通用控制器结构，它不仅出现在控制理论的很多地方，而且是大多数现代控制系统的核心。本节还将扼要介绍用计算机实现输出反馈控制器的方法。

8.5.1　两自由度控制器结构

本章和上一章着力于反馈使跟踪误差最小化的机制，即利用增益 k_f 简单地将参考值加入状态反馈值中。为达到同样的目的，图 8.11 的框图给出了一种更复杂的方法，其控制器由三个部分组成：一个是观测器，它利用一个模型以及过程的被测输入和输出来计算

状态的估计值；一个是状态反馈；还有一个是轨迹发生器，它计算所有状态变量 x_d 的期望行为以及前馈信号 u_{ff}。在无干扰和无建模误差的理想情况下，信号 u_{ff} 施加在过程上将产生出期望的行为 x_d。信号 x_d 和 u_{ff} 是从任务描述信号 $\mathcal{T}_d$ 生成的，$\mathcal{T}_d$ 可以根据应用的不同代表不同类型的指令信号。在简单的情况下，$\mathcal{T}_d$ 就是参考信号 r，它经线性系统来生成 x_d 和 u_{ff}。对于运动控制问题，例如车辆转向和机器人问题，$\mathcal{T}_d$ 由车辆应该通过的一系列点（航路点）的坐标组成。在其他情况下，$\mathcal{T}_d$ 可以是从一种状态转换到另一种状态并同时使某些指标得到优化的信号。

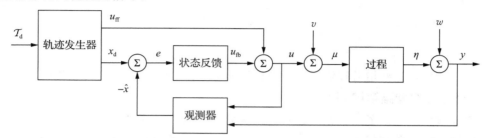

图 8.11　具有反馈和前馈两自由度结构的控制器原理框图。该控制器由轨迹发生器、状态反馈以及观测器组成。轨迹发生器子系统计算前馈指令 u_{ff} 以及期望的状态 x_d。状态反馈控制器使用估计状态和期望状态来计算校正输入 u_{fb}

　　为了深入了解系统的行为，考虑这样一种情况：不存在干扰，系统开始时处于平衡状态，参考信号恒定，观测器的状态 $\hat{x}$ 等于过程的状态 x。当参考信号变化时，信号 u_{ff} 和 x_d 也将变化。由于初始状态的估计值是正确的，因此观测器将完美跟踪状态。因此，估计状态 $\hat{x}$ 将等于期望状态 x_d，反馈信号 $u_{fb} = K(x_d - \hat{x})$ 也将为 0。因此，所有作用都是由轨迹发生器发出的信号产生的。如果存在一些干扰或建模误差，那么反馈信号将尝试对其进行纠正。

　　我们称这个控制器拥有两自由度（two degrees of freedom），因为它对参考信号和干扰的响应是解耦的：对干扰的响应是由观测器和状态反馈控制的，对指令（参考）信号的响应则是由轨迹发生器（前馈）控制的。

8.5.2　前馈设计与轨迹生成

　　现在讨论结构如图 8.11 所示控制器的设计。为了进行解析描述，先从过程的完整非线性动态模型着手分析：

$$\frac{\mathrm{d}x}{\mathrm{d}t} = f(x, u), \quad y = h(x, u) \tag{8.34}$$

该式所表示系统的可行轨迹（feasible trajectory）是信号对 $(x_d(t), u_{ff}(t))$，它满足以下的微分方程，并生成期望轨迹：

$$\frac{\mathrm{d}x_d(t)}{\mathrm{d}t} = f(x_d(t), u_{ff}(t)), \quad r(t) = h(x_d(t), u_{ff}(t))$$

这种寻找系统可行轨迹的问题称作轨迹生成（trajectory generation）问题，其中 x_d 代表（标称）系统的期望状态，u_{ff} 代表期望输入或前馈控制。如果能找到系统的一个可行轨迹，就可以寻找形如 $u = \alpha(x, x_d, u_{ff})$ 的控制器来跟随期望的参考轨迹。

　　在许多应用中，可以将代价函数附加到轨迹上，以描述轨迹跟踪与其他因素（如所需输入的大小）之间的平衡程度。在这种应用中，很自然会要求找到关于某个代价函数的最优控制器，例如：

$$\min_{u(\cdot)} \int_0^T L(x, u)\mathrm{d}t + V(x(T))$$

它受到以下约束：

$$\dot{x} = f(x, u), \quad x \in \mathbb{R}^n, \quad u \in \mathbb{R}^p$$

抽象地说，这是一个约束优化问题，它要寻找一个可行轨迹 $(x_d(t), u_{ff}(t))$ 来使代价函数最小化。取决于具体的动态方程形式，这个问题的求解有可能相当复杂，但是有很好的数值计算软件包来解决这类问题，包括输入范围及状态允许值等约束的处理。

在某些情况下，可以利用系统的结构来对生成可行轨迹的方法进行简化。下面用一个例子来说明这种方法。

例 8.8 车辆转向

为了说明如何用两自由度设计来改善系统性能，考虑车辆在路面上转向改道的问题，如图 8.12a 所示。

采用例 3.11 中推导的非归一化动态模型。如习题 3.6 所示，以后轮中心为参照点（$\alpha = 0$），动态模型可以写成：

$$\frac{\mathrm{d}x}{\mathrm{d}t} = v\cos\theta, \quad \frac{\mathrm{d}y}{\mathrm{d}t} = v\sin\theta, \quad \frac{\mathrm{d}\theta}{\mathrm{d}t} = \frac{v}{b}\tan\delta$$

式中，v 是车辆前进速度，θ 是方位角，δ 是转向角。为了产生系统轨迹，注意我们可以在给定 $x(t)$ 和 $y(t)$ 的情况下，通过求解下述方程组来得到系统的状态和输入：

$$
\begin{aligned}
\dot{x} &= v\cos\theta, & \ddot{x} &= \dot{v}\cos\theta - v\dot{\theta}\sin\theta, \\
\dot{y} &= v\sin\theta, & \ddot{y} &= \dot{v}\sin\theta + v\dot{\theta}\cos\theta, \\
\dot{\theta} &= (v/b)\tan\delta
\end{aligned}
\tag{8.35}
$$

这五个方程有五个未知数（θ，$\dot{\theta}$，v，$\dot{v}$，δ），在给定路径变量 $x(t)$、$y(t)$ 及其导数的情况下，可以使用三角函数和线性代数的知识来求解。因此，对于任何给定的路径 $x(t)$、$y(t)$，都可以算出一个可行的系统状态轨迹〔系统的这种特殊性质称作微分平坦（differential flatness），下面将详细介绍〕。

为了找到在时间 T 内从初始状态 (x_0, y_0, θ_0) 到最终状态 (x_f, y_f, θ_f) 的轨迹，需要找到满足以下条件的路径 $x(t)$、$y(t)$：

$$
\begin{aligned}
x(0) &= x_0, & x(T) &= x_f, \\
y(0) &= y_0, & y(T) &= y_f, \\
\dot{x}(0)\sin\theta_0 - \dot{y}(0)\cos\theta_0 &= 0, & \dot{x}(T)\sin\theta_f - \dot{y}(T)\cos\theta_f &= 0, \\
\dot{y}(0)\sin\theta_0 + \dot{x}(0)\cos\theta_0 &= v_0, & \dot{y}(T)\sin\theta_f + \dot{x}(T)\cos\theta_f &= v_f
\end{aligned}
\tag{8.36}
$$

式中，v_0 和 v_f 分别是沿着轨迹的初始速度和终了速度。这样的轨迹可以通过选择以下形式的 $x(t)$、$y(t)$ 来找到：

$$x_d(t) = \alpha_0 + \alpha_1 t + \alpha_2 t^2 + \alpha_3 t^3, \quad y_d(t) = \beta_0 + \beta_1 t + \beta_2 t^2 + \beta_3 t^3$$

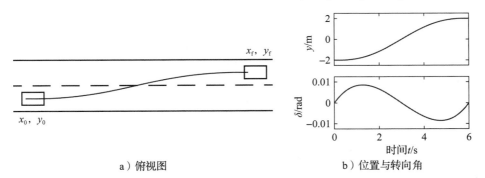

a）俯视图   b）位置与转向角

图 8.12 改换车道时的轨迹生成。希望在 6 s 内、行程不超过 90 m，将车辆从左车道改变到右车道。图 a 为 xy 平面上规划的轨迹，图 b 所示为侧向位置 y 及转向角 δ 在机动时间内的变化曲线

将这些方程代入式（8.36），得到一个线性方程组，可以解得 α_i、β_i（$i=0$，1，2，3）。再使用式（8.35）求解 θ_d、v_d、δ_d，就得到了系统的一个可行轨迹。

图 8.12b 给出了由一组高阶方程产生的样本轨迹，其中转向角的初始值和终了值都取为 0。注意其中的前馈输入不为 0，这使得控制器给出的转向角指令可以实现无误差的转向。◀

上面例子中用到的微分平坦概念是一个相当普遍的概念，可以用于许多有趣的轨迹生成问题。式（8.34）所示的非线性系统被称作微分平坦的（differentially flat），如果存在一个平坦输出 z，能将系统的状态 x 和输入 u 表示为平坦输出 z 及其有限阶导数的函数的话，即

$$x=\beta(z,\dot{z},\cdots,z^{(m)}), \quad u=\gamma(z,\dot{z},\cdots,z^{(m)}) \tag{8.37}$$

平坦输出的数目总等于系统输入的数目。车辆转向模型是微分平坦的，它以后轮位置为平坦输出。

微分平坦系统的一个大类是可达线性系统。对于式（7.6）给定的可达标准型线性系统，有：

$$z_1=z_n^{(n-1)}, \quad z_2=z_n^{(n-2)},\cdots,z_{n-1}=\dot{z}_n,$$
$$u=z_n^{(n)}+a_1 z_n^{(n-1)}+a_2 z_n^{(n-2)}+\cdots+a_n z_n$$

因此，状态向量的第 n 个分量 z_n 是一个平坦输出。由于任何可达系统都可以转化为可达标准型，所以每个可达线性系统都是微分平坦的。

注意，对于微分平坦的系统，可行轨迹的计算不需要对微分方程进行积分（这不同于最优控制方法，后者通常涉及输入的参数化、再进行微分方程的求解）。这一点的实际意义在于，对于微分平坦的系统，我们可以高效地计算满足其运动方程的标称轨迹和输入。文献［88］更详细地描述了微分平坦的概念。

8.5.3 干扰建模与状态增广

负载干扰可能是未知的常数、以未知速率发生的漂移、频率已知或未知的正弦量，或随机的信号。这些信息可用于对干扰进行微分方程建模，或用干扰状态来增广过程状态，如同在 7.4 节和例 8.6 所做的一样。下面用一个简单例子来说明。

例 8.9 积分作用的状态增广实现

考虑式（8.1）所示的系统，假设有一个大小未知的常数干扰 z 相加性地作用在过程的输入上。那么系统及干扰的建模可以通过用 z 去增广状态 x 来实现。未知的常数可以用微分方程 $\mathrm{d}z/\mathrm{d}t=0$ 来建模，从而得到过程及其环境（指作用于过程的干扰及测量噪声）的以下模型：

$$\frac{\mathrm{d}}{\mathrm{d}t}\begin{pmatrix}x\\z\end{pmatrix}=\begin{pmatrix}A&B\\0&0\end{pmatrix}\begin{pmatrix}x\\z\end{pmatrix}+\begin{pmatrix}B\\0\end{pmatrix}u, \quad y=(C \quad 0)\begin{pmatrix}x\\z\end{pmatrix}$$

注意干扰状态 z 是从 u 不可达的，不过由于干扰进入了过程的输入，因此可以用以下的控制律来衰减：

$$u=-K\hat{x}-\hat{z} \tag{8.38}$$

式中，$\hat{x}$ 和 $\hat{z}$ 是状态 x 和干扰 z 的估计。干扰的估计可从观测器得到：

$$\frac{\mathrm{d}\hat{x}}{\mathrm{d}t}=A\hat{x}+B\hat{z}+Bu+L_x(y-C\hat{x}), \quad \frac{\mathrm{d}\hat{z}}{\mathrm{d}t}=L_z(y-C\hat{x})$$

对最后一个方程进行积分，并代替控制律（8.38）中的 $\hat{z}$，可得：

$$u=-K\hat{x}-L_z\int_0^t\big[y(\tau)-C\hat{x}(\tau)\big]\mathrm{d}\tau$$

这是一个具有积分作用的状态反馈控制器。注意该积分作用是通过对干扰状态的估计来建立的。◀

这个例子的思想可以扩展到多种类型的干扰，需要强调的是，通过对过程及其环境的建模，可以使系统的性能得到很大的改善。

8.5.4 反馈设计与增益调度

现在假定轨迹发生器能够算出同时满足动态方程式（8.34）和 $r=h(x_d, u_{ff})$ 的期望轨迹 (x_d, u_{ff})。为了设计反馈控制器，构建误差系统，设 $\xi=x-x_d$、$u_{fb}=u-u_{ff}$，并计算误差的动态方程：

$$\dot{\xi}=\dot{x}-\dot{x}_d=f(x,u)-f(x_d,u_{ff})$$
$$=f(\xi+x_d,v+u_{ff})-f(x_d,u_{ff}):=F(\xi,v,x_d(t),u_{ff}(t))$$

对于轨迹跟踪，可以假设 ξ 很小（如果控制器做得很好的话），因此可以在 $\xi=0$ 的附近进行线性化：

$$\frac{\mathrm{d}\xi}{\mathrm{d}t}\approx A(t)\xi+B(t)v, \quad h(x,u)\approx C(t)x(t)$$

$$A(t)=\frac{\partial F}{\partial \xi}\bigg|_{(x_d(t),u_{ff}(t))}, \quad B(t)=\frac{\partial F}{\partial v}\bigg|_{(x_d(t),u_{ff}(t))}, \quad C(t)=\frac{\partial h}{\partial \xi}\bigg|_{(x_d(t),u_{ff}(t))}$$

通常，这个系统是时变的。注意 ξ 对应于图 8.11 中的 $-e$，这是因为框图中使用的是负反馈惯例。接下来利用 LQR，一方面通过求解黎卡提微分方程（7.31）来计算时变反馈增益 $K(t)=Q_u^{-1}(t)B^T(t)S(t)$，另一方面通过求解黎卡提方程（8.30）来获得 $P(t)$，再计算卡尔曼滤波器的增益 $L(t)=P(t)C^T(t)R_w^{-1}(t)$。

现在假设 x_d 和 u_{ff} 要么为常数，要么（相对于过程的动态）为缓慢变化的。通常情况下，$A(t)$、$B(t)$ 和 $C(t)$ 仅依赖于 x_d，此时写成 $A(t)=A(x_d)$、$B(t)=B(x_d)$ 和 $C(t)=C(x_d)$ 会比较方便。这样就可以只考虑由 $A(x_d)$、$B(x_d)$ 和 $C(x_d)$ 给出的线性系统。如果针对 x_d 的每个分量设计状态反馈控制器 $K(x_d)$，那么就可以利用以下的反馈来调节系统：

$$u_{fb}=-K(x_d)\xi$$

代入 ξ 和 u_{fb} 定义的公式，控制器变为：

$$u=u_{fb}+u_{ff}=-K(x_d)(x-x_d)+u_{ff}$$

这种形式的控制器称为带前馈 u_{ff} 的增益调度（gain scheduled）线性控制器。

例 8.10 带速度调度的转向控制

考虑图 8.13a 所示的汽车运动控制问题，让汽车跟随地面上的给定轨迹。采用例 8.8 中导出的模型。系统的一个简单可行的轨迹是在侧向位置 y_r 处以固定的速度 v_r 让车辆跟随 x 方向的直线。这对应于期望状态 $x_d=(v_r t, y_r, 0)$ 和标称输入 $u_{ff}=(v_r, 0)$。注意 (x_d, u_{ff}) 不是整个系统的平衡点，但它却满足运动方程。

将系统在期望轨迹周围线性化，得到

$$A_d=\frac{\partial f}{\partial x}\bigg|_{(x_d,u_{ff})}=\begin{pmatrix} 0 & 0 & -v_r\sin\theta \\ 0 & 0 & v_r\cos\theta \\ 0 & 0 & 0 \end{pmatrix}\bigg|_{(x_d,u_{ff})}=\begin{pmatrix} 0 & 0 & 0 \\ 0 & 0 & v_r \\ 0 & 0 & 0 \end{pmatrix}$$

$$B_d=\frac{\partial f}{\partial u}\bigg|_{(x_d,u_{ff})}=\begin{pmatrix} 1 & 0 \\ 0 & 0 \\ 0 & v_r/l \end{pmatrix}$$

令 $e=x-x_d$、$w=u-u_{ff}$，可建立以下误差动态方程：

$$\frac{\mathrm{d}e_x}{\mathrm{d}t}=w_1, \quad \frac{\mathrm{d}e_y}{\mathrm{d}t}=e_\theta, \quad \frac{\mathrm{d}e_\theta}{\mathrm{d}t}=\frac{v_r}{l}w_2$$

可见，第一个状态变量与后面两个状态变量之间是解耦的，因此可以将这两个子系统分开处理来进行控制器的设计。假定希望将纵向动态（e_x）的闭环特征值配置在 λ_1 处、将侧向动态（e_y，e_θ）的闭环特征值配置在多项式方程 $s^2 + a_1 s + a_2 = 0$ 的根处。这可以通过以下的设置来实现：

$$w_1 = -\lambda_1 e_x, \quad w_2 = -\frac{l}{v_r}\left(\frac{a_2}{v_r}e_y + a_1 e_\theta\right)$$

注意，增益 l/v_r 是由速度 v_r 决定的（或等效于依赖标称输入 u_{ff}）。这为我们提供了一个增益调度控制器。

在原始输入与状态的坐标系中，控制器具有以下形式：

$$\begin{pmatrix} v \\ \delta \end{pmatrix} = -\underbrace{\begin{pmatrix} \lambda_1 & 0 & 0 \\ 0 & \dfrac{a_2 l}{v_r^2} & \dfrac{a_1 l}{v_r} \end{pmatrix}}_{K_d} \underbrace{\begin{pmatrix} x - v_r t \\ y - y_r \\ \theta \end{pmatrix}}_{e} + \underbrace{\begin{pmatrix} v_r \\ 0 \end{pmatrix}}_{u_{ff}}$$

这个控制器形式表明，在低速时，转向角的增益很高，这意味着必须用更大的力气来转动方向盘才能达到同样的效果。随着速度的增加，增益变小。这与通常的经验相吻合，即高速行驶时，只需要很小的力气来控制汽车的侧向位置。请注意，当车辆停止时（$v_r = 0$），增益将变为无穷大，这对应于这样一个事实：此时的系统是不可达的。

图 8.13b 给出了三个不同参考速度下控制器对侧向位置阶跃变化的响应。注意，三者的响应速率是恒定的，与参考速度无关，这反映了这样一个事实，即增益调度控制器的每一个调度都将闭环系统的特征值设置成相同的数值。

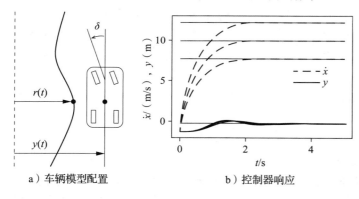

a）车辆模型配置   b）控制器响应

图 8.13 使用增益调度的车辆转向系统。图 a 为车辆模型配置，包括：车辆的 x、y 位置，相对于道路的方向角，方向盘的转向角。图 b 为车辆侧向位置（实线）和前向速度（虚线）的阶跃响应。这里采用增益调度为不同前向速度设置反馈控制器增益 ◄

8.5.5 非线性估计

最后，我们针对过程动态不一定为线性的情况，简单分析一下图 8.11 所示的观测器。由于现在考虑的是在很宽的状态空间范围上运行的非线性系统，因此观测器的预测部分最好使用完全非线性的动态模型。然后与线性校正项结合，从而得到以下形式的观测器：

$$\frac{d\hat{x}}{dt} = f(\hat{x}, u) + L(\hat{x})(y - h(\hat{x}))$$

式中，估计器增益 $L(\hat{x})$ 是在当前估计状态附近对系统进行线性化所获得的观测器增益。这种形式的观测器称作扩展卡尔曼滤波器（extended Kalman filter），它被证明是估计非线性系统状态的一种非常有效的手段。

轨迹生成、轨迹跟踪和非线性估计的结合为非线性系统的状态空间控制提供了一种手段。有很多方法来产生前馈信号，同样也有很多方法来计算反馈增益 K 和观测器增益 L。请再次注意这里用到了内模原理：整个控制器通过观测器包含了被控系统及其环境的一个模型。

8.5.6　计算机实现

到此为止，所介绍的控制器都是用常微分方程描述的。这可以直接用模拟器件来实现，可以是电子电路、液压阀，或其他的物理器件。由于在现代工程应用中，大部分控制器都是用计算机实现的，因此下面简单讨论如何实现。

计算机控制系统通常是按周期运行的：在每个周期中，来自传感器的信号被采样、并由模数（A/D）转换器转换成数字形式，还要计算控制信号，并将算得的输出转换为执行器使用的模拟形式，如图 8.14 所示。为了说明在这种环境下实现反馈的主要原理，考虑式（8.15）和式（8.16）描述的控制器，即

$$\frac{\mathrm{d}\hat{x}}{\mathrm{d}t}=A\hat{x}+Bu+L(y-C\hat{x}), \quad u=-K\hat{x}+k_\mathrm{f}r$$

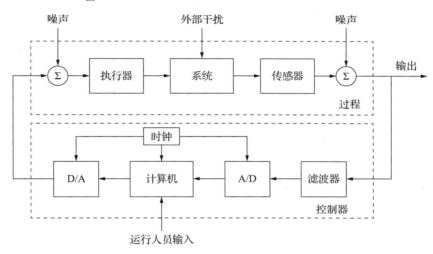

图 8.14　计算机控制系统的组成。控制器包括模数（A/D）和数模（D/A）转换器，以及一台实现控制算法的计算机。系统时钟控制控制器的运行，使 A/D、D/A 以及计算过程同步。运行人员的输入也被作为外部输入送入计算机

以上第二式仅包含求和运算与乘法运算，可以在计算机上直接实现；第一式则可以用导数的差分近似来计算：

$$\frac{\mathrm{d}\hat{x}}{\mathrm{d}t}\approx\frac{\hat{x}(t_{k+1})-\hat{x}(t_k)}{h}=A\hat{x}(t_k)+Bu(t_k)+L(y(t_k)-C\hat{x}(t_k))$$

式中，t_k 是采样时刻，$h=t_{k+1}-t_k$ 是采样周期。重写方程分离出 $\hat{x}(t_{k+1})$，得到以下差分方程：

$$\hat{x}(t_{k+1})=\hat{x}(t_k)+h(A\hat{x}(t_k)+Bu(t_k)+L(y(t_k)-C\hat{x}(t_k))) \tag{8.39}$$

t_{k+1} 时刻估计状态的计算只需用到加法与乘法，很容易计算机实现。完成这个计算的一段伪代码程序如下：

```
% Control algorithm - main loop
r = adin(ch1)                    % 读入参考
y = adin(ch2)                    % 获取过程输出
(xd, uff) = trajgen(r, t)        % 生成前馈信号
u = K*(xd - xhat) + uff          % 计算控制变量
daout(ch1, u)                    % 设置模拟输出
xhat = xhat + h*(A*x+B*u+L*(y-C*x))  % 更新状态估计
```

这个程序以固定的采样周期 h 周期性地运行。注意，该程序是先设置模拟输出，再更新状态，从而使读取模拟输入和设置模拟输出之间的计算次数最小化的。程序中的状态数

组 xhat 用来保存状态的估计。采样周期的选择需要特别小心。

有一些用差分方程来近似微分方程的更复杂的方法。如果相邻两次采样之间的控制信号恒定，那么有可能获得精确的方程（见文献［18］）。

还有几个实际问题也必须处理。例如，在对测量信号采样之前，有必要滤波，以使频率超过 $f_s/2$（即奈奎斯特频率）的分量很小，这里的 $f_s=1/h$ 是采样频率。这可以避免称作混叠（aliasing）的现象。如果采用积分作用的控制器，那么就有必要采取保护措施，以避免积分过大和执行器饱和。这个问题称作积分器饱和（integrator windup），将在第 11 章做更详细的讨论。此外还要注意保证参数的变化不致引起干扰。

8.6 阅读提高

能观性的概念来源于卡尔曼[136]，与可达性这个对偶概念一起，共同构成了自 20 世纪 60 年代开始建立的状态空间控制理论的一个主要基石。观测器最早是以卡尔曼滤波器的形式出现的，其离散形式见于文献［135］，连续形式见于文献［137］。卡尔曼还做了这样的推测，即把状态反馈与卡尔曼滤波器结合在一起，可以得到输出反馈控制器（见本章开头的引用）。这个结论称作分离原理（separation theorem），它在数学上是相当精巧的。文献［112，132］对其做了证明的尝试，但严格的证明是由文献［99］于 2013 年给出的。这些结论结合在一起就是线性二次高斯控制理论，文献［9，17，165］中对其做了简洁的证明。文献［77］还证明了鲁棒控制问题的解也具有类似的结构，只是计算观测器和状态反馈增益的方法不同而已。文献［121］强调了结合反馈和前馈的两自由度系统的重要性。8.5 节讨论的控制器结构就是以这些思想为基础的。文献［22］介绍了图 8.11 这种特殊形式，详细讨论了该控制器的计算机实现。文献［127］提出了人体运动控制是基于反馈和前馈结合的假设。微分平坦系统最早源于文献［87］，这种系统对于轨迹生成是非常有用的。

习题

8.1 （坐标变换）考虑系统在 $z=Tx$ 下的坐标变换，其中 $T\in\mathbb{R}^{n\times n}$ 是可逆矩阵。证明：变换后系统的能观矩阵为 $\widetilde{W}_o=W_oT^{-1}$，且能观性与坐标的选择无关。

8.2 证明：图 8.2 中描述的系统是不能观的。

8.3 （多输入多输出系统的能观性）考虑以下的多输入多输出系统

$$\frac{\mathrm{d}x}{\mathrm{d}t}=Ax+Bu,\quad y=Cx$$

式中，$x\in\mathbb{R}^n$，$u\in\mathbb{R}^p$，$y\in\mathbb{R}^q$。证明：如果式（8.4）给定的能观矩阵 W_o 具有 n 个独立的行，那么状态可以由输入 u、输出 y 及它们的导数确定。

8.4 （能观标准型）证明：如果系统是能观的，那存在坐标变换 $z=Tx$，可以将系统变换成能观标准型。

8.5 （自行车动态）式（4.5）给出了自行车的线性化模型，其形式如下：

$$J\frac{\mathrm{d}^2\varphi}{\mathrm{d}t^2}-\frac{Dv_0}{b}\frac{\mathrm{d}\delta}{\mathrm{d}t}=mgh\varphi+\frac{mv_0^2h}{b}\delta$$

式中，φ 是自行车的倾角，δ 是转向角。请给出系统能观的条件，并对系统失去能观性的各种特殊情况进行解释。

8.6 （基于特征值配置的观测器设计）考虑以下系统：

$$\frac{\mathrm{d}x}{\mathrm{d}t}=Ax=\begin{pmatrix}-1 & 0\\ 1 & 0\end{pmatrix}x+\begin{pmatrix}a-1\\ 1\end{pmatrix}u,\quad y=Cx=(0\quad 1)x$$

设计观测器，使 $\det(sI-A+LC)=s^2+2\zeta_o\omega_o s+\omega_o^2$，其中 $\omega_o=10$，$\zeta_o=0.6$。

* 8.7 （矢量推力飞机）对于例 7.9 描述的矢量推力飞机，用状态变量 $z=(x,\theta,\dot{x},\dot{\theta})$ 来描述其运动，就可以得到其侧向动态模型。请将观测器的特征值配置成巴特沃斯型（Butterworth pattern），相应的

特征值取为 $\lambda_{bw} = -3.83 \pm 9.24\mathrm{i}$、$-9.24 \pm 3.83\mathrm{i}$，来给这些动态构建一个估计器。将该估计器与例 7.9 算得的状态空间控制器相结合，绘制闭环系统的阶跃响应。

8.8 （用于 Teorell 房室模型的观测器）图 4.17 所示 Teorell 房室模型具有以下的状态空间表示：

$$\frac{\mathrm{d}x}{\mathrm{d}t} = \begin{pmatrix} -k_1 & 0 & 0 & 0 & 0 \\ k_1 & -k_2-k_4 & 0 & k_3 & 0 \\ 0 & k_4 & 0 & 0 & 0 \\ 0 & k_2 & 0 & -k_3-k_5 & 0 \\ 0 & 0 & 0 & k_5 & 0 \end{pmatrix} x + \begin{pmatrix} 1 \\ 0 \\ 0 \\ 0 \\ 0 \end{pmatrix} u$$

其典型参数为 $k_1=0.02$，$k_2=0.1$，$k_3=0.05$，$k_4=k_5=0.005$。在房室 5 中起作用的药物浓度是通过血液（房室 2）中的药物浓度测量来估计的。确定通过测量血液药物浓度能观的房室，并采用特征值配置方法，为这些能观房室的药物浓度设计估计器。选取闭环特征值为 -0.03、-0.05、-0.1。对输入为脉冲注射的情况进行仿真。

8.9 （Whipple 自行车模型）考虑 4.2 节式（4.8）给出了 Whipple 自行车模型。习题 7.12 为该系统设计了一个状态反馈。请为该系统设计一个观测器和一个输出反馈。

8.10 （卡尔曼分解）考虑下列矩阵确定的线性系统：

$$A = \begin{pmatrix} -2 & 1 & -1 & 2 \\ 1 & -3 & 0 & 2 \\ 1 & 1 & -4 & 2 \\ 0 & 1 & -1 & -1 \end{pmatrix}, \quad B = \begin{pmatrix} 2 \\ 2 \\ 2 \\ 1 \end{pmatrix},$$

$$C = (0 \quad 1 \quad -1 \quad 0), \quad D = 0$$

建立该系统的卡尔曼分解（提示：矩阵对角化）。

8.11 （一阶系统的卡尔曼滤波）考虑系统：

$$\frac{\mathrm{d}x}{\mathrm{d}t} = ax + v, \quad y = cx + w$$

其中所有变量都是标量。信号 v 和 w 是具有零均值和以下协方差函数的不相关白噪声干扰：

$$\mathbb{E}(v(s)v^\mathrm{T}(t)) = r_v\delta(t-s),$$
$$\mathbb{E}(w(s)w^\mathrm{T}(t)) = r_w\delta(t-s)$$

初始条件是均值为 x_0、协方差为 P_0 的高斯分布函数。确定系统的卡尔曼滤波器，并分析 t 较大时会发生什么情况。

8.12 （垂直对齐）在导航系统中，将系统垂直对齐是很重要的。这可以通过测量垂直加速度并控制平台以使测得的加速度为零来实现。这个问题的简化一维版本可以建模为：

$$\frac{\mathrm{d}\varphi}{\mathrm{d}t} = u, \quad u = -ky, \quad y = \varphi + w$$

式中，φ 为对准误差，u 为控制信号，y 为测量信号；w 为测量噪声，假定为零均值、协方差函数为 $\mathbb{E}(w(s)w^\mathrm{T}(t)) = r_w\delta(t-s)$ 的白噪声。假设初始失准是一个零均值、协方差为 P_0 的随机变量。确定时变增益 $k(t)$，以使误差尽可能快地归零。将此与恒定增益的情况进行比较。

第 9 章

传递函数

典型的调节器系统在本质上往往都可以用不超过二阶、三阶或四阶的微分方程来描述。相反，在电话通信中，用来描述典型负反馈放大器的微分方程组的阶数则可能要高得多。在无聊的好奇心驱使下，我曾经数过一次，想知道自己刚刚设计的一个放大器如果直接用微分方程来现实，需要的方程组的阶数到底是多少。结果发现是 55。

——Hendrik Bode，1960（文献 [52]）

本章将介绍传递函数（transfer function）的概念，它是线性时不变系统输入/输出关系的一种简洁描述方法。将传递函数与框图相结合，为拥有许多模块的线性系统的分析提供了一个强有力的代数方法。传递函数也为系统的动态提供了新的解释。本章还将介绍伯德图，这是伯德（Bode）为了分析和设计反馈放大器而引入的一个表示传递函数的强大图形表示方法。

9.1　频域建模

图 9.1 是反馈控制系统的结构框图，它由被控过程及结合反馈与前馈的控制器组成。在前两章大家已经看到如何用模块的状态空间描述来分析和设计这样的系统。正如第 3 章所述，也可以采用专注于系统输入/输出关系特性的方法。由于在系统中起连接作用的是输入和输出，因此这种方法将容许我们理解系统的整体行为。传递函数是在线性系统中实现这一方法的主要工具。

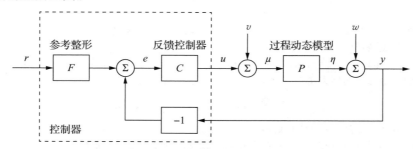

图 9.1　反馈控制系统的结构框图。参考信号 r 被馈送到参考整形模块，产生的信号与输出 y 进行比较，形成误差 e。控制器以误差 e 为输入，产生控制信号 u。负载干扰 v 和测量噪声 w 为外部信号

传递函数的基本思想来自对系统频率响应的观察。假设有一个周期性的输入信号，可以分解为一组正弦和余弦函数之和：

$$u(t) = \sum_{k=0}^{\infty} a_k \sin(k\omega_{\mathrm{f}} t) + b_k \cos(k\omega_{\mathrm{f}} t)$$

式中，ω_{f} 是周期输入的基波频率。正如在 6.3 节中看到的，（在稳态情况下）输入 $u(t)$ 将产生对应的正弦和余弦输出，只是幅值和相位可能会有改变。每个频率的增益和相位由式（6.24）给定的频率响应确定，即

$$G(\mathrm{i}\omega) = C(\mathrm{i}\omega I - A)^{-1} B + D \tag{9.1}$$

式中，$\omega = k\omega_{\mathrm{f}}$（其中 $k = 1, \cdots, \infty$）。因此，我们可以利用稳态频率响应 $G(\mathrm{i}\omega)$ 以及叠加原理计算任何周期信号的稳态响应。

传递函数推广了以上概念，除了可以采用周期函数之外，还可以采用其他更多种类的输入信号。在下一节将会看到，传递函数代表着系统对指数输入（exponential input）$u = e^{st}$ 的响应。结果表明，传递函数的形式与式（9.1）的形式是完全相同的。这并不奇怪，因为我们是通过把正弦函数写成复指数之和的形式来推得式（9.1）的。传递函数也可以作为零初始状态下输出和输入的拉普拉斯变换之比来引入，但使用传递函数并不需要了解拉普拉斯变换的细节。

通过正弦和指数信号的响应来对系统建模的方法称作频域建模（frequency domain modeling）。这个术语源于这样一个事实，即用广义频率 s 而非时域变量 t 来描述系统的动态。传递函数在频域中为线性系统提供了一个完整的表示。

传递函数的强大之处在于，它为复杂线性反馈系统的处理和分析提供了一个特别方便的表示。传递函数提供了图形表示（伯德图和奈奎斯特图），可以揭示底层动态的有趣特性。传递函数还可以表达建模误差引起的系统变化，这对于将在第 13 章讨论的过程变化的灵敏度分析来讲是必不可少的。更具体地讲，我们可以利用传递函数来对用静态模型近似动态模型、用低阶模型近似高阶模型的后果进行分析。通过采用传递函数，还可以引入概念来表示系统的稳定程度。

尽管状态空间建模与分析的许多概念可以直接适用于非线性系统，但频域分析主要适用于线性系统。不过，增益和相位的概念可以推广到非线性系统，特别是正弦信号在非线性系统中的传播特性可以近似地用一个称作描述函数的频率响应来抓取。频率响应的这类扩展将在 10.5 节讨论。

9.2 传递函数的确定

在前几章已经看到，线性系统的输入/输出动态响应有两个组成部分：初始条件响应和强迫响应，后者取决于系统的输入。强迫响应可以用传递函数来描述。本节将计算一般线性时不变系统的传递函数。此外，也将确定时延系统以及由偏微分方程描述的系统的传递函数，此时得到的传递函数是复变量的超越函数。

9.2.1 指数信号的传输

为了正式计算系统的传递函数，我们将使用一种称作指数信号（exponential signal）的特殊形式的信号，即形如 e^{st} 的信号，其中 $s = \sigma + i\omega$ 是复数。指数信号在线性系统中起着重要作用。它们出现在微分方程的解中，以及线性系统的冲激响应中，此外，很多信号都可以用指数或指数之和来表示。例如，恒定信号就可以简单地表示为 $\alpha = 0$ 的 $e^{\alpha t}$。利用欧拉公式，有阻尼的正弦和余弦信号可以表示为：

$$e^{(\sigma + i\omega)t} = e^{\sigma t} e^{i\omega t} = e^{\sigma t}(\cos\omega t + i\sin\omega t)$$

式中，$\sigma < 0$ 确定衰减的速度。图 9.2 给出了一些指数信号的例子，许多其他信号都可以表示为这些指数信号的线性组合。

如同在 6.3 节中考虑的正弦信号的情况一样，在下面的推导中将允许复数值的信号，不过在实际中，信号的组合加到一起总是得到实数值的函数。

为了找到以下状态空间系统的传递函数：

$$\frac{dx}{dt} = Ax + Bu, \quad y = Cx + Du \tag{9.2}$$

令输入为指数信号 $u(t) = e^{st}$，并假定 $s \notin \lambda(A)$。那么状态由下式给定：

$$x(t) = e^{At}x(0) + \int_0^t e^{A(t-\tau)}Be^{s\tau}\,d\tau = e^{At}x(0) + e^{At}(sI - A)^{-1}(e^{(sI-A)t} - I)B$$

因此式（9.2）的输出 y 为：

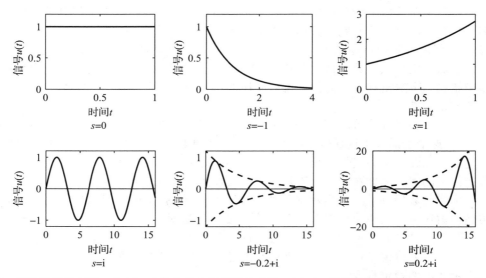

图 9.2 指数信号的例子。上面一排指数信号的指数为实数，下面一排指数信号的指数为复数。最后两种情况中，短划线为震荡信号的包络线。在各个例子中，若指数的实部为负，则信号衰减，若指数的实部为正，则信号发散

$$
\begin{aligned}
y(t) &= Cx(t) + Du(t) \\
&= \underbrace{Ce^{At}x(0)}_{\text{初始条件响应}} + \underbrace{[C(sI-A)^{-1}B + D]e^{st} - Ce^{At}(sI-A)^{-1}B}_{\text{输入响应}} \\
&= \underbrace{Ce^{At}[x(0) - (sI-A)^{-1}B]}_{\text{瞬态响应}} + \underbrace{[C(sI-A)^{-1}B + D]e^{st}}_{\text{纯指数响应}y_p}
\end{aligned} \tag{9.3}
$$

式中，e^{st} 项的系数就是系统（9.2）式从 u 到 y 的传递函数，即

$$
G(s) = C(sI-A)^{-1}B + D \tag{9.4}
$$

可将上式与式（6.23）和式（6.24）定义的频率响应作对比。

在传递函数的推导中，一个重点是我们限定了 $s \neq \lambda_j(A)$，即 s 不为 A 的特征值。在 s 为 A 的特征值处，系统的响应（9.3）式是奇异的（因为此时 $sI-A$ 不可逆）。不过，通过解析延拓，传递函数可以推广到所有 s 值。

为了加深认识，现在讨论式（9.3）的结构。首先注意输出 $y(t)$ 可以用两种不同的方式分离为两项，如式中大括号所标示的那样。

系统对初始条件的响应为 $Ce^{At}x(0)$。回想一下，e^{At} 可以用 A 的特征值来表示（在有重复特征值的情况下用若尔当型表示），因此瞬态响应是形如 $p_j(t)e^{\lambda_j t}$ 的项的线性组合，其中 λ_j 是 A 的特征值，$p_j(t)$ 是次数小于特征值重数的多项式（见习题 9.1）。

系统对输入 $u(t) = e^{st}$ 的响应是 $p_j(t)e^{\lambda_j t}$ 项与以下指数函数的混合：

$$
y_p(t) = [C(sI-A)^{-1}B + D]e^{st} = G(s)e^{st} \tag{9.5}
$$

这是微分方程（9.2）的一个特解（particular solution）。式（9.5）称作纯指数解（pure exponential solution），因为它只有一个指数项 e^{st}。根据式（9.3），如果初始条件选为下式的话，则输出 $y(t)$ 等于纯指数解 $y_p(t)$：

$$
x(0) = (sI-A)^{-1}B \tag{9.6}
$$

如果系统（9.2）是渐近稳定的，那么当 $t \to \infty$ 时 $e^{At} \to 0$。此外，如果再附加上输入为常数 $u(t) = e^{0 \cdot t}$ 或为正弦 $u(t) = e^{i\omega t}$ 的条件，则响应将收敛到常数或正弦稳态解（steady-state solution），如式（6.23）所示。

为了对描述线性时不变系统的方程进行简化处理，引入 $\mathcal{E}$ 表示由 $X(s)\,\mathrm{e}^{st}$ 形式的信号组合而成的一类时间函数，其中参数 s 是复变量，$X(s)$ 是复函数（如果需要可以为向量值）。由式（9.3）和式（9.4）可知，如果系统的传递函数为 $G(s)$，输入为 $u\in\mathcal{E}$，那么有一个特解 $y\in\mathcal{E}$ 满足系统的动态方程。如果初始条件选择为式（9.6），则该解为系统的实际响应。由于系统的传递函数是由纯指数响应给出的，所以可以用指数信号来推导传递函数，我们采用以下符号表示：

$$y=G_{yu}u \tag{9.7}$$

式中，G_{yu} 是线性输入/输出系统从 u 到 y 的传递函数。式（9.7）假定使用了指数信号的组合，在上下文清楚的情况，常常省略 G 的下标，仅写成 $y=Gu$。

例 9.1 阻尼振荡器

考虑有阻尼的线性振荡器的响应，7.3 节已经得到了其状态空间动态模型，即

$$\frac{\mathrm{d}x}{\mathrm{d}t}=\begin{pmatrix}0 & \omega_0 \\ -\omega_0 & -2\zeta\omega_0\end{pmatrix}x+\begin{pmatrix}0 \\ k\omega_0\end{pmatrix}u,\quad y=(1\quad 0)x \tag{9.8}$$

这个系统在 $\zeta>0$ 时是渐近稳定的，因此可以考虑其对输入 $u=\mathrm{e}^{st}$ 的稳态响应：

$$G_{yu}(s)=C(sI-A)^{-1}B=(1\quad 0)\begin{pmatrix}s & -\omega_0 \\ \omega_0 & s+2\zeta\omega_0\end{pmatrix}^{-1}\begin{pmatrix}0 \\ k\omega_0\end{pmatrix}$$

$$=(1\quad 0)\left(\frac{1}{s^2+2\zeta\omega_0 s+\omega_0^2}\begin{pmatrix}s+2\zeta\omega_0 & -\omega_0 \\ \omega_0 & s\end{pmatrix}\right)\begin{pmatrix}0 \\ k\omega_0\end{pmatrix} \tag{9.9}$$

$$=\frac{k\omega_0^2}{s^2+2\zeta\omega_0 s+\omega_0^2}$$

令 $s=0$，可以得到阶跃输入的稳态响应，即

$$u=1\Rightarrow y=G_{yu}(0)u=k$$

如果希望计算正弦输入的稳态响应，可以写出：

$$u=\sin\omega t=\frac{1}{2}(\mathrm{i}\mathrm{e}^{-\mathrm{i}\omega t}-\mathrm{i}\mathrm{e}^{\mathrm{i}\omega t})\Rightarrow y=\frac{1}{2}[\mathrm{i}G_{yu}(-\mathrm{i}\omega)\mathrm{e}^{-\mathrm{i}\omega t}-\mathrm{i}G_{yu}(\mathrm{i}\omega)\mathrm{e}^{\mathrm{i}\omega t}]$$

这样就可以用幅值和相位来表示 $G(\mathrm{i}\omega)$：

$$G(\mathrm{i}\omega)=\frac{k\omega_0^2}{-\omega^2+(2\zeta\omega_0\omega)\mathrm{i}+\omega_0^2}=M\mathrm{e}^{\mathrm{i}\theta}$$

其中幅值（或增益）M 和相位 θ 由下式给定：

$$M=\frac{k\omega_0^2}{\sqrt{(\omega_0^2-\omega^2)^2+(2\zeta\omega_0\omega)^2}},\quad \frac{\sin\theta}{\cos\theta}=\frac{-2\zeta\omega_0\omega}{\omega_0^2-\omega^2}$$

利用 $G(-\mathrm{i}\omega)$ 等于 $G(\mathrm{i}\omega)$ 的共轭复数 $G^*(\mathrm{i}\omega)$ 的事实，可以得到 $G(-\mathrm{i}\omega)=M\mathrm{e}^{-\mathrm{i}\theta}$。将这些表达式代入输出方程可得：

$$y=\frac{1}{2}\left[\mathrm{i}(M\mathrm{e}^{-\mathrm{i}\theta})\mathrm{e}^{-\mathrm{i}\omega t}-\mathrm{i}(M\mathrm{e}^{\mathrm{i}\theta})\mathrm{e}^{\mathrm{i}\omega t}\right]$$

$$=M\cdot\frac{1}{2}\left[\mathrm{i}\mathrm{e}^{-\mathrm{i}(\omega t+\theta)}-\mathrm{i}\mathrm{e}^{\mathrm{i}(\omega t+\theta)}\right]=M\sin(\omega t+\theta)$$

其他信号的响应可以通过将输入信号写成指数函数的适当组合并利用线性性质来计算。 ◄

例 9.2 运算放大器电路

为了进一步说明指数信号的应用，考虑 4.3 节描述的运放电路，重画电路图于图 9.3a 中。在 4.3 节中，由于使用了恒定增益来建模放大器的线性行为，因此 4.3 节的模型是简化模型。实际上放大器有很显著的动态，因此应该用动态模型 $v_{\mathrm{out}}=-Gv$ 来代替式（4.11）

的静态模型 $v_{\text{out}} = -kv$。传递函数 G 为以下简单形式：

$$G(s) = \frac{ak}{s+a} \tag{9.10}$$

这个动态模型对应于时间常数为 $1/a$ 的一个一阶系统。参数 k 称作开环增益（open loop gain），乘积 ak 称作增益带宽积（gain-bandwidth product），这些参数的典型值为 $k = 10^7$，$ak = 10^7 \sim 10^9$ rad/s。

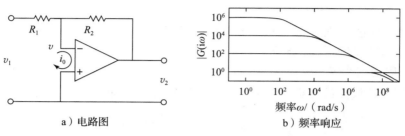

a）电路图　　　　　　　　b）频率响应

图 9.3　围绕运放构成负反馈的稳定放大器。图 a 是一个低频增益为 R_2/R_1 的典型放大器。如果将运放的动态响应建模为 $G(s) = ak/(s+a)$，则增益在频率 $\omega = aR_1k/R_2$ 处开始下降，如图 b 的增益曲线所示。频率响应计算所用的参数为 $k = 10^7$，$a = 10$ rad/s，$R_2 = 10^6\ \Omega$，$R_1 = 1$、10^2、10^4、$10^6\ \Omega$

由于建模时所有电路元件都被当成是线性的，因此，如果输入 v_1 为指数信号 e^{st}，那么所有电路信号的解都将是指数形式的，即 v、v_1、$v_2 \in \mathcal{E}$。因此系统的描述方程可以用代数运算来处理。

如同 4.3 节那样，假定流入放大器的电流为 0，那么流过电阻 R_1 和 R_2 的电流相同，因此有：

$$\frac{v_1 - v}{R_1} = \frac{v - v_2}{R_2}, \quad \text{或} \quad (R_1 + R_2)v = R_2v_1 + R_1v_2$$

上式结合运放的开环动态方程（9.10）（按简化记法，（9.7）式可写成 $v_2 = -Gv$），可以得到闭环系统的模型为：

$$(R_1 + R_2)v = R_2v_1 + R_1v_2, \quad v_2 = -Gv, \quad v, v_1, v_2 \in \mathcal{E} \tag{9.11}$$

消除上式中的 v 可得：

$$v_2 = \frac{-R_2G}{R_1 + R_2 + R_1G}v_1 = \frac{-R_2ak}{R_1ak + (R_1 + R_2)(s+a)}v_1$$

因此闭环系统的传递函数为：

$$G_{v_2v_1} = \frac{-R_2ak}{R_1ak + (R_1 + R_2)(s+a)} \tag{9.12}$$

令 $s = 0$ 即得低频增益：

$$G_{v_2v_1}(0) = \frac{-kR_2}{(k+1)R_1 + R_2} \approx -\frac{R_2}{R_1}$$

这就是 4.3 节中式（4.12）给出的结果。放大器电路的带宽为：

$$\omega_b = a\frac{R_1(k+1) + R_2}{R_1 + R_2} \approx a\frac{R_1k}{R_2} \quad \text{（其中 } k \gg 1\text{）}$$

式中约等号成立的条件是 $R_2/R_1 \gg 1$。在高频下，闭环系统的增益按 $R_2ak/[\omega(R_1 + R_2)]$ 的规律下降。传递函数的频率响应如图 9.3b 所示，所用参数为 $k = 10^7$，$a = 10$ rad/s，$R_2 = 10^6\ \Omega$，$R_1 = 1\ \Omega$、$10^2\ \Omega$、$10^4\ \Omega$、$10^6\ \Omega$。

注意，在本例的求解没有显式地将信号写成 $v = v_0\mathrm{e}^{st}$，而直接使用了 v（假定它是指数函数）。在求解类似问题以及处理框图时，这样做是非常方便的。与 4.3 节中将

$G(s)$ 当成恒值的同样计算相比，可以看到用传递函数来分析系统跟使用静态系统一样容易。如果将电阻 R_1 和 R_2 替换为阻抗，计算方式将是一样的，在例 9.3 中将对此做进一步的讨论。◀

9.2.2 线性微分方程的传递函数

考虑以下控制微分方程描述的线性系统：

$$\frac{\mathrm{d}^n y}{\mathrm{d}t^n} + a_1 \frac{\mathrm{d}^{n-1} y}{\mathrm{d}t^{n-1}} + \cdots + a_n y = b_0 \frac{\mathrm{d}^m u}{\mathrm{d}t^m} + b_1 \frac{\mathrm{d}^{m-1} u}{\mathrm{d}t^{m-1}} + \cdots + b_m u \tag{9.13}$$

式中，u 是输入，y 是输出。注意，这里推广了 3.2 节的系统描述以允许输入及其导数同时出现。这类描述见于许多应用，在第 2 章及 3.2 节都做过简单介绍，自行车动态模型和 AFM 建模就是两个具体的例子。

为了确定系统 (9.13) 的传递函数，令输入为 $u(t) = \mathrm{e}^{st}$。由于系统是线性的，因此系统有一个同样为指数函数的输出 $y(t) = y_0 \mathrm{e}^{st}$。将该信号代入式 (9.13) 可得：

$$(s^n + a_1 s^{n-1} + \cdots + a_n) y_0 \mathrm{e}^{st} = (b_0 s^m + b_1 s^{m-1} \cdots + b_m) \mathrm{e}^{st}$$

系统的响应可以由以下两个多项式完全描述：

$$a(s) = s^n + a_1 s^{n-1} + \cdots + a_n, \quad b(s) = b_0 s^m + b_1 s^{m-1} + \cdots + b_m \tag{9.14}$$

多项式 $a(s)$ 是常微分方程的特征多项式。如果 $a(s) \neq 0$，则有：

$$y(t) = y_0 \mathrm{e}^{st} = \frac{b(s)}{a(s)} \mathrm{e}^{st} \tag{9.15}$$

因此，系统 (9.13) 的传递函数为以下的有理函数：

$$G(s) = \frac{b(s)}{a(s)} = \frac{b_0 s^m + b_1 s^{m-1} + \cdots + b_m}{s^n + a_1 s^{n-1} + \cdots + a_n} \tag{9.16}$$

式中，多项式 $a(s)$ 和 $b(s)$ 由式 (9.14) 给定。注意，系统 (9.13) 的传递函数可以通过观察来获得，因为 $a(s)$ 和 $b(s)$ 的各个系数正好就是 u 和 y 的各阶导数的系数。传递函数的极点 (pole) 和零点 (zero) 是多项式 $a(s)$ 和 $b(s)$ 的根。系统的性质是由传递函数的极点和零点决定的，这将在下面的例子中看到，并将在 9.5 节做进一步的分析。

例 9.3 电路元件

电路建模是传递函数常见的一个应用。例如，考虑用欧姆定律 $V = IR$ 来给电阻器建模，其中 V 是电阻器两端的电压，I 是流过电阻器的电流，R 是电阻值。如果将电流看成输入、电压看成输出，则电阻器的传递函数为 $Z(s) = R$，这里的 $Z(s)$ 称作电路元件的广义阻抗 (generalized impedance)。

接下来考虑电感器，其输入/输出特性给定为：

$$L \frac{\mathrm{d}I}{\mathrm{d}t} = V$$

令电流为 $I(t) = \mathrm{e}^{st}$，可以得到电压为 $V(t) = Ls\mathrm{e}^{st}$，因此，电感器的传递函数为 $Z(s) = Ls$。电容器的特性为：

$$c \frac{\mathrm{d}V}{\mathrm{d}t} = I$$

经过类似的分析可以得到从电流到电压的传递函数为 $Z(s) = 1/(Cs)$。利用传递函数，复电路可以用广义阻抗 $Z(s)$ 来进行代数分析，就像在电阻网络中用电阻值进行分析一样。◀

例 9.4 减振器

振动的阻尼是一个常见的工程问题。图 9.4 所示为一个减振器的原理示意图。为了分析该系统，对两个质量块使用牛顿方程：

$$m_1 \ddot{q}_1 + c_1 \dot{q}_1 + k_1 q_1 + k_2 (q_1 - q_2) = F, \quad m_2 \ddot{q}_2 + k_2 (q_2 - q_1) = 0$$

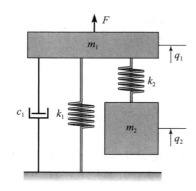

图 9.4　减振器。质量块 m_1 的振动可以用刚度为 k_2 的弹簧将其与附加质量块 m_2 连接到一起来阻尼。需要选择参数 m_2 和 k_2 以使频率 $\sqrt{k_2/m_2}$ 与振动频率相匹配

为了确定从力 F 到质量块 m_1 位置 q_1 的传递函数，先找特殊的指数解：

$$(m_1 s^2 + c_1 s + k_1)q_1 + k_2(q_1 - q_2) = F, \quad m_2 s^2 q_2 + k_2(q_2 - q_1) = 0 \tag{9.17}$$

从其中第二式解得 q_2 为：

$$q_2 = \frac{k_2}{m_2 s^2 + k_2} q_1$$

再代入式（9.17）的第一式可得：

$$(m_1 s^2 + c_1 s + k_1)q_1 + k_2\left(1 - \frac{k_2}{m_2 s^2 + k_2}\right)q_1 = F$$

因此，

$$\left[(m_1 s^2 + c_1 s + k_1 + k_2)(m_2 s^2 + k_2) - k_2^2\right]q_1 = (m_2 s^2 + k_2)F$$

展开左端的系数，可以得到从干扰力 F 到质量块 m_1 的位置 q_1 的传递函数为：

$$G_{q_1 F}(s) = \frac{m_2 s^2 + k_2}{m_1 m_2 s^4 + m_2 c_1 s^3 + (m_1 k_2 + m_2(k_1 + k_2))s^2 + k_2 c_1 s + k_1 k_2}$$

它存在零点 $s = \pm i\sqrt{k_2/m_2}$，这意味着具有相应频率的正弦信号将被阻断而不能传输（这种阻断特性将在 9.5 节讨论）。◀

如上例子所示，传递函数为线性输入/输出系统提供了一个简单表示。表 9.1 给出了一些常见线性时不变系统的传递函数。对于多输入多输出的系统，也可以构建类似式（9.13）的传递函数。

表 9.1　常见线性时不变系统的传递函数

类型	系统	传递函数
积分器	$\dot{y} = u$	$\dfrac{1}{s}$
微分器	$y = \dot{u}$	s
一阶系统	$\dot{y} + ay = u$	$\dfrac{1}{s+a}$
双重积分器	$\ddot{y} = u$	$\dfrac{1}{s^2}$
有阻尼振荡器	$\ddot{y} + 2\zeta\omega_0\dot{y} + \omega_0^2 y = u$	$\dfrac{1}{s^2 + 2\zeta\omega_0 s + \omega_0^2}$
状态空间系统	$\dot{x} = Ax + Bu, \ y = Cx + Du$	$C(sI - A)^{-1}B + D$
PID 控制器	$y = k_p u + k_d \dot{u} + k_i \int u$	$k_p + k_d s + \dfrac{k_i}{s}$
时延	$y(t) = u(t - \tau)$	$e^{-\tau s}$

9.2.3　时延与偏微分方程

尽管到目前为止我们主要研究常微分方程，但传递函数也可以用于其他类型的线性系

统。下面用时延和偏微分方程描述的系统来说明这一点。

例 9.5 时间延迟

时间延迟（时延）出现在许多系统中，典型的例子包括神经传播、通信系统和质量运输中的延迟。时延系统的输入输出关系为：

$$y(t) = u(t - \tau) \tag{9.18}$$

为了得到相应的传递函数，令输入为 $u(t) = e^{st}$，则输出为：

$$y(t) = u(t - \tau) = e^{s(t-\tau)} = e^{-s\tau} e^{st} = e^{-s\tau} u(t)$$

因此，时延系统的传递函数是 $G(s) = e^{-s\tau}$，这不是有理函数。

*例 9.6 热传播

考虑半无限长金属棒内的一维热传播问题。假定输入为金属棒一端的温度，输出为金属棒上某一点的温度。令 $\theta(x, t)$ 为位置 x 处时刻 t 的温度。选取适当的长度比例和单位，热传播问题可以用下面的偏微分方程来描述：

$$\frac{\partial \theta}{\partial t} = \frac{\partial^2 \theta}{\partial^2 x}, \quad y(t) = \theta(1, t) \tag{9.19}$$

其中"1"表示感兴趣的点为 $x = 1$。偏微分方程的边界条件为：

$$\theta(0, t) = u(t)$$

为了确定传递函数，选择输入为 $u(t) = e^{st}$。假定偏微分方程解的形式为 $\theta(x, t) = \psi(x) e^{st}$，代入式（9.19）可得：

$$s\psi(x) = \frac{d^2 \psi}{dx^2}$$

相应的边界条件为 $\psi(0) = 1$。这个以 x 为独立变量的常微分方程具有以下的解：

$$\psi(x) = A e^{x\sqrt{s}} + B e^{-x\sqrt{s}}$$

由于杆的温度是有限的，故 $A = 0$，此外由边界条件可得 $B = 1$，因此解为：

$$y(t) = \theta(1, t) = \psi(1) e^{st} = e^{-\sqrt{s}} e^{st} = e^{-\sqrt{s}} u(t)$$

所以系统的传递函数为 $G(s) = e^{-\sqrt{s}}$。跟时延系统一样，这个传递函数也不是有理函数。 ◀

9.2.4 传递函数的状态空间实现

在式（9.4）中已经看到如何计算给定的状态空间控制系统的传递函数。相应的逆问题，即给定一个传递函数，计算对应的状态空间控制系统，这个问题称作**实现问题**（realization problem）。给定传递函数 $G(s)$，如果 $G(s) = C(sI - A)^{-1} B + D$，则称具有矩阵 A、B、C 和 D 的状态空间系统是 $G(s)$ 的一个（状态空间）**实现**（realization）。下面从唯一性问题开始，探讨传递函数实现的一些性质。

正如在 6.3 节看到的，可以为线性系统的状态空间选择一组不同的坐标系，但却能保持输入/输出响应不变。换言之，尽管状态空间方程（9.2）式中的矩阵 A、B、C 和 D 取决于状态的坐标系选择，但由于传递函数关联输入与输出，因此它应该不随状态空间中的坐标系变化。重复第 6 章的分析，考虑模型（9.2）式，并通过变换 $z = Tx$（其中 T 为非奇异矩阵）引入新的坐标 z。那么系统可描述如下：

$$\frac{dz}{dt} = T(Ax + Bu) = TAT^{-1}z + TBu =: \widetilde{A}z + \widetilde{B}u$$

$$y = Cx + Du = CT^{-1}z + Du =: \widetilde{C}z + Du$$

该系统与式（9.2）具有相同的形式，但矩阵 A、B、C 不同：

$$\widetilde{A} = TAT^{-1}, \quad \widetilde{B} = TB, \quad \widetilde{C} = CT^{-1} \tag{9.20}$$

计算变换后模型的传递函数，得到：

$$\widetilde{G}(S) = \widetilde{C}(sI - \widetilde{A})^{-1}\widetilde{B} + D = CT^{-1}(sI - TAT^{-1})^{-1}TB + D$$
$$= C[T^{-1}(sI - TAT^{-1})T]^{-1}B + D = C(sI - A)^{-1}B + D = G(s)$$

这与根据系统描述式（9.2）计算得到的传递函数式（9.4）相同。因此，传递函数对状态空间中的坐标变换具有不变性。

这种坐标不变性的一个结果是，对于给定的传递函数，不可能得到一个唯一（unique）的状态空间实现。给定任何一个实现，都可以简单地使用可逆矩阵 T 来改变坐标从而得到另一个实现。但是请注意，状态空间实现的维度不会因坐标变换而改变。因此，谈论最小实现（minimal realization）是有意义的，这种实现具有尽可能少的状态变量个数。对于分母 $a(s)$ 的次数为 n 的传递函数 $G(s) = b(s)/a(s)$，可以证明：总存在一个由状态空间系统可达标准型（7.6）式给出的、具有 n 个状态变量的实现。一般来说，最小实现总是最多有 n 个状态变量。然而，如下例所示，如果存在极点/零点抵消，则阶数可能低于 n。

例 9.7 **极点和零点抵消**

考虑系统：

$$\frac{\mathrm{d}x}{\mathrm{d}t} = \begin{pmatrix} -3 & 1 \\ -2 & 0 \end{pmatrix}x + \begin{pmatrix} 1 \\ 1 \end{pmatrix}u, \quad y = (1 \quad 0)x$$

根据式（9.4）得到以下传递函数：

$$G(s) = (1 \quad 0)\begin{pmatrix} s+3 & -1 \\ 2 & s \end{pmatrix}^{-1}\begin{pmatrix} 1 \\ 1 \end{pmatrix} = \frac{1}{s^2 + 3s + 2}(1 \quad 0)\begin{pmatrix} s & 1 \\ -2 & s+3 \end{pmatrix}\begin{pmatrix} 1 \\ 1 \end{pmatrix}$$
$$= \frac{s+1}{s^2 + 3s + 2} = \frac{s+1}{(s+1)(s+2)} = \frac{1}{s+2}$$

虽然原状态空间系统是二阶的，但传递函数却是一阶有理函数。其原因在于因子 $s+1$ 在传递函数的计算过程中被抵消了。极点和零点的抵消跟可达性和能观性的缺失有关。在本例中，可达矩阵为：

$$W_r = (B \quad AB) = \begin{pmatrix} 1 & -2 \\ 1 & -2 \end{pmatrix}$$

其秩为 1，系统不可达。注意，在 8.3 节中已经证明，传递函数是由线性系统的卡尔曼分解中的可达且能观的子系统 Σ_{ro} 给定的，它在本例中是一阶的。　◀

*理解实现（及最小实现）的一般方法是使用 8.3 节的卡尔曼分解。从式（8.20）的结构可以看出，线性控制系统的输入/输出响应完全是由可达且能观子系统 Σ_{ro} 决定的。当系统缺乏可达性和能观性时，用完整系统的矩阵去计算传递函数时会出现零/极点抵消。

零/极点抵消是一个长期存在争议的问题，这表现在传递函数的处理规则上：不要消除根在右半平面的因子。人们还建立了特别的代数方法来进行框图代数运算。卡尔曼分解阐明了传递函数只代表系统的部分动态，这为零点/极点抵消会发生的情况提供了清晰的见解。9.5 节将更详细地讨论这些问题。

本节的结果也可以推广到多输入多输出（MIMO）系统的情况。式（9.4）给出的单输入单输出系统的传递函数 $G(s)$ 是一个复变量函数，即 $G: \mathbb{C} \to \mathbb{C}$。对于 p 个输入和 q 个输出的系统，传递函数为矩阵值 $G: \mathbb{C} \to \mathbb{C}^{q \times p}$。前面介绍的技术都可以推广到多输入多输出的情况，但是（最小）实现的概念则变得相当复杂了。

*9.3 拉普拉斯变换

对于线性时不变输入/输出系统，拉普拉斯变换是推导传递函数的传统方法。在计算机出现之前，拉普拉斯变换方法尤为重要，因为它为计算系统对给定输入的响应提供了一种实用的方法。如今，人们用数值仿真来计算线性（或非线性）系统对复杂输入的响应，因此在这种情况下不再需要拉普拉斯变换了。然而，它对深入了解线性系统的响应仍然是有用的。

本节将简要介绍拉普拉斯变换的应用及其与传递函数的关系。对基本的控制应用而言，只需用到拉普拉斯变换的少量基本性质，因此不熟悉它们的学生可以放心地跳过这一节。寻求本节数学基础参考资料的读者，可以看文献［251］，也可从文献［162，198］中去找更现代的处理方法。

考虑函数 $f(t)$，且 $f : \mathbb{R}^+ \to \mathbb{R}$，对于某些有限的 $s_0 \in \mathbb{R}$ 和很大的 t，它是可积的且其增长速度不超过 e^{st}。拉普拉斯变换把 f 映射成复变量函数 $F = \mathcal{L}f : \mathbb{C} \to \mathbb{C}$。它的定义是：

$$F(s) = \int_0^\infty \mathrm{e}^{-st} f(t)\,\mathrm{d}t, \quad \mathrm{Re}\, s > s_0 \tag{9.21}$$

利用这个公式，可以计算一些常见信号的拉普拉斯变换，参见表 9.2。

表 9.2　常见信号的拉普拉斯变换

信号	拉普拉斯变换	信号	拉普拉斯变换
$S(t)$（单位阶跃）	$\dfrac{1}{s}$	$\delta(t)$（冲激函数）	1
$\sin(at)$	$\dfrac{a}{s^2 + a^2}$	$\cos(at)$	$\dfrac{s}{s^2 + a^2}$
$\mathrm{e}^{-at}\sin(at)$	$\dfrac{a}{(s+\alpha)^2 + a^2}$	$\mathrm{e}^{-at}\cos(at)$	$\dfrac{s+\alpha}{(s+\alpha)^2 + a^2}$

拉普拉斯变换的一些性质使它非常适合于处理线性系统。首先可以注意到变换本身是线性的，因为

$$\begin{aligned}
\mathcal{L}(af + bg) &= \int_0^\infty \mathrm{e}^{-st}\big[af(t) + bg(t)\big]\mathrm{d}t \\
&= a\int_0^\infty \mathrm{e}^{-st} f(t)\,\mathrm{d}t + b\int_0^\infty \mathrm{e}^{-st} g(t)\,\mathrm{d}t = a\mathcal{L}f + b\mathcal{L}g
\end{aligned} \tag{9.22}$$

利用线性性质，可以计算简单输入组合的拉普拉斯变换，例如以前介绍的指数信号集 $\mathcal{E}$ 中的信号。

接下来计算函数积分的拉普拉斯变换。利用分部积分，可得：

$$\begin{aligned}
\mathcal{L}\int_0^t f(\tau)\,\mathrm{d}\tau &= \int_0^\infty \left[\mathrm{e}^{-st}\int_0^t f(\tau)\,\mathrm{d}\tau \right]\mathrm{d}t \\
&= -\frac{\mathrm{e}^{-st}}{s}\int_0^t f(\tau)\,\mathrm{d}\tau \Big|_0^\infty + \int_0^\infty \frac{\mathrm{e}^{-s\tau}}{s} f(\tau)\,\mathrm{d}\tau = \frac{1}{s}\int_0^\infty \mathrm{e}^{-s\tau} f(\tau)\,\mathrm{d}\tau
\end{aligned}$$

因此

$$\mathcal{L}\int_0^t f(\tau)\,\mathrm{d}\tau = \frac{1}{s}\mathcal{L}f = \frac{1}{s}F(s) \tag{9.23}$$

因此，时间函数积分的拉普拉斯变换对应于原式的拉普拉斯变换除以 s。

由于积分对应于除以 s，所以可以预期微分对应于乘以 s。但这并不完全正确，通过计算函数导数的拉普拉斯变换即可以看出来：

$$\mathcal{L}\frac{\mathrm{d}f}{\mathrm{d}t} = \int_0^\infty \mathrm{e}^{-st} f'(t)\,\mathrm{d}t = \mathrm{e}^{-st} f(t)\Big|_0^\infty + s\int_0^\infty \mathrm{e}^{-st} f(t)\,\mathrm{d}t = -f(0) + s\mathcal{L}f$$

其中第二个等号是利用分部积分得到的。因此有：

$$\mathcal{L}\frac{\mathrm{d}f}{\mathrm{d}t} = s\mathcal{L}f - f(0) = sF(s) - f(0) \tag{9.24}$$

注意其中出现了函数的初始值 $f(0)$。如果初始条件为 0，则式（9.24）特别简单：当 $f(0) = 0$ 时，函数的微分对应于函数的变换乘以 s。

　　利用拉普拉斯变换，并假定所有初始条件均为零，则线性时不变系统的传递函数可以定义为输入和输出变换的比值。下面演示如何使用拉普拉斯变换来计算传递函数。

例 9.8　状态空间模型的传递函数

　　考虑式（9.2）描述的状态空间系统。取拉普拉斯变换得到：

$$sX(s)-x(0)=AX(s)+BU(s), \quad Y(s)=CX(s)+DU(s)$$

求解 $X(s)$ 得到：

$$X(s)=(sI-A)^{-1}x(0)+(sI-A)^{-1}BU(s) \tag{9.25}$$

当初始条件 $x(0)$ 为零时，可得：

$$X(s)=(sI-A)^{-1}BU(s), \quad Y(s)=[C(sI-A)^{-1}B+D]U(s)$$

得到传递函数为 $G(s)=C(sI-A)^{-1}B+D$ ［注意与式（9.4）比较］。◀

例 9.9　传递函数与冲激响应

　　考虑零初始状态的线性时不变系统。在 6.3 节看到，输入 u 和输出 y 之间的关系由卷积积分给定：

$$y(t)=\int_0^\infty h(t-\tau)u(\tau)\mathrm{d}\tau$$

式中，$h(t)$ 是系统的冲激响应。取这个表达式的拉普拉斯变换，并利用当 $t'=t-\tau<0$ 时 $h(t')=0$ 的事实，可得：

$$
\begin{aligned}
Y(s) &= \int_0^\infty \mathrm{e}^{-st}y(t)\mathrm{d}t = \int_0^\infty \mathrm{e}^{-st}\int_0^\infty h(t-\tau)u(\tau)\mathrm{d}\tau \mathrm{d}t \\
&= \int_0^\infty \int_0^t \mathrm{e}^{-s(t-\tau)}\mathrm{e}^{-s\tau}h(t-\tau)u(\tau)\mathrm{d}\tau \mathrm{d}t \\
&= \int_0^\infty \int_0^\infty \mathrm{e}^{-st'}h(t')\mathrm{e}^{-s\tau}u(\tau)\mathrm{d}\tau \mathrm{d}t' \\
&= \int_0^\infty \mathrm{e}^{-st}h(t)\mathrm{d}t \int_0^\infty \mathrm{e}^{-s\tau}u(\tau)\mathrm{d}\tau = H(s)U(s)
\end{aligned}
$$

因此，输入/输出响应由 $Y(s)=H(s)U(s)$ 给出，其中 H、U、Y 是 h、u、y 的拉普拉斯变换。

　　对上式的系统理论解释是，线性系统输出的拉普拉斯变换是两项的乘积，即输入的拉普拉斯变换 $U(s)$ 和系统脉冲响应的拉普拉斯变换 $H(s)$ 二者的乘积。数学解释是，卷积的拉普拉斯变换是被卷积的两个函数的变换之积。公式 $Y(s)=H(s)U(s)$ 比卷积简单得多，这是传统上拉普拉斯变换在工程上广为流行的一个原因。◀

　　利用拉普拉斯变换可以获得各种定理，它们在控制系统的设置中十分有用。譬如，初值定理（initial value theorem）指出：

$$\lim_{t\to 0}f(t)=\lim_{s\to\infty}sF(s)$$

利用这个定理以及阶跃输入的拉普拉斯变换为 $1/s$ 的事实，可以计算控制系统阶跃输入的响应信号的初始值。例如，如果 G_{ur} 表示在参考 r 和控制输入 u 之间的传递函数，那么阶跃响应将具有以下的性质：

$$u(0)=\lim_{t\to 0}u(t)=\lim_{s\to\infty}sU(s)=\lim_{s\to\infty}s\cdot G_{ur}(s)\cdot\frac{1}{s}=G_{ur}(\infty)$$

类似地，终值定理（final value theorem）指出：

$$\lim_{t\to\infty}f(t)=\lim_{s\to 0}sF(s)$$

这可以用来证明：对于阶跃输入 $r(t)$，有 $\lim_{t\to\infty}y(t)=G_{yr}(0)$。

9.4　框图和传递函数

结构框图和传递函数的结合是表示控制系统的一个强有力的方法。系统中不同信号之间的传递函数可以利用框图代数（block diagram algebra），对模块的传递函数进行纯代数运算来得到。多个输入信号产生的输出可以通过叠加（superposition）得到。为了说明如何做到这一点，下面从简单的系统组合开始介绍。假设所有信号都属于指数信号 $\mathcal{E}$，并使用紧凑符号 $y=Gu$ 来表示传递函数为 G 的线性时不变系统在输入 $u\in\mathcal{E}$ 时的输出为 $y\in\mathcal{E}$〔见式（9.7）并回顾其解释〕。

考虑一个系统，它由传递函数为 $G_1(s)$ 和 $G_2(s)$ 的两个子系统级联而成，如图 9.5a 所示。令系统的输入为 $u\in\mathcal{E}$。那么第一个模块的输出为 $G_1u\in\mathcal{E}$，这也是第二个子系统的输入。因此第二个子系统的输出为

$$y=G_2(G_1u)=(G_2G_1)u \tag{9.26}$$

因此，串联连接的传递函数是 $G=G_2G_1$，即传递函数的乘积。单个传递函数的这种先后排列顺序源于我们把输入信号放在该式的最右侧，因此需要先乘以 G_1，再乘以 G_2。这跟我们使用的框图中的顺序正好相反，框图中的典型情况是信号从左到右，因此需要特别注意。当 G_1 或 G_2 为向量型的传递函数时，这个顺序是很重要的，这将在一些例子中看到。

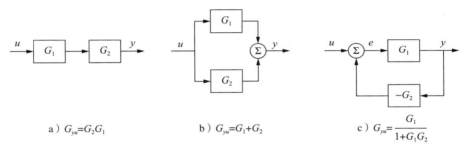

a）$G_{yu}=G_2G_1$　　b）$G_{yu}=G_1+G_2$　　c）$G_{yu}=\dfrac{G_1}{1+G_1G_2}$

图 9.5　线性系统的互连。图 a 为串联，图 b 为并联，图 c 为反馈连接。复合系统的
传递函数可以在所有信号都为指数函数的假定下，通过代数运算得到

接下来考虑传递函数分别为 G_1 和 G_2 的两个子系统的并联，如图 9.5b 所示，并令所有信号为指数信号。第一个和第二个子系统的输出分别是简单的 G_1u 和 G_2u，并联的输出为

$$y=G_1u+G_2u=(G_1+G_2)u$$

因此，并联的传递函数是 $G=G_1+G_2$。

最后，考虑传递函数分别为 G_1 和 G_2 的两个子系统的反馈连接，如图 9.5c 所示。写出不同模块以及求和单元的各信号之间的关系，即

$$y=G_1e,\quad e=u-G_2y \tag{9.27}$$

消除 e 得：

$$y=G_1(u-G_2y)\Rightarrow(1+G_1G_2)y=G_1u\Rightarrow y=\frac{G_1}{1+G_1G_2}u$$

因此，反馈连接的传递函数为：

$$G=\frac{G_1}{1+G_1G_2} \tag{9.28}$$

以上三个基本的连接可以作为计算更复杂的系统的传递函数的基础。

9.4.1　控制系统的传递函数

图 9.6 所示的系统有三个模块，分别是过程 P、反馈控制器 C、前馈控制器 F。C 和

F 一起定义了系统的控制律。有三个外部信号，分别是参考（或指令）信号 r、负载干扰 v、测量噪声 w。一个典型的问题是确定误差 e 与信号 r、v 和 w 的关系。

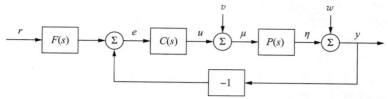

图 9.6　一个反馈系统的结构框图。系统的输入包括参考信号 r、过程的干扰 v 以及测量噪声 w。系统的其余信号都有被选作输出的可能，可以用传递函数来建立系统输入与其他被标出的信号之间的关系

为了得到我们感兴趣的传递函数，假定所有信号都属于指数信号 $\mathcal{E}$，并写出系统框图中每个模块的信号之间的关系。例如，假定我们感兴趣的信号是控制误差 e。相加点和模块 $F(s)$ 给出以下的关系：

$$e = Fr - y$$

信号 y 是 w 与 η 之和，其中 η 是过程 $P(s)$ 的输出，即：

$$y = w + \eta, \quad \eta = P(v+u), \quad u = Ce$$

将上述方程结合起来，得到：

$$e = Fr - y = Fr - (w+\eta) = Fr - [w + P(v+u)]$$
$$= Fr - [w + P(v+Ce)]$$

因此，

$$e = Fr - w - Pv - PCe$$

最后，从上式解得 e 为：

$$e = \frac{F}{1+PC}r - \frac{1}{1+PC}w - \frac{P}{1+PC}v = G_{er}r + G_{ew}w + G_{ev}v \tag{9.29}$$

所以误差为三项之和，分别取决于参考 r、测量噪声 w 和负载干扰 v。相应的三个函数：

$$G_{er} = \frac{F}{1+PC}, \quad G_{ew} = \frac{-1}{1+PC}, \quad G_{ev} = \frac{-P}{1+PC} \tag{9.30}$$

分别是从参考 r、测量噪声 w、负载干扰 v 到误差 e 的传递函数。式（9.29）也可以通过计算每个输入的输出再使用叠加来获得。

也可以直接对框图进行运算来推导传递函数，如图 9.7 所示。假如我们想要计算从参考 r 到输出 y 的传递函数。先组合图 9.6 中的过程和控制器两个模块，得到图 9.7a 的框图。再利用反馈连接的代数运算消除反馈环（图 9.7b），然后利用串联连接的规则得到：

$$G_{yr} = \frac{PCF}{1+PC} \tag{9.31}$$

采用类似的运算可以得到其他传递函数（见习题 9.10）。

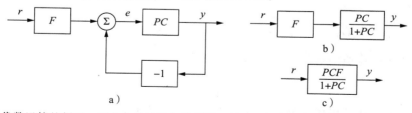

图 9.7　框图代数运算的例子。图 9.6 中过程与控制器的传递函数相乘的结果如图 a 所示。反馈环替换为其等效的传递函数后，框图如图 b 所示；最后，将剩下的两个模块相乘，得到从参考到输出的框图表示如图 c 所示

以上分析展示了一种有效的方法，它通过处理反馈系统的方程来获得输入与输出间的关系。其基本思想是这样的，从感兴趣的变量出发，围绕反馈环反向跟踪变量。经过一些练习，可以通过观察框图直接写出式（9.29）和式（9.30）。注意，以式（9.30）为例，其各项都具有同样的分母，且分子就是直接从输入走到输出（忽略反馈）时所经过的各个模块的乘积。这类规则可以用在观察法计算传递函数中，不过对于有多个反馈环的系统，要想不显式地写出代数方程就得到传递函数是相当困难的。

也可以使用框图代数来分析状态空间控制器。考虑采用观测器的状态空间控制器，例如图 8.7 所示的控制器。过程的模型为：

$$\frac{\mathrm{d}x}{\mathrm{d}t} = Ax + Bu, \quad y = Cx$$

控制器为式（8.15），即

$$u = -K\hat{x} + k_{\mathrm{f}}r \tag{9.32}$$

式中，$\hat{x}$ 是状态观测器（8.16）式（即下式）的输出：

$$\frac{\mathrm{d}\hat{x}}{\mathrm{d}t} = A\hat{x} + Bu + L(y - C\hat{x}) \tag{9.33}$$

控制器是一个具有一个输出 u 和两个输入（即参考 r 和测量信号 y）的子系统。利用传递函数和指数信号，控制器可以表示为：

$$u = G_{ur}r + G_{uy}y \tag{9.34}$$

从 y 到 u 的传递函数 G_{uy} 描述了反馈作用，从 r 到 u 的传递函数 G_{ur} 描述了前馈作用。我们称这些传递函数为开环（open loop）传递函数，是因为它们在表示信号之间的关系时没有考虑过程的动态（例如，从系统描述中移除 P 或在过程的输入或输出处断开环路）。

为了推导控制器的传递函数，将方程（9.33）改写为

$$\frac{\mathrm{d}\hat{x}}{\mathrm{d}t} = (A - BK - LC)\hat{x} + Bk_{\mathrm{f}}r + Ly \tag{9.35}$$

令 $\hat{x}$、r 和 y 为指数信号，由上述方程可得：

$$u = -K\hat{x} + k_{\mathrm{f}}r, \quad (sI - (A - BK - LC))\hat{x} = Bk_{\mathrm{f}}r + Ly$$

因此式（9.34）中的控制器传递函数为：

$$\begin{aligned} G_{ur} &= k_{\mathrm{f}} - K(sI - A + BK + LC)^{-1}Bk_{\mathrm{f}}, \\ G_{uy} &= -K(sI - A + BK + LC)^{-1}L \end{aligned} \tag{9.36}$$

下面用一个例子来说明。

例 9.10　车辆转向

考虑例 6.13 介绍的车辆转向线性化模型。在例 7.4 和例 8.3 中，已经设计了该系统的状态反馈控制器和状态估计器。所得的控制系统结构框图如图 9.8 所示。注意已经将估计器分成了两个部分，即 $G_{\hat{x}u}(s)$ 和 $G_{\hat{x}y}(s)$，分别对应于估计器的输入 u 和 y。为了计算这些传递函数，利用式（9.33）以及例 8.3 中的 A、B、C、L 的表达式，得到：

$$G_{\hat{x}u}(s) = \begin{pmatrix} \dfrac{\gamma s + 1}{s^2 + l_1 s + l_2} \\ \dfrac{s + l_1 - \gamma l_2}{s^2 + l_1 s + l_2} \end{pmatrix}, \quad G_{\hat{x}y}(s) = \begin{pmatrix} \dfrac{l_1 s + l_2}{s^2 + l_1 s + l_2} \\ \dfrac{l_2 s}{s^2 + l_1 s + l_2} \end{pmatrix}$$

式中，l_1 和 l_2 是观测器增益，γ 是质心到后轮的归一化距离。应用框图代数于图 9.8 的控制器，可以得到：

$$G_{ur}(s) = \frac{k_{\mathrm{f}}}{1 + KG_{\hat{x}u}(s)} = \frac{k_{\mathrm{f}}(s^2 + l_1 s + l_2)}{s^2 + s(\gamma k_1 + k_2 + l_1) + k_1 + l_2 + k_2 l_1 - \gamma k_2 l_2}$$

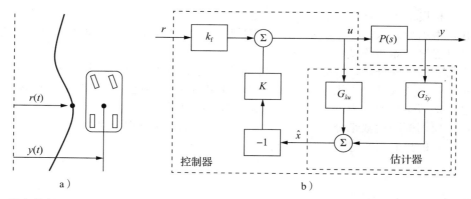

图 9.8　转向控制系统的结构框图。如图 a 所示，该控制系统用于维持车辆沿参考曲线行驶时的侧向位置。图 b 为控制系统的结构——传递函数框图。估计器分成两部分，分别接收过程的输入 u 和输出 y，组合起来计算出估计状态 $\hat{x}$。估计状态被馈送到状态反馈控制器，输出再与前馈增益的输出相结合，得到转向角指令 u

和

$$G_{uy}(s)=\frac{-KG_{\hat{x}y}(s)}{1+KG_{\hat{x}u}(s)}=\frac{s(k_1l_1+k_2l_2)+k_1l_2}{-s^2+s(\gamma k_1+k_2+l_1)+k_1+l_2+k_2l_1-\gamma k_2l_2}$$

式中，k_1 和 k_2 是状态反馈增益，k_f 是前馈增益；最右侧的等式是应用框图代数于图 9.8 得到的，当然也可以应用式（9.36）来得到。

为了计算从参考 r 到输出 y 的闭环传递函数 G_{yr}，先推导过程的传递函数 $P(s)$，这可以直接从例 6.13 给出的状态空间描述算得。利用该描述，有：

$$P(s)=G_{yu}(s)=C(sI-A)^{-1}B+D=(1\quad 0)\begin{pmatrix} s & -1 \\ 0 & s \end{pmatrix}^{-1}\begin{pmatrix} \gamma \\ 1 \end{pmatrix}=\frac{\gamma s+1}{s^2}$$

因此，整个闭环系统从输入 r 到输出 y 的传递函数为：

$$G_{yr}=\frac{P(s)G_{ur}(s)}{1-P(s)G_{uy}(s)}=\frac{k_f(\gamma s+1)}{s^2+(k_1\gamma+k_2)s+k_1}$$

中间表达式的分母中出现了不同寻常的负号"$-$"，这是因为 G_{uy} 位于反馈路径中，其中包含了增益元件"-1"。　◀

注意，在以上例子中，观测器增益 l_1 和 l_2 并未出现在传递函数 G_{yr} 中。一般情况下都是如此，这是从图 8.9b 得出的结论。

我们还应该注意，使用观测器的控制系统应该实现为式（9.35）那样的 n 阶多变量系统，而不应该如式（9.34）那样用两个分开的传递函数来实现（这将导致控制器的阶数为 $2n$，将存在不能观的模态）。

*9.4.2　代数环

当分析或仿真用框图描述的系统时，必须形成描述整个系统的微分方程。在许多情况下，可以把描述各个子系统的微分方程组合起来并代换一些变量来得到整个系统的微分方程。但这个简单的程序并不适用于从输入到输出存在直接连接的闭环子系统的情况，即不适用于存在代数环（algebraic loop）的情况。

为了了解代数环的影响，考虑一个具有两个模块的系统，一个是下述的一阶非线性子系统：

$$\frac{\mathrm{d}x}{\mathrm{d}t}=f(x,u),\quad y=h(x) \tag{9.37}$$

另一个是 $u=-ky$ 描述的比例控制器。由于函数 h 不依赖于 u，因此没有直接项。在这种情况下，只需简单地将式（9.37）中的 u 用 $-ky$ 代替，就可以得到闭环系统的方程：

$$\frac{\mathrm{d}x}{\mathrm{d}t}=f(x,-ky),\quad y=h(x)$$

以上程序很容易用简单的公式运算来实现。

如果有直接项（即代数环），情况就会变得复杂。如果 $y=h(x,u)$，那么用 $-ky$ 代替 u 可得：

$$\frac{\mathrm{d}x}{\mathrm{d}t}=f(x,-ky),\quad y=h(x,-ky)$$

为了得到 x 的微分方程，必须求解代数方程 $y=h(x,-ky)$ 来获得 $y=\alpha(x)$，这通常是一项复杂的任务。

当存在代数环时，就必须求解代数方程来得到整个系统的微分方程。求解代数环不是一项容易的任务，因为它需要代数方程的符号解。大多数基于框图的建模语言无法处理代数环，它们只能简单地给出存在代数环的诊断结论。在模拟计算的年代，会通过在环路上引入快速动态环节来消除代数环。这将产生具有快速模态和慢速模态的微分方程，很难数值求解。像 Modelica 一类的高级建模语言则采用多种复杂方法来求解代数环。

9.5　零频增益、极点和零点

传递函数有很多有用的解释，其特征往往与重要的系统性质有关。其中最重要的三个特征是零频增益以及极点和零点的位置。

9.5.1　零频增益

系统的零频增益（zero frequency gain）由 $s=0$ 时传递函数的大小给定。它表示输出的稳态值与阶跃输入的比值（阶跃输入可表示为 $s=0$ 时的 $u=e^{st}$）。状态空间系统的零频增益按式（6.22）计算：

$$G(0)=D-CA^{-1}B$$

对于建模成以下线性微分方程的系统：

$$\frac{\mathrm{d}^n y}{\mathrm{d}t^n}+a_1\frac{\mathrm{d}^{n-1}y}{\mathrm{d}t^{n-1}}+\cdots+a_n y=b_0\frac{\mathrm{d}^m u}{\mathrm{d}t^m}+b_1\frac{\mathrm{d}^{m-1}u}{\mathrm{d}t^{m-1}}+\cdots+b_m u$$

如果假定输入 u 和输出 y 是常数 u_0 和 y_0，那么 $a_n y_0=b_m u_0$，因此零频增益为：

$$G(0)=\frac{y_0}{u_0}=\frac{b_m}{a_n} \tag{9.38}$$

9.5.2　极点和零点

考虑具有以下有理传递函数的线性系统：

$$G(s)=\frac{b(s)}{a(s)}$$

多项式 $a(s)$ 的根称作系统的极点（pole），$b(s)$ 的根称作系统的零点（zero）。如果 p 是一个极点，那么 $y(t)=e^{pt}$ 是方程（9.13）式在 $u=0$ 时的一个解（齐次方程的解）。极点 p 对应于模态解为 e^{pt} 的一个系统模态（mode）。系统在经受任意激励后的自由运动是各模态的加权和。

零点有不同的解释。由于在 $a(s)\neq0$ 时，输入 $u(t)=e^{st}$ 的纯指数输出是 $G(s)e^{st}$，因此，当 $b(s)=0$ 时，纯指数输出将为零。因此，传递函数的零点将阻断相应的指数信号的传输。

极点数目与零点数目之差 $n_{pe}=n-m$ 称作极点盈数（pole excess），或相对阶数（relative degree）。一个有理传递函数，若其 $n_{pe}\geq0$，则称是真分的（proper）或正则的；若 $n_{pe}>0$，则是严格真分的（strictly proper）或严格正则的。

在积分控制中可以看到零点的有效使用。为了使恒定干扰在闭环系统中引起的稳态误差为零，需要将控制器从干扰到控制误差的传递函数设计成有一个零点位于原点处。减振器是另一个例子，需要将系统从干扰力到运动的传递函数设计成在需要阻尼的频率处等于0（即有一个零点），见例 9.4。

对于传递函数为 $G(s)=C(sI-A)^{-1}B+D$ 的状态空间系统，传递函数的极点就是状态空间模型中矩阵 A 的特征值。看出这一点的一个简单的方法是，注意当 s 为系统的特征值时，$G(s)$ 的值是无界的，因为这些点正好是特征多项式 $\lambda(s)=\det(sI-A)=0$ 的点的集合（因此这些点处 $sI-A$ 是不可逆的）。因此，状态空间系统的极点只依赖于表示系统内在动态的矩阵 A。如果传递函数的所有极点都有负实部，那么称它是稳定的（stable）。

为了找出状态空间系统的零点，我们注意到零点是这样一些复数 s，它使输入 $u(t)=U_0 \mathrm{e}^{st}$ 产生的输出为 0。将纯指数响应 $x(t)=X_0 \mathrm{e}^{st}$ 代入式（9.2）并令 $y(t)=0$，可得：

$$s\mathrm{e}^{st}X_0=AX_0\mathrm{e}^{st}+Bu_0\mathrm{e}^{st} \qquad 0=C\mathrm{e}^{st}X_0+D\mathrm{e}^{st}U_0$$

这可以写成：

$$\begin{pmatrix} A-sI & B \\ C & D \end{pmatrix}\begin{pmatrix} X_0 \\ U_0 \end{pmatrix}\mathrm{e}^{st}=0$$

只有当左边的矩阵不是列满秩时，这个方程在非零的 X_0、U_0 下才有解。因此，零点就是使以下矩阵失秩的 s：

$$\begin{pmatrix} A-sI & B \\ C & D \end{pmatrix} \tag{9.39}$$

由于零点依赖于 A、B、C 和 D，因此它们依赖于输入和输出如何耦合到状态。尤其需要注意的是，如果矩阵 B 具有行满秩，那么式（9.39）的矩阵对所有 s 值都具有 n 个线性无关的行。同样，如果矩阵 C 具有列满秩，则存在 n 个线性无关的列。这意味着矩阵 B 或 C 是方阵且满秩的系统没有零点。更特别的是，这意味着如果系统是全驱动的（即每个状态变量都可以独立控制）或全部状态变量都被测量的，则系统没有零点。

一个方便查看传递函数极点和零点的方法是通过极点-零点图（pole zero diagram），如图 9.9 所示。在该图中，每个极点处标一个十字，每个零点处标一个圆圈。如果在同一个位置有多个极点或零点，通常用重叠的十字或圆圈（或其他形式）来表示。左半平面上的极点对应于系统的稳定模态，右半平面上的极点对应于不稳定的模态。因此，把左半平面上的极点称为稳定极点（stable pole），把右半平面上的极点称为不稳定极点（unstable pole）。类似的术语也用于零点（虽然零点与系统的稳定性或不稳定性没有直接关系）。注意，为了完整地描述传递函数，还必须给出增益。

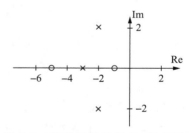

图 9.9　传递函数的极点-零点图：图中的零点为 -5、-1，极点为 -3、$-2\pm 2\mathrm{i}$。圆圈表示零点的位置，十字代表极点的位置

例 9.11　平衡系统

考虑图 9.10 所示平衡系统的动态模型。平衡系统的传递函数可以直接从例 3.2 所给二阶方程导出为：

$$M_\mathrm{t}\frac{\mathrm{d}^2 q}{\mathrm{d}t^2}-ml\frac{\mathrm{d}^2\theta}{\mathrm{d}t^2}\cos\theta+c\frac{\mathrm{d}q}{\mathrm{d}t}+ml\sin\theta\left(\frac{\mathrm{d}\theta}{\mathrm{d}t}\right)^2=F,$$

$$-ml\cos\theta\frac{\mathrm{d}^2 q}{\mathrm{d}t^2}+J_\mathrm{t}\frac{\mathrm{d}^2\theta}{\mathrm{d}t^2}+\gamma\frac{\mathrm{d}\theta}{\mathrm{d}t}-mgl\sin\theta=0$$

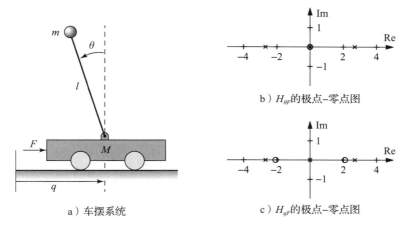

a）车摆系统

b）$H_{\theta F}$的极点–零点图

c）H_{qF}的极点–零点图

图 9.10 平衡系统的动态模型。图 a 所示的平衡系统可以在其垂直平衡点附近建模为四阶线性系统。图 b、图 c 分别为传递函数 $H_{\theta F}$ 和 H_{qF} 的极点–零点图

如果假定 θ 和 $\dot{\theta}$ 很小，就可以用一组线性二阶微分方程来近似这个非线性系统：

$$M_{\mathrm{t}}\frac{\mathrm{d}^2 q}{\mathrm{d}t^2}-ml\frac{\mathrm{d}^2\theta}{\mathrm{d}t^2}+c\frac{\mathrm{d}q}{\mathrm{d}t}=F,$$

$$-ml\frac{\mathrm{d}^2 q}{\mathrm{d}t^2}+J_{\mathrm{t}}\frac{\mathrm{d}^2\theta}{\mathrm{d}t^2}+\gamma\frac{\mathrm{d}\theta}{\mathrm{d}t}-mgl\theta=0$$

如果令 F 为指数信号，则所得的响应满足：

$$M_{\mathrm{t}}s^2 q-mls^2\theta+csq=F,$$

$$J_{\mathrm{t}}s^2\theta-mls^2 q+\gamma s\theta-mgl\theta=0$$

其中所有信号都是指数信号。从上式解出用 F 表示的 q 和 θ，即可得到小车位置以及摆的方向的传递函数：

$$H_{\theta F}(s)=\frac{mls}{(M_{\mathrm{t}}J_{\mathrm{t}}-m^2 l^2)s^3+(\gamma M_{\mathrm{t}}+cJ_{\mathrm{t}})s^2+(c\gamma-M_{\mathrm{t}}mgl)s-mglc},$$

$$H_{qF}(s)=\frac{J_{\mathrm{t}}s^2+\gamma s-mgl}{(M_{\mathrm{t}}J_{\mathrm{t}}-m^2 l^2)s^4+(\gamma M_{\mathrm{t}}+cJ_{\mathrm{t}})s^3+(c\gamma-M_{\mathrm{t}}mgl)s^2-mglcs}$$

其中每个系数都是正的。当使用例 7.7 的参数时，这两个传递函数的极点–零点分布如图 9.10 所示。

如果假定阻尼很小，令 $c=0$、$\gamma=0$，可得：

$$H_{\theta F}(s)=\frac{ml}{(M_{\mathrm{t}}J_{\mathrm{t}}-m^2 l^2)s^2-M_{\mathrm{t}}mgl},$$

$$H_{qF}(s)=\frac{J_{\mathrm{t}}s^2-mgl}{s^2\left[(M_{\mathrm{t}}J_{\mathrm{t}}-m^2 l^2)s^2-M_{\mathrm{t}}mgl\right]}$$

由此可以得到非零的极点和零点为：

$$p=\pm\sqrt{\frac{mglM_{\mathrm{t}}}{M_{\mathrm{t}}J_{\mathrm{t}}-m^2 l^2}}\approx\pm2.68,\quad z=\pm\sqrt{\frac{mgl}{J_{\mathrm{t}}}}\approx\pm2.09$$

可以看到它们非常接近于图 9.10 中的极点和零点的位置。 ◀

9.5.3 极点/零点抵消

由于传递函数往往是由 s 的多项式构成的，当分子和分母有一个公因子时，就可以抵消。有时，这种抵消只是简单的代数简化，但在另外一些情况下，它们可能会掩盖模型中

潜在的脆弱性。尤其是当彼此独立的模块中的项恰好重合而发生极点/零点抵消时，若其中一个模块受到轻微的干扰，则可能导致抵消失败。在某些情况下，这有可能导致实际行为严重偏离预期行为。

考虑图9.6所示的框图且$F=1$（无前馈补偿）的情况，令C、P由下式给定：

$$C(s)=\frac{n_{\mathrm{C}}(s)}{d_{\mathrm{c}}(s)}, \quad P(s)=\frac{n_{\mathrm{p}}(s)}{d_{\mathrm{p}}(s)}$$

那么，从r到e的传递函数为

$$G_{er}(s)=\frac{1}{1+PC}=\frac{d_{\mathrm{c}}(s)d_{\mathrm{p}}(s)}{d_{\mathrm{c}}(s)d_{\mathrm{p}}(s)+n_{\mathrm{c}}(s)n_{\mathrm{p}}(s)}$$

如果分子和分母的多项式中存在公因子，那么可以将它们从分子和分母中因式分解出来并进行抵消。例如，如果控制器有一个$s=-a$的零点，过程有一个$s=-a$的极点，那么将有

$$G_{er}(s)=\frac{(s+a)d_{\mathrm{c}}(s)d'_{\mathrm{p}}(s)}{(s+a)d_{\mathrm{c}}(s)d'_{\mathrm{p}}(s)+(s+a)n'_{\mathrm{c}}(s)n_{\mathrm{p}}(s)}=\frac{d_{\mathrm{c}}(s)d'_{\mathrm{p}}(s)}{d_{\mathrm{c}}(s)d'_{\mathrm{p}}(s)+n'_{\mathrm{c}}(s)n_{\mathrm{p}}(s)}$$

式中，$n'_{\mathrm{c}}(s)$和$d'_{\mathrm{p}}(s)$代表分离掉因式$s+a$之后的多项式。可以看到传递函数G_{er}中不再出现$s+a$项。

假定现在改成要计算从v到e的传递函数，这个传递函数表示干扰对从参考到输出的误差的影响。这个传递函数为：

$$G_{ev}(s)=-\frac{d_{\mathrm{c}}(s)n_{\mathrm{p}}(s)}{(s+a)d_{\mathrm{c}}(s)d'_{\mathrm{p}}(s)+(s+a)n'_{\mathrm{c}}(s)n_{\mathrm{p}}(s)}$$

注意，如果$a<0$，那么极点位于右半平面，传递函数G_{ev}是不稳定的。因此，即使从r到e的传递函数看起来是正常的（假定实现了完美的极点/零点抵消），但从v到e的传递函数却会表现出无界的行为。这种不希望的行为是典型的不稳定极点/零点抵消（unstable pole/zero cancellation）。

*正如9.2节末尾所述，可以利用系统的状态空间表示来理解极点/零点抵消。当发生极点/零点抵消时，会失去可达性或能观性（见例9.7和习题9.14），而传递函数仅依赖于可达且能观的子系统Σ_{ro}的动态，因此有可能受到影响。

例 9.12 巡航控制

巡航控制系统可以用图9.6的框图来建模，其中y是车辆速度，r是期望速度，v是道路坡度，u是节气门开度。此外，$F(s)=1$，并且在汽车线性化模型中，从节气门开度到速度的输入/输出响应的传递函数为$P(s)=b/(s+a)$。一个简单的（但不一定好的）设计PI控制器的方法是选择PI控制器的参数为$k_i=ak_p$。这时，控制器的传递函数为$C(s)=k_p+k_i/s=k_p(s+a)/s$。它在$s=-k_i/k_p=-a$处有一个零点，正好抵消过程在$s=-a$处的极点。因此有$P(s)C(s)=bk_p/s$，从而得到从参考到车速的传递函数为$G_{yr}(s)=bk_p/(s+bk_p)$。这样一来，控制的设计就变成了简单地选择增益$k_p$。闭环系统的动态是时间常数为$1/(bk_p)$的一阶系统。请注意，被抵消的极点的时间常数为$1/a$，要比另一个极点慢得多。

图9.11显示了当汽车遇上道路坡度增大时的速度误差。与图4.3b所用控制器的结果相比（其曲线重绘为虚线），可见基于极点/零点抵消的控制器性能很差，不仅速度误差较大，而且需要很长时间稳定。

注意，在$t=15$以后，虽然误差还很大，但控制信号实际上已经保持为常数。为了理解其中的原委，对这个系统做一下分析。系统的参数是$a=0.01$、$b=1.32$；控制器参数是$k_p=0.5$、$k_i=0.005$。闭环时间常数是$1/(bk_p)=1.5\,\mathrm{s}$，因此可以预计误差大约在6 s（时间常数的4倍）内达到稳定。从路面坡度到速度以及到控制信号的传递函数分别是：

$$G_{yv}(s)=\frac{b_gs}{(s+a)(s+bk_p)}, \quad G_{uv}(s)=\frac{bk_p}{s+bk_p}$$

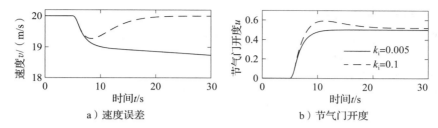

a）速度误差　　　　　　　　　　　b）节气门开度

图 9.11 带 PI 巡航控制的汽车遇到道路坡度变大时的速度误差。图 a 显示了速度误差，图 b 给出了节气门开度。$k_p=0.5$、$k_i=0.005$ 的 PI 控制器（极点/零点抵消）的结果如实线所示，$k_p=0.5$、$k_i=0.1$ 的 PI 控制器（无极点/零点抵消）的结果如虚线所示（图 4.3b 的重绘）

注意，被抵消的较慢模态 $s=-a=-0.01$ 出现于 G_{yv} 中但却没有出现在 G_{uv} 中。控制信号之所以维持恒定，是因为控制器在 $s=-0.01$ 处有一个零点，这抵消了缓慢衰减的过程模态。还要注意，如果抵消的极点是不稳定的，那么误差会发散。　　　　　　　　◀

　　这个例子的教训是，试图抵消不稳定的或缓慢的过程极点是个坏主意。在 14.5 节将对极点/零点抵消及其对鲁棒性的影响做更深入的讨论。

9.6　伯德图

　　线性系统的频率响应可以通过令 $s=i\omega$ 从其传递函数算得，相应的输入为复指数输入：
$$u(t)=e^{i\omega t}=\cos(\omega t)+i\sin(\omega t)$$
所得的输出为以下形式：
$$y(t)=G(i\omega)e^{i\omega t}=Me^{i(\omega t+\theta)}=M\cos(\omega t+\theta)+iM\sin(\omega t+\theta)$$
其中 M 和 θ 分别是 G 的增益和相位：
$$M=|G(i\omega)|,\quad \theta=\arctan\frac{\mathrm{Im}G(i\omega)}{\mathrm{Re}G(i\omega)}$$
G 的增益和相位也称 G 的幅值（magnitude）和辐角（argument），这是来自复变函数理论的术语。

　　根据线性性质，单个正弦信号 $[\sin(\omega t)$ 或 $\cos(\omega t)]$ 的响应就是对原信号放大 M 倍，再移相 θ 角。一般以度为单位来表示相位要比用弧度更为方便。我们将用记号 $\underline{/G(i\omega)}$ 来表示度数的相位，用 $\arg G(i\omega)$ 来表示弧度数的相位。此外，尽管 $\arg G(i\omega)$ 的范围总是取为 $(-\pi, \pi]$，但却将 $\underline{/G(i\omega)}$ 看成连续函数，使其可以取 $-180°$ 到 $180°$ 范围之外的值。

　　因此，频率响应 $G(i\omega)$ 可以用两条曲线来表示：增益曲线和相位曲线。增益曲线（gain curve）给出 $|G(i\omega)|$ 随频率 ω 变化的函数曲线，相位曲线（phase curve）给出 $\underline{/G(i\omega)}$ 的函数曲线。绘制这些曲线的一种特别有用的方法是：使用对数/对数坐标来绘制增益曲线，使用对数/线性坐标来绘制相位曲线。这种图称作伯德图（Bode plot），如图 9.12 所示。

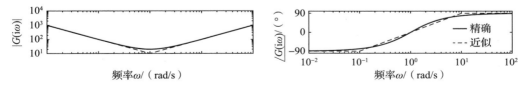

图 9.12　传递函数 $C(s)=20+10/s+10s=10(s+1)^2/s$（一个理想的 PID 控制器）的伯德图。左图为增益曲线，右图为相位曲线。虚线是增益曲线及相位曲线的直线近似

9.6.1 伯德图的绘制及解释

伯德图之所以流行，部分原因在于它易于绘制和解释。由于频率采用对数坐标，因此它能在很宽的频率范围内涵盖线性系统的行为特性。

考虑以下有理函数形式的传递函数：

$$G(s) = \frac{b_1(s)b_2(s)}{a_1(s)a_2(s)}$$

可得：

$$\lg|G(s)| = \lg|b_1(s)| + \lg|b_2(s)| - \lg|a_1(s)| - \lg|a_2(s)|$$

因此，可以简单地加上分子（或减除分母）中各项对应的增益来计算增益曲线。同样，

$$\angle G(s) = \angle b_1(s) + \angle b_2(s) - \angle a_1(s) - \angle a_2(s)$$

所以，相位曲线可以用类似的方法确定。由于多项式可以写成以下各种项的乘积：

$$k, \quad s, \quad s+a, \quad s^2 + 2\zeta\omega_0 s + \omega_0^2$$

只要能绘出这些项的伯德图就足够了。然后，复杂系统的伯德图就可以通过这些项的增益及相位的相加来得到。

函数 $G(s) = s^k$ 是一个简单的传递函数，其中 $k=1$ 对应于微分器，$k=-1$ 对应于积分器，这是两种特别重要的情况。这个函数项的增益和相位为

$$\lg|G(i\omega)| = k \times \lg\omega, \quad \angle G(i\omega) = k \times 90°$$

因此，增益曲线是斜率为 k 的直线，相位曲线是 $90° \times k$ 的常数。$k=1$ 对应微分器，斜率为 1，相位为 90°。$k=-1$ 对应积分器，斜率为 -1，相位为 -90°。不同 k 值的伯德图如图 9.13 所示。

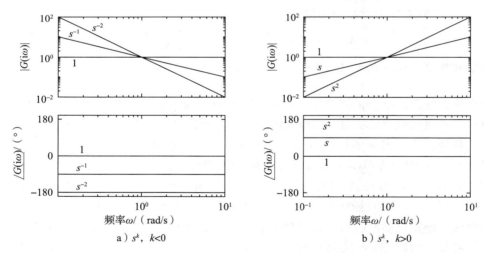

a) s^k, $k<0$ \qquad b) s^k, $k>0$

图 9.13　传递函数 $G(s)=s^k$ 在 $k=-2$、-1、0、1、2 等不同数值时的伯德图。在对数-对数坐标上，增益曲线是斜率为 k 的直线。在对数-线性坐标上，相位曲线是 $90° \times k$ 的常数

现在考虑以下一阶系统传递函数：

$$G(s) = \frac{a}{s+a}, \quad a>0$$

可得：

$$|G(s)| = \frac{|a|}{|s+a|}, \quad \angle G(s) = \angle(a) - \angle(s+a)$$

因此，

$$\lg|G(\mathrm{i}\omega)| = \lg a - \frac{1}{2}\lg(\omega^2 + a^2), \qquad \underline{/G(\mathrm{i}\omega)} = -\frac{180}{\pi}\arctan\frac{\omega}{a}$$

该一阶系统的伯德图如图 9.14a 所示，其中幅值是用零频增益归一化处理过的数值。增益曲线和相位曲线都可以用下面的直线来近似：

$$\lg|G(\mathrm{i}\omega)| \approx \begin{cases} 0, & \omega < a \\ \lg a - \lg\omega, & \omega > a \end{cases}$$

$$\underline{/G(\mathrm{i}\omega)} \approx \begin{cases} 0, & \omega < a/10 \\ -45 - 45(\lg\omega - \lg a), & a/10 < \omega < 10a \\ -90, & \omega > 10a \end{cases}$$

在对数-对数坐标中，频率 $\omega = a$ 称为断点频率（breakpoint frequency）或转折频率（corner frequency），近似增益曲线在该频率之前为一条水平直线，之后为斜率为 -1 的直线。近似相位曲线在 $a/10$ 频率之前为零；然后以 $45°$ 每十倍频的斜率线性降低，直到 $10a$ 频率；此后保持 $90°$ 的恒值。注意，一阶系统的行为在低频下像一个常数，在高频下则像一个积分器（注意与图 9.13 的伯德图对比）。

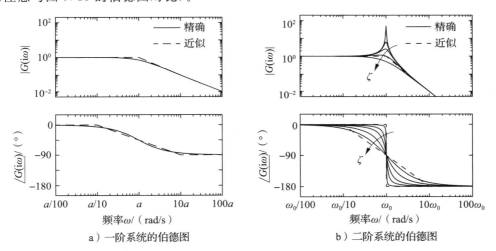

a）一阶系统的伯德图　　　　　　　b）二阶系统的伯德图

图 9.14　一阶和二阶系统的伯德图。图 a 为一阶系统 $G(s) = a/(s+a)$ 的伯德图，增益曲线和相位曲线都可以用渐近的直线段来近似（虚线），增益曲线的转折点在 $\omega = a$ 处，该处附近的相位曲线在 100 倍频的范围内降低了 $90°$。图 b 为二阶系统 $G(s) = \omega_0^2/(s^2 + 2\zeta\omega_0 s + \omega_0^2)$ 的伯德图，增益曲线在频率 ω_0 处有一个峰值，峰值频率以上的斜率为 -2，相位则从 $0°$ 降低到 $-180°$。峰值的高度、相位的变化速度都取决于阻尼比 ζ（图中给出了 $\zeta = 0.02$、0.1、0.2、0.5 和 1.0 的曲线）

最后，考虑以下二阶系统传递函数：

$$G(s) = \frac{\omega_0^2}{s^2 + 2\omega_0\zeta s + \omega_0^2}$$

其中 $0 < \zeta < 1$。可得：

$$\lg|G(\mathrm{i}\omega)| = 2\lg\omega_0 - \frac{1}{2}\lg(\omega^4 + 2\omega_0^2\omega^2(2\zeta^2 - 1) + \omega_0^4),$$

$$\underline{/G(\mathrm{i}\omega)} = -\frac{180}{\pi}\arctan\frac{2\zeta\omega_0\omega}{\omega_0^2 - \omega^2}$$

当 $\omega \ll \omega_0$ 时，增益曲线的渐近线具有 0 斜率。对于大的 ω 值，增益曲线的渐近线斜率为 -2。当 $\omega \approx \omega_0$ 时，得到最大增益 $Q = \max_\omega|G(\mathrm{i}\omega)| \approx 1/(2\zeta)$，称作品质因数或 Q 值（Q-value）。低频时相位曲线为零，高频时约为 $-180°$。这些曲线可以分段线性近似表示如下：

$$\lg|G(\mathrm{i}\omega)| \approx \begin{cases} 0, & \omega \ll \omega_0 \\ 2\lg\omega_0 - 2\lg\omega, & \omega \gg \omega_0 \end{cases}$$

$$\underline{/G(\mathrm{i}\omega)} \approx \begin{cases} 0, & \omega \ll \omega_0 \\ -180, & \omega \gg \omega_0 \end{cases}$$

伯德图如图 9.14b 所示。注意，在 $\omega = \omega_0$ 附近，渐近近似的误差很大，且这个频率附近的伯德图严重依赖 ζ。

给定基本函数的伯德图，就可以绘制一般系统的频率响应。下面的例子说明了其基本思想。

例 9.13 **传递函数的渐近近似**

考虑以下的传递函数：

$$G(s) = \frac{k(s+b)}{(s+a)(s^2+2\zeta\omega_0 s+\omega_0^2)}, \quad a \ll b \ll \omega_0$$

这个传递函数伯德图的渐近近似如图 9.15 所示，实线为精确曲线，虚线为渐近近似。

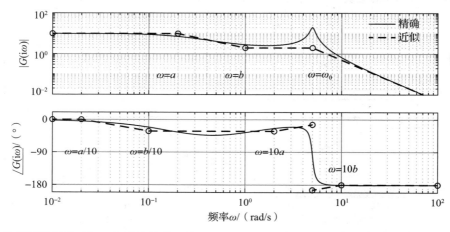

图 9.15 伯德图的渐近近似。实线是传递函数 $G(s) = k(s+b)/[(s+a)(s^2+2\zeta\omega_0 s + \omega_0^2)]$ 的伯德图，这里 $a \ll b \ll \omega_0$。增益和相位曲线上的每一段都代表着近似曲线的一个独立部分，其上有某个极点或零点开始起作用（对于相位曲线，还包括作用结束）。介于这些作用点之间的每一段近似曲线都是直线段，其斜率由计算极点和零点影响的规则给出

先画增益曲线。在低频下，幅值为：

$$G(0) = \frac{kb}{a\omega_0^2}$$

当频率到达 $\omega = a$ 时，极点的影响开始显现，增益开始以 -1 的斜率下降。到频率 $\omega = b$ 时，零点开始起作用，斜率增加 1，因此，渐近线的净斜率为 0。这个斜率一直保持到二阶极点的影响开始显现的频率 $\omega = \omega_0$，从此点开始，渐近线的斜率变成 -2。可见，除二阶极点引起的峰值区域外，其他地方的增益曲线是非常精确的（这个例子的峰值大，表明其 ζ 相当小）。

相位曲线更复杂些，这是因为相位的影响延伸更远。极点的影响始于 $\omega = a/10$，从这一点开始，相位从 $0°$ 变成以 $-45°$/十倍频的斜率下降。零点对相位的影响始于 $\omega = b/10$，它产生了相位曲线上的平坦区段。在 $\omega = 10a$ 处，来自极点的贡献结束，剩下的 $+45°$/十倍频的斜率变化是来自零点的贡献。然后到二阶极点 $s \approx \mathrm{i}\omega_0$ 的位置，相位发生一个 $-180°$ 的跳变。最后，在 $\omega = 10b$ 处，零点对相位的贡献结束，剩下 $-180°$ 的相位保持

不变。可见，相位曲线的直线近似不如增益曲线那样精确，但它却抓住了相位随频率变化的基本特征。◀

9.6.2 右半平面上的极点和零点

若将传递函数的一个极点或一个零点从左半平面（关于虚轴）镜像到右半平面，传递函数的增益曲线是不会改变的。但是相位将发生显著的变化，如下面的例子所示。

例 9.14 零点在右半平面上的传递函数

考虑传递函数：

$$G(s) = \frac{s+1}{(s+0.1)(s+10)}, \quad G_{\mathrm{rhpp}}(s) = \frac{s+1}{(s-0.1)(s+10)}$$

和

$$G_{\mathrm{rhpz}}(s) = \frac{-s+1}{(s+0.1)(s+10)}$$

传递函数 G 和 G_{rhpp} 具有相同的零点 $s=-1$ 和极点 $s=-10$，另外 G 有极点 $s=-0.1$，G_{rhpp} 有极点 $s=0.1$。类似地，传递函数 G 和 G_{rhpz} 具有相同的极点，但是 G 具有零点 $s=-1$，而 G_{rhpz} 具有零点 $s=1$。注意，所有这些传递函数都具有相同的增益曲线，但相位曲线明显不同，如图 9.16 所示。特别的是，传递函数 G_{rhpp}、G_{rhpz} 比 G 有很大的相位滞后。◀

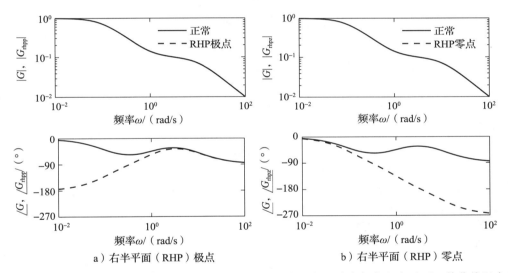

a）右半平面（RHP）极点　　　　　　　b）右半平面（RHP）零点

图 9.16　右半平面的极点和零点对伯德图的影响。G 的所有极点和零点都在左半平面，其曲线以实线显示；G_{rhpp} 和 G_{rhpz} 的曲线以虚线显示。图 a 为传递函数 G 和 G_{rhpp} 的伯德图，它们有共同的极点 $s=-10$ 和零点 $s=-1$，但是 G 另有一个左半平面的极点 $s=-0.1$，G_{rhpp} 另有一个右半平面的极点 $s=0.1$。图 b 为传递函数 G 和 G_{rhpz} 的伯德图，它们有共同的极点 $s=-0.1$ 和 $s=-10$，但是 G 另有一个左半平面的零点 $s=-1$，G_{rhpz} 另有一个右半平面的零点 $s=1$

时延的传递函数为 $G(s) = \mathrm{e}^{-s\tau}$，其相位的变化要比右半平面零点更为显著。因为 $|G(\mathrm{i}\omega\tau)| = |\mathrm{e}^{-\mathrm{i}\omega\tau}| = 1$，增益曲线为常数，但相位为 $\angle G(\mathrm{i}\omega\tau) = -180\omega\tau/\pi$，对于较大的 ω，其负得特别多。时延在这方面类似于右半平面的零点。从直觉上看，额外的相位自然将给控制带来困难，因为从施加输入到看到其效果之间有一个延迟。右半平面中的极点和零点以及时延确实会限制控制性能的达成，这将在 10.4 节和第 14 章进行详细讨论。

9.6.3 由伯德图了解系统

伯德图可以便捷地展示系统的性能概况。由于采用对数坐标，伯德图覆盖了很宽的幅值和频率范围。由于许多有用的信号都可以分解为正弦函数之和，因此伯德图可以可视化不同频率范围内的系统行为特性。系统可以看成是一个滤波器，它可以根据频率响应来改变输入信号的幅值（以及相位）。例如，如果在某个频率范围上，增益曲线具有零斜率且相位接近于零，那么系统对这些频率内的信号的作用就可以解释为一个纯增益。同样，对于增益曲线斜率为 +1 且相位接近于 90° 的频率范围，系统的作用可以解释为一个微分器。

图 9.17 所示为三种常用的系统频率响应。图 9.17a 的系统称作低通滤波器（low-pass filter），因为低频下的增益为常数，高频下的增益是下降的。注意，低频下的相位为零，高频下的相位为 −180°。因为类似的原因，图 9.17b 和图 9.17c 的系统分别称作带通滤波器（band-pass filter）和高通滤波器（high-pass filter）。

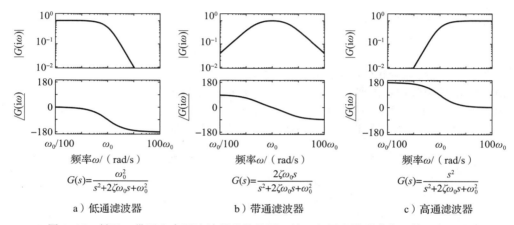

$$G(s)=\frac{\omega_0^2}{s^2+2\zeta\omega_0 s+\omega_0^2}$$

a）低通滤波器

$$G(s)=\frac{2\zeta\omega_0 s}{s^2+2\zeta\omega_0 s+\omega_0^2}$$

b）带通滤波器

$$G(s)=\frac{s^2}{s^2+2\zeta\omega_0 s+\omega_0^2}$$

c）高通滤波器

图 9.17　低通、带通和高通滤波器的伯德图。第一行图为增益曲线，第二行图为相位曲线。每个系统容许不同范围的频率通过，衰减该范围以外的频率

为了说明如何从伯德图中读取系统的各种行为特征，考虑图 9.17b 的带通滤波器。对于 $\omega=\omega_0$ 附近的频率范围，信号都能通过且增益不变。然而，对于远低于或远高于 ω_0 的频率，信号会衰减。信号的相位也受到滤波器的影响，如相位曲线所示。对于低于 $\omega_0/100$ 的频率，存在 90° 的相位超前，对于高于 $100\omega_0$ 的频率，存在 90° 的相位滞后。这些作用分别对应于在相应频率范围内信号的微分和积分。

在伯德图中捕捉到的直觉也可以关联到传递函数上去：s 较小时、s 较大时 $G(s)$ 的近似分别对应于慢信号、快信号的传播，如下例所示。

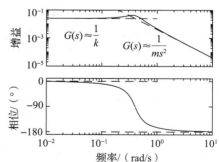

例 9.15　弹簧-质量系统

考虑输入为 u（力）、输出为 q（位置）的弹簧-质量系统，其动态方程为以下二阶微分方程：

$$m\ddot{q}+c\dot{q}+kq=u$$

系统的传递函数为：

$$G(s)=\frac{1}{ms^2+cs+k}$$

伯德图如图 9.18 所示。对于小 s，有 $G(s)\approx 1/k$。相应的输入/输出关系为 $q=(1/k)u$，这意味着对于低频输入，系统的行为类似于受力的弹簧。对于大 s，有 $G(s)\approx 1/(ms^2)$。相应的微分方程为 $m\ddot{q}=u$，因此系统的行为类似于受力的质量（双重积分）。◀

图 9.18　弹簧-质量系统的伯德图。低频时，系统的行为类似 $G(s)\approx 1/k$ 的弹簧；高频下，系统的行为类似 $G(s)\approx 1/(ms^2)$ 的纯质量

例 9.16 转录调控

考虑一个由单个基因构成的基因回路。我们希望研究蛋白质浓度对 mRNA 动态波动的响应。考虑两种情况："组成型"启动子（无调节）的情况，以及自我抑制（负反馈）的情况，如图 9.19 所示。系统的动态方程为：

$$\frac{\mathrm{d}m}{\mathrm{d}t}=\alpha(p)-\delta m+v, \quad \frac{\mathrm{d}p}{\mathrm{d}t}=\kappa m-\gamma p$$

式中，v 是影响 mRNA 转录的干扰项。

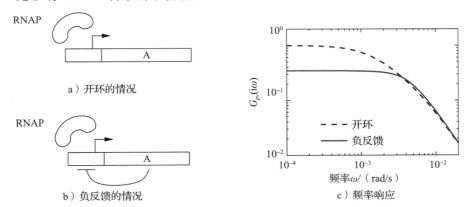

图 9.19 基因回路中的噪声衰减。图 a 的开环系统由一个组成型启动子构成，图 b 的闭环回路是带负反馈的自调节系统（抑制因子），图 c 为这两种回路的频率响应

对于没有反馈的情况，有 $\alpha(p)=\alpha_0$，当 $v=0$ 时，系统在 $m_e=\alpha_0/\delta$、$p_e=\kappa\alpha_0/(\gamma\delta)$ 处有一个平衡点。从 v 到 p 的开环传递函数为：

$$G_{pv}^{ol}(s)=\frac{\kappa}{(s+\delta)(s+\gamma)}$$

对于负反馈调节的情况，有：

$$\alpha(p)=\frac{\alpha_1}{1+kp^n}+\alpha_0$$

其平衡点满足：

$$m_e=\frac{\gamma}{\kappa}p_e, \quad \frac{\alpha_1}{1+kp_e^n}+\alpha_0=\delta m_e=\frac{\delta\gamma}{\kappa}p_e$$

传递函数可以通过在平衡点附近线性化来得到，可以表示为：

$$G_{pv}^{cl}(s)=\frac{\kappa}{(s+\delta)(s+\gamma)+\kappa\sigma}, \quad \sigma=\frac{n\alpha_1 kp_e^{n-1}}{(1+kp_e^n)^2}$$

图 9.19c 给出了这两个回路的频率响应。可见，反馈回路衰减了系统对低频干扰的响应，但是对高频干扰略有放大（与开环系统比较）。　　◀

9.6.4 实验测定传递函数

系统的传递函数提供了输入/输出响应的一个概览，对系统的分析和设计极其有用。对于给定的应用，通常可以直接测量其频率响应并拟合传递函数，来建立其输入/输出模型。为此，用固定频率的正弦信号来扰动系统的输入。当系统达到稳态时，可根据幅值比以及相位滞后得到激励频率的频率响应。完整的频率响应是通过在一定频率范围内进行扫频来获得的。

使用相关技术可以非常精确地确定频率响应，通过曲线拟合可以从频率响应获得解析的传递函数。这一方法的成功，发展出了自动完成这一过程的仪器和软件，即频谱分析仪

（spectrum analyzer）。下面用两个例子来说明其中的基本概念。

例 9.17　原子力显微镜

为了说明频谱分析的实用性，考虑 4.5 节所述的原子力显微镜动态模型。频率响应的实验测定法对于这个系统来讲特别有吸引力，因为该系统的动态非常快，因此实验可以很快做完。图 9.20 给出了一个典型例子，其中实线是实验测得的频率响应。在这种情况下，频率响应的获得时间不到 1 s。采用以下传递函数结构：

$$G(s) = \frac{k\omega_2^2\omega_3^2\omega_5^2(s^2+2\zeta_1\omega_1 s+\omega_1^2)(s^2+2\zeta_4\omega_4 s+\omega_4^2)e^{-s\tau}}{\omega_1^2\omega_4^2(s^2+2\zeta_2\omega_2 s+\omega_2^2)(s^2+2\zeta_3\omega_3 s+\omega_3^2)(s^2+2\zeta_5\omega_5 s+\omega_5^2)}$$

式中，$\omega_i = 2\pi f_i$（$i=1,2,\cdots,5$），对数据进行拟合，得到：

$$f_1 = 2.4\,\text{kHz}, \quad f_2 = 2.6\,\text{kHz}, \quad f_3 = 6.5\,\text{kHz}, \quad f_4 = 8.3\,\text{kHz}, \quad f_5 = 9.3\,\text{kHz},$$
$$\zeta_1 = 0.03, \quad \zeta_2 = 0.03, \quad \zeta_3 = 0.042, \quad \zeta_4 = 0.025, \quad \zeta_5 = 0.032$$

以及 $\tau = 10^{-4}$ s，拟合曲线如虚线所示。在零点相关的频率 ω_1、ω_4 处，增益曲线具有局部极小值，在极点相关的频率 ω_2、ω_3、ω_5 处，增益曲线具有局部极大值。在拟合时，先调节相对阻尼比以较好地拟合极大值和极小值。当增益曲线拟合好后，再调整时延以达到较好的相位曲线拟合效果。压电驱动器是预载的，其简单动态模型已经在习题 4.6 做了推导。位于 2.55 kHz 频率的极点对应一个"弹跳"模态，其他谐振峰则是更高阶的模态。

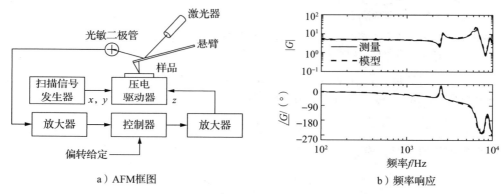

a）AFM框图　　　　　　　　b）频率响应

图 9.20　原子力显微镜预载压电驱动器的频率响应。在伯德图中，
实线为测量的传递函数响应，虚线为模型的传递函数响应

例 9.18　瞳孔光反射动态模型

人眼是一个易于进行实验的器官。它有一个调节瞳孔开度的控制系统来调节视网膜的光强度。

在 20 世纪 60 年代，斯塔克（Stark）对这个控制系统进行了广泛的研究[227]。为了确定其动态，让眼睛上的光强度按正弦规律变化，并测量瞳孔开度。一个很大的困难是，闭环系统对内部系统参数不敏感，因此闭环系统分析能提供的系统内部特性信息很少。斯塔克采用了一种巧妙的实验技术，使得开环动态和闭环动态都可以得到研究。他通过改变聚焦在眼睛上的光束强度来激发系统，并测量瞳孔的面积，如图 9.21 所示。当使用覆盖整个瞳孔的宽光束进行测量时，得到的是闭环系统的动态。当使用足够小、因而不会受到瞳孔开度影响的窄光束进行测量时，得到的是开环动态。图 9.22 给出了确定开环动态的一个实验结果。对其增益曲线进行拟合，得到了一个拟合良好的传递函数 $G(s) = 0.17/(1+0.08s)^3$。但这个传递函数不能很好地拟合相位曲线，如图 9.22 中的虚线所示。为了改进相位曲线的拟合效果，增加一个 0.2 s 的时延，这没有改变增益曲线，但却显著改变了相位曲线。最终的拟合模型为：

$$G(s) = \frac{0.17}{(1+0.08s)^3} e^{-0.2s}$$

其伯德图如图 9.22 中的实线所示。文献 [141] 详细讨论了从基本原理出发的瞳孔反射建模。

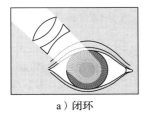 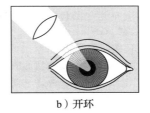 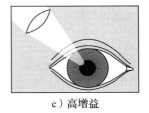

a) 闭环　　　　　　　　　b) 开环　　　　　　　　　c) 高增益

图 9.21　眼睛的光刺激实验。图 a 中光束非常大，始终覆盖整个瞳孔，因而得到闭环动态；图 b 中的光聚焦成非常窄的光束，不受瞳孔开度的影响，因而得到开环动态；图 c 中的光束聚焦在瞳孔的边缘，这具有增大系统增益的效果，因为瞳孔开度的微小变化对进入眼睛的光量有很大的影响（选自文献 [227]）

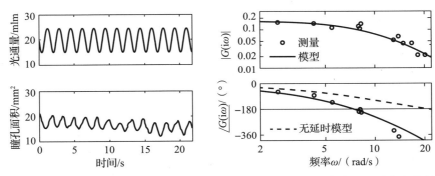

图 9.22　左图为眼睛开环频率响应的曲线样本。右图为眼睛开环动态的伯德图，图中实线是带 0.2 s 时延的三阶传递函数拟合所得的曲线，虚线是不带时延时拟合所得的相位曲线，可见，需要加入时延才能捕获正确的相位（根据文献 [227] 的数据重绘）　　◀

　　注意，对于原子力显微镜驱动和瞳孔动态研究来讲，由基本原理得到合适的模型不是一件容易的事情。实际上，将分析建模与参数实验辨识相结合往往是卓有成效的。对于具有低速动态的系统，用实验测量频率响应的方法没有多少吸引力，因为实验耗时太长。

9.7　阅读提高

　　傅里叶（Fourier）在研究固体的热传导时，提出了用正弦信号的稳态响应来描述线性系统的思想[90]。后来，电气工程师斯坦梅茨（Steinmetz）应用这一思想，提出了 $i\omega$ 方法来分析电路。传递函数是加德纳·巴恩斯（Gardner Barnes）基于拉氏变换提出来的[98]，他还用它们来计算线性系统的响应。拉氏变换在控制理论发展的早期是非常重要的，因为它使得通过查表来得到瞬态响应成为可能（见文献 [130]）。拉氏变换结合框图和传递函数，为处理复杂系统提供了强有力的技术。基于拉氏变换来计算响应的方法现在已不怎么重要，因为线性系统的响应已经可以轻松地用计算机来产生。系统的频率响应也可以用频率响应分析仪来直接测量。有许多关于用拉氏变换和传递函数来对线性输入/输出系统进行建模和分析的好书。控制方面有文献 [73，93，195]。极点/零点抵消是早期控制理论的技术之一。显然，有理函数分子分母中的共同因子可以抵消，但在引入线性系统的卡尔曼分解[139]之前，人们并不理解抵消所产生的系统理论的后果。在接下来的几章中，我们将广泛应用传递函数来分析稳定性、描述模型的不确定性。

习题

9.1 考虑系统：

$$\frac{\mathrm{d}x}{\mathrm{d}t}=ax+u$$

计算系统的指数响应，并用它导出从 u 到 x 的传递函数。证明：当 $s=a$（传递函数的极点）时，指数输入 $u(t)=\mathrm{e}^{st}$ 的响应为 $x(t)=\mathrm{e}^{at}x(0)+t\,\mathrm{e}^{at}$。

9.2 设 $G(s)$ 为线性系统的传递函数。证明：如果输入为 $u(t)=A\sin(\omega t)$，那么稳态输出为 $y(t)=|G(\mathrm{i}\omega)|A\sin(\omega t+\arg G(\mathrm{i}\omega))$。（提示：先证明取复数实部的运算是线性运算，然后利用这一事实。）

9.3 （倒摆）例 3.3 介绍了倒摆的模型。忽略阻尼，在垂直位置附近对摆进行线性化，得到线性系统的以下矩阵：

$$A=\begin{pmatrix} 0 & 1 \\ mgl/J_\mathrm{t} & 0 \end{pmatrix},\quad B=\begin{pmatrix} 0 \\ 1/J_\mathrm{t} \end{pmatrix},\quad C=(1\quad 0),\quad D=0$$

确定系统的传递函数。

9.4 （运算放大器）考虑 4.3 节描述的运放，在例 9.3 中已经对它进行过分析。如图 4.10 所示，用电阻和电容串联来代替电阻 R_2，可以用运放构建出模拟实现的 PI 控制器。所得电路的传递函数为：

$$H(s)=-\left(R_2+\frac{1}{Cs}\right)\cdot\left(\frac{kCs}{\left[(k+1)R_1C+R_2C\right]s+1}\right)$$

式中，k 是运放的增益，R_1 和 R_2 是补偿网络的电阻，C 是电容。

（a）假定 $k\gg R_2>R_1$，画出系统的伯德图。伯德图上应该标出关键特征，包括低频增益和相位、增益曲线的斜率、增益曲线改变斜率点的频率等。

（b）假定像例 9.2 介绍的那样，现在要考虑放大器的一些动态特性。这需要用下面的传递函数来代替增益 k：

$$G(s)=\frac{ak}{s+a}$$

计算所得的系统传递函数（即用 $G(s)$ 代替 $H(s)$ 中的 k），并找出对应以下参数的极点和零点：

$$\frac{R_2}{R_1}=100,\quad k=10^6,\quad R_2C=1,\quad a=100$$

（c）用直线近似画出问题（b）中传递函数的伯德图，并与传递函数的精确伯德图进行比较（使用 MATLAB 绘制）。务必在图中标出重要特征。

9.5 （时延微分方程）考虑下式描述的系统：

$$\frac{\mathrm{d}x}{\mathrm{d}t}=-x(t)+u(t-\tau)$$

导出系统的传递函数。

9.6 （拥塞控制）考虑 4.4 节描述的拥塞控制模型。设 w 表示一组 N 个相同源的单个窗口大小，q 表示端到端的丢包概率，b 表示路由器缓冲区中的包数，p 表示路由器丢包的概率。用 $\overline{w}=Nw$ 表示从所有 N 个源接收到的包总数。证明：线性化模型可以描述为以下的传递函数：

$$G_{b\overline{w}}(s)=\frac{\mathrm{e}^{-\tau^\mathrm{f}_e s}}{\tau^\mathrm{p}_e s+\mathrm{e}^{-\tau^\mathrm{f}_e s}},\quad G_{\overline{w}q}(s)=\frac{N}{q_e(\tau^\mathrm{p}_e s+q_e w_e)},$$

$$G_{qp}(s)=\mathrm{e}^{-\tau^\mathrm{b}_e s},\qquad\quad G_{pb}(s)=\rho\,\mathrm{e}^{-\tau^\mathrm{p}_e s}$$

式中，$(w_e,\ b_e)$ 是系统的平衡点，τ^p_e 是路由器的处理时间，τ^f 和 τ^b 是正向和反向传播时间。

9.7 （状态空间系统的传递函数）考虑以下的线性状态空间系统

$$\frac{\mathrm{d}x}{\mathrm{d}t}=Ax+Bu,\quad y=Cx$$

（a）证明：其传递函数为

$$G(s)=\frac{b_1 s^{n-1}+b_2 s^{n-2}+\cdots+b_n}{s^n+a_1 s^{n-1}+\cdots+a_n}$$

其中分子多项式的系数是马尔可夫参数（Markov parameter）CA^iB（其中 $i=0,\cdots,n-1$）的线性组合，即

$$b_1=CB,\quad b_2=CAB+a_1CB,\cdots,b_n=CA^{n-1}B+a_1CA^{n-2}B+\cdots+a_{n-1}CB$$

且 $\lambda(s)=s^n+a_1s^{n-1}+\cdots+a_n$ 是 A 的特征多项式。

(b) 计算一个线性系统可达标准型的传递函数，并证明它与上述传递函数相匹配。

9.8　考虑以下控制矩阵的线性时不变系统：

(a) $A=\begin{pmatrix} -1 & 0 \\ 0 & -2 \end{pmatrix}$,　$B=\begin{pmatrix} 2 \\ 1 \end{pmatrix}$,　$C=(1\ \ -1)$,　$D=0$

(b) $A=\begin{pmatrix} -3 & 1 \\ -2 & 0 \end{pmatrix}$,　$B=\begin{pmatrix} 1 \\ 3 \end{pmatrix}$,　$C=(1\ \ 0)$,　$D=0$

(c) $A=\begin{pmatrix} -3 & -2 \\ 1 & 0 \end{pmatrix}$,　$B=\begin{pmatrix} 1 \\ 0 \end{pmatrix}$,　$C=(1\ \ 3)$,　$D=0$

证明：所有系统都具有传递函数 $G(s)=(s+3)/(s+1)/(s+2)$。

*9.9　（卡尔曼分解）证明：系统的传递函数仅依赖于可达且能观的卡尔曼分解子空间中的动态。

9.10　应用结构框图代数运算，证明：图 9.6 中从 v 到 y、从 w 到 y 的传递函数分别是：

$$G_{yv}=\frac{P}{1+PC},\quad G_{yw}=\frac{1}{1+PC}$$

9.11　（矢量推力飞机）考虑例 3.12 描述的矢量推力飞机的侧向动态。证明：该动态可以用下面的框图来描述。

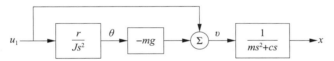

用这个框图计算从 u_1 到 θ 和 x 的传递函数，并证明它们满足：

$$H_{\theta u_1}=\frac{r}{Js^2},\quad H_{xu_1}=\frac{Js^2-mgr}{Js^2(ms^2+cs)}$$

9.12　（车辆悬挂，见文献 [116]）汽车采用主动和被动阻尼，以便在崎岖不平的路面上平稳行驶。下图所示为带减震系统的汽车示意图。

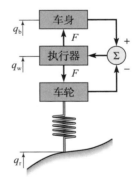

（带阻尼的汽车）　　　　　　　　（四分之一汽车模型）

这个模型称作四分之一汽车模型（quarter car model），它用两个质量块来模拟汽车，一个表示四分之一车身，另一个表示一个车轮。执行器根据车身到车轮中心之间距离（防震间隔，rattle space）的反馈，在车轮和车身之间施加力 F。

设 q_b、q_w 和 q_r 分别表示车身、车轮和路面相对各自平衡点的测量高度。由车身和车轮的牛顿方程式可以得到系统的简单模型如下：

$$m_b\ddot{q}_b=F,\quad m_w\ddot{q}_w=-F+k_t(q_r-q_w)$$

式中，m_b 是车身质量的四分之一，m_w 是车轮的有效质量，包括制动和部分悬挂系统（簧下质

量，unsprung mass），k_t 是轮胎刚度。对于由弹簧和阻尼器构成的传统减震器，有 $F=k(q_w-q_b)+c(\dot{q}_w-\dot{q}_b)$。对于主动减震器，力 F 可以更一般化，还与行驶工况有关。驾驶舒适性可以用从路面高度 q_r 到车身加速度 $a=\ddot{q}_b$ 的传递函数 G_{aq_r} 来表征。证明：该传递函数具有 $G_{aq_r}(i\omega_t)=k_t/m_b$ 的性质，其中 $\omega_t=\sqrt{k_t/m_w}$（轮胎跳频，tire hop frequency）。该式意味着，任何减震器所能达到的舒适度都存在根本的局限。

9.13 （对应极点和零点的解）考虑以下微分方程

$$\frac{d^n y}{dt^n}+a_1\frac{d^{n-1}y}{dt^{n-1}}+\cdots+a_n y=b_1\frac{d^{n-1}u}{dt^{n-1}}+b_2\frac{d^{n-2}u}{dt^{n-2}}+\cdots+b_n u$$

（a）设 λ 是以下特征方程的一个根

$$s^n+a_1 s^{n-1}+\cdots+a_n=0$$

证明：如果 $u(t)=0$，那么微分方程具有解 $y(t)=e^{\lambda t}$。

（b）设 κ 为以下多项式的一个零点：

$$b(s)=b_1 s^{n-1}+b_2 s^{n-2}+\cdots+b_n$$

证明：如果输入为 $u(t)=e^{\kappa t}$，那么微分方程有一个恒等于零的解。

*9.14 （极点/零点抵消）考虑形如图 9.6 的一个闭环系统，其中 $F=1$，P 和 C 有一个可以抵消的极点/零点。证明：如果每个子系统都用状态空间形式写出，那么所得的闭环系统是不可达且不能观的。

9.15 （使用 PD 控制的倒摆）考虑归一化的倒摆系统，其传递函数为 $P(s)=1/(s^2-1)$（见习题 9.3）。该系统的比例微分控制器具有传递函数 $C(s)=k_p+k_d s$（见表 9.1）。假定我们选取 $C(s)=\alpha(s-1)$。请计算闭环动态（或闭环传递函数），并证明：该系统对参考信号具有良好的跟踪性能，但抗干扰性能较差。

频域分析

布莱克（Black）提出了一种负反馈中继器。他通过测试证明了这种负反馈中继器具有他预测的优点。尤其特别的是，这种负反馈中继器的增益基本上是恒定的，而且具有特别高的线性度，因此各个信道相互作用产生的杂散信号可以保持在容许的限度内。为了获得最佳的效果，这种负反馈中继器的反馈系数 $\mu\beta$ 必须远大于 1。但反馈系数大于 1 的情况也可能稳定，这一点却十分令人费解。

——Harry Nyquist，"The Regeneration Theory"，1956（文献 [193]）

本章将通过研究不同频率的正弦信号在反馈环中的传播，得出闭环系统稳定性和鲁棒性的判断方法。这种技术利用开环（open loop）传递函数的频域特性来推断系统的闭环行为。奈奎斯特稳定性定理提供了一种稳定性分析方法，引入了稳定性程度的量度，是控制理论的一项重要成果。

10.1　回路传递函数

闭环系统的行为如何受开环动态的影响，这是一个很难回答的问题。事实上，正如本章开篇引文所言，反馈系统的行为常常是令人费解的。不过，传递函数这一数学框架为推测这种系统提供了回路分析（loop analysis）这个方法。

回路分析的基本思想是：跟踪正弦信号在反馈回路中的传播，并通过研究传播信号是增长还是衰减来探索系统的稳定性。这很容易做到，因为正弦信号在线性动态系统中的传播可以用系统的频率响应来表征。这一方法的关键结果是奈奎斯特稳定性定理，它提供了关于系统稳定性的大量见解。不同于第 5 章所研究的、用李雅普诺夫函数来证明稳定性的方法，奈奎斯特判据不只限于判断系统是否稳定，它还通过稳定裕度的定义，为我们提供了一种稳定性程度的量度。此外，奈奎斯特判据还指出了如何使不稳定的系统变得稳定，这将在第 11 章～第 13 章进行详细介绍。

对于图 10.1a，判断闭环系统是否稳定的传统方法是研究闭环特征多项式的根是否都在 s 平面的左半平面。如果过程和控制器具有有理传递函数 $P(s)=n_p(s)/d_p(s)$ 和 $C(s)=n_c(s)/d_c(s)$，那么闭环系统的传递函数为：

$$G_{yr}(s)=\frac{PC}{1+PC}=\frac{n_p(s)n_c(s)}{d_p(s)d_c(s)+n_p(s)n_c(s)}$$

特征多项式为：

$$\lambda(s)=d_p(s)d_c(s)+n_p(s)n_c(s)$$

为了检验稳定性，只需计算特征多项式的根，并验证它们是否都有负的实部。这种方法很直接，但对设计几乎没有指导意义，因为很难判断应该如何修改控制器来使不稳定的系统变得稳定。

奈奎斯特的思想是先研究反馈回路中可能发生振荡的条件。为此，引入回路传递函数（loop transfer function）$L(s)=P(s)C(s)$，它等于断开反馈回路后得到的传递函数（也称开环传递函数），如图 10.1b 所示。回路传递函数其实就是从位置 A 的输入到位置 B 的输出的传递函数，再乘以增益 -1（以考虑常规的负反馈的情况）。

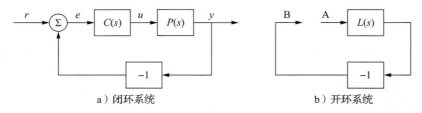

图 10.1　回路传递函数。图 a 所示反馈系统的稳定性可以通过沿着回路跟踪信号的方法来确定。令 $L=PC$ 表示回路的传递函数，如图 b 那样将回路断开，并从 A 点注入信号，看其到达 B 点时的幅值和相位有没有改变

假定将频率为 ω_0 的正弦信号从图 10.1b 中的 A 点注入。在稳态下，图 10.1b 中的 B 点的信号也将是频率为 ω_0 的正弦波。如果 B 点的信号跟注入信号具有相同的幅值和相位，那么维持振荡就成为可能，因为这时我们可以通过断开注入信号并将 A、B 两点连接起来做到这一点。沿着回路跟踪信号，发现 A、B 两点信号能够相同的条件是频率 ω_0 满足下式：

$$L(i\omega_0) = -1 \tag{10.1}$$

因此，这就是维持振荡的条件。式（10.1）这个条件意味着频率响应的值通过 -1 点，这个点称为临界点（critical point）。令 ω_c 表示 $\underline{/L(i\omega_c)} = 180°$ 的频率，可以进一步推断，如果 $|L(i\omega_c)| < 1$，则系统是稳定的，因为这时图 10.1b 中的 B 点的信号幅值将比注入信号小。这在本质上是正确的，但有几点微妙之处需要进行适当的数学分析，最终得到的就是奈奎斯特稳定性判据。在讨论细节之前，先看一个计算回路传递函数的例子。

例 10.1　带比例控制器和时延的电动机

考虑一个转动惯量为 J、阻尼（或反电动势）为 c 的简单直流电动机。希望用反馈控制器来控制电动机的位置，并考虑电动机的位置测量存在小延迟的情况（常见的固定采样速率数字控制器的情况）。电动机控制器为 $C(s)$ 时整个系统的框图如图 10.2 所示，可得到过程动态的传递函数为：

$$P(s) = \frac{k_I}{Js^2 + cs}$$

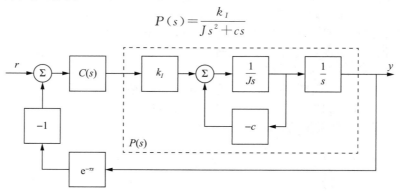

图 10.2　直流电动机控制系统框图

现在使用以下形式的比例控制器：

$$C(s) = k_p$$

控制系统的回路传递函数由下式给出：

$$L(s) = P(s)C(s)e^{-\tau s} = \frac{k_I k_p}{Js^2 + cs}e^{-\tau s}$$

式中，τ 是电动机位置的延迟。我们希望了解闭环系统在什么条件下是稳定的。

振荡的条件由式（10.1）给出，它要求回路传递函数的相位在某个频率 ω_0 下必须为

180°。通过检验回路传递函数，发现如果 $\tau = 0$（无延迟），那么对于接近 0 的 s，$L(s)$ 的相位将为 90°，而对于大的 s 值，$L(s)$ 的相位将趋近于 180°。由于系统的增益随着 s 的增大而降低，因此在无延迟的情况下，振荡的条件不可能得到满足（在任意高频下，增益总小于 1）。

然而，当系统中有一个小延迟时，闭环系统就有可能实现振荡。假定 ω_0 表示 $L(i\omega)$ 的幅值等于 1 的频率（ω_0 的具体数值取决于电动机和控制器的参数）。注意，回路传递函数的幅值不受延迟的影响，但相位随着 τ 的增大而增加。特别地，如果令 θ_0 为未延迟系统在频率 ω_0 处的相位，那么 $\tau_c = (\pi + \theta_0)/\omega_0$ 的时延将导致 $L(i\omega_0)$ 等于 -1。这意味着当信号走完反馈回路时，返回的信号将与原始信号同相位，因而可能导致振荡。

图 10.3 给出了不同控制器延迟的三条响应曲线，对应于稳定、振荡和不稳定三种闭环性能。导致系统不稳定的原因是由于在反馈回路中传播的干扰信号因延迟而与原始干扰信号同相位。如果绕回路一周的增益大于或等于 1，则可能导致不稳定。

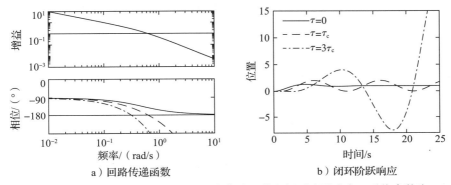

a）回路传递函数   b）闭环阶跃响应

图 10.3   直流电动机控制系统的回路传递函数和闭环阶跃响应。系统参数为
$k_I = 1$、$J = 2$、$c = 1$，控制器参数为 $k_p = 1$、$\tau = 0$、1、3 ◀

奈奎斯特稳定性分析方法的一个强有力的概念是，可以通过观察回路传递函数 $L = PC$ 的性质来研究反馈系统的稳定性。这样很容易看出该如何选择控制器来获得所需的回路传递函数。例如，通过改变控制器的增益，就可以对回路传递函数进行相应的缩放，从而就可以避免遇到临界点。因此，使不稳定的系统稳定的一个简单方法就是降低增益或修改控制器以避开临界点 -1。除此之外，还有一种回路整形的方法，将在第 12 章做详细分析和讨论。

10.2   奈奎斯特判据

本节将介绍基于回路传递函数分析来确定反馈系统稳定性的奈奎斯特判据。下面先介绍一个方便的图形工具——奈奎斯特图，并说明如何利用它来确定稳定性。

10.2.1   奈奎斯特图

在上一章看到，线性系统的动态可以用频率响应和伯德图来表示。为了研究系统的稳定性，我们将使用另一种频率特性表示方法，即奈奎斯特图（Nyquist plot）。回路传递函数 $L(s)$ 的奈奎斯特图是沿着奈奎斯特围线（Nyquist contour）追踪 $s \in \mathbb{C}$ 时形成的 $L(s)$ 的图形，其中的奈奎斯特围线由虚轴以及在无穷远处连接虚轴两端的圆弧组成。奈奎斯特围线有时也称为"奈奎斯特 D 围线"，记作 $\Gamma \subset \mathbb{C}$，如图 10.4a 所示。当 s 顺时针遍历 Γ 一遍时，对应的 $L(s)$ 在复平面上形成一个闭合的曲线图形，称为 $L(s)$ 的奈奎斯特图，如图 10.4b 所示。注意，如果传递函数 $L(s)$ 随着 $|s|$ 的增大而趋于零（通常的情况），那么围线在"无穷远"处的部分将映射到原点。此外，奈奎斯特图中对应于 $\omega < 0$ 的部分（图 10.4b 中的虚线）与对应于 $\omega > 0$ 的部分是镜像关系。

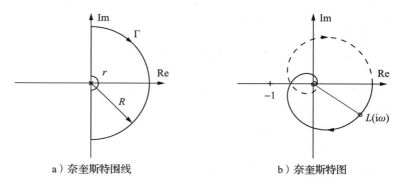

a）奈奎斯特围线   b）奈奎斯特图

图 10.4   奈奎斯特围线与奈奎斯特图。图 a 所示的奈奎斯特围线 Γ 包围右半平面，并且在原点或虚轴上 $L(s)$ 的每个极点（这里以位于原点的极点来示意）有一个小半圆，另外在无穷远处还有一个半径 R 趋向于无穷大的半圆。图 b 所示的奈奎斯特图是当 s 顺时针遍历 Γ 时，回路传递函数 $L(s)$ 的图形：实线对应于 $\omega > 0$，虚线对应于 $\omega < 0$。在频率 ω 处的增益和相位是 $g = |L(\mathrm{i}\omega)|$、$\varphi = \underline{/L(\mathrm{i}\omega)}$。图中的 $L(s) = 1.4\mathrm{e}^{-s}/(s+1)^2$

　　奈奎斯特图有一点微妙之处，就是当回路传递函数在虚轴上有极点时，这些点的增益是无穷大的。为了解决这个问题，对围线 Γ 进行修改，对虚轴上的任何极点，都多走一段避开它的小弯路，如图 10.4a 所示，其中假定 $L(s)$ 在原点有个极点。这些弯路由虚轴上极点右侧的小半圆构成。对于原点有一个极点的情况，围线 Γ 的定义如下：

$$\Gamma = \lim_{\substack{r \to 0 \\ R \to \infty}} (-\mathrm{i}R, -\mathrm{i}r) \cup \left\{ r\mathrm{e}^{\mathrm{i}\theta} : \theta \in \left[-\frac{\pi}{2}, \frac{\pi}{2} \right] \right\} \cup (\mathrm{i}r, \mathrm{i}R) \cup \left\{ R\mathrm{e}^{-\mathrm{i}\theta} : \theta \in \left[-\frac{\pi}{2}, \frac{\pi}{2} \right] \right\} \quad (10.2)$$

　　下面针对回路传递函数 $L(s)$ 在右半平面上没有极点且在虚轴上除原点之外也没有极点的特殊情况，给出奈奎斯特判据。

　　定理 10.1　（简化的奈奎斯特判据）设 $L(s)$ 为负反馈系统的回路传递函数（如图 10.1a 所示），并假定 $L(s)$ 除了可能在原点之外，在封闭的右半平面上（$\mathrm{Re}\,s \geqslant 0$）没有其他极点。那么，当且仅当沿着式（10.2）给定的闭合围线 Γ 得到的 L 图形（奈奎斯特图）对临界点 $s = -1$ 的净包围次数为 0 时，闭环系统 $G_{cl}(s) = L(s)/(1+L(s))$ 才是稳定的。

　　以下概念性的流程可以用来确定净包围次数是否为零。在临界点 $s = -1$ 处垂直于复平面插一根针。将一根绳的一端固定在临界点上，另一端放在奈奎斯特图上。让奈奎斯特图上的绳端遍历整个曲线。当曲线遍历一遍后，如果绳子没有缠绕在针上，则对临界点没有包围。包围的圈数称为**缠绕次数**（winding number）。

　　例 10.2　三阶系统的奈奎斯特图
　　考虑以下的三阶传递函数：

$$L(s) = \frac{1}{(s+a)^3}$$

为了得到奈奎斯特图，从虚轴上的点 $s = \mathrm{i}\omega$ 开始计算 $L(s)$，有：

$$L(\mathrm{i}\omega) = \frac{1}{(\mathrm{i}\omega + a)^3} = \frac{(a - \mathrm{i}\omega)^3}{(a^2 + \omega^2)^3} = \frac{a^3 - 3a\omega^2}{(a^2 + \omega^2)^3} + \mathrm{i}\,\frac{\omega^3 - 3a^2\omega}{(a^2 + \omega^2)^3}$$

将这些点绘制在图 10.5 的复平面上，实线对应于 $\omega > 0$ 的点，虚线对应于 $\omega < 0$ 的点。注意这些曲线彼此互为镜像。

　　为了完成整个奈奎斯特图，还需要计算奈奎斯特围线的外圆弧上 s 对应的 $L(s)$。这条圆弧具有 $s = R\mathrm{e}^{-\mathrm{i}\theta}$ 的形式（其中 $\theta \in [-\pi/2, \pi/2]$，$R \to \infty$），因此有

$$L(Re^{-i\theta}) = \frac{1}{(Re^{-i\theta}+a)^3} \to 0, \quad 当\ R \to \infty\ 时$$

因此，奈奎斯特围线 Γ 的外圆弧被映射为奈奎斯特图的原点。

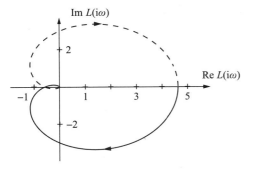

图 10.5　三阶传递函数 $L(s)$ 的奈奎斯特图。奈奎斯特图由回路传递函数 $L(s)=1/(s+a)^3$（其中 $a=0.6$）的轨迹构成。实线代表 s 沿着正虚轴的那部分传递函数，虚线代表 s 沿着负虚轴的那部分传递函数，奈奎斯特围线 Γ 的外圆弧映射为原点　◄

另一种显式计算奈奎斯特图的方法是根据频域响应（即伯德图）来确定奈奎斯特曲线，这将给出 $s=i\omega$（当 $\omega>0$ 时）这部分曲线。先绘制从 $\omega=0$ 到 $\omega=\infty$ 的 $L(i\omega)$，这可以从传递函数的幅值和相位曲线读取。然后绘制 $\theta\in[0,\pi/2]$、$R\to\infty$ 时的 $L(Re^{i\theta})$ 曲线，如果 $L(i\omega)$ 的高频增益趋向于 0 [当且仅当 $L(s)$ 为严格的真分函数时] 的话，则这部分曲线也趋向于 0。曲线的其余部分可以通过已绘制部分的镜像来得到（一般绘制为虚线）。然后再在曲线上标出对应于奈奎斯特围线顺时针走向的箭头（就是曲线第一部分的绘制方向）。

例 10.3　原点处有一个极点的三阶系统的奈奎斯特判据

考虑如下的传递函数：

$$L(s) = \frac{k}{s(s+1)^2}$$

式中增益具有标称值 $k=1$。伯德图如图 10.6a 所示。系统在 $s=0$ 处有单重极点，在 $s=-1$ 处有双重极点。因此，伯德图的增益曲线在低频段的斜率为 -1，在双重极点 $s=-1$ 处斜率变为 -3。对于小的 s 值，有 $L\approx k/s$，这意味着低频渐近线与单位增益线相交于 $\omega=k$ 处。相位曲线从低频段的 $-90°$ 开始，在 $\omega=1$ 处为 $-180°$，在高频段为 $-270°$。

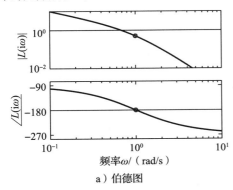

a）伯德图

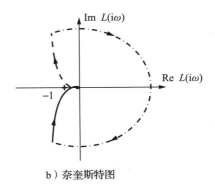

b）奈奎斯特图

图 10.6　伯德图和奈奎斯特图的绘制。回路传递函数为 $L(s)=1/(s(s+1)^2)$。可以利用图 a 所示的频率响应（伯德图）来绘制图 b 所示的奈奎斯特图。奈奎斯特图中的大半圆是奈奎斯特围线上在原点处环绕极点的那个小半圆的映射。由于奈奎斯特曲线没有包围临界点，因此闭环系统是稳定的。在伯德图中，用圆圈标出了相位为 $-180°$ 的点

有了伯德图之后，就可以绘制奈奎斯特图，如图 10.6b 所示。它起始于低频下相位 $-90°$ 处，然后与负实轴相交于转折频率 $\omega=1$ 的点，该点的 $L(i)=-0.5$，最后在高频段

沿着虚轴趋向于零。奈奎斯特围线在原点处的小半圆映射成了包围右半平面的一个大半圆。奈奎斯特曲线没有包围临界点 $s=-1$，因此，从简化奈奎斯特判据可知闭环系统是稳定的。由于 $L(\mathrm{i})=-k/2$，所以若将增益增大到 $k=2$ 或更大，则闭环系统将变成不稳定的。 ◀

奈奎斯特判据并不要求奈奎斯特曲线与负实轴的每一个交点对应的 ω_c 全都满足 $|L(\mathrm{i}\omega_c)|<1$，而是要求环绕临界点的圈数必须为零，因此就容许这样一种可能性：奈奎斯特曲线以大于 1 的幅值穿越负实轴，然后再以大于 1 的幅值穿越回来。正如本章开篇所提到的那样，有可能获得高反馈增益的事实使得早期的反馈放大器设计者们感到十分惊讶。

通过奈奎斯特判据可知控制器参数的变化是如何影响系统的。例如，人们很容易知道增益改变时会发生什么，因为这只是奈奎斯特曲线的缩放。

例 10.4 拥塞控制

考虑 4.4 节描述的互联网拥塞控制系统。假定有 N 个相同的源，以及一个代表外部数据源的干扰 d，如图 10.7a 所示。令 w 代表源的单个窗口大小，q 代表端到端的丢包概率，b 代表路由器缓冲区中的包数，p 代表路由器丢包概率。用 $\overline{w}$ 表示从 N 个源接收到的总包数。此外，还在路由器和发送方之间考虑正向和反向传播延迟。

为了分析系统的稳定性，使用习题 9.6 中得到的传递函数：

$$\widetilde{G}_{b\overline{w}}(s)=\frac{1}{\tau_e^p s+\mathrm{e}^{-\tau_e^f s}}, \quad G_{wq}(s)=-\frac{1}{q_e(\tau_e^p s+q_e w_e)}, \quad G_{qp}(s)=\mathrm{e}^{-\tau_e^b s}, \quad G_{pb}(s)=\rho\mathrm{e}^{-\tau_e^p s}$$

式中，(w_e, b_e) 是系统的平衡点；N 是源的数目，τ_e^p 是稳态路由器处理时间，τ^f 和 τ^b 是正向和反向传播时间；用 $\widetilde{G}_{b\overline{w}}$ 和 $\widetilde{G}_{qp}$（$=1$，故 11.7a 中略去）表示去掉正向和反向延迟的传递函数，因为在图 10.7a 中延迟已经用独立的模块表示。类似地，$G_{wq}=G_{\overline{w}q}/N$，因为乘子 N 也已经作为独立的模块拿出来了。

回路传递函数为：

$$L(s)=\rho \cdot \frac{N}{\tau_e^p s+\mathrm{e}^{-\tau_e^f s}} \cdot \frac{1}{q_e(\tau_e^p s+q_e w_e)}\mathrm{e}^{-\tau_e^t s}$$

式中，$\tau_e^t=\tau_e^p+\tau^f+\tau^b$ 是总的往返延迟时间。利用式（4.17）可得 $w_e=b_e/N=\tau_e^p c/N$、$q_e=2/(2+w_e^2)\approx 2/w_e^2=2N^3/(\tau_e^p c)^2$，可以证明：

$$L(s)=\rho \cdot \frac{N}{\tau_e^p s+\mathrm{e}^{-\tau_e^f s}} \cdot \frac{c^3(\tau_e^p)^3}{2N^2[c(\tau_e^p)^2 s+2N]}\mathrm{e}^{-\tau_e^t s}$$

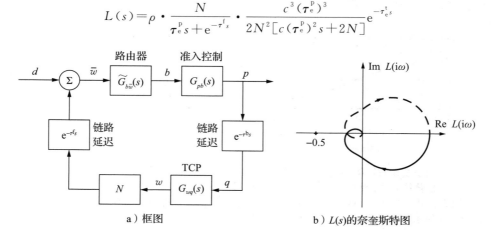

a）框图   b）$L(s)$ 的奈奎斯特图

图 10.7 互联网拥塞控制系统。图 a 所示为 N 个源采用 TCP/Reno 协议通过带准入控制的单个路由器发送信息的框图，正向和反向都考虑了链路延迟。图 b 所示为回路传递函数的奈奎斯特图

注意，此处 $L(s)$ 符号的选择采用与图 10.1b 相同的符号约定。

回路传递函数的奈奎斯特图如图 10.7b 所示。为了得到解析的稳定性判据，可以在传递函数与负实轴的交点处对传递函数进行近似，该交点发生在相位穿越频率 ω_{pc} 处。第二个因子在 $\tau_e^p > \tau^f$ 时是稳定的，并且具有快速的动态，因此可以用它的零频增益 N 来近似。第三个因子具有慢的动态（可以证明 $2N \ll c(\tau_e^p)^2 \omega_{pc}$），可以用积分器来近似。因此，在频率 ω_{pc} 的周围，回路传递函数可以近似如下：

$$L(s) \approx \rho \cdot N \cdot \frac{c^3(\tau_e^p)^3}{2N^2 c(\tau_e^p)^2 s} e^{-\tau_e^t s} = \frac{\rho c^2 \tau_e^p}{2Ns} e^{-\tau_e^t s}$$

积分器具有 $\pi/2$ 的相位滞后，传递函数 $L(s)$ 的相位穿越频率为 $\omega_{pc} = \pi/(2\tau_e^t)$。因此，稳定的一个必要条件是 $|L(i\omega_{pc})| < 1$，这给出了以下条件：

$$\frac{\rho c^2(\tau_e^p)^2}{\pi N} < 1$$

根据奈奎斯特判据，当这个量大于 1 时，闭环系统将不稳定。特别的是，在处理时间 τ_e^p 固定时，系统将随着链路容量 c 的增大而变得不稳定。这表明 TCP 协议可能无法扩展到高容量网络，正如文献 [168] 所指出的那样。习题 10.3 提供了如何克服这一问题的一些想法。　◄

*10.2.2　奈奎斯特判据的一般形式

定理 10.1 要求 $L(s)$ 在封闭的右半平面（原点除外）没有极点。但有些情况并非如此，因此需要一个更一般性的结论。

这需要用到复变函数的一些结论，读者可以参考文献 [6]。为了用精确的语言严谨地陈述奈奎斯特判据，下面使用更数学化的表述方式。本节的剩余部分将遵从按逆时针方向计算环绕圈数的数学惯例。要用到的主要结论是以下有关复变函数的定理。

定理 10.2　（辐角原理）令 Γ 为复平面上一个闭合回线，D 为 Γ 的内部。假定函数 $f : \mathbb{C} \to \mathbb{C}$ 除了在 D 内有限数目的极点和零点外，是 Γ 和 D 上的解析函数。那么当 s 逆时针遍历回线 Γ 时，函数 $f(s)$ 的环绕原点的次数 $n_{w,\Gamma}(f(s))$ 由下式给定

$$n_{w,\Gamma}(f(s)) = \frac{1}{2\pi} \Delta \arg_\Gamma f(s) = \frac{1}{2\pi i} \int_\Gamma \frac{f'(s)}{f(s)} ds = n_{z,D} - n_{p,D}$$

其中函数 $\Delta \arg_\Gamma$ 为 s 逆时针遍历回线 Γ 时，辐角（角度）的净改变量；$n_{z,D}$ 是 $f(s)$ 在 D 内的零点个数，$n_{p,D}$ 是 $f(s)$ 在 D 内的极点个数。m 重的极点和零点要计 m 次。

为了更好地理解辐角原理，在遍历闭合回线时，跟踪函数辐角（角度）的变化。图 10.8 说明了其基本思想。考虑以下形式的函数 $f : \mathbb{C} \to \mathbb{C}$

$$f(s) = \frac{(s-z_1)\cdots(s-z_m)}{(s-p_1)\cdots(s-p_n)} \tag{10.3}$$

式中，z_i 是零点，p_i 是极点。可以重写这个函数的每个因子，以便跟踪每个极点因子和零点因子的距离模和辐角：

$$f(s) = \frac{r_1 e^{i\psi_1} \cdots r_m e^{i\psi_m}}{\rho_1 e^{i\theta_1} \cdots \rho_m e^{i\theta_n}}$$

可见，在任何给定的 s 值处，$f(s)$ 的辐角（角度）可以通过加上零点的贡献、减去极点的贡献来计算，即

$$\arg(f(s)) = \sum_{i=1}^m \psi_i - \sum_{i=1}^n \theta_i$$

现在考虑遍历闭合回线 Γ 会发生的事情。如果 $f(s)$ 的所有极点和零点都在回线之外，那么来自分子和分母每项的角度净贡献为零，因为这些角度无法"累积"。因此，在

遍历回线时，每个零点和极点的贡献将积分出零的结果。但是，当零点或极点位于回线 Γ 内时，遍历回线一遍的角度净改变量对于分子的项（零点）是 2π，对于分母的项（极点）是 -2π。因此，当遍历回线时，角度的净改变量为 $2\pi(n_{z,D}-n_{p,D})$，其中 $n_{z,D}$ 是回线内的零点数，$n_{p,D}$ 是回线内的极点数。

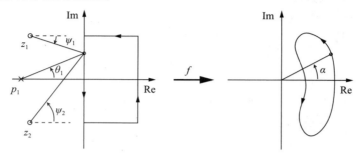

图 10.8　辐角原理的图形化证明

**正式证明： 假定 $s=a$ 是一个 m 重零点。在 $z=a$ 的邻域中，有：

$$f(s)=(s-a)^m g(s)$$

式中，函数 g 是非零的解析函数。那么 f 的导数与 f 自身之比为：

$$\frac{f'(s)}{f(s)}=\frac{m}{s-a}+\frac{g'(s)}{g(s)}$$

式中第二项在 $s=a$ 处是解析的。因此函数 f'/f 在 $s=a$ 处有单重极点，相应的留数为 m。所以，函数 f 在零点的留数之和为 $n_{z,D}$。同理，可以发现极点的留数之和为 $-n_{p,D}$。因此

$$n_{z,D}-n_{p,D}=\frac{1}{2\pi i}\int_\Gamma \frac{f'(s)}{f(s)}\mathrm{d}s=\frac{1}{2\pi i}\int_\Gamma \frac{\mathrm{d}}{\mathrm{d}s}\ln f(s)\mathrm{d}s=\frac{1}{2\pi i}\Delta\mathrm{arg}_\Gamma \ln f(s)$$

式中函数 $\Delta\mathrm{arg}_\Gamma$ 同样表示沿着回线 Γ 的辐角改变量。此外，

$$\ln f(s)=\ln|f(s)|+\mathrm{i}\,\mathrm{arg}f(s)$$

由于 $|f(s)|$ 沿着闭合回线的改变量为零，因此有：

$$\Delta\mathrm{arg}_\Gamma \ln f(s)=\mathrm{i}\Delta\mathrm{arg}_\Gamma \mathrm{arg}f(s)$$

定理证毕。

　　这个定理对于确定复变函数在给定区域内的极点和零点的个数相当有用。选择一个恰当的、边界为 Γ 的闭域 D，可以通过计算环绕次数来确定零点和极点的个数之差。

　　通过选择 Γ 为图 10.4a 所示包围右半平面的奈奎斯特围线，就可以用定理 10.2 来证明奈奎斯特稳定性定理。我们从虚轴的一部分 $-\mathrm{i}R\leqslant s\leqslant\mathrm{i}R$ 及其右侧半径为 R 的半圆开始构建奈奎斯特围线。如果函数 f 在虚轴上有极点，就如图中那样在极点的右侧引入半径为 r 的小半圆以避免通过奇点。令 R 足够大、r 足够小，以使右半平面的所有开环极点都被包围在内，即可得到奈奎斯特围线。

　　注意 Γ 的取向跟图 10.4a 中的取向是相反的。工程惯例是顺时针遍历奈奎斯特围线，因为这对应于沿着虚轴往上移动使频率升高，便于从伯德图绘制奈奎斯特围线。但在数学中，通常的做法是相对于点来定义曲线的环绕次数，并以逆时针遍历围线为正。只要遍历奈奎斯特围线和计算环绕次数采用同样的惯例，这种差异就无关紧要。

　　为了由辐角原理（定理 10.2）得到改进的稳定性判据，将其应用于函数 $f(s)=1+L(s)$，其中 $L(s)$ 是负反馈闭环系统的回路传递函数。奈奎斯特一般性判据由以下定理给出。

　　定理 10.3　（奈奎斯特一般性判据）考虑回路传递函数为 $L(s)$ 的闭环系统，$L(s)$ 在奈奎斯特围线 Γ 包围的区域内有 $n_{p,rhp}$ 个极点。设 $n_{w,\Gamma}[1+L(s)]$ 为 s 逆时针遍历 Γ 时 $f(s)=1+L(s)$ 环绕原点的次数。假设对于 Γ 上所有的 ω 都有 $1+L(\mathrm{i}\omega)\neq 0$，且

$n_{\mathrm{w},\Gamma}(1+L(s))+n_{\mathrm{p,rhp}}(L(s))=0$。那么闭环系统在闭合的右半平面内没有极点，因此是稳定的。

证明：可以直接用辐角原理（即定理 10.2）来证明。系统的闭环极点是函数 $f(s)=1+L(s)$ 的零点。这是由函数 $f(s)$ 在围线 Γ 上没有零点的假设得出的结论。为了找到右半平面上的零点，研究 s 逆时针遍历奈奎斯特围线 Γ 时函数 $f(s)=1+L(s)$ 的环绕次数。环绕次数 n_{w} 可以用奈奎斯特图来确定。直接应用定理 10.2 可以证明，由于 $n_{\mathrm{w},\Gamma}(1+L(s))+n_{\mathrm{p,rhp}}(L(s))=0$，$f(s)$ 在右半平面没有零点。由于 $1+L(s)$ 的图形是 $L(s)$ 移位得到的，通常将奈奎斯特判据用 $L(s)$ 的图形净包围 -1 点的次数来表述。

$1+L(\mathrm{i}\omega)\neq0$ 的条件意味着对于任何频率，奈奎斯特曲线都不经过临界点 -1。$n_{\mathrm{w},\Gamma}(1+L(s))+n_{\mathrm{p,rhp}}(L(s))=0$ 的条件称作环绕次数条件（winding number condition），这意味着奈奎斯特曲线环绕临界点的次数与回路传递函数 $L(s)$ 在右半平面的极点个数相同。

如前所述，在奈奎斯特判据的实际应用中，通常是沿顺时针遍历奈奎斯特围线的，因为这对应于从 $\omega=0$ 到 ∞ 在奈奎斯特曲线上移动，对应的 $L(\mathrm{i}\omega)$ 值可以从伯德图中读出。在这种情况下，环绕 -1 点的次数也必须按顺时针方向来计算。如果令 P 为回路传递函数不稳定极点的个数，N 为顺时针环绕 -1 点的次数，Z 为 $1+L$ 的不稳定零点的个数（因此是闭环系统不稳定极点的个数），那么以下关系成立：

$$Z=N+P$$

注意，在奈奎斯特围线上使用半径为 r 的小半圆来绕过虚轴上的极点时，每个这样的小半圆都会在奈奎斯特曲线上生成一段幅值很大的曲线段，因此在计算环绕次数时需要小心。

例 10.5 **稳定的倒摆**

归一化倒摆的线性化动态模型可表示为传递函数 $P(s)=1/(s^2-1)$，其中输入为枢轴的加速度，输出为摆角 θ，如图 10.9（习题 9.3）所示。现在要用传递函数为 $C(s)=k(s+2)$ 的比例微分（PD）控制器来使摆稳定。回路传递函数为：

$$L(s)=\frac{k(s+2)}{s^2-1}$$

回路传递函数的奈奎斯特图如图 10.9b 所示。由于 $L(0)=-2k$、$L(\infty)=0$，如果 $k>0.5$，则当顺时针遍历奈奎斯特围线 Γ 时，奈奎斯特曲线逆时针环绕临界点 $s=-1$，因此环绕次数为 $N=-1$。由于回路传递函数在右半平面有一个极点（$P=1$），因此 $Z=N+P=0$，所以系统在 $k>0.5$ 时是稳定的。如果 $k<0.5$，则没有环绕，因此闭环传递函数在右半平面将有一个极点，不稳定。注意：该系统对于小增益是不稳定的，对于高增益是稳定的。

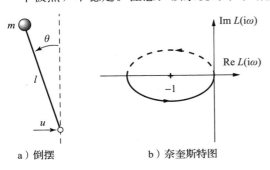

a）倒摆   b）奈奎斯特图

图 10.9 倒摆的 PD 控制器。图 a 所示系统中的质量块，由施加在枢轴上的力 u 来维持平衡，并采用传递函数为 $C(s)=k(s+2)$ 的比例微分控制器基于 θ 来控制 u。图 b 为回路传递函数的奈奎斯特图（增益选为 $k=1$），它逆时针环绕临界点一次，这相当于顺时针环绕的次数为 $N=-1$ 次 ◀

10.2.3 条件稳定性

一个不稳定的系统常常可以简单地通过降低回路增益来使之稳定。然而，正如例 10.5 所示，存在通过增大增益来稳定系统的情况。首次遇到这种情况的是设计反馈放大器的电气工程师们，他们创造了条件稳定性（conditional stability）这个术语。这个问题实际上是奈奎斯特发展其理论的强大动力。下面的例子进一步说明了这个概念。

例 10.6 三阶系统的条件稳定性

考虑具有以下回路传递函数的反馈系统

$$L(s) = \frac{3k(s+6)^2}{s(s+1)^2} \tag{10.4}$$

当 $k=1$ 时回路传递函数的奈奎斯特曲线如图 10.10 所示。注意奈奎斯特曲线与负实轴相交了两次。第一个交点发生在 $\omega=2$ 时，$L=-12$；第二个交点发生在 $\omega=3$ 时，$L=-4.5$。在这种情况下，沿着图 10.1b 所示回路进行信号跟踪得到的直观结论具有误导性。在 A 点注入频率为 2 rad/s、振幅为 1 的正弦信号，在稳态下，会在 B 点得到一个与输入同相、幅值为 12 的振荡。凭直觉，将回路闭合起来似乎不太可能产生稳定的系统。计算图 10.10 中奈奎斯特曲线的缠绕次数可知为零次，因此根据定理 10.3 所给版本的奈奎斯特稳定性判据，系统应该是稳定的。更具体地说，闭环系统对于任何 $k>2/9$ 的增益都是稳定的。当增益降低到 $1/12<k<2/9$ 的范围时，系统会变得不稳定；当增益小于 $1/12$ 时，系统又变得稳定。

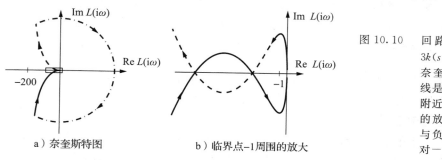

a）奈奎斯特图   b）临界点−1周围的放大

图 10.10   回路传递函数 $L(s) = 3k(s+6)^2/[s(s+1)^2]$ 的奈奎斯特图。图 b 的曲线是图 a 的曲线在原点附近的方框内局部区域的放大。奈奎斯特曲线与负实轴相交两次，但对 −1 点没有净包围 ◀

10.3 稳定裕度

在实际中，仅仅知道系统稳定还不够。还必须有一些稳定裕度指标来描述系统离不稳定有多远以及对干扰的鲁棒性。稳定性由奈奎斯特判据给出，它指出回路传递函数 $L(s)$ 应避开临界点 −1，并满足环绕次数条件。稳定裕度表示回路传递函数的奈奎斯特曲线避开临界点的好坏程度。奈奎斯特曲线到临界点的最短距离 s_m 是一个自然的判据，称作稳定裕度（stability margin），如图 10.11a 所示（图中绘制了 $\omega>0$ 对应的曲线）。稳定裕度 s_m 表示回路传递函数的奈奎斯特曲线位于以临界点 −1 为圆心、以 s_m 为半径的圆之外。

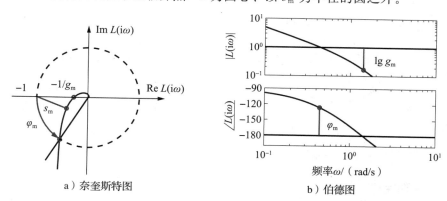

a）奈奎斯特图   b）伯德图

图 10.11   三阶回路传递函数 $L(s)$ 的稳定裕度。在图 a 所示的奈奎斯特图中，标出了稳定裕度 s_m、增益裕度 g_m 和相位裕度 φ_m。稳定裕度 s_m 是到临界点 −1 的最短距离，增益裕度对应于让曲线包围临界点所需要的增益最小增加量，相位裕度对应于让曲线包围临界点所需要的相位最小改变量。在图 b 所示的伯德图中，也标出了增益裕度和相位裕度

其他裕度指标则基于控制器对奈奎斯特曲线的影响。控制器增益的增大会沿极径方向扩展奈奎斯特曲线。控制器相位的增加会使奈奎斯特曲线变成顺时针绕向。因此，从奈奎斯特图中可以很容易地读取到增益或相位可以增加但却不会导致系统变得不稳定的数量。

闭环系统的增益裕度（gain margin）g_m 定义为使系统变得不稳定的回路增益的最小倍数（相对于实际回路增益）。它也是原点到负实轴穿越点〔回路传递函数 $L(i\omega)$ 在 -1 点和 0 点之间穿越负实轴的点〕距离的倒数。如果存在多个穿越点，则增益裕度由最靠近临界点的穿越点来定义。设该点为 $L(i\omega_{pc})$，其中 ω_{pc} 表示的频率称作相位穿越频率（phase crossover frequency）。系统的增益裕度为：

$$g_m = \frac{1}{|L(i\omega_{pc})|} \tag{10.5}$$

这个数据可以直接从图 10.11a 所示的奈奎斯特图中获得。

相位裕度（phase margin）是达到稳定极限所需的相位滞后量。设 ω_{gc} 为增益穿越频率（gain crossover frequency），即回路传递函数 $L(i\omega)$ 穿越实轴下方的单位半圆的频率。那么相位裕度为：

$$\varphi_m = 180° + \angle L(i\omega_{gc}) \tag{10.6}$$

与增益裕度一样，可从图 10.11a 所示的奈奎斯特图中获得该数值。如果奈奎斯特曲线多次穿越半圆，则相位裕度由最靠近临界点的穿越点定义。

增益裕度和相位裕度也可以由回路传递函数的伯德图来确定，如图 10.11b 所示。为了得到增益裕度，先求出相位穿越频率 ω_{pc}，此处相位为 $-180°$。增益裕度就是该频率下增益的倒数。为了确定相位裕度，先确定增益穿越频率 ω_{gc}，此处回路传递函数的增益为 1。相位裕度就是该频率处回路传递函数的相位再加上 $180°$。图 10.11b 标出了从回路传递函数的伯德图求取裕度的方法。如果回路传递函数与 $|L(i\omega)|=1$ 或 $\angle L(i\omega)=-180° \pm n \cdot 360°$ 相交很多次，那么就不容易用伯德图来确定裕度。这时应该改用奈奎斯特图。

增益裕度和相位裕度是控制系统设计中长期使用的经典鲁棒性量度。由于设计往往基于回路传递函数的伯德图，因此它们尤其有吸引力。增益裕度和相位裕度与稳定裕度之间满足以下的不等式关系：

$$g_m \geqslant \frac{1}{1-s_m}, \quad \varphi_m \geqslant 2\arcsin(s_m/2) \tag{10.7}$$

这一关系源自图 10.11 以及 s_m 小于从临界点 -1 到增益穿越频率的定义点之间的距离 $d = 2\sin(\varphi_m/2)$ 这一事实。

稳定裕度 s_m 的一个缺点是它在回路传递函数的伯德图上没有自然表示。可以证明，闭环传递函数 $1/(1+P(s)C(s))$ 的峰值幅度 M_s 与稳定裕度的关系为 $s_m = 1/M_s$，这将与更一般的鲁棒性量度一起在第 13 章讨论。增益裕度和相位裕度的缺点是，必须同时给出二者来保证奈奎斯特曲线不接近临界点。此外在伯德图中也很难表示环绕次数。一般来说，最好使用奈奎斯特图来检查稳定性，因为它提供的信息比伯德图完整得多。

例 10.7 三阶系统的稳定裕度

考虑回路传递函数 $L(s)=3/(s+1)^3$。其奈奎斯特图和伯德图如图 10.12 所示。为了计算增益裕度、相位裕度以及稳定裕度，采用图 10.12a 所示的奈奎斯特图。由此得到以下数值：

$$g_m = 2.67, \quad \varphi_m = 41.7°, \quad s_m = 0.464$$

此外，也可以由伯德图来计算增益裕度和相位裕度。

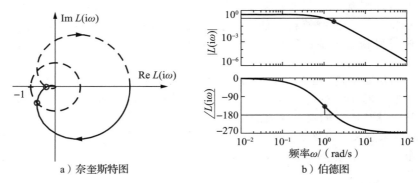

图 10.12　一个三阶传递函数的稳定裕度。在图 a 所示奈奎斯特图中，通过测量相关特征的距离可以确定增益裕度、相位裕度和稳定裕度。增益裕度和相位裕度也可以从图 b 所示伯德图中读出　◀

　　需要注意的是，即使增益裕度和相位裕度都合理，但系统却仍可能不够鲁棒，下面的例子就是如此。

例 10.8　增益裕度和相位裕度好但稳定裕度差的系统

考虑具有以下回路传递函数的系统：

$$L(s)=\frac{0.38(s^2+0.1s+0.55)}{s(s+1)(s^2+0.06s+0.5)}$$

经数值计算得到增益裕度为 $g_m=266$、相位裕度为 $70°$。这些值表明系统是鲁棒的，但是奈奎斯特曲线却比较靠近临界点，如图 10.13a 所示。稳定裕度为 $s_m=0.27$，相当低。闭环系统有两个谐振模态，一个的阻尼比为 $\zeta=0.81$，另一个为 $\zeta=0.014$。系统的阶跃响应是强烈振荡的，如图 10.13c 所示。

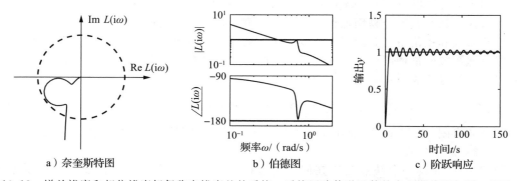

图 10.13　增益裕度和相位裕度好但稳定裕度差的系统。系统回路传递函数的奈奎斯特图如图 a 所示，伯德图如图 b 所示，系统阶跃响应如图 c 所示。其中奈奎斯特曲线仅绘出了 $\omega>0$ 的部分　◀

　　在设计反馈系统时，使用增益裕度、相位裕度及稳定裕度来定义系统鲁棒性往往十分有用。这些数值将告诉我们，从系统的标称模型出发，系统还可以变化多少仍能保持稳定。合理的裕度取值为：相位裕度 $\varphi_m=30\sim60°$，增益裕度 $g_m=2\sim5$，稳定裕度 $s_m=0.5\sim0.8$。

　　还有一些其他的稳定性量度，比如时延裕度（delay margin），它是使系统不稳定所需要的最小时间延迟。对于回路传递函数衰减很快的情况，时延裕度与相位裕度密切相关，但对于回路传递函数的增益曲线在高频段有多个峰值的系统，时延裕度是一个更相关的量度。

例 10.9　原子力显微镜的纳米定位系统

考虑原子力显微镜的样品水平定位系统（原子力显微镜已在 4.5 节做过详细介绍）。

该系统具有震荡的动态，可以采用低阻尼的弹簧-质量系统来进行简单建模。归一化传递函数为

$$P(s) = \frac{\omega_0^2}{s^2 + 2\zeta\omega_0 s + \omega_0^2} \tag{10.8}$$

其中的阻尼比通常数值很小，例如 $\zeta = 0.1$。

先考虑仅有积分作用的控制器。所得的回路传递函数为：

$$L(s) = \frac{k_i \omega_0^2}{s(s^2 + 2\zeta\omega_0 s + \omega_0^2)}$$

式中，k_i 是控制器增益。回路传递函数的奈奎斯特图和伯德图如图 10.14 所示。注意临界点 -1 附近的部分奈奎斯特曲线近似为圆形。

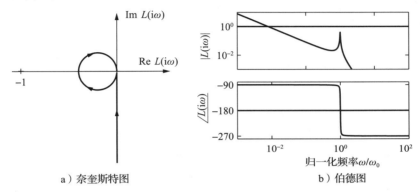

a）奈奎斯特图　　　　　　　　b）伯德图

图 10.14　式（10.8）给出的原子力显微镜系统在使用积分控制器时，回路传递函数的奈奎斯特图和伯德图。伯德图的频率以 ω_0 为基准进行归一化处理。其他参数选为 $\zeta = 0.01$、$k_i = 0.008$

从图 10.14b 的伯德图可见，相位穿越频率是 $\omega_{pc} = \omega_0$，它与增益 k_i 无关。在该频率处计算回路传递函数，可得 $L(i\omega_0) = -k_i/(2\zeta\omega_0)$，这意味着稳定裕度为 $s_m = 1 - k_i/(2\zeta\omega_0)$。为了得到理想的稳定裕度 s_m，积分增益应该选择为：

$$k_i = 2\zeta\omega_0(1 - s_m)$$

在图 10.14 中，系统奈奎斯特图和伯德图的增益裕度为 $g_m = 2.5$，稳定裕度为 $s_m = 0.6$。伯德图中的增益曲线在低频段几乎为一条直线，在 $\omega = \omega_0$ 处有一个谐振峰。增益穿越频率近似等于 k_i，相位单调地从 $-90°$ 降低到 $-270°$：在 $\omega = \omega_0$ 处是 $-180°$。改变 k_i 可以垂直移动增益曲线：增大 k_i 时，增益曲线将上移且使增益穿越频率升高。　　　　　　◀

10.4　伯德图关系与最小相位系统

对伯德图的分析表明，在增益曲线和相位曲线之间似乎存在某种关系。以图 9.13 所示的微分器和积分器的伯德图为例进行说明。微分器的斜率是 $+1$，相位是常数 $\pi/2$ 弧度。积分器的斜率是 -1，相位为是 $-\pi/2$ 弧度。对于一阶系统 $G(s) = s + a$，幅值曲线在低频段的斜率为 0，高频段的斜率为 $+1$，在低频段的相位为 0，在高频段是 $\pi/2$。

伯德在以他名字命名的伯德图中研究了增益曲线和相位曲线之间的关系，他发现对于一类特殊系统，增益和相位之间确实存在关系。这些系统没有时滞或在右半平面没有极点和零点，而且它们还具有 $\lg(|G(s)|)/s$ 随着 $s \to \infty$ 而趋向于 0 的特点（这里 $\text{Re} s \geqslant 0$）。伯德称这种系统为最小相位系统（minimum phase system），因为在具有相同增益曲线的所有系统中，它们的相位滞后最小。对于最小相位系统，相位由增益曲线的形状唯一给出，反之亦然，即

$$\arg G(i\omega_0) = \frac{\pi}{2}\int_0^\infty f(\omega)\frac{d\ln|G(i\omega)|}{d\ln\omega}\frac{d\omega}{\omega} \approx \frac{\pi}{2}\frac{d\ln|G(i\omega)|}{d\ln\omega}\Big|_{\omega=\omega_0} \qquad (10.9)$$

其中 f 为加权核函数：

$$f(\omega) = \frac{2}{\pi^2}\ln\left|\frac{\omega+\omega_0}{\omega-\omega_0}\right| \quad 且 \quad \int_0^\infty f(\omega)\frac{d\omega}{\omega}=1 \qquad (10.10)$$

因此，最小相位系统的相位曲线是增益曲线导数的加权平均值。注意，由于 $|G(s)| = |-G(s)|$、$\angle(-G(s)) = \angle G(s) - 180°$，因此，需要正确选择最小相位系统 $G(s)$ 的符号。我们假设总是选择符号以使 $\angle G(s) > \angle(-G(s))$。

下面用一个例子来说明式（10.9）。

例 10.10 **传递函数 $G(s)=s^n$ 的相位**

对于传递函数 $G(s)=s^n$，有 $\ln G(s)=n\ln s$，因此有 $d\ln G(s)/d\ln s=n$。由式（10.9）可得：

$$\arg G(i\omega_0) = \frac{\pi}{2}\int_0^\infty f(\omega)\frac{d\ln|G(i\omega)|}{d\ln\omega}\frac{d\omega}{\omega} = \frac{\pi}{2}\int_0^\infty nf(\omega)\frac{d\omega}{\omega} = n\frac{\pi}{2}$$

式中，最后一个等式来自式（10.10）。如果增益曲线具有恒定斜率 n，则相位曲线为水平线 $\arg G(i\omega)=n\pi/2$。 ◀

下面将给出几个非最小相位传递函数的例子。时延 τ 个时间单位的传递函数为 $G(s)=e^{-s\tau}$。该传递函数具有单位增益 $|G(i\omega)|=1$，相位则为 $\arg G(i\omega)=-\omega\tau$。对应的单位增益最小相位系统的传递函数为 $G(s)=1$。因此时延带来了额外的相位滞后 $\omega\tau$。注意相位滞后随着频率线性增加。图 10.15a 给出了该传递函数的伯德图（由于频率使用了对数坐标，所以图中的相位看起来呈指数下降）。

考虑传递函数为 $G(s)=(a-s)/(a+s)$ 的系统，其中 $a>0$，它在右半平面有零点 $s=a$。传递函数有单位增益 $|G(i\omega)|=1$，相位为 $\arg G(i\omega)=-2\arctan(\omega/a)$。对应的单位增益最小相位系统的传递函数为 $G(s)=1$。图 10.15b 为该传递函数的伯德图。传递函数 $G(s)=(s+a)/(s-a)$（其中 $a>0$）在右半平面有一个极点，对其进行类似的分析表明，它的相位是 $\arg G(i\omega)=-2\arctan(a/\omega)$。其伯德图如图 10.15c 所示。

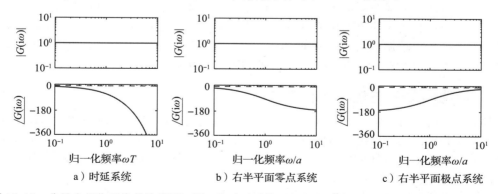

图 10.15　非最小相位系统的伯德图。图 a 为时延系统 $G(s)=e^{-sT}$；图 b 为右半平面有一个零点的系统 $G(s)=(a-s)/(a+s)$；图 c 为右半平面有一个极点的系统 $G(s)=(s+a)/(s-a)$。三种情况对应的最小相位系统传递函数都是 $G(s)=1$（其相位曲线以虚线表示）

右半平面极点和零点的存在对可获得的性能施加了严格的限制，这将在第 14 章讨论。应该通过重新设计系统来避免这种类型的动态。尽管极点是系统的固有属性，不依赖于传感器和执行器，但是零点依赖于系统的输入和输出是如何与状态变量相耦合的。因此，可以通过移动传感器和执行器或引入新的传感器和执行器来改变零点。

不幸的是，非最小相位系统在实践中是相当普遍的。下面的例子表明，在非最小相位系统的响应中可能会存在问题。

例 10.11 车辆转向

例 6.13 和例 9.10 中考虑的车辆转向模型往前驾驶和往后驾驶具有不同的特性。对于简化的车辆模型，从转向角到侧向位置的非归一化传递函数为：

$$P(s)=\frac{av_0s+v_0^2}{bs^2}$$

式中，v_0 是车辆速度，a、$b>0$（见例 6.13）。传递函数具有零点 $s=-v_0/a$。在正常驾驶（向前）时，该零点位于左半平面，但是在倒车时，$v_0<0$，零点位于右半平面。单位阶跃响应为：

$$y(t)=\frac{av_0t}{b}+\frac{v_0^2t^2}{2b}$$

因此，侧向位置将作为积分器对转向指令立即做出响应。但对于倒车转向，v_0 为负值，初始响应的方向是错误的，这是非最小相位系统的一个典型行为（称作逆向响应，inverse response）。

图 10.16 给出了向前驾驶和向后驾驶的阶跃响应。参数为 $a=1.5\ \mathrm{m}$，$b=3\ \mathrm{m}$，向前驾驶时 $v_0=2\ \mathrm{m/s}$，反向驾驶时 $v_0=-2\ \mathrm{m/s}$。因此，在反向驾驶时，质心在相反方向上有一个初始运动，在汽车开始以期望的方式行驶之前有一个延迟。

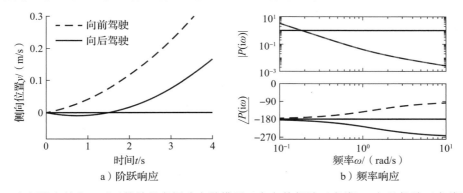

a）阶跃响应   b）频率响应

图 10.16 车辆倒车转向。对于简单的车辆动力学模型，在向前驾驶（虚线）、向后驾驶（实线）两种情况下，从转向角到侧向移动的阶跃响应曲线如图 a 所示。利用后轮转向时，质心先往错误方向移动，与利用前轮转向的情况相比，后轮转向的整体响应有明显延迟。向前驾驶（虚线）和向后驾驶（实线）的频率响应如图 b 所示。注意增益曲线相同，但向后驾驶的相位曲线具有非最小的相位

零点 v_0/a 的位置取决于传感器的位置。在我们的计算中假定传感器位于质心处。如果传感器位于后轮，则传递函数中的零点将消失。因此，如果我们看后轮的中心而不是看质心，则不会出现反向的响应，所得的输入/输出行为也会简化。

单位阶跃响应 $y(t)$ 及传递 $P(s)$ 的公式给出了时域和频域之间一个有趣的见解：t 较小时的阶跃响应行为特性 $y(t)\approx av_0t/b$ 与传递函数 $P(s)\approx av_0/(bs)$ 的高频特性有关，t 较大时的阶跃响应行为特性与传递函数的低频特性有关。使用 9.3 节末尾讨论的初值定理，可以将这种联系更加正式地表述出来。 ◀

*10.5 增益和相位的广义概念

频域分析法的关键思想是跟踪通过系统的正弦信号。由传递函数表示的增益和相位概

念非常直观，因为它们描述了输入与输出间的幅值和相位关系。本节将研究如何把增益和相位的概念推广到更一般的系统，包括一些非线性系统。我们还将证明，如果信号为近似正弦的，则也存在类似的奈奎斯特稳定性判据。

10.5.1 系统增益和无源性

先考虑静态线性系统 $y = Au$ 的情况，这里 A 是元素为复数的矩阵，A 不必为方阵。设输入、输出是元素为复数的向量，并采用欧几里得范数

$$\| u \| = \sqrt{\sum | u_i |^2} \tag{10.11}$$

输出范数的平方为：

$$\| y \|^2 = u^* A^* A u$$

式中，* 表示复共轭转置，矩阵 $A^* A$ 是对称半正定的，上式右端为二次型。矩阵 $A^* A$ 的特征值的平方根都是实数，因此有：

$$\| y \|^2 \leqslant \overline{\lambda}(A^* A) \| u \|^2$$

式中，$\overline{\lambda}$ 表示取最大特征值。因此，系统增益可以定义为在所有可能的输入下输出与输入的最大比值，即

$$\gamma = \max_u \frac{\| y \|}{\| u \|} = \sqrt{\overline{\lambda}(A^* A)} \tag{10.12}$$

矩阵 $A^* A$ 的特征值的平方根称作矩阵 A 的奇异值（singular value），最大奇异值记为 $\overline{\sigma}(A)$。

为了将以上定义推广到输入/输出动态系统的情况，需要把输入和输出看成是信号构成的向量，而不是实数构成的向量。为简单起见，先考虑标量信号的情况，设信号空间 L_2 由具有以下范数的平方可积函数构成：

$$\| u \|_2 = \sqrt{\int_0^\infty | u |^2 (\tau) d\tau}$$

用式（10.11）所示的向量范数来代替上式中的绝对值，这个定义可以推广到信号向量的情况。现在，对输入为 $u \in L_2$、输出为 $y \in L_2$ 的系统，正式定义其增益（gain）为：

$$\gamma = \sup_{u \in L_2} \frac{\| y \|_2}{\| u \|_2} \tag{10.13}$$

式中，sup 是上确界（supremum），其定义为大于或等于其参数的所有值中的最小数。使用上确界的原因在于，$u \in L_2$ 的参数最大值未必有定义。系统增益的这个定义是相当广义的，甚至可以适用于某些类型的非线性系统，不过需要注意如何处理初始条件和全局非线性。

这个广义的增益概念可以用于定义系统的输入输出稳定性概念。粗略地说，如果对于所有的初始状态，任何一个有界输入都存在有界输出，那么系统被称作有界输入/有界输出（BIBO）稳定的。设 β 和 γ 是在原点为 0 的单调递增函数，如果 $\| x(t) \| \leqslant \beta(\| x(0) \|) + \gamma(\| u \|)$，则系统被称作从输入到状态稳定的（ISS）。

式（10.13）所示的范数在线性系统的情况下有一些很优良的性质。具体来讲，对于传递函数为 $G(s)$ 的单输入单输出稳定线性系统，可以证明系统的增益为

$$\gamma = \sup_\omega | G(i\omega) | =: \| G \|_\infty \tag{10.14}$$

换句话说，系统的增益对应于频率响应的峰值。这符合我们的直觉，即当处于系统的谐振频率时，输入将产生出最大的输出。$\| G \|_\infty$ 称作传递函数 $G(s)$ 的无穷范数（infinity norm）。

增益的这个定义也可以推广到多输入多输出的情况。对于具有传递函数矩阵 $G(s)$ 的线性多变量系统，增益可以定义为：

$$\gamma = \| G \|_\infty = \sup_\omega \overline{\sigma}(G(i\omega)) \tag{10.15}$$

因此，可以通过观察所有频率上的最大奇异值，将矩阵增益的概念和线性系统增益的概念

结合起来。

除了推广系统增益的概念外，还可以推广相位的概念。两个向量之间的夹角可以用下式来定义：

$$\langle u, y \rangle = \| u \| \| y \| \cos(\varphi) \tag{10.16}$$

其中左侧表示两个参数的标量积。如果在系统的定义中，定义了信号的范数以及信号之间的标量积，那么可以利用式（10.16）来定义两个信号之间的相位。对于平方可积的输入和输出，标量积为：

$$\langle u, y \rangle = \int_0^\infty u(\tau) y(\tau) d\tau$$

于是就可以用式（10.16）来定义信号 u 和 y 之间的相位 φ。

一个系统，如果对于所有的输入，其输入和输出之间的相位皆为 90°或者更小，则称之为无源系统（passive system）。相位严格小于 90°的系统，则称作严格无源的（strictly passive）系统。

10.5.2　奈奎斯特判据的推广

奈奎斯特判据有许多推广，这里简要介绍几个。对于线性系统，根据奈奎斯特定理，如果回路传递函数的增益对于所有频率都小于 1，则闭环是稳定的。由于已经为非线性系统定义了式（10.13）所示的增益概念，因此可以将线性情况的奈奎斯特判据推广到非线性系统：

定理 10.4　（小增益定理）考虑图 10.17 所示的闭环系统，其中 H_1 和 H_2 是输入/输出稳定的子系统，并且信号空间和初始条件是适当定义的。令子系统 H_1 和 H_2 的增益分别为 γ_1 和 γ_2。那么当 $\gamma_1 \gamma_2 < 1$ 时，闭环系统是输入/输出稳定的，且闭环系统的增益为

$$\gamma = \frac{\gamma_1}{1 - \gamma_1 \gamma_2}$$

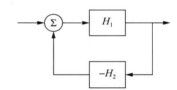

通过研究非线性系统的相移，可以得到奈奎斯特判据在非线性系统中的另一个推广。让我们再次考虑图 10.17 的系统。根据奈奎斯特判据，若 H_1 和 H_2 是线性传递函数，且 $H_1 H_2$ 的相位始终小于 180°，那么闭环系统是稳定的。推广到非线性系统就是，如果 H_1 和 H_2 都是无源的，且其中之一是严格无源的，则闭环系统是稳定的。这个结论叫作无源性定理（passivity theorem）。

图 10.17　两个一般非线性子系统 H_1、H_2 反馈联接的框图

最后要介绍的一个极其有用的奈奎斯特判据的推广适用于图 10.18 所示的系统，其中 H_1 是传递函数为 $H(s)$ 的线性子系统，非线性块 H_2 是由函数 $F(x)$ 描述的静态非线性子系统，$F(x)$ 为以下扇形有界的（sector-bounded）函数：

$$k_{\text{low}} x \leqslant F(x) \leqslant k_{\text{high}} x \tag{10.17}$$

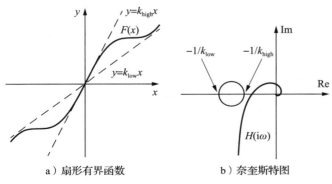

a）扇形有界函数　　　b）奈奎斯特图

图 10.18　稳定性的圆判据：对具有图 a 所示扇形有界非线性的反馈系统，奈奎斯特曲线必须如图 b 那样，保持在由 $-1/k_{\text{low}} \leqslant x \leqslant -1/k_{\text{high}}$ 所限定的圆之外

下面的定理让我们可以对这个系统的稳定性进行推断。

定理 10.5　（圆判据）考虑一个负反馈系统，它由传递函数为 $H(s)$ 的一个线性子系统以及满足扇形有界条件式（10.17）的函数 $f(x)$ 所定义的一个静态非线性构成。当 $H(\mathrm{i}\omega)$ 的奈奎斯特曲线位于一个圆之外（该圆有一条直径与负实轴上的 $-1/k_{\mathrm{low}} \leqslant x \leqslant -1/k_{\mathrm{high}}$ 范围重合）且满足环绕条件时，则闭环系统是稳定的。

以上讨论的奈奎斯特判据的推广是强大且易于应用的，在第 13 章将用到它们。具体的细节、证明及应用见文献［144］。

10.5.3　描述函数

像图 10.19a 这种特殊的非线性系统，是由一个线性子系统和一个静态非线性通过反馈连接构成的，有可能基于描述函数（describing function）的概念，得到有关这种系统的一个一般化的奈奎斯特稳定性判据。下面按照推导奈奎斯特稳定性条件的方法，来研究维持系统振荡的条件。如果线性子系统具有低通的特征，那么即使输入是高度不规则的，输出也将是近似正弦的。因此，通过对第一次谐波对应的正弦波信号的传输进行研究，就可以找到振荡的条件。

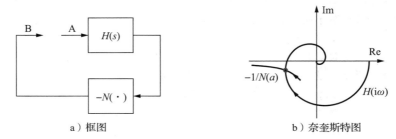

a）框图　　　　　　　　　b）奈奎斯特图

图 10.19　描述函数分析法。图 a 所示为静态非线性与线性子系统间反馈连接的框图，线性子系统由传递函数 $H(s)$ 描述，它依赖于频率；非线性由描述函数 $N(a)$ 描述，它依赖于其输入的幅值 a。图 b 为 $H(\mathrm{i}\omega)$ 的奈奎斯特曲线和 $-1/N(a)$ 的曲线，两曲线的交点表示可能的极限环

为了进行这种分析，必须分析正弦信号如何通过静态非线性子系统传播。特别要研究非线性子系统输出的第一次谐波与其（正弦）输入的关系。令 $F(x)$ 表示非线性函数，将 $F(\mathrm{e}^{\mathrm{i}\omega t})$ 展开为谐波项：

$$F(a\,\mathrm{e}^{\mathrm{i}\omega t}) = \sum_{n=0}^{\infty} M_n(a)\,\mathrm{e}^{\mathrm{i}[n\omega t + \varphi_n(a)]}$$

式中，$M_n(a)$ 和 $\varphi_n(a)$ 表示第 n 次谐波的增益和相位，它们取决于输入的幅值（因为函数 $F(x)$ 是非线性的）。我们将描述函数定义为第一次谐波的复增益，即：

$$N(a) = M_1(a)\,\mathrm{e}^{\mathrm{i}\varphi_1(a)} \tag{10.18}$$

也可以假定输入为正弦波，利用其输出的傅里叶级数的第一项来计算这个函数。

忽略高次谐波，跟以前推导奈奎斯特稳定性判据一样进行推导，可以找到维持振荡的条件为

$$H(\mathrm{i}\omega)N(a) = -1 \tag{10.19}$$

这个条件意味着，如果在图 10.19a 的 A 点注入一个幅值为 a 正弦波，则同样的信号将出现在 B 点，若将 A、B 两点连接起来，则振荡将持续下去。式（10.19）给出了求取振荡频率 ω 及幅值 a 的两个条件：$H(\mathrm{i}\omega)N(a)$ 的相位必须为 180°，幅值必须为单位 1。求解该方程的一种简便方法是绘制 $H(\mathrm{i}\omega)$ 和 $-1/N(a)$ 的曲线于同一个图中，如图 10.19b 所示。该图类似于奈奎斯特图，只是要用 $-1/N(a)$ 的曲线（其中 a 的范围是从 0 到 ∞）来代替临界点 -1。两曲线的交点将给出可能振荡的幅值 a 和频率 ω。

也可以针对正弦波以外的其他类型的输入定义描述函数。描述函数分析是一种简单的方法，但它是近似的，因为它假定高次谐波可以忽略。文献［25，108］对描述函数技术进行了很出色的介绍。下面的例子介绍了这一技术的应用。

例 10.12　带滞环的继电器

考虑一个线性子系统与一个滞环继电特性非线性的组合。继电器输出幅值为 b；当输入为 $\pm c$ 时，继电器发生切换，如图 10.20a 所示。假定输入为 $u = a\sin(\omega t)$，可以发现：当 $a \leqslant c$ 时，输出为零；当 $a > c$ 时，输出是幅值为 b 的方波，其切换时刻为 $\omega t = \arcsin(c/a) + n\pi$。因此第一次谐波为 $y(t) = (4b/\pi)\sin(\omega t - \alpha)$，其中 $\sin\alpha = c/a$。当 $a > c$ 时，描述函数及其倒数为：

$$N(a) = \frac{4b}{a\pi}\left(\sqrt{1 - \frac{c^2}{a^2}} - \mathrm{i}\,\frac{c}{a}\right), \quad \frac{1}{N(a)} = \frac{\pi\sqrt{a^2 - c^2}}{4b} + \mathrm{i}\,\frac{\pi c}{4b}$$

该倒数经过简单计算即可得到。图 10.20b 为继电器对正弦输入的响应，其中以浅色线绘出了输出的第一次谐波。描述函数分析如图 10.20c 所示，其中传递函数 $H(s) = 2/(s+1)^4$ 的奈奎斯特曲线以虚线绘出，$b = 1$、$c = 0.5$ 时继电器描述函数的负倒数的曲线以实线绘出。两曲线交于 $a = 1$、$\omega = 0.77$ rad/s 处，指明了当过程与继电环节反馈相连时可能发生振荡的幅值和相位。

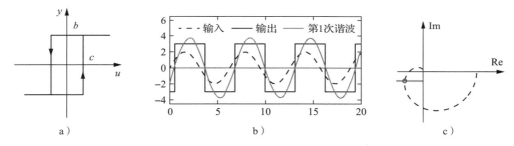

图 10.20　具有滞环特性的继电器的描述函数分析。图 a 为滞环的输入输出关系；图 b 为输入幅值为 $a = 2$ 时，输入（虚线）、输出（粗实线）以及输出的第一次谐波（浅色实线）的波形；图 c 为传递函数 $H(s) = (s+1)^{-4}$ 的奈奎斯特曲线（虚线），及当 $b = 3$、$c = 1$ 时继电器描述函数的负倒数的曲线（实线）　◀

从这个例子可以看出，无滞环继电器的描述函数是 $N(a) = 4b/(a\pi)$，因此，$-1/N(a)$ 的轨迹就是负实轴。对于饱和函数的情况，$-1/N(a)$ 是负实轴上从 $-\infty$ 到 -1 的部分。

10.6　阅读提高

如今著名的奈奎斯特稳定性判据的原始论文发表于 1932 年的 *Bell Systems Technical Journal* 上[192]。在文献［33］中可以找到更容易理解的版本，其中还有其他一些早期的有关控制的重要论文。奈奎斯特的该论文还在 IEEE 的一个有关控制的原创论文集[28] 中进行过重印。奈奎斯特以 +1 为临界点，但是伯德把它换成了 -1，这是现在的标准表示法。文献［46，52，35］在早期的发展中贡献了重要观点。奈奎斯特根据他对正弦信号在系统中传播的洞察进行了直接计算，他没有使用复变函数理论的成果。使用辐角原理进行简短证明的思想是麦科尔（MacColl）在文献［171］提出来的。文献［51］中广泛使用了复变函数理论，奠定了频率响应分析的基础，也对最小相位的概念进行了详细的阐释。文献［6］是复变函数理论一个很好的来源。

将奈奎斯特判据推广到由一个线性子系统与一个静态非线性构成的闭环系统的研究受到了广泛关注。文献［144］中给出了无源性和小增益定理以及描述函数的完整处理。文献

[25，108] 中给出了多种非线性特性的描述函数。正如文献 [130，57，196] 等早期教材所言，频率响应分析是控制理论出现的一个关键因素，是早期控制理论的基石之一。当鲁棒控制在 20 世纪 80 年代出现的时候，频率响应法的研究经历了一次复苏，这将在 13 章中讨论。

习题

10.1 （运放的回路传递函数）考虑下图所示的运放电路，其中 Z_1 和 Z_2 是广义阻抗，开环放大器则建模为传递函数 $G(s)$。

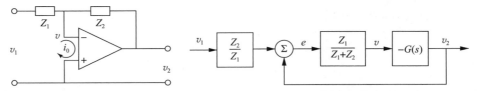

证明：系统可建模为右图所示的框图，其回路传递函数为 $L = Z_1 G/(Z_1 + Z_2)$，前馈传递函数为 $F = Z_1/(Z_1 + Z_2)$。

10.2 （原子力显微镜）原子力显微镜在轻敲模式下的动态主要由悬臂振动的阻尼以及平均化振动的子系统决定。将悬臂建模为低阻尼的弹簧-质量系统，可以发现振动的幅值按 $\exp(-\zeta\omega_0 t)$ 衰减，其中 ζ 是阻尼比、ω_0 是悬臂的无阻尼自然频率。因此，悬臂的动态可以建模为以下传递函数：

$$G(s) = \frac{a}{s+a}$$

式中，$a = \zeta\omega_0$。平均化过程则可以建模为以下的输入/输出关系：

$$y(t) = \frac{1}{\tau}\int_{t-\tau}^{t} u(v)\mathrm{d}v$$

其中，平均时间是振荡周期 $2\pi/\omega$ 的 n 倍。压电扫描器的动态在一阶近似时可以忽略，因为它们通常要远快于 a。因此，整个系统的简化模型由以下传递函数给出：

$$P(s) = \frac{a(1-\mathrm{e}^{-s\tau})}{s\tau(s+a)}$$

画出系统的奈奎斯特曲线，求使系统达到稳定边界的比例控制器增益。

10.3 （过载条件下的拥塞控制）以下的回路传递函数给出了过载条件下 TCP 回路的一个高度简化的流量模型：

$$L(s) = \frac{k}{s}\mathrm{e}^{-s\tau}$$

其中队列的动态用积分器建模，TCP 窗口控制用时延 τ 建模，控制器采用简单的比例控制器。一个主要的困难是，在系统运行中时延可能发生显著变化。证明：如果能够测量时延，就能够选出一个增益，使得在所有时延 τ 下都有稳定裕度 $s_{\mathrm{m}} \geqslant 0.6$。

10.4 （热传导）固体中热传导的简化模型由以下传递函数给定：

$$P(s) = k\mathrm{e}^{-\sqrt{s}}$$

绘制系统的奈奎斯特图。确定过程相位为 $-180°$ 时的频率及增益。证明：使系统达到稳定边界所需的增益为 $k = \mathrm{e}^{\pi}$。

10.5 （二阶系统的稳定裕度）一个过程的动态为双重积分器，用传递函数为 $C(s) = k_{\mathrm{d}}s + k_{\mathrm{p}}$ 的理想 PD 控制器进行控制，其中增益为 $k_{\mathrm{d}} = 2\zeta\omega_0$，$k_{\mathrm{p}} = \omega_0^2$。计算并绘制增益裕度、相位裕度和稳定裕度关于 ζ 的函数关系。

10.6 （单位增益的运放）考虑 $Z_1 = Z_2$ 的一个运放电路，其对应的闭环系统具有标称单位增益。设运放的传递函数为：

$$G(s) = \frac{ka_1 a_2}{(s+a)(s+a_1)(s+a_2)}$$

式中，a_1、$a_2 \gg a$。证明：振荡的条件是 $k < a_1 + a_2$。计算系统的增益裕度。提示：令 $a = 0$。

10.7 （车辆转向）考虑例 8.4 讨论的采用状态反馈控制器的车辆转向线性化模型。根据例 9.10 的计算，过程和控制器的传递函数分别是：

$$P(s) = \frac{\gamma s + 1}{s^2}, \quad C(s) = \frac{s(k_1 l_1 + k_2 l_2) + k_1 l_2}{s^2 + s(\gamma k_1 + k_2 + l_1) + k_1 + l_2 + k_2 l_1 - \gamma k_2 l_2}$$

令过程参数为 $\gamma = 0.5$，并假定状态反馈增益为 $k_1 = 0.5$ 和 $k_2 = 0.75$，观测器增益为 $l_1 = 1.4$ 和 $l_2 = 1$。数值计算稳定裕度。

* 10.8 （矢量推力飞机）考虑例 7.9 和例 8.7 中为矢量推力飞机设计的状态空间控制器。该控制器由两部分组成：最优估计器用于从输出计算系统的状态，状态反馈补偿器用于根据给定的（估计）状态计算输入。计算系统的回路传递函数，并确定闭环动态系统的增益裕度、相位裕度及稳定裕度。

10.9 （卡尔曼不等式）考虑式（7.20）所示的线性系统。令 $u = -Kx$ 是通过求解线性二次型调节器问题得到的状态反馈机制。证明以下不等式

$$(I + L(-i\omega))^\top Q_u (I + L(i\omega)) \geqslant Q_u$$

其中，

$$K = Q_u^{-1} B^\top S, \quad L(s) = K(sI - A)^{-1} B$$

［提示：使用黎卡提方程式（7.33），加、减 sS 项，左乘 $B^\top (sI + A)^{-\top}$，右乘 $(sI - A)^{-1} B$］。

对于单输入单输出系统，这一结果意味着回路传递函数的奈奎斯特曲线具有 $|1 + L(i\omega)| \geqslant 1$ 的性质，因此，线性二次型调节器的相位裕度总大于 $60°$。

10.10 （伯德公式）对一个奇点全在左半平面的传递函数，利用伯德公式（10.9）考虑其增益和相位间的关系。绘制加权函数曲线，并估算近似公式 $\arg G \approx (\pi/2)\, \mathrm{d}\ln|G|/\mathrm{d}\ln\omega$ 成立的频率。

10.11 （时延的 Padé 近似）考虑以下传递函数：

$$G(s) = e^{-s\tau}, \quad G_1(s) = \frac{1 - s\tau/2}{1 + s\tau/2} \tag{10.20}$$

证明：这两个传递函数的最小相位特性在频率 $\omega < 1/\tau$ 时是相似的。因此，长时延 τ 等效于一个小的右半平面零点。式（10.20）中的近似 $G_1(s)$ 称作一阶 Padé 近似（Padé approximation）。

10.12 （逆向响应）考虑输入/输出响应采用传递函数 $G(s) = 6(-s+1)/(s^2+5s+6)$ 进行建模的系统，该传递函数在右半平面有一个零点。计算系统的阶跃响应，并证明最初的输出方向是错误的，这种特性称作逆向响应（inverse response）。用 $s = -1$ 的零点代替 $s = 1$ 的零点得到一个最小相位系统，比较这两个系统的响应。

10.13 （圆判据）考虑图 10.17 所示的系统，其中 H_1 为具有传递函数 $H(s)$ 的线性子系统，H_2 为静态非线性函数 $F(x)$，且具有 $xF(x) \geqslant 0$ 的特点。利用圆判据证明：如果 $H(s)$ 是严格无源的，则闭环系统是稳定的。

10.14 （描述函数分析）考虑下左图所示结构框图的系统：

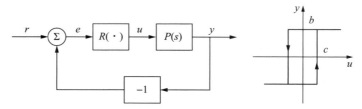

其中模块 R 是一个具有滞环特性的继电器环节，其输入输出响应如右图所示；过程传递函数为 $P(s) = e^{-s\tau}/s$。使用描述函数分析法确定可能的极限环的频率和幅值。仿真系统并与描述函数分析的结果进行比较。

10.15 （描述函数）考虑饱和函数：

$$y = \mathrm{sat}(x) = \begin{cases} -1, & x \leqslant 1 \\ x, & -1 < x \leqslant 1 \\ 1, & x > 1 \end{cases}$$

证明描述函数为：

$$N(a) = \begin{cases} x, & |x| \leqslant 1 \\ \dfrac{2}{\pi}\left(\arcsin\dfrac{1}{x} + \dfrac{1}{x}\sqrt{1 - \dfrac{1}{x^2}}\right), & |x| > 1 \end{cases}$$

第11章

PID 控制

通过对炼油、化工、制浆造纸等行业 11000 多个控制器的调查表明，97％的调节控制器采用 PID 反馈控制算法。

——L. Desborough and R. Miller，2002（文献 [71]）

比例积分微分（PID）控制是目前工程系统中最常用的反馈控制方法。本章介绍 PID 控制的基本特性及其控制器参数的选择方法。执行器饱和是在许多反馈系统中都存在的一个重要特性，本章将分析其影响，介绍其补偿方法。最后，作为反馈控制系统如何实现的一个例子，我们将讨论 PID 控制器的模拟或数字计算实现方法。

11.1　基本控制功能

本书 1.6 节已经介绍过 PID 控制器，由图 1.13 可知，PID 控制器的控制作用由三项构成：比例项（P），它取决于当前误差；积分项（I），它取决于过去的所有误差；导数项（D），它取决于预期的未来误差。PID 控制器和基于估计状态反馈的高级控制器（见 8.5 节）的主要区别在于，基于观测器的控制器使用数学模型预测系统的未来状态，PID 控制器则使用测量输出的线性外推。PI 控制器则不利用系统未来状态的任何预测值。

对中国广东省的 100 多台锅炉–汽轮机组控制器的调查结果可以说是 PID 控制普遍流行的一个强有力证据：94.4％的控制器采用 PI 控制，3.7％的控制器采用 PID 控制，1.9％的控制器采用先进控制[235]。微分作用仅见于约 4％的控制器的原因在于：预测的好处主要对于那些允许较大控制器增益的过程才显得重要。对许多系统来说，由于线性外推预测会放大测量噪声，因此将产生大量有害的控制信号。此外，还必须注意找到合适的预测范围。温度控制是能够利用微分作用好处的一种典型情况：温度传感器有很低的噪声水平，且控制器可以采用很高的增益。

PID 控制既见于简单的专用系统，也存在于拥有成千上万控制器的大型工厂。PID 控制器可以是独立的控制器，也可以是分层分布式控制系统的元件，或者是嵌入式系统的组件。先进控制系统是分层次实现的，其中高层级的控制器为底层的 PID 控制器提供设定点。PID 控制器则直接连接到过程的传感器和执行器。因此，PID 控制器的重要性并未因先进控制方法的采用而降低，因为系统的性能在很大程度上取决于 PID 控制器的行为[71]。有越来越多的证据表明，PID 控制也出现于生物系统中[259]。

带有理想 PID 控制器的闭环系统结构框图如图 11.1 所示。指令信号 r 在调节问题中称为参考信号，在 PID 控制的文献中称为设定点（setpoint）。图 11.1a 所示的系统的控制信号 u 完全由误差 e 产生，其中没有前馈项（前馈项对应于状态反馈中的 $k_f r$）。另一种常见情况如图 11.1b 所示，其中不存在对参考量的比例和微分作用；在 11.5 节中将讨论各种组合方案。

理想的误差反馈 PID 控制器的输入/输出关系为：

$$u = k_p e + k_i \int_0^t e(\tau) \mathrm{d}\tau + k_d \frac{\mathrm{d}e}{\mathrm{d}t} = k_p \left(e + \frac{1}{T_i} \int_0^t e(\tau) \mathrm{d}\tau + T_d \frac{\mathrm{d}e}{\mathrm{d}t} \right) \tag{11.1}$$

可见控制作用是三项之和：比例反馈项、积分项和微分作用项。由于这个原因，PID 控制器最初称作三项控制器（three-term controller）。

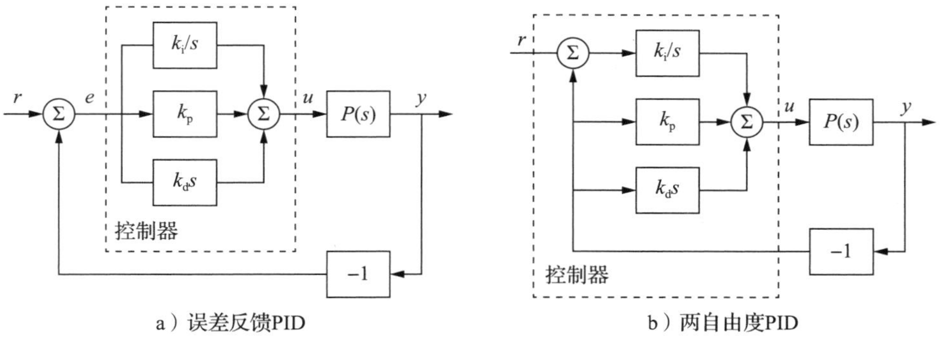

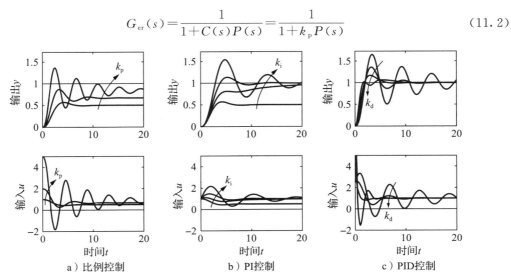

a）误差反馈PID   b）两自由度PID

图 11.1 带有理想 PID 控制器的闭环系统结构框图。两个控制器都为单输出，控制信号为 u。图 a 所示的控制器基于误差反馈，有一个输入，即控制误差 $e=r-y$。在该控制器中，比例、积分和微分作用同时作用于误差 e。图 b 所示的两自由度控制器有两个输入，即参考信号 r、过程输出 y。积分作用仅作用于误差上，比例和微分作用则仅作用于过程的输出 y 上

    控制器的参数包括比例增益 k_p、积分增益 k_i 和微分增益 k_d。增益 k_p 有时被表示为比例带（proportional band），比例带定义为 $PB=100/k_p$。因此，10% 的比例带意味着控制器仅能在测量信号变化范围的 10% 内线性工作。也可以用时间常数 $T_i=k_p/k_i$ 和 $T_d=k_d/k_p$ 来设置控制器的参数，这两个常数分别称作积分时间（常数）和微分时间（常数）。参数 T_i 和 T_d 具有时间的单位，可以自然地与控制器的时间常数相关联。

    控制器（11.1）是一个理想化的表示。对于理解 PID 控制器来讲，这是一个很有用的表示方法，但为了得到一个能实用的控制器，还必须做一些修改。在讨论这些实际问题之前，先建立 PID 控制的一些直觉认识。

    先考虑纯比例反馈。在不同增益设置下，纯比例控制系统的过程输出对单位阶跃参考信号的响应如图 11.2a 所示。由于缺少前馈项，输出永远达不到参考值，因此稳态误差不为零。设过程传递函数为 $P(s)$，在比例反馈时 $C(s)=k_p$，因此从参考到误差的传递函数为：

$$G_{er}(s)=\frac{1}{1+C(s)P(s)}=\frac{1}{1+k_pP(s)} \tag{11.2}$$

图 11.2 比例、PI、PID 三种控制器系统在参考值阶跃变化时的响应分别如图 a、图 b、图 c 所示。过程传递函数为 $P(s)=1/(s+1)^3$；比例控制器的参数为 $k_p=1$、2 和 5；PI 控制器的参数为 $k_p=1$，$k_i=0.02$、0.5 和 1；PID 控制器的参数为 $k_p=2.5$，$k_i=1.5$，$k_d=0$、1、2 和 4

假定闭环是稳定的，则单位阶跃输入下的稳态误差为：

$$G_{er}(0)=\frac{1}{1+C(0)P(0)}=\frac{1}{1+k_pP(0)}$$

对于图 11.2a 所示的系统，当增益 $k_p=1$、2 和 5 时，稳态误差分别为 0.5、0.33 和 0.17。误差随着增益的增加而降低，但系统也变得更为振荡。当 $k_p=8$ 时，系统变得不稳定。注意，图中控制信号的初值等于控制器的增益。

为了避免稳态误差，可以将比例项改为：

$$u(t)=k_pe(t)+u_{ff} \tag{11.3}$$

式中，u_{ff} 是前馈项，对其进行调整以得到所需的稳态值。如果参考值 r 为常数，并选择 $u_{ff}=r/P(0)=k_fr$，则只要没有干扰，稳态输出就将精确地等于参考值，这跟状态空间控制的情况一样。然而，这需要准确了解零频增益 $P(0)$，这通常是不可能的。参数 u_{ff} 称作置零（reset）值，在早期的控制器中是一个手动调整的量。另一种避免稳态误差的方法是将参考信号乘以 $1/[k_pP(0)]$，但这也需要精确了解 $P(0)$。

正如在 7.4 节所看到的，积分作用将保证稳态时的过程输出与参考一致，提供了前馈项的替代方案。由于这一结论极其重要，我们将提供一个一般性的证明。考虑式（11.1）所给的控制器（其中 $k_i\neq0$）。假定 $u(t)$、$e(t)$ 收敛于稳态值 $u=u_0$、$e=e_0$。那么根据式（11.1）可得：

$$u_0=k_pe_0+k_i\lim_{t\to\infty}\int_0^te(t)\mathrm{d}t$$

除非 $e(t)$ 为零，否则右端的极限将是无限的，这意味着必须有 $e_0=0$。因此可以得出结论，积分控制具有这样的性质：如果存在稳态，则稳态误差总为零。这个性质有时称作积分作用的魔法（magic of integral action）。注意这里并没有假定过程是线性的或时不变的。但却假定存在平衡点。用积分作用来实现零稳态误差要比用前馈控制好得多，因为前馈控制要求精确了解过程的参数。

积分作用的影响也可以通过频域分析来理解。PID 控制器的传递函数为：

$$C(s)=k_p+\frac{k_i}{s}+k_ds \tag{11.4}$$

控制器在零频率处有无穷大的增益（即 $C(0)=\infty$），因此根据式（11.2）有 $G_{er}(0)=1$，这意味着对于阶跃输入没有稳态误差。

积分作用也可以看成是在比例控制器（11.3）中自动产生前馈项 u_{ff} 的一种方法。这一思想如图 11.3a 所示，其中控制器的输出经低通滤波后，再经过正增益反馈。这种实现称作自动置零（automatic reset），是积分控制的一个早期发明（低通滤波器的实现要比积分器的实现早得多）。通过框图代数运算，可以得到图 11.3a 所示系统的传递函数为：

$$G_{ue}=k_p\frac{1+sT_i}{sT_i}=k_p+\frac{k_p}{sT_i}$$

这就是一个 PI 控制器的传递函数。

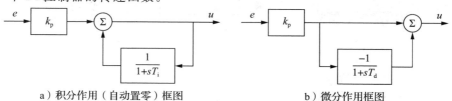

a）积分作用（自动置零）框图　　　　b）微分作用框图

图 11.3　积分作用和微分作用的实现。图 a 的框图显示了如何用一阶系统的正反馈（positive feedback）来实现积分作用，这有时称作自动置零。图 b 的框图显示了如何利用静态系统和一阶系统之差来实现微分作用

在阶跃输入下，积分作用的性质如图 11.2b 所示，其中比例增益为恒值 $k_p = 1$，积分增益分别为 $k_i = 0$、0.2、0.5 和 1。$k_i = 0$ 的情况对应于纯比例控制，稳态误差为 50%。当有积分增益作用时，稳态误差得以消除。对于较小的 k_i，响应缓慢地向参考值靠近；对于较大的积分增益，收敛则很快速，但系统也变得更加振荡。

积分增益 k_i 是衡量负载干扰衰减的一个很有用的量度。考虑如图 11.1 所示的 PID 控制闭环系统。假定系统是稳定的，且初始处于静止状态，所有信号都为零。在过程的输入处施加单位阶跃负载干扰。在经历瞬态之后，过程的输出变为零，控制器的输出则调整到某个数值以补偿干扰。由于当 $t \to \infty$ 时，$e(t)$ 趋向于零，故根据式（11.1）有：

$$u(\infty) = k_i \int_0^\infty e(t) \mathrm{d}t$$

因此，误差积分（integrated error，IE）——对于单位阶跃负载干扰来讲 $\mathrm{IE} = \int_0^\infty e(t)\mathrm{d}t$，与积分增益 k_i 成反比，因而可以作为干扰衰减有效性的一个量度。大的增益 k_i 能有效衰减干扰，但过大的增益会引起振荡行为，鲁棒性变差，并有可能不稳定。

现在回到一般的 PID 控制器，考虑微分作用的影响。回顾使用微分反馈的最初动机，是想提供预测作用或预防性作用。注意，比例和微分项的组合可以写成：

$$u = k_p e + k_d \frac{\mathrm{d}e}{\mathrm{d}t} = k_p \left(e + T_d \frac{\mathrm{d}e}{\mathrm{d}t} \right) =: k_p e_p$$

其中 $e_p(t)$ 可以解释为经线性外推得到的在 $t + T_d$ 时刻的误差预测值。预测时间 $T_d = k_d / k_p$ 是微分时间常数（derivative time constant）。

微分作用可以通过取信号及其低通滤波结果之差来实现，如图 11.3b 所示。相应的传递函数为：

$$G_{ue}(s) = k_p \left(1 - \frac{1}{1 + sT_d} \right) = k_p \frac{sT_d}{1 + sT_d} = \frac{k_d s}{1 + sT_d} \tag{11.5}$$

对低频信号而言，传递函数 $G_{ue}(s)$ 近似于求导数，因为当 $|s| \ll 1/T_d$ 时，有 $G_{ue}(s) \approx k_p T_d s = k_d s$。传递函数 G_{ue} 对于低频信号起微分器的作用，对于高频信号起恒定增益 k_p 的作用，因此可以将其看成一个带滤波的求导。

图 11.2c 说明了微分作用的影响：当不采用微分作用时，系统是振荡的；随着微分增益的增加，系统的阻尼变大。当输入为阶跃信号时，微分项产生的控制器输出是一个冲激函数。从图 11.2c 可以清楚地看出这一点。采用图 11.1b 所示的控制器配置可以避免控制器输出冲激。

尽管 PID 控制是在工程应用的背景下发展起来的，但它也出现于自然界中。在生物系统中，通过反馈来衰减干扰常被称作自适应（adaptation）。例 9.18 讨论的瞳孔反射就是一个典型例子，其中讲到眼睛能够适应光强的变化。类似地，具有积分作用的反馈称作完美自适应[259]。在生物系统中，比例、积分以及微分作用的实现类似于在工程系统中的实现，是通过将具有动态行为的子系统结合在一起来产生的。例如，通过几种激素的相互作用可以产生 PI 作用[81]。

例 11.1　视网膜中的 PD 作用

视网膜中视锥细胞的响应是视锥细胞和水平细胞相结合产生比例和微分作用的一个例子。视锥细胞是受光刺激的主要受体，它进而刺激水平细胞，水平细胞则向视锥细胞提供抑制性的（负的）反馈。系统的原理示意图如图 11.4a 所示。系统可以用常微分方程来建模，其中将神经信号表示成代表平均脉冲率的连续变量。文献［256］证明，该系统可以用以下的微分方程来表示：

$$\frac{\mathrm{d}x_1}{\mathrm{d}t} = \frac{1}{T_c}(-x_1 - kx_2 + u), \quad \frac{\mathrm{d}x_2}{\mathrm{d}t} = \frac{1}{T_h}(x_1 - x_2)$$

式中，u 是光强度，x_1 和 x_2 分别是来自视锥细胞和水平细胞的平均脉冲率。系统的结构框图如图 11.4b 所示。图 11.4c 所示的系统阶跃响应表明，系统具有较大的初始响应，随后是较低的恒定稳态响应，具有典型的比例和微分作用特征。仿真参数为 $k=4$、$T_c = 0.025$、$T_h = 0.08$。

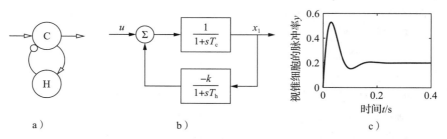

图 11.4   视网膜中视锥细胞（C）和水平细胞（H）的原理示意图。图 a 为原理图，其中箭头表示
兴奋性反馈，小圆圈表示抑制性反馈；图 b 为结构框图；图 c 为阶跃响应

11.2   用于复杂系统的简单控制器

前面几章介绍的很多设计方法都具有这样一个特点，即控制器的复杂性是（过程）模型复杂性的直接反映。从第 8 章用输出反馈设计控制器可以发现：对于单输入单输出的系统，控制器的阶数跟模型的阶数相同，如果需要积分作用的话，可能还要高一阶。将这些设计方法用于 PID 控制时，就要求模型必须是一阶或者二阶的。

低阶模型可以从最基本的原理得到。如果输入足够慢，那么任何稳定系统都可以用静态系统来建模。同样地，如果存储的质量、动量或能量可以只用一个变量来表示，那么一阶模型就足够了。这样的典型例子包括：行驶在道路上的汽车的速度、刚性旋转系统的角速度、罐中的液位以及容积中混合良好的物质浓度等。如果存储的质量、动量和能量要用两个状态变量来表示，那么系统的动态就是二阶的。这样的典型例子包括：汽车在道路上的位置和速度、卫星的方向和角速度、两个连通罐的液位，以及两房室模型中的浓度等。本节将重点介绍模型简化的设计技术，以获取 PID 设计所需要的模型基本特性。

先分析积分控制的情况。如果对闭环系统的要求不高，那么任何稳定的系统都可以用积分控制器来控制。为了设计这种控制器，用常数 $K = P(0)$ 来近似过程的传递函数，这对于足够低频的任何稳定系统都是合理的。那么，在积分控制下回路传递函数就变为 Kk_i/s，闭环特征多项式就是很简单的 $s + Kk_i$。用闭环系统的期望时间常数 T_{cl} 来描述系统的性能，可以发现积分增益可选择为 $k_i = 1/(T_{cl}P(0))$。

这个简化分析要求 T_{cl} 必须足够大，以确保过程传递函数可近似为一个常数。一个合理的标准是 $T_{cl} > T_{ar}$，其中 $T_{ar} = -P'(0)/P(0)$ 是开环系统的平均驻留时间（average residence time）。

为了获得更高性能的控制器，用一阶系统（而不是常数）来近似过程的动态：

$$P(s) \approx \frac{P(0)}{1 + sT_{ar}}$$

一个合理的设计准则是能够获得超调量小、响应时间合理的阶跃响应。当积分控制器的增益选为下式时：

$$k_i = \frac{1}{2P(0)T_{ar}} \tag{11.6}$$

回路传递函数将为：

$$L(s)=P(s)C(s)\approx\frac{P(0)}{1+sT_{ar}}\frac{k_i}{s}=\frac{1}{2sT_{ar}(1+sT_{ar})}$$

因此闭环极点变为 $s=(-0.5\pm0.5i)/T_{ar}$。使用表 7.1 中的近似，可知这个控制器的 $\omega_0=1/(T_{ar}\sqrt{2})$，对应的上升时间为 $3.1T_{ar}$、调节时间为 $7.9T_{ar}$、超调量为 4%。

例 11.2 **轻敲模式下原子力显微镜的积分控制**

习题 10.2 讨论了轻敲模式下原子力显微镜垂直运动的简化动态模型。系统动态的传递函数为：

$$P(s)=\frac{a(1-e^{-s\tau})}{s\tau(s+a)}$$

式中，$a=\zeta\omega_0$，$\tau=2\pi n/\omega_0$，增益已经归一化为 1。这个传递函数很不寻常，其分子中存在时延项。

为了设计控制器，重点研究系统的低频动态。已知 $P(0)=1$，$P'(0)=-\tau/2-1/a=-(2+a\tau)/(2a)$。因此低频下的回路传递函数可以近似为：

$$L(s)\approx\frac{k_i[P(0)+sP'(0)]}{s}=k_iP'(0)+\frac{k_iP(0)}{s}$$

利用设计规则 (11.6)，令 $k_i=-1/(2P'(0))$，得到的回路传递函数的奈奎斯特图和伯德图如图 11.5 所示。可以看到，控制器具有良好的低频性能和稳定裕度。注意，尽管系统的动态模型中包含了一个时延项，但使用简单的积分控制器和一组简单的计算就能获得良好的性能。

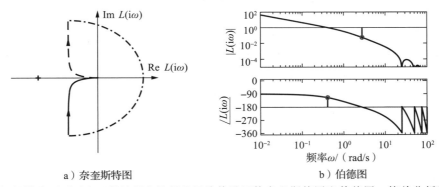

a）奈奎斯特图　　　　　　　　　b）伯德图

图 11.5　轻敲模式下原子力显微镜积分控制的回路传递函数奈奎斯特图和伯德图。简单分析可知，该积分控制器具有良好的鲁棒性。高频时的奈奎斯特图在左半平面有无限多个幅度递减的小环，这些环虽然在奈奎斯特图中没能显示出来，但在伯德图中显示得很清楚　◀

设计简单控制器的另一种方法是使用控制器增益来配置闭环极点的位置。PI 控制器有两个增益可用于调整闭环动态，对于简单的模型，可以使用这些增益来配置闭环极点。

考虑具有以下传递函数的一阶系统：

$$P(s)=\frac{b}{s+a}$$

采用 PI 控制器时，闭环系统的特征多项式为：

$$s(s+a)+bk_ps+bk_i=s^2+(a+bk_p)s+bk_i$$

选择合适的控制器增益 k_p 和 k_i，可以给闭环极点配置任意的数值。现在要求闭环系统具有以下的特征多项式：

$$p(s)=s^2+a_1s+a_2$$

因此控制器参数为：

$$k_p = \frac{a_1 - a}{b}, \quad k_i = \frac{a_2}{b} \tag{11.7}$$

如果要求闭环系统的响应比开环系统的响应慢，那么一个合理的选择是 $a_1 = a + \alpha$、$a_2 = \alpha a$，其中 $\alpha < a$ 决定闭环响应。如果要求拥有比开环系统更快的响应，那么一个可能的选择是取 $a_1 = 2\zeta_c\omega_c$、$a_2 = \omega_c^2$，其中 ω_c 和 ζ_c 分别是主导模态的无阻尼自然频率和阻尼比。

ω_c 的选择对系统的鲁棒性有重大影响，这将在 14.5 节中讨论。ω_c 的上限由模型有效的最高频率给定。大的 ω_c 值要求快速的控制作用，如果 ω_c 值太大，则执行器可能会饱和。一阶模型不太可能体现高频的真实动态。

例 11.3　使用 PI 反馈控制的巡航控制

考虑汽车爬坡时维持车速的问题。从例 6.11 可以发现，当使用 PI 控制时，只要节气门开度没有达到饱和限制，线性模型和非线性模型之间就几乎没有差别。例 6.11 给出了汽车的以下简单线性模型：

$$\frac{d(v - v_e)}{dt} = -a(v - v_e) - b_g(\theta - \theta_e) + b(u - u_e) \tag{11.8}$$

式中，v 是汽车的速度，u 是给发动机（节气门）的输入，θ 是山路的坡度。参数为 $a = 0.01$、$b = 1.32$、$b_g = 9.8$、$v_e = 20$、$\theta_e = 0$、$u_e = 0.1687$。我们用这个模型来寻找合适的汽车速度控制器参数。从节气门开度到速度的传递函数是一个一阶系统。由于开环动态相当缓慢（$1/a = 100$ s），因此很自然地希望通过将闭环系统设计成阻尼比为 ζ_c、无阻尼自然频率为 ω_c 的二阶系统，来得到一个快速的闭环系统。控制器的增益由式（11.7）给定。

图 11.6 所示为汽车最初在水平道路上行驶并在 $t = 5$ s 时遇到坡度为 $4°$ 的小山坡时的车速和节气门开度曲线。为了设计 PI 控制器，选择 $\zeta_c = 1$，以获得无超调量的响应，如图 11.6a 所示。ω_c 的选择需要在响应速度和控制作用之间折中：较大的值可以提供快速响应，但也需要快速的控制作用。折中的结果如图 11.6b 所示。最大速度误差随着 ω_c 的增大而减小，但控制信号的变化也更快。在简化模型（11.8）中，假定了力对节气门开度的响应是瞬间完成的。对于快速变化的场合，可能需要对其他一些动态因素加以考虑。此外，力的变化率还存在着物理上的限制，这也限制了 ω_c 的容许值。ω_c 的合理选择范围是 $0.5 \sim 1.0$。注意，在图 11.6 中，即使 $\omega_c = 0.2$，最大速度误差也仅约为 1.3 m/s。◀

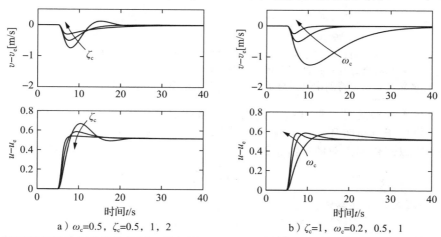

图 11.6　使用 PI 反馈控制的巡航控制。速度误差及节气门开度误差的阶跃响应说明了参数 ζ_c 和 ω_c 对采用巡航控制的汽车响应的影响。在 $t = 5$ s 到 6 s 之间，道路的坡度线性地从 $0°$ 变化到 $4°$。图 a 所示为 $\omega_c = 0.5$ 和 $\zeta_c = 0.5$、1、2 时的响应：可见当 $\zeta_c \geqslant 1$ 时速度影响没有超调量。图 b 所示为 $\zeta_c = 1$ 和 $\omega_c = 0.2$、0.5、1.0 时的响应

　　PI 控制器也可用于二阶动态的过程，不过需要对闭环极点的可能位置施加限制。但如果使用 PID 控制器的话，则可以将闭环极点配置在任何位置来控制二阶系统（见习题 11.2）。

　　除了寻找系统的低阶模型并为之设计控制器的方法外，也可以使用高阶模型，并尝试对少数几个主导极点进行配置。为此，让我们考虑传递函数为 $P(s)$ 的过程。当采用积分控制器时，回路传递函数为 $L(s)=k_iP(s)/s$。闭环特征多项式的根即为方程 $s+k_iP(s)=0$ 的根。现要求 $s=-a$ 为一个根，因此控制器的增益应该选为 $k_i=a/P(-a)$。如果 a 比其他闭环过程极点的幅值小，则极点 $s=-a$ 将成为主导的闭环极点。类似的方法也适用于 PI 控制器和 PID 控制器（习题 11.3）。

11.3　PID 整定

　　控制系统的用户经常遇到需要调整控制器参数来获得期望行为的情况。有很多不同的方法可以做到这一点。其中一个方法就是如前一节所述的那样，将常规的建模和控制设计步骤执行一遍。尽管一个典型的工艺流程可能会有数千个 PID 控制器，但由于单个 PID 控制器的参数特别少，因此人们提出了许多特殊的经验方法来直接调整控制器的参数。

11.3.1　Ziegler-Nichols 整定

　　第一个参数整定规则是由齐格勒（Ziegler）和尼科尔斯（Nichols）于 20 世纪 40 年代开发出来的（见文献［266］）。他们的思路是在过程上进行一次简单实验，从中提取过程动态的时域和频率特征。

　　时域法基于对过程的开环单位阶跃响应的部分曲线进行测量，如图 11.7a 所示。阶跃响应的测试采用撞击试验（bump test）。先使过程进入稳定状态，然后让输入发生适量的改变，随即测量输出，并将结果缩放，以对应于单位阶跃输入。齐格勒和尼科尔斯仅用两个参数 a 和 τ 来表征阶跃响应，这两个参数就是阶跃响应的最陡切线在两个坐标轴上的截距。参数 τ 是系统时延的近似值，a/τ 是阶跃响应的最陡斜率。注意，求这两个参数没必要等到稳态，等到响应曲线出现一个拐点就足够了。建议的控制器参数如表 11.1 所示。它们是通过对一系列典型过程的大量仿真得到的：先针对每个过程手动调整控制器，最后再尝试将控制器参数与 a 和 τ 关联起来。

　　在频域法中，将控制器连接到过程上，把积分和微分增益置为零，增大比例增益直到系统开始振荡。记下此时比例增益的临界值 k_c 和振荡周期 T_c。根据奈奎斯特稳定性判据，此时回路传递函数 $L=k_cP(s)$ 的奈奎斯特曲线通过临界点 -1，临界频率为 $\omega_c=2\pi/T_c$。因

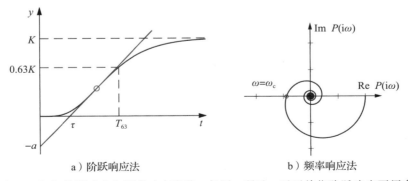

a）阶跃响应法　　　　　　　b）频率响应法

图 11.7　Ziegler-Nichols 阶跃响应和频率响应实验。如图 a 所示，开环单位阶跃响应可用参数 a 和 τ 来表征。如图 b 所示，频率响应法利用过程传递函数的奈奎斯特曲线首次穿越负实轴的交点及交点的频率 ω_c 来表征过程的动态

此，实验获得了过程传递函数 $P(s)$ 的奈奎斯特曲线上相位滞后 180°的点，如图 11.7b 所示。建议的控制器参数如表 11.1b 所示。

表 11.1 原始 Ziegler-Nichols 整定规则。表 a 为阶跃响应法，它给出了用截距 a 和视在时延 τ 表示的控制器参数。表 b 为用频率响应法，它给出了用临界增益 k_c 和临界周期 T_c 表示的控制器参数

a) 阶跃响应法

类型	k_p	T_i	T_d
P	$1/a$		
PI	$0.9/a$	$\tau/0.3$	
PID	$1.2/a$	$\tau/0.5$	0.5τ

b) 频率响应法

类型	k_p	T_i	T_d
P	$0.5k_c$		
PI	$0.45k_c$	$T_c/1.2$	
PID	$0.6k_c$	$T_c/2$	$T_c/8$

Ziegler-Nichols 方法在 20 世纪 40 年代提出的时候产生了巨大的影响。这些规则简单易用，可为手动调节提供初始条件。这些方法被控制器制造厂商们所采纳，以作日常之用。不幸的是，Ziegler-Nichols 整定规则有两个严重缺陷：一是所用的过程信息太少，二是所得的闭环系统缺乏鲁棒性。

11.3.2 基于 FOTD 模型的整定

Ziegler-Nichols 方法仅使用两个参数来描述过程的动态，阶跃响应法用的是 a 和 τ，频域法用的是 k_c 和 T_c。如果用更多的参数来描述过程，则可以提高 PID 控制器的整定效果。以下的一阶时延（FOTD）模型常被用来对阶跃响应基本单调的系统进行近似：

$$P(s)=\frac{K}{1+sT}e^{-\tau s},\quad \tau_n=\frac{\tau}{T+\tau} \tag{11.9}$$

式中，参数 τ_n 的取值介于 0 到 1 之间，称作相对时延（relative time delay）或归一化时延（normalized time delay）。当 τ_n 接近于零时，系统动态表现为相滞占优（lag dominated）；当 τ_n 接近于 1 时，系统的动态表现为时延占优（delay dominated）；当 τ_n 值适中时，系统的动态表现平衡（balanced）。

如图 11.7a 所示，可通过撞击试验来确定 FOTD 模型的参数。零频增益 K 是单位阶跃响应的稳态值。时延 τ 是最陡切线与时间轴的截距，跟 Ziegler-Nichols 方法相同。时间 T_{63} 是输出达到其稳态值的 63% 的时间，然后 T 由公式 $T=T_{63}-\tau$ 给出。注意，寻找 FOTD 模型要比 Ziegler-Nichols 模型（a 和 τ）花费更长的时间，因为必须达到稳定状态才能确定 K。

模型（11.9）有许多改进版本的整定规则。例如，根据文献 [19] 可得 PI 控制的以下规则：

$$k_p=\frac{0.15\tau+0.35T}{K\tau}\left(\frac{0.9T}{K\tau}\right),\quad k_i=\frac{0.46\tau+0.02T}{K\tau^2}\left(\frac{0.27T}{K\tau^2}\right) \tag{11.10a}$$

$$k_p=0.16k_c(0.45k_c),\quad k_i=\frac{0.16k_c+0.72/K}{T_c}\left(\frac{0.54k_c}{T_c}\right) \tag{11.10b}$$

括号内的数值是表 11.1 中的 Ziegler-Nichols 规则给定的数值。注意，改进公式给出的控制器增益通常要比原始的 Ziegler-Nichols 方法给出的低。

例 11.4 轻敲模式的原子力显微镜

例 11.2 讨论了轻敲模式下原子力显微镜垂直运动的动态简化模型。选取 $1/a$ 为时间单位进行归一化处理，得到传递函数为：

$$P(s)=\frac{1-e^{-sT_n}}{sT_n(s+1)}$$

式中，$T_n=2n\pi a/\omega_0=2n\pi\zeta$。当 $\zeta=0.002$、$n=20$ 时，$P(s)$ 的奈奎斯特曲线如图 11.8a 中的虚线所示，它与实轴的第一个交点出现在 -0.0461 处，相应的 $\omega_c=13.1$。因此临界增益 $k_c=21.7$，临界周期 $T_c=0.48$。利用 Ziegler-Nichols 整定规则，得到 PI 控制器的参数为 $k_p=8.67$、$k_i=22.6(T_i=0.384)$。采用这个控制器时，稳定裕度只有 $s_m=0.31$，是相当很小的。控制器的阶跃响应如图 11.8 中的短划线所示。请特别注意，控制信号中存在很大的超调量。

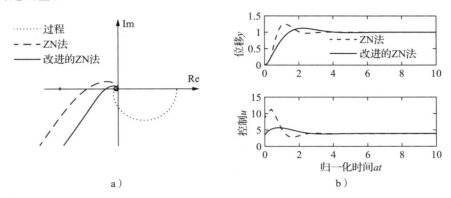

图 11.8　轻敲模式下原子力显微镜垂直运动的 PI 控制。图 a 为奈奎斯特图，图 b 为阶跃响应。Ziegler-Nichols 法（ZN 法）整定的结果表示为短划线，改进的 Ziegler-Nichols 法整定的结果表示为实线，过程传递函数的奈奎斯特图显示为虚线

改进的 Ziegler-Nichols 规则（11.10b）给出的控制器参数为 $k_p=3.47$、$k_i=8.73$（$T_i=0.397$），稳定裕度变为 $s_m=0.61$。采用该控制器的阶跃响应如图 11.8 中的实线所示。与原始 Ziegler-Nichols 规则所得的响应相比较可见，超调量已经减小。注意控制信号几乎在瞬间就达到了稳态值。根据例 11.2，当采用纯积分控制器时，归一化增益为 $k_i=1/(2+T_n)=0.44$，这比 PI 控制器的积分增益要小一个数量级以上。◄

基于 FOTD 模型的整定规则用于 PI 控制器时效果很好。微分作用对具有时延占优动态的过程影响很小，但对具有滞后占优动态的过程影响却相当大。不过根据文献［19］，对于具有滞后占优动态的过程来讲，其 PID 控制器是不能基于 FOTD 模型来进行整定的。

11.3.3　继电反馈

Ziegler-Nichols 频率响应法通过增大比例控制器的增益，直到发生振荡，以确定临界增益 k_c 和相应的临界周期 T_c，或等效地确定奈奎斯特曲线与负实轴的交点。自动获得该信息的一种方法是将反馈回路中的过程与一个具有继电器特性的非线性元件连接在一起，如图 11.9a 所示。对于许多系统来讲，这将产生振荡，如图 11.9b 所示，其中的继电输出 u 为方波，过程的输出 y 近似为正弦波。此外，输入和输出的正弦基波分量存在 $180°$ 的移相，这意味着系统以临界周期 T_c 振荡。请注意，具有恒定周期的振荡很快就建立起来了。

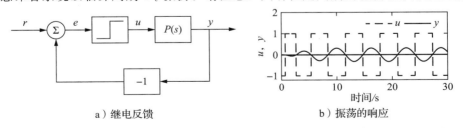

图 11.9　采用继电反馈控制的过程框图如图 a 所示，其振荡的响应如图 b 所示。过程输出 y 为实线；继电器输出 u 为短划线。注意信号 u 和 y 是反相的

为了确定临界增益，将继电输出的方波展开成傅里叶级数。注意图中的过程输出实际上是正弦波（因为过程衰减了高次谐波）。因此只需考虑输入的第一次谐波就足够了。令 d 为继电输出的幅值，则一次谐波的幅值为 $4d/\pi$。如果 a 为过程输出的幅值，那么在临界频率 $\omega_c = 2\pi/T_c$ 时的过程增益为 $|P(i\omega_c)| = \pi a/(4d)$，临界增益为 $k_c = 4d/(\pi a)$。在得到临界增益 k_c 和临界周期 T_c 之后，就可以用 Ziegler-Nichols 规则来确定控制器的参数。利用继电实验得到的数据进行模型拟合，就可以得到改进的整定参数。

继电实验可以自动进行。由于振荡的幅值正比于继电输出，因此通过调整继电输出将很容易控制振荡的幅值。基于继电反馈的自动整定（automatic tuning）在许多商用 PID 控制器中得到了应用。只需要简单地按下一个激活继电反馈的按钮，即可完成整定。继电输出的幅值将进行自动调整，以保持振荡足够小；一旦整定完成，就用 PID 反馈控制器来代替继电反馈。继电整定的主要优点在于辨识过程动态的短时试验是自动完成的。使用非对称的继电特性可以确定更多的参数，从而可使原始继电自动整定方法得到显著改进[41]。

11.4 积分器饱和

利用线性模型可以多角度理解控制系统，但有些非线性现象也必须加以考虑，这往往是执行器中的限制，例如，电动机有速度限制，阀门开度不能超过全开或全闭，等等。对于需要在各种条件下运行的系统，就可能发生控制变量达到执行器极限的情况。当发生这种情况时，反馈回路就相当于断开了，系统就运行于开环状态，因为只要执行器保持饱和，执行器就保持在其极限状态，而与过程输出无关。此时由于误差通常不为零，积分项还将继续累积。因此，积分项和控制器的输出可能变得很大。这样一来，即使误差发生变化，控制信号也仍将保持饱和状态，积分器和控制器的输出可能需要很长的时间才能回到饱和边界以内（线性区内）。其结果是存在大的瞬变行为。这种情况称作积分器饱和（integrator windup），现在用下面的例子做进一步说明。

例 11.5 巡航控制

饱和特性如图 11.10a 所示，其中显示了汽车遇到很陡的山坡（坡度 6°）时发生的情况：当巡航控制器试图维持速度时，节气门开度发生了饱和。斜坡出现在 $t=5$ s 处，速度开始下降，节气门开度增大以产生更大的转矩。但所需的转矩太大，以致节气门开度出现了饱和。速度误差下降得很慢，因为发动机产生的转矩只是比补偿重力所需的转矩略大。由于速度误差很大，积分继续累积，直到 25 s 时速度误差为零，积分才停止累积，但控制器的输出仍大于节气门开度的饱和极限，执行器仍处于饱和状态。然后速度误差为负，积分项开始减小，在 $t=40$ s 时，速度调整到期望值。可以看出速度存在着很大的超调量。 ◀

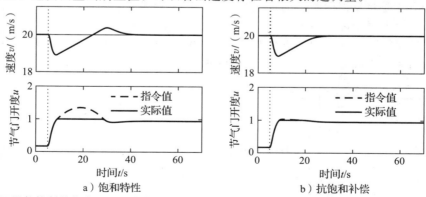

图 11.10　PI 巡航控制的仿真。图 a 为带饱和特性的，图 b 带抗饱和补偿的。图中给出了当汽车遇到陡坡节气门发生饱和时的速度 v、节气门开度 u 的变化曲线（虚线为控制器输出）。控制器参数为 $k_p=0.5$、$k_i=0.1$、$k_{aw}=2.0$。抗饱和补偿器通过阻止误差在控制器积分项中积累来消除超调量

11.4.1　避免饱和

任何具有积分作用的控制器都会发生饱和。有很多方法可以避免饱和。在 PID 控制时，一种方法如图 11.11 所示。该系统有一个额外的反馈路径，这是利用处于饱和中的执行器数学模型产生的。信号 e_s 是控制器的输出 u_a 和执行器模型的输出 u 之差。让其通过增益 k_{aw}，再馈送到积分器的输入端。当没有饱和时，信号 e_s 为零，额外的反馈回路对系统没有影响。当执行器饱和时，将以促使 e_s 趋向于零的方式把信号 e_s 反馈给积分器。这意味着控制器的输出将保持在接近饱和极限的数值。一旦误差的符号改变，控制器的输出就会改变，从而避免积分饱和。

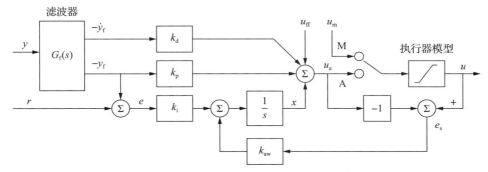

图 11.11　带滤波、抗饱和补偿及手动控制的 PID 控制器。该控制器不仅对测量信号进行滤波，还有输入 u_{ff} 信号用于前馈，另有输入 u_m 信号用于直接控制输出。开关位置 A 对应于正常工作，开关位置 M 对应于直接操控控制变量。控制器除了正常的 P、I 和 D 项外，其积分器（$1/s$）的输入多了一个"复位"项，用以避免积分器饱和。注意，参考信号 r 仅进入积分项中

控制器输出复位的速率由反馈增益 k_{aw} 决定。k_{aw} 值越大，复位时间越短。但参数 k_{aw} 也不能太大，否则将会因为测量噪声而导致意外的复位。合理的选择是取 k_{aw} 为积分增益 k_i 的若干倍。

此外，该控制器还有前馈控制输入信号 u_{ff}。对于图 11.11 这种方式输入的前馈信号，基本的抗饱和方案也会处理其引起的饱和问题。

下面通过对巡航控制系统的分析来说明如何避免积分饱和。

例 11.6　**抗饱和的巡航控制**

对于图 11.10a 中仿真的系统，当采用抗饱和控制器时的情况如图 11.10b 所示。由于来自执行器模型的反馈，积分器的输出很快复位到一个使控制器的输出位于饱和极限的数值。这种行为跟图 11.10a 显著不同，避免了过大的超调量。仿真中所用的跟踪增益 $k_{aw}=2$，这比积分增益 $k_i=0.2$ 大一个数量级。　◀

为了探讨抗饱和能否提高稳定性，可以重绘框图，将非线性模块隔离。这样一来，闭环系统由一个线性模块和一个静态非线性模块组成。在理想饱和条件下，非线性特性是由式（10.17）建模的扇形有界非线性，其中 $k_{low}=0$、$k_{high}=1$；线性部分则具有以下的传递函数

$$H(s)=\frac{sP(s)C(s)-k_{aw}}{s+k_{aw}} \tag{11.11}$$

可以用 10.5 节的圆判据来检验闭环系统的稳定性（见习题 11.12）。首先注意到该非线性的特殊形式意味着圆退化为实部等于 −1 的直线。应用圆判据可以发现，当传递函数 $H(s)$ 的奈奎斯特曲线位于该直线的右侧时，具有抗饱和的系统是稳定的。若使用描述函数，则可以发现：如果奈奎斯特曲线 $H(\mathrm{i}\omega)$ 与负实轴相交于临界点 −1 的左侧，就可能会发生振荡。

11.4.2   手动控制和跟踪

自动控制通常会与手动控制相结合，通过开关来选择操作模式，如图 11.11 所示。开关通常位于位置 A（自动）。将开关切换到位置 M（手动）以选择手动控制，然后对控制变量进行直接操纵，这通常是用按钮来增大或减小控制信号。例如，在如图 1.14a 所示的巡航控制系统中，当按下加速（accel）按钮时，控制信号以恒定速率增大，当按下减速（decel）按钮时，控制信号以恒定速率减小。在图 11.11 中，操纵变量被标记为 u_m。

在模式切换时，必须小心以避免瞬变。这可以采用图 11.11 所示的布置来实现。当控制器处于手动模式时，通过增益 k_{aw} 的反馈来调整进入积分器的输入，以使控制器的输出 u_a 跟踪手动输入 u_m，从而在切换到自动控制时不至于产生瞬变。

为了弄明白图 11.11 中的控制器是如何实现的，设积分器的输出为 x。控制器可描述如下：

$$\frac{\mathrm{d}x}{\mathrm{d}t}=k_i(r-y_f)+k_{aw}(u-u_a),\quad u_a=x-k_py_f-k_d\dot{y}_f,\quad u=\begin{cases}F(u_a),&\text{自动}\\F(u_m),&\text{手动}\end{cases}$$

式中，$F(u)$ 是表示执行器模型的函数。参数 k_{aw} 通常大于 k_i，因此控制器输出 u 在手动模式下将跟踪 u_m［如果 $k_i(r-y_f)$ 项为零的话，跟踪将很理想］。

11.4.3   通用控制器的抗饱和

抗饱和也可以扩展到一般的控制结构，例如第 7 章、第 8 章研究的基于状态空间的设计。对于通过状态增广实现积分作用的输出反馈控制器而言（见例 8.9），需要修改抗饱和补偿来调整整个控制器的状态，而不是单单调整积分器的状态。对于图 8.11 这样的基于状态反馈和观测器的控制器来讲，这种方法特别容易理解。如果不做修改，那么在发生饱和时发送给观测器的将是错误的信息（是命令输入而不是饱和输入）。为了解决这个问题，可以简单地引入饱和的执行器模型，并将其输出馈送给观测器，如图 11.12 所示。

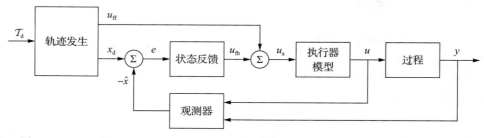

图 11.12   通用控制器的抗饱和架构。注意与图 8.11 中相应的无抗饱和的控制器对比

为了研究抗饱和控制器的稳定性，需要利用这样一个事实：如果设计观测器模型，使过程的执行器从不饱和，那么可以重绘闭环系统的框图为两个部分———一个非线性静态模块，用来表示执行器的模型 $F(x)$；一个线性模块，用来代表观测器和过程。可以再次利用 10.5 节介绍的圆判据来提供稳定性条件。线性模块的传递函数为：

$$H(s)=K(sI-A+LC)^{-1}(B+LC[sI-A]^{-1}B) \tag{11.12}$$

式中 A、B 和 C 是状态空间模型的矩阵，K 是反馈增益矩阵，L 是卡尔曼滤波器的增益矩阵。对于简单饱和的执行器，其非线性特性是扇形有界的，由式（10.17）给定，其中 $k_{low}=0$，$k_{high}=1$。那么根据圆判据，如果 $L(i\omega)$ 的奈奎斯特曲线位于实部 $=-1/k_{high}=-1$ 的直线右侧，且满足环绕次数的条件，那么闭环是稳定的。

使用观测器和状态增广进行手动控制和跟踪的情况，可以采用与图 11.11 中 PID 控制器相同的方式来实现抗饱和。

11.5　实现

在实现 PID 控制器时，有很多实际问题需要考虑。本节将考虑其中一些最常见的问题。类似的考虑也适用于其他类型的控制器。

11.5.1　对微分滤波

微分作用的一个缺点是，理想的微分对高频信号具有很高的增益。这就意味着高频测量噪声将在控制信号中引起很大的变化。用 $k_d s/(1+sT_f)$ 来代替微分项 $k_d s$，可以降低测量噪声的影响，这可以解释为对信号低通滤波再进行理想微分。滤波器的时间常数通常选为 $T_f=(k_d/k_p)/N=T_d/N$，N 的取值范围为 5～20。如果利用信号与其滤波后的版本之差来实现微分，那么滤波是自动实现的，如图 11.3b 所示，也可参见式（11.5）。注意在如图 11.3b 的实现中，滤波器时间常数 T_f 等于微分时间常数 T_d（即 $N=1$）。

除了仅对微分滤波的方法之外，也可以使用理想控制器对测量信号进行滤波。选用二阶滤波器，带有这种滤波器的控制器传递函数为：

$$C(s)=k_p\left(1+\frac{1}{sT_i}+sT_d\right)\frac{1}{1+sT_f+(sT_f)^2/2} \tag{11.13}$$

对于图 11.11 中的系统，滤波是在标有 $G_f(s)$ 的模块中进行的，该模块的动态方程为：

$$\frac{d}{dt}\begin{pmatrix}x_1\\x_2\end{pmatrix}=\begin{pmatrix}0&1\\-2T_f^{-2}&-2T_f^{-1}\end{pmatrix}\begin{pmatrix}x_1\\x_2\end{pmatrix}+\begin{pmatrix}0\\2T_f^{-2}\end{pmatrix}y \tag{11.14}$$

其中状态定义为 $x_1=y_f$，$x_2=dy_f/dt$。因此，滤波器给出了测量信号及其导数的滤波版本。二阶滤波器还提供了良好的高频衰减，从而提高了鲁棒性。

11.5.2　设定值加权

图 11.1 给出了 PID 控制器的两种配置。图 11.1a 所示的系统有一个带误差反馈（error feedback）的控制器，其中比例、积分和微分作用都施加在误差上。在图 11.2c 所示的 PID 控制器仿真波形中，控制信号中存在很大的初始峰值，这是由参考信号的微分引起的。使用图 11.1b 所示的控制器可以避免该峰值，因为其中的比例和微分作用仅作用于过程的输出。一个介于以上两种形态之间的方案为：

$$u=k_p(\beta r-y)+k_i\int_0^t[r(\tau)-y(\tau)]d\tau+k_d\left(\gamma\frac{dr}{dt}-\frac{dy}{dt}\right) \tag{11.15}$$

其中比例和微分作用分别只对参考信号的 β 部分和 γ 部分起作用。积分作用则必须作用在误差上，以确保稳态时误差为零。对于不同的 β 和 γ 取值，得到的闭环系统对负载干扰及测量噪声的响应是相同的。但它们对参考信号的响应不相同，因为这跟 β 和 γ 的值有关，这两个参数称作参考值权重（reference weight）或设定值权重（setpoint weight）。设定值加权是 PID 控制器获得两个自由度作用的一种简单方法。$\beta=\gamma=0$ 的控制器有时称作 I-PD 控制器（I-PD controller），如图 11.1b 所示。下面用例子来说明设定值加权的效果。

例 11.7　具有设定值加权的巡航控制

考虑例 11.3 中推导的巡航控制系统的 PI 控制器。图 11.13 显示了设定值加权影响系统对参考信号的响应曲线的情况。当 $\beta=1$ 时（即有误差反馈时），速度出现超调量，控制信号（节气门开度）最初接近饱和极限。当 $\beta=0$ 时，不存在超调量，控制信号小得多，显然驾驶舒适性更好。频率响应从另一角度解释了同一个效应。参数 β 的典型范围是 0～1，γ 通常取零，以避免当参考信号发生改变时在控制信号中出现大的瞬变。　◀

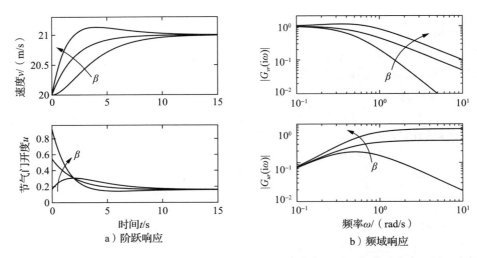

a）阶跃响应 b）频域响应

图 11.13 带设定值加权的 PI 巡航控制的阶跃响应和频域响应。图 a 为阶跃响应；图 b 为频域
响应。控制器增益为 $k_p = 0.74$，$k_i = 0.19$。设定值权重为 $\beta = 0$、0.5、1，$\gamma = 0$

式（11.15）给出的控制器是具有两自由度的一般控制器结构的特例，已在 8.5 节进行过讨论。

11.5.3 基于运放的实现

PID 控制器已经有多种实现技术。图 11.14 显示了如何用围绕运放的反馈来实现 PI 和 PID 控制器。

为了说明图 11.14b 的电路是一个 PID 控制器，需要利用式（4.14）给出的近似关系，当用阻抗 Z_i 替换电阻 R_i 时，这个关系仍然成立（见习题 10.1）。由此可以得到闭环运放电路的传递函数为 $-Z_2/Z_1$（注意运放的增益是负的）。对于图 11.14a 中的 PI 控制，阻抗为：

$$Z_1 = R_1, \quad Z_2 = R_2 + \frac{1}{sC_2} = \frac{1 + R_2 C_2 s}{sC_2}, \quad \frac{Z_2}{Z_1} = \frac{1 + R_2 C_2 s}{sR_1 C_2} = \frac{R_2}{R_1} + \frac{1}{R_1 C_2 s}$$

这表明该电路是 PI 控制器的一个实现，相应的增益为 $k_p = R_2/R_1$、$k_i = 1/(R_1 C_2)$。

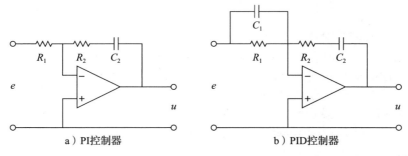

a）PI控制器 b）PID控制器

图 11.14 基于运放的 PI 控制器、PID 控制器的原理图。图 a 所示的电路利用反馈路径上的
电容来存储误差的积分。图 b 所示的电路通过在输入上增加滤波器来提供微分作用

对于图 11.14b 所示的 PID 控制器，经过类似的计算可得：

$$Z_1(s) = \frac{R_1}{1 + R_1 C_1 s}, \quad Z_2(s) = R_2 + \frac{1}{C_2 s}, \quad \frac{Z_2}{Z_1} = \frac{(1 + R_1 C_1 s)(1 + R_2 C_2 s)}{R_1 C_2 s}$$

这说明该电路是一个 PID 控制器的实现，相应的参数为：

$$k_{\mathrm{p}} = \frac{R_1 C_1 + R_2 C_2}{R_1 C_2}, \quad T_{\mathrm{i}} = R_1 C_1 + R_2 C_2, \quad T_{\mathrm{d}} = \frac{R_1 R_2 C_1 C_2}{R_1 C_1 + R_2 C_2}$$

11.5.4 计算机实现

本节将简要介绍如何用计算机来实现 PID 控制器。计算机通常周期性地运行，由传感器采样信号，再由 A/D 变换器转换成数字形式，然后计算出控制信号，再转换成模拟形式，最后提供给执行器。运行的顺序如下：

1. 等待时钟中断。   4. 向执行器发送输出。
2. 从传感器读取输入。   5. 更新控制器状态。
3. 计算控制输出。   6. 从头重复。

请注意，一旦（控制）输出可用，就会立刻被发送到执行器。通过让第 3 步的计算尽可能少，并将所有的更新放在发送输出之后，可以使时间延迟最小。然而，这种减小延迟的简单方法很少在商业系统中使用。

作为一个例子，考虑图 11.11 中的 PID 控制器，它使用了对微分滤波、设定值加权以及抗积分饱和等手段。该控制器是一个连续时间动态系统。为了用计算机实现，必须把连续时间系统近似为离散时间系统。

在图 11.11 中，信号 u_{a} 是比例、积分和微分项之和，控制器的输出为 $u = \mathrm{sat}(u_{\mathrm{a}})$，其中 sat 是用于对执行器的饱和特性进行建模的饱和函数。比例项 $P = k_{\mathrm{p}}(\beta r - y)$ 的实现很简单，就是将连续变量代换为对应的采样版本。因此有：

$$P(t_k) = k_{\mathrm{p}}[\beta r(t_k) - y(t_k)] \tag{11.16}$$

式中，$\{t_k\}$ 表示采样时刻，即计算机读取输入的时刻。令 h 表示采样周期，则 $t_{k+1} = t_k + h$。用求和来近似积分，可以得到积分项为：

$$I(t_{k+1}) = I(t_k) + k_{\mathrm{i}} h e(t_k) + \frac{h}{T_{\mathrm{aw}}}[\mathrm{sat}(u_{\mathrm{a}}) - u_{\mathrm{a}}] \tag{11.17}$$

式中，$T_{\mathrm{aw}} = h / k_{\mathrm{aw}}$ 表示抗饱和项。由以下的微分方程可以获得滤波微分项 D：

$$T_{\mathrm{f}} \frac{\mathrm{d}D}{\mathrm{d}t} + D = -k_{\mathrm{d}} \dot{y}$$

用向后差分来近似其中的微分可得：

$$T_{\mathrm{f}} \frac{D(t_k) - D(t_{k-1})}{h} + D(t_k) = -k_{\mathrm{d}} \frac{y(t_k) - y(t_{k-1})}{h}$$

这可以重写为：

$$D(t_k) = \frac{T_{\mathrm{f}}}{T_{\mathrm{f}} + h} D(t_{k-1}) - \frac{k_{\mathrm{d}}}{T_{\mathrm{f}} + h}[y(t_k) - y(t_{k-1})] \tag{11.18}$$

使用向后差分的优点在于，对所有 $h > 0$，参数 $T_{\mathrm{f}}/(T_{\mathrm{f}} + h)$ 是非负且小于 1 的，这可以保证差分方程是稳定的。重新组织式（11.16）～式（11.18），PID 控制器可以用以下的伪代码来描述：

```
% 先计算控制器系数
bi = ki*h
ad = Tf/(Tf+h)
bd = kd/(Tf+h)
br = h/Taw

% 初始化变量
I = 0, yold = adin(ch2)

% 控制算法-主循环
while (running) {
  r = adin(ch1)                    % 从ch1读设置值
```

```
y = adin(ch2)                    % 从ch2读过程变量
P = kp*(b*r - y)                 % 计算比例部分
D = ad*D - bd*(y-yold)           % 计算微分部分
ua = P + I + D                   % 计算临时输出
u = sat(ua, ulow, uhigh)         % 仿真执行器饱和
daout(ch1)                       % 设置模拟输出ch1
I = I + bi*(r-y) + br*(u-ua)     % 更新积分状态
yold = y                         % 更新微分状态
sleep(h)                         % 等待，直到下一个更新周期
}
```

参数 bi、ad、bd 和 br 的预先计算节省了主循环的计算时间。只有当控制参数发生变化时，才需要进行这些计算。在每个采样周期中执行一次主循环。程序有三个状态：yold、I 和 D。可以消除一个状态变量，但会牺牲代码的可读性。读取模拟输入和设置模拟输出之间的时间延迟包括 4 次乘法、4 次加法（实际为 5 次）和一次 sat 函数的估算。如有必要，所有计算都可以采用定点计算，并在可编程控制器（PLC）上实现。请注意，这个代码不仅计算了过程输出的滤波微分，还进行了设定值的加权和抗饱和的保护。还要注意的是，这个代码是在控制器的内部施加执行器的饱和特性的，而不是像图 11.11 那样测量执行器的输出。

11.6　阅读提高

PID 控制器的历史相当丰富，可以追溯到反馈的早期应用。文献［34，35，183］对这个主题做了很好的介绍。文献［44，222，258］介绍了 PID 控制的工业应用前景，它们都提到有相当一部分 PID 控制器的整定效果不佳。PID 算法已经在很多领域得到应用，其中一个非常规的应用是用以解释货币政策中流行的规则[115]。PID 控制器整定的 Ziegler-Nichols 规则最早是在 1942 年提出来的[266]，它的建立基于在麻省理工学院进行的广泛实验，包括在气动模拟器上的实验以及在范内瓦·布什（Vannevar Bush）的微分分析仪上的实验。文献［49］揭开了 Ziegler-Nichols 规则建立中有趣的一面。文献［194］列出了超过 1730 条调整规则。文献［261］详细讨论了避免饱和的方法，文献［19］给出了 PID 控制的综合分析。文献［42］介绍了高级的继电自动整定程序。

习题

11.1　（理想 PID 控制器）考虑图 11.1 所示框图表示的系统。假定过程的传递函数为 $P(s)=b/(s+a)$，证明：从 r 到 y 的传递函数为：

a) $G_{yr}(s) = \dfrac{bk_d s^2 + bk_p s + bk_i}{(1+bk_d)s^2 + (a+bk_p)s + bk_i}$

b) $G_{yr}(s) = \dfrac{bk_i}{(1+bk_d)s^2 + (a+bk_p)s + bk_i}$

选择一些参数，比较系统的阶跃响应。

11.2　考虑具有以下传递函数的二阶过程：

$$P(s) = \frac{b}{s^2 + a_1 s + a_2}$$

当采用 PI 控制器时，闭环系统为三阶系统。证明：当极点之和为 $-a_1$ 时，可以配置闭环极点的位置。请给出参数的方程，以使闭环特征多项式为：

$$(s+\alpha_c)(s^2 + 2\zeta_c \omega_c s + \omega_c^2)$$

11.3　考虑传递函数为 $P(s)=(s+1)^{-2}$ 的系统。找一个积分控制器，使一个闭环极点位于 $s=-a$，并确定使积分增益最大的 a 值。确定系统的其他极点，并判断这些极点是否可以当成主导极点。与式（11.6）给出的积分增益值相比较。

11.4　（整定规则）应用 Ziegler-Nichols 及其改进的整定规则，针对具有下列传递函数的系统，设计 PI

控制器：

$$P_1 = \frac{\mathrm{e}^{-s}}{s}, \quad P_2 = \frac{\mathrm{e}^{-s}}{s+1}, \quad P_3 = \mathrm{e}^{-s}$$

计算它们的稳定裕度，并探索它们的模式或规律。

11.5　（Ziegler-Nichols 整定）考虑传递函数为 $P(s) = \mathrm{e}^{-s}/s$ 的系统。利用 Ziegler-Nichols 阶跃响应法和频率响应法，确定 P、PI 以及 PID 控制器的参数。比较从不同规则得到的参数值，并讨论结果。

11.6　（车辆转向）为车辆转向系统设计比例积分控制器，以使闭环特征多项式为：

$$s^3 + 2\omega_c s^2 + 2\omega_c^2 s + \omega_c^3$$

11.7　（PID 控制的平均驻留时间）平均驻留时间是系统响应时间的一个量度。对于冲激响应为 $h(t)$、传递函数为 $P(s)$ 的稳定系统，驻留时间可定义为：

$$T_{ar} = \int_0^\infty t h(t) \mathrm{d}t = -\frac{P'(0)}{P(0)}$$

考虑 $P(0) \neq 0$ 的稳定系统及积分增益为 $K_i = k_p/T_i$ 的 PID 控制器。证明：闭环系统的平均驻留时间为 $T_{ar} = T_i/(P(0)k_p)$。

11.8　（Web 服务器控制）Web 服务器可以用称作动态电压频率缩放（dynamic voltage frequency scaling）的方法来控制，这种方法通过改变电源电压来调节处理器的速度。典型的控制目标是保持给定的服务率，这个服务率大约等效于维持一个指定的队列长度。队列长度 x 可用式（3.32）建模如下：

$$\frac{\mathrm{d}x}{\mathrm{d}t} = \lambda - \mu$$

式中，λ 是到达率；μ 是服务率，由处理器电压的改变来控制。采用如下的 PI 控制器来保持队列长度接近于 x_r：

$$\mu = k_p(x - \beta x_r) + k_i \int_0^t (x - x_r) \mathrm{d}t$$

请选择控制器参数 k_p 和 k_i，使闭环系统的特征多项式为 $s^2 + 1.6s + 1$，然后调整设定值权重 β，使系统对阶跃参考信号的响应有 2% 的超调量。

11.9　（电动机驱动）考虑习题 3.7 中的电动机驱动模型，其参数由习题 7.11 给定。建立系统近似的二阶模型，并用它来设计一个理想的 PD 控制器，使闭环系统有特征值 $-\zeta\omega_0 \pm \mathrm{i}\omega_0\sqrt{1-\zeta^2}$。添加如式（11.13）所示的低通滤波，探索在保持良好稳定裕度的情况下，ω_0 可以大到什么程度。对使用该控制器的闭环系统进行仿真，并与习题 7.11 中基于状态反馈控制器的结果进行比较。

11.10　（饱和与抗饱和）PI 控制器 $C(s) = 1 + 1/s$ 被用在这样一个过程中：当过程的输入 $|u| > 1$ 时饱和，而过程线性动态的传递函数则为 $P(s) = 1/s$。请仿真系统在参考信号幅值发生 1、2、10 的阶跃变化时的响应。当采用图 11.11 所示的抗饱和保护方案时，重新仿真。

11.11　（基于条件积分的抗饱和）避免积分器饱和的方法已经提出了不少。有个方法称作条件积分（conditional integration），它仅在误差足够小时才更新积分。为了说明这个方法，考虑一个具有以下描述的 PI 控制系统：

$$\frac{\mathrm{d}x_1}{\mathrm{d}t} = u, \quad u = \mathrm{sat}_{u_0}(k_p e + k_i x_2), \quad \frac{\mathrm{d}x_2}{\mathrm{d}t} = \begin{cases} e, & |e| < e_0 \\ 0, & |e| \geqslant e_0 \end{cases}$$

式中，$e = r - x_1$。当参数值为 $k_p = 1$、$k_i = 1$、$u_0 = 1$、$e_0 = 1$ 时，画出系统的相图，并讨论系统的性质。这个例子表明，在没有详细分析的情况下要成功引入特殊非线性是很困难的。

11.12　（饱和稳定性）考虑控制器传递函数为 $C(s)$、过程传递函数为 $P(s)$ 的闭环系统。设控制器具有跟踪常数为 k_{aw} 的抗饱和保护。假定在抗饱和方案中所选择的执行器模型永远不会使过程饱和。

　　a）利用框图变换证明：具有抗饱和的闭环系统可以用传递函数为式（11.11）的线性模块以及表示执行器模型的非线性模块二者的连接来表示。

　　b）证明：当传递函数（11.11）的奈奎斯特曲线具有 $\mathrm{Re}\, H(\mathrm{i}\omega) > -1$ 的性质时，闭环系统是稳定的。

　　c）假设 $P(s) = k_v/s$、$C(s) = k_p + k_i/s$。证明：当 $k_{aw} > k_i/k_p$ 时，具有抗饱和保护的系统是稳定的。

　　d）用描述函数分析证明：如果不加抗饱和保护，系统有可能不稳定。估计所产生振荡的幅值和频率。

　　e）建立一个简单仿真，验证 d）的结果。

11.13　考虑习题 11.9 中的系统，研究如果用一阶滤波器替换二阶滤波的微分会发生什么情况。

第12章
频 域 设 计

一个频段灵敏度的提高必然以另一个频段灵敏度的变坏为代价，当系统开环不稳定时代价更高。这适用于所有控制器，而与设计方法无关。

——Gunter Stein，首届 IEEE Bode Lecture 演讲，1989（文献［229］）

本章将继续探讨频域技术的应用，重点是反馈系统的设计。首先将对控制系统的性能指标做更全面的描述，然后引入"回路整形"的概念，作为在频域中进行控制器设计的一种机制。本章还将讨论前馈补偿、根轨迹法以及嵌套控制器设计等其他技术。

12.1 灵敏度函数

前一章以比例-积分-微分（PID）反馈为机制，为给定的过程设计反馈控制器。本章将扩展我们的方法，以包含更丰富的控制器和工具，来对闭环系统的频率响应进行整形。

本章的一个核心思想是，让设计者可以集中于开环传递函数来设计闭环系统的行为。在应用奈奎斯特判据研究稳定性时也采用了同样的方法：绘制开环传递函数的奈奎斯特图来确定闭环系统的稳定性。从设计的角度来看，回路分析工具的用途是极其强大的：由于回路传递函数是 $L = PC$，如果能够用 L 的属性来确定期望的性能，那就可以直接看到控制器 C 变化的影响。这比其他很多方法容易得多，例如，直接推断闭环系统的跟踪响应就很困难，因为闭环传递函数是 $G_{yr} = PC/(1+PC)$。

先分析闭环控制系统的一些重要性质。基本的两自由度控制系统的框图如图 12.1 所示。系统的回路由两部分组成：过程和控制器。两自由度控制器本身包括两个模块：反馈模块 C 和前馈模块 F。有两个干扰作用于过程部分：负载干扰 v 和测量噪声 w。负载干扰表示使过程偏离其期望行为的干扰，测量噪声表示使传感器提供的过程信息劣化的那些干扰。例如，在巡航控制系统中，主要的负载干扰是道路坡度的变化，测量噪声则是由将转轴上的测量脉冲转换成速度信号的电子设备引起的。负载干扰的频率通常较低，低于控制器的带宽，但测量噪声的频率通常较高。假设负载干扰进入过程的输入，测量噪声作用于过程的输出。这是一种简化，因为干扰可能以多种不同方式进入过程，传感器也可能存在动态。这些假定使得我们能够简化说明但却不失通用性。

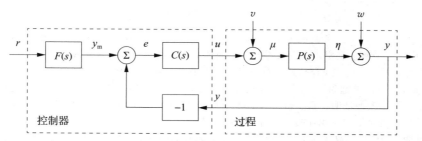

图 12.1　两自由度控制系统的框图。控制器具有反馈模块 C 和前馈模块 F。外部信号包括
参考信号 r、负载干扰 v、测量噪声 w。测量的输出为 y，控制信号为 u

过程输出 η 是希望控制的变量，最终的目标是使 η 跟踪参考信号 r。为了对参考信号的响应进行整形，通常使用前馈模块来生成一个期望的（或模型的）参考信号 y_m，它代

表我们试图跟踪的实际信号。控制基于模型参考信号 y_m 和测量信号 y 之差，但这里的测量是受到测量噪声 w 破坏的。控制器通过控制变量 u 对过程施加影响。因此，过程是一个具有三个输入（控制变量 u、负载干扰 v、测量噪声 w）和一个输出（测量信号 y）的系统。控制器是一个具有两个输入（测量信号 y、参考信号 r）和一个输出（控制信号 u）的系统。注意：控制信号 u 是过程的输入，是控制器的输出；测量信号 y 是过程的输出，是控制器的输入。

由于图 12.1 中的控制系统是由线性元件组成的，因此框图中信号之间的关系可用传递函数来表示。整个系统有三个外部输入：参考信号 r、负载干扰 v 和测量噪声 w。剩下的任何信号都可能对设计有价值，但最常见的是误差 e、控制输入 u 和输出 y。此外，过程的输入 μ 和输出 η 也很有用。表 12.1 总结了外部输入（行）和其余信号（列）之间的传递函数。

表 12.1　图 12.1 中控制系统信号相关的传递函数。外部输入包括参考信号 r、负载干扰 v 和测量噪声 w，依次各占一行。各列依次对应测量信号 y、控制输入 u、误差 e、过程输入 μ 和过程输出 η，它们与系统性能的关系最大

y	u	e	μ	η	
$\dfrac{PCF}{1+PC}$	$\dfrac{CF}{1+PC}$	$\dfrac{F}{1+PC}$	$\dfrac{CF}{1+PC}$	$\dfrac{PCF}{1+PC}$	r
$\dfrac{P}{1+PC}$	$\dfrac{-PC}{1+PC}$	$\dfrac{-P}{1+PC}$	$\dfrac{1}{1+PC}$	$\dfrac{P}{1+PC}$	v
$\dfrac{1}{1+PC}$	$\dfrac{-C}{1+PC}$	$\dfrac{-1}{1+PC}$	$\dfrac{-C}{1+PC}$	$\dfrac{-PC}{1+PC}$	w

虽然表中有 15 个条目，但有许多传递函数是重复出现的。对于大多数控制设计，我们关注以下的子集，称之为六式组（Gang of Six）：

$$G_{yr} = \frac{PCF}{1+PC}, \quad -G_{uv} = \frac{PC}{1+PC}, \quad G_{yv} = \frac{P}{1+PC},$$

$$G_{ur} = \frac{CF}{1+PC}, \quad -G_{uw} = \frac{C}{1+PC}, \quad G_{yw} = \frac{1}{1+PC} \tag{12.1}$$

式（12.1）中第一列传递函数给出了过程输出 y、控制信号 u 对参考信号 r 的响应；第二列给出了控制变量 u 对负载干扰 v 和测量噪声 w 的响应；最后一列给出了测量信号 y 对两个输入 v、w 的响应。［请注意，式（12.1）中选择的符号约定只是为了以后的方便，并不影响六式组传递函数的幅值］。

系统对负载干扰和测量噪声的响应特别重要，相应的传递函数称为灵敏度函数（sensitivity function）。它们代表系统对各种输入的灵敏程度，各有自己特定的名称：

$$S = \frac{1}{1+PC} \text{灵敏度函数} \qquad PS = \frac{P}{1+PC} \text{负载（或输入）灵敏度函数} \tag{12.2}$$

$$T = \frac{PC}{1+PC} \text{互补灵敏度函数} \quad CS = \frac{C}{1+PC} \text{噪声（或输出）灵敏度函数}$$

因为这些传递函数在反馈控制设计中特别重要，故称之为四式组（Gang of Four），它们有许多有趣的性质，这将在本章的其余部分详细讨论。无论以分析或设计为目的，深入了解这些性质对于理解反馈系统的性能都至关重要。

尽管四式组能够表达对干扰的响应，但我们也对系统对参考信号 r 的响应感兴趣。完整的六式组中的其余两个传递函数表达了参考信号与测量输出 y 以及与控制输入 u 的关系：

$$G_{yr} = \frac{PCF}{1+PC}, \quad G_{ur} = \frac{CF}{1+PC}$$

可以看出，F 可以用来设计这些响应，并且 F 还提供了反馈控制器 C 以外的第二个自由度。在实践中，通常首先使用四式组设计反馈控制器 C，以提供对负载干扰和测量噪声的良好响应，然后再使用 F 以及作为完整六式组一部分的其余两个传递函数来获得对参考信号的良好跟踪效果。

除了六式组外，另一个很重要的信号是参考信号 r 和（添加测量噪声之前的）过程输出 η 间的误差，它满足：

$$\epsilon = r - \eta = \left(1 - \frac{PCF}{1+PC}\right)r - \frac{P}{1+PC}v - \frac{PC}{1+PC}w$$
$$= (1 - TF)r - PSv - Tw$$

信号 ϵ 实际上并不存在于框图中，但它却是表示跟踪偏差的真实误差。可以看到它是六式组中某些传递函数的一个特殊组合。

$F=1$ 的特例称作（纯）误差反馈（error feedback）系统，因为其所有控制作用都基于误差反馈。在这种情况下，由式（12.1）和由式（12.2）给出的传递函数是相同的，系统完全由四式组确定。此外，真实跟踪误差变为：

$$\epsilon = Sr - PSv - Tw$$

注意，在设计纯误差反馈的系统时，由于反馈控制器 C 必须同时处理干扰衰减、鲁棒性以及参考信号的跟踪，因此没有多少设计自由。

式（12.2）中的传递函数有许多有趣的性质。例如，根据式（12.2），有 $S+T=1$，这解释了为什么 T 称作互补灵敏度函数。对于大的 s，回路传递函数 PC 通常趋向于零，这意味着当 s 趋向于无穷大时，T 趋向于 0，S 趋向于 1。因此，将无法跟踪非常高频的参考信号（因为 $|G_{yr}| = |FT| \to 0$），并且任何高频噪声都将无滤波地传播到误差上（因为 $|G_{ew}| = |S| \to 1$）。对于具有积分作用的控制器且过程的零频增益不为零的情况，当 s 很小时，回路传递函数 PC 趋于无穷大，这意味着当 s 趋向于 0 时，S 趋向于零，T 趋向于 1。因此，低频信号跟踪良好（因为 $|G_{yr}| = |FT| \to 0$），低频干扰可以完全衰减（因为 $|G_{ev}| = |PS| \to 0$）。在本章后面及第 13 章和第 14 章将详细讨论灵敏度函数的更多性质。无论分析或设计，对这些性质的深入了解对于理解反馈系统的性能是必不可少的。这些传递函数还可用于定义控制系统的性能指标。

第 10 章重点讨论了回路传递函数，我们发现回路传递函数的性质为我们提供了有关系统性质的有用见解。然而，回路传递函数并不总能给出闭环系统的完整特征。特别地，有可能会存在这种情况，即在 P 和 C 的乘积中存在极点/零点的抵消，以致 $1+PC$ 没有不稳定的极点，但是其他四个传递函数中的一个可能是不稳定的。下面的例子说明了这个难点。

例 12.1 回路传递函数仅能给出有限的洞察

考虑传递函数为 $P(s) = 1/(s-a)$ 的过程，由传递函数为 $C(s) = k(s-a)/s$ 的误差反馈 PI 控制器控制。回路传递函数为 $L = k/s$，灵敏度函数为：

$$S = \frac{1}{1+PC} = \frac{s}{s+k}, \qquad PS = \frac{P}{1+PC} = \frac{s}{(s-a)(s+k)},$$
$$CS = \frac{C}{1+PC} = \frac{k(s-a)}{s+k}, \qquad T = \frac{PC}{1+PC} = \frac{k}{s+k}$$

注意，在计算回路传递函数时，因式 $s-a$ 抵消掉了，另外，这个因式也没有出现在灵敏度函数 S 和 T 中。然而，如果 $a>0$，那这个因式的抵消是很严重的问题，因为关联负载干扰与过程输出的传递函数 PS 是不稳定的。因此，一点小的干扰 v 即可引起无限的输出，这显然是不可取的。◀

如果式（12.2）中所有的四个传递函数都是稳定的，就称反馈系统是内稳定的（internally stable）。另外，如果有前馈控制器 F，那么它也必须是稳定的，这样整个系统才可能内稳定。对于更一般的系统（其中可能包含额外的传递函数和反馈回路），如果所有可能的输入/输出传递函数都是稳定的，则系统是内稳定的。为简单起见，通常把闭环系统内稳定说成闭环系统稳定。

　　*如前所述，图 12.1 所示的系统是这样一种特殊情况：负载干扰仅进入过程的输入，测量输出则为过程变量和测量噪声之和。但实际上干扰可以以多种不同的方式进入过程，传感器也可能有自己的动态。图 12.2 以一种更抽象的方法来表示更一般的情况，其中仅有两个模块分别表示进程（$\mathcal{P}$）和控制器（$\mathcal{C}$）。过程有两个输入：控制信号 u，干扰向量 χ。过程有三个输出：测量信号 y，参考信号 r，用于指定性能的信号向量 ξ。图 12.1 中的系统可以通过选择 $\chi=(r,v,w)$ 和 $\xi=(e,\mu,\eta,\epsilon)$ 来表示。过程传递函数 $\mathcal{P}$ 描述 χ 和 u 对 ξ、y 和 r 的影响，控制器传递函数 $\mathcal{C}$ 描述 u 与 y 和 r 的关系（见习题 12.2）。将信号 ξ 限制为仅包含误差 e 和 ϵ，则控制问题可表述为寻找控制器 $\mathcal{C}$，以使从干扰 $\chi=(r,v,w)$ 到广义控制误差 $\xi=(e,\epsilon)$ 的传递函数的增益尽可能小（进一步的讨论见 13.4 节）。

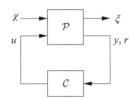

图 12.2　反馈系统的更一般表示。过程输入 u 表示可以操控的控制信号，过程输入 χ 表示影响过程的其他信号。过程输出包括：测量变量 y，参考信号 r，以及信号向量 ξ（代表控制设计中其他相关的信号）

　　对于具有多个输入和输出的过程，可以将 u 和 y 看作向量来处理。这些更高层次的抽象表示对于理论的发展是极其有用的，因为这使得我们可以专注于基本的原理以及去解决具有广泛应用的一般问题。不过必须注意保持理论与需要解决的实际控制问题相结合，并且必须记住矩阵乘法不具有可交换性。

12.2　性能指标

　　在控制设计过程中的一个关键要素是如何指定系统的预期性能。性能指标反映系统对过程变化的鲁棒性，反映系统跟踪参考信号的能力以及在不注入太多测量噪声的情况下系统衰减负载干扰的能力。性能指标是用传递函数来表达的，比如用六式组和回路传递函数，并且通常是采用传递函数的特征或它们的时域响应和频率响应来表示的。

　　在 10.3 节中广泛讨论了系统对过程变化的鲁棒性，引入了增益裕度 g_m、相位裕度 φ_m 和稳定裕度 s_m，如图 10.11 所示。灵敏度函数的最大值 $M_s=1/s_m$ 是另一个鲁棒性量度，如图 12.3a 所示。

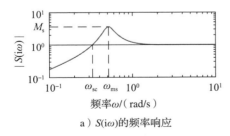
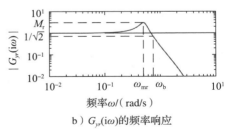

　　a）$S(\mathrm{i}\omega)$的频率响应　　　　　　　　b）$G_{yr}(\mathrm{i}\omega)$的频率响应

图 12.3　频域中的性能指标说明。图 a 为灵敏度函数增益曲线，最大灵敏度 M_s 是鲁棒性的量度。图 b 为传递函数 G_{yr} 的增益曲线，其上的指标有峰值 M_r、峰值频率 ω_{mr} 以及带宽 ω_b 等

　　为了提供性能指标，需要用几个参数来表示系统的特征属性。我们已经看到阶跃响应的特征是超调量、上升时间和调节时间，如图 6.9 所示。频率响应的共同特征包括峰值、

峰值频率、增益穿越频率和带宽。频率响应的其他特征还包括灵敏度函数的最大值 M_s（出现在频率 ω_{ms} 处）、互补灵敏度函数的最大值 M_t（出现在频率 ω_{mt} 处）。灵敏度穿越频率（sensitivity crossover frequency）ω_{sc} 定义为灵敏度函数 $S(i\omega)$ 的幅值为 1 的频率。只有当曲线单调时，各种穿越频率和带宽才能很好地定义；否则的话，通常使用其中的最低频率。

时域和频域中的性能指标之间存在有趣的关系。粗略地说，时域响应的短时行为与频率响应的高频行为有关，反之亦然。精确的关系由拉普拉斯变换给出。时域、频域的特征之间也存在有用的关系，典型的例子如 7.3 节的表 7.1、7.2 所示。

本节的其余部分将考虑控制设计中常用的各种类型的响应，并描述每类响应相关的性能指标。

12.2.1 对参考信号的响应

考虑图 12.1 中的基本反馈回路。输出 y 和控制信号 u 对参考信号 r 的响应用传递函数 $G_{yr}=PCF/(1+PC)$ 和 $G_{ur}=CF/(1+PC)$（对于纯误差反馈系统，$F=1$）来描述。性能指标可以用传递函数 G_{yr} 的特征来表示，例如峰值（或谐振峰）M_r、峰值频率 ω_{mr} 和带宽 ω_b，如图 12.3b 所示。

在 $F=1$ 的特殊情况下，传递函数 G_{yr} 等于互补灵敏度函数 T。然而，在许多情况下，通过使 $F\neq 1$ 来保持对输入/输出响应的整形能力是有用的。这种差异体现在要使用完整的六式组而不是仅使用四式组上。

传递函数 G_{yr} 的零频增益通常为 1，这是因为我们希望所设计的系统对阶跃输入的响应具有零稳态误差。传递函数的低频行为决定对缓慢变化的参考信号的跟踪误差。可以通过对从参考信号 r 到输出 e 的传递函数在很小的 s 时进行以下的级数展开，来解析地表示上述特点。

$$G_{er}(s)\approx e_1 s + e_2 s^2 + \cdots$$

式中，系数 e_k 称作误差系数（error coefficient）。如果参考信号为 $r(t)$，那么跟踪误差为：

$$e(t)=r(t)-y(t)=G_{er}r=e_1\frac{\mathrm{d}r}{\mathrm{d}t}+e_2\frac{\mathrm{d}^2 r}{\mathrm{d}^2 t}+\cdots$$

因此，斜坡输入 $r(t)=v_0 t$ 产生的稳态跟踪误差为 $v_0 e_1$，由此可知，若 $e_1=0$，则稳态跟踪误差为零。对于 $e_1=0$ 的系统，输入 $r(t)=a_0 t^2$ 产生的稳态误差为 $e(t)=2ae_2$。由该方程还可以得出这样一种观点，即低频（小 s）的行为对应于大尺度时间的行为，这正好是终值定理的结果（已经在 9.3 节末尾做过简要讨论）。

在确定性能指标时，关注输出是长久以来的做法。然而，对控制信号的响应也加以考虑是有用的，因为这将使我们可以判断获得输出响应所需的控制信号的幅度和速率是否合适。下面的例子说明了这一点。

例 12.2 三阶系统的参考信号跟踪

考虑传递函数为 $p(s)=(s+1)^{-3}$ 的过程，所用误差反馈 PI 控制器的增益为 $k_p=0.6$、$k_i=0.5$。响应如图 12.4 所示。实线为误差反馈比例积分（PI）控制器的结果；虚线为带前馈补偿器的控制器的结果，所用的前馈补偿器为：

$$F=\frac{G_{yr}(1+PC)}{PC}=\frac{2s^4+6s^3+6s^2+3.2s+1}{0.15s^4+1.025s^3+2.55s^2+2.7s+1}$$

这是经过专门设计的，以给出闭环传递函数 $G_{yr}=(0.5s+1)^{-3}$。从时域响应来看，带有前馈的控制器不仅没有超调量，而且响应更快。然而，为了获得快速响应，它需要更大的控制信号。带前馈的控制器的控制信号初值是 13.3，而常规 PI 控制器的仅为 0.6。带前馈

的控制器具有更大的带宽（以"。"标出），且没有谐振峰，其传递函数 G_{ur} 在高频时也
有更高的增益。◀

从图 12.4 可以了解时域响应和频率响应之间的一些关系。上排的图分别是传递函数
G_{yr} 的单位阶跃响应、频率响应，下排的图分别是 G_{ur} 的单位阶跃响应和频率响应。虚线
的时域和频率响应没有峰值，但实线的响应则有峰值。两种峰值在某种意义上是相关联
的：时域响应中的大超调量对应于频率响应中的大谐振峰。图 12.4 的下排图中的时域响
应初始值分别为 8（虚线）、6（实线），相应的频率响应具有相同的最终值。一般来说，可
以用拉普拉斯变换（或适当的指数响应）以及初值和终值定理来证明：对于单位阶跃参考
信号 $r(t)$，当 $t \to \infty$ 时，有 $u(t) \to G_{ur}(0)$，且若 $x(0)=0$，则 $u(0)=G_{ur}(\infty)$。

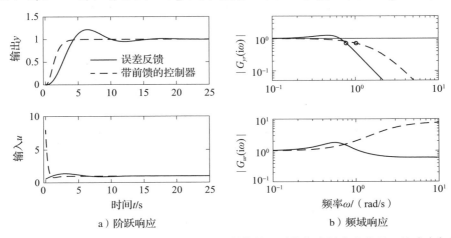

　　a）阶跃响应　　　　　　　　　　　　　　b）频域响应

图 12.4　例 12.2 的参考信号响应。过程输出 y 和控制信号 u 对单位阶跃参考信号 r 的响应如图 a 所示；
　　　　G_{yr} 和 G_{ur} 的增益曲线如图 b 所示。实线为误差反馈 PI 控制的结果；虚线为带前馈的控制器的
　　　　结果。在 G_{yr} 的增益曲线上，以小圆圈（。）标出了闭环系统的带宽

　　虚线所示的时域响应比实线所示的时域响应快，虚线所示的频率响应也比实线所示的
频率响应有更大的带宽。单位阶跃响应的上升时间和传递函数的带宽之积称作上升时间带
宽积（rise time-bandwidth product），这是一个无量纲的参数，是一个极其有用的特征参
数。图 12.4 中时域响应的上升时间分别为 $T_r=1.7$（虚线）、3.0（实线），相应的带宽分
别是 $\omega_b=1.9$（虚线）、0.8（实线），这给出的乘积分别是 $T_r\omega_b=3.2$（虚线）、2.4（实
线）。从 7.3 节的表 7.1、表 7.2 可以得到类似的观察结果，它给出的乘积是 $T_r\omega_b \approx 2.7 \sim$
2.8。由此看来，阶跃响应的上升时间与频率响应的带宽之积近似为常数（$T_r\omega_b \approx 3$）。可
以证明，如果频率响应衰减较快，那么上升时间带宽积会增加（参见习题 12.5，其中使用
了稍有不同的带宽定义）。

12.2.2　对负载干扰和测量噪声的响应

　　衡量干扰衰减的一个简单标准是对图 12.1 中闭环系统的输出和相应的开环系统输出
进行对比，其中开环系统可以通过令闭环系统中的 $C=0$ 来获得。当开环系统和闭环系统
的干扰相同时，简单地让开环系统的输出通过传递函数 S，即可得到闭环系统的输出（见
习题 12.6）。因此，灵敏度函数 S 直接显示了反馈是如何影响输出对干扰（包括负载干
扰、测量噪声等）的响应的。频率满足 $|S(i\omega)| < 1$ 的干扰被衰减，频率满足 $|S(i\omega)| > 1$
的干扰则被反馈放大。灵敏度穿越频率（sensitivity crossover frequency）ω_{sc} 是 $|S(i\omega)|=1$
的（且最低的）频率，如图 12.5a 所示。

　　由于灵敏度函数与回路传递函数的关系为 $S=1/(1+L)$，因此干扰的衰减可以用回路

传递函数的奈奎斯特曲线以图形化的方式显示出来，如图 12.5b 所示。复数 $1+L(\mathrm{i}\omega)$ 是灵敏度函数 $S(\mathrm{i}\omega)$ 的倒数，可以表示为奈奎斯特曲线上从点 -1 到点 $L(\mathrm{i}\omega)$ 的向量。因此，以 -1 为圆心、半径为 1 的圆之外的所有点，其灵敏度都小于 1。频率在此范围内的干扰受到反馈的衰减，而圆内的点对应频率的干扰则被放大。

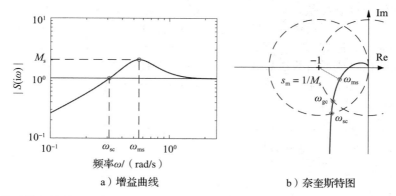

a）增益曲线　　　　　　　　　b）奈奎斯特图

图 12.5　对干扰灵敏度的说明。灵敏度函数 S 的增益曲线如图 a 所示。回路传递函数 L 的奈奎斯特曲线如图 b 所示。频率小于灵敏度穿越频率的干扰，即图 a 中 ω_{sc} 左侧的曲线或图 b 中虚线圆外的曲线，将受到反馈的衰减。频率高于 ω_{sc} 的干扰则被放大。最大的放大倍数发生在频率 ω_{ms} 处，相应的灵敏度达到最大值 M_{s}，在图 b 的奈奎斯特曲线上该点最接近临界点 -1

最大灵敏度 M_{ms} 发生在频率 ω_{ms} 处，它是干扰最大放大倍数的一个量度。灵敏度穿越频率 ω_{sc} 和最大灵敏度 M_{s} 是表征负载干扰衰减总体特征的两个参数。对于相位裕度为 $\varphi_{\mathrm{m}}=60°$ 的系统，可以证明灵敏度穿越频率 ω_{sc} 等于增益穿越频率 ω_{gc}，也等于互补灵敏度函数的穿越频率 ω_{tc}。注意，$1/[1+L(\mathrm{i}\omega)]$ 的最大幅值对应于 $|1+L(\mathrm{i}\omega)|$ 的最小值，这正好是 10.3 节中定义的稳定裕度 s_{m}，因此 $M_{\mathrm{s}}=1/s_{\mathrm{m}}$。所以，最大灵敏度也是鲁棒性的一个量度。

在图 12.1 中，系统从负载干扰 v 到过程输出 y 的传递函数 G_{yv} 为：

$$G_{yv}=\frac{P}{1+PC}=PS=\frac{T}{C} \tag{12.3}$$

负载干扰通常频率较低。对于小的 s（低频），有 $T\approx1$，因此 $G_{yv}\approx1/C$。若过程的 $P(0)\neq0$ 且控制器具有积分作用，则小 s 时 $C(s)\approx k_{\mathrm{i}}/s$ 和 $G_{yv}\approx s/k_{\mathrm{i}}$。因此，具有积分作用的控制器可以有效衰减低频干扰，积分增益 k_{i} 是干扰衰减的一个量度。高频下有 $S\approx1$，这意味着当 s 很大时，$G_{yv}\approx P$。

测量噪声通常具有较高的频率，会在控制变量中产生快速的变化，这是极其有害的，因为它们会导致执行器磨损、甚至会使执行器饱和。因此，将测量噪声引起的控制信号变化保持在合理的水平是很重要的，一个典型的要求是：这种变化仅为控制信号容许范围的一小部分。测量噪声的影响用从测量噪声到控制信号的传递函数来表示：

$$-G_{uw}=\frac{C}{1+PC}=\frac{T}{P}=CS \tag{12.4}$$

在大 s 时（即高频时，适用于测量噪声）$S\approx1$ 的假定下，我们有 $-G_{uw}\approx C$。这个公式清楚地表明，对导数进行滤波，使大 s 时的传递函数 $C(s)$ 趋向于零（高频衰减）是很有用的。

例 12.3 三阶系统干扰的衰减

考虑传递函数为 $P(s)=(s+1)^{-3}$ 的过程,采用比例积分微分(PID)控制器,增益为 $k_p=2$、$k_i=1.5$、$k_d=2.0$。采用阻尼比为 $1/\sqrt{2}$、$T_f=1$ 的二阶噪声滤波器来增强该控制器。这时,控制器的传递函数变为:

$$C(s)=\frac{k_d s^2+k_p s+k_i}{s(s^2 T_f^2/2+sT_f+1)} \tag{12.5}$$

闭环系统的响应如图 12.6 所示。

图 12.6a 的上图是输出 y 对单位阶跃载荷干扰 v 的闭环响应,它在 $t=2.73$ s 时具有峰值 0.28。图 12.6a 的下图为频率响应增益曲线,它在 $\omega=0.7$ rad/s 时具有最大增益 0.58。

控制信号 u 对阶跃变化的测量噪声 w 的闭环响应如图 12.6b 所示。传递函数 $G_{uw}(i\omega)$ 的高频衰减是由滤波引起的;如果没有滤波,图 12.6b 中的增益曲线在 20 rad/s 之后会继续上升。阶跃响应在 $t=0.08$ s 时有一个 -14 的低谷值。频率响应在 $\omega=14$ rad/s 时有一个 20 的峰值。注意,峰值发生在远高于负载干扰响应峰值频率的位置,也远高于增益穿越频率 $\omega_{gc}=0.78$ rad/s。在习题 12.7 中给出了一个近似推导,得到当 $\omega=\sqrt{2}/T_d=14.1$ rad/s 时,$\max|CS(i\omega)|\approx k_d/T_f=20$。◀

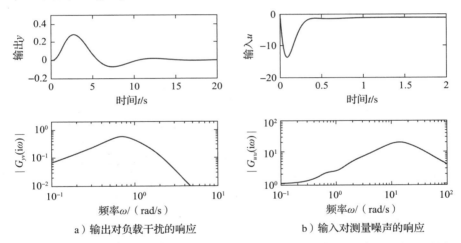

a)输出对负载干扰的响应　　　　b)输入对测量噪声的响应

图 12.6　例 12.3 的闭环系统对干扰的响应。从负载干扰 v 到过程输出 y 的传递函数 G_{yv} 的闭环单位阶跃响应和频率响应如图 a 所示;从测量噪声 w 到控制信号 u 的传递函数 G_{uw} 的相应响应如图 b 所示

图 12.6 也给出了有关时域响应和频率响应之间关系的见解。传递函数 G_{yv} 和 G_{uw} 的频率响应具有带通的特点,在高频时和低频时它们的增益都趋向于零。其结果是,相应的阶跃响应在时间很短时和时间很长时都为零。在图 12.6a 中,频率响应 G_{yv} 在 $\omega_p=0.7$ 时具有峰值 0.58,时域响应在 $t_p=2.73$ 时具有峰值 0.28,因此 $\omega_p t_p=1.9$。图 12.6b 显示传递函数 G_{uw} 的低频增益和稳态时域响应均为 1;时域响应从零开始,这与频率响应在高频时趋向于零相对应。频率响应在 $\omega_p=14$ 处有峰值 20,而时域响应在 $t_p=0.08$ 处有峰值 14(对应于低谷值 -14),因此 $\omega_p t_p=1.1$。对于具有带通特征的传递函数,这些观察结果支持这样一条简单的规则:阶跃响应的峰值时间与频率响应谐振峰的乘积在 1~2 的范围内(习题 12.8)。

12.2.3 测量指标

许多指标都是用"六式组"传递函数的性质来表示的,只需对传递函数作数值计算就可以很容易地检验这些指标。为了测试真实系统，必须提供注入信号和测量信号的控制器测试点。一些可行的测试点如图 12.7 所示。以传递函数 G_{yv} 为例，它表示过程输出对负载干扰的响应，通过在 δ_1 处注入信号，并测量输出 s_{21}，即可找到传递函数 G_{yv}。频率分析仪是用来直接测量传递函数的，能非常方便地进行这种测试。通过测量传递函数，可以在系统的设计阶段和运行过程中确保系统的鲁棒性和性能。

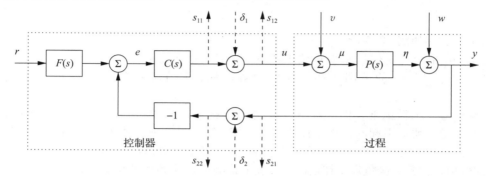

图 12.7   通过在测试点 δ_k 注入信号、在 s_{ij} 处测量响应，可以测量系统的性能指标。注意与图 12.1 对比

12.3   基于回路整形的反馈设计

奈奎斯特稳定性定理的一个优点在于它以回路传递函数 $L = PC$ 为基础，即以过程和控制器传递函数的乘积为基础。因此很容易看出控制器如何影响回路传递函数。例如，要使一个不稳定的系统稳定，只需要简单地让奈奎斯特曲线弯曲从而远离临界点即可。这一简单思想是几种不同设计方法的基础，这些方法统称为回路整形（loop shaping）。这些方法基于选择一个补偿器，以给出想要的回路传递函数形状。一种可能性是先确定回路的传递函数，使它为闭环系统提供所需的性质，然后再按 $C = L/P$ 来计算控制器。这种方法可能导致高阶的控制器，并且当过程的传递函数在右半平面存在极点和零点时还会存在一些限制，后一问题已经在 10.4 节讨论过，并将在 14.3 节做更进一步的讨论。另一种可能性是从过程的传递函数开始，改变其增益以获得所需的带宽，然后添加极点和零点，直到获得所需的形状。本节将探讨各种回路整形方法来进行控制律的设计。

12.3.1   设计注意事项

先讨论回路传递函数合适的形状，以提供良好的性能和稳定裕度。图 12.8 所示是一个典型的回路传递函数。为了获得良好的性能，在需要很好地跟踪参考信号的频段以及需要很好地衰减低频负载干扰的频段，回路传递函数的增益应该很大。由于 $S = 1/(1+L)$，因此对于 $|L| > 100$ 的频率，干扰将以大约 100 或更大的因子衰减，跟踪误差将小于 1%。从测量噪声到控制作用的传递函数为 $CS = C/(1+L)$。为了避免注入过多的测量噪声（它会产生有害的控制作用），控制器传递函数在高频时应该具有低的增益，这一特性称为高频衰减（high frequency roll-off）。因此，回路传递函数的形状应该大致如图 12.8 所示。它在增益穿越频率处具有单位增益（$|L(\mathrm{i}\omega_{\mathrm{gc}})| = 1$），在较低频率下具有较大的增益，在较高频率下具有较小的增益。

鲁棒性由回路传递函数在穿越频率附近的形状决定。良好的鲁棒性需要良好的稳定裕度，这就对增益穿越频率 ω_{gc} 附近的回路传递函数提出了要求。希望从低频高回路增益 $|L(\mathrm{i}\omega)|$ 切换到低回路增益要越快越好，但以伯德关系（见 10.4 节）表示的鲁棒性要求则对增益降低的速度施加了限制。式（10.9）意味着 ω_{gc} 处的增益曲线斜率不能太陡。对于最小相位系统，如果增益曲线在 ω_{gc} 附近有恒定的斜率，那么斜率 n_{gc} 和相位裕度 φ_{m}

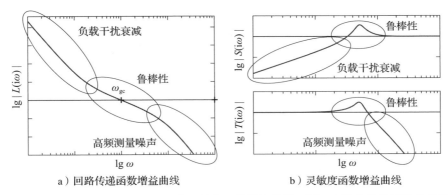

a）回路传递函数增益曲线   b）灵敏度函数增益曲线

图 12.8　典型回路传递函数的增益曲线及其灵敏度函数增益曲线。图 a 为回路传递函数的增益曲线，图
　　　　b 分别为灵敏度函数、互补灵敏度函数的增益曲线。穿越频率 ω_{gc} 决定负载干扰的衰减、带宽
　　　　以及闭环系统的响应时间。$L(s)$ 的增益曲线在增益穿越频率 ω_{gc} 处的斜率 n_{gc} 决定闭环系统
　　　　的鲁棒性［式（12.6）］。低频下较大的 L 值（回路增益）可提供良好的负载干扰抑制及参考
　　　　跟踪效果，而高频下较小的回路增益则可以避免注入过多的测量噪声

（单位为度）之间具有以下的关系：

$$n_{gc} \approx -2 + \frac{\varphi_m}{90} \tag{12.6}$$

因此，较陡的斜率会产生较小的相位裕度。当增益曲线偏离直线不太多时，上式是一个合
理的近似。从式（12.6）可见，相位裕度 30°、45°、60°对应的斜率分别为 $-5/3$、$-3/2$、
$-4/3$，斜率越大对应的相位裕度就越小。时延及右半平面的极点和零点施加了进一步的
限制，这将在第 14 章讨论。

　　回路整形是一个需要反复试验的过程。通常从过程传递函数的伯德图开始。增益穿越
频率 ω_{gc} 的选择是设计中的一个主要决策，需要在负载干扰衰减与测量噪声注入之间进行
折中。注意，如果相位裕度为 $\varphi_m = 60°$，那么增益穿越频率和灵敏度穿越频率相同，但在
相位裕度较小时，则有 $\omega_{gc} < \omega_{sc}$。在确定了增益穿越频率之后，可以尝试通过改变控制器
的增益以及向控制器传递函数中添加极点和零点来整定回路传递函数的形状。控制器的低
频增益可以通过所谓的"滞后补偿"来增加，穿越频率附近的行为可以通过所谓的"超前
补偿"来改变。当需要通过调整控制器的参数和复杂度来平衡许多不同的要求时，需要针
对每个控制器进行各种性能指标的评估。

　　回路整形可以简单地用于单输入单输出的系统。通过每次闭合一个回路，该方法也可
以用于具有单输入多输出的系统。唯一的限制是，对于最小相位系统，为了使闭环系统获
得快速响应，可能需要大相位超前以及高控制器增益。可用的具体方法很多，它们都依赖
于经验，但也都能对相互冲突的指标给出良好的见解。对于非最小相位系统，这种方法的
适用范围极其有限，这将在 14.3 节讨论。

12.3.2　超前和滞后补偿

　　回路整形的一个简单方法是从过程的传递函数开始，添加以下传递函数的简单补
偿器：

$$C(s) = k\,\frac{s+a}{s+b}, \quad a>0, b>0 \tag{12.7}$$

若 $a < b$，称作超前补偿器（lead compensator）；若 $a > b$，则称作滞后补偿器（lag
compensator）。PI 控制器是 $b = 0$ 的滞后补偿器特例。超前补偿器在本质上就是带滤波器
的 PD 控制器。如 11.5 节所述，在具有微分作用的 PID 控制器中，常使用滤波器来限制

高频增益。在超前补偿器中，通过其极点 $s=-b$ 也实现了同样的效应。式（12.7）是一阶补偿器，可提供多达 $90°$ 的相位超前。使用以下的高阶超前补偿器可以获得更大的相位超前（见习题 12.17）：

$$C(s)=k\,\frac{(s+a)^n}{(s+b)^n},\quad a<b$$

超前和滞后补偿器的伯德图如图 12.9 所示。

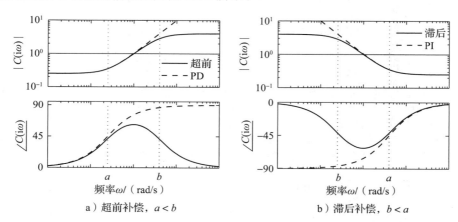

a）超前补偿，$a<b$　　　　　　　　b）滞后补偿，$b<a$

图 12.9　超前和滞后补偿器 $C(s)=k(s+a)/(s+b)$ 的伯德图。当 $a<b$ 时，发生超前补偿，它在 $\omega=a$ 和 $\omega=b$ 之间的频段内提供相位超前，如图 a 所示（参数为 $a=0.25$、$b=4$、$k=16$）。当 $a>b$ 时，发生滞后补偿，并提供低频增益，如图 b 所示（参数为 $a=4$、$b=0.25$、$k=1$）。PI 控制是滞后补偿的特例，PD 控制是超前补偿的特例，它们的频率响应如图中的虚线所示

　　滞后补偿会增大低频增益，常用于提高低频的跟踪性能和干扰衰减效果。超前补偿常用于提高相位裕度。如果在式（12.7）中令 $a<b$，则在极点/零点对之间的频率范围内（以及往每个方向各扩展大约 10 倍的频率范围内）增加了相位超前。对这个相位超前的位置进行适当的选择，可以在增益穿越频率处提供额外的相位裕度。

　　超前补偿与高频增益的增加有关。设 $G(s)$ 是 $G(0)>0$ 的传递函数，它在右半平面没有极点和零点，并假定 $\lim_{s\to\infty}G(s)=G(\infty)>0$。那么

$$\ln\frac{G(\infty)}{G(0)}=\frac{2}{\pi}\int_0^\infty \arg G(\mathrm{i}\omega)\mathrm{d}\ln\omega=\frac{2}{\pi}\int_{-\infty}^\infty \arg G(\mathrm{i}e^u)\mathrm{d}u \tag{12.8}$$

这个公式称作伯德相位面积公式（Bode's phase area formula），它意味着传递函数的增益比 $G(\infty)/G(0)$ 的对数正比于伯德图中的相位曲线的面积。这个方程是伯德用复变函数理论推导出来的[51]。因此，超前补偿具有高频高增益的特点，因而提高了对测量噪声的灵敏度。

　　超前和滞后补偿器也可以结合起来形成超前-滞后补偿器（见习题 12.11）。也可以针对特定干扰专门设计补偿器，如习题 12.12 所示。以下的例子说明了（应用 PI 控制的）滞后补偿和（增加相位裕度的）超前补偿的用法。

例 12.4 **轻敲模式下的原子力显微镜**

　　习题 10.2 给出了轻敲模式下原子力显微镜垂直运动的简单动态模型。系统动态的传递函数为：

$$P(s)=\frac{a(1-e^{-s\tau})}{s\tau(s+a)}$$

式中，参数 $a=\zeta\omega_0$、$\tau=2\pi n/\omega_0$ 已经在例 11.2 中进行过解释。增益已经归一化为 1。当参数 $a=1$、$\tau=0.25$ 时，该传递函数的伯德图如图 12.10a 中的虚线所示。为了改善对负

载干扰的衰减效果，引入积分控制器来增加低频增益。这样一来，回路的传递函数就变成了 $L=k_i P(s)/s$。先调整增益 k_i，使闭环系统稍微稳定，得到 $k_i=8.3$，相应的回路传递函数伯德图如图 12.10a 中的点划线所示，其中临界点以小圆圈（○）标注。注意低频时增益的增加。为了获得合理的相位裕度，再引入比例作用，并逐渐增加比例增益 k_p，直到获得合理的灵敏度值。当 $k_p=3.5$ 时，得到最大灵敏度 $M_s=1.6$、最大互补灵敏度 $M_t=1.3$。相应的回路传递函数伯德图如图 12.10a 中的实线所示。注意，与纯积分控制器（点划线）相比，相位裕度有了显著增加。

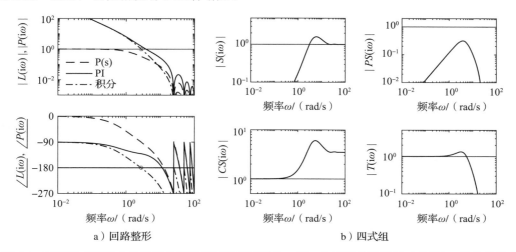

图 12.10 轻敲模式原子力显微镜的控制器回路整形设计。图 a 为过程的伯德图（虚线）、带临界增益积分控制器的回路传递函数伯德图（点划线）、适当调整 PI 控制器以给出合理鲁棒性的回路传递函数伯德图（实线）。图 b 为 PI 控制系统四式组的增益曲线

为了评估设计，还计算了 PI 参数调好后四式组传递函数的增益曲线，如图 12.10b 所示。灵敏度曲线的峰值比较合理，PS 曲线表明 PS 的最大值为 0.3，这说明负载干扰得到了很好的抑制。CS 曲线表明最大噪声增益 $|CS(i\omega)|$ 为 6。控制器在高频下的增益为 $k_p=3.5$，因此可以考虑增加高频衰减以使高频下的 CS 更小。◀

例 12.5 矢量推力飞机的滚动控制

考虑矢量推力飞机的滚动控制，如图 12.11 所示。在习题 9.11 的基础上，用以下形式的二阶传递函数来对系统建模：

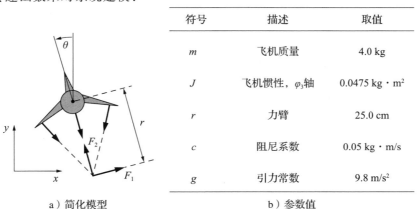

符号	描述	取值
m	飞机质量	4.0 kg
J	飞机惯性，φ_3 轴	0.0475 kg·m^2
r	力臂	25.0 cm
c	阻尼系数	0.05 kg·m/s
g	引力常数	9.8 m/s^2

a）简化模型　　　　　b）参数值

图 12.11 矢量推力飞机的滚动控制。在图 a 中，应用机动推力器，形成一个由 F_1 产生的力矩，从而控制滚转角 θ。在图 b 所示表中，列出了该系统实验室版本的参数值

$$P(s) = \frac{r}{Js^2}$$

其中参数如图 12.11b 所示。需要达到的性能指标为：在最高达 10 rad/s 的频率下，实现稳态误差小于 1%、跟踪误差小于 10%。

从 F_1 到 θ 的开环传递函数伯德图如图 12.12a 所示。为了达到所需的性能指标，希望在 10 rad/s 的频率下增益至少为 10，因此需要更高的增益穿越频率。从回路形状可以看出，为了获得所需的性能，不能简单地增加增益，因为这会导致非常低的相位裕度。相反，应该在期望的穿越频率处增加相位。

为了实现这一点，使用超前补偿器（12.7），参数取 $a=2$、$b=50$、$k=200$。然后设置系统增益，以提供足够大的回路增益来获得所需的带宽，如图 12.12b 所示。可以看到，这个系统在高达 10 rad/s 的所有频率下都具有大于 10 的增益，并且有超过 60° 的相位裕度。◀

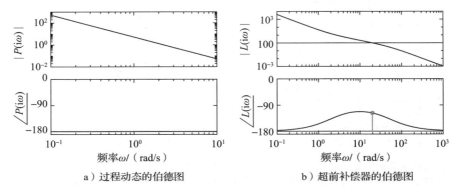

a）过程动态的伯德图   b）超前补偿器的伯德图

图 12.12　采用超前补偿的矢量推力飞机的控制设计。开环传递函数的伯德图如图 a 所示；回路传递函数 $L=PC$ 的伯德图如图 b 所示，其中 C 是式（12.7）给出的超前补偿器，参数为 $a=2$、$b=50$、$k=200$。注意在靠近 $\omega=20$ rad/s 的穿越区域中的相位超前

12.4　前馈设计

前馈是一种简单而强大的技术，可以补充反馈的不足。它既可以用来改善对参考信号的响应，也可以用来减少可测量干扰的影响。在 8.5 节（图 8.11）中建立了基于状态反馈和观测器的控制器前馈设计。在 11.5 节中，针对 PID 控制器给出了设定点加权这种简单形式的前馈 [见式（11.15）]。本节将使用传递函数来开发一种更高级的前馈设计方法。

12.4.1　前馈与反馈相结合

图 12.13 所示为一个具有反馈和前馈控制的系统框图。过程动态被分为两个模块 $P_1(s)$ 和 $P_2(s)$，测量干扰 v 进入模块 P_2 的输入，定义 $P(s)=P_1(s)P_2(s)$。传递函数 F_m 表示对参考信号的期望响应（模型响应）。采用两个传递函数分别为 F_r 和 F_v 的前馈模块来处理参考信号 r 和测量干扰 v。

结合反馈和前馈的两自由度控制器的一个主要优点是控制设计问题可以分为两部分。反馈传递函数 C 可以设计成具有良好的鲁棒性，并能有效地抑制干扰，前馈传递函数 F_r 和 F_v 可以独立设计成前者能对参考信号给出期望的响应，后者能减少测量干扰的影响。

首先探讨对参考信号的响应。在图 12.13 中，从参考输入 r 到过程输出 y 的传递函数为

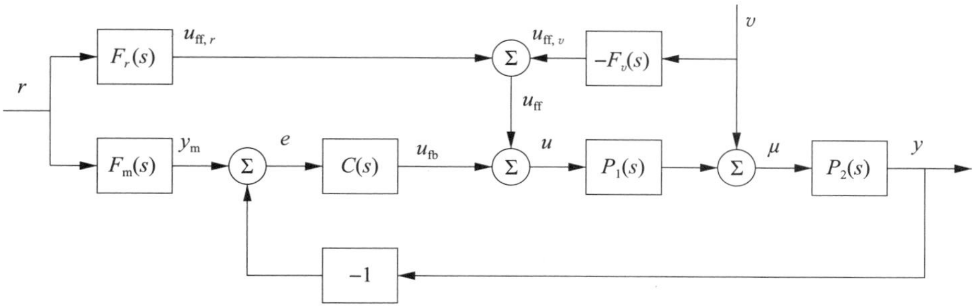

图 12.13　采用前馈补偿来改善对参考信号和测量干扰的响应的两自由度系统框图。系统有三个前馈元件：$F_m(s)$ 用以设置所需的输出值，$F_r(s)$ 用来产生前馈指令 $u_{ff,r}$ 以改善参考信号的响应，$F_v(s)$ 用来产生前馈信号 $u_{ff,v}$ 以减小测量干扰 v 的影响

$$G_{yr}(s) = \frac{P(CF_m + F_r)}{1 + PC} = TF_m + SPF_r = F_m + S(PF_r - F_m) \tag{12.9}$$

式中，S 是灵敏度函数，T 是互补灵敏度函数 ［式 (12.2)］，且 $T = 1 - S$。有两种不同的方法让 G_{yr} 接近于期望的传递函数 F_m：或者选择前馈传递函数 F_r 使 $PF_r - F_m$ 很小，或者选择反馈传递函数 C 使灵敏度 $S = 1/(1 + PC)$ 很小。理想的前馈补偿可以按下式来得到：

$$F_r = \frac{F_m}{P_1 P_2} = \frac{F_m}{P} \tag{12.10}$$

由此得到 $G_{yr} = F_m$。注意，前馈补偿器 F_r 中包含过程动态的逆模型。

接下来考虑可测量干扰的衰减。从负载干扰 v 到过程输出 y 的传递函数为：

$$G_{yv} = \frac{P_2(1 - P_1 F_v)}{1 + PC} = P_2 S(1 - P_1 F_v) \tag{12.11}$$

有两种不同方法可以让传递函数 G_{yv} 变小：或者选择前馈传递函数 F_v，以使 $1 - P_1 F_v$ 很小，或者选择反馈传递函数 C，以使灵敏度 $S = 1/(1 + PC)$ 很小。理想的补偿由下式给出：

$$F_v = \frac{1}{P_1} \tag{12.12}$$

因此，利用传递函数设计前馈以改善对参考信号和干扰的响应是一项简单的任务，但这需要用到过程模型的逆。下面用一个例子来说明。

例 12.6　车辆转向

例 7.4 给出了车辆转向的线性化模型。从转向角 δ 到侧向偏差 y 的归一化传递函数为 $P(s) = (\gamma s + 1)/s^2$。对于车道转换系统来讲，应该拥有无超调量的良好响应，因此，选择期望的响应为 $F_m(s) = \omega_c^2/(s + \omega_c)^2$，其中转向的响应速度或力度由参数 ω_c 决定。由式 (12.10) 可得：

$$F_r = \frac{F_m}{P} = \frac{\omega_c^2 s^2}{(\gamma s + 1)(s + \omega_c)^2}$$

只要 $\gamma > 0$，这个传递函数就是稳定的。

图 12.14 显示了 $\omega_c = 0.2$ 时的系统响应。可见，车辆以平滑的转向角在大约 20 个车身长度内完成了车道转换。最大转向角略大于 0.2 rad（12°）。当采用归一化变量时，表示侧向偏差的曲线（y 为 t 的函数）也可以解释为以车身长度为长度单位的车辆行驶路径（y 为 x 的函数）。　◀

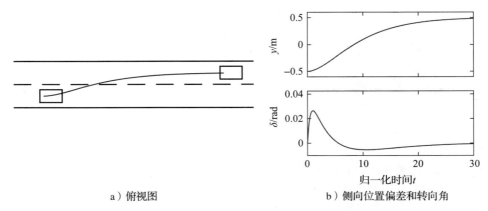

a）俯视图　　　　　　　　　　b）侧向位置偏差和转向角

图 12.14　车辆转向的前馈控制。图 a 所示的曲线为控制器生成的变道轨迹。图 b 所示的曲线为（基于线性化模型的）采用前馈以实现平滑变道控制的侧向位置偏差 y（顶部）和转向角 δ（底部）的曲线

12.4.2　前馈遇到的困难

图 12.13 中的理想前馈补偿器由下式给定：

$$F_r = \frac{F_m}{P_1 P_2}, \quad F_v = \frac{1}{P_1} \tag{12.13}$$

这两个传递函数都需要求过程传递函数的逆，但如果过程传递函数存在时延、右半平面零点或过高的极点盈余，则求逆可能就很成问题。求时延的逆需要进行预测，除非事先知道指令信号，否则无法进行完美的预测。如果过程传递函数在右半平面有零点，则过程传递函数的逆是不稳定的，必须使用近似的逆。最后，如果过程传递函数的极点盈余大于零，则过程的逆需要微分。此时，参考信号必须足够平滑，并且噪声也会成为很大的问题。

不过，在寻找传递函数 F_r 时有一些额外的自由度，因为其中也包含着传递函数 F_m，它指定了理想的行为。如果 F_m 具有与过程相同的时延和右半平面零点，则可以得到一个稳定的前馈传递函数。下面用一个例子来说明。

例 12.7　右半平面有零点的过程的前馈控制

设过程及期望响应的传递函数分别为：

$$P(s) = \frac{1-s}{(s+1)^2}, \quad F_m(s) = \frac{\omega_m^2(1-s)}{s^2 + 2\zeta_c \omega_m s + \omega_m^2}$$

由于过程在右半平面有零点 $s=1$，因此期望响应的传递函数 $F_m(s)$ 也必须有相同的零点，以避免前馈传递函数 F_r 不稳定。由式（12.10）给出前馈传递函数为：

$$F_r(s) = \frac{\omega_m^2(s+1)^2}{s^2 + 2\zeta_c \omega_m s + \omega_m^2} \tag{12.14}$$

图 12.15 显示了不同 ω_m 值的输出 y 和前馈信号 u_{ff}。由于右半平面零点 $s=1$ 的存在，对参考信号的响应最初走错了方向。这种效应称为*逆响应*（inverse response），当响应缓慢（$\omega_m = 1$）时几乎看不出来，但它会随着响应速度的加快而增大。当 $\omega_m = 5$ 时，下冲超过 200%。较大的下冲表明右半平面的零点限制了可实现的带宽，这将在第 14 章做深入讨论。ω_m 的合理选择范围为 0.2~0.5。注意，如果过程和希望的模型分别具有以下的传递函数，则会得到跟式（12.14）完全相同的前馈传递函数：

$$P(s) = \frac{1}{(s+1)^2}, \quad F_m(s) = \frac{\omega_m^2}{s^2 + 2\zeta_c \omega_m s + \omega_m^2}$$

这时的响应如图 12.15 中的虚线所示。可见，当没有右半平面零点时，就有可能获得良好的、快速的响应。

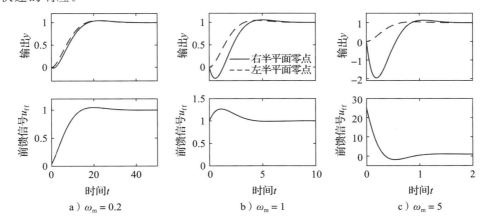

图 12.15　过程在右半平面存在零点时的前馈控制（例 12.7）。在单位阶跃指令信号下，输出 y 的曲线如上排图所示，前馈信号 u_{ff} 如下排图所示。在参考信号为单位阶跃指令时，设计参数为 $\omega_m = 0.2$、1、5 时对应的曲线分别如图 a、图 b、图 c 所示。虚线为过程在右半平面没有零点时得到的响应

不同 ω_m 值的控制信号显著不同，如图 12.15 中下排曲线图所示。由于 $r=1$ 且前馈传递函数的零频增益为 $F_r(0)=1$，因此随着时间的推移，所有情况的控制信号都趋向于 1。高频下，前馈传递函数的增益为 $F_r(\infty)=\omega_m^2$，也是恒定的，这意味着高频信号的增益为 ω_m^2（若 ω_m 较大这种情况可能就不可取）。因此，基于初值定理，可知在单位阶跃信号作用下，初始响应将为 $u_{ff}(0)=F_r(\infty)=\omega_m^2$。当 $\omega_m=0.2$ 时，控制信号由初始的 0.04 增长到最终值 1，并有一点小小的超调量。当 $\omega_m=1$ 时，控制信号由 1 开始有一个超调量，最后调节到最终值 1。当 $\omega_m=5$ 时，控制信号由 25 开始朝着最终值 1 衰减，并有一个下冲。

◀

12.4.3　近似逆

右半平面有零点的过程没有稳定的逆。为了设计这种系统的前馈补偿器，需要使用稳定的近似逆。下面的定理（这里不做证明）为构造这种近似逆提供了一种方法。

定理 12.1　（近似逆）设有理传递函数 $G(s)$ 的所有极点都在左半平面，且虚轴上没有零点。将传递函数因式分解为 $G(s)=G^+(s)G^-(s)$，其中 $G^+(s)$ 具有所有左半平面的零点，$G^-(s)$ 具有所有右半平面的零点。$G(s)$ 的一个能使阶跃输入响应误差的均方根最小的近似稳定逆为：

$$G^+(s)=\frac{1}{G^+(s)G^-(-s)}\qquad(12.15)$$

下面用一个例子来说明这个定理。

例 12.8　**系统有右半平面零点时的近似逆**

设过程和（期望响应）参考模型的传递函数为：

$$P(s)=\frac{1-s}{(s+1)^2},\qquad F_m(s)=\frac{\omega_m^2}{s^2+2\zeta_c\omega_m s+\omega_m^2}$$

注意与例 12.7 相比，这里的 F_m 没有右半平面的那个零点。过程传递函数可以因式分解为：

$$P^-(s)=1-s,\qquad P^+(s)=\frac{1}{(s+1)^2}$$

根据定理 12.1，可以得到以下的近似逆：

$$P^{\dagger}(s) = \frac{1}{P^{+}(s)P^{-}(-s)} = \frac{(s+1)^2}{1+s} = s+1$$

因此，前馈传递函数为：

$$F_r(s) = F_m(s)P^{\dagger}(s) = \frac{\omega_m^2(s+1)}{s^2 + 2\zeta_c\omega_m s + \omega_m^2}$$

这类似于式（12.14），但不再依赖于右半平面零点的抵消来获得稳定的前馈传递函数。因此，从参考信号 r 到输出 y 的传递函数为：

$$G_{yr}(s) = P(s)F_r(s) = \frac{1-s}{(s^2 + 2\zeta_c\omega_m s + \omega_m^2)(s+1)}$$

图 12.16 显示了这个设计在不同 ω_m 值时的阶跃响应。

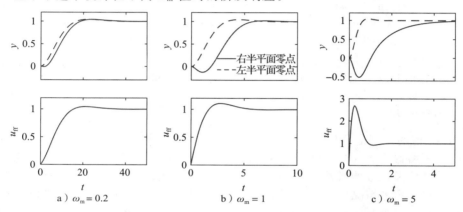

图 12.16 基于近似逆的前馈设计。对于单位阶跃参考信号，输出 y 的曲线如上排图所示，前馈信号 u_{ff} 如下排图所示。当参考信号为单位阶跃指令时，设计参数取值 $\omega_m = 0.2$、1、5 时的曲线分别如图 a、图 b、图 c 所示。虚线表示过程没有右半平面零点的响应

　　比较图 12.15 和图 12.16 可以发现，当 $\omega_m = 0.2$ 时差异很小，但 $\omega_m = 5$ 时的差异很大。请特别注意前馈信号 u_{ff} 的形状。基于近似逆的设计具有较小的下冲，但时域响应的稳定时间有点长。　　　　　　　　　　　　　　　　　　　　　　　　　　　　　　　　◄

　　总之，前馈可以改善对参考信号的响应，并减少可测量负载干扰的影响。但如果过程有时延、有右半平面零点或有较多的极点盈余，则其适应性会受到限制。由于零点取决于传感器，因此可以通过移动或添加传感器来改变零点。此外，在第 13 章将会看到，前馈控制器可能会对模型不确定性很敏感（见 13.3 节和习题 13.5），因此前馈控制通常与反馈控制相结合，以获得鲁棒的性能。

12.5　根轨迹法

　　在 7.2 节、8.3 节中讨论的特征值配置等设计方法中，我们通过设计控制器来给出所需的闭环极点。只要控制器足够复杂，就可以指定所有的闭环极点。因此，控制器的复杂度是与过程的复杂度直接相关的。在实践中，可能得用简单的控制器去控制复杂的过程，这样就不可能找到一个控制器来给所有的闭环极点都配置上期望值。探讨用复杂度受限的控制器（例如第 11 章中的 PID 控制器以及 12.3 节的回路整形中用到的控制器）去控制复杂过程的方法，是一件很有意义的事情。对于控制器仅有一个可选参数的最简情况，可以用根轨迹法（root locus method）来进行研究。根轨迹（root locus）是把特征多项式的根当作某个参数的函数而绘制出来的图形，利用它可以深入了解控制器参数的影响。通过求

不同参数值时闭环特征多项式的根，可以直接得到根轨迹。也有很好的计算机工具来生成根轨迹。根轨迹的一般形状很容易获得，且往往会揭示出很多的关键信息。

为了说明根轨迹法，考虑具有以下传递函数的过程：

$$P(s)=\frac{b(s)}{a(s)}=\frac{b_0 s^m+b_1 s^{m-1}+\cdots b_m}{s^n+a_1 s^{n-1}+\cdots a_n}=b_0\frac{(s-z_1)(s-z_2)\cdots(s-z_m)}{(s-p_1)(s-p_2)\cdots(s-p_n)}$$

式中，多项式 $a(s)$ 的阶数为 n，多项式 $b(s)$ 的阶数为 m。假定极点盈余 $n_{pe}=n-m$ 为正或零。设控制器为比例控制器，其传递函数为 $C(s)=k$。下面探讨当比例控制器的增益 k 在 0 到 ∞ 之间变化时闭环系统的极点。

闭环特征多项式为：

$$a_{cl}(s)=a(s)+kb(s) \tag{12.16}$$

闭环极点就是 $a_{cl}(s)$ 的根。根轨迹就是当增益 k 从 0 到 ∞ 变化时 $a_{cl}(s)$ 的根的图形。由于多项式 $a_{cl}(s)$ 的阶数为 n，因此该图将有 n 个分支。

当增益 k 为零时，$a_{cl}(s)=a(s)$，故闭环极点等于开环极点。当在 $s=p_l$ 处有 m 重开环极点时，特征方程可以写成：

$$(s-p_l)^m\widetilde{a}(s)+kb(s)\approx(s-p_l)^m\widetilde{a}(p_l)+kb(p_l)=0$$

式中，$\widetilde{a}(s)$ 表示多项式 $a(s)$ 分离出极点 $s=p_l$ 之后的剩余部分。对于较小的 k 值，这个方程的根为 $s=p_l+\sqrt[m]{-kb(p_l)/\widetilde{a}(p_l)}$。因此，根轨迹具有星形模式的图案，它从开环极点 $s=p_l$ 发出 m 个分支。相邻两个分支之间的夹角为 $2\pi/m$。

为了探讨大增益的情况，对特征多项式（12.16）在大 s 和大 k 下进行近似，得到

$$a_{cl}(s)=b(s)\left(\frac{a(s)}{b(s)}+k\right)\approx b(s)\left(\frac{s^{n_{pe}}}{b_0}+k\right) \tag{12.17}$$

对于大的 k，闭环极点的根近似为 $b(s)$ 的根和 $\sqrt[n_{pe}]{-b_0 k}$。式（12.17）的根的一个更好的近似是（见习题 12.15）：

$$s=s_0+\sqrt[n_{pe}]{-kb_0},\quad s_0=\frac{1}{n_{pe}}\Big(\sum_{k=1}^{n}p_k-\sum_{k=1}^{m}z_k\Big) \tag{12.18}$$

因此，渐近线是 n_{pe} 条从 $s=s_0$ 点（即极点和零点的质心）发出的射线。当 $kb_0>0$ 时，这些射线与实轴的夹角为 $(\pi+2l\pi)/n_{pe}$，其中 $l=1,\cdots,n_{pe}$。图 12.17 显示了不同极点盈余值 n_{pe} 下大增益时，系统根轨迹的渐近线。

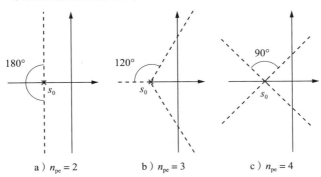

　　a）$n_{pe}=2$　　　　b）$n_{pe}=3$　　　　c）$n_{pe}=4$

图 12.17　极点盈余分别为 $n_{pe}=2$、3 和 4 时，系统根轨迹的渐近线。可见，有 n_{pe} 条渐近线从式（12.18）给定的点 $s=s_0$ 辐射而出，渐近线之间的夹角为 $360^\circ/n_{pe}$。

　　总之，以回路增益为变量的根轨迹图有 n 个分支，它们始于开环极点，终于开环零点或无穷远处。终于无穷远处的分支具有式（12.18）给定的星型渐近线。由此可以立即得到的一个结论是：如果开环系统在右半平面有零点或者极点盈余大于 2，那么对于足够大

的增益，系统将总是不稳定的。

　　绘制根轨迹有一些简单的规则。这里介绍其中的一部分。如前所述，根轨迹在有多重根的点上具有（局部）对称的星形模式：分支的数目取决于相同根的重数。对于 $kb_0>0$ 的系统，根轨迹在实轴上是分段的，在每段的右侧，实数的零极点数之和为奇数（见习题 12.16）。正如习题 12.19 所讨论的，可以很容易地找到根轨迹的分支从某个极点离开的方向。

　　图 12.18 显示了 $k>0$ 时具有以下传递函数的系统的根轨迹。

$$P_a(s)=k\,\frac{s+1}{s^2}, \quad P_b(s)=k\,\frac{s+1}{s(s+2)(s^2+2s+4)},$$

$$P_c(s)=k\,\frac{s+1}{s(s^2+1)}, \quad P_d(s)=k\,\frac{s^2+2s+2}{s(s^2+1)} \tag{12.19}$$

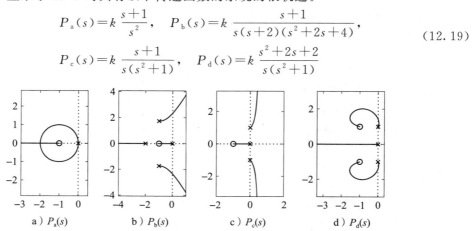

图 12.18　系统的根轨迹。式（12.19）所给过程传递函数 $P_a(s)$、$P_b(s)$、$P_c(s)$ 和 $P_d(s)$ 的根轨迹

　　在图 12.18a 中，$P_a(s)$ 的根轨迹有两个根始于原点，局部模式具有 $m=2$ 的星形结构。随着增益的增大，由于零点的吸引作用，轨迹弯曲。在这种特殊情况下，轨迹实际上是一个围绕零点 $s=-1$ 的圆。两个根在实轴上相遇，并分离形成一个星形模式。随着增益 k 的继续增大，一个根趋向于零点，另一个根沿着负实轴趋向于无穷大。因此，根轨迹在实轴上有一段是 $(-\infty,\,-1]$。图 12.18b 的根轨迹始于开环极点 $s=-2$、0、$-1\pm i\sqrt{3}$。极点盈余为 $n_{pe}=3$，源自质心 $s_0=-1$ 的渐近线具有相应的模式。图 12.18c 的根轨迹具有垂直的渐近线，因为 $n_{pe}=2$（见图 12.17）。这个渐近线源自质心 $s_0=0.5$。根轨迹有一段 $[-1,\,0]$ 在实轴上。图 12.18d 的根轨迹有三个分支：一个是实轴上范围为 $(-\infty,\,0]$ 的一段，另外两个源于复开环极点，终于开环零点。

　　根轨迹也可用于设计。作为例子，考虑图 12.18c 所示的系统，它可以代表具有以下传递函数的 PI 控制系统：

$$P(s)=\frac{1}{s^2+1}, \quad C(s)=k\,\frac{s+2}{s}$$

图 12.18c 所示的根轨迹表明，对于控制器的所有增益值，系统都是不稳定的，因此可以立即得出结论，该过程不能用 PI 控制器来实现稳定。为了得到稳定的闭环系统，可以尝试选择 PID 控制器，让其零点位于过程的无阻尼极点的左侧，例如，

$$C(s)=k\,\frac{s^2+2s+2}{s}$$

由这个控制器获得的根轨迹如图 12.18d 所示。可见系统在 $k>0$ 时是稳定的，可以通过 k 的选择来将极点配置在合理的位置。

　　上面介绍了采用比例控制器的闭环系统在以比例增益为参数时的根轨迹。根轨迹也可用于发现其他参数的影响，如例 5.17 所示。

12.6　设计实例

本节以一个详细的例子，来说明本章所描述的一些设计技术的应用。

例 12.9　矢量推力飞机的侧向控制

在例 3.12 和例 12.5 中介绍了垂直起降（vertical takeoff and landing，VTOL）飞机的运动控制问题，其中设计了滚动动态的控制器。现在希望控制飞机的位置，这是一个飞机姿态镇定问题。

为了控制矢量推力飞机的侧向动态，采用图 12.19 所示的内环/外环控制设计方法。由图可见，过程动态和控制器分为两个部分：内环由滚动动态及其控制器组成，外环由侧向位置动态及其控制器组成。这个分解遵从习题 9.11 给出的动态框图表示。

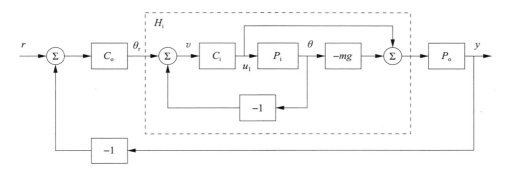

图 12.19　矢量推力飞机的内环/外环控制设计。内环 H_i 利用矢量推力来控制飞机的滚转角。外环控制器 C_o 给出滚转角指令以调节侧向位置。过程动态被分解为内环动态（P_i）和外环动态（P_o），二者组合形成飞机的全动态模型

先设计内环控制器 C_i，以使所得的闭环系统 H_i 可以保证滚转角 θ 快速而准确地跟随其参考 θ_r。然后再为侧向位置 y 设计控制器 C_o，它用可以直接控制滚转角 θ 的近似值 θ_r 来代替 θ，作为控制侧向位置 y 的等效动态的输入。在滚动控制器的动态要比侧向位置控制的期望带宽快得多的假定下，可以将内环和外环的控制器合并在一起，得到整个系统的单个控制器。作为整个系统的性能指标，我们希望侧向位置的稳态误差为零，带宽约为 1 rad/s，相位裕度为 45°。

对于内环，应该选择设计指标以便给外环提供精确且快速的滚动控制。内环动态由下式给定：

$$P_i(s) = H_{\theta u_1}(s) = \frac{r}{Js^2}$$

选择期望的带宽为 10 rad/s（外环带宽的 10 倍），低频误差不超过 5%。使用前面例 12.5 中设计好的超前补偿器可以满足这些指标要求，因此取：

$$C_i(s) = k\frac{s+a}{s+b}, \quad a = 2, \quad b = 50, \quad k = 200$$

系统的闭环动态满足：

$$H_i = \frac{C_i}{1 + C_i P_i} - mg\frac{C_i P_i}{1 + C_i P_i} = \frac{C_i(1 - mg P_i)}{1 + C_i P_i}$$

该传递函数的幅值曲线如图 12.20b 所示，可见 $H_i \approx -mg = -39.2$，在高达 10 rad/s 的频率下都是一个很好的近似。

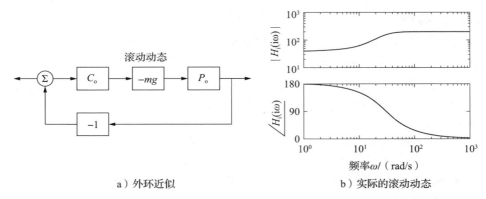

a）外环近似   b）实际的滚动动态

图 12.20　矢量推力飞机的外环控制设计。在外环中，滚动动态被近似为一个状态增益$-mg$，如图 a
　　　　　所示。图 b 为滚动动态的伯德图，可见这个近似在高达 10 rad/s 的频率下都是精确的

为了设计外环控制器，假定内环滚动控制是完美的，因此可以将 θ_r 作为侧向动态模型的输入。根据习题 9.11 所示的原理框图，外环动态可以写成：

$$P(s) = H_i(0)P_o(s) = \frac{H_i(0)}{ms^2 + cs}$$

其中用 $H_i(0)$ 代替 $H_i(s)$ 来反映所做的近似（因为内环最终应该会跟上指令输入）。当然，这种近似也有可能是无效的，所以在完成设计时必须验证这一点。

现在的控制目标是设计一个控制器，以使阶跃输入时 y 的稳态误差为零，且具有 1 rad/s 的带宽。将外环的过程动态近似为一个双积分器，可以再次使用简单的超前补偿器来满足指标要求。并选择设计使 $\omega > 10$ rad/s 时外环的回路传递函数 $|L_o| < 0.1$，这样 H_i 的高频动态就可以忽略。选择控制器为以下的形式：

$$C_o(s) = -k_o \frac{s + a_o}{s + b_o}$$

其中的负号用以抵消过程动态中的负号。为了找到极点的位置，需要注意相位超前在大约 $b_o/10$ 处已经变平。我们希望增益在穿越频率处有相位超前，并且希望穿越频率为 $\omega_{gc} = 1$ rad/s，因此得到 $b_o = 10$。为了确保有合适的相位超前，必须选择 a_o 以使 $b_o/10 < 10a_o < b_o$，这意味着 a_o 应该在 $0.1 \sim 1$ 之间。这里选 $a_o = 0.3$。最后需要设置系统的增益，以使在期望的穿越频率下回路增益的幅值为 1 或更大。简单计算表明 $k_o = 2$ 可以满足这一目标。因此，最终的外环控制器为：

$$C_o(s) = -2 \frac{s + 0.3}{s + 10}$$

最后，将内外环控制器组合起来，验证系统是否具有所需的闭环性能。与图 12.19 的内环和外环控制器相对应的伯德图和奈奎斯特图如图 12.21 所示，可见满足性能指标要求。此外，在图 12.22 中给出了矢量推力飞机系统四式组的增益曲线，可以看到所有输入和输出之间的传递函数都是合理的。由于控制器没有积分作用，因此低频下对负载干扰的灵敏度 PS 较大。

将动态模型分解为内环和外环的方法在很多控制应用中都很常见，可以导致复杂系统更简单的设计。实际上，对于本例所研究的飞机动态，直接设计从侧向位置 y 到输入 u_1 的控制器是一个非常有挑战性的任务。附加的对 θ 的测量极大地简化了设计，因为这样可以将设计分解成更简单的部分。◀

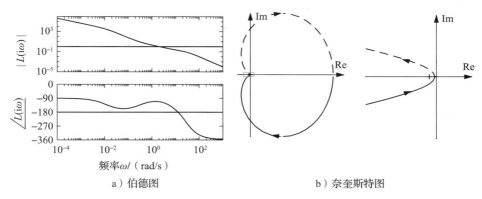

a）伯德图   b）奈奎斯特图

图 12.21 矢量推力飞机内环和外环控制器的伯德图和奈奎斯特图。整个系统在 θ_r 处断开时回路传递函数的伯德图如图 a 所示，奈奎斯特图如图 b 所示。系统的相位裕度为 68°、增益裕度为 6.2

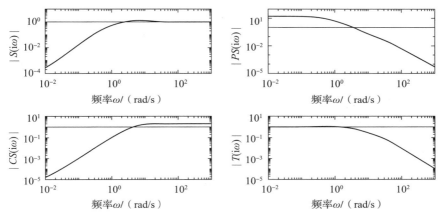

图 12.22 矢量推力飞机系统四式组的增益曲线

12.7 阅读提高

回路整形设计方法出现于贝尔实验室，跟布莱克（Black）开发负反馈电子放大器有关（见文献 [45]）。奈奎斯特（Nyquist）为了理解和避免不稳定或当时所谓的"歌唱"，推导了以他的名字命名的稳定性判据（见文献 [192]）。伯德利用复变函数理论获得了重要的基本结论（见文献 [50]），如最小相位系统的幅值-相位关系、理想的回路传递函数，以及相位面积公式。他的研究结果在文献 [51] 中得到了很好的总结。回路整形设计是控制理论发展早期的一个关键内容，由此发展出了许多设计方法：见文献 [130，62，241，238]。标准的教科书也介绍回路整形方法，例如文献 [93，73，157，195]。Horowitz[121] 建立了两自由度系统的概念。早期的许多工作是基于回路传递函数的；灵敏度函数的重要性是随着 20 世纪 80 年代 H_∞ 设计方法的产生与发展而显现出来的。文献 [76，265] 给出了一个简洁表述。文献 [181，248] 把回路整形与鲁棒控制理论整合在了一起。文献 [172，107] 对控制系统的设计进行了综合处理。由于过程的非线性以及极点和零点的存在，这些方法所能达到的效果是有基本限制的。这些将在第 14 章讨论。

习题

12.1 考虑例 12.1 的系统，其中过程及控制器的传递函数分别为：

$$P(s) = 1/(s-a), \quad C(s) = k(s-a)/s$$

选择参数 $a=-1$，当控制器参数为 $k=0.2$ 和 $k=5$ 时，计算四式组中所有传递函数的时域（阶跃）响应及频率响应。

12.2　（图 12.1 和图 12.2 的等效）考虑图 12.1 中的系统，令感兴趣的输出为 $\xi=(\mu,\eta)$，主要干扰为 $\chi=(w,v)$。证明该系统可以表示为图 12.2，并给出矩阵传递函数 P 和 C。证明闭环传递函数 $H_{\xi\chi}$ 的元素是四式组。

12.3　（两自由度控制器的等效）证明：若 $F_mC+F_u=CF$，那么图 12.1 和图 12.3 所示的系统具有相同的响应。

12.4　（Web 服务器控制）反馈和前馈越来越多地用于复杂的计算机系统，例如 Web 服务器系统。控制单个服务器就是一个很好的例子。式（3.32）给出了虚拟服务器的一个模型如下：

$$\frac{\mathrm{d}x}{\mathrm{d}t}=\lambda-\mu$$

式中，x 是队列长度，λ 是到达率，μ 是服务率。控制的目标是维持给定的队列长度。通过动态电压和频率缩放（dynamic voltage and frequency scaling, DVFS）可以改变服务率 μ。请设计一个 PI 控制器，使闭环系统具有特征多项式 s^2+4s+4。采用设定点加权形式的前馈，以降低参考信号阶跃变化的超调量；仿真闭环系统以确定设定点权重。

*12.5　（上升时间带宽积）考虑一个稳定系统，传递函数为 $G(s)$，频率响应为理想的低通滤波器，当 $\omega\leqslant\omega_b$ 时 $|G(\mathrm{i}\omega)|=1$，当 $\omega>\omega_b$ 时 $|G(\mathrm{i}\omega)|=0$。定义上升时间 T_r 为单位阶跃响应最大斜率的倒数，带宽为 $\widetilde{\omega}_b=\int_0^\infty|G(\mathrm{i}\omega)|/G(0)\mathrm{d}\omega$。证明：在这个带宽定义下，上升时间-带宽积满足 $T_r\widetilde{\omega}_b\geqslant\pi$。

12.6　（干扰衰减）考虑图 12.1 所示的反馈系统。假定参考信号为常数。设 y_{ol} 为没有反馈时测得的输出，y_{cl} 为有反馈时的输出。证明：$y_{cl}=S(s)y_{ol}$，其中 y_{cl} 和 y_{ol} 是指数信号，S 是灵敏度函数。

12.7　（噪声灵敏度的近似表达式）证明：对于例 12.3 中的系统，高频测量噪声对控制信号的影响可近似为：

$$CS\approx C=\frac{k_d s}{(sT_f)^2/2+sT_f+1}$$

且 $|CS(\mathrm{i}\omega)|$ 的最大值为 k_d/T_f，它出现在 $\omega=\sqrt{2}/T_f$ 处。

12.8　（峰值频率-峰值时间积）考虑二阶系统的传递函数：

$$G(s)=\frac{\omega_0 s}{s^2+2\zeta\omega_0 s+\omega_0^2}$$

其单位阶跃响应为：

$$y(t)=\frac{1}{\sqrt{1-\zeta^2}}\mathrm{e}^{-\zeta\omega_0 t}\sin\omega_0 t\sqrt{1-\zeta^2}$$

设 $M_r=\max_\omega|G(\mathrm{i}\omega)|$ 为 $G(s)$ 的最大增益，假定它出现在 ω_{mr} 处；设 $y_p=\max_t y(t)$ 为 $y(t)$ 的最大值，假定它出现在 t_p 处。证明：

$$t_p\omega_{mr}=\frac{\arccos\zeta}{\sqrt{1-\zeta^2}},\qquad \frac{y_p}{M_r}=2\zeta\mathrm{e}^{-\zeta\varphi}$$

针对 $\zeta=0.5$、0.707 和 1.0，估算上式右侧的值。

12.9　（应用反馈降低干扰）考虑一个系统，其中对某个输出变量进行了测量，以估计反馈衰减干扰的潜力。假定经分析发现，可以设计出一个具有以下灵敏度函数的闭环系统：

$$S(s)=\frac{s}{s^2+s+1}$$

当测得的干扰响应为下式时，估算可能的干扰衰减：

$$y(t)=5\sin(0.1t)+3\sin(0.17t)+0.5\cos(0.9t)+0.1t\text{。}$$

12.10　（伯德公式）考虑超前补偿器：

$$G(s)=16\frac{s+0.25}{s+4}$$

用数值积分验证伯德相位面积公式（12.8），并证明 $G(\infty)=16G(0)$。

12.11 （超前-滞后补偿）超前补偿器和滞后补偿器可以组合成具有如下传递函数的超前-滞后补偿器：

$$C(s) = k\frac{(s+a_1)(s+a_2)}{(s+b_1)(s+b_2)}$$

证明：通过参数的特殊选择，该控制器可退化为 PID 控制器，并给出相应参数之间的关系。

12.12 （低频正弦干扰的衰减）积分作用将消除恒定干扰、降低低频干扰，因为相应的控制器增益在零频率时为无穷大。基于类似的思想，采用以下的控制器可降低已知频率为 ω_0 的正弦干扰的影响：

$$C(s) = k_p + \frac{k_s s}{s^2 + 2\zeta\omega_0 s + \omega_0^2}$$

在频率 ω_0 时，这个控制器的增益为 $C(i\omega_0) = k_p + k_s/(2\zeta\omega_0)$，选择较小的 ζ 值可使该增益变得很小。假定过程的传递函数为 $P(s) = 1/s$，确定回路传递函数的伯德图，并仿真系统。与 PI 控制的结果比较。

12.13 （性能指标和传递函数）求满足下列闭环指标的二阶系统传递函数：零稳态误差、2% 的调节时间小于 2 s、上升时间小于 0.8 s、且超调量小于 3%。

12.14 考虑式（3.16）给出的弹簧-质量系统，其传递函数为：

$$P(s) = \frac{1}{ms^2 + cs + k}$$

设计一个前馈补偿器，使系统具有临界阻尼的响应（$\zeta = 1$）。

12.15 （根轨迹的渐近线）考虑具有以下传递函数的系统的比例控制：

$$P(s) = \frac{b(s)}{a(s)} = \frac{b_0 s^m + b_1 s^{m-1} + \cdots + b_m}{s^n + a_1 s^{n-1} + \cdots + a_n} = b_0 \frac{(s-z_1)(s-z_2)\cdots(s-z_m)}{(s-p_1)(s-p_2)\cdots(s-p_n)}$$

证明：根轨迹的渐近线为始于以下点的直线：

$$s_0 = \frac{1}{n_e}\left(\sum_{k=1}^{n} p_k - \sum_{k=1}^{m} z_k\right)$$

式中，$n_e = n - m$ 是传递函数的极点盈余。

12.16 （根轨迹的实线段）考虑有理传递函数过程的比例控制。假设 $kb_0 > 0$，证明：在实轴上，右侧的实数零极点个数之和为奇数的线段是根轨迹。

12.17 考虑具有以下传递函数的超前补偿器：

$$C_n(s) = \left(\frac{s\sqrt[n]{k}+a}{s+a}\right)^n$$

其零频增益为 $C(0) = 1$，高频增益为 $C(\infty) = k$。证明：为了获得给定的相位超前 φ，所需的增益为

$$k = \left[1 + 2\tan^2(\varphi/n) + 2\tan(\varphi/n)\sqrt{1+\tan^2(\varphi/n)}\right]^n$$

且有 $\lim_{n\to\infty} k = e^{2\varphi}$。

12.18 （相位裕度公式）证明：在增益穿越频率处，相位裕度与灵敏度函数值的关系为：

$$|S(i\omega_{gc})| = |T(i\omega_{gc})| = \frac{1}{2\sin(\varphi_m/2)}$$

12.19 （根轨迹的初始方向）考虑具有以下传递函数的系统的比例控制

$$P(s) = \frac{b(s)}{a(s)} = \frac{b_0 s^m + b_1 s^{m-1} + \cdots + b_m}{s^n + a_1 s^{n-1} + \cdots + a_n} = b_0 \frac{(s-z_1)(s-z_2)\cdots(s-z_m)}{(s-p_1)(s-p_2)\cdots(s-p_n)}$$

设 p_j 为孤立极点，并假定 $kb_0 > 0$，证明：始于 p_j 的根轨迹具有以下初始方向：

$$\angle(s-p_j) = \pi + \sum_{k=1}^{m} \angle(p_j - z_k) - \sum_{k\neq j} \angle(p_j - p_k)$$

给出结果的几何解释。

第13章

鲁棒性能

> 然而，通过建立这样一个放大器，它的增益是经过特别的设计，比如说比所要的增益高 40 dB（即能量超出所要的 10000 倍），然后再把输出反馈给输入以丢弃多余的增益，人们发现这种做法可以极大地增强放大作用的恒定性、降低非线性的影响。
>
> ——Harold S. Black, "Stabilized Feedback Amplifiers", 1934（文献 [45]）

本章重点分析反馈系统的鲁棒性，这是一个庞大的主题，这里只介绍其中一些关键概念。我们将考虑过程动态不确定的系统的稳定性和性能。我们将利用奈奎斯特稳定性判据的广义形式作为一种机制来描述鲁棒稳定性及其他性能。为此，我们将建立方法来描述不确定性，这包括参数变化形式的不确定性和被忽略动态形式的不确定性。我们还将简要介绍一些针对鲁棒性能的控制器设计方法。

13.1 建模的不确定性

本章开头对哈尔德·布莱克（Harold Black）原话的引用说明了反馈的一个关键用途是为不确定性提供鲁棒性（"放大作用的恒定性"）。这是反馈的一个最有用的性质，正是它才使得基于强简化模型进行反馈系统的设计成为可能。本节将探讨已知的各种系统动态中各种不同类型的不确定性，包括探讨这样一个重要问题，即在何种情况下两个系统从控制角度来看是相似的？

13.1.1 参数不确定性

动态系统中不确定性的一种形式是参数不确定性（parametric uncertainty），即描述系统的参数是不精确的。一个典型的例子是汽车质量的变化，它随着乘客人数及行李重量的变化而变化。在对非线性系统进行线性化时，线性化模型的参数也跟运行点有关。研究参数不确定性影响的一个直接方法就是简单地估算参数在一定范围内变化时的性能指标。这样的计算揭示了参数变化的后果。下面用一个例子来说明。

例 13.1 巡航控制

在 4.1 节介绍了巡航控制问题，在例 11.3 中设计了相应的 PI 控制器。为了研究参数变化的影响，选择一个针对标称工况设计的控制器，对应于质量 $m = 1600$ kg、第 4 档位（$a = 12$），速度 $v_e = 20$ m/s；控制器增益为 $k_p = 0.5$、$k_i = 0.1$。图 13.1a 为车辆遇到坡度为 4° 的山坡时的速度误差 e 和节气门开度 u 的曲线，对应的质量范围为 1600 kg < m < 2000 kg，传动比 3～5（$a = 10$、12 和 16），速度 10 m/s ≤ v ≤ 40 m/s。仿真是在围绕不同运行条件进行线性化得到的模型上进行的。该图表明响应存在着差异，但都相当合理。最大速度误差在 0.5～1.2 m/s 的范围时，调节时间大约为 15 s。有些情况的控制信号大于 1，这意味着节气门是全开的（如果想对这些情况做更深入的探讨，则需要使用带抗饱和的控制器并进行完全的非线性仿真）。在不同运行条件下，闭环系统有两个特征值，如图 13.1b 所示。可见，闭环系统在所有情况下都具有很好的阻尼。 ◀

这个例子表明，至少就参数变化而言，基于简单标称模型的设计可以提供令人满意的控制。该例还说明，具有固定参数的控制器可以用于所有情况。注意这里并没有讨论低挡位和低速的运行情况，巡航控制一般不在这些情况下使用。

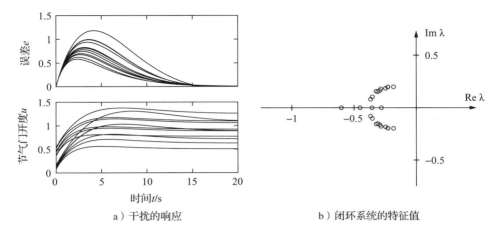

a）干扰的响应　　　　　　　　　　　　　　b）闭环系统的特征值

图 13.1　图 a 是车辆遇到坡度为 4°的山坡时的速度误差 e 和节气门开度 u 的曲线，图 b
　　　　是闭环系统的特征值。在大范围内对模型参数进行了扫描。闭环系统为二阶
　　　　系统

13.1.2　未建模的动态

　　通常很容易研究参数变化的影响。然而，正如 3.1 节末尾所讨论的，还有其他一些不确定性也很重要。巡航控制系统的简单模型仅仅反映了车辆前向运动的动态以及发动机和变速器的转矩特性。例如，它并没有包括发动机动态的详细模型（发动机的燃烧过程是极其复杂的），也没有包含现代电子控制的发动机中可能出现的轻微延迟（嵌入式计算机的运算需要时间）。这些被忽略的机制称作未建模动态（unmodeled dynamics）。

　　计入未建模动态的一个方法是建立一个更复杂的模型，其中包括对于控制设计非常重要的额外细节。这种模型常用于控制器的开发，但其开发需要投入大量的工作。此外，这些模型本身也可能是不确定的，因为参数值可能随时间变化或者元件的参数间存在差异。对复杂模型进行参数分析是非常耗时的，当参数空间很大时尤其如此。

　　另一个选择是研究能否将闭环系统做得对未建模动态的一般形式不敏感。其基本思想是，在系统的标称模型中增加一个有界的输入/输出传递函数，来捕捉未建模动态的总特征。例如，在巡航控制的例子中，发动机的模型可以采用提供瞬态转矩的静态模型，而模型增量部分可以包括一个未知但有界的时延。用传递函数来描述未建模动态使得我们可以处理无限维的系统，例如处理时延。

　　图 13.2 展示了一些捕获未建模动态的方法，其中传递函数 Δ、δ、Δ_{fb} 是有界输入/输出算子，表示未建模动态。例如，在图 13.2a 中，假定过程的传递函数为 $\widetilde{P}(s)=P(s)+\Delta(s)$，其中 $P(s)$ 是标称简化传递函数，$\Delta(s)$ 代表以相加不确定性（additive uncertainty）表示的未建模动态的传递函数。如果能够证明对于满足某个给定界限（例如 $\Delta(s)<\epsilon$）的所有 $\Delta(s)$，闭环系统都是稳定的，那么系统就称作鲁棒稳定的（robustly stable）。

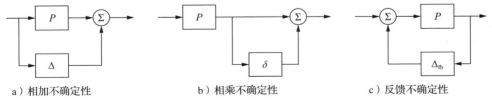

a）相加不确定性　　　　　　　b）相乘不确定性　　　　　　　c）反馈不确定性

图 13.2　捕获未建模动态的方法。相加不确定性、相乘不确定性、反馈不确定性分别如
　　　　图 a、图 b、图 c 所示。其中 P 为标称系统，Δ、δ、Δ_{fb} 代表未建模的动态

除了相加不确定性外，还有其他不同的表示。图 13.2b 为相乘不确定性（multiplicative uncertainty）的表示，图 13.2c 为反馈不确定性（feedback uncertainty）的表示。具体使用何种表示取决于谁能最佳地表示未建模动态。不同类型的不确定性之间也可以彼此关联在一起：

$$\delta = \frac{\Delta}{P}, \quad \Delta_{\text{fb}} = \frac{\Delta}{P(P+\Delta)} = \frac{\delta}{P(1+\delta)}$$

下一节将回到这些表示，针对存在未建模动态的情况，建立鲁棒稳定性的条件。

13.1.3   何时两个系统相似？

在描述鲁棒性时，要解决的一个基本问题是确定两个系统的接近程度。获得了这个特征，就可以尝试根据实际系统必须与模型接近到何种程度才能获得希望的性能水平，来描述鲁棒性。这个看似清楚的问题其实没有看上去的那么简单。有一种不成熟的说法是：如果两个系统的开环响应是接近的，那么这两个系统就是接近的。即使这看起来是自然的，但是实际要复杂得多，可以用下面的例子来说明。

例 13.2 开环相似但闭环不同的系统

具有以下传递函数的两个系统：

$$P_1(s) = \frac{k}{s+1}, \quad P_2(s) = \frac{k}{(s+1)(sT+1)^2} \tag{13.1}$$

对于较小的 T 值具有相似的开环阶跃响应，如图 13.3a 顶图所示，对应的 $T = 0.025$、$k = 100$。

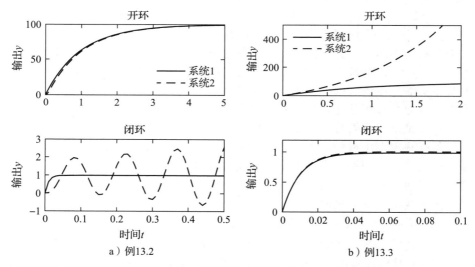

a）例13.2   b）例13.3

图 13.3   确定两个系统何时是靠近的。图 a 所示的情况是开环响应几乎相同，但闭环响应差别很大。过程传递函数由式（13.1）给定，参数为 $k = 100$、$T = 0.025$。图 b 所示的情况正好相反：开环响应不同，但闭环响应相似。过程传递函数由式（13.2）给定，参数为 $k = 100$

图中的两个开环阶跃响应几乎看不出差别。用单位增益（$C = 1$）围绕系统构成闭合的反馈回路，得到闭环系统的传递函数为：

$$T_1(s) = \frac{k}{s+1+k}, \quad T_2(s) = \frac{k}{s^3 T^2 + (T^2+2T)s^2 T + (1+2T)s + 1 + k} \tag{13.2}$$

可以发现，当 $k > -1$ 时 T_1 是稳定的，当 $-1 < k < 2T + 4 + 2/T$ 时，T_2 是稳定的。当取值 $k = 100$、$T = 0.025$ 时，传递函数 T_1 是稳定的，T_2 是不稳定的，这从图 13.3a 底图中的闭环阶跃响应曲线可以看得很清楚。   ◄

例 13.3 开环不同但闭环相似的系统

考虑以下的系统：

$$P_1(s) = \frac{k}{s+1}, \quad P_2(s) = \frac{k}{s-1} \tag{13.3}$$

它们的开环响应不同，因为 P_1 稳定而 P_2 不稳定，如图 13.3b 顶图所示。用单位增益（$C=1$）围绕系统构成闭合的反馈回路，得到闭环传递函数为：

$$T_1(s) = \frac{k}{s+k+1}, \quad T_2(s) = \frac{k}{s+k-1} \tag{13.4}$$

当 k 很大时，二者十分接近，如图 13.3b 底图所示。◀

以上讨论的这些例子表明，比较时域响应未必是比较系统的一个好办法。接下来比较频域响应。

例 13.4 通过频率响应比较系统

考虑以下系统：

$$P_1(s) = \frac{2}{(1+5s)^3(1-0.05s)}, \quad P_2(s) = \frac{2}{(1+5s)^3(1+0.05s)} \tag{13.5}$$

这些传递函数的伯德图和奈奎斯特图如图 13.4 所示。可见两个系统具有非常相似的伯德图和奈奎斯特图。但单位反馈得到的闭环系统却大不相同。两个系统都没有零点，但是 P_1 在左半平面有 3 个极点，在右半平面有一个极点，而 P_2 的所有极点都在左半平面上。$1+P_1$ 和 $1+P_2$ 的环绕次数都是 $n_w=0$。由于 P_1 在右半平面有一个极点，根据奈奎斯特判据（定理 10.3），由单位反馈得到的闭环系统的特征多项式在右半平面有一个零点（$f=1+P_1$，根据辐角原理，即定理 10.2，有 $n_{z,D}=n_{w,\Gamma}+n_{p,D}$）。因此，使用 P_1 构成的闭环系统是不稳定的，而使用 P_2 构成的闭环系统是稳定的。◀

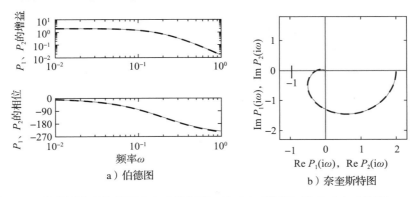

图 13.4　传递函数的伯德图和奈奎斯特图，$P_1(s)$（实线）和 $P_2(s)$（虚线）

从这个例子中学到的重要教训是，即使两个系统的开环频率响应相似，但从反馈的角度来看它们也可能并不相接近。两个系统还必须满足环绕圈数的条件。

*13.1.4　Vinnicombe 度量

例 13.2 和 13.3 表明，比较开环时域响应不是判断闭环行为的好方法。例 13.4 表明，如果比较频率响应，则还有必要考虑环绕圈数条件。现在引入 Vinnicombe 度量（Vinnicombe metric，也称 Vinnicombe 距离），这是比较开环系统来反映闭环行为的正确方法。这个度量与奈奎斯特图密切相关，更多的信息请参考文献 [247，248]。

先介绍弦距离（chordal metric），它是 $\mathbb{C} \times \mathbb{C} \to [0, 1]$ 的函数，该函数将两个复数映射为范围在 $0 \le x \le 1$ 内的实数。作用于传递函数 $P_1(s)$ 和 $P_2(s)$ 时，弦距离定义如下：

$$d_{P_1 P_2}(\omega) := \frac{|P_1(i\omega) - P_2(i\omega)|}{\sqrt{1 + |P_1(i\omega)|^2}\sqrt{1 + |P_2(i\omega)|^2}} \tag{13.6}$$

弦距离 $d_{P_1 P_2}$ 具有很好的几何解释，如图 13.5 所示。将点 $P_1(i\omega)$ 和点 $P_2(i\omega)$ 投影到立于复平面原点的、直径为 1 的球（黎曼球）面上。投影点取为从被投影点到球北极的连接线与球面的交点（逆立体投影）。弦距离就是球面上这两个投影点之间的欧氏距离。

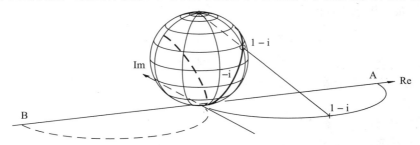

图 13.5　两条奈奎斯特曲线在黎曼球上的弦距离 $d(P_1, P_2)$ 的几何解释。将 P_1 的奈奎斯特曲线（实线，始于点 A）和 P_2 的奈奎斯特曲线（虚线，始于点 B）上每个频率的点都投影到直径为 1、立于复平面原点的球面上。点 $1-i$ 的投影如图所示。两个系统之间的距离定义为当 ω 在所有频率范围上变化时，$P_1(i\omega)$ 和 $P_2(i\omega)$ 的投影之间距离的最大值。图中绘制的是传递函数 $P_1(s) = 2/(s+1)$ 和 $P_2(s) = 2/(s-1)$ 的情况（图由 G. Vinnicombe 提供）

为了定义两个传递函数之间的度量，维尼科姆（Vinnicombe）针对有理传递函数 P_1 和 P_2 引入了以下的集合 $\mathcal{C}$：

$$\mathcal{C} = \{P_1, P_2 : 1 + P_1(i\omega)P_2(-i\omega) \neq 0 \; \forall \omega,$$
$$n_{w,\Gamma}(1 + P_1(s)P_2(-s)) + n_{p,rhp}(P_1(s)) - n_{p,rhp}(P_2(s)) = 0\} \tag{13.7}$$

式中，$n_{w,\Gamma}(f)$ 是函数 $f(s)$ 沿着奈奎斯特围线 Γ 的环绕圈数，而 $n_{p,rhp}(f)$ 是函数 $f(s)$ 在开右半平面的极点数（注意与定理 10.3 的奈奎斯特判据的相应条件对比）。然后，定义度量如下。

定义 13.1　（ν-gap 度量）设 $P_1(s)$ 和 $P_2(s)$ 为有理传递函数。ν-gap 度量（ν-gap metric）定义为：

$$\delta_\nu(P_1, P_2) = \begin{cases} \sup_\omega d_{P_1 P_2}(\omega), & (P_1, P_2) \in \mathcal{C} \\ 1, & \text{其他情况} \end{cases} \tag{13.8}$$

式中，$d_{P_1 P_2}(\omega)$ 由式（13.6）给出。

这个度量也称作 Vinnicombe 度量，源于其发明者的名字。维尼科姆证明了 $\delta_\nu(P_1, P_2)$ 确实是一个度量。他将其推广到了多变量和无限维的系统，并给出了强鲁棒性的结果，这将在后面讨论。MATLAB 命令 `gapmetric` 专门用于计算 Vinnicombe 度量。

式（13.7）中的环绕圈数条件决定 (P_1, P_2) 是否属于 $\mathcal{C}$，维尼科姆对这个条件给出了几种解释。他证明这个条件意味着：$P_1(s)$ 与 $P_1(-s)$ 反馈连接所得的闭环系统，同 $P_1(s)$ 与 $P_2(-s)$ 反馈连接所得的闭环系统一样，具有相同数目的右半平面极点数。有理函数 $1 + P_1(s)P_1(-s)$ 和 $1 + P_1(s)P_2(-s)$ 在右半平面具有相同数目的零点是环绕圈数条件得到满足的必要条件。这可以解释为连续性条件，即传递函数 P 可以从 P_1 连续地干扰到 P_2，且中间不存在任何传递函数 P 满足 $d_{P_1 P}(\omega) = 1$。

下面计算例 13.2、例 13.3 中系统的 Vinnicombe 度量。

例 13.5　例 13.2 中系统的 Vinnicombe 度量

例 13.2 中系统的传递函数 P_1 和 P_2 由式（13.1）给定。因此有：

$$f(s) = 1 + P_1(s)P_2(-s) = 1 + \frac{k^2}{(1-s^2)(1-sT)^2}, \quad k = 100$$

当 $-\infty \leqslant \omega \leqslant \infty$ 时，$f(i\omega)$ 的轨迹是右半平面中不包围原点的闭合回线（参考图 13.6a 和 13.6b 了解原点周围的放大情况），因此有 $n_{w,\Gamma}(1+P_1(s)P_2(-s))=0$。另外，传递函数 P_1 和 P_2 在右半平面上没有极点，因此可以得出结论 $(P_1, P_2) \in \mathcal{C}$［见式（13.7）］。验证环绕圈数条件的另一种方法是计算传递函数 $1+P_1(s)P_1(-s)$ 和 $1+P_1(s)P_2(-s)$ 在右半平面的零点数目。直接计算表明，两个传递函数在右半平面的开区域上各有一个零点。根据式（13.8）可得，Vinnicombe 度量为 $\delta_\nu(P_1, P_2) = 0.89$，这是一个很大的数值（因为 1.0 是能得到的最大值），这说明 P_1 和 P_2 是很不相同的。 ◄

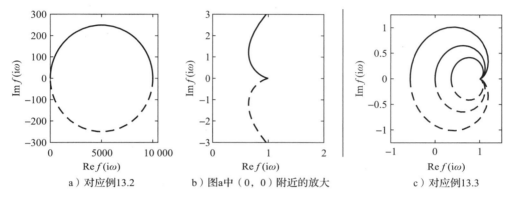

图 13.6 函数 $f(i\omega) = 1 + P_1(i\omega)P_2(i\omega)$ 在 $-\infty \leqslant \omega \leqslant \infty$ 范围内的轨迹。图 a 所用的传递函数为例 13.2 中的 $P_1(s) = 100/(s+1)$ 和 $P_2(s) = 100/((s+1)(0.025s+1)^2)$；图 b 所示为图 a 在原点附近区域的放大。图 c 所用的传递函数为例 13.3 中的 $P_1(s) = k/(s+1)$ 和 $P_2(s) = k/(s-1)$，增益为 $k = 1.25$（外部）、$k = 1$ 和 $k = 0.8$（内部）。正 ω 值的曲线显示为实线，负 ω 值的曲线显示为虚线

例 13.6 例 13.3 的 Vinnicombe 度量

例 13.3 中系统的传递函数 P_1 和 P_2 由式（13.3）给出。因此有：

$$1 + P_1(i\omega)P_2(-i\omega) = 1 - \frac{k^2}{(1+i\omega)^2} = 1 - \frac{k^2(1-\omega^2)}{(1+\omega^2)^2} + \frac{2k^2 i\omega}{(1+\omega^2)^2}$$

对于 $\omega = 0$ 和 $\omega = \infty$，函数 $1 + P_1(i\omega)P_2(-i\omega)$ 的虚部为零，实部值分别为 $1-k^2$ 和 1。因此，函数仅在 $\omega = 0$ 且 $k = 1$ 时为零。此外，

$$f(s) = 1 + P_1(s)P_2(-s) = 1 - \frac{k^2}{(s+1)^2} = \frac{s^2 + 2s + 1 - k^2}{(s+1)^2}$$

如果 $k > 1$，则函数 $f(s)$ 在右半平面的开区域上有一个零点。如果 $k \leqslant 1$，则 $1 + P_1(s)P_2(-s)$ 的环绕圈数为 0；如果 $k > 1$，则为 1，如图 13.6c 所示。由于 P_1 在右半平面没有极点，而 P_2 在右半平面有一个极点，因此，由式（13.8）可知，当 $k \leqslant 1$ 时，$\delta_\nu(P_1, P_2) = 1$。

由上可知，如果 $k > 1$，则 $(P_1, P_2) \in \mathcal{C}$，由式（13.6）可得：

$$d_{P_1 P_2}(\omega) = \frac{2k}{1 + k^2 + \omega^2}$$

最大值发生在 $\omega = 0$ 时，根据式（13.8），Vinnicombe 度量为：

$$\delta_\nu(P_1, P_2) = \begin{cases} 1, & \text{如果 } k \leqslant 1 \\ \dfrac{2k}{1+k^2}, & \text{如果 } k > 1 \end{cases}$$

当 $k=100$ 时，得到 $\delta_\nu(P_1, P_2)=0.02$，这表明闭环传递函数非常接近，如图 13.3b 所示。

13.2 存在不确定性时的稳定性

在讨论了如何描述不确定性及两个系统之间的相似性之后，现在考虑鲁棒稳定性问题：什么情况下可以证明系统的稳定性对于过程变化是鲁棒的呢？这是一个很重要的问题，因为潜在的不稳定性是反馈的一个主要缺点。因此，我们要确保即使我们的模型有一点小的误差，但仍然可以保证闭环系统的稳定与性能。

13.2.1 基于奈奎斯特判据的鲁棒稳定性

奈奎斯特判据为研究线性系统不确定性的影响提供了一个强大而优雅的方法。系统稳定的一个简单判据是奈奎斯特曲线离临界点 -1 足够远。回顾一下，从奈奎斯特曲线到临界点的最短距离是 $s_m = 1/M_s$，这里 M_s 是灵敏度函数的最大值，s_m 是在 10.3 节中介绍的稳定裕度。因此，最大灵敏度 M_s 或稳定裕度 s_m 是鲁棒性的一个良好的度量，如图 13.7a 所示。

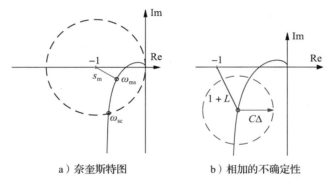

a) 奈奎斯特图 b) 相加的不确定性

图 13.7 在奈奎斯特图中进行鲁棒稳定性图示。图 a 的曲线表明稳定裕度为 $s_m = 1/M_s$。图 b 在奈奎斯特曲线基础上绘制了一个圆圈，来显示当稳定的相加性过程发生 Δ 的变化量时所引起的不确定性

假定过程的干扰 $|\Delta|$ 小于某个给定界限，让我们来推导能确保系统稳定性的控制器 C 的显式约束条件。考虑具有过程 P 和控制器 C 的稳定反馈系统。如果过程从 P 变化到 $P+\Delta$，则回路传递函数从 PC 变化到 $PC+C\Delta$，如图 13.7b 所示。为了满足奈奎斯特判据中关于环绕圈数的条件，相加性干扰 Δ 必须是一个稳定的传递函数。如果 Δ 的大小有一个界限（在图 13.7b 中用虚线圆表示），那么只要受干扰的回路传递函数 $|1+(P+\Delta)C|$ 始终没有达到临界点 -1，系统就将保持稳定（因为包围 -1 的圈数没有改变）。

下面计算所容许的过程干扰的解析界限。从临界点 -1 到回路传递函数 $L=PC$ 的距离为 $|1+L|$。这意味着只要 $|C\Delta| < |1+L|$，干扰的奈奎斯特曲线就不会到达临界点 -1。这只需满足以下条件即可：

$$|\Delta| < \left|\frac{1+PC}{C}\right| = \left|\frac{1+L}{C}\right| \quad \text{或} \quad |\delta| < \frac{1}{|T|}, \quad \text{其中} \ \delta := \frac{\Delta}{P} \tag{13.9}$$

奈奎斯特曲线上的所有点都必须满足这个条件，也就是说，所有频率点都必须满足这个条件。因此，鲁棒稳定性的条件就可以写成：

$$|\delta(\mathrm{i}\omega)| = \left|\frac{\Delta(\mathrm{i}\omega)}{P(\mathrm{i}\omega)}\right| < \left|\frac{1+L(\mathrm{i}\omega)}{L(\mathrm{i}\omega)}\right| = \frac{1}{|T(\mathrm{i}\omega)|}, \quad \text{对于所有的} \ \omega \geqslant 0 \tag{13.10}$$

注意，这个条件是保守的，因为其中的临界干扰是朝向临界点 -1 的。实际上在其他方向可以允许出现更大的干扰。

鲁棒性常被定义为维持稳定的裕度。很容易修改判据来得到鲁棒性条件，以确保给定的稳定裕度（习题 13.6）。

式（13.10）的条件使得我们可以在不确切了解过程干扰的情况下，对不确定性进行推断。也就是说，我们可以验证给定界限的任何不确定性 Δ 的稳定性。从分析的角度来看，这为给定的设计提供了一个鲁棒性度量。相反，如果需要给定水平的鲁棒性，则可以尝试选择控制器 C，以在适当的频带中（通过让 T 很小）来获得所需的鲁棒性水平。

式（13.10）是反馈系统在实践中如此有效的原因之一。设计控制系统所用的数学模型往往是简化的，过程的特性也可能在运行中发生变化。但式（13.10）表明，当过程动态发生一定程度的变化时，闭环系统仍能保持起码的稳定。

从式（13.10）还可以看出：对于 T 较小的频率，过程变化可以较大；对于 T 较大的频率，容许的变化则较小。在不引起失稳的情况下，容许过程变化的保守估计如下：

$$|\delta(\mathrm{i}\omega)| = \left|\frac{\Delta(\mathrm{i}\omega)}{P(\mathrm{i}\omega)}\right| < \frac{1}{|T(\mathrm{i}\omega)|} \leqslant \frac{1}{M_t} \tag{13.11}$$

式中，M_t 是互补灵敏度的最大值，有：

$$M_t = \sup_{\omega} |T(\mathrm{i}\omega)| = \left\|\frac{PC}{1+PC}\right\|_{\infty} \tag{13.12}$$

M_t 的合理数值在 $1.2\sim2$ 的范围内。习题 13.7 将证明，如果 $M_t=2$，那么纯增益变化 50% 或纯相位变化 30° 是容许的，这不会导致闭环系统失稳。

例 13.7　巡航控制

考虑 4.1 节讨论的巡航控制系统。使用例 6.11 中的参数，汽车运行于第 4 档、车速为 20 m/s，相应的模型为：

$$P(s) = \frac{1.32}{s+0.01}$$

控制器采用 PI 控制器，增益为 $k_p=0.5$、$k_i=0.1$。利用式（13.10）给出的界限，绘制了过程不确定性的界限，如图 13.8a 所示。

在低频下，因 $T\to1$，所以干扰可以跟原始过程一样大（$|\delta|=|\Delta/P|<1$）。互补灵敏度在 $\omega_{\mathrm{mt}}=0.26$ 时达到最大值 $M_t=1.17$，由此得到过程不确定性的最小容许值为 $|\delta|<0.87$ 或 $|\Delta|<4.36$。而在高频下，由于 $T\to0$，因此容许的相对误差会变得很大。例如，当 $\omega=5$ rad/s 时有 $|T(\mathrm{i}\omega)|=0.264$，这意味着稳定性要求为 $|\delta|<3.8$。这个分析清楚地表明：该系统具有良好的鲁棒性，传动系统的高频特性对巡航控制器的设计不重要。

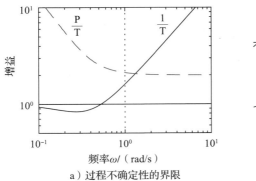
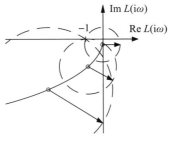

a）过程不确定性的界限　　　　b）奈奎斯特图表示的界限

图 13.8　巡航控制器的鲁棒性。在图 a 中，实线为过程不确定性 Δ 容许的最大相对误差 $1/|T|$，虚线为绝对误差 $|P|/|T|$。在图 b 中，实线为传递函数 L 的奈奎斯特曲线（对临界点附近的区域进行了放大）；三个虚线圆是过程动态在不同频率下的容许干扰 $|C\Delta|=|CP|/|T|$，分别对应频率 $\omega=0.2$、0.4 和 2，圆心以小圆圈标出

图 13.8b 给出了系统鲁棒性的另一种说明，图中给出了回路传递函数 L 的奈奎斯特曲线以及容许的干扰大小。可见，系统能够容忍很大的不确定性，却仍能保持闭环的稳定性。 ◄

上述例子给出的是在许多过程中都看得到的典型情况：只有在增益穿越频率的附近才需要比较小的不确定性，而在较高的和较低的频率下则都可以容许较大的不确定性。这种状况的一个结果是：对于设计来讲，拥有一个比较简单的模型，只要它能较好地描述穿越频率附近的过程动态，这就足够了。但有多个谐振峰的系统例外，此时这个规则不再适用，因为这种系统的传递函数在较高频率时也有较大的增益，如例 10.9 所示。

应用小增益定理（定理 10.4），可以给出式（13.10）所示鲁棒性条件的另一种解释。为了应用这个定理，从过程存在干扰的闭环系统框图开始，对框图做一系列变换，把表示不确定性的模块隔离开来，如图 13.9 所示。所得结果是图 13.9c 所示互连的两模块模型，相应的回路传递函数为：

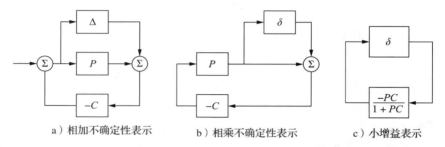

a）相加不确定性表示　　b）相乘不确定性表示　　c）小增益表示

图 13.9　过程干扰鲁棒性的说明。图 a 所示具有相加不确定性的系统，可以通过框图代数运算，变换成图 b 所示具有相乘不确定性 $\delta = \Delta/P$ 的系统。经过进一步处理，就可以如图 c 所示，将不确定性隔离开来，从而可应用小增益定理

$$L = \frac{PC}{1+PC}\frac{\Delta}{P} = T\delta$$

式（13.10）意味着最大回路增益小于 1，因此根据小增益定理，系统是稳定的。

小增益定理也可以用于检验各种其他不确定性情况的鲁棒稳定性。表 13.1 汇总了一些常见的情况，其证明留作大家的习题（请全部用小增益定理来证明）。

表 13.1　不同类型不确定性的鲁棒稳定性条件

过程	不确定性类型	鲁棒稳定性
$P+\Delta$	相加不确定性	$\|CS\Delta\|_\infty < 1$
$P(1+\delta)$	相乘不确定性	$\|T\delta\|_\infty < 1$
$P/(1+\Delta_{\mathrm{fb}} \cdot P)$	反馈不确定性	$\|PS\Delta_{\mathrm{fb}}\|_\infty < 1$

也可以采用圆判据来理解发生非线性增益变化时的鲁棒性，如下例所示。

例 13.8　扇形有界非线性的鲁棒性

考虑一个具有非线性增益 $F(x)$ 的系统，其中 $F(x)$ 可以通过框图的适当运算来隔离，从而使系统变成一个由非线性模块 $F(x)$ 和传递函数为 $H(s)$ 的线性模块一起构成的反馈系统。如果非线性为以下的扇形有界形式：

$$k_{\mathrm{low}}x < F(x) < k_{\mathrm{high}}\,x$$

并将标称系统设计成具有最大灵敏度 M_s 和 M_t，那么可以用圆判据来验证闭环系统的稳定性。特别地，可以证明当扇形有界非线性取以下参数时，系统是稳定的：

$$k_{\mathrm{low}} = \frac{M_\mathrm{s}}{M_\mathrm{s}+1} \quad \text{或} \quad \frac{M_\mathrm{t}-1}{M_\mathrm{t}}, \quad k_{\mathrm{high}} = \frac{M_\mathrm{s}}{M_\mathrm{s}-1} \quad \text{或} \quad \frac{M_\mathrm{t}+1}{M_\mathrm{t}}$$

因此，当 $M_s = M_t = 1.4$ 时，允许的增益变化范围是 $0.3 \sim 3.5$，系统不会因此而变得不稳定；对于 $M_s = M_t = 2$ 的设计，允许的增益变化范围是 $0.5 \sim 2$，系统不会因此而变得不稳定。 ◀

下面的例子说明了设计系统使之对参数变化具有鲁棒性是可能的。

例 13.9 伯德的理想回路传递函数

电子放大器设计中的一个主要困难是如何获得一个对电子器件的增益变化不敏感的闭环系统。伯德发现，以下回路传递函数具有十分有用的鲁棒性能：

$$L(s) = ks^{-n}, \quad 1 \leqslant n \leqslant 5/3 \tag{13.13}$$

其伯德图的增益曲线是一条斜率为 $-n$ 的直线，相位为常数 $\arg L(i\omega) = -n\pi/2$。因此，对于增益 k 的所有数值，相位裕度都是 $\varphi_m = 90(2-n)°$，稳定裕度都为 $s_m = \sin \pi(1-n/2)$。伯德称这个传递函数为"理想截止特性"[52]。为了纪念伯德，我们称之为伯德理想回路传递函数（Bode's ideal loop transfer function）。除非 n 为整数，否则这个传递函数不能用集中参数的物理器件来实现，不过在给定的频率范围上，对于任意的 n，这个传递函数都可以用适当的有理函数来近似（习题 13.8）。例 9.2 介绍的运算放大器电路，具有近似的传递函数 $G(s) = k/(s+a)$，就是 $n = 1$ 的伯德理想传递函数的一个实现。为了使这种近似能够在很宽的频率范围内有效，运算放大器的设计者们付出了很大的努力。 ◀

*13.2.2 尤拉参数化

稳定性是一种极其重要的基本属性，对于给定的过程，任何能使之稳定的控制器都可以基于稳定性来进行描述。尤拉参数化（Youla parameterization）是一种能够在所有镇定控制器中进行搜索而无须显式地测试稳定性的控制器表示，它在解决设计问题时极其有用。

下面首先针对具有有理传递函数 P 的稳定过程，推导尤拉参数化。利用稳定的传递函数 Q 对 P 进行前馈控制，可以得到一个互补灵敏度函数为 $T = PQ$ 的系统。假定现在想用控制器为 C 的反馈来实现传递函数 T。由于 $T = PC/(1+PC) = PQ$，因此控制器的传递函数及其输入-输出关系为：

$$C = \frac{Q}{1-PQ}, \quad u = Q(r-y+Pu) \tag{13.14}$$

简单计算可得四式组传递函数为：

$$S = 1-PQ, \quad PS = P(1-PQ), \quad CS = Q, \quad T = PQ$$

如果 P 和 Q 是稳定的，那么这些传递函数都是镇定的，因此式（13.14）给出的控制器是镇定的。实际上可以证明，对于一个稳定的过程，所有镇定控制器都可以表示为式（13.14）给定的形式和某个确定的 Q（即都可以用 Q 来进行参数化表示）。

使用控制器（13.14）的闭环系统可以用图 13.10a 所示框图来表示。注意信号 z 在稳态时总为零，因为它是两个相同信号之差。根据框图代数，可以发现闭环系统的传递函数为 PQ。在框图中，两个传递函数为 P 的模块是并联的，这意味着有一些模态（与 P 的极点相对应的模态）是不可达且不可观的。因为假定了 P 是稳定的，故这些模态也是稳定的。

当过程不稳定时，不能使用图 13.10a 中的尤拉参数化方案，但可以构造一个类似的方案。考虑一个闭环系统，其过程具有有理传递函数 $P = n_p/d_p$（其中多项式 d_P 和 n_P 没有公因式）。假定在所有灵敏度函数都稳定的意义上用控制器 $C = n_c/d_c$（其中多项式 d_c 和 n_c 没有公因式）来使系统稳定。引入稳定的多项式 f_p 和 f_c，可得：

$$P = \frac{n_p}{d_p} = \frac{N_p}{D_p}, \quad C = \frac{n_c}{d_c} = \frac{N_c}{D_c} \tag{13.15}$$

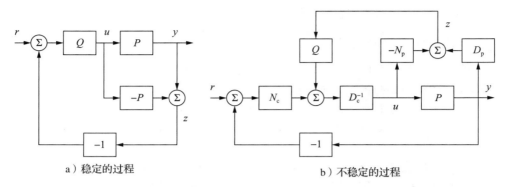

图 13.10   尤拉参数化的框图。图 a 为稳定的过程，图 b 为不稳定的过程。
注意两种情况下在稳态时的信号 z 都为零

其中 $N_p = d_p/f_p$，$D_p = n_p/f_p$，$N_c = n_c/f_c$，$D_c = d_c/f_c$ 是在右半平面无零点的有理函数（即稳定的有理函数）。那么灵敏度函数为：

$$S = \frac{1}{1+PC} = \frac{D_p D_c}{D_p D_c + N_p N_c}, \quad PS = \frac{P}{1+PC} = \frac{N_p D_c}{D_p D_c + N_p N_c},$$

$$CS = \frac{C}{1+PC} = \frac{D_p N_c}{D_p D_c + N_p N_c}, \quad T = \frac{PC}{1+PC} = \frac{N_p N_c}{D_p D_c + N_p N_c}$$

当且仅当有理函数 $D_p D_c + N_p N_c$ 在右半平面无零点时，控制器 C 才是镇定的。令 Q 为稳定的有理函数，可以看出，在控制器 C 中，给 D_c 加 $N_p Q$，从 N_c 中减 $D_p Q$，不会改变闭环极点。这样得到的控制器为：

$$\overline{C} = \frac{N_c - D_p Q}{D_c + N_p Q}, \quad D_c u = N_c(r-y) + Q(D_p y - N_p u) \tag{13.16}$$

相应的闭环系统框图如图 13.10b 所示。

图 13.10b 和 13.10a 虽然外观不同，但具有相同的基本结构。在这两种情况下，都要形成一个稳态下为零的信号 z，并通过稳定的传递函数 Q 将其回馈到系统中。闭环系统的灵敏度函数为：

$$S = \frac{1}{1+P\overline{C}} = \frac{D_p(D_c + N_p Q)}{D_p D_c + N_p N_c}, \quad PS = \frac{P}{1+P\overline{C}} = \frac{N_p(D_c + N_p Q)}{D_p D_c + N_p N_c},$$

$$\overline{C}S = \frac{\overline{C}}{1+P\overline{C}} = \frac{D_p(N_c - D_p Q)}{D_p D_c + N_p N_c}, \quad T = \frac{P\overline{C}}{1+P\overline{C}} = \frac{N_p(N_c - D_p Q)}{D_p D_c + N_p N_c} \tag{13.17}$$

这些传递函数都是稳定的，因此式（13.16）是能使过程 P 稳定的控制器的一个参数化表示。反过来讲，可以证明，所有镇定控制器都可以用式（13.16）表示（见文献［246］3.1节）。控制器 $\overline{C}$ 称作控制器 C 的尤拉参数化。

尤拉参数化对控制器设计非常有用，因为它描述了能使给定过程稳定的所有控制器。传递函数 Q 以仿射变换的方式出现在四式组（13.17）这些表达式中，这对于想用优化技术来寻找传递函数 Q 以获得所需闭环特性的设计来讲，是非常有用的。

13.3   存在不确定性时的性能

到此为止，我们已经研究了过程不确定性的不稳定风险和鲁棒性。下面将探讨系统对负载干扰、测量噪声及参考信号等的响应是如何受过程变化影响的。为此我们将分析图 13.11 所示的系统，它跟图 12.1 所示基本反馈回路相同。

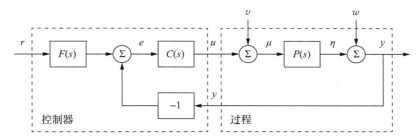

图 13.11 基本反馈回路的框图。外部信号包括参考信号 r、负载干扰 v，以及测量噪声 w。过程输出为 y，控制信号为 u。过程 P 可能包含未建模的动态，如相加性干扰等

13.3.1 干扰衰减

灵敏度函数 S 给出了反馈对干扰影响的粗略描述，如 12.2 节所述。从负载干扰到过程输出的传递函数对这种影响给出了更加详细的表征：

$$G_{yv} = \frac{P}{1+PC} = PS \tag{13.18}$$

典型的负载干扰具有低频的特点，因此让传递函数 G_{yv} 在低频时幅值很小十分必要。当过程 P 的低频增益恒定、且控制器具有积分作用时，根据式（13.18）有 $G_{yv} \approx s/k_i$。因此，积分增益 k_i 是低频负载干扰衰减的一个简单度量。

为了探明传递函数 G_{yv} 是如何受过程传递函数中微小变化影响的，求式（13.18）对 P 的导数，得到：

$$\frac{\mathrm{d}G_{yv}}{\mathrm{d}P} = \frac{1}{(1+PC)^2} = \frac{SP}{P(1+PC)} = S\,\frac{G_{yv}}{P}$$

因此，

$$\frac{\mathrm{d}G_{yv}}{G_{yv}} = S\,\frac{\mathrm{d}P}{P} \tag{13.19}$$

这里写成微分 $\mathrm{d}G$ 和 $\mathrm{d}P$ 的形式是为了提醒这个表达式仅适用于小的变化。

从这一表示中可以看到，传递函数 G_{yu} 的相对误差由过程传递函数 P 的相对误差决定，前者等于后者放大 S（灵敏度函数）倍的结果。因此，在 $|S(\mathrm{i}\omega)|$ 较小的频段上，负载干扰产生的响应对过程的变化并不敏感。

反馈的一个缺点是控制器会将测量噪声馈入系统。因此让测量噪声产生的控制作用不要过大就显得相当重要。根据图 13.11，从测量噪声到控制器输出的传递函数 G_{uw} 为：

$$G_{uw} = -\frac{C}{1+PC} = -\frac{T}{P} \tag{13.20}$$

由于测量噪声通常具有高频的特点，因此传递函数 G_{uw} 在高频下不宜过大。由于回路传递函数 PC 在高频下通常较小，这意味着对于大的 s 有 $G_{uw} \approx C$。因此，为了避免注入太多的测量噪声，控制器传递函数 $C(s)$ 的高频增益必须很小。这个性质称作高频衰减（high-frequency roll-off）。对被测信号进行低通滤波是实现这一特性的简单解决方法，这也是 PID 控制中常用的做法（见 11.5 节）。

为了确定过程传递函数的微小变化对传递函数 G_{uw} 的影响，求式（13.20）对 P 的导数：

$$\frac{\mathrm{d}G_{uw}}{\mathrm{d}P} = \frac{\mathrm{d}}{\mathrm{d}P}\left(-\frac{C}{1+PC}\right) = \frac{C}{(1+PC)^2}C = -T\,\frac{G_{uw}}{P}$$

整理各项可得：

$$\frac{\mathrm{d}G_{uw}}{G_{uw}} = -T\frac{\mathrm{d}P}{P} \qquad (13.21)$$

在高频段如果 PC 很小，则互补灵敏度函数也很小，因此可知，在这些频率上过程的不确定性对传递函数 G_{uw} 没有多少影响。

13.3.2　对参考信号的响应

从参考到输出的传递函数为：

$$G_{yr} = \frac{PCF}{1+PC} = TF \qquad (13.22)$$

其中含有互补灵敏度函数。为了了解 P 的变化如何影响系统的性能，求式（13.22）对过程传递函数 P 的导数：

$$\frac{\mathrm{d}G_{yr}}{\mathrm{d}P} = \frac{CF}{1+PC} - \frac{PCFC}{(1+PC)^2} = \frac{CF}{(1+PC)^2} = S\frac{G_{yr}}{P}$$

因此，

$$\frac{\mathrm{d}G_{yr}}{G_{yr}} = S\frac{\mathrm{d}P}{P} \qquad (13.23)$$

因此，闭环传递函数的相对误差等于灵敏度函数和过程相对误差的乘积。特别地，从式（13.23）可知，当灵敏度很小时，闭环传递函数的相对误差也很小。这是反馈很有用的特性之一。

与上一节一样，也需要满足一些数学假设，这里给出的分析才能成立。首先，如前所述，要求干扰 Δ 很小（写成微分 $\mathrm{d}P$ 的形式就是为了表示很小）。第二，要求干扰是稳定的，这样就不会引入任何新的右半平面极点（新增右半平面极点的话，将导致奈奎斯特稳定判据中包围临界点的圈数增加）。和前面一样，这个条件也是保守的：它容许一切满足给定界限的干扰，而在实践中，干扰的限制可能更具体或更宽泛。

例 13.10　运算放大器电路

为了说明这些工具的使用，考虑图 13.12a 所示基于运放的放大器电路的性能。我们希望在运放的动态响应存在不确定性以及输出负载改变的情况下，分析放大器的性能。使用图 13.12b 所示的框图来对系统进行建模（该框图是基于习题 10.1 的推导得出来的）。

首先考虑运放未知动态的影响。将运放的动态建模为 $v_2 = -G(s)v$，根据图 13.12b 的框图，整个电路的传递函数为：

$$G_{v_2 v_1} = -\frac{R_2}{R_1}\frac{G(s)}{G(s) + R_2/R_1 + 1}$$

可见，如果 $G(s)$ 在期望的频率范围内很大，则闭环系统将非常接近理想响应 $\alpha := R_2/R_1$。假定 $G(s) = b/(s+a)$，其中 $b = ak$ 是放大器的增益-带宽积（参见例 9.2 的讨论），那么灵敏度函数和互补灵敏度函数将变为：

$$S = \frac{s+a}{s+a+\alpha b}, \qquad T = \frac{\alpha b}{s+a+\alpha b}$$

围绕标称值的灵敏度函数告诉我们跟踪响应是如何随着过程干扰变化的：

$$\frac{\mathrm{d}G_{v_2 v_1}}{G_{v_2 v_1}} = S\frac{\mathrm{d}P}{P}$$

可见，由于低频时 S 很小，因此带宽 a 或增益-带宽积 b 的变化对放大器性能的影响相对较小（假定 b 足够大）。

为了对未知负载的影响进行建模，考虑在系统的输出位置添加干扰 d，如图 13.12b 所示。这个干扰代表负载效应引起的输出电压变化。传递函数 $G_{v_2 d} = S$ 给出了输出对负载干扰的响应，可见如果 S 很小，则能够抑制这种干扰。G_{v_2d} 对过程动态干扰的灵敏度可以通过求 G_{v_2d} 对 P 的导数来得到：

$$\frac{\mathrm{d}G_{v_2d}}{\mathrm{d}P}=\frac{-C}{(1+PC)^2}=-\frac{T}{P}G_{v_2d}\Rightarrow\frac{\mathrm{d}G_{v_2d}}{G_{v_2d}}=-T\frac{\mathrm{d}P}{P}$$

由此可见，干扰抑制能力的相对变化在低频下与过程的干扰大致相同（当 T 趋近于 1 时），在较高频率下则发生衰减。然而，记住这一点很重要：由于 G_{v_2d} 本身在低频下很小，因此性能的相对变化在许多应用场合可能都不成问题。 ◀

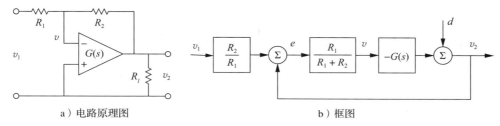

图 13.12　具有不确定动态的运算放大器。图 a 的电路在输出端带有负载，在建模时用传递函数 $G(s)$ 描述该电路的动态。图 b 的框图给出了该电路的输入/输出关系，其中用一个施加在 $G(s)$ 输出上的干扰 d 来表示负载

　　对于许多其他的系统配置，同样可以对过程小干扰进行灵敏度分析。图 12.13 所示的系统利用前馈来改善参考信号的响应，利用测量干扰的前馈来改善负载干扰的响应，该系统的灵敏度分析见习题 13.11。

*13.4　鲁棒性能设计

　　控制设计是一个需要考虑许多因素的复杂问题。典型的要求包括：负载干扰应该得到衰减，控制器应该只注入适度的测量噪声，输出应该很好地跟随指令信号的变化，闭环系统应该对过程的变化不灵敏。对于图 13.11 所示的系统，这些要求可以通过灵敏度函数 S、T 以及传递函数 G_{yv}、G_{uw}、G_{yr}、G_{ur} 的指标来表示。注意，正如 12.1 节所讨论的，至少必须考虑六个传递函数才行。这些要求是相互冲突的，必须在它们之间做出权衡。增加带宽可以改善负载干扰的衰减效果，但噪声注入问题会变得更糟。具体见下例。

例 13.11　原子力显微镜的纳米定位系统

　　例 10.9 探讨了具有以下过程传递函数的简单纳米定位器：

$$P(s)=\frac{\omega_0^2}{s^2+2\zeta\omega_0 s+\omega_0^2}$$

并证明该系统可以用积分控制器来控制。然而，为了在积分控制器的情况下获得良好的鲁棒性，增益穿越频率必须限制为 $\omega_{gc}<2\zeta\omega_0(1-s_m)$，因此闭环性能很差。可以证明，使用 PI 控制器的话，系统性能也几乎不会获得改善。因此，我们将探讨采用 PID 控制能否获得较好的性能。正如在下一章的 14.11 节所证明的，我们可以尝试选择一个控制器零点，使其很靠近过程的快稳定极点。因此，控制器传递函数应选择为：

$$C(s)=\frac{k_ds^2+k_ps+k_i}{s}=\frac{k_i}{s}\frac{s^2+2\zeta\omega_0 s+\omega_0^2}{\omega_0^2} \tag{13.24}$$

由此可得 $k_p=2\zeta k_i/\omega_0$、$k_d=k_i/\omega_0^2$。回路传递函数变为 $L(s)=k_i/s$。

　　在图 13.13 中，虚线所示为按 $k_i=0.5$ 设计的系统四式组增益曲线。与图 10.14 比较表明，带宽从 $\omega_{gc}=0.01$ 显著地增加到了 $\omega_{gc}=k_i=0.5$。然而，由于过程极点被抵消，当频率靠近谐振频率时，系统将对负载干扰十分灵敏，正如 PS 在 $\omega/\omega_0=1$ 处的峰值所示。

CS 的增益曲线在谐振频率 ω_0 处有一个凹陷（或者说缺口），这意味着在谐振频率的附近，控制器的增益很低。增益曲线还表明系统对高频噪声非常灵敏。由于增益在高频下趋向于无穷大，因此系统很有可能无法使用。

将控制器修改为以下的形式，可以降低系统对高频噪声的灵敏度：

$$C(s) = \frac{k_i}{s} \frac{s^2 + 2\zeta\omega_0 s + \omega_0^2}{\omega_0^2(1 + sT_f + (sT_f)^2/2)} \tag{13.25}$$

从而使控制器具有高频衰减特性。滤波器常数 T_f 的选择需要在衰减高频测量噪声与鲁棒性之间进行折中。较大的 T_f 值将显著降低传感器噪声的影响，但同时也将降低稳定裕度。由于无滤波的增益穿越频率是 k_i，因此合理的选择是取 $T_f = 0.2/k_i$，相应的增益曲线如图 13.13 中的实线所示。由 $|CS(i\omega)|$ 和 $|S(i\omega)|$ 的曲线可见，对高频测量噪声的灵敏度显著降低，付出的代价是 S 灵敏度略有增加。注意，由于谐振极点抵消的缘故，靠近谐振频率时干扰衰减效果很差的问题在 S 灵敏度函数中看不出来（但在 PS 函数中可以看到）。

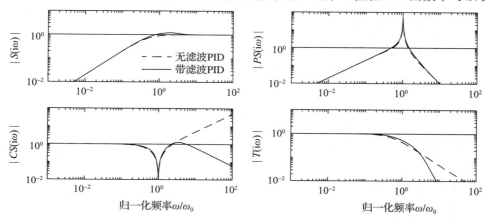

图 13.13　消除过程快速极点的纳米定位系统的控制。实线为式（13.17）所示二阶滤波 PID
　　　　　控制器的四式组增益曲线，虚线为式（13.16）所示无滤波 PID 控制器的对应曲线

由于 $|S(i\omega_0)|$ 接近于 1，因此以上设计有一个缺点，就是靠近谐振频率的负载干扰得不到衰减。下面考虑一个设计，它能有效衰减欠阻尼的模态。先从理想 PID 控制器入手，其设计可以解析完成，然后给它添加一个高频衰减。采用这个控制器时，得到的回路传递函数为：

$$L(s) = \frac{\omega_0^2(k_d s^2 + k_p s + k_i)}{s(s^2 + 2\zeta\omega_0 s + \omega_0^2)} \tag{13.26}$$

其闭环系统为三阶系统，特征多项式为：

$$s^3 + (k_d\omega_0^2 + 2\zeta\omega_0)s^2 + (k_p + 1)\omega_0^2 s + k_i\omega_0^2 \tag{13.27}$$

一般的三阶多项式可以参数化表示为：

$$s^3 + (\alpha_c + 2\zeta_c)\omega_c s^2 + (1 + 2\alpha_c\zeta_c)\omega_c^2 s + \alpha_c\omega_c^3 \tag{13.28}$$

参数 α_c 和 ζ_c 确定极点的相对构型，参数 ω_c 确定极点的大小，这样一来，就确定了系统的带宽。

从式（13.27）和式（13.28）中辨识出 s 的等次幂系数，可以得到控制器参数的线性方程，从而解得：

$$k_p = \frac{(1 + 2\alpha_c\zeta_c)\omega_c^2}{\omega_0^2} - 1, \quad k_i = \frac{\alpha_c\omega_c^3}{\omega_0^2}, \quad k_d = \frac{(\alpha_c + 2\zeta_c)\omega_c}{\omega_0^2} - \frac{2\zeta_c}{\omega_0} \tag{13.29}$$

添加高频衰减，则控制器变为：

$$C(s) = \frac{k_d s^2 + k_p s + k}{s(1 + sT_f + (sT_f)^2/2)} \qquad (13.30)$$

如果 PID 控制器设计时没考虑滤波器,则滤波时间常数 T_f 必须远小于 T_d,以免引入额外的相位滞后;合理的值为 $T_f = T_d/10 = 0.1 k_d/k$。如果希望更大的滤波效果,则有必要在设计中考虑滤波器的动态。

图 13.14 给出了设计参数为 $\zeta_c = 0.707$、$\alpha_c = 1$,以及 $\omega_c = \omega_0$、$2\omega_0$ 和 $4\omega_0$ 三种情况下四式组的增益曲线。由图可见,灵敏度函数 S 及 T 的最大值很小。PS 增益曲线表明,现在的负载干扰在整个频率范围内都得到了很好的衰减,并且衰减程度随着 ω_c 的增大而增大。CS 的增益曲线表明,需要很大的控制信号来提供主动阻尼。高频下 CS 的高增益也表明,需要宽频段的低噪声传感器和执行器。当 $\omega_c = \omega_0$、$2\omega_0$ 和 $4\omega_0$ 时,对应的 CS 最大增益分别为 19、103 和 434。显然,这里在干扰衰减与控制器增益间进行了折中。对比图 13.13 和图 13.14,可以看出抵消过程快速极点并主动阻尼的设计方案在控制作用与干扰衰减之间的折中所在。◀

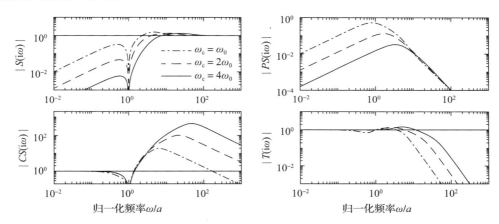

图 13.14 对应不同 ω_c 设计的纳米定位器 PID 控制四式组的增益曲线,三条曲线分别对应 $\omega_c = \omega_0$(点划线)、$2\omega_0$(虚线)和 $4\omega_0$(实线)。该控制器具有高频衰减特性,并能对振荡模态进行主动阻尼。不同 ω_c 的曲线对应于式(13.27)中不同的极点大小(这些极点大小是以 ω_c 参数化表示的)

人们特别需要能够保证鲁棒性能的设计方法。这种设计方法直到 20 世纪 80 年代末才出现。许多这样的设计方法所得到的控制器与基于状态反馈和观测器的控制器具有相同的结构。本节的剩余部分将对这些技术做简要回顾,以供对专业研究有兴趣的人预览。

13.4.1 定量反馈理论

定量反馈理论(Quantitative feedback theory,QFT)是 I. M. 霍洛维茨(I. M. Horowitz)开发的图形设计方法,用于实现鲁棒的回路整形[123]。其思路是先确定一个控制器,该控制器给出的互补灵敏度对过程的变化很鲁棒,然后再用前馈对参考信号的响应进行整形。这一想法如图 13.15a 所示,该图在奈奎斯特图的基础上绘制了互补灵敏度函数 T 的等位线,这种类型的奈奎斯特图也称霍尔图(Hall chart)。在直线 $\mathrm{Re}\, L(i\omega) = -0.5$ 上,互补灵敏度函数具有单位增益。在这条线的附近,过程动态的显著变化只会导致互补传递函数发生适度的变化。图 13.15 中阴影部分对应于 $0.9 < |T(i\omega)| < 1.1$ 的区域。在使用这一设计方法时,我们把每个频率的不确定性表示为一个区域,并尝试对回路传递函数进行整形,以使 T 的变化尽可能小。该设计通常在图 13.15b 所示的尼科尔斯图上进行。

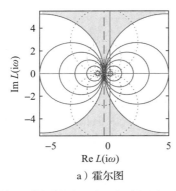
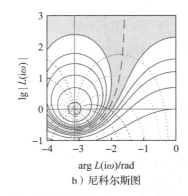

a）霍尔图   b）尼科尔斯图

图 13.15   霍尔图与尼科尔斯图。图 a 为霍尔图，它是在奈奎斯特图上添加互补灵敏度函数 T（即闭环传递函）的等增益曲线（实线）和等相位曲线（虚线）而得到的图形。图 b 为尼科尔斯图，它是霍尔图在变换 $N = \lg L$（更换坐标系）下的保角映射图。两个图中的短划线对应于 $|T(\mathrm{i}\omega)| = 1$ 的线，任何落在阴影区域的回路传递函数，其互补灵敏度的变化相对于 $|T(\mathrm{i}\omega)| = 1$ 不会超过 $\pm 10\%$

13.4.2 线性二次型控制

在负载干扰的衰减与测量噪声的注入之间达成折中的一个方法是设计控制器以使下述代价函数最小：

$$J = \int_0^\infty \left[y^2(t) + \rho u^2(t) \right] \mathrm{d}t$$

式中，ρ 是在 8.4 节中讨论过的加权参数。由于这个代价函数对控制作用与输出偏差进行了平衡，因而可以给出负载干扰衰减与测量噪声注入的一个折中。如果所有状态变量都得以测量，那么控制器就是在 7.5 节中描述的状态反馈 $u = -Kx$。已经证明这个控制器是十分鲁棒的：它具有至少 $60°$ 的相位裕度和无穷大的增益裕度。这个控制器的过程模型是线性的，代价函数是二次的，因而被称作线性二次型调节器（linear quadratic regulator）或 LQ 控制器（LQ controller）。

当所有状态变量都未被测量时，可以采用观测器来重构状态，如 8.3 节所述。也可以在模型中显式地引入过程干扰和测量噪声，并用卡尔曼滤波器来重构状态，正如 8.4 节简短讨论的那样。卡尔曼滤波器与应用 8.3 节的特征值配置法设计的观测器具有相同的结构，但现在的观测器增益 L 是通过求解优化问题获得的。

将线性二次型控制与卡尔曼滤波器组合得到的控制规律称作线性二次型高斯控制（linear quadratic Gaussian control）或 LQG 控制（LQG control）。当负载干扰及测量噪声的模型都是高斯型时，卡尔曼滤波器是最优的。有一些高效的程序可用于计算这些反馈及观测器的增益。它们的基本任务就是求解代数黎卡提方程。对于数值计算而言，在 MATLAB 中，连续时间系统可以使用 `care` 命令，离散时间系统可以使用 `dare` 命令。此外，还有 MATLAB 命令 `lqg`、`lqi` 和 `kalman` 可以进行完整的设计。

有趣的是，由优化问题的解得到的控制器具有状态反馈和观测器的结构。状态反馈增益取决于参数 ρ，滤波器增益则取决于模型中描述过程噪声和测量噪声的参数（见 8.4 节）。

状态反馈具有良好的鲁棒性，但不幸的是，当加入观测器时，这一优点就丧失了[75]。有些参数得出的闭环系统具有较差的鲁棒性，因此用观测器重构系统的状态与直接测量系统的状态是有根本区别的。

*13.4.3 H_∞ 控制

有一种优雅的鲁棒控制设计方法，由于其可以表示为传递函数矩阵的 H_∞ 范数［定义如式（10.15）］的最小化问题，因而被称作 H_∞ 控制。其基本思想很简单，但细节很复杂，这里只简单介绍一下。一个关键思想如图 13.16a 所示，其中闭环系统被表示为两个模块，一个是过程 $\mathcal{P}$，另一个是控制器 $\mathcal{C}$，见 12.1 节。过程 $\mathcal{P}$ 有两个输入：控制信号 u，它由控制器调节；广义干扰 χ，它代表所有外部影响，如指令信号、负载干扰、测量噪声等。过程有两个输出：广义误差 ξ，它是一个向量，代表信号与它们的期望值的偏差；测量信号 y，控制器可利用它来计算 u。对于线性系统和线性控制器的情况，闭环系统可以用以下的线性系统来表示：

$$\xi = \mathcal{G}(P(s), \quad C(s))\chi \tag{13.31}$$

它说明了广义误差 ξ 是如何依赖于广义干扰 χ 的。控制设计问题就是要找到一个控制器 C，使得即使过程具有不确定性，但传递函数 $\mathcal{G}$ 的增益也很小。有许多不同的方法来指定不确定性和增益，根据所选的范数不同，会产生不同的设计。

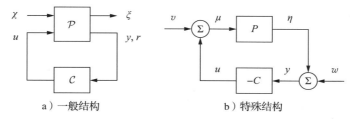

图 13.16　H_∞ 鲁棒控制的结构形式。图 a 为鲁棒控制中控制问题的一般表示，输入 u 代表控制信号，输入 χ 代表作用在系统上的外部影响，输出 ξ 是广义误差，输出 y 是测量信号。图 b 为图 13.11 中的基本反馈回路在参考信号为零时的特殊形式

为了说明这些思想，考虑图 13.16b 所示系统的调节问题，假定该系统的参考信号为零，外部信号为负载干扰 v 和测量噪声 w。广义误差定义为 $\xi = (\mu, \eta)$，其中 $\mu = v - u$ 是负载干扰中未被控制器补偿的部分，η 是过程输出。广义输入为 $\chi = (v, -w)$（w 前面带的负号是为了获得好看一点的方程，并非必需的）。这样一来，闭环系统就可以建模为：

$$\xi = \begin{pmatrix} \mu \\ \eta \end{pmatrix} = \begin{pmatrix} \dfrac{1}{1+PC} & \dfrac{C}{1+PC} \\ \dfrac{P}{1+PC} & \dfrac{PC}{1+PC} \end{pmatrix} \begin{pmatrix} v \\ -w \end{pmatrix} =: \mathcal{G}(P,C)\chi \tag{13.32}$$

这是式（13.31）的特殊情况。如果 C 是稳定的，那么有：

$$\|\mathcal{G}(P,C)\|_\infty = \sup_\omega \bar{\sigma}(\mathcal{G}) = \sup_\omega \frac{\sqrt{(1+|P(\mathrm{i}\omega)|^2)(1+|C(\mathrm{i}\omega)|^2)}}{|1+P(\mathrm{i}\omega)C(\mathrm{i}\omega)|} \tag{13.33}$$

式中，$\bar{\sigma}$ 是最大的奇异值。注意 $\mathcal{G}$ 的元素是四式组。$\mathcal{G}$ 的对角元素是灵敏度函数 $S = 1/(1+PC)$ 和 $T = PC/(1+PC)$，它们代表了鲁棒性。非对角元件 $P/(1+PC) = G_{yv}$ 和 $C/(1+PC) = -G_{uw}$ 表示输出对负载干扰的响应以及控制信号对测量噪声的响应，它们代表了性能。如果使 $\|\mathcal{G}(P,C)\|_\infty$ 最小化，就可以平衡性能和鲁棒性。

如果使 $\|\mathcal{G}(P,C)\|_\infty$ 最小化的镇定控制器 C 存在，那么可以用数值方法找到。这样得到的控制器跟基于状态反馈和观测器的控制器具有相同的结构，具体见图 8.7 和定理 8.3。控制器的增益由代数黎卡提方程给定，可以由 MATLAB 的 `hinsyn` 命令数值计算得到。

13.4.4　广义稳定裕度

13.2 节针对用 C 来镇定 P 的系统，引入了稳定裕度 $s_\mathrm{m} = \inf_\omega |1+P(\mathrm{i}\omega)C(\mathrm{i}\omega)|$。稳

定裕度可以解释为回路传递函数 PC 的奈奎斯特曲线到临界点 -1 的最短距离，如图 13.7a 所示。我们还发现 $s_m = 1/M_s$，这里 M_s 是最大灵敏度。现在定义广义稳定裕度（generalized stability margin）：

$$\sigma_m = \begin{cases} \inf_\omega \dfrac{|1+P(i\omega)C(i\omega)|}{\sqrt{(1+|p(i\omega)|^2)(1+|C(i\omega)|^2)}}, & \text{如果 } C \text{ 能使 } P \text{ 镇定} \\ 0, & \text{其他情况} \end{cases} \tag{13.34}$$

可以证明：

$$\inf_\omega \frac{|1+P(i\omega)C(i\omega)|}{\sqrt{(1+|P(i\omega)|^2)(1+|C(i\omega)|^2)}} = \inf_\omega \frac{|P(i\omega)+1/C(i\omega)|}{\sqrt{(1+|P(i\omega)|^2)(1+|1/C(i\omega)|^2)}}$$

因此，σ_m 可以解释为 $P(i\omega)$ 和 $-1/C(i\omega)$ 之间的最短弦距离。此外，式（13.6）和式（13.33）意味着：

$$\sigma_m(P,C) = \begin{cases} \dfrac{1}{\|\mathcal{G}(P,C)\|_\infty}, & \text{如果 } C \text{ 能使 } P \text{ 镇定} \\ 0, & \text{其他情况} \end{cases} \tag{13.35}$$

利用广义稳定裕度，可以得到以下的基本鲁棒性定理，其证明见文献 [248]。

定理 13.1 （Vinnicombe 基本鲁棒性定理）考虑传递函数为 P 的过程。假定设计的控制器 C 给出广义稳定裕度为 σ_m。那么控制器 C 能使所有满足 $\delta_\nu(P,P_1) < \sigma_m(P,C)$ 的过程 P_1 镇定，其中 δ_ν 是 Vinnicombe 度量。

这个定理是式（13.11）的推广。广义稳定裕度与经典增益裕度和相位裕度有关。根据式（13.34）可以得出：

$$|1+P(i\omega)C(i\omega)|^2 \geqslant \sigma_m^2(1+|P(i\omega)|^2)(1+|C(i\omega)|^2) \tag{13.36}$$

如果对于某些 ω 和 $0 < k < 1$，回路传递函数 PC 的奈奎斯特曲线与负实轴相交且 $P(i\omega)C(i\omega) = -k$，则式（13.36）变为：

$$|1-k|^2 \geqslant \sigma_m^2(1+|P(i\omega)|^2 + |C(i\omega)|^2 + k^2) \geqslant \sigma_m^2(1+k)^2$$

这意味着：

$$k \leqslant \frac{1-\sigma_m}{1+\sigma_m}, \quad g_m = \frac{1}{k} \geqslant \frac{1+\sigma_m}{1-\sigma_m} \tag{13.37}$$

如果回路传递函数与单位圆相交，使得相位裕度为 φ_m，则有 $P(i\omega)C(i\omega) = e^{i(\pi+\varphi_m)} = -e^{i\varphi_m}$，式（13.36）变为：

$$|1-e^{i\varphi_m}|^2 \geqslant \sigma_m^2(1+|P(i\omega)|^2 + 1/|P(i\omega)|^2 + 1) \geqslant 4\sigma_m^2$$

其中最后一个不等式源于 $|x|+1/|x| \geqslant 2$。因为 $|1-e^{i\varphi_m}| = 2\sin(\varphi_m/2)$（从几何角度考虑），上述不等式可以写成：

$$4\sin^2(\varphi_m/2) \geqslant 4\sigma_m^2, \quad \varphi_m \geqslant 2\arcsin\sigma_m \tag{13.38}$$

请注意将式（13.18）与式（10.7）进行对比。对于 $\sigma_m = 1/3$、$1/2$、$2/3$，对应有 $g_m \geqslant 2$、3、5 和 $\varphi_m \geqslant 39°$、$60°$、$84°$。

13.4.5 干扰加权

H_∞ 控制试图找到一个控制器，以使外部信号（图 13.16a 中的 χ 或图 13.16b 中的 υ 和 w）对广义误差 ξ 的影响最小，即让矩阵 $\|\mathcal{G}(P,C)\|_\infty$ 的最大奇异值尽可能小。通过引入加权 W，可以改变问题的解，如图 13.17a 所示。

图 13.17b 和 13.17c 展示了如何将图 13.17a 中权重为 W 的问题转化为与图 13.17a 具有相同形式但没有权重的问题。这使得我们可以用未加权问题的求解工具来求解加权的问题。在变换后的问题中，过程传递函数 P 被替换为 $\overline{P} = PW$，控制器传递函数被替换为

$\overline{C} = W^{-1}C$。因此，变换后的信号关系变为：

$$\overline{\xi} = \begin{pmatrix} \dfrac{\overline{\mu}}{\eta} \end{pmatrix} \begin{vmatrix} \dfrac{1}{1+\overline{P}\ \overline{C}} & \dfrac{\overline{P}}{1+\overline{P}\ \overline{C}} \\ \dfrac{\overline{C}}{1+\overline{P}\ \overline{C}} & \dfrac{\overline{P}\ \overline{C}}{1+\overline{P}\ \overline{C}} \end{vmatrix} \begin{pmatrix} \overline{v} \\ -w \end{pmatrix} = \mathcal{G}(\overline{P}, \overline{C})\overline{\chi}$$

注意 $\overline{P}\ \overline{C} = PC$，这意味着矩阵 $\mathcal{G}(\overline{P}, \overline{C})$ 与矩阵 $\mathcal{G}(P, C)$ 仅有非对角元素不同。因此，加权不改变灵敏度函数和互补灵敏度函数。负载干扰对应的矩阵元素由 $P/(1+PC)$ 变为 $PW/(1+PC)$，测量噪声对应的矩阵元素由 $C/(1+PC)$ 变为 $CW^{-1}/(1+PC)$。

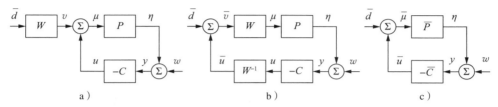

图 13.17 负载干扰加权的示意框图。在图 a 中，为负载干扰引入了加权 W。在图 b 中，应用了框图变换以获得系统的标准形式。在图 c 中，利用 $\overline{P} = PW$、$\overline{C} = W^{-1}C$ 对标准系统进行了重绘

选定所需权重 W 后，加权 H_∞ 问题的解就给定控制器 C。往回变换即可得到实际的控制器 $C = W\overline{C}$。选择合适的权重可以让设计人员获得反映设计指标的控制器。如果 W 是大于 1 的标量，则意味着增加负载干扰的影响、降低测量噪声的影响。也可以让权重与频率相关，例如，选择权重 $W = k/s$ 将自动给出一个对负载干扰具有积分作用的控制器。类似地，加强高频的加权将给出一个具有测量噪声高频衰减特性的控制器。频率加权容许设计师调整解以反映各种不同的设计指标，这使得 H_∞ 回路整形成为一个非常强大的设计方法。

13.4.6 鲁棒设计的局限

鲁棒设计所能达到的效果是有限的。尽管反馈性能很好，但在有些场合由于过程变化如此之大，以致无法找到一个线性控制器来提供良好的鲁棒性能。这时就必须采用其他类型的控制器。在有些情况下，某个与过程变化密切相关的变量具备测量条件，这时，可以针对不同的参数值设计多个控制器，并基于测得的信号来选用对应的控制器。这种控制设计称作增益规划（gain scheduling），在 8.5 节中已经对此做过简要讨论。巡航控制器是一个典型例子，其中的测量信号可以是挡位和速度。对于基于马赫数以及动态压力进行调度的高性能飞机的设计来讲，增益规划是常用的控制设计方法。在使用增益规划时，重要的是要保证各控制器间的切换不会产生不良的瞬态，这通常称作无干扰切换（bumpless transfer）问题。

通常难以对参数相关的变量进行测量，在这种情况下，可以使用自动整定（automatic tuning）与自适应控制（adaptive control）。在自动整定中，通过扰动系统来测量过程的动态，然后自动设计一个控制器。自动整定要求参数保持恒定，它已在 PID 控制中得到广泛应用。可以预计在不远的将来，许多控制器将拥有自动整定的特征。如果参数是变化的，则可以采用自适应方法在线测量过程动态。

13.5　阅读提高

鲁棒控制是一个很大的课题，有许多文章专门讨论这个问题，例如文献［51，130，121］。鲁棒性是经典控制的核心问题。定量反馈理论（QFT）（见文献［124］）可以看作

是伯德工作的扩展。伯德理想回路传递函数的有趣性质在 20 世纪 90 年代末被重新发现，引起了人们对分数传递函数的兴趣（见文献［185］）。经过了很长的时间，两个系统何时相似这一根本问题才被明确提出。赞姆斯（Zames）和 EI-萨卡里（El-Sakkary）引入了间隙度量（见文献［264］），而维迪亚萨加（Vidyasagar）则在几年后提出了图形度量（见文献［245，246］）。

ν-gap 度量，是由维尼科姆提出来的（见文献［247，248］）。由于基于优化的设计方法的蓬勃发展，尤其是文献［9］中基于状态反馈的控制器所展示的强鲁棒性，人们淡化了对鲁棒性的研究热情。文献［75，122，210］指出了输出反馈鲁棒性差的问题，重新引起了人们对鲁棒性的兴趣。文献［263］等开发了对鲁棒性加以明确考虑的设计方法的发展，这是一个很重大的进步。

鲁棒控制最初是依靠复变函数这个强有力的工具发展起来的，一般采用高阶控制器。文献［77］取得了一个重大突破，它证明了问题的解可以由黎卡提方程获得、可以找到低阶控制器。他们的这篇论文导致了 H_∞ 控制的广泛研究，这包括文献［92，181，76，109，265，223，248］等。该理论的主要优点在于，它将伺服系统理论中的许多直觉与基于数值线性代数及优化的可靠数值算法结合在了一起。正如文献［29］所述，通过将设计问题看成是由一个对手来产生干扰的博弈问题，H_∞ 控制的研究已经扩展到非线性系统。文献［23］中讨论了增益规划和自适应控制问题。

习题

13.1 考虑传递函数为 $P_1 = 1/(s+1)$ 和 $P_2 = 1/(s+a)$ 的两个系统。证明：如果 $a>0$，那么有界相加或相乘不确定性可以使 P_1 连续地变化到 P_2，但如果 $a<0$ 则不行。证明：若为反馈不确定性，则对 a 的取值没有限制。

13.2 考虑传递函数为 $P_1 = (s+1)/(s+1)^2$ 和 $P_2 = (s+a)/(s+1)^2$ 的两个系统。证明：如果 $a>0$，那么有界反馈不确定性可以使 P_1 连续地变化到 P_2，但如果 $a<0$ 则不行。证明：若为相加或相乘不确定性，则对 a 的取值没有限制。

13.3 （灵敏度函数之差）令 $T(P,C)$ 为具有过程 P、控制器 C 的系统的互补灵敏度函数。证明：

$$T(P_1,C) - T(P_2,C) = \frac{(P_1 - P_2)C}{(1+P_1 C)(1+P_2 C)}$$

并与式（13.6）对比。请为灵敏度函数推导类似的公式。

13.4 （Vinnicombe 度量）考虑传递函数：

$$P_1(s) = \frac{k}{4s+1}, \quad P_2(s) = \frac{k}{(2s+1)^2}, \quad P_3(s) = \frac{k}{(s+1)^4}$$

针对 $k=1$ 和 $k=2$，计算传递函数的所有组合的 Vinnicombe 度量。并讨论结果。

13.5 （反馈和前馈的灵敏度）考虑图 13.11 所示的系统，设 G_{yr} 为测量信号 y 对参考 r 的传递函数。证明：G_{yr} 对前馈传递函数 F 和反馈传递函数 C 的灵敏度分别为 $dG_{yr}/dF = CP/(1+PC)$ 和 $dG_{yr}/dC = FP/(1+PC)^2 = G_{yr}S/C$。

13.6 （有保证的稳定裕度）式（13.10）给出的不等式保证了闭环系统对过程的不确定性是稳定的。设 $s_m^0 = 1/M_s^0$ 为指定的稳定裕度。证明：不等式

$$|\delta(i\omega)| < \frac{1 - s_m^0 |S(i\omega)|}{|T(i\omega)|} = \frac{1 - |S(i\omega)|/M_s^0}{|T(i\omega)|}, \quad \text{对于所有的 } \omega \geq 0$$

可以保证闭环系统在所有干扰下的稳定裕度均大于 s_m^0。请注意与式（13.10）比较。

13.7 （稳定裕度）考虑过程传递函数为 P、控制器传递函数为 C 的一个反馈环。假定最大灵敏度为 $M_s = 2$。证明：相位裕度至少为 30°，且在增益变化 50% 时，闭环系统是稳定的。

13.8 考虑一个过程，传递函数为 $P(s) = k/(s(s+1))$，其中增益可以在 0.1～10 之间变化。对于该增益变化范围，可找到一个控制器，给出回路传递函数 $L(s) = 1/(s\sqrt{s})$，并获得接近 $\varphi_m = 45°$ 的相位裕度。请提出用有理函数来近似实现该控制器传递函数的方法。

13.9 (伯德理想回路传递函数) 例 13.9 给出了伯德理想回路传递函数。证明：其相位裕度为 $\varphi_m = 180° - 90°n$，稳定裕度为 $s_m = \sin \pi(1-n/2)$。绘制 $n=5/3$ 时传递函数的伯德图和奈奎斯特图。

13.10 (理想时延补偿器) 考虑一个过程，其动态为纯时延性质，传递函数为 $P(s) = e^{-s}$。理想时延补偿器是传递函数 $C(s) = 1/(1-e^{-s})$ 的控制器。证明：灵敏度函数分别为 $T(s) = e^{-s}$、$S(s) = 1-e^{-s}$，且闭环系统对时延的任何微小变化都是不稳定的。

13.11 (两自由度控制器对过程变化的灵敏度) 考虑图 12.13 所示两自由度控制器，它使用前馈补偿来改进对参考信号和测量干扰的响应。证明：对于前馈、反馈以及组合控制器而言，输入/输出传递函数以及对过程变化的灵敏度函数如下表所示。

控制器	G_{yr}	$\dfrac{\mathrm{d}G_{yr}}{G_{yr}}$	G_{yv}	$\dfrac{\mathrm{d}G_{yv}}{\mathrm{d}P_1}$
前馈 ($C=0$)	F_m	$\dfrac{\mathrm{d}P}{P}$	0	$-\dfrac{P_2}{P_1}$
反馈 (F_r、$F_v=0$)	TF_m	$S\dfrac{\mathrm{d}P}{P}$	SP_2	$-S\dfrac{P_2}{P_1}$
前馈与反馈结合	F_m	$S\dfrac{\mathrm{d}P}{P}$	0	$S\dfrac{P_2}{P_1}$

13.12 (H_∞ 控制) 考虑式 (13.32) 中的矩阵 $\mathcal{G}(P,C)$。证明：它有奇异值

$$\sigma_1 = 0, \quad \sigma_2 = \bar{\sigma} = \sup_\omega \frac{\sqrt{(1+|P(i\omega)|^2)(1+|C(i\omega)|^2)}}{|1+P(i\omega)C(i\omega)|} = \|\mathcal{G}(P,C)\|_\infty$$

再证明：$\bar{\sigma} = 1/\delta_v(P,-1/C)$，这意味着 $1/\bar{\sigma}$ 是奈奎斯特曲线到临界点的广义最短距离，因此也可用作稳定裕度的度量。

13.13 (干扰加权) 考虑干扰加权为 $W(\overline{P}=PW$、$\overline{C}=W^{-1}C)$ 的 H_∞ 控制问题。证明：

$$\|\mathcal{G}(\overline{P},\overline{C})\|_\infty \geqslant \sup_\omega (|S(i\omega)| + |T(i\omega)|)$$

第14章
基 本 限 制

> 前轮驱动、后轮转向的躺骑自行车比后轮驱动的躺骑自行车具有更简单的变速器，质心也更靠近前轮而不是后轮，具有更大的优势。美国交通部委托建造了一辆这种配置的安全摩托车，结果以一种出人意料的方式证明了它是"安全"的：没有人能够骑得了它。
>
> ——F. R. Whitt and D. G. Wilson, *Bicycling Science*, 1997（文献 [250]）

本章讨论那些对控制系统的性能和鲁棒性构成限制的特性，比如，由时延、右半平面极点和零点等因素引起的非最小相位动态，对系统施加了严重的限制。此外，在大信号水平及小信号水平时，还会出现非线性行为。大信号限制来自执行器有限的速率和功率，或者来自出于过程保护目的而施加的限制。小信号限制来自转换器中的测量噪声、摩擦以及量化等。本章还将讨论回路整形方面的限制带来的后果，并给出极点配置设计的准则。

14.1 系统设计考虑

系统的初始设计对于靠反馈来提供鲁棒性和改进性能的能力有着重大的影响。在设计过程的早期，认识反馈系统性能上的基本限制尤其重要。例如，对于具有时延的系统，是无法进行快速控制的，因为控制作用被延迟了。类似地，不稳定的系统需要使用更快速的控制器似乎是合理的，但这将受到传感器和执行器带宽的限制。这些限制是由系统的动态属性引起的，通常可以表现为过程的零点和极点条件。

控制设计者的自由度在很大程度上取决于系统的情况。设计者可能面对的是已经给定传感器和执行器的过程，他的任务就是设计一个合适的控制器。那么设计者的自由度就很有限。在有些情况下，他可能可以选择传感器，而在另一些情况下，有可能传感器、执行器和控制器的位置及特征都是同时设计的。这时设计者就具有很大的自由度。典型的情况介于这两个极端之间。

无论如何，设计者应该了解反馈系统的基本限制，尽可能将过程与控制器一起设计，并在设计过程中尽早处理这些限制。本章开篇引文所暗指的限制来源于过程的动态以及驱动功率和速度的限制。动态方面的限制可以表现为时延、右半平面的零点和极点等，过程的时延会限制可实现的响应速度。一个不是那么显而易见的情况是，如果一个过程具有右半平面的极点/零点对，且极点靠近零点，那么就很难实现鲁棒的控制。驱动方面的限制可以表现为驱动功率和速度的限制。这些都是基本限制的例子，在初始系统设计阶段就应该对它们的潜在影响加以考虑。

14.1.1 镇定性与强镇定性

控制系统最基本的特性之一是对（闭环）系统的动态进行设计以满足一组性能指标要求的能力。通常，这可以通过相关传递函数（如"四式组"）中极点和零点的位置来表示。在 7.2 节中发现，为了找到一个能将闭环特征值放置于任意位置的状态反馈，系统必须是可达的。相应的输出反馈条件是系统既可达又可观（见 8.3 节）。此外，还有一些折中体现在前几章提到的稳定裕度、带宽、灵敏度函数的峰值和位置以及许多其他的特征上。

对于自然动态不稳定的系统来说，一个特别重要的问题是，何时可以用反馈来使系统稳定，以及是否可以用稳定（stable）控制器来使之稳定——这个条件称为强镇定性

(strong stabilizability)。镇定性问题与可达性问题稍有不同，虽然有一些稳定的特征值不可以用反馈来调整，但可以调整所有不稳定的特征值。强镇定性对于系统级的设计是很重要的，因为谁也不想实现一个不稳定的控制器，除非非这样做不可（注意，让控制器不稳定并不意味着闭环系统也不稳定）。

一个具有状态反馈的线性系统，如果是可达的，那么它总是镇定的。如果线性系统是不可达的，则根据卡尔曼分解定理（见 8.3 节），系统动态可以写成：

$$\frac{\mathrm{d}x}{\mathrm{d}t}=\frac{\mathrm{d}}{\mathrm{d}t}\binom{x_\mathrm{r}}{x_\mathrm{\bar{r}}}=\begin{pmatrix}A_\mathrm{r}&0\\ *&A_\mathrm{\bar{r}}\end{pmatrix}\binom{x_\mathrm{r}}{x_\mathrm{\bar{r}}}+\binom{B_\mathrm{r}}{0}u \tag{14.1}$$

式中状态向量被分解为两个部分：可达状态向量 x_r 和不可达状态向量 $x_\mathrm{\bar{r}}$。在 x_r 表示的不变子空间中，动态是可达的，因此总可以找到状态反馈 K_r，以使 $A_\mathrm{r}-K_\mathrm{r}B_\mathrm{r}$ 能具有任意的特征值。因此，当且仅当 $A_\mathrm{\bar{r}}$ 的特征值位于左半平面时，式（14.1）表示的系统动态才是镇定的。因此，对于具有状态反馈的系统，如果系统的不可达部分是稳定的，则系统是镇定的。

具有状态反馈的系统的可达性和镇定性也可以用秩条件来表述。具有 n 个状态变量且动态矩阵和控制矩阵分别为 A 和 B 的系统，可达的充分必要条件（判据）为，对于所有的 $\lambda\in\mathbb{C}$ 有：

$$\mathrm{rank}(A-\lambda I\quad B)=n \tag{14.2}$$

此判据称为 Popov-Belevitch-Hautus（PBH）判据。如果这个判据对于右半平面 $\mathrm{Re}\,\lambda\geqslant0$ 的所有 λ 成立，则系统是镇定的（stabilizable）；如果仅对 $\mathrm{Re}\,\lambda>0$ 的所有 λ 成立，则系统是严格（strict）镇定的。因此，对于具有状态反馈的系统来说，镇定性的条件要弱于可达性的条件。

对于具有输出反馈的线性系统，可以使用估计器和基于状态估计的线性反馈来构建控制器，所得的控制器具有式（8.16）所给定的输入/输出动态，重写如下：

$$\frac{\mathrm{d}\hat{x}}{\mathrm{d}t}=A\hat{x}+Bu+L(y-C\hat{x}),\quad u=-K\hat{x} \tag{14.3}$$

控制器极点是矩阵 $A-BK-LC$ 的特征值，控制器零点是以下矩阵失秩时的 s 值：

$$\begin{pmatrix}A-BK-LC-sI&L\\ K&0\end{pmatrix} \tag{14.4}$$

如果系统是镇定且可观测的，就总可以构建一个镇定控制器。然而，这个控制器是否足够稳定（对应于强镇定性）则是一个更为微妙的问题。强镇定性可以表述为对传递函数提出的条件，如下面的定理所述。

定理 14.1（强镇定性）考虑具有有理传递函数 $P(s)=n(s)/d(s)$ 的线性系统，其中多项式 $n(s)$ 和 $d(s)$ 没有公因式。当且仅当使 $n(z_k)=0$ 的所有 z_k 对应的所有 $d(z_k)$ 具有相同符号时，系统才是强镇定的。

文献［246］的定理 3.1 和推论 3.3 对这个定理进行了证明（另见文献［260］）。对于具有单个极点 p、单个零点 z 的系统，这个定理的结论意味着 $p>z$ 的过程要求控制器在右半平面有一个极点，这是不稳定的（unstable）控制器。这种情况如图 14.1 所示。习题 14.1 给了一个例子。根轨迹法为这类情况提供了重要的见解。

文献［76］第 5 章的定理 3 给出了强镇定性的另一个特征：

定理 14.2 线性系统 P 是强镇定的，当且仅当它在 $\mathrm{Re}\,s\geqslant0$ 范围内的每对实零点之间有偶数个实极点时。

以上两个定理的结论表明，系统的强镇定性取决于极点和零点的模式（pattern），而这种模式通常是在系统设计的早期就确定了的。注意，这并不意味着不稳定的系统总应该避免，因为不稳定实际上可能有好处。一个典型的例子是需要高机动性的高性能飞机。

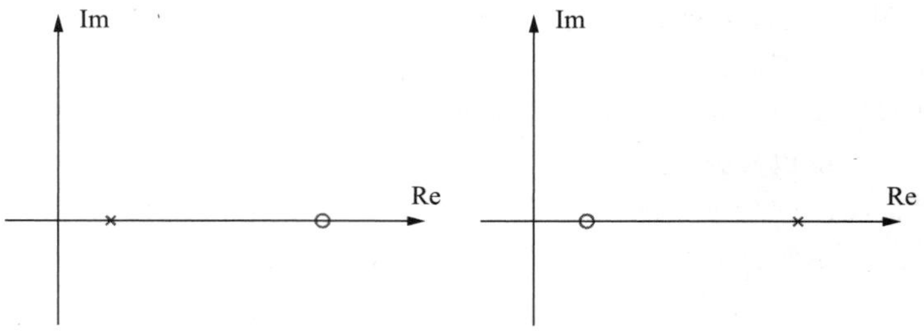

a) 强镇定系统　　　　　　　　b) 非强镇定系统

图 14.1　强镇定系统、非强镇定系统的极点-零点图。图 a 所示的系统能用一个稳定
控制器镇定，但图 b 所示系统的镇定则要求控制器有一个右半平面极点

14.1.2　右半平面零点与时延

当系统的回路传递函数在右半平面有零点或存在时延时，闭环性能将会受到很大的限制。人们自然会问的一个问题是，在系统设计时能否避免这些特性？

系统的极点取决于系统的内在动态。它们代表系统的模态，由线性化模型的动态矩阵 A 的特征值给定。传感器和执行器对极点没有影响：改变极点的唯一方法是通过反馈或对过程进行重新设计。然而，系统的零点取决于传感器和执行器是如何与过程相连接的。因此，可以通过移动或添加传感器和执行器来改变零点，这通常比重新设计过程的动态要简单。

下面的例子说明了如何通过放置传感器来确定零点的位置。

例 14.1　车辆转向

考虑在例 3.11 中介绍的车辆转向系统。例 10.11 给出了从转向角到侧向位置的非归一化传递函数，下面给出从转向角到侧向速度的非归一化传递函数：

$$P(s) = \frac{av_0 s + v_0^2}{bs}$$

式中，v_0 是车辆速度，a 是车辆位置参考点的偏移，b 是轴距。可见，当车辆速度为负时，系统有一个右半平面零点，这可能导致系统闭环性能受到限制，如例 10.11 所述。

如果将测量车辆位置的测量点选在后轮中心而不是在质心处，则可以消除右半平面存在的零点。这时 $a=0$，于是过程动态模型就变为：

$$G(s) = \frac{v_0^2}{bs}$$

它不再有右半平面零点。选择这个输出可以简化设计的约束，并且可以通过校准车辆的位置传感器使其给出后轮中心位置来轻松实现。

我们注意到，传感器的这种选择受到校准误差的影响，这可能产生一个过程传递函数零点 v_0/ϵ，其中 ϵ 表示校准误差，零点的符号取决于校准误差的符号以及行程的方向。在本章后面将会看到，这对应于我们所说的"快速"零点，其对基本限制的影响相对较小。因此，为了简化反馈控制器的设计，尝试改变系统输出点的位置是有利的。　◀

限制的另一个来源是时延，这会给回路传递函数增加显著的相位滞后，使其难以保持足够的相位裕度。时延可能出现在过程、通信信道以及计算中。时延的影响类似于右半平面零点。弄明白这一点的一个方法是考虑时延的帕德近似（Padé approximation），它得到的是一个具有单位增益的有理传递函数，其相位近似于时延的相位。一阶和二阶帕德近似的传递函数为：

$$G_1(s) = \frac{1 - s\tau/2}{1 + s\tau/2}, \quad G_2(s) = \frac{1 - \tau s/2 + (\tau s)^2/12}{1 + \tau s/2 + (\tau s)^2/12}$$

一阶帕德近似在 $2/\tau$ 处有一个右半平面零点，二阶帕德近似在 $s=(3\pm\mathrm{i}\sqrt{3})/\tau$ 处有一对右半平面复共轭零点。

与零点不同的是，时延通常不能通过选择传感器或执行器的位置来避免，因此应该通过系统计算与通信架构的适当设计来避免。尽可能地减小时延往往是反馈控制系统设计的一个很好的准则。

14.2　伯德积分公式

伯德提出并证明了反馈控制设计中最重要的一个限制条件，即不可能对某个闭环特征的性能予以均匀的提高。伯德的结论使用了 12.1 节介绍的灵敏度函数 S，该函数给出了闭环系统的性能和鲁棒性的总体概貌。具体来说，它描述了反馈如何衰减干扰，并可比较开环和闭环系统的干扰衰减。回想一下，对于频率为 ω 的干扰，如果 $|S(\mathrm{i}\omega)|<1$，则反馈使之衰减，如果 $|S(\mathrm{i}\omega)|>1$，则被放大。最大灵敏度 $M_s=\max_\omega|S(\mathrm{i}\omega)|$ 给出最大放大倍数，它同时也是鲁棒性的一个度量，因为 $1/M_s$ 等于稳定裕度 s_m（见图 12.5b）。

一个关键的事实是灵敏度函数无法在宽频率范围内都做得很小。伯德积分公式（Bode's integral formula）给出的不变量（守恒量）意味着降低一个频率的灵敏度会增加另一个频率的灵敏度，并且当过程存在右半平面极点时，情况会变得更糟。因此，控制设计总是一种折中。下面的定理描述了反馈下的性能限制。

定理 14.3　（伯德积分公式）设 $S(s)$ 是回路传递函数为 $L(s)$ 的内在稳定闭环系统的灵敏度函数。假定回路传递函数 $L(s)$ 满足当 $s\to\infty$ 时 $sL(s)$ 趋向于零的条件。那么灵敏度函数具有以下性质：

$$\int_0^\infty \ln|S(\mathrm{i}\omega)|\,\mathrm{d}\omega=\int_0^\infty \ln\frac{1}{|1+L(\mathrm{i}\omega)|}\mathrm{d}\omega=\pi\sum p_k \tag{14.5}$$

式中求和是对 $L(s)$ 的右半平面极点 p_k 进行的。

式（14.5）表明，当设计一个控制器来减少某些频率的干扰影响时，会增加其他频率的干扰影响，因为 $\ln|S(\mathrm{i}\omega)|$ 的积分保持不变。这种特性称为水床效应（waterbed effect）。由此可知，在右半平面上具有开环极点的系统要比稳定系统具有更大的整体灵敏度。

式（14.5）可视为一个守恒定律（conservation law）。如果回路传递函数在右半平面上没有极点，则该式简化为：

$$\int_0^\infty \ln|S(\mathrm{i}\omega)|\,\mathrm{d}\omega=0$$

这个公式可以被赋予一个很好的几何解释，图 14.2 绘制了 $\ln|S(\mathrm{i}\omega)|$ 随 ω 变化的曲线。当频率按线性（linear）比例绘制时，水平轴上方的面积必须等于水平轴下方的面积。因此，如果想减小某个 ω_{sc} 以下频率的灵敏度，就必须增加 ω_{sc} 以上频率的灵敏度来平衡。控制系统的设计可以看成是用某些频率的干扰衰减来换取其他频率的干扰放大。注意，假定条件 $\lim_{s\to\infty}sL(s)=0$ 是必需的。习题 14.2 证明，如果没有这个假设，则灵敏度可以做得任意小。习题 14.3 给出了条件为 $\lim_{s\to\infty}sL(s)=k$ 时该公式的修正版本。

对于互补灵敏度函数，有类似式（14.5）的以下公式：

$$\int_0^\infty \frac{\ln|T(\mathrm{i}\omega)|}{\omega^2}\mathrm{d}\omega=\pi\sum\frac{1}{z_i},\quad T(s)=\frac{L(s)}{1+L(s)} \tag{14.6}$$

式中，求和是针对回路传递函数 $L(s)=P(s)C(s)$ 的所有右半平面零点进行的（习题 14.4）。从式（14.6）可以看出，慢的右半平面零点比快的右半平面零点更糟糕，就跟式（14.5）意味着快的右半平面极点比慢的右半平面极点更糟糕一样。

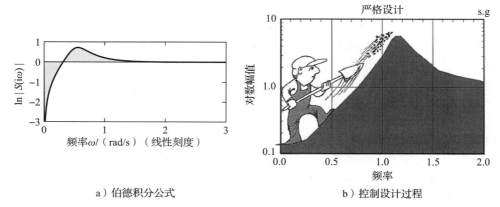

a）伯德积分公式　　　　　　　　　　b）控制设计过程

图 14.2　水床效应解释。在图 a 中，使用线性坐标绘制了函数 $\ln|S(\mathrm{i}\omega)|$ 与 ω 的关系曲线。根据伯德积分公式（14.5），$\ln|S(\mathrm{i}\omega)|$ 在零以上的面积必须等于零以下的面积。图 b 是 Gunter Stein 对不同频率下灵敏度的折中设计的漫画解释（摘自文献［229］）

例 14.2 X-29 飞机

作为伯德积分公式的一个例子，这里分析一下 X-29 飞机（见图 14.3a）的控制系统，该飞机具有不同寻常的气动表面配置设计，以增强机动性。这个分析最早见于 Gunter Stein 发表于首届 IEEE 伯德讲座上名为 "Respect the unstable" 的报告（文献［229］）。

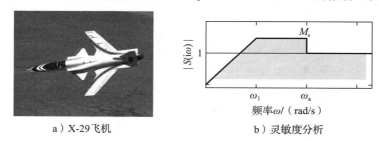

a）X-29飞机　　　　　　　　　b）灵敏度分析

图 14.3　X-29 飞机的控制系统。图 a 中的飞机利用前掠翼和机身上的一组鸭翼来实现高机动性。期望的闭环系统灵敏度如图 b 所示，ω_1 以下的频率范围内具有低的灵敏度（良好的性能），在执行器的带宽 ω_a 以内具有较高的灵敏度

利用描述系统关键特性的一小组参数来分析该系统。在航空航天系统中，典型的鲁棒性要求是相位裕度至少为 $\varphi_m=45°$。X-29 的纵向动态类似于倒摆的动态（习题 9.3）。它有一个 $p=6$ rad/s 的右半平面极点，和一个 $z=26$ rad/s 的右半平面零点。镇定俯仰的执行器具有带宽 $\omega_a=40$ rad/s，俯仰控制回路的期望带宽则为 $\omega_1=3$ rad/s。

为了评估可实现的性能，寻找一个控制律，使灵敏度函数在期望带宽 ω_1 以下具有较低的数值，在超过该频率时则不超过 M_s。基于伯德积分公式，可知 M_s 在高频时必须大于 1，才能平衡低频时的小灵敏度。因此，我们考虑，能否找到一个形如图 14.3b 的控制器控制律，使 M_s 具有最小值。注意，高于频率 ω_a 时的灵敏度为 1，因为在高于这个频率时没有使用执行器的权限。因此，设计一个闭环系统，让它在 ω_1 以下的频率具有较低灵敏度，在 ω_1 和 ω_a 之间的灵敏度则不要太大。

根据伯德积分公式，无论选择什么控制器，式（14.5）都必须满足。假设灵敏度函数由下式给定：

$$|S(i\omega)| = \begin{cases} \dfrac{\omega}{\omega_1}M_s, & \omega < \omega_1 \\ M_s, & \omega_1 \leqslant \omega < \omega_a \\ 1, & \omega_a \leqslant \omega < \infty \end{cases}$$

这与图 14.3b 的曲线相对应。伯德积分为:

$$\int_0^\infty \ln|S(i\omega)|\,d\omega = \int_0^{\omega_a} \ln|S(i\omega)|\,d\omega$$

$$= \int_0^{\omega_1} \ln\frac{\omega M_s}{\omega_1}\,d\omega + (\omega_a - \omega_1)\ln M_s = \pi p$$

利用分部积分,经过一些计算,得到 $-\omega_1 + \omega_a \ln M_s = \pi p$,或

$$M_s = e^{(\pi p + \omega_1)/\omega_a}$$

由此可知对于给定的控制指标,M_s 的可实现值是多少。特别地,当 $p = 6$ rad/s、$\omega_1 = 3$ rad/s、$\omega_a = 40$ rad/s 时,有 $M_s = 1.75$,这意味着在 ω_1 和 ω_a 之间的频率范围内,过程动态输入处的干扰(如风)对飞机的影响将被放大 1.75 倍。当 $M_s = 1.75$ 时,也可以得到相位裕度的估计值为 $\varphi_m \geqslant 2\arcsin[1/(2M_s)] = 33°$〔参见式(10.7)〕,这表明可能无法满足 $\varphi_m = 45°$ 的要求。◀

*伯德积分公式的推导

伯德积分公式(定理 14.3)可由围线积分导出。假设回路传递函数在右半平面有不同的极点 $s = p_k$,且对于大的 s 值,$L(s)$ 趋向于零的速度比 $1/s$ 快。考虑灵敏度函数 $S(s) = 1/(1 + L(s))$ 的对数沿着图 14.4 所示奈奎斯特围线 Γ 的积分。围线 Γ 包围右半平面,但要排除回路传递函数 $L(s) = P(s)C(s)$ 的极点 $s = p_k$,因为这些极点是 $S(s)$ 的奇点(图 14.4 中仅绘出了一个 p_k)。围线的方向取逆时针方向。灵敏度函数的对数绕围线 Γ 的积分为:

$$I = \int_\Gamma \ln(S(s))\,ds = I_1 + I_2 + I_3 = 0$$

积分结果 I 为零,其原因在于函数 $\ln S(s)$ 在围线内没有极点或零点,因此它是解析的。I_1 项是沿虚轴的积分,I_2 项是沿着右边半径 R 为无穷大的半圆的积分。I_3 项是沿着两条水平线以及包围 p_k 的小圆的积分,如图 14.4 所示。

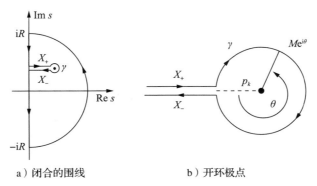

a) 闭合的围线   b) 开环极点

图 14.4 用于证明伯德定理的围线。对于回路传递函数 $L(s)$ 的每个右半平面极点 p_k(也是 $\lg S(s)$ 的奇点),从虚轴开始创建一条环绕该极点的路径。为了避免混乱,只显示了一条这样的路径

下面计算围线积分的每一项。首先有:

$$I_1 = -i\int_{-R}^R \ln(S(i\omega))\,d\omega = -2i\int_0^R \ln(|S(i\omega)|)\,d\omega$$

其之所以如此，是因为 $\ln S(i\omega)$ 的实部是偶函数，虚部是奇函数。此外，还有：

$$I_2 = \int_{\cup} \ln(S(s)) ds = -\int_{\cup} \ln(1+L(s)) ds \approx -\int_{\cup} L(s) ds$$

式中，$\cup$ 代表半径 R 处 Γ 的半圆部分。因为对于大的 s 值，$L(s)$ 归零的速度比 $1/s$ 快，所以当半圆的半径趋向于无穷大时，积分为零。

接下来考虑积分 I_3。将该部分围线分成三部分：X_+，γ 和 X_-，其中 X_+ 和 X_- 是从虚轴到 p_k 的水平线，γ 是半径为 r、围绕点 p_k 的小圆（见图 14.4b）。可以将该部分围线积分写成

$$I_3 = \int_{X_+} \ln S(s) ds + \int_{\gamma} \ln S(s) ds + \int_{X_-} \ln S(s) ds$$

点 p_k 是 $L(s)$ 的极点，因此是 $S(s)$ 的零点，是 $\ln S(s)$ 的奇点。沿 γ 的积分的被积函数的幅值为 $\ln r$ 阶，积分路径的长度为 $2\pi r$，可以证明，随着半径 r 趋向于 0，积分的结果趋向于 0。同时，在 p_k 的附近有 $S(s) \approx k(s-p_k)$，因此当围线沿着顺时针方向环绕 p_k 时，$\ln S(s)$ 的辐角减小 2π。因此，在 X_+ 和 X_- 的这部分围线上，有：

$$|S_{X_+}| = |S_{X_-}|, \quad \arg S_{X_-} = \arg S_{X_+} - 2\pi$$

因此，

$$\ln(S_{X_+}) - \ln(S_{X_-}) = \ln(|S_{X_+}|) + i\arg(S_{X_+}) - \ln(|S_{X_-}|) - i\arg(S_{X_-}) = 2\pi i$$

考虑到路径 X_+ 和路径 X_- 方向相反的事实，第一项和第三项可以组合成：

$$\int_{X_+} \ln S(s) ds + \int_{X_-} \ln S(s) ds = \int_{X_+} (\ln S_{X_+}(s) - \ln S_{X_-}(s)) ds$$

从虚轴到 p_k 的路径长度是 $\mathrm{Re}\, p_k$，因此，

$$\int_{X_+} \ln S(s) ds + \int_{X_-} \ln S(s) ds = 2\pi i \cdot \mathrm{Re}\, p_k$$

针对右半平面上的所有 p_k 重复以上分析，并令小圆趋向于零，最终得到：

$$I_1 + I_2 + I_3 = -2i \int_0^\infty \ln|S(i\omega)| d\omega + i\sum_k 2\pi \mathrm{Re}\, p_k = 0$$

因为 p_k 是以复共轭对的形式出现的，所以有 $\sum_k \mathrm{Re}\, p_k = \sum_k p_k$，因而得到式（14.5）形式的伯德公式。

14.3　增益穿越频率不等式

现在研究非最小相位的过程动态对回路整形设计的影响。回路整形设计的核心思想是对回路传递函数 $L(i\omega) = P(i\omega)C(i\omega)$ 进行整形，以使闭环系统具有良好的性能和鲁棒性。在需要干扰衰减的频段使 $|L(i\omega)|$ 较大，在测量噪声占主导地位的高频段使 $|L(i\omega)|$ 较小，可以获得良好的性能。回顾图 12.8，它通过在增益穿越频率 ω_{gc} 附近对回路传递函数进行整形，获得了良好的鲁棒性。设计中的性能限制表现得非常明显。

为了研究右半平面极点和零点引起的限制，将过程传递函数做如下分解：

$$P(s) = P_{\mathrm{mp}}(s) P_{\mathrm{ap}}(s) \tag{14.7}$$

式中，P_{mp} 是最小相位因子，P_{ap} 是非最小相位因子。所做的这个因子分解使得 P_{mp} 包含了所有位于开左半平面上的极点和零点。此外，还对该因子分解做了归一化处理，以使 $|P_{\mathrm{ap}}(i\omega)| = 1$，符号的选择则使 P_{ap} 具有负相位。传递函数 P_{ap} 称为全通系统（all-pass system），因为它对所有频率都有单位增益。例如，

$$P(s) = \frac{s-2}{(s+1)(s-1)} = \frac{s+2}{(s+1)^2} \cdot \frac{(s-2)(s+1)}{(s+2)(s-1)} = P_{\mathrm{mp}}(s) \cdot P_{\mathrm{ap}}(s) \tag{14.8}$$

由于 $|P_{\mathrm{ap}}(i\omega)| = 1$，故传递函数 $P(s)$ 和 $P_{\mathrm{mp}}(s)$ 具有相同的增益曲线，但传递函数 $P(s)$

具有比 $P_{mp}(s)$ 更大的相位滞后。

考虑控制器传递函数为 $C(s)$ 的闭环系统。要求相位裕度为 φ_m,可得不等式

$$\arg L(i\omega_{gc})=\arg P_{ap}(i\omega_{gc})+\arg P_{mp}(i\omega_{gc})+\arg C(i\omega_{gc})\geqslant-\pi+\varphi_m \tag{14.9}$$

式中,ω_{gc} 是增益穿越频率。设 n_{gc} 为回路传递函数 $L(s)=P(s)C(s)$ 的增益曲线在穿越频率处的斜率。因为 $|P_{ap}(i\omega)|=1$,所以

$$n_{gc}=\frac{\mathrm{d}\ln|L(i\omega)|}{\mathrm{d}\ln\omega}\bigg|_{\omega=\omega_{gc}}=\frac{\mathrm{d}\ln|P_{mp}(i\omega)C(i\omega)|}{\mathrm{d}\ln\omega}\bigg|_{\omega=\omega_{gc}}$$

假设控制器 $C(s)$ 在右半平面上既没有极点也没有零点,那么根据式(10.9)可得:

$$\arg P_{mp}(i\omega)+\arg C(i\omega)\approx n_{gc}\frac{\pi}{2}$$

将其与式(14.9)相结合,可以得到以下关于全通部分在增益穿越频率处的容许相位滞后的不等式,我们将其作为一个定理。

定理 14.4 （增益穿越频率不等式）设 $P(s)=P_{mp}(s)P_{ap}(s)$,其中 P_{ap} 是一个全通传递函数,它包含 $P(s)$ 的非最小相位部分。如果 $C(s)$ 是闭环系统的镇定补偿器,它使闭环系统无右半平面极点和零点、相位裕度为 φ_m、增益穿越频率为 ω_{gc}、增益穿越处斜率为 n_{gc},那么全通传递函数容许的相位滞后必须满足以下不等式

$$\varphi_{ap}:=-\arg P_{ap}(i\omega_{gc})\leqslant\pi-\varphi_m+n_{gc}\frac{\pi}{2}:=\overline{\varphi}_{ap} \tag{14.10}$$

图 14.5 对增益穿越频率不等式进行了说明。式（14.10）给出的条件对增益穿越频率的选择提出了要求,应保证全通因子的相位滞后不致过大。对于具有高鲁棒性要求的系统,可以选择 60°的相位裕度（$\varphi_m=\pi/3$）。为了在选择增益穿越频率时有合理的灵活性,我们选择 $n_{gc}=-1$,全通分量容许相位滞后是 $\overline{\varphi}_{ap}=\pi/6=30°\approx0.52$ rad。对于可以接受较低鲁棒性的系统,可以选择 45°的相位裕度（$\varphi_m=\pi/4$）和 $n_{gc}=-1/2$ 的斜率,给出的容许相位滞后是 $\overline{\varphi}_{ap}=\pi/2=90°\approx1.57$ rad。

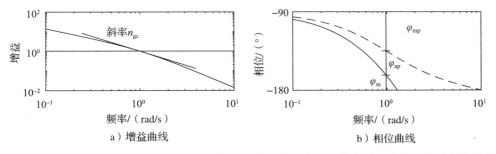

a) 增益曲线　　　　　　　　　　　　b) 相位曲线

图 14.5　增益穿越频率不等式的图示。图 a 为传递函数的增益曲线,其在增益穿越频率处的曲线斜率为 n_{gc}。图 b 为传递函数的相位曲线（实线）及其最小相位分量的相位曲线（虚线）,图中显示了相位裕度 φ_m、最小相位分量的相位 φ_{mp}、全通分量的相位滞后 φ_{ap}

增益穿越频率不等式（14.10）表明,非最小相位分量对可行的穿越频率施加了严格的限制,从而导致有些系统的控制无法获得足够的稳定裕度。下面用一些常见的情况来说明这些限制。

例 14.3 过程右半平面零点对穿越频率的限制

一个存在右半平面零点的系统,其过程传递函数的非最小相位部分为:

$$P_{ap}(s)=\frac{z-s}{z+s}$$

式中,$z>0$。注意,分子为 $z-s$ 而不是 $s-z$,目的是满足 P_{ap} 应有负相位的条件。这个

全通因子的相位滞后为：

$$\varphi_{ap} = -\arg P_{ap}(i\omega) = 2\arctan\frac{\omega}{z}$$

设全通因子的容许相位滞后为 $\overline{\varphi}_{ap}$，那么由不等式（14.10）给出的穿越频率界限为：

$$\omega_{gc} \leqslant z\tan(\overline{\varphi}_{ap}/2) \tag{14.11}$$

当 $\overline{\varphi}_{ap} = \pi/3$ 时，得到 $\omega_{gc} < 0.6z$。因此可得出结论：右半平面零点限制了可实现的增益穿越频率 ω_{gc}，慢的右半平面零点（小的 z）给出的穿越频率要比快的右半平面零点的低。◀

在右半平面上有零点的过程并不少见，它们通常是物理因素的固有后果，习题 14.5 中的水力发电模型就是如此。另一个例子是例 3.14 讨论的汽包液位控制中的收缩和膨胀现象。在该例中，右半平面的零点源于逆响应特性（即阶跃响应在开始时走错了方向）。这种效应也出现在产品开发项目中，成本最初在开发阶段会增加，然后有希望在产品上市时降低成本获得利润。

接下来考虑右半平面极点的情况。

例 14.4　过程的右半平面极点对穿越频率的限制

一个右半平面有极点的系统，其过程传递函数的非最小相位部分为：

$$P_{ap}(s) = \frac{s+p}{s-p}$$

式中，$p > 0$。P_{ap} 的符号由其应具有负相位的条件决定。这个非最小相位部分的相位滞后为：

$$\varphi_{ap} = -\arg P_{ap}(i\omega) = 2\arctan\frac{p}{\omega}$$

不等式（14.10）给出的穿越频率界限为：

$$\omega_{gc} \geqslant \frac{p}{\tan(\overline{\varphi}_{ap}/2)} \tag{14.12}$$

式中，$\overline{\varphi}_{ap}$ 是全通因子 P_{ap} 的最大容许相位滞后。因此右半平面极点要求闭环系统具有足够高的增益穿越频率。当 $\overline{\varphi}_{ap} = \pi/3$ 时，得到 $\omega_{gc} > 1.7p$。因此，快的右半平面极点（大的 p）比慢的右半平面极点需要更大的增益穿越频率。因此，不稳定系统的鲁棒控制要求过程、执行器以及传感器的带宽必须足够高。◀

例 14.5　具有右半平面极点/零点对的过程的相位滞后

对于一个具有右半平面零点 z 和右半平面极点 p 的系统，其过程传递函数及全通因子分别为：

$$P(s) = \frac{s-z}{s-p}, \quad P_{ap}(s) = \frac{(z-s)(s+p)}{(z+s)(s-p)} \tag{14.13}$$

全通因子的相位滞后为：

$$\varphi_{ap} = -\arg P_{ap}(i\omega) = 2\arctan(\omega/z) + 2\arctan(p/\omega) \tag{14.14}$$

当 $z/p = 2$、5、20 和 100 时，式（14.14）相应的相位滞后曲线如图 14.6a 所示。

这里用一些数值来说明。如果要求非最小相位因子的相位滞后 φ_{ap} 小于 90°，就必须要求 z/p 比值大于 6（见图 14.6a）。因此，极点和零点必须充分远离（习题 14.6），增益穿越频率 ω_{gc} 的值也受到很大的限制。

注意，如果 $p > z$，则不能应用定理 14.4，因为这将要求镇定控制器必须在右半平面有一个极点（见图 14.1）。◀

跟右半平面零点一样，时延也施加了类似的限制。对于具有时延的过程，$P_{ap}(s) = e^{-\tau s}$。利用增益穿越频率不等式（14.10）可得 $\omega_{gc}\tau \leqslant \overline{\varphi}_{ap}$，其中 τ 是时间延迟。可见，时延类似于右半平面零点，因为它们也要求带宽和穿越频率足够小。

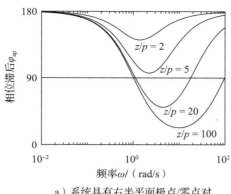
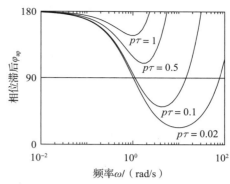

a）系统具有右半平面极点/零点对　　　　　b）系统具有右半平面极点和时延

图 14.6　全通因子 P_{ap} 的相位滞后 φ_{ap} 随频率变化的函数关系。图 a 为右半平面有一个零点和一个极点的系统，图 b 为有一个时延和一个右半平面极点的系统。两个系统的右半平面极点都为 $p=1$。

例 14.6　过程具有时延和右半平面极点时的相位滞后

考虑具有以下全通因子和相位滞后的系统：

$$P_{ap}(s)=\frac{s+p}{s-p}\mathrm{e}^{-\tau_s}, \quad \varphi_{ap}=-\arg P_{ap}(\mathrm{i}\omega)=\omega\tau+2\arctan(p/\omega) \qquad (14.15)$$

当 $p\tau=1$、0.5、0.1 和 0.02 时，式（14.15）相应的相位滞后曲线如图 14.6b 所示。可见，该系统的行为类似于具有右半平面极点/零点对的系统。相位滞后 φ_{ap} 在 $\omega\tau=\sqrt{p\tau(2-p\tau)}$ 时有最小值 $\sqrt{p\tau(2-p\tau)}+2\arctan\sqrt{p\tau/(2-p\tau)}$（习题 14.7）。从式（14.9）可以看出，对于右半平面有极点 p 和时延 τ 的系统，如果 $p\tau\geqslant2$，则无法使用在右半平面没有极点和零点的控制器来进行镇定。　◀

右半平面上有极点/零点对的系统并不常见。例 14.2 中遇到的 X-29 飞机是一个例子（习题 14.8），下面是另一个例子。

例 14.7　平衡系统

作为右半平面有极点和零点系统的例子，考虑例 3.2 介绍的零阻尼平衡系统。从力 F 到输出角 θ 以及位置 q 的传递函数已经在例 9.11 中推得为：

$$H_{\theta F}(s)=\frac{ml}{(M_t J_t-m^2 l^2)s^2-mglM_t}$$

$$H_{qF}(s)=\frac{J_t s^2-mgl}{s^2[(M_t J_t-m^2 l^2)s^2-mglM_t]}$$

假定希望使用小车位置作为测量信号来使摆镇定。从输入力 F 到小车位置 q 的传递函数 H_{qF} 具有极点 $\{0, 0, \pm\sqrt{mglM_t/(M_t J_t-m^2 l^2)}\}$ 和零点 $\{\pm\sqrt{mgl/J_t}\}$。使用例 9.11 的参数，右半平面极点为 $p=2.68$，零点为 $z=2.09$。在增益穿越频率最佳选择的情况下，根据式（14.14）可得全通分量 P_{ap} 的相位滞后为 $166°$，这意味着不可能获得合理的相位裕度。极点/零点比值仅为 1.28，这远低于鲁棒的控制系统所需的数值 6。利用图 14.6a 可以看到，如果希望的带宽在 2~4 rad/s 范围的话，系统可实现的相位裕度将非常小。

通过改变系统的输出，可以消除系统右半平面的零点。例如，如果选择输出为摆锤上距离为 r 处的位置，则有 $y=q-r\sin\theta$，线性化输出的传递函数为：

$$H_{yF}(s)=H_{qF}(s)-rH_{\theta F}(s)=\frac{(J_t-mlr)s^2-mgl^2}{s^2((M_t J_t-m^2 l^2)s^2-mglM_t)}$$

如果选择 r 足够大，那么 $mlr-J_t>0$，可以消除右半平面零点，得到两个纯虚零点。这样，增益穿越频率就由右半平面极点 $p=\sqrt{mglM_t/(M_t J_t-m^2l^2)}$ 决定（例 14.4）。如果非最小相位部分允许的相位滞后为 $\varphi_l=45°$，那么增益穿越频率必须满足：

$$\omega_{gc}\geqslant\frac{p}{\tan(\varphi_l/2)}=6.48\text{ rad/s}$$

如果执行器具有足够高的带宽，例如在 ω_{gc} 的 10 倍以上或大约 10 Hz，则可以提供高达该频率的鲁棒跟踪。◀

14.4 最大模原理

利用最大模原理（maximum modulus principle），通过简单计算，可以对右半平面的极点和零点以及时延所施加的基本限制获得重要认识。

定理 14.5（最大模原理）令 $\Omega\subset\mathbb{C}$ 是复平面上一个非空、有界、连通集，并令 $G:\overline{\Omega}\to\mathbb{C}$ 在 Ω 的闭包上是连续的，在 Ω 上是解析的。那么

$$\sup_{s\in\Omega}|G(s)|=\sup_{s\in\partial\Omega}|G(s)|$$

以奈奎斯特围线作为开右半平面的边界，应用这个定理可以给出传递函数（例如灵敏度函数）的界限。我们将这个结论作为一个推论。

推论 令 $G(s)$ 是封闭的右半平面上的有界解析传递函数。那么 $|G(s)|$ 在虚轴上取得其最大值：

$$\max_{\omega\in\mathbb{R}}|G(i\omega)|=\max_{\text{Re }s\geqslant0}|G(s)|$$

为了说明这个结果的应用方法，考虑以下传递函数：

$$S(s)=\frac{1}{1+P(s)C(s)},\quad T(s)=\frac{P(s)C(s)}{1+P(s)C(s)}$$

灵敏度函数 $S(s)$ 的零点是过程和控制器的极点，互补灵敏度函数的零点是过程和控制器的零点。由 $S(s)+T(s)=1$ 可知，对于过程或控制器的零点 z，有 $S(z)=1$。类似地，对于过程或控制器的极点 p，有 $T(p)=1$。

可以使用最大模原理来获得对干扰衰减和鲁棒性的要求，以作为对灵敏度函数提出的条件。使用以下标称传递函数来表达对灵敏度的要求：

$$S_r(s)=\frac{M_s s}{s+a},\quad T_r(s)=\frac{M_t b}{s+b}\tag{14.16}$$

传递函数 $S_r(s)$ 和 $T_r(s)$ 的增益曲线伯德图如图 14.7 所示。考虑按下式定义的要求：

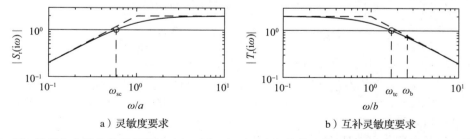

a）灵敏度要求   b）互补灵敏度要求

图 14.7   图 a 和图 b 分别为传递函数 $S_r(s)=M_s s/(s+a)$ 和传递函数 $T_r(s)=M_t b/(s+b)$ 的增益曲线，它们给出了对灵敏度和互补灵敏度的要求。图中虚线表示对一阶灵敏度要求的分段线性近似。图中所用参数为 $M_s=M_t=2$，增益穿越频率以小圆圈（。）标出，由 $T(\omega_b)=1/\sqrt{2}$ 确定的带宽用十字符号（＋）标出

$$|S(i\omega)|\leqslant|S_r(i\omega)|,\quad|T(i\omega)|\leqslant|T_r(i\omega)|\tag{14.17}$$

这将保证最大灵敏度分别小于 M_s 和 M_t。传递函数（14.16）的灵敏度穿越频率和带宽由下式

给定：

$$\omega_{sc}=\frac{a}{\sqrt{M_s^2-1}}, \quad \omega_{tc}=b\sqrt{M_t^2-1}, \quad \omega_b=b\sqrt{2M_t^2-1} \tag{14.18}$$

下面使用最大模原理来研究右半平面极点和零点的影响，并确定其对可实现性能的限制。

例 14.8 系统右半平面零点对灵敏度的限制

假设过程 $P(s)$ 在右半平面上仅有一个零点 $s=z$，没有其他的右半平面极点和零点。对于使该系统镇定的所有控制器，灵敏度函数在右半平面都是解析的，根据式（14.17），有：

$$\max_{\omega}\left|\frac{S(\mathrm{i}\omega)}{S_r(\mathrm{i}\omega)}\right|\leqslant1 \tag{14.19}$$

式中，函数 $S(s)/S_r(s)$ 在右半平面和虚轴上是解析的。如果过程在右半平面有零点 $s=z$，则灵敏度函数具有 $S(z)=1$ 的性质。应用最大模原理于函数 $S(s)/S_r(s)$ 可得：

$$\max_{\omega}\left|\frac{S(\mathrm{i}\omega)}{S_r(\mathrm{i}\omega)}\right|\geqslant\left|\frac{S(z)}{S_r(z)}\right|=S(z)\frac{z+a}{M_s z}=\frac{z+a}{M_s z}$$

这个不等式仅在 $z+a\leqslant M_s z$ 时才与式（14.19）相兼容，因此，

$$a\leqslant z(M_s-1), \quad \omega_{sc}\leqslant z\sqrt{\frac{M_s-1}{M_s+1}} \tag{14.20}$$

式中的 ω_{sc} 上界只需一点代数运算即可得到。可见，右半平面的零点 z 限制了闭环系统灵敏度的穿越频率 ω_{sc}，从而限制了灵敏度可以保持较小值的频率范围（注意与例 14.3 比较）。◄

如果对具有复零点 $s=z_{re}\pm\mathrm{i}z_{im}$ 的系统进行计算，可以得到以下条件（习题 14.9）：

$$a\leqslant\sqrt{M_s^2 z_{re}^2+(M_s^2-1)z_{im}^2}-z_{re}$$

$$\omega_{sc}=\frac{a}{\sqrt{M_s^2-1}}\leqslant\frac{\sqrt{M_s^2 z_{re}^2+(M_s^2-1)z_{im}^2}-z_{re}}{\sqrt{M_s^2-1}} \tag{14.21}$$

当 $z_{im}=0$ 时，它们就与式（14.20）一样。因此，对右半平面有零点的过程进行鲁棒控制时，灵敏度穿越频率 ω_{sc} 不能太高，这是式（14.20）和式（14.21）的要求。如果存在好几个右半平面零点，则限制由最小的界限确定。

对互补灵敏度函数做类似的分析，可以得到右半平面极点施加限制的结论（见习题 14.10），即右半平面存在极点时的鲁棒控制要求互补灵敏度的穿越频率 ω_{tc} 和带宽 ω_b 足够大。

接下来考虑右半平面的极点和零点两者的影响。由于在右半平面有零点 z 的过程的鲁棒控制要求灵敏度穿越频率（或带宽）足够低，而在右半平面有极点时又要求灵敏度穿越频率足够高，因此对于在右半平面有极点/零点对的系统，如果极点和零点接近，那么可以预期该系统不能得到鲁棒控制；而如果 $p>z$，则可以预期该系统根本不能被控制。事实上，可以证明（习题 12.16）：如果 $p>z$，则过程不能由稳定的控制器镇定。下面的例子将分析这种情况。

例 14.9 右半平面有极点和零点的过程的灵敏度限制

考虑过程 $P(s)$，它在右半平面有零点 z_k 和极点 p_k。引入零点为 $s=z_k$ 的多项式 $n(s)$ 和零点为 $s=p_k$ 的多项式 $d(s)$，则过程传递函数可以写成

$$P(s)=\frac{n(s)}{d(s)}\widetilde{P}(s) \tag{14.22}$$

式中，$\widetilde{P}(s)$ 在右半平面没有极点和零点。接下来考虑使过程镇定的控制器。灵敏度函数为：

$$S(s)=\frac{1}{1+P(s)C(s)}=\frac{d(s)}{d(s)+n(s)\widetilde{P}(s)C(s)}$$

它在右半平面有零点 $s = p_k$，并且对于多项式 $n(s)$ 的所有零点 z_k，有 $S(z_k) = 1$。引入加权函数：

$$W_p(s) = \frac{d(-s)}{d(s)}$$

这个函数的极点与零点关于虚轴对称，这意味着 $|W_p(i\omega)| = 1$。函数 $W_p(s)S(s)$ 在右半平面是解析的，因为其中多项式 $d(s)$ 被抵消，而 $d(-s)$ 的所有根都在左半平面上。由于 $S(z_k) = 1$，根据最大模原理有：

$$M_s = \max_\omega |S(i\omega)| = \max_\omega |W_p(i\omega)S(i\omega)| \geqslant |W_p(z_k)S(z_k)| = \left| \frac{d(-z_k)}{d(z_k)} \right| \tag{14.23}$$

这意味着：

$$M_s \geqslant \max_k \left| \frac{d(-z_k)}{d(z_k)} \right| \tag{14.24}$$

对于在右半平面有极点/零点对的系统，有 $n(s) = s - z$ 和 $d(s) = s - p$。因为只有一个零点，故式（14.24）变成：

$$M_s \geqslant \left| \frac{z + p}{z - p} \right| \tag{14.25}$$

这意味着：

$$\frac{z}{p} \geqslant \frac{M_s + 1}{M_s - 1}, \quad z > p \quad \text{或} \quad \frac{z}{p} \leqslant \frac{M_s - 1}{M_s + 1}, \quad z < p \tag{14.26}$$

◄

对于具有右半平面极点/零点对的过程，为了找到最大灵敏度小于 M_s 的控制器，根据式（14.26）可知，极点和零点必须充分远离：零点/极点比值必须小于 $(M_s - 1)/(M_s + 1)$ 或大于 $(M_s + 1)/(M_s - 1)$。当 $M_s = 3$ 时，临界比值为 0.5 和 2；当 $M_s = 1.4$ 时，临界比值为 1/6 和 6。

对互补灵敏度进行类似例 14.9 的计算，可得（习题 14.11）：

$$M_t \geqslant \max_k \left| \frac{n(-p_k)}{n(p_k)} \right| \tag{14.27}$$

在单个极点/零点对的特殊情况下，该条件变为：

$$M_t \geqslant \left| \frac{z + p}{z - p} \right| \Rightarrow \frac{z}{p} \geqslant \frac{M_t + 1}{M_t - 1} \quad \text{或} \quad \frac{z}{p} \leqslant \frac{M_t - 1}{M_t + 1} \tag{14.28}$$

下面用一个例子来说明这些结果。

例 14.10 后轮转向自行车

图 14.8 显示了两辆后轮转向的自行车。4.2 节讨论了自行车动态，给出了一般性的前轮转向自行车模型：

$$J\frac{d^2\varphi}{dt^2} - \frac{Dv_0}{b}\frac{d\delta}{dt} = mgh\sin\varphi + \frac{mv_0^2 h}{b}\delta$$

式中，轴距为 b，自行车和骑手的质量为 m，质心到地面的距离为 h。此外，J 是相对于两车轮与地面接触点连线的转动惯量，D 是惯性积。我们有 $J \approx mh^2$ 和 $D \approx mah$，其中 a 是质心在地面上的投影点与驱动轮地面接触点之间的距离。在上述前轮转向模型中，简单地将转速的符号取反，即可得到后轮转向自行车的模型：

$$mh^2\frac{d^2\varphi}{dt^2} + \frac{mhav_0}{b}\frac{d\delta}{dt} = mgh\sin\varphi + \frac{mv_0^2 h}{b}\delta$$

从转向角 δ 到倾斜角 φ 的传递函数为：

$$P_{\varphi\delta}=\frac{-av_0 s+v_0^2}{b(hs^2-g)}=\frac{av_0}{bh}\frac{-s+v_0/a}{s^2-g/h}$$

该传递函数具有右半平面极点 $p=\sqrt{g/h}$ 和右半平面零点 $z=v_0/a$。因此，由式（14.26）可得：

$$\frac{z}{p}=\frac{v_0}{a}\sqrt{\frac{h}{g}}\geqslant\frac{M_s+1}{M_s-1}\Rightarrow v_0 \geqslant a\sqrt{\frac{g}{h}}\frac{M_s+1}{M_s-1}$$

不稳定极点 $p=\sqrt{g/h}$ 与速度无关，但右半平面零点 $z=v_0/a$ 与速度成正比。因此，要舒适地骑这种自行车，速度必须足够大。取 $M_s=2$ 时，对图 14.8 中两辆自行车的参数进行估算，发现图 14.8a 的自行车要求 $v_0\geqslant9.4$ m/s（34 km/h），图 14.8b 的自行车要求 $v_0\geqslant$ 1.2 m/s（3.8 km/h）。事实证明，图 14.8a 的自行车是无法骑行的，而图 14.8b 的自行车则可以骑行[148]。◀

a）无法骑行   b）可以骑行

图 14.8　后轮转向的自行车：图 a 无法骑行；图 b 可以骑行（图片源于文献［20］）

鉴于右半平面单个极点或右半平面单个零点系统的鲁棒性结果，看到 $p>z$ 的过程实际上也可以得到鲁棒的控制，大家一定十分惊讶。这实际上是可能的，不过需要更聪明的设计技巧。文献［260］对镇定性进行了详细的讨论，证明了对于具有右半平面极点和零点的系统，当且仅当每对右半平面零点之间的极点个数是偶数时，才可以用稳定控制器镇定（定理 14.2）。

以上集中讨论了右半平面极点和零点的影响。限制的另一个常见来源是存在时延。由时延和一个右半平面极点施加的限制与右半平面极点/零点对施加的限制是相似的。表 14.1 汇总列出了以上限制。

表 14.1　由时延以及右半平面（RHP）极点和零点引起的限制，其中 ω_{sc} 和 ω_{tc} 分别是灵敏度函数和互补灵敏度函数的穿越频率

过程特征	限制
RHP 实零点 z	$\omega_{sc}\leqslant z\sqrt{\dfrac{M_s-1}{M_s+1}}$
RHP 复零点 $z=z_{re}\pm iz_{im}$	$\omega_{sc}\leqslant\dfrac{\sqrt{M_s^2 z_{re}^2+(M_s^2-1)z_{im}^2}-z_{re}}{\sqrt{M_s^2-1}}$
RHP 实极点 p	$\omega_{tc}\geqslant p\sqrt{\dfrac{M_t+1}{M_t-1}}$
RHP 复极点 $p=p_{re}\pm ip_{im}$	$\omega_{tc}\geqslant\dfrac{\sqrt{M_t^2 p_{re}^2+(M_t^2-1)p_{im}^2}+p_{re}}{\sqrt{M_t^2-1}}$
RHP 极点/零点对 p，z	$M_s\geqslant\left|\dfrac{p+z}{p-z}\right|$，$M_t\geqslant\left|\dfrac{p+z}{p-z}\right|$

（续）

过程特征	限 制
RHP 极点和零点 $d(s)$，$n(s)$	$M_s \geqslant \max_k \left\| \dfrac{d\ (-z_k)}{d\ (z_k)} \right\|$，$M_t \geqslant \max_k \left\| \dfrac{n\ (-p_k)}{n\ (p_k)} \right\|$
RHP 极点 p 和时延 τ	$M_s \geqslant e^{p\tau}$，$M_t \geqslant e^{p\tau}-1$

14.5　鲁棒的极点配置

在使用任何不含鲁棒性要求的设计方法时，有必要进行设计的鲁棒性检查。在 7.2 节中，我们使用状态反馈来配置闭环系统的特征值，并证明如果系统是可达的，则闭环系统的特征值可以被配置为任意值。这种设计技术也称作"极点配置"，本节将向大家展示，对极点和零点作用的深入了解可以让我们更深刻地理解这种控制器的设计方法。我们将特别说明，在选择所需的闭环极点时，有必要对过程的零点加以考虑。我们将先分析一些例子，其中的设计看似合理，但得到的闭环系统却是不鲁棒的。然后将提出一些极点（特征值）配置的设计准则，以确保闭环系统的鲁棒性。

14.5.1　快稳过程极点

极点在左半平面是稳定的，在右半平面是不稳定的。如果极点的大小比预期的闭环带宽大，就称为"快"极点。下面是一个介绍基本设计准则的简单例子，可以说明快稳过程极点对极点配置设计的影响。

例 14.11 快稳过程极点的鲁棒极点配置

考虑一阶系统的 PI 控制，过程的传递函数为 $P(s)=b/(s+a)$（其中 $a>0$），控制器的传递函数为 $C(s)=k_p+k_i/s$。回路传递函数为：

$$L(s)=\frac{b(k_p s+k_i)}{s(s+a)}$$

闭环特征多项式为：

$$s(s+a)+b(k_p s+k_i)=s^2+(a+bk_p)s+k_i b$$

如果指定所需的闭环极点为 $-p_1$ 和 $-p_2$，那么可得控制器参数为：

$$k_p=\frac{p_1+p_2-a}{b}，\quad k_i=\frac{p_1 p_2}{b}$$

因此，灵敏度函数为：

$$S(s)=\frac{s(s+a)}{(s+p_1)(s+p_2)}，\quad T(s)=\frac{(p_1+p_2-a)s+p_1 p_2}{(s+p_1)(s+p_2)}$$

假定过程极点 a 比闭环极点快，且 $p_1<p_2<a$。那么比例增益 k_p 为负数，控制器在右半平面有一个零点，这表明系统可能具有很糟糕的特性。考虑灵敏度函数的增益 $|S(i\omega)|$，当 $a=b=1$、$p_1=0.05$、$p_2=0.2$ 时，其曲线如图 14.9a 所示。高频时有 $|S(i\omega)| \approx 1$。往低频的方向移动，发现灵敏度在 $\omega=a$ 附近开始增加（$\omega=a$ 对应于快稳过程极点）。灵敏度随着频率的降低而继续增加，在频率高于闭环极点 p_2 时，它不会降低。净效应是有一个很大的灵敏度峰值，大约位于 $\omega=a/\sqrt{p_1 p_2} \approx 10$ 处。

为了避免鲁棒性差的问题，可以选择一个闭环极点，让其等于过程极点，即 $p_2=a$。这时控制器增益变为：

$$k_p=\frac{p_1}{b}，\quad k_i=\frac{a p_1}{b}$$

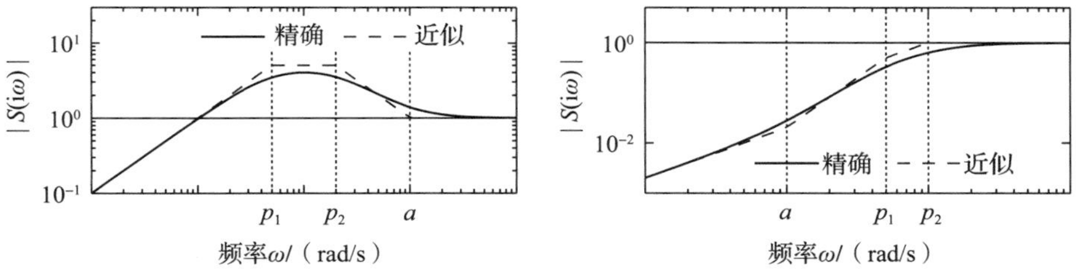

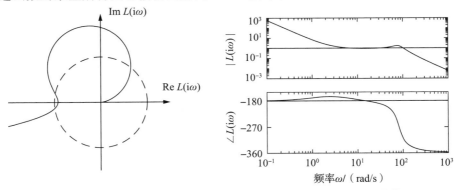

图 14.9 例 14.11 设计的灵敏度函数 S 的增益曲线。实线是实际灵敏度，虚线是渐近线。注意图 a 中的灵敏度函数有高的峰值，而图 b 中的没有峰值

这意味着快稳过程极点被 $s=-a$ 的控制器零点抵消。回路传递函数和灵敏度函数分别为：

$$L(s)=\frac{bk_{\mathrm p}}{s}, \quad S(s)=\frac{s}{s+bk_{\mathrm p}}, \quad T(s)=\frac{bk_{\mathrm p}}{s+bk_{\mathrm p}}$$

当闭环极点（$p_1=5$、$p_2=20$）比过程极点（$a=1$）快时，灵敏度函数的增益曲线如图 14.9b 所示。在这种情况下，灵敏度函数没有峰值。　　◀

14.5.2　慢稳过程零点

如果零点位于左半平面，就称为"稳定"零点；如果零点位于右半平面，就称为"不稳定"零点。此外，如果零点的大小小于预期的闭环带宽，则称其为"慢"零点。下面将探讨慢稳过程零点在极点配置设计中的作用，先从一个简单的例子开始。

例 14.12　车辆转向

考虑例 9.10 中的车辆转向模型，其中从转向角度到侧向位置的传递函数为：

$$P(s)=\frac{\gamma s+1}{s^2}=\gamma\frac{s+1/\gamma}{s^2}$$

例 7.4 基于状态反馈设计了一个控制器，例 8.4 在状态反馈的基础上加入了观测器。在图 8.8 的仿真中，系统的闭环极点是由参数 $\omega_{\mathrm c}=0.7$、$\zeta_{\mathrm c}=0.707$、$\omega_{\mathrm o}=1$ 和 $\zeta_{\mathrm o}=0.707$ 确定的。假定现在需要一个更快的闭环系统，选取 $\omega_{\mathrm c}=10$、$\zeta_{\mathrm c}=0.707$，$\omega_{\mathrm o}=20$ 以及 $\zeta_{\mathrm o}=0.707$。利用例 8.3 中的状态空间表示，进行极点配置设计，给出状态反馈增益为 $k_1=100$、$k_2=-35.86$，观测器增益为 $l_1=28.28$、$l_2=400$。控制器传递函数为：

$$C(s)=\frac{-11\,516s+40\,000}{s^2+42.4s+6657.9} \tag{14.29}$$

回路传递函数的奈奎斯特图和伯德图如图 14.10 所示。

a）$L(s)=P(s)C(s)$ 的奈奎斯特曲线　　　　b）$L(s)=P(s)C(s)$ 的伯德图

图 14.10　采用基于状态反馈和观测器的控制器时，车辆转向回路传递函数的奈奎斯特曲线和伯德图。该控制器提供了稳定运行，但鲁棒性很差

由图 14.10a 的奈奎斯特曲线可见鲁棒性较差（因为回路传递函数非常接近临界点 −1）。相位裕度为 7°，增益裕度为 $g_m=1.08$，这意味着如果增益增加 8%，系统就将变得不稳定。较差的鲁棒性也表现在图 14.10b 的伯德图中，增益曲线在数值 1 附近徘徊，相位曲线则在很宽的频率范围内（3～40 rad/s）都接近于 −180°。对图 14.11 中实线所示的灵敏度函数进行分析可以获得更多的信息。最大灵敏度是 $M_s=13$、$M_t=12$。

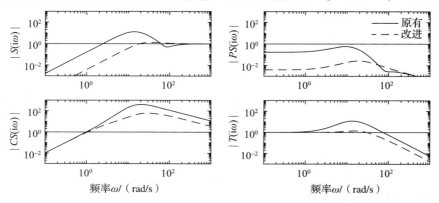

图 14.11　基于观测器控制的车辆转向系统的灵敏度函数增益曲线。参数为 $\omega_c=10$、$\zeta_c=0.707$、$\omega_o=20$、$\zeta_o=0.707$ 的原控制器的曲线用实线表示，参数为 $\omega_c=10$、$\zeta_c=2.6$ 的改进控制器的曲线用虚线表示

我们设计好了控制器，使得闭环系统有了阻尼良好的闭环极点，然而闭环对过程的变化却极其敏感，这种表现令我们十分惊讶。有些迹象表明某些事情不太寻常，因为设计给出的控制器在右半平面有一个零点 $s=3.5$，而观测器和控制器在 $\omega_c=10$ 和 $\omega_o=20$ 时有复极点。回想例 14.3 的结果，这表明对于具有零点 $s=3.5$ 的过程，鲁棒控制的增益穿越频率将无法超过 $\omega_{gc}=2$。

为了了解问题所在，下面对灵敏度函数出现峰值的原因进行研究。设过程和控制器的传递函数为：

$$P(s)=\frac{n_p(s)}{d_p(s)},\quad C(s)=\frac{n_c(s)}{d_c(s)}\tag{14.30}$$

式中，$n_p(s)$、$n_c(s)$、$d_p(s)$ 和 $d_c(s)$ 是分子和分母的多项式。互补灵敏度函数为：

$$T(s)=\frac{P(s)C(s)}{1+P(s)C(s)}=\frac{n_p(s)n_c(s)}{d_p(s)d_c(s)+n_p(s)n_c(s)}$$

$T(s)$ 的极点是闭环系统的极点，$T(s)$ 的零点是过程和控制器传递函数的零点。原控制器的 $T(s)$ 增益曲线如图 14.11 右下角的实线所示。由于 P 有两重积分，故 $L(0)=P(0)C(0)=\infty$，所以有 $T(0)=1$。然后，随着 ω 的增大，增益 $|T(i\omega)|$ 随之增大，因为在 $\omega=2$ 处是过程的零点。在 $\omega=3.5$ 处是控制器的零点，所以在这附近增益进一步增大，直到来到闭环极点 $\omega=10$ 处和 $\omega=20$ 处，增益才减小。最终的结果是互补灵敏度函数的增益拥有一个高峰。

互补灵敏度函数的峰值可以通过在慢过程零点处或它的附近配置一个闭环极点来避免。选择 $\omega_c=10$、$\zeta_c=2.6$ 可以实现这一点，这将给出闭环极点 $s=-2$ 和 $s=-50$。这样一来，控制器传递函数就变为：

$$C(s)=\frac{3628s+40\,000}{s^2+80.28s+156.56}=3628\,\frac{s+11.02}{(s+2)(s+78.28)}\tag{14.31}$$

请注意，新控制器的极点 $s=-2$ 抵消了过程的零点。还要注意在控制器零频增益上出现的巨大差异，式（14.29）的 $C(0)=6.0$，式（14.31）的 $C(0)=255$。慢零点的消除使得控制器的低频增益显著增加。改进的控制器的灵敏度函数增益曲线如图 14.11 中的虚线所示。闭环系统的最大灵敏度 $M_s=1.34$、$M_t=1.41$，这表明鲁棒性良好。

　　这个例子说明鲁棒设计可以这样获得：先消除慢稳过程零点，对无零点的系统设计控制器，然后给控制器加上对应慢稳过程零点的极点，就可以了。注意，$|PS(i\omega)|$ 曲线表明改进后的系统具有更好的干扰衰减，而 $|CS(i\omega)|$ 曲线也显示它对测量噪声不再那么敏感了。在 S 和 PS 的增益曲线上可以清楚地看到控制器低频增益的巨大差异。◀

　　综上所述，首先，必须仔细评估闭环系统，例如绘制"四式组"的增益曲线。其次，我们看到，看似合理的设计并不一定能给出鲁棒的闭环系统。再者，对于基于极点配置的设计，当指定所需的闭环动态时，必须考虑开环极点和零点，尤其特别的是，鲁棒性要求必须有闭环极点等于或接近于慢稳过程零点。最后，不稳的慢过程零点对可实现的带宽施加了限制，如 14.4 节所述。

　　选择控制器的极点和零点来精确抵消开环极点和零点的一个潜在问题是，这可能会导致有害的动态或缺乏鲁棒性（当存在模型不确定性时）。下面将更详细地讨论这一重要问题。

14.5.3　鲁棒极点配置的设计准则

　　基于从前面各例中获得的认识，现在可以来制定设计准则，以使极点配置设计法能够给出鲁棒性良好的控制器。考虑最大互补灵敏度的表达式（13.12），重写如下：

$$M_t=\sup_{\omega}|T(i\omega)|=\left\|\frac{PC}{1+PC}\right\|_{\infty}$$

设 ω_{gc} 是期望的增益穿越频率，并假定过程有慢于 ω_{gc} 的零点。低频时互补灵敏度函数为 1，随着频率往过程零点的频率靠近，互补灵敏度函数增加（除非在附近有闭环极点，例如图 14.11）。我们发现，为了避免互补灵敏度函数的值过大，闭环系统应该有极点接近或等于慢稳零点。这意味着慢稳零点应该被控制器的极点抵消。由于不稳定的零点无法抵消，慢的不稳定零点的存在意味着可实现的增益穿越频率必须小于最慢的不稳定过程零点。

　　现在考虑比期望增益穿越频率快的过程极点。考虑灵敏度函数最大值的表达式：

$$M_s=\sup_{\omega}|S(i\omega)|=\left\|\frac{1}{1+PC}\right\|_{\infty}$$

高频下，灵敏度函数为 1。从高频到低频，灵敏度函数在快稳过程极点处增加。灵敏度函数将具有较大的峰值，除非存在接近快稳过程极点的闭环极点。为避免灵敏度出现大的峰值，闭环系统应使极点靠近快稳过程极点。实现这一点的方法是使控制器的零点接近快稳过程极点。由于不稳模态无法抵消，快的不稳极点的存在意味着增益穿越频率必须足够大，就如 14.3 节（例 14.4）所述的那样。

　　综上所述，可以得到如下选择闭环极点的简单准则：慢稳过程零点应与慢闭环极点匹配，快稳过程极点应与快闭环极点匹配。慢的不稳过程零点和快的不稳过程极点对闭环系统施加了严格的限制。

14.6　非线性影响

　　虽然本章主要讨论线性系统，但有些非线性因素在控制系统设计时必须予以考虑。有限的驱动功率限制了响应的速度；摩擦、A/D 和 D/A 转换中的舍入误差、计算中的数值表示等引起的非线性，限制了调节和跟踪的精度。下面主要通过举例说明来简要描述这些限制的一些影响。

14.6.1　驱动限制

　　许多限制与信号和变量的最大幅度限制有关。电动机的转矩是有限的，放大器的电流是有限的，泵的流量是有限的。还有来自设备保护的限制，例如，器件的温度不能过高，压缩机失速必须避免。限制有可能表现为对控制信号的幅值和变化率的限制，还可以是对内部过程变量及它们的比率的限制。

执行机构限制带来严重后果的一个真实例子是 2004 年瑞典一艘客运渡轮的搁浅。渡轮在进入乌梅港时因大风（20m/s）搁浅。事故分析显示，600 kN 以上的风力远大于该船螺旋桨和舵机所产生的力，即使在拥有 260 kN 推力的拖船的协助下也无济于事。在控制系统的设置中，这个例子代表了执行器没有足够的功率来抵抗负载干扰的情况。

下面的简单分析实例说明了如何在项目的设计阶段对这类因素加以考虑。

例 14.13 **伺服系统中的电流限制**

响应时间是电动机驱动的常见指标要求。可实现的响应时间主要取决于驱动功率和过程的物理限制。为了确定响应时间，可以计算从一种状态切换到另一种状态的最短时间，它取决于过程和执行器的物理限制。

考虑一个简单的伺服系统，其中执行器是电流驱动的音圈。系统可建模如下：

$$m \frac{\mathrm{d}^2 x}{\mathrm{d}t^2} = F = k_I I \tag{14.32}$$

式中，m 是系统的质量，x 是质心位置，F 是力，I 是通过音圈的电流，k_I 是电动机常数。最大加速度 $a_{max} = F_{max}/m = k_I I_{max}/m$，由最大电流 I_{max} 给定。最大速度也有限制：对于音圈驱动，最大速度为 $v_{max} = V_{max}/k_I$，其中 V_{max} 是最大电源电压。

如果没有速度限制，那么在最短时间内将质量从一个位置移到另一个位置的问题就是，先施加最大加速度直到正中间位置，然后再施加最大减速度，即所谓的"砰-砰"控制。如果存在速度限制，则仅在达到最大速度之前施加最大加速度。最短时间问题的解可以从图 14.12 求出。当加速度 a 恒定时，速度以 $v(t) = at$ 增加，位置为 $x(t) = at^2/2 = v^2(t)/(2a)$。简单的计算表明，在起始和结束速度为零的情况下，在距离 ℓ 上实现切换的最短时间为：

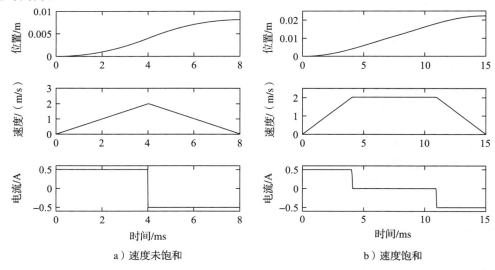

a）速度未饱和　　　　　　　b）速度饱和

图 14.12　伺服系统的最短时间切换。图 a 为速度未达到饱和限幅时的短暂运动情况。控制装置为"砰-砰"型的，采用最大电流进行加速或制动。图 b 说明的是大幅运动的情况。先施加全加速度 $a_{max} = 500 \text{ m/s}^2$，直到 $t = 4 \text{ ms}$ 时，速度达到最大速度 $v_{max} = 2 \text{ m/s}$，驱动电路达到饱和为止。然后电流变为零，直到 $t = 10 \text{ ms}$ 时施加全制动电流。参数值为 $m = 2.5 \times 10^{-3} \text{ kg}$，$k_I = 2.5 \text{ N/A} = 2.5 \text{ V} \cdot \text{s/m}$，$I_{max} = 0.5 \text{ A}$，$V_{max} = 5 \text{ V}$

$$t = \begin{cases} 2\sqrt{\ell/a_{\max}}, & \ell \leq v_{\max}^2/a_{\max} \\ \ell/v_{\max} + v_{\max}/a_{\max}, & \ell > v_{\max}^2/a_{\max} \end{cases} \tag{14.33}$$

从这个方程可以得出对执行器的要求。　　　　　　　　　　　　　　　　　　　　◄

这个简单的例子可以解析求解。对于更为复杂的系统，有现成的软件可用于计算最短时间控制。

饱和限制也会影响反馈系统的稳定性。10.5 节介绍了两种不同的方法可用于分析反馈系统中（静态）非线性的影响：圆判据和描述函数。这两种方法都使用奈奎斯特图来分析非线性对闭环稳定性的影响。在驱动限制的特殊情况下，圆判据允许将饱和建模为 $k_{\text{low}} = 0$ 和 $k_{\text{high}} = 1$ 的扇形有界非线性，这意味着如果线性动态的奈奎斯特曲线满足 $\text{Re } H(s) > -1$ 的条件，系统就是稳定的。描述函数法的限制稍弱，因为饱和非线性描述函数的负逆（即 $-1/N(a)$）图形是在 $-\infty \sim -1$ 的负实轴上，因此，$H(s)$ 的奈奎斯特曲线不应该以大于 1 的增益穿越负实轴（请注意，描述函数法只是一种近似方法，不过它对初步设计往往非常有用）。

14.6.2　测量噪声和摩擦

测量噪声有很多来源，例如传感器的物理特性、电子器件、传动设备、A/D 和 D/A 转换器等。闭环系统中控制器将测量噪声馈入系统，在所有变量中引起波动。输出波动限制了调节和跟踪的性能。控制信号的波动不可以过大，否则会导致执行机构磨损甚至饱和。由于测量噪声通常位于高频段，限制了控制器的高频增益、系统的带宽，从而限制了闭环系统的响应时间。

通过计算从噪声源到控制信号和过程变量的传递函数，可以用线性方法估计测量噪声与量化的影响，并可以通过滤波和具有高频衰减特性的控制器来减少这些影响。量化可以近似为方差为 $\delta^2/12$ 的噪声，其中 δ 是量化间隔。

摩擦通常会产生使调节性能和跟踪性能受限的振荡。量化也会引起类似的振荡。非线性摩擦补偿可以减少振荡。摩擦本质上是一种非线性现象，精确分析需要非线性方法。使用 10.5 节中讨论的描述函数法可以获得一些见解。下面用一个例子来说明。

例 14.14　车摆系统中摩擦的影响

在例 3.2 中介绍了车摆（或平衡）系统，并在例 7.7 中为其设计了状态反馈。车摆系统的实验表明，车上的摩擦会产生振荡。为了弄清楚这一点，我们用仿真和分析来研究摩擦的影响。

图 14.13a 所示为具有状态反馈和摩擦的平衡系统框图。为了仿真该系统，利用摩擦的库仑模型，得到摩擦力 F 为：

$$F = -\mu_{\text{f}} M_{\text{t}} g \, \text{sgn}(v) \tag{14.34}$$

式中，$\mu_{\text{f}} = 0.001$ 是滚动摩擦系数，M_{t} 是总质量，g 是重力加速度，v 是小车的速度。使用例 3.2 中的参数值，控制器则采用例 7.7 中具有较慢闭环极点的状态空间反馈。摆角和车速的仿真结果如图 14.14a 所示，其中左上方的曲线为小车位置 q，右上方的曲线为摆角 θ，左下方的曲线为小车速度 $v = \dot{q}$，右下方的曲线为摆角速度 $\dot{\theta}$。这些曲线明显存在着周期为 $T_{\text{p}} = 37 \text{ s}$ 的振荡。小车速度的振荡振幅为 $A \approx 0.52 \text{m/s}$。这些振荡波形远不是正弦波，图 14.14a 右侧的曲线尤其如此。

可以做一个简单的物理论证来理解摩擦是如何引起振荡的。首先，由于摆是不稳定的，任何干扰都会导致其开始下落。然后，控制律将试图对小车施加控制力来使系统镇定，但由于摩擦力的原因，小车将保持静止，直到摆下落到控制信号足够大、产生的控制力大于摩擦力为止。然后，小车开始移动，使摆向直立的位置运动。这个过程会重复，从而产生振荡。

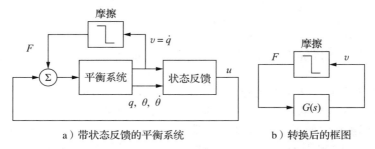

a）带状态反馈的平衡系统　　　　b）转换后的框图

图 14.13　具有状态反馈和摩擦的平衡系统的框图。图 a 为带状态反馈的平衡系统的详细框图，其中输
　　　　　入为 u 和 F，输出为 q、θ、$v=\dot{q}$、$\dot{\theta}$。图 b 为转换后的框图，它有两个模块：非线性摩擦模
　　　　　块和从摩擦力 F 到速度 v 的传递函数为 $G(s)$ 的线性模块

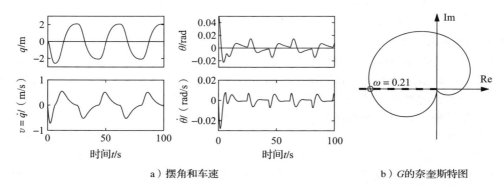

a）摆角和车速　　　　　　　　　b）G的奈奎斯特图

图 14.14　车摆系统的时域和频域响应。图 a 为初始失准的摆的时域响应。图 b 中，实线为由式（14.36）
　　　　　给出的传递函数 $G(s)$ 的奈奎斯特曲线，虚线为由式（14.35）给出的摩擦描述函数 $N(a)$ 的
　　　　　负逆 $-1/N(a)$ 的轨迹

　　下面使用 10.5 节介绍的描述函数法来理解系统的行为。先使用框图代数将图 14.13a
的框图简化为图 14.13b 所示的两模块系统。其中一个模块代表式（14.34）对应的非线性
摩擦模型，其描述函数为：

$$N(a)=\frac{4\mu_{f}M_{t}g}{a\pi} \tag{14.35}$$

式中，a 是输入（小车速度）的幅值。图 14.13b 中另一个模块代表当摩擦不存在时，从
摩擦力 F 到小车速度 v 的线性闭环动态。其传递函数可以由闭环动态的以下状态空间表示
来计算：

$$\frac{\mathrm{d}}{\mathrm{d}t}x=(A-BK)x+BF, \quad v=(0 \quad 0 \quad 1 \quad 0)x$$

式中，$x=(q,\theta,\dot{q},\dot{\theta})$，$A$、$B$ 和 K 由例 7.7 给出。由此算得传递函数为：

$$G(s)=\frac{0.01837s^{3}-0.08s}{s^{4}+1.046s^{3}+0.9109s^{2}+0.2552s+0.03781} \tag{14.36}$$

其中的数值是基于例 7.7 的参数值得到的。

　　图 14.14b 给出了传递函数 $G(s)$ 的奈奎斯特曲线（实线）以及描述函数的负逆
$-1/N(a)$ 的曲线（虚线）。注意振荡的条件是 $G(i\omega)N(a)=-1$，这对应于图 14.14b 中
实线与虚线的交点。交点发生在 $\omega=0.21$、$1/N(a)=0.39$ 时。因此，描述函数法表明可
能存在周期为 $T_{p}=2\pi/0.21 \text{ s}=30 \text{ s}$，振幅为 $a=4\times0.39\mu_{f}M_{t}g/\pi=0.43 \text{ m/s}$ 的振荡。

需要注意的是，描述函数法假定速度的变化是正弦的，因此所得的结果与仿真的结果 $T=37$ s、$a=0.52$ m/s 存在差异也就可以解释了。　◀

14.7 阅读提高

伯德深知右半平面极点和零点引起的限制，在文献 [51] 中创造了"非最小相位"这一术语来强调这类系统具有比等效的最小相位系统大得多的相位滞后。文献 [229] 基于首届 IEEE 伯德讲座的内容，对不稳定极点的影响给出了重要的见解。文献 [121] 也讨论过右半平面极点和零点引起的限制。本书有关最大模定理的内容是基于文献 [206] 的，更多的细节可参考文献 [107，223]。回路整形设计部分是基于文献 [16] 的。极点配置的设计准则尚有待推广。使用最优控制理论（见文献 [24，58]）可以方便地探索执行器限制的影响，这可以解决远比图 14.12 复杂的问题。

习题

14.1 （右半平面极点/零点对 PI 控制）考虑具有以下传递函数的过程

$$P(s)=\frac{s-z}{s-p}$$

a) 证明：该系统可以用 PI 控制器控制。设计一个 PI 控制器，使闭环系统具有极点 $s=-\zeta\omega_0\pm\omega_0\sqrt{1-\zeta^2}$。

b) 计算闭环系统的最大灵敏度与 ω_0 的函数关系，并与系统右半平面极点和零点施加的界限进行比较。讨论 $z>p$ 和 $z<p$ 两种情况的差别。

c) 绘制过程采用 PI 控制器时的根轨迹，定性描述其如何随着过程极点和过程零点变化（请使用参数值 $\omega_0=1$，$\zeta=1$；$p=1$，$z=5$；$p=5$，$z=1$）。

14.2 （衰减效应）考虑一个由一阶过程和比例控制器构成的闭环系统。设回路传递函数为：

$$L(s)=P(s)C(s)=\frac{k}{s+1}$$

式中，参数 $k>0$ 是控制器的增益。证明：灵敏度函数幅值的上界为 1，并且可以在任意 ω 值以下的频率范围内做到任意地小。

14.3 （伯德积分公式）定理 14.3 的假定条件为：当 $s\to\infty$ 时，$sL(s)$ 趋向于零。现在将其改为 $\lim_{s\to\infty}sL(s)=a$，证明：

$$\int_0^\infty \ln|S(i\omega)|\,\mathrm{d}\omega=\int_0^\infty \ln\frac{1}{|1+L(i\omega)|}\mathrm{d}\omega=\pi\sum p_k-a\frac{\pi}{2}$$

式中，p_k 是回路传递函数 $L(s)$ 的右半平面极点。

* 14.4 （互补灵敏度积分公式）针对互补灵敏度，证明式（14.6）。

14.5 （水轮机动态）考虑水电站的发电问题。将控制信号设为水轮机入口的开口面积 a，l 为水管的长度，A 为水管的面积。建立系统的数学模型，然后围绕标称阀门开度 $u_0=a/A$ 和标称功率 P_0 对模型进行线性化。证明：该线性化是非最小相位的，传递函数为

$$G(s)=\frac{P_0}{a_0}\frac{1-2u_0s\tau}{1+u_0s\tau}$$

式中，$\tau=l/\sqrt{2gh}$，g 为重力加速度。

14.6 （极点/零点比值）考虑具有以下回路传递函数的过程：

$$L(s)=k\frac{z-s}{s-p}$$

式中，z 和 p 为正数。证明：当 $p/z<k<1$ 或 $1<k<p/z$ 时系统是稳定的，并且 $k=2p/(p+z)$ 时的最大稳定裕为 $s_m=|p-z|/(p+z)$。确定稳定裕度 $s_m=2/3$ 时的极点/零点比值。

14.7 （具有右半平面极点/零点对的系统以及具有时延和右半平面极点的系统之相位滞后）考虑像例 14.5 那样具有右半平面极点和右半平面零点的过程传递函数，以及像例 14.6 那样具有右半平面极点和时延的过程传递函数。它们的全通因子的相位滞后分别由式（14.14）和式（14.15）给

出。证明：最大相位滞后分别为

$$\varphi_{\text{ap1}} = -\arg P_{pz}(\mathrm{i}\omega) \leqslant 2\arctan(2\sqrt{pz}/|z-p|),$$

$$\varphi_{\text{ap2}} = -\arg P_{p\tau}(\mathrm{i}\omega) \leqslant \sqrt{p\tau(2-p\tau)} + 2\arctan\sqrt{p\tau/(2p-p\tau)}$$

它们分别出现于 $\omega_1 = \sqrt{pz}$ 和 $\omega_2 = \sqrt{2p/\tau - p^2}$。

14.8　（X-29 飞机）X-29 飞机在特定飞行条件下的简化模型具有一个右半平面极点/零点对 $p=6$ rad/s 和 $z=26$ rad/s。估计可实现的稳定裕度，并与例 14.2 的结果进行比较。

* 14.9　（灵敏度不等式）证明式（14.21）给出的不等式（提示：使用最大模原理）。

14.10　（右半平面极点引起的灵敏度极限）设 $T_r = M_t \, b/(s+b)$ 表示期望灵敏度的上限，ω_{tc} 表示互补灵敏度的穿越频率。证明：对于有一个右半平面极点 $s=p$ 但在右半平面没有其他奇点的过程 $P(s)$，下列不等式成立：

$$b \geqslant \frac{p_{\text{re}} + \sqrt{M_t^2 p_{\text{re}}^2 + (M_t^2-1)p_{\text{im}}^2}}{M_t^2-1}, \qquad \omega_{tc} \leqslant \frac{p_{\text{re}} + \sqrt{M_t^2 p_{\text{re}}^2 + (M_t^2-1)p_{\text{im}}^2}}{\sqrt{M_t^2-1}} \qquad (14.37)$$

式中，$p = p_{\text{re}} + \mathrm{i}\, p_{\text{im}}$。

* 14.11　（具有多个右半平面极点和零点时的最大互补灵敏度）考虑具有右半平面零点 z_k 和右半平面极点 p_k 的过程 $P(s)$。引入零点为 $s=z_k$ 的多项式 $n(s)$ 以及零点为 $s=p_k$ 的多项式 $d(s)$。证明：互补灵敏度函数具有以下性质。

$$M_t \geqslant \max_k \left| \frac{n(-p_k)}{n(p_k)} \right|$$

再证明式（14.28）成立。

14.12　（车辆转向）考虑图 14.10 中的奈奎斯特曲线。解释为什么有一部分曲线接近于圆形。推导中心和半径的公式，并与实际的奈奎斯特曲线进行比较。

14.13　考虑具有以下传递函数的过程：

$$P(s) = \frac{(s+3)(s+200)}{(s+1)(s^2+10s+40)(s+40)}$$

讨论闭环极点的合适选择，使设计给出的主导极点具有无阻尼自然频率 1 和 10。

14.14　（大信号）手工计算验证图 14.12。

14.15　（噪声限制带宽）考虑一个积分器的 PI 控制，其中过程和控制器的传递函数分别为：

$$P(s) = \frac{1}{s}, \qquad C(s) = k_p + \frac{k_i}{s}$$

式中，$k_p = 2\zeta\omega_0$，$k_i = \omega_0^2$，$\zeta = 0.707$。假定输入和输出的范围为 $0 \sim 10$，存在标准偏差为 0.01 的测量噪声，由噪声引起的控制信号最大允许变化为 2。证明：带宽 ω_{bw}（定义为 $2\omega_0$）不能大于 283。

参 考 文 献

[1] M. A. Abkowitz. *Stability and Motion Control of Ocean Vehicles*. MIT Press, Cambridge, MA, 1969.

[2] R. H. Abraham and C. D. Shaw. *Dynamics—The Geometry of Behavior, Part 1: Periodic Behavior*. Aerial Press, Santa Cruz, CA, 1982.

[3] J. Ackermann. Der Entwurf linearer Regelungssysteme im Zustandsraum. *Regelungstechnik und Prozessdatenverarbeitung*, 7:297–300, 1972.

[4] J. Ackermann. *Sampled-Data Control Systems*. Springer, Berlin, 1985.

[5] C. E. Agnew. Dynamic modeling and control of congestion-prone systems. *Operations Research*, 24(3):400–419, 1976.

[6] L. V. Ahlfors. *Complex Analysis*. McGraw-Hill, New York, 1966.

[7] P. Albertos and I. Mareels. *Feedback and Control for Everyone*. Springer, 2010.

[8] R. Alur. *Principles of Cyber-Physical Systems*. MIT Press, 2015.

[9] B. D. O. Anderson and J. B. Moore. *Optimal Control Linear Quadratic Methods*. Prentice Hall, Englewood Cliffs, NJ, 1990. Republished by Dover Publications, 2007.

[10] A. A. Andronov, A. A. Vitt, and S. E. Khaikin. *Theory of Oscillators*. Dover, New York, 1987.

[11] T. M. Apostol. *Calculus, Vol. II: Multi-Variable Calculus and Linear Algebra with Applications*. Wiley, New York, 1967.

[12] T. M. Apostol. *Calculus, Vol. I: One-Variable Calculus with an Introduction to Linear Algebra*. Wiley, New York, 1969.

[13] R. Aris. *Mathematical Modeling Techniques*. Dover, New York, 1994. Originally published by Pitman, 1978.

[14] V. I. Arnold. *Mathematical Methods in Classical Mechanics*. Springer, New York, 1978.

[15] V. I. Arnold. *Ordinary Differential Equations*. MIT Press, Cambridge, MA, 1987. 10th printing 1998.

[16] K. J. Åström. Limitations on control system performance. *European Journal on Control*, 6(1):2–20, 2000.

[17] K. J. Åström. *Introduction to Stochastic Control Theory*. Dover, New York, 2006. Originally published by Academic Press, New York, 1970.

[18] K. J. Åström and R. D. Bell. Drum-boiler dynamics. *Automatica*, 36:363–378, 2000.

[19] K. J. Åström and T. Hägglund. *Advanced PID Control*. ISA—The Instrumentation, Systems, and Automation Society, Research Triangle Park, NC, 2006.

[20] K. J. Åström, R. E. Klein, and A. Lennartsson. Bicycle dynamics and control. *IEEE Control Systems Magazine*, 25(4):26–47, 2005.

[21] K. J. Åström and P. R. Kumar. Control: A perspective. *Automatica*, 50:3–43, 2014.

[22] K. J. Åström and B. Wittenmark. *Computer-Control Systems: Theory and Design*, 3rd ed. Prentice Hall, Englewood Cliffs, NJ, 1997.

[23] K. J. Åström and B. Wittenmark. *Adaptive Control*, 2nd ed. Dover, New York, 2008. Originally published by Addison Wesley, 1995.

[24] M. Athans and P. Falb. *Optimal Control*. McGraw-Hill, New York, 1966. Dover Reprint 2007.

[25] D. P. Atherton. *Nonlinear Control Engineering*. Van Nostrand, New York, 1975.

[26] M. Atkinson, M. Savageau, J. Myers, and A. Ninfa. Development of genetic circuitry exhibiting toggle switch or oscillatory behavior in *Escherichia coli*. *Cell*, 113(5):597–607, 2003.

[27] M. B. Barron and W. F. Powers. The role of electronic controls for future automotive mechatronic systems. *IEEE Transactions on Mechatronics*, 1(1): 80–89, 1996.

[28] T. Basar (editor). *Control Theory: Twenty-five Seminal Papers (1932–1981)*. IEEE Press, New York, 2001.

[29] T. Basar and P. Bernhard. H^∞-*Optimal Control and Related Minimax Design Problems: A Dynamic Game Approach*. Birkhauser, Boston, 1991.

[30] J. Bechhoefer. Feedback for physicists: A tutorial essay on control. *Reviews of Modern Physics*, 77:783–836, 2005.

[31] J. Bechhoefer. *Control Theory for Physicists*. Cambridge University Press, 2020. In press.

[32] R. Bellman and K. J. Åström. On structural identifiability. *Mathematical Biosciences*, 7:329–339, 1970.

[33] R. E. Bellman and R. Kalaba. *Selected Papers on Mathematical Trends in Control Theory*. Dover, New York, 1964.

[34] S. Bennett. *A History of Control Engineering: 1800–1930*. Peter Peregrinus, Stevenage, UK, 1979.

[35] S. Bennett. *A History of Control Engineering: 1930–1955*. Peter Peregrinus, Stevenage, UK, 1993.

[36] B. W. Bequette. Challenges and recent progress in the development of a closed-loop artificial pancreas. *Annual Reviews in Control*, 36:255–268, 2012.

[37] B. W. Bequette. Algorithms for a closed-loop artificial pancreas: The case for model predictive control. *Journal of Diabetes Science and Technology*, 7(6):1632–1643, 2013.

[38] L. L. Beranek. *Acoustics*. McGraw-Hill, New York, 1954.

[39] R. N. Bergman. Toward physiological understanding of glucose tolerance: Minimal model approach. *Diabetes*, 38:1512–1527, 1989.

[40] R. N. Bergman. The minimal model of glucose regulation: A biography. In J. Novotny, M. Green, and R. Boston (editors), *Mathematical Modeling in Nutrition and Health*. Kluwer Academic/Plenum, New York, 2001.

[41] J. Berner, T. Hägglund, and K. J. Åström. Asymmetric relay autotuning—Practical features for industrial use. *Control Engineering Practice*, 54: 231–245, 2016.

[42] J. Berner, K. Soltesz, K. J. Åström, and T. Hägglund. Practical evaluation of a novel multivariable relay autotuner with short and efficient excitation. *IEEE Conference on Control Technology and Applications*, 2017.

[43] D. Bertsekas and R. Gallager. *Data Networks*. Prentice Hall, Englewood Cliffs, NJ, 1987.

[44] B. Bialkowski. Process control sample problems. In N. J. Sell (editor), *Process Control Fundamentals for the Pulp & Paper Industry*. Tappi Press, Norcross, GA, 1995.

[45] H. S. Black. Stabilized feedback amplifiers. *Bell System Technical Journal*, 13:1–2, 1934.

[46] H. S. Black. Inventing the negative feedback amplifier. *IEEE Spectrum*, 14(12):55–60, 1977.

[47] J. F. Blackburn, G. Reethof, and J. L. Shearer. *Fluid Power Control*. MIT Press, Cambridge, MA, 1960.

[48] J. H. Blakelock. *Automatic Control of Aircraft and Missiles*, 2nd ed. Addison-Wesley, Cambridge, MA, 1991.

[49] G. Blickley. Modern control started with Ziegler-Nichols tuning. *Control Engineering*, 37:72–75, 1990.

[50] H. W. Bode. Relations between attenuation and phase in feedback amplifier design. *Bell System Technical Journal*, 19:421–454, 1940.

[51] H. W. Bode. *Network Analaysis and Feedback Amplifier Design*. Van Nostrand, New York, 1945.

[52] H. W. Bode. Feedback—The history of an idea. *Symposium on Active Networks and Feedback Systems*. Polytechnic Institute of Brooklyn, New York, 1960. Reprinted in [33].

[53] W. E. Boyce and R. C. DiPrima. *Elementary Differential Equations*. Wiley, New York, 2004.

[54] B. Brawn and F. Gustavson. Program behavior in a paging environment. *Proceedings of the AFIPS Fall Joint Computer Conference*, pp. 1019–1032, 1968.

[55] R. W. Brockett. *Finite Dimensional Linear Systems*. Wiley, New York, 1970.

[56] R. W. Brockett. New issues in the mathematics of control. In B. Engquist and W. Schmid (editors), *Mathematics Unlimited—2001 and Beyond*, pp. 189–220. Springer, Berlin, 2000.

[57] G. S. Brown and D. P. Campbell. *Principles of Servomechanims*. Wiley, New York, 1948.

[58] A. E. Bryson, Jr. and Y.-C. Ho. *Applied Optimal Control: Optimization, Estimation, and Control*. Wiley, New York, 1975.

[59]　F. M. Callier and C. A. Desoer. *Linear System Theory*. Springer, London, 1991.

[60]　R. H. Cannon. *Dynamics of Physical Systems*. Dover, New York, 2003. Originally published by McGraw-Hill, 1967.

[61]　H. S. Carslaw and J. C. Jaeger. *Conduction of Heat in Solids*, 2nd ed. Clarendon Press, Oxford, UK, 1959.

[62]　H. Chestnut and R. W. Mayer. *Servomechanisms and Regulating System Design, Vol. 1*. Wiley, New York, 1951.

[63]　C. Cobelli, E. Renard, and B. Kovatchev. Artificial pancreas: Past, present, future. *Diabetes,* 68(11):2672–2682, 2011.

[64]　J. Cortés. Distributed algorithms for reaching consensus on general functions. *Automatica*, 44(3):726–737, March 2008.

[65]　R. F. Coughlin and F. F. Driscoll. *Operational Amplifiers and Linear Integrated Circuits*, 6th ed. Prentice Hall, Englewood Cliffs, NJ, 1975.

[66]　L. B. Cremean, T. B. Foote, J. H. Gillula, G. H. Hines, D. Kogan, K. L. Kriechbaum, J. C. Lamb, J. Leibs, L. Lindzey, C. E. Rasmussen, A. D. Stewart, J. W. Burdick, and R. M. Murray. Alice: An information-rich autonomous vehicle for high-speed desert navigation. *Journal of Field Robotics*, 23(9): 777–810, 2006.

[67]　Crocus. *Systemes d'Exploitation des Ordinateurs*. Dunod, Paris, 1993.

[68]　W. J. Culver. On the existence and uniqueness of the real logarithm of a matrix. *Proc. American Mathematical Society*, 17(5):1146–1151, 1966.

[69]　C. Dalla Man, R. A. Rizza, and C. Cobelli. Meal simulation model of the glucose-insulin system. *IEEE Transactions on Biomedical Engineeing*, 54(10):1740–1749, 2007.

[70]　D. Del Vecchio and R. M. Murray. *Biomolecular Feedback Systems*. Princeton University Press, Princeton, NJ, 2014.

[71]　L. Desborough and R. Miller. Increasing customer value of industrial control performance monitoring—Honeywell's experience. *Sixth International Conference on Chemical Process Control*. AIChE Symposium Series Number 326 (Vol. 98), 2002.

[72]　Y. Diao, N. Gandhi, J. L. Hellerstein, S. Parekh, and D. M. Tilbury. Using MIMO feedback control to enforce policies for interrelated metrics with application to the Apache web server. *Proceedings of the IEEE/IFIP Network Operations and Management Symposium*, pp. 219–234, 2002.

[73]　R. C. Dorf and R. H. Bishop. *Modern Control Systems*, 10th ed. Prentice Hall, Upper Saddle River, NJ, 2004.

[74]　F. H. Dost. *Grundlagen der Pharmakokinetik*. Thieme Verlag, Stuttgart, 1968.

[75]　J. C. Doyle. Guaranteed margins for LQG regulators. *IEEE Transactions on Automatic Control*, 23(4):756–757, 1978.

[76]　J. C. Doyle, B. A. Francis, and A. R. Tannenbaum. *Feedback Control Theory*. Macmillan, New York, 1992.

[77]　J. C. Doyle, K. Glover, P. P. Khargonekar, and B. A. Francis. State-space solutions to standard H_2 and H_∞ control problems. *IEEE Transactions on Automatic Control*, 34(8):831–847, 1989.

[78] C. S. Draper. Flight control. *Journal Royal Aeronautical Society*, 59(July): 451–477, 1955. 45th Wilber Wright Memorial Lecture.

[79] L. E. Dubins. On curves of minimal length with a constraint on average curvature, and with prescribed initial and terminal positions and tangents. *American Journal of Mathematics*, 79:497–516, 1957.

[80] F. Dyson. A meeting with Enrico Fermi. *Nature*, 427(6972):297, 2004.

[81] H. El-Samad, J. P. Goff, and M. Khammash. Calcium homeostasis and parturient hypocalcemia: An integral feedback perspective. *Journal of Theoretical Biology*, 214:17–29, 2002.

[82] J. R. Ellis. *Vehicle Handling Dynamics*. Mechanical Engineering Publications, London, 1994.

[83] S. P. Ellner and J. Guckenheimer. *Dynamic Models in Biology*. Princeton University Press, Princeton, NJ, 2005.

[84] E. N. Elnozahy, M. Kistler, and R. Rajamony. Energy-efficient server clusters. *Power-Aware Computer Systems*, pp. 179–197. Springer, Berlin, 2003.

[85] M. B. Elowitz and S. Leibler. A synthetic oscillatory network of transcriptional regulators. *Nature*, 403(6767):335–338, 2000.

[86] P. G. Fabietti, V. Canonico, M. O. Federici, M. Benedetti, and E. Sarti. Control oriented model of insulin and glucose dynamics in type 1 diabetes. *Medical and Biological Engineering and Computing*, 44:66–78, 2006.

[87] M. Fliess, J. Levine, P. Martin, and P. Rouchon. On differentially flat nonlinear systems. *Comptes Rendus des Séances de l'Académie des Sciences,* Serie I, 315:619–624, 1992.

[88] M. Fliess, J. Levine, P. Martin, and P. Rouchon. Flatness and defect of nonlinear systems: Introductory theory and examples. *International Journal of Control*, 61(6):1327–1361, 1995.

[89] J. W. Forrester. *Industrial Dynamics*. MIT Press, Cambridge, MA, 1961.

[90] J. B. J. Fourier. On the propagation of heat in solid bodies. Memoir, read before the Class of the Institut de France, 1807.

[91] A. Fradkov. *Cybernetical Physics: From Control of Chaos to Quantum Control*. Springer, Berlin, 2007.

[92] B. A. Francis. *A Course in $\mathcal{H}_\infty$ Control*. Springer, Berlin, 1987.

[93] G. F. Franklin, J. D. Powell, and A. Emami-Naeini. *Feedback Control of Dynamic Systems*, 5th ed. Prentice Hall, Upper Saddle River, NJ, 2005.

[94] B. Friedland. *Control System Design: An Introduction to State Space Methods*. Dover, New York, 2004.

[95] P. Fritzson. *Principles of Object-Oriented Modeling and Simulation with Modelica 3.3: A Cyber-Physical Approach*, 2 ed. IEEE Press. Wiley, 2015.

[96] A. De Gaetano, D. Di Martino, A. Germani, and C. Manes. Mathematical models and state observation of the glucose-insulin homeostasis. In J. Cagnol and J.-P. Zolesio (editors), *System Modeling and Optimization – Proceedings of the 21st IFIP TC7 Conference*, pp. 281–294. Springer, 2005.

[97] F. R. Gantmacher. *The Theory of Matrices, Vol. 1 and 2*. Chelsea Publishing Company, New York, 1960.

[98] M. A. Gardner and J. L. Barnes. *Transients in Linear Systems*. Wiley, New York, 1942.

[99] T. T. Georgiou and A. Lindquist. The separation principle in stochastic control, redux. *IEEE Transactions on Automatic Control*, 58(10):2481–2494, 2013.

[100] E. Gilbert. Controllability and observability in multivariable control systems. *SIAM Journal of Control*, 1(1):128–151, 1963.

[101] J. C. Gille, M. J. Pelegrin, and P. Decaulne. *Feedback Control Systems; Analysis, Synthesis, and Design*. McGraw-Hill, New York, 1959.

[102] M. Giobaldi and D. Perrier. *Pharmacokinetics*, 2nd ed. Marcel Dekker, New York, 1982.

[103] K. Godfrey. *Compartment Models and Their Application*. Academic Press, New York, 1983.

[104] R. Goebel, R. G. Sanfelice, and A. R. Teel. *Hybrid Dynamical Systems: Modeling, Stability, and Robustness*. Princeton University Press, Princeton, NJ, 2012.

[105] H. Goldstein. *Classical Mechanics*. Addison-Wesley, Cambridge, MA, 1953.

[106] S. W. Golomb. Mathematical models—Uses and limitations. *Simulation*, 4(14):197–198, 1970.

[107] G. C. Goodwin, S. F. Graebe, and M. E. Salgado. *Control System Design*. Prentice Hall, Upper Saddle River, NJ, 2001.

[108] D. Graham and D. McRuer. *Analysis of Nonlinear Control Systems*. Wiley, New York, 1961.

[109] M. Green and D. J. N. Limebeer. *Linear Robust Control*. Prentice Hall, Englewood Cliffs, NJ, 1995.

[110] J. Guckenheimer and P. Holmes. *Nonlinear Oscillations, Dynamical Systems, and Bifurcations of Vector Fields*. Springer, Berlin, 1983.

[111] E. A. Guillemin. *Theory of Linear Physical Systems*. MIT Press, Cambridge, MA, 1963.

[112] L. Gunkel and G. F. Franklin. A general solution for linear sampled data systems. *IEEE Transactions on Automatic Control*, AC-16:767–775, 1971.

[113] W. Hahn. *Stability of Motion*. Springer, Berlin, 1967.

[114] D. Hanahan and R. A. Weinberg. The hallmarks of cancer. *Cell*, 100:57–70, 2000.

[115] R. J. Hawkins, J. K. Speakes, and D. E. Hamilton. Monetary policy and PID control. *Journal of Economic Interaction and Coordination*, 10(1):183–197, 2015.

[116] J. K. Hedrick and T. Batsuen. Invariant properties of automobile suspensions. *Proceedings of the Institution of Mechanical Engineers*, Vol. 204, pp. 21–27, London, 1990.

[117] J. L. Hellerstein, Y. Diao, S. Parekh, and D. M. Tilbury. *Feedback Control of Computing Systems*. Wiley, New York, 2004.

[118] D. V. Herlihy. *Bicycle—The History*. Yale University Press, New Haven, CT, 2004.

[119] M. B. Hoagland and B. Dodson. *The Way Life Works*. Times Books, New York, 1995.

[120] A. L. Hodgkin and A. F. Huxley. A quantitative description of membrane current and its application to conduction and excitation in nerve. *Journal of Physiology*, 117:500–544, 1952.

[121] I. M. Horowitz. *Synthesis of Feedback Systems*. Academic Press, New York, 1963.

[122] I. M. Horowitz. Superiority of transfer function over state-variable methods in linear, time-invariant feedback system design. *IEEE Transactions on Automatic Control*, AC-20(1):84–97, 1975.

[123] I. M. Horowitz. Survey of quantitative feedback theory. *International Journal of Control*, 53:255–291, 1991.

[124] I. M. Horowitz. *Quantitative Feedback Design Theory (QFT)*. QFT Publications, Boulder, CO, 1993.

[125] T. P. Hughes. *Elmer Sperry: Inventor and Engineer*. John Hopkins University Press, Baltimore, MD, 1993.

[126] A. Isidori. *Nonlinear Control Systems*, 3rd ed. Springer, Berlin, 1995.

[127] M. Ito. Neurophysiological aspects of the cerebellar motor system. *International Journal of Neurology*, 7:162–178, 1970.

[128] V. Jacobson. Congestion avoidance and control. *ACM SIGCOMM Computer Communication Review*, 25:157–173, 1995.

[129] J. A. Jacquez. *Compartment Analysis in Biology and Medicine*. Elsevier, Amsterdam, 1972.

[130] H. James, N. Nichols, and R. Phillips. *Theory of Servomechanisms*. McGraw-Hill, New York, 1947.

[131] P. K. Janert. *Feedback Control for Computer Systems*. O'Reilly Media, Sebastopol, CA, 2014.

[132] P. D. Joseph and J. T. Tou. On linear control theory. *Transactions of the AIEE*, 80(18), 1961.

[133] W. G. Jung (editor). *Op Amp Applications*. Analog Devices, Norwood, MA, 2002.

[134] R. E. Kalman. Contributions to the theory of optimal control. *Boletin de la Sociedad Matématica Mexicana*, 5:102–119, 1960.

[135] R. E. Kalman. New methods and results in linear prediction and filtering theory. Technical Report 61-1. Research Institute for Advanced Studies (RIAS), Baltimore, MD, February 1961.

[136] R. E. Kalman. On the general theory of control systems. *Proceedings of the First IFAC Congress on Automatic Control, Moscow, 1960*, Vol. 1, pp. 481–492. Butterworths, London, 1961.

[137] R. E. Kalman and R. S. Bucy. New results in linear filtering and prediction theory. *Transactions of the ASME (Journal of Basic Engineering)*, 83 D:95–108, 1961.

[138] R. E. Kalman, P. L. Falb, and M. A. Arbib. *Topics in Mathematical System Theory*. McGraw-Hill, New York, 1969.

[139] R. E. Kalman, Y. Ho, and K. S. Narendra. *Controllability of Linear Dynamical Systems*, Vol. 1 of *Contributions to Differential Equations*. Wiley, New York, 1963.

[140] J. Keener and J. Sneyd. *Mathematical Physiology I: Cellular Physiology*, 2nd ed. Springer, New York, 2008.

[141] J. Keener and J. Sneyd. *Mathematical Physiology II: Systems Physiology*, 2nd ed. Springer, New York, 2009.

[142] F. P. Kelly. Stochastic models of computer communication. *Journal of the Royal Statistical Society*, B47(3):379–395, 1985.

[143] K. Kelly. *Out of Control*. Addison-Wesley, Reading, MA, 1994. Available at http://www.kk.org/outofcontrol.

[144] H. K. Khalil. *Nonlinear Systems*, 3rd ed. Macmillan, New York, 2001.

[145] U. Kiencke and L. Nielsen. *Automotive Control Systems: For Engine, Driveline, and Vehicle*. Springer, Berlin, 2000.

[146] H. Kitano. Biological robustness. *Nature Reviews Genetics*, 5(11):826–837, 2004.

[147] C. Kittel. *Introduction to Solid State Physics*. Wiley, New York, 1995.

[148] R. E. Klein. Using bicycles to teach dynamics. *Control Systems Magazine*, 9(3):4–8, 1989.

[149] L. Kleinrock. *Queuing Systems, Vols. I and II*, 2nd ed. Wiley-Interscience, New York, 1975.

[150] A. J. Kowalski. Can we really close the loop and how soon? Accelerating the availability of an artificial pancreas: A roadmap to better diabetes outcomes. *Diabetes Technology & Therapeutics*, 11, Supplement 1:113–119, 2009.

[151] N. N. Krasovski. *Stability of Motion*. Stanford University Press, Stanford, CA, 1963.

[152] M. Krstić, I. Kanellakopoulos, and P. Kokotović. *Nonlinear and Adaptive Control Design*. Wiley-Interscience, New York, 1995.

[153] Paul Krugman. *The Return of Depression Economics and the Crisis of 2008*. W. W. Norton & Company, New York, 2009.

[154] P. R. Kumar. New technological vistas for systems and control: The example of wireless networks. *Control Systems Magazine*, 21(1):24–37, 2001.

[155] P. R. Kumar and P. Varaiya. *Stochastic Systems: Estimation, Identification, and Adaptive Control*. Prentice Hall, Englewood Cliffs, NJ, 1986.

[156] P. Kundur. *Power System Stability and Control*. McGraw-Hill, New York, 1993.

[157] B. C. Kuo and F. Golnaraghi. *Automatic Control Systems*, 8th ed. Wiley, New York, 2002.

[158] F. Lamnabhi-Lagarrigue, A. Annaswamy, S. Engell, A. Isaksson, P. Khargonekar, R. M. Murray, H. Nijmeijer, T. Samad, D. Tilbury, and P. Van den Hof. Systems & control for the future of humanity, research agenda: Current and future roles, impact and grand challenges. *Annual Reviews in Control*, 43:1–64, 2017.

[159] J. P. LaSalle. Some extensions of Lyapunov's second method. *IRE Transactions on Circuit Theory*, CT-7(4):520–527, 1960.

[160] S. Laxminaryan, J. Reifman, and G. M. Steil. Use of a food and drug administration-approved type 1 diabetes mellitus simulator to evaluate and optimize a proportional-integral-derivative controller. *Journal of Diabetes Science and Technology*, 6:1401–1409, 2012.

[161] E. A. Lee and S. A. Seshia. *Introduction to Embedded Systems, A Cyber-Physical Systems Approach.* http://LeeSeshia.org, 2015. ISBN 978-1-312-42740-2.

[162] E. A. Lee and P. Varaiya. *Structure and Interpretation of Signals and Systems.* LeeVaraiya.org, 2011. Available online at http://leevaraiya.org.

[163] A. D. Lewis. A mathematical approach to classical control. Technical report. Queens University, Kingston, Ontario, 2003.

[164] D. J. N. Limebeer and R. S. Sharp. Bicycles, motorcycles and models. *Control Systems Magazine*, 26(5):34–61, 2006.

[165] A. Lindquist and G. Picci. *Linear Stochastic Systems: A Geometric Approach to Modeling, Estimation and Identification.* Springer, Berlin, Heidelberg, 2015.

[166] L. Ljung. *System Indentification – Theory for the User*, 2nd ed. Prentice Hall, Upper Saddle River, NJ, 1999.

[167] S. H. Low. *Analytical Methods for Network Congestion Control.* Morgan and Claypool, San Rafael, CA, 2017.

[168] S. H. Low, F. Paganini, and J. C. Doyle. Internet congestion control. *IEEE Control Systems Magazine*, pp. 28–43, February 2002.

[169] S. H. Low, F. Paganini, J. Wang, S. Adlakha, and J. C. Doyle. Dynamics of TCP/RED and a scalable control. *Proceedings of IEEE Infocom*, pp. 239–248, 2002.

[170] K. H. Lundberg. History of analog computing. *IEEE Control Systems Magazine*, pp. 22–28, March 2005.

[171] L. A. MacColl. *Fundamental Theory of Servomechanisms.* Van Nostrand, Princeton, NJ, 1945. Dover reprint 1968.

[172] J. M. Maciejowski. *Multivariable Feedback Design.* Addison Wesley, Reading, MA, 1989.

[173] D. A. MacLulich. *Fluctuations in the Numbers of the Varying Hare (Lepus americanus).* University of Toronto Press, 1937.

[174] A. Makroglou, J. Li, and Y. Kuang. Mathematical models and software tools for the glucose-insulin regulatory system and diabetes: An overview. *Applied Numerical Mathematics*, 56:559–573, 2006.

[175] J. G. Malkin. *Theorie der Stabilität einer Bewegung.* Oldenbourg, München, 1959.

[176] R. Mancini. *Op Amps for Everyone.* Texas Instruments, Houston. TX, 2002.

[177] J. E. Marsden and M. J. Hoffmann. *Basic Complex Analysis.* W. H. Freeman, New York, 1998.

[178] J. E. Marsden and T. S. Ratiu. *Introduction to Mechanics and Symmetry.* Springer, New York, 1994.

[179] O. Mayr. *The Origins of Feedback Control.* MIT Press, Cambridge, MA, 1970.

[180] M. W. McFarland (editor). *The Papers of Wilbur and Orville Wright.* McGraw-Hill, New York, 1953.

[181] D. C. McFarlane and K. Glover. *Robust Controller Design Using Normalized Coprime Factor Plant Descriptions.* Springer, New York, 1990.

[182] H. T. Milhorn. *The Application of Control Theory to Physiological Systems.* Saunders, Philadelphia, 1966.

[183] D. A. Mindel. *Between Human and Machine: Feedback, Control, and Computing Before Cybernetics.* Johns Hopkins University Press, Baltimore, MD, 2002.

[184] D. A. Mindel. *Digital Apollo: Human and Machine in Spaceflight.* The MIT Press, Cambridge, MA, 2008.

[185] C. A. Monje, Y. Q. Chen, B. M. Vinagre, D. Xue, and V. Feliu. *Fractional-order Systems and Controls: Fundamentals and Applications.* Springer, 2010.

[186] J. D. Murray. *Mathematical Biology, Vols. I and II*, 3rd ed. Springer, New York, 2004.

[187] R. M. Murray (editor). *Control in an Information Rich World: Report of the Panel on Future Directions in Control, Dynamics and Systems.* SIAM, Philadelphia, 2003.

[188] R. M. Murray, K. J. Åström, S. P. Boyd, R. W. Brockett, and G. Stein. Future directions in control in an information-rich world. *Control Systems Magazine,* April 2003.

[189] R. M. Murray, Z. Li, and S. S. Sastry. *A Mathematical Introduction to Robotic Manipulation.* CRC Press, Boca Raton, FL, 1994.

[190] P. J. Nahin. *Oliver Heaviside: Sage in Solitude: The Life, Work and Times of an Electrical Genius of the Victorian Age.* IEEE Press, New York, 1988.

[191] H. Nijmeijer and J. M. Schumacher. Four decades of mathematical system theory. In J. W. Polderman and H. L. Trentelman (editors), *The Mathematics of Systems and Control: From Intelligent Control to Behavioral Systems,* pp. 73–83. University of Groningen, Groningen, NL, 1999.

[192] H. Nyquist. Regeneration theory. *Bell System Technical Journal,* 11:126–147, 1932.

[193] H. Nyquist. The regeneration theory. In R. Oldenburger (editor), *Frequency Response,* p. 3. MacMillan, New York, 1956.

[194] A. O'Dwyer. *Handbook of PI and PID Controller Tuning Rules*, 3rd ed. Imperial College Press, 2006.

[195] K. Ogata. *Modern Control Engineering*, 4th ed. Prentice Hall, Upper Saddle River, NJ, 2001.

[196] R. Oldenburger (editor). *Frequency Response.* MacMillan, New York, 1956.

[197] R. Olfati-Saber, J. A. Fax, and R. M. Murray. Consensus and cooperation in networked multi-agent systems. *Proceedings of the IEEE,* 95(1):215–233, 2007.

[198] A. V. Oppenheim, A. S. Willsky, and S. H. Nawab. *Signals and Systems,* 2nd ed. Prentice-Hall, Saddle River, NJ, 1996.

[199] G. Pacini and R. N. Bergman. A computer program to calculate insulin sensitivity and pancreatic responsivity from the frequently sampled intravenous glucose tolerance test. *Computer Methods and Programs in Biomedicine*, 23:113–122, 1986.

[200] D. Packard. *The HP Way: How Bill Hewlett and I Built Our Company.* Harper Collins, New York, 2013.

[201] G. A. Philbrick. Designing industrial controllers by analog. *Electronics*, 21(6):108–111, 1948.

[202] T. Van Pottelbergh, G. Deion, and R. Sepulchre. Robust modulation of integrate–and–fire models. *Neural Computing*, 30:987–1011, 2018.

[203] W. F. Powers and P. R. Nicastri. Automotive vehicle control challenges in the 21st century. *Control Engineering Practice*, 8:605–618, 2000.

[204] S. Prajna, A. Papachristodoulou, and P. A. Parrilo. SOSTOOLS: Sum of squares optimization toolbox for MATLAB, 2002. Available from http://www.cds.caltech.edu/sostools.

[205] C. Ptolemaeus (editor). *System Design, Modeling, and Simulation using Ptolemy II.* Ptolemy.org, 2014.

[206] A. Rantzer and K. J. Åström. Control theory. In N. J. Higham (editor), *The Princeton Companion to Applied Mathematics.* Princeton University Press, Princeton and Oxford, 2015.

[207] M. B. Reiser, J. S. Humbert, M. J. Dunlop, D. Del Vecchio, R. M. Murray, and M. H. Dickinson. Vision as a compensatory mechanism for disturbance rejection in upwind flight. *Proc. American Control Conference*, Vol. 1, pp. 311–316, 2004.

[208] D. S. Riggs. *The Mathematical Approach to Physiological Problems.* MIT Press, Cambridge, MA, 1963.

[209] J. Rissanen. Control system synthesis by analogue computer based on the generalized feedback concept. In Robert Vichnevetsky (editor), *Proceedings of the Symposium on Analogue Computation Applied to the Study of Chemical Processes*, pp. 1–13, Gordon & Breach. New York, 1960.

[210] H. H. Rosenbrock and P. D. Moran. Good, bad or optimal? *IEEE Transactions on Automatic Control*, AC-16(6):552–554, 1971.

[211] W. J. Rugh. *Linear System Theory*, 2nd ed. Prentice Hall, Englewood Cliffs, NJ, 1995.

[212] E. B. Saf and A. D. Snider. *Fundamentals of Complex Analysis with Applications to Engineering, Science and Mathematics.* Prentice Hall, Englewood Cliffs, NJ, 2002.

[213] T. Samad and A. M. Annaswamy (editors). *The Impact of Control Technology*, 2nd ed. IEEE Control Systems Society, 2014. Available at www.ieeecss.org.

[214] D. Sarid. *Atomic Force Microscopy.* Oxford University Press, Oxford, UK, 1991.

[215] S. Sastry. *Nonlinear Systems.* Springer, New York, 1999.

[216] G. Schitter. High performance feedback for fast scanning atomic force microscopes. *Review of Scientific Instruments*, 72(8):3320–3327, 2001.

[217] G. Schitter, K. J. Åström, B. DeMartini, P. J. Thurner, K. L. Turner, and P. K. Hansma. Design and modeling of a high-speed AFM-scanner. *IEEE Transactions on Control System Technology*, 15(5):906–915, 2007.

[218] M. Schwartz. *Telecommunication Networks*. Addison Wesley, Reading, MA, 1987.

[219] D. E. Seborg, T. F. Edgar, and D. A. Mellichamp. *Process Dynamics and Control*, 2nd ed. Wiley, Hoboken, NJ, 2004.

[220] S. D. Senturia. *Microsystem Design*. Kluwer, Boston, MA, 2001.

[221] R. Sepulchre, G. Drion, and A. Franci. Excitable behaviors. In R. Tempo, S. Yurkovich, and P. Misra (editors), *Emerging Applications of Control and Systems Theory. Lecture Notes in Control and Information Sciences—Proceedings*, pp. 269–280. Springer, 2018.

[222] F. G. Shinskey. *Process-Control Systems. Application, Design, and Tuning*, 4th ed. McGraw-Hill, New York, 1996.

[223] S. Skogestad and I. Postlethwaite. *Multivariable Feedback Control*, 2nd ed. Wiley, Hoboken, NJ, 2005.

[224] J. M. Smith. The importance of the nervous sytem in the evolution of animal flight. *Evolution*, 6:127–129, 1952.

[225] E. D. Sontag. *Mathematical Control Theory: Deterministic Finite Dimensional Systems*, 2nd ed. Springer, New York, 1998.

[226] M. W. Spong and M. Vidyasagar. *Robot Dynamics and Control*. John Wiley, New York, 1989.

[227] L. Stark. *Neurological Control Systems—Studies in Bioengineering*. Plenum Press, New York, 1968.

[228] G. M. Steil. Algorithms for a closed-loop artificial pancreas: The case for proportional-integral-derivative control. *Journal of Diabetes Science and Technology*, 7(6):1621–1631, 2013.

[229] G. Stein. Respect the unstable. *Control Systems Magazine*, 23(4):12–25, 2003.

[230] J. Stelling, U. Sauer, Z. Szallasi, F. J. Doyle III, and J. Doyle. Robustness of cellular functions. *Cell*, 118(6):675–685, 2004.

[231] J. Sternby, K. J. Åström, and P. Hagander. Zeros of sampled systems. *Automatica*, 20(1):31–38, 1984.

[232] J. Stewart. *Calculus: Early Transcendentals*. Brooks Cole, Pacific Grove, CA, 2002.

[233] G. Strang. *Linear Algebra and Its Applications*, 3rd ed. Harcourt Brace Jovanovich, San Diego, CA, 1988.

[234] S. H. Strogatz. *Nonlinear Dynamics and Chaos, with Applications to Physics, Biology, Chemistry, and Engineering*. Addison-Wesley, Reading, MA, 1994.

[235] L. Sun, D. Li, and K. Y. Lee. Optimal disturbance rejection for PI controller with constraints on relative delay margin. *ISA Transactions*, 63:103–111, 2016.

[236] A. S. Tannenbaum. *Computer Networks*, 3rd ed. Prentice Hall, Upper Saddle River, NJ, 1996.

[237] T. Teorell. Kinetics of distribution of substances administered to the body, I and II. *Archives Internationales de Pharmacodynamie et de Therapie*, 57: 205–240, 1937.

[238] G. T. Thaler. *Automatic Control Systems*. West Publishing, St. Paul, MN, 1989.

[239] M. Tiller. *Introduction to Physical Modeling with Modelica*. Springer, Berlin, 2001.

[240] D. Tipper and M. K. Sundareshan. Numerical methods for modeling computer networks under nonstationary conditions. *IEEE Journal of Selected Areas in Communications*, 8(9):1682–1695, 1990.

[241] J. G. Truxal. *Automatic Feedback Control System Synthesis*. McGraw-Hill, New York, 1955.

[242] H. S. Tsien. *Engineering Cybernetics*. McGraw-Hill, New York, 1954.

[243] H. Tullberg, M. Fallgren, K. Kusume, and Andreas Höglund. 5G use cases and system concept. In A. Osseiran, J. F. Monserrat, and P. Marsch (editors), *5G Mobile and Wireless Communications Technology*, chapter 2. Cambridge University Press, 2016.

[244] A. Tustin. Feedback. *Scientific American*, 187:48–54, 1952.

[245] M. Vidyasagar. The graph metric for unstable plants and robustness estimates for feedback stability. *IEEE Transactions on Automatic Control*, 29(5): 403–418, 1984.

[246] M. Vidyasagar. *Control Systems Synthesis*. MIT Press, Cambridge, MA, 1985.

[247] G. Vinnicombe. Frequency domain uncertainty and the graph topology. *IEEE Transactions on Automatic Control*, 38(9):1371–1383, 1993.

[248] G. Vinnicombe. *Uncertainty and Feedback: $\mathcal{H}_\infty$ Loop-Shaping and the ν-Gap Metric*. Imperial College Press, London, 2001.

[249] F. J. W. Whipple. The stability of the motion of a bicycle. *Quarterly Journal of Pure and Applied Mathematics*, 30:312–348, 1899.

[250] F. R. Whitt and D. G. Wilson. *Bicycling Science*. MIT Press, 1997.

[251] D. V. Widder. *Laplace Transforms*. Princeton University Press, Princeton, NJ, 1941.

[252] E. P. M. Widmark and J. Tandberg. Über die Bedingungen für die Akkumulation indifferenter Narkotika. *Biochemische Zeitung*, 148:358–389, 1924.

[253] N. Wiener. *Cybernetics: Or Control and Communication in the Animal and the Machine*. Wiley, New York, 1948.

[254] S. Wiggins. *Introduction to Applied Nonlinear Dynamical Systems and Chaos*. Springer, Berlin, 1990.

[255] D. G. Wilson. *Bicycling Science*, 3rd ed. MIT Press, Cambridge, MA, 2004. With contributions by Jim Papadopoulos.

[256] H. R. Wilson. *Spikes, Decisions, and Actions: The Dynamical Foundations of Neuroscience*. Oxford University Press, Oxford, UK, 1999.

[257] K. A. Wise. Guidance and control for military systems: Future challenges. *AIAA Conference on Guidance, Navigation, and Control*, 2007. AIAA Paper 2007-6867.

[258] S. Yamamoto and I. Hashimoto. Present status and future needs: The view from Japanese industry. In Y. Arkun and W. H. Ray (editors), *Chemical Process Control—CPC IV*, 1991.

[259] T. M. Yi, Y. Huang, M. I. Simon, and J. C. Doyle. Robust perfect adaptation in bacterial chemotaxis through integral feedback control. *Proceedings of the National Academy of Sciences*, 97(9):4649–4653, 2000.

[260] D. C. Youla, J. J. Bongiorno, Jr., and C. N. Lu. Single-loop feedback stabilization of linear multivariable plants. *Automatica*, 10(2):159–173, 1974.

[261] L. Zaccariand and A. R. Teel. *Modern Anti-windup Synthesis: Control Augmentation for Actuator Saturation*. Princeton University Press, Princeton, NJ, 2011.

[262] L. A. Zadeh and C. A. Desoer. *Linear System Theory: the State Space Approach*. McGraw-Hill, New York, 1963.

[263] G. Zames. Feedback and optimal sensitivity: Model reference transformations, multiplicative seminorms, and approximative inverse. *IEEE Transactions on Automatic Control*, AC-26(2):301–320, 1981.

[264] G. Zames and A. K. El-Sakkary. Unstable systems and feedback: The gap metric. *Proc. Allerton Conference*, pp. 380–385, 1980.

[265] J. C. Zhou, J. C. Doyle, and K. Glover. *Robust and Optimal Control*. Prentice Hall, Englewood Cliffs, NJ, 1996.

[266] J. G. Ziegler and N. B. Nichols. Optimum settings for automatic controllers. *Transactions of the ASME*, 64:759–768, 1942.